ESSAI

DE

PHYTOMORPHIE

OUVRAGES PUBLIÉS PAR CH. FERMOND

PHYTOGÉNIE OU THÉORIE MÉCANIQUE DE LA VÉGÉTATION. 1 vol. grand in-8, 692 pages, avec 105 fig.................................... 12 fr.

MONOGRAPHIE DES SANGSUES MÉDICINALES, contenant la description, l'éducation, la conservation, la reproduction, les maladies, l'emploi, le dégorgement et le commerce de ces annélides, suivie de l'hygiène des marais à sangsues. 1 vol. in-8, fig........ .... 6 fr.

MONOGRAPHIE DU TABAC, comprenant l'historique, les propriétés thérapeutiques, physiologiques et toxicologiques du tabac; la description des principales espèces; sa culture, sa préparation et l'origine de son usage; son analyse chimique, ses falsifications, sa distribution géographique, son commerce et la législation qui le concerne........................... 5 fr.

ÉTUDES SUR LA SYMÉTRIE, considérée dans les trois règnes de la nature. Broch. in-8, avec 29 fig................................... 2 fr. 50

FAITS pour servir à l'histoire générale de la fécondation chez les végétaux. Broch. in-8, fig..................................... 1 fr. 50

TRANSFORMATION de la gomme du Sénégal en sucre sous l'influence seule de l'eau, et THÉORIE CHIMIQUE DE LA MATURATION DES FRUITS. Broch. in-8.   75 c.

RECHERCHES sur la sensibilité comparative des divers réactifs employés concurremment avec l'amidon, pour déceler de minimes quantités d'iode dissous dans un liquide. Broch. in-8............................ 50 c.

Paris. — Imp. de PILLET fils aîné, rue des Grands-Augustins, 5.

ESSAI

DE

PHYTOMORPHIE

OU

ÉTUDES DES CAUSES

QUI DÉTERMINENT LES PRINCIPALES FORMES VÉGÉTALES

PAR

CH. FERMOND

PHARMACIEN EN CHEF DE LA SALPÊTRIÈRE ;
MEMBRE DE LA SOCIÉTÉ BOTANIQUE DE FRANCE ;
VICE-PRÉSIDENT FONDATEUR DE LA SOCIÉTÉ D'ÉMULATION
POUR LES SCIENCES PHARMACEUTIQUES ;
MEMBRE DE L'INSTITUT POLYTECHNIQUE, DE LA SOCIÉTÉ LINNÉENNE DE SENS,
DE LA SOCIÉTÉ HAVRAISE D'ÉTUDES DIVERSES, ETC.

> La nature est donnée aux philosophes comme
> une grande énigme où chacun donne son sens,
> dont il fait son principe. Celui qui, par ce prin-
> cipe, rend raison plus clairement de plus de
> choses peut au moins se vanter d'avoir l'opinion
> la plus vraisemblable.
> La raison et l'expérience doivent être insépa-
> rables pour la découverte des choses naturelles.
>
> L'abbé D'AILLY.

TOME DEUXIÈME

PARIS

LIBRAIRIE MÉDICALE GERMER BAILLIÈRE

Rue de l'École-de-Médecine, 17.

LONDRES	NEW-YORK
Hippolyte Baillière, Regent street, 219.	Baillière brothers, 440, Broadway

MADRID, C. BAILLY-BAILLIÈRE, PLAZA DEL PRINCIPE ALFONSO, 16.

1868

Droit de traduction réservé.

TABLE DES MATIÈRES

CONTENUES DANS LE DEUXIÈME ET DERNIER VOLUME

CHAPITRE V.

Études comparées des feuilles dans les trois embranchements végétaux.   1

ART. 1. Principe de la trisection ou de la triplasie, et lois qui président aux découpures et à la composition du limbe des feuilles...   3

SECTION I. Feuilles de Dicotylédones..............................   4

SECTION II. Feuilles de Monocotylédones..........................   26

SECTION III. Feuilles d'Acotylédones..............................   27

SECTION IV. Études organogéniques destinées à démontrer le principe de la trisection dans la composition des feuilles (longi-composées)......................................   30

ART. 2. Recherche du principe de la trisection dans les feuilles où il est le mieux dissimulé.....................................   36

SECTION I. Génération longitudinale..............................   37

SECTION II. Génération latérale..................................   40

SECTION III. Études organogéniques des feuilles latéricomposées.......   47

ART. 3. Classification méthodique et modes de génération des feuilles.   60

1er SYSTÈME. Symbole $= L$, ou génération longitudinale pure et simple.....................................   62

2e SYSTÈME. Symbole $= l$, ou génération latérale pure et simple..   63

3e SYSTÈME. Symbole $= L = l$, ou génération longitudinale et latérale d'égale intensité.........................   64

4e SYSTÈME. Symbole $= L < l$, ou génération latérale plus grande que la longitudinale..............................   67

5e SYSTÈME. Symbole $= L > l$, ou génération longitudinale plus grande que la latérale...........................   73

6e SYSTÈME. Symbole $= \dfrac{L > l}{L < l}$ ou $\dfrac{L > l}{l > L}$, ou génération longitudinale plus prononcée, placée au-dessus d'une génération latérale plus prononcée...................   79

Considérations générales sur ce système.............   82

7e SYSTÈME. Symbole $= \dfrac{L < l}{L > l}$ ou $\dfrac{l > L}{L > l}$, ou génération latérale plus prononcée, placée au-dessus d'une génération longitudinale plus prononcée....................   84

ART. 4. Conséquences que l'on peut tirer de l'étude des trois formes de l'exastosie pour la manière d'interpréter la formation de certains organes appendiculaires.........................   92

SECTION I. Feuilles alternes..................................   104

§ 1. Feuilles alternes distiques.................................   105

§ 2. Feuilles alternes tristiques.................................   107

§ 3. Feuilles alternes quinconciales.............................   108

Section ii. Feuilles opposées.. 112
   § 1. Feuilles opposées toutes dans un même plan.................. 113
   § 2. Feuilles opposées décussées................................ 124
   § 3. Feuilles opposées hélicoïdées.............................. 125
   § 4. Feuilles verticillées...................................... 127
Art. 5. De la composition organophytogénique des feuilles........... 128
Section i.   Feuilles de Monocotylédones............................ 129
Section ii. Feuilles de Dicotylédones.............................. 134
Section iii. Phytogénie des éléments de la feuille.................. 139

CHAPITRE VI.

De la campylotropie en général..................................... 155
Art. 1. Campylotropie des axes..................................... 158
   1° Campylotropie suivant un plan................................ 168
   2° Campylotropie suivant plusieurs plans ou hélicoïdale........ 170
Art. 2. Campylotropie des organes appendiculaires.................. 181
Section i.   Campylotropie latérale................................ 182
Section ii. Campylotropie dorsale................................. 191
Section iii. Campylotropie ventrale................................ 201
Section iv. Campylotropie hélicoïdale............................. 210
Section v.   Campylotropie ondulée................................. 219

CHAPITRE VII.

De l'aphanise en général... 224
Art. 1. De la chyséosie ou fusion des organes...................... 224
Section i.   Fusion des organes axiles............................. 228
Section ii. Fusion des organes appendiculaires.................... 236
Art. 2. De l'amblosie ou avortement des organes.................... 254
Section i.   Amblosie ayant pour cause la gêne ou la compression... 257
Section ii. Amblosie ayant pour cause l'action vitale exagérée de cer-
             tains organes (balancements organiques)............... 267
Section iii. Amblosie ayant pour cause des prédispositions organiques. 273

CHAPITRE VIII.

De la métathésie végétale.. 292
Art. 1. De la diastasie.. 292
   § 1. Diastasie verticale ou longitudinale....................... 295
       A Organes opposés... 295
       B Organes verticillés...................................... 297
   § 2. Diastasie horizontale ou latérale.......................... 300
Art. 2. De la plésiasmie... 304

CHAPITRE IX.

De l'hypostrophésie végétale....................................... 314
Art. 1. Hypostrophésie par réversion............................... 315
Section i.   Hypostrophésie numérique des verticilles floraux...... 318
Section ii. Hypostrophésie numérique des parties de chaque verticille
             floral.. 324
Art. 2. Hypostrophésie par régularisation ou pélorisation.......... 333
Section i.   De la pélorie cyrtosiée............................... 336
Section ii. De la pélorie acyrtosiée.............................. 340
             Remarques générales sur les pélories................. 345

CHAPITRE X.

De la métamorphosie végétale.................................... 352
Art. 1. Métamorphosie descendante............................... 356
Section i.   De la chloranthie ou transformation des phytogènes-fleurs
             en phytogènes-scions................................. 356
Section ii. De la virescence................................... 365
Section iii. De la cylicosanthie ou transformation des organes en sé-
             pales... 371
Section iv. De la calycosanthie ou transformation des organes en pé-
             tales... 374
Section v.   Androsanthie ou transformation des organes en étamines.. 381
Art. 2. Métamorphosie ascendante................................ 385
Section i.   Cylicosanthie ou transformation des organes en sépales.... 385
Section ii. Calycosanthie ou transformation des organes en pétales... 386
Section iii. Androsanthie ou transformation des organes en étamines.. 387
Section iv. Gynécosanthie ou transformation des organes en pistils... 388
Section v.   Anthosanthie ou transformation des organes en fleurs..... 391
             Réflexions sur la métamorphosie des végétaux........... 402

CHAPITRE XI.

Des phytoblastes.. 416
Art. 1. Du phytoblaste-graine ou graine proprement dite............. 417
Art. 2. Des phytoblastes-bourgeons.............................. 426
Section i.   Des phytoblastes-bourgeons libres..................... 429
  § 1. Des tubercules.. 430
  § 2. Des bulbes... 431
  § 3. Des bulbilles... 442
Section ii. Des phytoblastes-bourgeons adhérents ou bourgeons propre-
             ment dits.. 451

CHAPITRE XII.

Théorie des formes végétales..................................... 462
Art. 1. Des infrondescences générales............................. 463
Section i.   Formes sphériques................................... 463
Section ii. Formes linéaires.................................... 465
Section iii. Formes planes....................................... 469
Section iv. Formes solides...................................... 475
             Loi de décroissance régulière........................ 483
             Loi de croissance régulière.......................... 485
             A Amblosie générale appliquée aux axes latéraux........ 488
             B Répartition inégale des forces vitales............... 494
             C Direction variable dans les axes latéraux........... 496
             D Arrêt d'accroissement dans les axes latéraux......... 498
Art. 2. Des inflorescences générales.............................. 509
Section i.   Système endotérique indéfini (inflorescences indéfinies ou
             centripètes)... 515
  § 1. Inflorescences axillaires.................................. 516
    A Inflorescence monanthée..................................... 517
    B Inflorescence diplosanthée.................................. 517
    C Inflorescence oliganthée.................................... 518
    D Inflorescence polyanthée.................................... 518

§ 2. Inflorescences stachymorphes................................... 519
    Épi.. 520
    Chaton.. 521
    Strobile ou cône 522
    Spadice.. 523
§ 3. Inflorescences botrymorphes.................................. 523
§ 4. Inflorescences pyramidales ou conomorphes.................. 525
    Thyrse.. 529
    Panicule.. 530
SECTION II. Système endotérique défini (inflorescences mixtes)........ 530
SECTION III. Système exotérique défini (inflorescences définies ou centri-
        fuges) 534
SECTION IV. Système exotérique indéfini (inflorescences mixtes)....... 538
    Diachysie ou diachyse... 540
    Corymbe... 541
    Épi diachysique... 542
    Réflexions sur les évolutions endotériques et exotériques... 545

CHAPITRE XIII.

Du soleil.. 560
ART. 1. De la constitution du soleil.................................. 560
ART. 2. Du soleil comme cause mécanique de la végétation.......... 567
SECTION I.   Études préliminaires sur la constitution des corps........ 568
SECTION II. Mécanisme des molécules matérielles sous l'influence du so-
        leil.. 574

CHAPITRE XIV.

Conclusion.. 600
Explication raisonnée des figures du tome II........................ 607
Table alphabétique des noms de familles et de genres cités dans cet ou-
    vrage.. 629

FIN DE LA TABLE DU DEUXIÈME ET DERNIER VOLUME.

ERRATA

Page	ligne	au lieu de	lisez
43,	ligne 7,	*fig. 41,*	*fig. 42.*
— 76,	— 29,	— *Alchemilla,*	— *Achillea.*
— 195,	— 21,	— *fructicosus,*	— *fruticosus.*
— 203,	— 19,	— *Acacias,*	— *Acacia.*
— 385,	— 17,	— métamorphoses ascendantes,	— métamorphosie ascendante.
— 415,	— 23,	— *Hypnora,*	— *Hydnora.*

ESSAI

DE

PHYTOMORPHIE

CHAPITRE V.

ÉTUDES COMPARÉES DES FEUILLES DANS LES TROIS EMBRANCHEMENTS VÉGÉTAUX.

Dans notre article sur les chorises, t. I, p. 332, nous avons assimilé la feuille à une épipédochorise ou fascie; mais il est facile de constater une différence essentielle entre la vraie fascie et la fascie foliaire. En effet, la première est toujours constituée par des *protophytogènes* ou *phytogènes composés*; tandis que la fascie foliaire n'est produite que par des *phytogènes simples*. Mais, de même que certaines fascies commencent par un axe parfaitement cylindrique, qui peu à peu s'élargit, quelquefois considérablement (*Celosia cristata*), tandis que d'autres s'élargissent subitement (*Sedum cristatum, Opuntia cristata, Lactuca sativa,* pl. X, *fig.* 58); de même il y a des fascies foliaires qui s'élargissent brusquement, alors que d'autres commencent par une sorte d'axe plus ou moins cylindrique, plus ou moins grêle et allongé, constituant ce que l'on nomme le *pétiole* de la feuille. Dans ce cas les feuilles sont dites *pétiolées :* on les nomme *sessiles,* lorsque le pétiole n'existe pas, c'est-à-dire lorsque la fascie foliaire s'est produite subitement. En conséquence, il y aurait lieu de distinguer deux choses dans une feuille, savoir : le *limbe* et le *pétiole;* mais comme dans beaucoup de cas le pétiole ne se distingue pas parfaitement du limbe, et que par des nuances insensibles on peut passer d'une feuille longuement et parfaitement pétiolée, d'abord aux feuilles à limbe décurrent sur le pétiole, puis aux pétioles ailés et amplexicaules, aux feuilles décurrentes sur la tige, ou enfin aux feuilles entièrement unies à l'axe par défaut d'exastosie, nous nous contenterons d'étudier la feuille sous ces différents états sans traiter du pétiole dans un article à part, car il serait difficile, dans certaines séries de feuilles d'espèces d'un même genre, de dire exactement où un pétiole commence et même où il finit. Nous aurons occasion d'en citer quelques séries qui serviront d'exemples.

En considérant la prodigieuse quantité de formes régulières et anomales qu'affectent les feuilles, on doit se demander si la nature qui ne fait rien sans procéder d'après des principes ou des lois, n'aurait pas aussi assujetti les diverses formes de feuilles à des lois simples desquelles on pourrait faire dériver toutes celles qui sont connues. Si cela était, il serait possible d'établir une classification méthodique qui permettrait peut-être, plus tard, de mieux préciser la nature des feuilles lorsqu'il s'agit de description.

Persuadé que ce genre de recherches ne serait pas dépourvu d'intérêt, nous nous sommes constamment livré, pendant plusieurs années, à l'étude comparée des feuilles, et nous croyons avoir été assez heureux pour découvrir les lois de leur formation, et surtout le principe unique, général, d'après lequel, sauf exceptions explicables, les feuilles simples se diviseraient pour former les feuilles plus ou moins décomposées ou découpées.

Nous espérons démontrer qu'il y a des formes types desquelles dérivent toutes les autres, et ainsi faire facilement comprendre le mode de formation des feuilles même les plus composées ou divisées.

Ces recherches ayant nécessité beaucoup de temps, les résultats obtenus étant de natures fort diverses, et leur description ayant conséquemment une certaine étendue, nous avons dû diviser ce travail en plusieurs parties.

ARTICLE PREMIER. — *Principe de la trisection ou de la triplasie (1), et lois qui président aux découpures ou à la composition du limbe des feuilles.*

Les études comparées que nous avons faites sur les feuilles nous ont conduit à reconnaître que les découpures, laciniures, compositions ou décompositions des feuilles se faisaient d'après un principe très-général auquel nous avons cru devoir donner le nom de *principe de la trisection* ou *de la triplasie,* pour la raison qui se trouve exprimée dans l'énoncé suivant du principe lui-même.

1° *Les feuilles, les folioles, les lobes ou autres parties simples des feuilles ont une tendance marquée à se triséquer.*

2° *Quand un limbe se divise, c'est toujours suivant un multiple de 3, sauf les cas où la trisection est dissimulée, ou limitée à une seule des dimensions de la feuille : longueur ou largeur.*

Ces deux propositions ne sont que les corollaires l'une de

(1) Les observations que nous a faites **M. Moquin-Tandon** à la suite de notre première communication à la Société botanique de France, à savoir « que trisection veut dire trois sections quand il n'y en a que deux, et que le mot *trilobation* vaudrait mieux que celui de trisection, » nous ont paru si justes que nous n'avons pas hésité à lui chercher un équivalent qui ne fût pas exposé au même reproche, et nous avions adopté le mot *triplasie,* de τριπλάσιος, triple. Mais comme ce mot est déjà employé par nous pour exprimer une variété de *chorises planes* ou *circulaires,* et que, rigoureusement, les deux bords d'un organe appendiculaire sont déjà le résultat d'une fente, il en résulte que, logiquement, on peut dire trisection ; car, par exemple, la feuille simple d'une monocotylédone, prise pour type, ne peut se former que par une première fente ou exastosie circulaire ; par conséquent, s'il se forme 2 autres fentes, nous aurons bien 3 fentes pour constituer les 3 lobes : donc le mot trisection peut être maintenu. D'ailleurs, sans chercher autre part que dans l'ordre d'idées qui nous occupe, la botanique présenterait des expressions fautives analogues à celle de *trisection* (en admettant même que l'explication précédente ne pût pas être donnée) dans les mots *bifides, trifides,* etc., puisqu'il n'y a qu'une fente dans le premier cas, deux dans le second, etc. D'un autre côté, le principe dont nous parlons ne se borne pas à faire des lobes, mais des divisions profondes et très-souvent des folioles, ce qui fait que le mot trilobation serait insuffisant. Ces raisons nous ont fait continuer à employer le mot trisection, quoique l'on puisse employer si l'on veut le mot triplasie, mais qui, dans ce cas, n'aura plus la même signification que lorsqu'il s'agira de l'appliquer aux chorises. (Voir t. I, p. 209.)

l'autre, car il est évident que selon que l'on place l'une avant l'autre on marche du simple au composé, ou du composé au simple. Mais comme c'est en procédant du simple au composé que nous avons été amené à établir le principe de la trisection, nous commençons par constater sa tendance dans les feuilles simples, et puis nous le poursuivons dans les feuilles lobées, et enfin dans les feuilles composées pour y constater son influence. L'examen de ces tendances dans les feuilles simples ou lobées, et la constatation du principe de la trisection dans les feuilles composées, nous semblent justifier suffisamment les deux propositions que nous venons de poser.

Comme c'est dans les feuilles des Dicotylédones que les lois que nous allons étudier se trouvent le plus clairement exprimées, c'est par ces feuilles que nous commencerons ces études, et nous verrons ensuite qu'on retrouve l'influence du principe de la trisection dans les feuilles des Monocotylédones et des Acotylédones.

SECTION I. — FEUILLES DE DICOTYLÉDONES.

Si, comme nous l'avons fait bien souvent, l'on cherche avec soin parmi les feuilles dites *entières* ou *simples*, celles qui pourraient offrir quelques modifications de formes, on finit presque toujours par en trouver quelqes-unes qui présentent sur chaque bord latéral une échancrure assez prononcée pour en faire une feuille trilobée. Ainsi les feuilles simples ou entières de Pommier, Poirier, Prunier, Pêcher, Tabac, Tilleul, Topinambour, Cerisier, Lysimaque, *Euphorbia prunifolia*, *Entelea arborescens*, etc., présentent quelquefois deux lobes latéraux surnuméraires qui en font véritablement des feuilles à trois lobes.

Il en est de même des Cotylédons entiers, de la Carotte, du Persil, du Cerfeuil, des Épinards, de la Vigne, du Souci, de la Tomate, etc., qui nous ont présenté assez souvent des cas de *trifidation* pour nous avoir fait concevoir qu'il y avait dans le fait mieux qu'un simple accident de végétation.

Ce qui est un fait exceptionnel dans les exemples précités se trouve beaucoup plus fréquemment dans les plantes spécifiées par le mot *hétérophylle* (*Bidens*, *Cissus*, *Rhus*, etc.), et quelquels autres non moins hétérophylles, mais qui sont spécifiées par un autre nom ; telles sont, par exemple : les *Syringa persica et laciniata* ; les *Abelmoschus palustris et roseus* ; les *Morus alba, italica et intermedia* ; le *Broussonetia papyrifera*, etc.

Cette tendance à la trisection est tellement prononcée chez un assez grand nombre de végétaux, que leurs feuilles sont réellement regardées comme trilobées et même quintilobées, par suite d'une nouvelle tendance à la trisection, ainsi que nous le verrons plus loin. Par exemple, chez les *Hedera*, on trouve presque aussi souvent des feuilles entières que des feuilles trilobées et quintilobées. Les *Ribes, Vitis, Cucurbita, Acer*, etc., donnent lieu à de semblables observations ; de sorte qu'en cherchant dans ces feuilles le plus souvent quintilobées ou trilobées, on arrive toujours à trouver des feuilles parfaitement simples ou entières et sur lesquelles, par conséquent, le principe de la trisection ne s'est pas encore fait sentir.

Avant d'aller plus loin, un mot sur la composition en général des feuilles.

On a coutume de ne donner le nom de feuilles composées qu'à celles qui sont formées d'un plus ou moins grand nombre de folioles offrant à la base de leur pétiolule une articulation. Mais comme un grand nombre de feuilles évidemment composées (Ombellifères, Crucifères, Renonculacées, etc.) ne présentent ni articulation ni bourrelets à la base de leurs folioles, nous donnerons dans ce travail, au nom de feuilles composées, une acception plus large, tout en tenant compte cependant de cette particularité que présentent certaines feuilles composées, et en cela nous ne croyons nullement nuire au progrès de la science.

La manière dont les feuilles, de simples qu'elles sont dans les cotylédons et les feuilles primordiales, deviennent plus ou moins lobées ou composées, forme un sujet d'études qui n'est pas sans intérêt au point de vue qui nous occupe. Ainsi, il y a des plantes dont les feuilles primordiales, presque toujours simples, se transforment immédiatement après en feuilles triséquées ou composées à trois folioles (*Phaseolus*). Ici la trisection ne se fait sentir qu'après la deuxième paire de feuilles, les cotylédons formant la première paire. Dans quelques espèces la trisection se fait sentir dès la deuxième paire. Ainsi, chez les *Vitis*, les cotylédons, simples d'ordinaire, sont le plus souvent suivis de feuilles où la tendance à la trisection est manifeste. Il en est de même des *Fragaria*, qui, avec des cotylédons simples, offrent immédiatement des feuilles composées de trois folioles. Cette trisection n'est évidemment qu'un état plus avancé de la trilobation dont nous venons de parler.

Chez les *Trifolium, Medicago*, et quelques autres légumineuses, les cotylédons sont simples, les feuilles primordiales souvent simples, et ce n'est qu'à la troisième paire qu'elles se trisèquent.

De Candolle a figuré un *Bombax* à cotylédons simples, ayant les deux premières feuilles trifoliolées et la troisième quintifoliolée, quoique ici la *génération* soit *latérale*, comme l'indique, au reste, la feuille centrale non encore développée de la figure (1). Dans le *Cobea scandens*, les cotylédons sont simples, larges, et les feuilles primordiales déjà composées de trois et quatre paires de folioles avec la terminale. Nous verrons plus loin que c'est par la trisection successive de la terminale que cette composition se fait.

Chez quelques autres (*Galega*), les cotylédons sont simples, les feuilles primordiales simples aussi; puis les feuilles sont bijuguées, puis trifoliolées (2), enfin les feuilles se composent de plus en plus, jusqu'à ce qu'elles aient atteint leur maximum de composition.

Chez l'*Erodium pimpinellæfolium* les cotylédons sont trilobés, et les feuilles qui suivent commencent par présenter une tendance à la trisection de chacun des lobes représentant le cotylédon; puis la feuille se compose de plus en plus à la manière de celle de l'*Heracleum* dont nous parlerons tout à l'heure.

Enfin la germination de quelques plantes, celle du Tilleul en particulier, présente ce fait remarquable, que ses cotylédons sont quintilobés, quand, au contraire, les feuilles sont simples; mais, largement dentées, on pourrait n'y voir, si l'on voulait, qu'une multitude de lobes plus petits, ce qui n'est pas moins, au fond, une exception à la règle ordinaire, qui veut que les feuilles se divisent ou se composent de plus en plus à partir des cotylédons.

(1) *Org. vég.*, pl. 52, *fig.* 1.
(2) *Org. vég.*, pl. 49, *fig.* 2.

Le *Quamoclit vulgaris* offre un phénomène plus remarquable encore. Ses cotylédons sont à deux lobes latéraux, ses feuilles primordiales très-divisées, et pour ainsi dire réduites à leurs nervures : les premières ayant une *génération latérale*, les feuilles une *génération* plutôt *longitudinale*.

En général, *plus la trisection est prononcée et plus difficilement on rencontre des feuilles redevenues simples.* Ainsi, dans les *Vitis*, *Ribes*, etc., dont nous avons parlé, et chez lesquelles on ne trouve que des feuilles trilobées, on retrouve assez fréquemment des feuilles entières; tandis qu'il est beaucoup plus difficile de les retrouver dans les feuilles à trois folioles. Cependant nous avons quelquefois rencontré des feuilles de *Fragaria*, *Trifolium*, *Medicago*, *Phaseolus*, etc., en dehors des conditions de simplicité que nous venons de signaler dans le jeune âge, chez lesquelles les trois folioles étaient restées complétement unies et constituant, par conséquent, une feuille entière.

Ne craignons pas de répéter ce que déjà nous avons dit plusieurs fois à l'occasion des parties dites *soudées* (t. I, chap. IV), savoir : que malgré notre répugnance à créer de nouveaux mots en botanique, nous avons dû nous soumettre aux exigences des idées que nous voulons exprimer, et nous n'avons jamais compris les mots qui semblent dire exactement le contraire de ce qui existe. Évidemment, quand nous disons *soudure*, nous exprimons un état d'adhérence de deux ou plusieurs choses d'abord séparées. Or, dans un bourgeon, à l'état naissant, toutes ses parties constituantes sont intimement soudées, ou plutôt liées entre elles, et quand, par les progrès de la végétation, les parties se détachent les unes des autres, se séparent, s'*individualisent*, pour ainsi dire, afin de constituer une feuille, une foliole, une bractée, etc., il n'est pas logique de dire de deux feuilles ou de deux folioles qui restent adhérentes, qu'elles sont soudées, mais bien qu'elles ne se sont point détachées ou séparées l'une de l'autre. Le contraire, c'est-à-dire la tendance à la séparation des parties végétales, s'exprime assez exactement par le mot *exastosie* ou *écastosie* tiré du grec ἕκαστος, chaque individu (1). Il y a en effet exas-

(1) Quelques observations nous ayant été faites relativement à la manière d'écrire et de prononcer le mot grec francisé, nous avons cru devoir donner ici la justification de ce mot, que nous avons pris l'habitude d'écrire et de

tosie dans une feuille qui vient à se trilober, etc., et défaut d'exastosie ou d'*individualisation* dans deux feuilles, ou deux folioles qui restent unies, alors que d'ordinaire ces feuilles ou ces folioles se séparent pour constituer deux sortes d'*individualités, entités* ou *exastoses*. Comme dans l'étude approfondie que nous ferons de la feuille en général nous aurons besoin d'employer fréquemment cette expression, il importait d'en donner auparavant la signification exacte. Ceci posé, poursuivons.

Les faits que nous venons d'exposer donnent déjà une certaine idée du principe de la trisection au point de vue de la première proposition ; mais, pour fournir la preuve du passage de la feuille simple à la feuille trilobée ou triséquée, il faut l'étudier dans les phénomènes tératologiques et organogéniques. Pour remplir la première condition, nous n'avons qu'à observer ce qui se passe dans la nature, particulièrement sur les feuilles de Ronce et celles du *Clematis vitalba ;* nous reviendrons plus tard à la seconde.

prononcer avec l'*x* français : 1º Le mot Ἕκαστος, qui signifie chacun, chaque, chaque individu, est évidemment composé de la préposition Ex, qui marque la division, l'exclusion, la séparation, et du substantif αστος, citoyen, citadin, habitant d'une ville, individu. Or, la préposition prend le *cappa* devant une consonne et un *xi* devant une voyelle, si bien que l'on pourrait écrire Ἔξαστος tout aussi bien que Ἕκαστος, puisque αστος commence par une voyelle. D'où il suit déjà que l'on peut, à volonté, écrire et dire *exastosie* ou *écastosie*. 2º D'un autre côté, dans certains dialectes de la langue grecque, le *xi* se change quelquefois en *cappa*, et réciproquement le K en Ξ. Il est donc certain que le mot Ἔξαστος, surtout à cause de sa composition, a une forme grecque aussi pure que le mot Ἕκαστος ; par conséquent, sous ce nouveau point de vue, on peut dire et écrire *exastosie* tout aussi bien que *écastosie*. 3º D'ailleurs, même en écartant les deux raisonnements précédents et en admettant que le mot ἕκαστος soit le seul possible, nous pourrions encore citer quelques exemples en faveur de la prononciation douce du mot francisé. Ainsi, dans les mots *dix*, qui vient de Δεκα, et *dixième*, de Δεκατος, on voit que le K a été remplacé dans les mots français par un *x*, dont la prononciation devient douce. Enfin, Varron a fait le substantif *exbola, æ*, trait, dard, du verbe εκβαλλω, lancer ; et Cicéron, du grec εκδύο a fait le verbe *exuo*, dépouiller, d'où le substantif *exuviæ, arum*, dépouilles, et nous pourrions citer encore des mots français dans lesquels l'*x* français tient la place du K grec. Évidemment, dans ces derniers mots, le K a été remplacé par l'*x* à prononciation douce. Par conséquent encore, d'après ce raisonnement, on peut, sans trop contrarier les usages établis, écrire et prononcer *exastosie*. C'est au moyen de ces trois ordres de raisonnement que nous avons fait imprimer le mot *exastosie* avec l'*x* ; mais on peut tout aussi bien écrire et prononcer *écastosie*. Toutefois, la prononciation douce nous a paru plus euphonique, et c'est pour cela que nous l'avons préférée. (Voir pour plus de détails notre premier volume, p. 95.)

Les feuilles de Ronce sont ordinairement trifoliolées, *fig.* 1; Pl. I.
chacune des trois folioles est souvent simple, si l'on en excepte
les dents. Or, souvent aussi, on rencontre des feuilles à cinq folioles parfaitement entières. Si l'on recherche avec soin dans une
série de feuilles comment elles peuvent passer de la feuille trifoliolée à la feuille quintifoliolée, on ne tarde pas à trouver des
feuilles trifoliolées chez lesquelles les folioles inférieures présentent tantôt un commencement de division, tantôt une division
complète, comme le représente la *fig.* 2, en *a*, pour le premier
cas; en *b*, pour le second. Donc, les folioles inférieures ont subi
un commencement de trisection; mais ici le principe ne s'est fait
sentir complétement en *b*, incomplétement en *a*, que sur le côté
extérieur de chaque foliole inférieure, parce que, probablement,
la foliole terminale, en se développant relativement beaucoup, a
affamé les éléments foliolaires qui auraient dû se développer sur
le côté interne des deux folioles inférieures, et constituer une
complète trisection. Cela est rendu évident par les cas tératologiques que l'on observe sur quelques feuilles de Ronce, et que
nous avons représentés *fig.* 3, où l'on voit à l'une des folioles
inférieures un lobe intérieur qui s'est formé en *b*, tandis que les
lobes extérieurs des deux folioles inférieures se sont séparés plus
profondément pour former les deux folioles *c*, *c'*.

Dans le cas où la division inférieure d'une feuille tripartite
reste unie à la division supérieure, on conçoit aisément que la
tendance à la production du lobe *b*, *fig.* 3, ou de la foliole intérieure, disparaisse par la fusion de ce lobe ou de cette foliole,
avec la division supérieure. Nous étudierons plus spécialement ce
phénomène dans le second article de ce travail. Mais de l'exemple
précédent et de ceux qui vont suivre, on sent si bien cette tendance à la trisection, qu'il suffit de l'indiquer pour qu'on la saisisse aussitôt.

De même que nous avons vu les deux folioles inférieures tendre à se triséquer, de même, la foliole supérieure se présente avec
la même tendance indiquée d'abord par le lobe *a*, *fig.* 3, et complétement confirmée dans l'exemple représenté dans la *fig.* 4, par
les folioles *a*, *a'*. En général, on remarque que le défaut d'exastosie
de l'un des lobes ou de l'une des folioles ne se fait pas sentir ici
comme sur les folioles inférieures, parce que, en vertu de notre

loi de symétrie, par rapport à une ligne (1), ligne représentée par la nervure médiane, les deux bords latéraux de la foliole terminale se trouvent plus souvent également influencés, toutes choses étant égales de chaque côté de cette foliole.

Dans le *Clematis vitalba*, nous retrouvons exactement les mêmes tendances, si ce n'est qu'ici l'exception est le cas normal de l'exemple précédent. En effet, c'est avec une assez grande peine que l'on trouve la feuille composée de ce *Clematis* réduite à ses trois folioles, *fig.* 5, d. Cependant, lorsque l'on est prévenu, on les trouve encore assez facilement. Si donc on cherche à la base d'un nouvel axe, non-seulement on trouve la feuille cherchée, mais on reconnaît avec la dernière évidence la marche du principe de la trisection ; d'abord, par une petite feuille entière *a*, *fig.* 5 ; puis par une feuille un peu plus grande, *b*, offrant un lobe, *b'* ; ensuite une feuille entière, *c*, mais présentant trois lobes, commencement de la trisection, qui se complète par ses trois folioles, dans la feuille dont nous avons parlé *fig.* 5, d.

Dans chacune des folioles de cette feuille trifoliolée, nous reconnaissons encore l'influence du principe de la trisection par les deux lobes latéraux que portent la foliole supérieure et la foliole inférieure gauche, et par le seul lobe interne que l'on aperçoit sur la foliole inférieure droite, l'exastosie ne s'étant pas prononcée sur le bord extérieur de cette foliole. En cherchant suffisamment, on finit toujours par trouver un passage de l'état le plus simple précédent, à l'état complet, normal, de la feuille de ce *Clematis*. C'est ce que montre parfaitement la monstruosité indiquée *fig.* 6, dans laquelle la foliole supérieure s'est triséquée en un lobe, *a*, à droite, et une *foliolule*, *a'*, à gauche ; et, tandis que la foliole inférieure droite, *b*, est restée simplement normale avec un commencement de trisection accusée par deux petits lobes latéraux, la foliole inférieure gauche a donné naissance à une *foliolule* extérieure, et foliole et foliolule présentent elles-mêmes une tendance à la trisection.

Or, l'état normal de la feuille du *Clematis vitalba* est une feuille à cinq folioles, où le principe de la trisection se fait parfaitement remarquer trois fois de suite :

(1) *Études sur la symétrie considérée dans les trois règnes de la nature.*

1° Par les trois folioles supérieures plus rapprochées, *fig.* 7, et ndiquées, *fig.* 6, en *a* et *a'* ;

2° Par la tendance de chaque foliole à la trisection ;

3° Par les trois folioles supérieures qui, résultant d'une seule feuille triséquée, *a* et *a'*, *fig.* 6, forment avec les deux folioles inférieures un degré plus avancé de trisection.

Si l'on observe la marche de la division des feuilles chez les ombellifères, on peut remarquer qu'elle suit la même méthode de trisection pour arriver à cette composition, souvent fort complexe, de certaines feuilles d'Ombellifères. Tâchons donc de suivre cette multisection dans des feuilles plus composées que les précédentes.

La feuille de l'Angélique, ou celle de l'*Heracleum sphondilium*, *fig.* 8, va nous faire comprendre aisément cette division plus Pl. II. avancée, d'après le principe de la trisection. En effet, on trouve souvent des feuilles entières qui ne sont composées que des folioles 4 et 3. Mais déjà on peut remarquer que la foliole 4 doit être regardée comme le résultat de trois tripartitions formées 1° par le lobe 4^{iv} et les deux lobes $4'''$; 2° par ces trois lobes considérés dans leur ensemble comme n'en faisant qu'un et les deux lobes $4''$; 3° par ces cinq lobes considérés ensemble comme n'en faisant qu'un et les deux lobes $4'$. Maintenant, regardant l'ensemble des sept lobes précédents comme une seule foliole, ce qui est évident, et les associant aux folioles séparées 3, 3, on arrive à une trisection nouvelle, qui est l'état normal d'un grand nombre de feuilles d'*Heracleum* même. Mais ces trois folioles considérées ensemble comme une foliole unique qui s'est triséquée, constituent avec les folioles 2 et 2 une nouvelle trisection, et pareillement, en regardant tout ce système comme une seule foliole plusieurs fois triséquée, on trouve encore avec les folioles 1 et 1 une dernière trisection.

D'un autre côté, si nous considérons chaque foliole en particulier, nous verrons qu'elle se trisèque de la même façon que la foliole supérieure 4. En effet, la foliole 3, par exemple, est formée des lobes $3'$, $3''$, $3'''$, 3^{iv}. Or, dans le lobe 3^{iv} on voit déjà la tendance à une trifidation accusée par les trois nervures terminales ; ce lobe 3^{iv}, regardé comme simple, forme avec les lobes $3'''$ une première trifidation ; ces trois lobes, considérés comme un seul, constituent avec les lobes 3″ une deuxième trifidation ; enfin ces cinq lobes, regardés comme un seul, forment avec les lobes 3′ une troisième trifidation, où l'on reconnaît un état plus avancé de trisection. Toutes les autres folioles 2, 1, sont évidemment sujettes aux mêmes observations.

Si maintenant on conçoit tous ces lobes atteignant la nervure médiane de chaque foliole, ce qui arrive quelquefois même dans l'exemple d'*Heracleum* choisi, en 1′ et 1″, on aura un état de division qui se retrouve très-fréquemment dans la famille des ombellifères que nous avons pris comme exemple de trisection poussée à l'extrême. Déjà dans l'Angélique, non-seulement cette division atteint la nervure secondaire qui fait la foliole, mais encore elle atteint la nervure tertiaire qui fait la *foliolule*. Il en résulte des folioles de deuxième et de troisième ordre, dans lesquelles les mêmes tendances à la trisection se font aisément remarquer.

Dans la manière dont la nature a dû procéder pour constituer la feuille d'*Heracleum*, *fig.* 8, on peut reconnaître que les folioles 1, 2, 3, procèdent toutes de la foliole terminale qui, se triséquant de plus en plus, a produit les trois paires de folioles indiquées. Dans un grand nombre de feuilles, c'est toujours la foliole terminale qui seule subit l'influence du principe de la trisection ; d'où résulte la feuille simplement composée dont les Légumineuses et les Rosacées nous offrent de fréquents exemples. Mais dans la feuille de l'*Heracleum* et celles que nous allons examiner, tout en constatant que la foliole terminale présente la même suite de trisection, on voit en même temps les folioles se triséquer à leur tour de plus en plus pour former des lobes secondaires qui conduisent évidemment aux folioles secondaires constituant ce que l'on nomme une *feuille décomposée*.

Cette méthode employée par la nature pour arriver à la division des feuilles composées ou plus ou moins lobées, est tellement transparente que l'on retrouve dans les feuilles composées ou lobées des traces de cette méthode autres que celles que nous venons de faire connaître. Ainsi, revenant à l'exemple de la feuille, *fig.* 8, et considérant d'abord en elle-même la foliole 4, nous trouvons que le sinus des lobes 4^{iv}-4‴ est relativement moins profond que le sinus des lobes 4‴-4″ ; que celui-ci est relativement moins profond que le sinus des lobes $4''$-$4'$; qu'enfin le sinus $4'$ à la foliole 3 est plus profond encore, puisqu'il y a une vraie séparation qui fait du lobe 3 une foliole complétement détachée de la foliole 4. Mais, en même temps que les folioles 3 sont peu distantes de la foliole 4 (ce qui constitue un degré de liaison qui n'existe plus à un point aussi élevé entre l'ensemble des folioles 4 et 3, et les deux autres folioles suivantes, 2, qui sont beaucoup plus éloignées relativement), on remarque dans les folioles 3 une division moins complète, car on y trouve une légère décurrence du parenchyme de la foliole sur le rachis. Dans les folioles 2, au contraire, non-seulement cette décurrence ne se fait plus remarquer, mais encore il est facile de voir que la foliole est pourvue d'un *pétiolule*. Enfin les folioles, 1, sont non-seulement plus éloignées encore sur le rachis, mais aussi son *pétiolule* est plus allongé et ses lobules sont eux-mêmes relativement plus profondément découpés, puisqu'il y en a un, $1''$, qui est complétement séparé sous forme de foliolule.

Ainsi, de même que les lobes $4'4''4'''4^{\text{iv}}$ de la foliole 4 constituent, par rapport aux 2 folioles, 3, un tout plus uni ou plus lié, de même les folioles 4 et 3 constituent un tout plus uni, par rapport aux folioles 2 ; et enfin les folioles 4, 3, 2 constituent ensemble un tout plus uni par rapport aux folioles 1. Ces observations démontrent donc que la nature a opéré la division de cette feuille par voie de trisections successives, division qui est d'ailleurs indiquée encore d'une autre façon par la composition des autres feuilles de la même plante. Celle-ci comporte, en effet, des feuilles entières bornées soit aux folioles 2, 3, 4 ; soit aux folioles 3, 4 ; soit enfin à la foliole 4, où déjà les divisions sont quelquefois moins profondément accusées.

Nous verrons d'ailleurs plus loin que, organogéniquement, les folioles sont d'autant plus anciennement formées qu'elles sont placées plus bas sur le rachis. C'est ce que nous avons voulu exprimer par les chiffres 1, 2, 3, 4 qui marquent l'ordre de leur formation.

Dans l'exemple de la feuille de l'*Heracleum* nous n'avons pas encore pu nous apercevoir d'une tendance nette à la trisection des lobes de chaque foliole. Mais si nous jetons un coup d'œil sur une feuille d'Angélique, nous ne tardons pas à reconnaître que chaque lobe des folioles de l'*Heracleum* est ici représenté par une *foliolule* composée par voie de trisection, de foliolules d'un ordre plus élevé encore dans chacune desquelles on retrouve la tendance qu'elles ont à se triséquer. Cet exemple de composition, pris sur l'Angélique, conduit immédiatement à la composition un peu plus complexe de la feuille du Persil (*Apium Petrosœlinum*), *fig.* 9.

En portant notre attention sur les lobes ou sur les folioles de cette feuille, nous voyons très-clairement la trisection se prononcer davantage encore. Ainsi, non-seulement la foliole terminale 4 se compose de trois lobes presque séparés, 4,4'4'; les folioles 3, de trois lobes également presque séparés 3,3'3'; les folioles 2, de trois lobes complétement séparés ou folioles 2, 2' et 2'', le supérieur formé lui-même de trois lobes presque séparés 2, 2'; mais encore les folioles ou les lobes se subdivisent de plus en plus en des lobes plus petits et plus ou moins profonds dans chacun desquels il est aisé de constater la tendance qu'ils ont à se triséquer, par d'autres lobes plus petits. Ce principe est ici tellement apparent, que nous croyons qu'il suffira de jeter un coup d'œil sur la *fig.* 9, pour que l'on en ait une idée parfaite, en tenant compte seulement de quelques défauts d'exastosie qui ont pu faire que quelques lobes manquent à l'ensemble.

Nous ajouterons que quelques feuilles primordiales se bornent à une composition représentée par la foliole terminale 4; que quelques autres ont un élément double de plus, 4 et 3; que les plus composées comportent encore un élément double de plus, 4, 3 et 2 qui ne sont que des folioles opposées et plus ou moins composées elles-mêmes. On peut observer que l'élément qui devait produire la foliole 1 de l'*Heracleum* n'a produit que la foliole 2 du Persil : en d'autres termes, la *génération longitudinale* (1) de la feuille du Persil forme un élément de moins que dans la feuille de l'*Heracleum ;* c'est ce que nous avons voulu exprimer par les chiffres 4, 3 et 2.

Enfin, de même que nous avons vu, *dans la feuille entière,* les lobes ou les folioles se prononcer ou descendre sur le rachis ou nervure moyenne en se séparant de plus en plus, séparation

____

(1) Nous donnons plus loin le sens exact de cette expression.

indiquée par moins de liaison avec le lobe ou la foliole supérieure, par moins de décurrence sur le rachis, par un pétiolule de plus en plus long à mesure que l'on descend davantage sur le rachis; de même nous observons, *dans les folioles*, des phénomènes analogues. En d'autres termes, ce qui se passe sur le rachis ou nervure primaire, se reproduit exactement sur la nervure secondaire, et d'autant mieux que l'on fait l'observation sur une foliole plus inférieure.

Nous pouvons aussi reconnaître sur la feuille du Persil une marche de trisection analogue à celle de l'*Heracleum*, car le lobe 4 forme un groupe de trois autres lobes plus petits, eux-mêmes formés de trois lobes plus petits encore; le groupe de lobes 4, *fig.* 9, forme avec les deux groupes de lobes 4′4′ un groupe triséqué 4,4′4′. Ce groupe composé forme avec les deux groupes composés 3,3, un groupe plus composé et triséqué. Ce nouveau groupe plus composé forme avec les deux groupes plus composés aussi, 2,2, un groupe plus composé encore dans lequel la trisection est tellement prononcée qu'il y a séparation complète et distance relativement considérable entre les folioles. On peut déduire de ces observations sur l'*Heracleum* et le Persil cette première loi qui est générale pour les feuilles dont le symbole de formation est L = 1 (1).

Première loi : *Dans les feuilles simplement lobées, de la forme L = l, la profondeur des sinus est en raison directe de la plus ancienne formation des lobes qu'ils séparent, et dans les feuilles composées, les distances qui séparent les folioles et la longueur des pétioles ou des pétiolules sont aussi en raison directe de la plus ancienne formation des éléments foliolaires.*

C'est par cette méthode de division que l'on passe de la feuille *décomposée* à la feuille *surdécomposée*, dont nous allons donner des exemples très-propres à démontrer le principe de la trisection dans toute sa rigueur.

1° Les feuilles, de simples qu'elles sont dans le *Fragaria vesca monophylla*, en se triséquant deviennent les feuilles trifoliolées des autres *Fragaria* (*Feuilles composées*).

2° Si l'on admet que chaque foliole d'une feuille trifoliolée se

____

(1) Voir plus loin la signification de ce symbole.

trisèque, on aura la feuille de la Podagraire et de l'Impératoire, *fig.* 12 (*Feuilles décomposées*).

3° Chacune des foliolules de cette feuille décomposée se triséquant à son tour, on arrive à la feuille de l'*Actea spicata* ou celle de l'*Epimedium alpinum*, *fig.* 14 (*Feuilles surdécomposées*).

En général, c'est à cette surdécomposition que l'on s'arrête dans les descriptions. Mais le principe de la tendance à la trisection ne s'arrête pas là, car dans certaines ombellifères la composition des feuilles s'élève au quatrième et au cinquième ordre, et il n'est pas rare de voir la trisection se prononcer jusque sur des folioles de sixième ordre, ce qui donne des lobules de septième ordre ; c'est le cas de la feuille du *Ferula tingitana*.

Il pourrait être utile dans quelques cas de pouvoir exprimer cet état de choses, ce qu'il serait facile de faire d'une manière très-simple. Il suffirait, pour cela, de changer ou plutôt de supprimer les mots *décomposition* et *surdécomposition* qui ne sont pas assez précis, et qui, d'ailleurs, employés dans le sens exagéré du mot composition, paraissent dire exactement le contraire de ce que l'on veut exprimer, puisque les mots décomposition ou surdécomposition semblent détruire ce que la composition est censée avoir fait. On conserverait seulement le mot composition ou composé, que l'on ferait précéder des mots *uni*, *bi*, *tri*, *quadri*, *quinti*, etc. Ainsi les feuilles seraient *uni-composées* ou plus simplement *composées*, *bicomposées*, *tricomposées*, etc., de même que l'on dirait *composition*, *bicomposition*, *tricomposition*, etc. Ce sont ces termes que nous emploierons dans le cours de ce chapitre.

La *fig.* 10, qui représente une feuille quinticomposée, est l'expression théorique la plus exacte du mode de composition des feuilles d'après le principe de la trisection appliqué au système $L = 1$. On y reconnaît aisément, au moyen des courbes circulaires que nous y avons tracées pour indiquer les systèmes de feuilles successivement triséquées, savoir : 1° en 1, 3 folioles assemblées une fois par 3, indiquant le premier degré de composition (*uni-composition* ou simplement *composition*), qui se trouve répété en 1' ; 2° en 2, 9 folioles assemblées 3 fois par 3, indiquant le deuxième degré de composition (*bicomposition*), qui se trouve répété en 2′ ; 3° en 3, 27 folioles assemblées 9 fois par 3, représentant le troisième degré de composition (*tricomposition*), qui se trouve répété en 3′ ; 4° en 4, 81 folioles assemblées 27 fois par 3, représentant le quatrième degré de composition (*quadricomposition*), qui se trouve répété en 4′ ; 5° enfin, en 5, 243 folioles assemblées 81 fois par 3, représentant le cinquième degré de composition (*quinticomposition*), formant la feuille entière.

D'après ce que nous venons d'établir, il est facile de reconnaître la série suivante :

$$1 \times 3 = 3 = \text{feuille composée.}$$
$$3 \times 3 = 9 = \text{feuille bicomposée.}$$
$$9 \times 3 = 27 = \text{feuille tricomposée.}$$
$$27 \times 3 = 81 = \text{feuille quadricomposée.}$$
$$81 \times 3 = 243 = \text{feuille quinticomposée.}$$

D'où cette deuxième loi applicable à certaines feuilles que nous ferons ultérieurement connaître en parlant de la classification méthodique des feuilles, et en particulier à la feuille des ombellifères dont le symbole de formation est $L = l$ (1).

Deuxième loi : *La division des feuilles multiséquées de la forme $L = l$ se fait par trisection successivement multipliée par 3.*

De ce que, dans la fig. 10, l'assemblage $1 = 1'$; l'assemblage $2 = 2'$; l'assemblage $3 = 3'$; l'assemblage $4 = 4'$, on en déduit cette troisième loi :

Troisième loi : *Dans la division des feuilles multiséquées de la forme $L = l$, chaque système composé pris sur le rachis ou sur l'une de ses subdivisions est représenté par l'ensemble de tous les systèmes pris plus haut sur le rachis ou sur l'une de ses divisions.*

Pour comprendre facilement cette loi, il suffit d'observer que le système composé 4′ est exactement représenté par le système 4 pris plus haut sur le rachis. En effet, sur ce nouveau système, nous n'avons qu'à opérer comme nous l'avons déjà fait pour l'ensemble de la feuille, et nous verrons que l'assemblage terminal

---

(1) Nous verrons dans l'article suivant que les feuilles se forment d'après deux sens de génération, savoir : 1° par génération longitudinale $= L$; 2° par génération latérale $= l$. Donc $L = l$ signifie que dans certaines feuilles la génération longitudinale est égale à la génération latérale. C'est le cas de toutes les feuilles trifoliolées et de toutes celles que nous venons d'étudier, surtout des Ombellifères.

des trois folioles $1 = 1'$; que l'ensemble de ces trois assemblages de trois folioles ou $2 = 2'$; que l'ensemble de ces neuf assemblages de trois folioles ou $3 = 3'$, *fig*, 10. Seulement, comme nous n'opérons que sur une des nervures secondaires, nous ne devons plus trouver qu'une composition de un degré moins élevé, et il faut observer que comme c'est la quatrième nervure secondaire en partant du sommet de la feuille que nous avons prise pour exemple, nous trouvons une quadricomposition; en prenant la troisième nervure, nous n'eussions trouvé qu'une tricomposition; en opérant sur la seconde qu'une bicomposition, en partant de la première, qu'une composition simple : l'assemblage de trois feuilles étant déjà une composition.

Il suffit donc de compter, en comprenant l'ensemble des trois folioles supérieures, le nombre des nervures secondaires qui se trouvent sur le rachis pour conclure au degré de composition des feuilles ayant pour symbole de formation $L = l$.

Pour mieux faire voir qu'il en est bien ainsi, nous avons reproduit, *fig*. 11, le système $4'$ de la feuille entière, *fig*. 10, où nous voyons en AB le rachis : par conséquent la nervure 1 représente la composition; le nervure 2, la bicomposition; la nervure 3, la tricomposition; la nervure 4, la quadricomposition; la foliole 5, la quinticomposition. C'est arriver au même résultat par une méthode inverse. Ici, nous partons de l'ensemble pour arriver à l'unicomposition formée par les trois folioles 5, *fig*. 11. Auparavant, nous étions parti de l'unicomposition représentée par les trois folioles 1, *fig*. 10, pour arriver à la quinticomposition de l'ensemble.

Tous les degrés de composition, d'après cette théorie, se retrouvent exactement dans un grand nombre de feuilles de familles diverses.

L'*unicomposition* est représentée par les feuilles des *Trifolium*, *Fragaria*, *Medicago*, *Phaseolus*, etc.

La *bicomposition* se présente très-exceptionnellement chez les *Rubus*; quelquefois chez le *Clematis vitalba*, toujours nettement chez l'*Imperatoria ostruthium*, *fig*. 12, et l'*Ægopodium podagraria*.

La *tricomposition* est presque complète chez le *Critmum maritimum*, *fig*. 13, et parfaite dans l'*Actœa spicata*; les *Epime-*

dium macranthum et *alpinum*, *fig.* 14 (1); l'*Aquilegia vulgaris*; l'*Ampelopsis bipinnata*; les *Thalictrum minus*, *exaltatum glaucum*, etc.; le *Hotteia japonica*, etc.

La *quadricomposition* commence chez les *Aquilegia* par des lobes plus ou moins prononcés sur les folioles; elle se retrouve chez le *Laserpitium siler*, *fig.* 15, le *Nandina domestica*, le *Pæonia tenuiflora*, le *Myrrhis odorata*, le *Silaus pratensis*, le *Peucedanum involucratum*, *fig.* 16, etc.; et nettement dans le *Thalictrum alpinum*. Pl. III.

La *quinticomposition* se rencontre chez quelques Ombellifères : de ce nombre sont le *Ligusticum pyrenæum*, le *Ferula tingitana*, *fig.* 17, l'*anthriscus fumarioïdes*, etc.

Dans les trois premières compositions et même dans la quatrième représentée par le *Thalictrum alpinum*, on peut constater l'application parfaite du principe de la trisection; mais à mesure que la composition des feuilles se complique on doit s'attendre à trouver des perturbations dans l'ordre d'après lequel doivent se former les diverses parties de la feuille composée, soit par excès ou par défaut d'exastosie (2), soit peut-être par cause d'avortements de certaines parties. Voilà pourquoi les exemples de quadri et de quinticomposition parfaites sont assez rares.

Cependant, à part l'état de perfection que l'on ne rencontre que dans quelques cas rares des trois ou quatre premières compositions, la quadri et la quinticomposition sont assez fréquentes, seulement elles se confondent souvent avec des compositions inférieures. Par exemple il est fréquent de voir la tricomposition passant à la quadricomposition par des lobes plus ou moins prononcés sur les folioles; telles sont les feuilles de Persil, de Cerfeuil, de *Pæonia fœmina*, etc. De même on rencontre fréquemment des exemples de quadricomposition passant à la quinticomposition pour les mêmes causes : de ce nombre sont les feuilles de *Peucedanum involucratum*, *fig.* 16, de *Silaus pratensis*, de *Melopospermum cicutarium*, d'*Anthriscus sylvestris*, etc. Enfin la quinticomposition passe parfois aussi à la *secomposition* par les lobes ou les subdivisions des folioles de cinquième ordre

(1) Cette figure est copiée sur celle que Ach. Richard a reproduite dans ses *Nouveaux éléments de botanique*. Paris, 1838, p. 233.

(2) Voir ces phénomènes dans le premier volume, p. 110 et 145.

dans le *Melopospermum cicutarium*, et dans le *Ferula tingitana*, *fig.* 17, chez lequel on retrouve encore les traces d'une septième composition exprimée en 7 par un lobe plus ou moins marqué.

Pour peu que l'on étudie avec soin la marche de ces diverses compositions, on acquiert la certitude, malgré la variabilité des dernières compositions, que les feuilles se composent bien d'après le principe de la trisection, d'ailleurs si parfaitement justifié par les exemples si nets des trois premières compositions.

Nous venons de dire que l'exastosie par excès ou par défaut et les avortements pouvaient avoir une très-grande part dans la manière dont la nature a déguisé le principe de la trisection, et cela est si vrai, qu'il serait tout à fait impossible de le reconnaître dans certaines feuilles que nous allons examiner. Mais en tenant compte de ces causes, on démontre aisément que le principe y existe encore et que, par conséquent, il est plus général qu'on aurait pu le supposer. Pour cela, il nous faut revenir sur la tendance des feuilles simples et entières à la trisection.

En examinant attentivement une série de feuilles des *Morus alba, italica, intermedia,* ou de Figuier, ou de *Broussonetia papyrifera,* ou d'*Hedera helix,* on remarque qu'il y a des feuilles simples et entières et des feuilles fort diversement lobées.

En étudiant la constitution de la feuille du *Morus alba,* dans sa plus grande intégrité, on la voit formée d'une nervure médiane continuant le pétiole et de nervures latérales dont chaque dent bordant le limbe recevra un filet. Parmi les nervures latérales, il en est quatre qui semblent secondairement partir du sommet du pétiole; mais si l'on recherche avec attention dans un grand nombre de feuilles la signification de ces nervures, on ne tarde pas à reconnaître que la nervure 1, *fig.* 18, représente le rachis; la nervure 2, une nervure secondaire, et la nervure 3 une nervure tertiaire; car souvent elle n'existe pas sur certaines feuilles, ou, quand elle existe réellement, elle émerge de la nervure 2. Cette nervure tertiaire émet une autre nervure d'un ordre plus élevé, et celle-ci une autre nervure d'un ordre plus élevé encore, si bien qu'en ne considérant que les nervures d'une feuille simple, on arrive à découvrir le degré probable de sa composition en supposant que le tissu cellulaire ne fût juste qu'en quantité nécessaire pour recouvrir les dernières petites nervures et en former des petites folioles. D'où cette conséquence importante pour la théorie des feuilles :

Une feuille simple ou entière n'est qu'une feuille plus ou moins composée, mais dont le tissu cellulaire ou parenchyme a envahi les intervalles qui existent entre toutes les nervures.

Les feuilles dites *Cancellées,* telles que celles de l'*Hydrogeton fenestralis* (1), quoique privées de parenchyme, et par conséquent réduites à leurs nervures, n'en sont pas moins simples ou entières, parce que toutes ces nervures sont anastomosées et forment ainsi un tout continu.

Ceci posé, il arrivera fréquemment que ce parenchyme venant à manquer plus ou moins, on trouvera aisément le passage d'une feuille simple à une feuille plus ou moins composée, et les exemples que nous choissisons sont destinés à nous en fournir la preuve. Ainsi, la *fig.* 18, A, représente une feuille simple du *Morus alba.* Le premier degré de tendance à la trisection se présente sous la forme d'un seul lobe latéral représenté *fig.* 19, A, et qui s'est produit sur une autre feuille de la même tige. Dans ce cas, le principe de la trisection est dissimulé par défaut d'exastosie du côté où la feuille est restée sans produire le lobe. Ce qui prouve bien que ce n'est qu'un défaut d'exastosie qui a masqué le principe, c'est que sur le même axe on trouve des feuilles parfaitement trilobées par la formation de deux lobes latéraux, *fig.* 20, A. Ainsi le principe de la trisection ne peut être mis en doute dans l'exemple de la feuille entière passant à la feuille trilobée. Mais nous disons maintenant que chacun de ces lobes est lui-même susceptible de subir l'influence du principe de la trisection, et dans ce cas former une feuille plus lobée. Nous commençons par observer que dans la feuille trilobée la nervure médiane se continue dans le lobe moyen, et que les deux principales nervures latérales ou nervures secondaires, 2, *fig.* 18, A, deviennent les nervures principales des lobes latéraux de la feuille représentée *fig.* 20.

Maintenant, sur la même tige du *Morus alba,* on rencontre des feuilles d'un degré de composition plus élevé qui vont nous présenter deux sortes d'observations très-importantes.

A. En effet, en commençant par l'examen du lobe supérieur

(1) Turpin, *Icon. vég.,* tabl. 8, *fig.* 5.

ou primaire lp, *fig.* 21, A, nous le voyons subir les mêmes modifications que la feuille entière examinée tout à l'heure ; de sorte qu'en supposant qu'il se fît, de chaque côté de ce lobe, un lobe secondaire semblable à celui qui est représenté en l s', on aurait un lobe supérieur à trois lobes, lesquels, avec les deux inférieurs que nous avons reconnus dans l'exemple ci-dessus, *fig.* 20, A, formeraient une feuille quintilobée. Dans ce cas, les cinq lobes seraient évidemment formés par la nervure médiane et *quatre nervures secondaires.* Voilà donc une feuille à cinq lobes formée d'une première façon (*formation essentiellement longitudinale*).

B. Supposons, au contraire, que le lobe supérieur reste sans divisions à l'état de lobe entier, tandis que le lobe secondaire, ls, subira un commencement de section en lt, pour former un lobe tertiaire, comme cela se présente le plus fréquemment, il en résultera, si le phénomène se produit des deux côtés, deux nouveaux lobes qui, avec le lobe supérieur lp, supposé sans divisions, et les deux lobes secondaires ls, *fig.* 21, une feuille à cinq lobes, mais dont la formation sera différente de la précédente (*formation essentiellement latérale*).

On peut faire une semblable observation sur une série de feuilles du *Tithonia tagetiflora*, *fig.* 18 B, 19 B, 20 B et 21 B, dans lesquelles non-seulement on voit le passage de la feuille simple, *fig.* 18, B, à la feuille latéralement quintilobée, *fig.* 21, B, mais encore on reconnaît parfaitement, par les nervures principales qui se rendent dans les lobes latéraux, que les deux premiers lobes appartiennent à des nervures secondaires, tandis que les deux derniers lobes formés ont des nervures médianes émergeant des nervures secondaires, et sont par conséquent des nervures tertiaires, ce qui est très-important à constater pour la recherche du principe de la trisection dissimulé, et dont nous nous occuperons plus loin. (Art. II de ce chapitre.)

Pour mieux faire saisir encore la vérité de ces deux origines, nous allons choisir d'autres exemples qui nous permettront en même temps de pouvoir en déduire la composition de toutes les feuilles.

La feuille du Figuier se présente d'abord, sur le jeune axe, Pl. IV. sous la forme indiquée en 1, *fig.* 22 ; puis indiquant, en 2, une légère disposition à la trisection qui devient plus apparente en 3, et qui est très-marquée en 4.

Sur le même axe on rencontre des feuilles trilobées et des feuilles multilobées, *fig.* 23, 24, 25. La feuille *fig.* 23 est déjà un peu plus composée qu'en 4, *fig.* 22, car on y constate cinq lobes comme en 1 ou sept lobes comme en 2. Dans la feuille représentée *fig.* 24, nous trouvons neuf lobes bien accusés et onze dans la *fig.* 25. Cherchons à nous rendre compte de la formation de tous ces lobes afin de connaitre leurs origines.

La feuille du Figuier, *fig.* 22, d'entière qu'elle est en 1, se divise d'après le principe de la trisection et forme en premier lieu la feuille trilobée 4 : donc *lp* est un lobe primaire et *ls* un lobe secondaire ; ce qui est évident. La feuille quintilobée 1, *fig.* 23, présente bien aussi un lobe primaire *lp* et un lobe secondaire *ls;* mais nous ne savons pas encore l'origine du lobe *lt;* car si nous examinons les figures 24 et 25, nous trouvons successivement des lobes primaires en lp et des lobes secondaires en *ls, ls', ls"* et d'après ces exemples nous serions tenté de regarder le lobe *lt* de la feuille quintilobée 1, *fig.* 23, comme l'analogue du lobe *ls',* *fig.* 24 et 25. Il n'en est rien, cependant, et voilà pourquoi.

Dans la feuille quintilobée en question, le lobe secondaire *ls* a subi l'influence du principe de la trisection et le lobe *lt* a pris naissance sur ce lobe secondaire ; d'où il suit que ce nouveau lobe est un lobe tertiaire, et s'il n'y en a pas un second au côté opposé, cela tient à ce que l'exastosie ne s'est pas produite dans l'exemple cité ; mais si l'on observe la feuille, *fig.* 25, on voit que le lobe secondaire ls" a subi l'influence de la trisection de chaque côté et a produit en lt et lt' de nouveaux lobes qui tous deux sont de troisième formation.

On nous objectera, peut-être, qu'il y a alors une certaine difficulté à distinguer, par exemple, le lobe tertiaire *lt', fig.* 25, du lobe secondaire ls', *fig.* 24. Il semble, en effet, au premier abord, que ces deux lobes doivent être regardés comme étant de même ordre, mais il y a deux moyens de s'en assurer.

1° Le premier qui nous parait moins certain que l'autre et qui semblerait au contraire l'être davantage, consiste dans l'examen de la nervure moyenne du lobe. Si cette nervure parait sortir de la nervure moyenne du lobe secondaire, cette nervure tertiaire,

nt, donnera lieu, évidemment, au lobe tertiaire lt', *fig.* 25. Si, au contraire, elle paraît sortir de l'axe primaire nt, *fig.* 23, elle pourra donner naissance à un lobe secondaire ou à un lobe tertiaire. Ce sera un lobe secondaire si ce lobe ne se trouve pas dans les conditions du second moyen que nous avons de nous assurer de son origine. Dans le cas contraire, ce sera un lobe de troisième formation, par la raison que la nervure tertiaire, nt, *fig.* 23 et 25, prenant naissance à la base de la nervure secondaire, comme son opposée, peut très-bien rester unie à la nervure primaire jusqu'à une certaine hauteur et *émerger de celle-ci*, de façon à faire croire à une nervure secondaire quand elle doit être regardée comme étant de troisième ordre. Ainsi, selon nous, le lobe lt', *fig.* 23, nous paraît être un lobe de formation tertiaire, tandis que le lobe ls', *fig.* 24, nous semble être de formation secondaire, quoique dans l'un ou l'autre cas nous voyions leur nervure médiane émerger de la nervure principale. Il fallait donc trouver un autre caractère, plus infaillible, pour nous dévoiler la véritable origine de ces deux sortes de formation, et c'est ici que l'application de notre première loi intervient avec efficacité. Le suivant nous paraît donc être de nature à lever tous nos doutes à cet égard.

2° Nous avons dit, plus haut, que les sinus des lobes d'une formation de même ordre étaient d'autant plus profonds ou voisins des nervures, qu'ils étaient pris plus bas sur les nervures ou considérés entre des lobes de plus ancienne formation (première loi), et cette vérité incontestable pour les feuilles de la forme L$=$l, peut servir, ici, à nous faire connaître quand nous avons affaire à un lobe de seconde ou de troisième composition.

En effet, si les sinus S, S', S″, *fig.* 24, sont d'autant plus voisins de la nervure primaire qu'ils sont considérés plus bas sur la feuille, d'après ce que nous venons de dire, les lobes ls, ls', ls″ sont de première composition. Donc de ce que les sinus S, S', S″ de la feuille, *fig.* 25, sont d'autant plus voisins de la nervure primaire qu'ils sont considérés plus bas sur cette nervure, nous en concluons que ls, ls', ls″ sont de première composition. Mais le sinus S², *fig.* 25, qui semble placé plus bas sur la nervure principale, s'écarte seul de la règle en ce qu'il est plus éloigné de cette nervure que le sinus S'; par conséquent le lobe qui est intermédiaire aux sinus S′, S² n'appartient pas à la même composition que les lobes ls, ls′, ls″ et ne peut appartenir qu'à une seconde composition ; ce qui du reste, ici, est encore démontré par la nervure médiane qui émerge de la nervure secondaire. Conséquemment, les lobes lt′, *fig.* 23 et 25, ont une origine différente de ls′, *fig.* 24, et sont de deuxième composition ; tandis que le lobe ls′, *fig.* 24, est de première composition.

En général, ce sont les deux lobes secondaires qui, en donnant naissance chacun à un lobe tertiaire, déterminent la forme des feuilles quintilobées. Cependant on observe quelques exceptions à cet égard, car nous avons trouvé des feuilles de Lierre (*Hedera helix*) quintilobées par deux lobes surnuméraires appartenant au lobe supérieur, *fig.* 26, et ce mode de division doit être assez fréquent si l'on en juge par le mode de formation de certaines feuilles quintifoliolées. Ainsi, tandis qu'un certain nombre de feuilles se composent *latéralement* (Quintefeuilles), il en est d'autres qui se composent *longitudinalement ;* c'est-à-dire que c'est la foliole terminale qui fait toujours les frais de la composition, ainsi que l'on peut s'en assurer en étudiant un certain nombre de feuilles du *Rubus Idœus,* chez lesquels on trouve toutes les formes intermédiaires, depuis la feuille simple plus ou moins trilobée jusqu'à la feuille quintifoliolée ; et l'on remarque que tandis que la foliole supérieure se présente fréquemment trilobée ou plus ou moins triséquée, les folioles inférieures ou secondaires présentent rarement cette tendance à la trisection. Nous serons d'ailleurs forcé de revenir sur cette génération, afin de bien démontrer l'importance qu'elle a dans la composition générale des feuilles.

C'est de cette façon qu'il faut interpréter la formation des feuilles composées des Légumineuses (à l'exception de celles des Lupins), et de beaucoup de celles des Rosacées. La composition se fait donc, ici, par le sommet ou par la foliole primaire qui subit successivement le principe de la trisection, ce qu'il ne faut pas perdre de vue ; car elle est une cause d'exception à notre deuxième proposition de l'énoncé du principe de la trisection. Là, en effet, le principe est des plus manifestes, et cependant la feuille n'est pas toujours composée suivant un multiple de 3.

D'ailleurs nous verrons bientôt que c'est organogéniquement

la manière dont se fait la composition des feuilles dites *compo-sées*.

Enfin il y a certaines feuilles qui réunissent isolément les deux genres de composition latérale et longitudinale, et parmi elles nous citerons la curieuse feuille du *Cussonia spicata*, *fig.* 27. Dans cette feuille nous trouvons une première composition laté-rale formée par 7 folioles disposées les unes à côté des autres à la manière des Potentilles quintefeuilles, et offrant quatre sortes de formes : en 1, une foliole simple ; en 2, une foliole triséquée ; en 3, des folioles quintiséquées. Or, on peut remarquer que la foliole simple s'est composée par trisection, en 2 ; mais les trois folioles composées 2′ sont différentes de la foliole 2 par leurs foliolules ternées dont les deux inférieures sont en forme d'ailes ; de sorte qu'en considérant la manière dont se sont faites les fo-lioles quintiséquées, 3, on reconnaît que c'est la foliole supé-rieure qui s'est tridivisée. Donc cette singulière feuille réunit à elle seule les deux systèmes de génération que nous ferons plus amplement connaître dans notre second article.

SECTION II. — FEUILLES DE MONOCOTYLÉDONES.

Les feuilles des monocotylédones sont le plus souvent simples, et chez elles, par conséquent, il pourrait être difficile de démon-trer l'application du principe de la trisection. Les seules feuilles à peu près composées sont celles des Palmiers ; mais, d'une part, nous n'avions pas entre les mains de sujets qui pussent nous permettre d'étudier organogéniquement la formation des folioles de leurs feuilles, et, d'un autre côté, les feuilles sont formées de folioles qui offrent quelque chose d'insolite dans leur épanouisse-ment. On croyait même que ces folioles ne se produisaient que par des déchirures ; mais les observations de M. Hugo Mohl ont démontré que chaque foliole n'était, dans le principe, uni à sa voisine que par une sorte de duvet qui cédait à l'accroissement de la feuille, ce qui permettait aux folioles de se séparer. Au reste, ce sont plutôt des divisions latérales que de vraies folioles, car la base de ces folioles est fortement et largement attachée au rachis. On ne peut donc guère tirer de conséquence de cette composition relativement au principe de la trisection.

Toutefois, nous verrons, plus tard, que les feuilles dites penninerves des *Phœnix*, des *Areca* (1), etc., et celles palminerves des *Chamærops, Rhapis flabelliformis, Latania, Corypha*, Doum de la Thébaïde (2), etc., sont exactement constituées d'après les deux principaux systèmes de la formation des feuilles, d'où l'on pourrait peut-être déjà en conclure qu'elles n'échappent pas au principe de trisection.

D'ailleurs ce principe se trouve pour ainsi dire écrit dans la forme triangulaire ou sagittée de la feuille de la Fléchière, celle des *Arum vulgare, italicum*, etc., et surtout des *Arum triphyllum, ternatum*, etc., *Sagittaria trifolia*, etc.

Les feuilles des *Smilax*, en particulier du *Smilax aspera*, sont réellement formées de trois folioles ; mais deux des folioles ont été transformées en vrilles latérales qui dissimulent l'application du principe de la trisection (deuxième proposition). Enfin chaque feuille non transformée présente encore une forme qui laisse entrevoir une tendance à la trisection, dans le *Smilax mauritanica, fig.* 28, 1, par la formation de sa feuille en cœur dont les deux oreilles bb', fortement accusées par les courbes rentrantes latérales ab' et l'échancrure c, font de bb' comme deux lobes qui seraient arrondis à leur sommet. Cette tendance est bien plus prononcée encore dans la feuille du *Dioscorea Batatas, fig.* 28, 2, dans laquelle non-seulement on voit, en b, un angle plus prononcé que dans la figure précédente, mais en c, comme une sorte de commencement de trisection du lobe b.

On peut donc dire que le principe de la trisection offre quelques traces de son influence dans les feuilles de monocotylédones où l'exastosie circulaire se prononce moins que dans les autres embranchements du même règne.

SECTION III. — FEUILLES D'ACOTYLÉDONES.

Les feuilles des plantes acotylédones, contrairement à celles des monocotylédones, se montrent plutôt plus ou moins divisées ou composées qu'entières ou simples, et chez elles la tendance à la trisection est des plus manifestes. En effet, si nous voyons les

---

(1) De Candolle, *Organ. vég.*, pl. 27, et Turpin, *Icon. vég.*, tabl. 10, *fig.* 7.
(2) Turpin, *Icon. vég.*, tabl. 10, *fig.* 8.

feuilles (Frondes) simples dans les *Ophyoglossum*, certains *Acrostichum* et *Pteris*, le *Scolopendrium officinale*, etc., on trouve aussi des feuilles pinnatifides dans les *Polypodium vulgare, Ceterach officinarum*, etc.; des feuilles bipinnatifides dans les *Osmunda regalis, Struthiopteris germanica, Nephrodium filix mas, Aculeatum*, etc.; et des feuilles tripennées dans les *Polypodium Dryopteris, Diplazium filix fœmina, Nephrodium dilatatum, cristatum* et autres. Il est donc facile de s'assurer, pour ces plantes, que la division de leurs feuilles ne se fait qu'en vertu du principe de la trisection. Analysons le phénomène dans les feuilles de cet embranchement du règne végétal.

Remarquons d'abord que bien souvent les feuilles considérées comme les plus simples peuvent accuser une trace du principe de la trisection; par exemple, la feuille du *Scolopendrium officinale*, PL. V. *fig.* 29, doit évidemment être regardée par tout le monde comme une feuille entière et parfaitement simple; cependant, de ce que la feuille est fortement échancrée en cœur à sa base, nous avons réellement en b et b′ un commencement de trisection; car ces deux lobes qui semblent continuer la feuille du haut en bas sont tout à fait les analogues des lobes b, b′ et b (2) dans les *fig.* 28 (1 et 2) de *Smilax* et de *Dioscorea Batatas*, et nous en trouvons deux preuves manifestes :

1° D'abord dans les nervures groupées qui, partant à peu près d'un même point, vont en divergeant dans les différentes parties des deux lobes;

2° Ensuite, parce qu'il n'est pas rare de trouver vers les extrémités de ces lobes des fructifications qui ne sont évidemment pas la continuation de la série descendante des autres fructifications de la fronde. Or ces fructifications inférieures indiquent deux centres de générations latérales qui, avec le plexus des nervures sus-mentionnées, démontrent que b et b′ doivent être regardés comme le sommet de l'extrémité de deux lobes secondaires peu accusés d'une feuille qui a subi l'influence de la trisection.

Mais c'est surtout l'exemple offert par l'*Onoclea sensibilis*, *fig.* 30, 30 *bis*, 30 *ter*, qui pourra le mieux justifier l'application du principe de la trisection aux feuilles des acotylédones.

Si nous recherchons la forme des premières feuilles de la jeune plante, nous les trouvons simples avec de légères échancrures sur son pourtour, de façon à simuler un commencement de lobes plus prononcés en b, *fig.* 30. Ces lobes b, avec l'ensemble du système a, d, c, constituent une première tendance à la trisection rendue bien manifeste dans la *fig.* 30 *bis* par un plus grand développement, et dans laquelle a, e, d, c représentent l'ensemble des gibbosités a, d, c, de la *fig.* 30, en même temps que b en représente le lobe plus développé. De plus, dans la feuille plus avancée, 30 *bis*, c a pris un plus grand développement ainsi que l'autre élément d, et même il s'est formé un élément de plus en e. Chacun de ces éléments, par les progrès de l'accroissement, donneront lieu à une foliole, ainsi qu'on peut très-bien le voir dans la *fig.* 30 *ter*, où les mêmes lettres expriment les mêmes parties. Mais comme la feuille a continué son accroissement, il en est résulté deux autres éléments surnuméraires f et g qui, dans une feuille plus avancée encore, donneront lieu à deux autres folioles.

Ainsi, ce qu'il faut observer dans la formation de cette fronde, c'est que dans son plus grand état de simplicité la feuille tend à se triséquer pour former la feuille 30 *bis;* puis les lobes b formés, la foliole supérieure, considérée comme simple, tend aussi à se triséquer pour former la foliole c, *fig.* 30 *ter;* puis la foliole supérieure tend encore à se triséquer pour former la foliole d, et ainsi de suite; de sorte qu'ici c'est toujours la foliole terminale qui subit l'influence du principe de la trisection, pour donner naissance à de nouvelles folioles.

Enfin chaque foliole elle-même subit plus ou moins l'influence de ce même principe, et c'est à lui que l'on doit cette succession d'ondulations que l'on observe sur le pourtour des folioles b, c, d, de la *fig.* 30 *ter*, ondulations qui, dans quelques cas, constitueraient des foliolules ou folioles de deuxième génération dont une se trouve assez fortement accusée en b', *fig.* 30 *bis*. On conçoit comment ces foliolules ou folioles de deuxième génération, subissant elles-mêmes l'influence du principe de la trisection, arrivent à constituer les frondes bipennées ou tripennées des fougères susmentionnées.

Ainsi nous sommes convaincu que le principe de la trisection est assez général pour que l'on puisse reconnaître son influence dans les feuilles ou les parties des feuilles appartenant aux trois grands embranchements végétaux. Mais, pour compléter cette série d'observations, et voir d'ailleurs si réellement la nature suit la marche que nous venons d'indiquer dans la composition des feuilles, nous avons dû faire quelques recherches organogéniques sur les feuilles composées. Nous ne rapporterons ici que trois exemples de cette formation, persuadé qu'ils suffiront pour justifier les faits que nous venons d'avancer, et qu'ils feront mieux comprendre, en même temps, la marche successive de la trisection pendant la composition longitudinale. Les feuilles du *Cobea scandens*, du Jasmin et du Persil sont celles que nous avons choisies pour servir à la démonstration organogénique du développement des feuilles selon le principe de la trisection.

SECTION IV. — ÉTUDES ORGANOGÉNIQUES DESTINÉES A DÉMONTRER LE PRINCIPE DE LA TRISECTION DANS LA COMPOSITION DES FEUILLES.

En détachant avec soin les feuilles de plus en plus petites d'un bourgeon ou d'un axe en voie d'accroissement, on arrive à trouver une série de feuilles à différents états de développement, et qui permettent parfaitement de se rendre compte de la manière dont une feuille simple à l'origine arrive à se composer pour offrir la forme que nous lui reconnaissons. Nous avons reproduit, *fig. 31*, une série de feuilles prises sur le *Cobea scandens :*

On voit, en 1, le mamelon arrondi de la feuille qui va se composer;

En 2, la feuille a commencé à s'allonger. Nous l'avons appelée A, dans ces deux exemples, pour faire voir que c'est elle qui se trisèque, et qu'à mesure que la trisection se produit la partie A est toujours terminale, et que c'est toujours elle qui se trisèque.

Ainsi, 3 représente la jeune feuille vue de profil, et émettant un petit mamelon, a, qui est l'origine d'une foliole, A étant le mamelon de la foliole terminale;

4, représente le profil d'une feuille plus avancée, dans laquelle on reconnaît en *a* le rudiment d'une foliole, et A de la figure précédente a formé un nouveau mamelon, b, supérieur, qui est l'origine d'une seconde foliole;

A, restant toujours terminal, on le voit, en 5, indépendamment

des folioles a et b, produire encore en c un rudiment de foliole ;
l'élément A reste toujours terminal ; il ne produira plus de mamelons à folioles, mais des mamelons à vrilles, qui se trouvent
indiqués en d et e, dans la *fig.* 6, et alors A terminal finit lui-
même par se transformer en vrille.

Dans cette *fig.* 6, les mamelons a, b, c, ont pris un plus grand
développement, et ont presque la figure d'une foliole, mais conservant encore de larges points d'adhérence à leur base.

Enfin, dans la *fig.* 7, on voit la feuille plus développée et les
folioles plus complétement séparées les unes des autres. Comme
les feuilles sont pliées dans le sens de leur longueur, nous avons
reproduit leur profil, afin de ne pas dénaturer leur manière de se
présenter sous le microscope. De ce qui précède, on reconnaît
que c'est toujours la partie terminale qui subit l'influence du
principe de la trisection pour composer la feuille du *Cobea.*

Les feuilles du *Jasminum officinale* vont donner lieu à de semblables observations :

En 1, *fig.* 32, A, représente le mamelon foliaire ;

En 2, il s'est considérablement allongé ;

En 3, il s'est triséqué en donnant de chaque côté un petit mamelon, a, origine de la première paire de folioles ;

En 4, le mamelon terminal A, très-allongé, indépendamment
de la première paire, a, a donné par trisection une seconde paire
de mamelons b, origines de la deuxième paire de folioles qui se
trouve surmontée par le mamelon allongé A ;

En 5, indépendamment des paires de mamelons, a et b, le terminal, A, a donné une troisième paire de mamelons, c, qui se
trouve toujours surmontée par le mamelon A ;

En 6, nous avons représenté la feuille plus avancée en âge et
pliée dans sa longueur. C'est ordinairement là que s'arrête la trisection pour cette plante. L'accroissement ne porte plus que sur
les parties formées sans les diviser davantage. On voit donc, là
aussi, que c'est toujours le mamelon terminal, origine de la foliole
terminale, qui se trisèque successivement pour donner des paires
de folioles, qui sont d'autant plus nouvellement formées qu'elles
sont observées plus haut sur le rachis. On voit de plus que la génération des folioles se fait toujours en s'élevant sur le rachis. Nous
donnons à ce mode de formation de la feuille le nom de *système*

de génération longitudinale, pour le distinguer de plusieurs autres systèmes que nous étudierons dans l'article suivant.

Les résultats que nous venons d'obtenir au moyen des observations organogéniques s'obtiennent beaucoup plus facilement et avec tout autant de certitude en suivant une autre méthode appliquée de deux manières.

1° En suivant la marche de la composition de certaines feuilles, à partir de la germination jusqu'au moment où la feuille est le plus composée. C'est ce que nous avons déjà indiqué au commencement de cet article, en parlant de certaines Rosacées ou Légumineuses. Mais un exemple détaillé de la méthode fera mieux comprendre les analogies qui existent entre les résultats de cette méthode et ceux qui sont obtenus par la méthode organogénique. Par exemple, si nous suivons la croissance dú Pavot, nous voyons d'abord paraître deux cotylédons simples ; puis deux feuilles simples aussi ; à ces feuilles succèdent deux feuilles lobées seulement d'un côté ; puis viennent deux ou trois feuilles franchement trilobées ; ensuite deux feuilles quintilobées ; puis deux feuilles septemlobées ; enfin les feuilles sont d'autant plus lobées longitudinalement que, jusqu'à un certain point, on les observe plus haut sur l'axe.

2° On arrive encore à un résultat tout à fait analogue en suivant la marche de la composition de certaines feuilles à partir du bourgeon, surtout quand l'observation porte sur plusieurs individus de même espèce. Ainsi, dans les Rosiers, le Jasmin, etc., on trouve d'abord des écailles simples ; celles-ci sont suivies d'autres écailles affectant mieux l'apparence de petites feuilles simples ; les feuilles qui viennent ensuite sont trifoliolées, puis quintifoliolées ; enfin plus haut elles sont septemfoliolées ou même plus composées si la feuille comporte une plus grande composition.

3° Il y a mieux ; c'est que, dans la plupart des cas, il est possible d'arriver à des résultats analogues en suivant une méthode diamétralement opposée aux deux dernières. En partant, en effet, de la feuille la plus composée, chez les Ombellifères par exemple, on les voit, à mesure que l'on s'élève sur l'axe florifère, se simplifier de plus en plus, jusqu'à ce qu'elles soient revenues à leur plus grand état de simplicité. Malheureusement, nous n'avons pas pu suffisamment vérifier cette méthode, que nous croyons exacte et générale, mais que pourtant nous ne donnons aujourd'hui qu'avec certaines réserves.

Il résulte de ce que nous venons de dire, que, pour vérifier le principe de la trisection dans la composition des feuilles, on peut à volonté :

1° Prendre sur un même individu une série de feuilles déjà développées, mais offrant diverses formes, comme cela a lieu dans les *Morus*, *Rubus*, *Clematis*, etc.;

2° Suivre le développement organogénique des feuilles;

3° Suivre les progrès de la composition croissante des feuilles, à partir de la germination;

4° Suivre la marche croissante de la composition des feuilles, à partir du bourgeon;

5° Suivre la décroissance de la composition des feuilles, à partir de la plus composée jusqu'au fruit.

L'étude organogénique des feuilles est d'autant plus difficile à faire que les feuilles sont plus composées, par la raison qu'il y a des avortements, des balancements organiques ou des défauts d'exastosie, toutes causes qui viennent plus ou moins dénaturer les phénomènes subordonnés au principe de la trisection.

Cependant, si l'on suit avec assez de patience, et en sacrifiant un grand nombre de pieds, la composition croissante des feuilles du Persil, on ne tarde pas à acquérir la conviction que la composition des feuilles de cette plante se fait comme nous allons l'indiquer.

Soit la série de formes 1, 2, 3, 4, 5, 6, 7, *fig.* 33. Voici ce qu'elles représentent :

En 1, le mamelon foliaire à sa naissance; il est sous-arrondi. Nous lui donnons la lettre *a*, pour que l'on puisse suivre dans les autres figures les trisections successives qu'il subira.

En 2, le même mamelon allongé, turbiné et formant une feuille simple.

En 3, le même mamelon qui s'est trifidé et dans lequel, *a*, toujours l'analogue de la figure 2. *b*, a pris naissance et va devenir la source d'un nouveau système de trisection, comme en *b*, *fig.* 5, 6 et 7 (Première foliole composée).

En 4, a, de la figure précédente, s'est de nouveau trifidé, après avoir produit *b*, car *b* ne se trifidera que lorsque *a* aura formé une nouvelle trifidation *b'*, qui sera la source d'un nouveau système de trisection (Deuxième foliole composée).

En 5, a, après avoir formé *b'*, présente à son sommet un commenmencement de trifidation ; *b'* reste entier, mais *b* commence aussi à se trifider par la formation de deux petits obes, qui sont l'origine d'un nouveau système de trisection (Troisième foliole composée).

En 6, *b* commence à se détacher de l'ensemble en même temps que *a*, après avoir formé *b'*, se trifide aussi fortement que *b* est lui-même trifidé.

En 7, la trisection marche toujours de plus en plus, et, afin de la suivre plus clairement, nous avons reproduit plus en grand, *fig.* 33 *bis*, la *fig.* 33, 7.

Dans cette *fig.* 33 *bis*, on voit par les lettres correspondantes aux diverses parties des autres figures, que *a*, après avoir successivement produit par trisection ou trifidation *b*, *b'*, *b''*, tend à produire *b'''* ; mais b', encore simple en 6, s'est trifidé en même temps que *b* s'est deux fois trifidé ; la première pour former c, et la seconde c'.

En continuant l'application du même principe de la trisection aux éléments b'', b''', c et c', ainsi qu'aux nouveaux éléments qui se forment dans la feuille de plus en plus avancée en âge, on arrive à la feuille entière du Persil, *fig.* 9, pl. II, dans laquelle les mêmes lettres expriment les mêmes parties, et où l'on voit en même temps que *b*, de plus ancienne formation, occupe la base de la feuille et se compose proportionnellement de la même façon que le système tout entier qui est placé au-dessus de lui, et comprenant les folioles composées b' b'' b''' b^{iv} b^{v}, etc. (Voir aussi *fig. théorique* 10.)

On peut observer aussi le fait suivant : de ce que c'est toujours *a* ou le lobe terminal qui produit le nouvel élément qui formera la foliole composée, il s'ensuit que dans la feuille du Persil, comme dans celles de *Cobea* et de Jasmin, la *génération* est *longitudinale;* mais aussi de ce que *b* forme aussi une suite d'éléments capables de former les foliolules c, c', c'', etc., il s'ensuit qu'il y a aussi une génération longitudinale dans une *génération latérale* sur laquelle nous reviendrons prochainement en parlant de la classification méthodique des feuilles.

L'ensemble de toutes ces observations conduit à ces trois lois générales d'organogénie foliaire :

1re loi : *Les feuilles les plus composées représentent dans leurs divers états d'évolution organogénique toutes les feuilles qui dérivent du système où l'on observe cette évolution.*

Ainsi, il y a des feuilles appartenant aux deux systèmes de générations longitudinale et latérale qui se bornent, mais plus développées, à la forme 2 de la *fig.* 33 ; d'autres qui sont simplement trifides, tripartites ou triséquées, 3 ; d'autres composées comme en 4 ; d'autres comme en 5, ou en 6, ou en 7 ; d'autres qui se composent de plus en plus, et qui arrivent enfin à avoir des feuilles qui vont jusqu'à la septième et même la huitième puissance de la trisection, et la seule famille des Ombellifères réunit à elle seule tous les degrés de composition que nous venons d'indiquer.

2e loi : *Dans la même espèce à feuilles composées, et souvent sur le même individu, à partir du moment de la germination jusqu'au moment où la feuille est la plus composée, on peut retrouver des feuilles représentant tous les états d'évolution organogénique.*

L'Angélique ou le Persil peuvent nous donner des exemples de l'application de cette loi. En effet, les cotylédons représentent une feuille dans son plus grand état de simplicité ; quelquefois ces cotylédons se trisèquent et représentent le second état organogénique ; les feuilles primordiales de l'Angélique sont ordinairement triséquées, et le Persil présente parfois des feuilles primordiales qui ne sont pas plus avancées en composition. Les feuilles suivantes sont un peu plus composées ; il en est qui offrent la composition des *fig.* 5 ou 6, et ce n'est qu'après des compositions progressives que l'Angélique ou le Persil arrivent à avoir des feuilles composées comme nous sommes habitués à les voir.

3e loi : *Dans la même espèce à feuilles composées, à partir des feuilles les plus composées jusqu'au fruit, les feuilles présentent, en sens inverse de la loi précédente, tous les états d'évolution organogénique.*

C'est ce qui résulte de l'examen de la cinquième méthode de recherches sur l'application du principe de la trisection.

Un corollaire des deux dernières lois peut être exprimé ainsi :

Dans la même espèce à feuilles composées, à partir de la racine jusqu'au fruit, les divers degrés de composition des feuilles sont comme les ordonnées d'une courbe qui aurait pour limites les deux extrémités de la tige, pour points principaux l'extrémité des feuilles, et pour abcisses la tige ou l'axe principal.

Car nous avons vu que non-seulement la feuille va se composant de plus en plus, à partir du cotylédon, mais aussi qu'à un moment donné elle se simplifie de plus en plus, jusqu'au moment où, dans la bractée, le sépale, le pétale, l'étamine et même le carpelle, elle redevient à l'état de simplicité qu'elle a dans son premier état organogénique. C'est-à-dire que l'on peut trouver, dans une série d'individus de même espèce, toutes les compositions intermédiaires entre la feuille la plus simple et la feuille la plus composée, comme l'on peut abaisser toutes les ordonnées imaginables entre les deux points extrêmes de la courbe.

Hâtons-nous de faire observer que ces trois lois et le corollaire sont déduits de l'ensemble de toutes nos observations; mais qu'elles n'ont pas toujours toute la rigueur mathématique des lois qui régissent la nature inorganique, surtout au point de vue de la troisième loi et de son corollaire; car souvent la composition et la simplification des feuilles se font si brusquement que l'on serait tenté d'abord de les croire erronées, et ce n'est réellement qu'en observant une longue série d'individus de la même espèce que l'on arrive à s'assurer de leur exactitude.

ARTICLE II. — *Recherche du principe de la trisection dans les feuilles où il est le mieux dissimulé.*

Dans l'article précédent, nous nous sommes particulièrement étendu sur le principe général de la trisection et les lois qui président à la composition des feuilles. Il s'agit maintenant de démontrer que si, souvent, le principe de la trisection ne se retrouve pas d'une manière aussi visible dans certaines feuilles, c'est qu'il y a des causes organiques qui s'opposent à ce que ce principe soit réellement apparent. Il y est, en effet, tellement *dissimulé*, qu'il faut entrer dans quelques considérations organogéniques pour arriver à constater son existence. Pour cela, nous devons commencer par faire bien comprendre les deux principaux types de la génération générale des éléments foliaires, savoir : la *génération longitudinale* et la *génération latérale*.

SECTION I. — GÉNÉRATION LONGITUDINALE.

Nous avons déjà donné un aperçu de ce que nous entendions par génération longitudinale, en faisant connaître l'organogénie de la feuille du *Cobea scandens* et du *Jasminum officinale*. Afin de mieux confirmer encore et généraliser ce type de la formation des feuilles, il nous semble indispensable d'entrer dans de plus grands détails afin de le mettre, en quelque sorte, en parallèle avec la génération latérale que nous n'avons fait que signaler en passant. D'ailleurs ces sortes de répétitions seront bien plus de nature à porter la conviction dans les esprits que l'exposé d'un simple fait.

Nous allons raisonner sur les feuilles du Framboisier, *Rubus idæus*, *fig*. 34, qui est une véritable feuille composée, comme le Pl. VI. sont un grand nombre de feuilles de Rosacées, famille ayant de grandes analogies avec la famille des Légumineuses dans laquelle se trouvent les feuilles *longicomposées* par excellence.

Or, dans les feuilles de Framboisier, bien souvent on trouve des feuilles presque entières comme en a, *fig*. 34, c'est-à-dire n'ayant que deux lobes, ou à 3 lobes comme en b, qui sont bien évidemment un acheminement à la trifoliation représentée en c.

Si maintenant nous examinons la *fig*. 35 qui représente deux autres feuilles du même végétal, nous reconnaissons en 1, une feuille à trois folioles ; mais la supérieure, en vertu du principe de la trisection, se trilobe et conduit incontestablement à la feuille quintifoliolée, 2. En poursuivant ces observations, particulièrement chez les espèces à cinq folioles (*Rubus biflorus*, *fig*. 36), on ne tarde pas à reconnaître que la cinquième foliole terminale tend elle-même à se triséquer de manière à conduire à la feuille *longitudinalement septemfoliolée* qui est le nombre le plus fréquent des folioles composant les feuilles des Rosiers.

En continuant ce genre de recherches sur les feuilles des *Rosa*, nous trouvons tous les nombres intermédiaires à 3 et 13; ainsi les feuilles du *Rosa trifolia* sont de 3-5 folioles; celles du *Rosa diversifolia, acuminata miniata*, etc., de 3-5-7 folioles; celles du *Rosa lucida*, de 3, 5, 7, 9 folioles; celles du *Rosa Woodsii*, de 7-9 folioles, celles du *Rosa microphylla*, de 11-13 folioles. Ainsi, chez les Rosacées, la longicomposition est évidemment constituée par des trisections successives de la foliole terminale, cómme chez le *Cobea* et le Jasmin. Les feuilles des *Poterium* et des *Sanguisorba* ont un degré de longicomposition bien plus élevé encore et conduisent en cela aux feuilles les plus composées, c'est-à-dire longitudinalement foliolées des Légumineuses.

Si nous passons des feuilles déjà bien composées des Rosacées à celles des Légumineuses, nous les voyons simples dans les *Cercis*, trifoliolées dans les Trèfles, les *Medicago*, etc., se composer de plus en plus, toujours longitudinalement, dans les *Colutea*, les *Robinia*, etc., et même se bicomposer d'une façon toute particulière. Ainsi, tandis que nous avons vu la bicomposition se faire dans les Ombellifères (*Imperatoria*) de façon à composer la feuille de neuf folioles seulement, c'est-à-dire 3 × 3, 3 étant déjà une composition ; dans les Légumineuses la génération longitudinale est tellement prononcée que la bicomposition produit une longue suite de paires de foliolules sur les nervures secondaires. C'est la génération longitudinale reportée, ou plutôt continuée sur les nervures secondaires, tandis que dans les compositions de la forme L = 1, la *génération latérale* est toujours proportionnelle à la longitudinale, d'où notre troisième loi qui n'est plus applicable à la composition des feuilles des Légumineuses, autres que les trifoliolées.

Voyons donc, malgré cela, si le principe de la trisection intervient dans la bicomposition des feuilles des Légumineuses.

On doit à Macaire (1) une première observation de folioles de *Gleditschia* qui sont restées unies ensemble pour former des limbes simples. De Candolle (2) a fait des observations de ce

(1) *Bibliothèque universelle*, vol. XVII, p. 142.
(2) *Mémoire sur les Légumineuses*.

genre qui prouvent que ces défauts d'exastosie sont assez fréquents; de sorte que l'on peut voir assez souvent des folioles provenant de la réunion de plusieurs foliolules et des feuilles simples résultant de l'union de plusieurs folioles, et réciproquement, et l'on sait que les feuilles des espèces de ce genre sont bipennées ou bicomposées d'ordinaire.

Nous avons figuré, ici, une série de ces folioles plus ou moins liées entre elles pour constituer une feuille, *fig.* 37, et de foliolules diversement unies pour conduire à la foliole, *fig.* 38; mais on doit remarquer que la tendance à l'exastosie d'un seul côté, très-prononcée en c, *fig.* 38, peut exister de l'autre côté de la feuille avec une intensité de plus en plus égale au point de produire d'abord la foliole, *fig.* 38 b, ou la feuille, *fig.* 37; ensuite, la foliole a, *fig.* 38, dans laquelle l'influence du principe de la trisection peut être reconnue.

Si nous reprenons l'exemple de la feuille du Jasmin, il nous sera facile d'y découvrir plusieurs points importants.

1° D'abord une génération longitudinale démontrée par la composition des feuilles à partir du bourgeon et par l'étude organogénique, moyens indiqués dans notre article premier.

2° Ensuite, analogie entre la foliole du Jasmin et celle du *Gleditschia*, relativement à l'inégalité de l'exastosie de chaque côté de la foliole qui fait que le principe de la trisection est dissimulé.

3° Si, en effet, on observe la *fig.* 39, on voit en 1 que la foliole terminale a de la tendance à s'individualiser du côté gauche; tandis que d'autres folioles comme en 2, ont cette tendance prononcée à droite. Il y a donc des feuilles où cette tendance peut se rencontrer également à droite comme à gauche; c'est, en effet, ce qui a lieu, et l'on a alors une foliole trilobée comme en 3, où le principe de la trisection est surpris en voie d'influence.

Comment prouver, maintenant, que les autres folioles proviennent d'une trisection plus avancée? De la manière suivante :

4° On remarquera d'abord que la première paire de folioles, après la supérieure souvent trilobée, manifeste sa séparation de la foliole terminale par une adhérence plus grande au rachis, indiquée par la décurrence que l'on observe à sa base, exactement

comme la décurrence que l'on observe à la base des folioles détachées de 1 et 2, la décurrence étant bien plus prononcée en 3,
où il n'y a que des lobes. On observera de plus, que la deuxième
paire, en descendant sur le rachis, est déjà moins décurrente,
quoique cette décurrence soit encore sensible dans beaucoup
de feuilles où elle se manifeste par les deux côtés inégaux de la
foliole. Enfin la troisième paire, en descendant sur le rachis,
ou la première paire formée, est complétement libre de toute
décurrence : aussi les deux côtés de chaque foliole sont-ils très-
sensiblement égaux.

5° Enfin on peut observer que l'intervalle qui sépare chaque foliole est sensiblement le même à toutes les hauteurs sur le rachis ;
de sorte que notre première loi, du moins dans toute son étendue, ne saurait être applicable à cette sorte de feuilles.

Ainsi nous sommes forcé de reconnaître que la feuille *longicomposée* du Jasmin se fait par voie de trisection, tellement que,
bien que nous n'ayons jamais suivi la germination du Jasmin,
nous pouvons prédire d'avance que la marche de la composition
des feuilles se fera de la manière suivante : 1° cotylédons et
feuilles primordiales simples ou trilobées ; 2° feuilles trifoliolées ;
3° feuilles quintifoliolées, puis enfin feuilles septemfoliolées et
même novemfoliolées (troisième méthode), et cette génération
longitudinale est tellement caractéristique que l'on ne remarque
aucune tendance à la généraion latérale.

Il est bien entendu que ce n'est pas la feuille ou la foliole une
fois formée qui subit l'influence de la trisection, mais le mamelon organogénique ou masse de tissu cellulaire destiné à former
la feuille.

SECTION II. — GÉNÉRATION LATÉRALE.

Contrairement à ce que nous venons de voir, il y a des feuilles
chez lesquelles la généraion longitudinale se borne à la production d'une foliole continuant le rachis, tandis que les folioles
surnuméraires qui viennent composer la feuille se forment de
plus en plus sur le côté ; c'est-à-dire que la foliole primaire qui
est centrale subit une seule fois l'influence du principe de la trisection ; mais une fois les deux folioles secondaires formées, elle
ne présente plus de tendance à la composition ; tandis que c'est

à la foliole secondaire qu'est départi le soin de produire une foliole tertiaire, qui devra produire à son tour une nouvelle foliole
d'un ordre plus élevé, laquelle en produira une autre d'un ordre
plus élevé encore, et ainsi de suite. Il ne faudrait donc pas croire
qu'il suffit à la foliole secondaire de se composer longitudinalement comme cela arrive à certaines feuilles bicomposées des Légumineuses dont nous avons parlé, pour prendre une idée de ce
que nous entendons par génération latérale ; car nous comprenons
par cette dénomination une succession de folioles, *toujours plus
latérale, d'un ordre de plus en plus élevé*, et dans la formation
desquelles le principe de la trisection est complétement dissimulé.

Pour prendre une idée exacte de ce mode de génération, il ne
faut que jeter les yeux sur la feuille de l'*Helleborus fœtidus*,
fig. 40, pour reconnaître que la foliole 1 est la continuation du
rachis, que la foliole 2 n'est que secondaire, que la foliole 3 n'est
que de troisième ordre ; la foliole 4, de quatrième ordre ; la foliole 5, de cinquième ordre, et la foliole 6, de sixième ordre,
puisqu'elle ne s'est pas encore séparée de la cinquième. De plus,
on reconnaît que le pétiole se trifurque 1° en donnant une nervure médiane à la foliole 1 et en fournissant un support commun, une sorte de branche aux folioles 2, 3, 4, 5, 6, support et
folioles qui se trouvent répétés à gauche du rachis. On peut
faire la même observation sur la feuille des *Helleborus lividus,
niger*, etc., quoique parfois moins composée. Il y a donc ici une
génération complétement différente de celle que nous avons nommée longitudinale, et comme la composition se fait ici de plus en
plus sur le côté, nous lui avons donné le nom de *génération latérale*, et aux feuilles composées qui en résultent, celui de *latéricomposées*. C'est à cette génération qu'il faut rapporter les feuilles
latéricomposées des Potentilles, *Cannabis*, Lupins, parmi les
dicotylédones ; celles des *Chamœrops humilis, Latania, Arum
dracunculus* (1), parmi les monocotylédones ; et les frondes de
l'*Anthurium membranuliferum podophyllum*, de l'*Adianthum
pedatum*, etc., parmi les acotylédones.

Supposons maintenant qu'au lieu d'avoir déterminé la forma-

(1) Turpin, *Iconog. végét.*, tabl. 43 *bis*.

tion de toutes ces folioles, l'exastosie ne se soit en aucune façon prononcée; alors si l'on conçoit une ligne qui, partant de la base du limbe à son point de jonction avec le pétiole, circonscrive toute la feuille en passant par les extrémités de toutes les folioles, on aura la figure d'une feuille plus ou moins arrondie, réniforme ou quelquefois cordiforme, dans laquelle on reconnaîtra plus de largeur que de longueur. D'un autre côté, en observant les nervures latérales de certaines feuilles simples, on voit que si souvent elles semblent partir de l'extrémité du pétiole comme dans le *Cercis siliquastum, fig.* 84, pl. XI, souvent aussi on reconnaît qu'elles partent les unes des autres de façon à ce que le plus petit doute sur leur ordre de formation ne soit plus permis. Ainsi, si nous examinons la nervation du *Petasites hybrida, fig.* 41 a, nous voyons que la nervure médiane, continuation du pétiole, a donné naissance à deux nervures secondaires; que de chacune de celles-ci partent des nervures tertiaires, lesquelles donnent naissance à une nervure quaternaire; celle-ci a une nervure quinaire, etc. Ces nervures accusent évidemment le nombre des éléments qui entrent dans une feuille, et comme ces nervures vont toujours en diminuant de volume à mesure qu'elles s'éloignent de la médiane, on reconnaît ainsi qu'elles vont sans cesse en s'élevant dans l'ordre de leur formation. Nous avons reproduit en b, *fig.* 41, la succession des nervures de l'exemple précédent, 1 représentant la continuation du pétiole, la nervure ou la foliole médiane; 2, représente la nervure secondaire; 3, la tertiaire; 4, la quaternaire; 5, la quinaire, et 6, la sénaire. Les feuilles des *Petasites vulgaris, niveus,* etc.; celles du *Nardosmia fragrans,* des divers *Cucurbita,* etc., accusent par leurs nervures une semblable génération, et nous avons déjà parlé d'un pareil mode de formation en faisant voir comment la feuille simple du *Tithonia tagetiflora* arrivait à former une feuille quintilobée (Pl. III, *fig.* 18, 19, 20, 21, B et p. 22).

Il en est de même, quoique d'une manière un peu moins prononcée, des feuilles de quelques *Geranium* (Anemonœfolium) et chez les *Geranium angulatum, eflexum, polypetalum,* etc.; les bords de dernières formations (ceux qui appartiennent aux dernières nervures) sont quelquefois d'une formation si élevée qu'ils se recouvrent de beaucoup, de sorte qu'au premier abord la feuille paraît comme peltée (*fig.* 65, 1, pl. IX), et nous avons pu même constater une fois l'adhérence des deux bords extrèmes, ce qui en faisait une vraie feuille peltée.

Les feuilles des Malvacées présentent aussi, quoiqu'à un degré moins avancé, une formation analogue (*Althea rosea*, *armeniaca*, *hirsuta*; *Malva abyssinica*, etc.), qui se trouve en quelque sorte prise sur le fait dans l'*Hibiscus trionum*, *fig.* 41 ; car il est évident qu'à part l'exastosie qui s'est prononcée de façon à transformer les lobes en folioles, la nervure 1 est la continuation du pétiole; que, par conséquent, les nervures 2 émanent de la nervure 1. Or, on voit la nervure 3 émerger de la nervure 2, et la nervure 4 sortir de la nervure 3. Donc, nous avons une formation analogue à celle qui est représentée en b, *fig.* 41, quoique limitée à la nervure 4, et c'est certainement cette génération qui appartient aux feuilles quintilobées des Malvacées, et en général à toutes les feuilles latéralement quintilobées ou septemlobées des autres familles.

Si, dans certaines feuilles, on voit l'*émersion* des nervures se faire de façon que l'on puisse bien reconnaître l'ordre de leur formation, dans d'autres, au contraire, on les voit qui semblent toutes partir d'un centre commun et aller en rayonnant vers les bords de la feuille. Ainsi les feuilles des *Pelargonium zonale* et *inquinans*, *fig.* 43, présentent des nervures dont nous ne con- Pl. VII. naissons l'ordre de génération que par l'étude que nous en avons faite sur les feuilles précédentes.

Enfin, nous verrons plus loin que c'est à ce mode de fórmation qu'il faut rapporter celui des feuilles *palmées* des Ricins ou *peltées* des Capucines; car bien souvent on voit les nervures d'un ordre supérieur procéder d'une nervure d'un ordre immédiatement inférieur. La seule différence qui se fait remarquer entre ces sortes de feuilles et celles des *Geranium* précités, c'est que dans les feuilles palmées ou peltées, les bords de la dernière génération sont restés unis; c'est-à-dire que l'exastosie ne s'est pas prononcée entre ces deux bords, d'où est résulté un limbe circulaire au-dessous duquel le pétiole est attaché. Mais dans ces feuilles palmées ou peltées, il est rare que l'on n'y reconnaisse pas des nervures de moins en moins fortes, à partir de la nervure médiane; de plus, les éléments sont graduellement plus petits à mesure qu'ils sont constitués par des nervures d'un ordre plus élevé ou de plus récente formation. Il en résulte nécessairement que le pétiole est toujours plus ou moins excentriquement attaché au limbe. Nous verrons, au reste, en faisant l'organogénie de la feuille de Capucine, que c'est bien ainsi que marche l'ordre de la formation des différents éléments.

De même que nous avons vu l'exastosie se prononcer entre les bords de dernière génération des feuilles de *Geranium*, de même il arrive qu'elle se prononce entre chaque nervure principale de la feuille, de manière à en faire autant de folioles distinctes. Dans ce cas, selon le nombre des éléments de formation foliaire, on a une feuille *trifoliolée* (*Fragaria*, *Medicago*, etc.) ; *quadrifoliolée* (*Marsilea quadrifolia*); *quintifoliolée* (*Cissus quinquefolia*, *Pavia*, etc.) ; *septemfoliolée* ou *novemfoliolée* (*Æsculus hippocastanum*). Enfin, cette génération peut être poussée assez loin pour que chaque feuille puisse compter jusqu'à 11, 12, 13, etc., folioles, comme dans les Lupins; de sorte qu'alors on a une série circulaire de folioles qui sont à la feuille peltée, ce que la feuille du *Cissus quinquefolia* est à la feuille plus ou moins profondément quintilobée des *Vitis*. Ajoutons que les feuilles des *Lupinus* ont souvent été caractérisées par la désinence de *multifoliolées* qui peut tout aussi bien s'appliquer à la feuille du *Robinia pseudo-Acacia*, qui ne ressemble en rien à celle des Lupins. Il est donc utile de déterminer le système suivant lequel une feuille s'est composée.

Il y a des feuilles dont la composition latérale se borne à la production de 2 folioles qui, avec la foliole terminale, constituent les feuilles *trifoliolées;* d'autres qui admettent une foliole de plus de chaque côté : feuilles *quintifoliolées;* d'autres qui sont latéralement *septemfoliolées*, *novemfoliolées;* enfin d'autres qui sont tellement composées latéralement comme celles des *Thrynax*, *Chamærops*, *Sabal*, que l'on pourrait presque dire qu'elles le sont indéfiniment. En un mot, la composition latérale peut être portée si loin, qu'elle atteint presque les proportions de la composition longitudinale ; mais il est impossible de confondre ces deux sortes de compositions, car les feuilles qui en résultent, excepté les trifoliolées, sont complétement différentes de physionomie, comme on peut s'en assurer en comparant une feuille de *Potentilla*

reptans et une feuille de Framboisier, *fig.* 35, pl. VI, qui, toutes
deux, sont quintifoliolées. Dans les descriptions, il pourrait donc
être utile de distinguer ces deux sortes de feuilles, car elles appartiennent précisément à la même famille des Rosacées.

Mais s'il est impossible de confondre ces deux sortes de feuilles
composées lorsqu'elles sont formées de 5, 7, 9, etc., folioles,
nous ne pouvons en dire autant des feuilles *trifoliolées* qui ne
nous offrent, à première vue, aucun moyen de nous assurer si
la feuille appartient à la longi ou la latéricomposition. Il est évident, cependant, qu'il doit y avoir des feuilles trifoliolées appartenant aux deux systèmes, et pour nous en assurer, c'est vainement que nous invoquerions les recherches organogéniques, car
alors, les feuilles dans leur plus grand état de simplicité se ressemblent dans les deux systèmes de composition, et elles se ressemblent encore par la manière dont elles passent au premier
degré de composition ; c'est-à-dire que toutes deux subissent l'influence de la trisection exactement de la même façon, et il n'y a pas,
en vérité, pour une feuille simple, deux manières de se triséquer.
Enfin, ce n'est réellement qu'à partir de la feuille trifoliolée
que les deux compositions se distinguent, car tandis que l'on voit
la composition d'un système se faire dans un sens *parallèle* au
rachis, c'est-à-dire longitudinalement, au contraire, on voit la
composition de l'autre se produire dans un sens *perpendiculaire*
au rachis, c'est-à-dire latéralement. On pourrait dire que la
première est *centripète* et la seconde *centrifuge ;* ou, si l'on voulait être plus rigoureux, il faudrait dire que l'une se fait en ligne
droite continuant le pétiole, tandis que l'autre marche suivant
deux spires se développant de chaque côté du rachis.

De Candolle s'était posé la même question que nous, et voici
comment il y répond : « La seule règle que je connaisse pour lever
ce doute est celle-ci : lorsque les trois folioles ont leur articulation située exactement au sommet du pétiole, ou, comme on a
coutume de le dire, que l'impaire est sessile, on doit regarder la
feuille comme palmée : par exemple les Cytises et la plupart
des Trèfles. Lorsque le pétiole commun se prolonge au delà des
deux folioles latérales, et que l'articulation de la foliole terminale
est plus ou moins écartée de l'origine des deux autres, ou, comme
on dit vulgairement, que l'impaire est pédicellée, comme dans les

Medicago, les *Desmodium*, alors la feuille doit toujours être considérée comme une feuille pennée qui n'a qu'une paire de folioles latérales. Les analogies confirment cette règle qui devient utile à son tour pour démêler les analogies ultérieures (1). »

Cette méthode que nous ne connaissions pas, et que par conséquent nous n'avons pu introduire dans notre mémoire adressé à l'Académie des sciences en 1860, conduit exactement aux mêmes résultats que celle que nous y avons fait connaître, et la preuve en est donnée par la même manière de voir sur les *Trifolium*, l'un des genres auquel nous appliquons notre méthode. Cependant nous croyons celle de De Candolle meilleure que la nôtre.

Nous disons, dans ce mémoire, que jusqu'à présent nous n'avons pu découvrir qu'un seul moyen qui puisse conduire à la connaissance du système auquel appartient la feuille trifoliolée, et encore ne le donnons-nous pas comme infaillible.

Il est bien difficile qu'une feuille ne trahisse pas son origine par ses tendances à la trisection. Donc, en cherchant avec assez de soin dans une série de plantes, nous pouvons certifier que presque toujours on arrivera à trouver l'une des trois folioles offrant une tendance à la trisection.

Par exemple, nous supposons que les feuilles trifoliolées des *Fragaria* et des *Trifolium* appartiennent au système de génération latérale, par la raison que si nous cherchons suffisamment dans le *Fragaria vesca* nous trouverons des folioles inférieures tendant à se diviser et représentant un lobe extérieur. Au contraire, nous n'avons jamais trouvé de foliole terminale en voie de trisection. Donc, ici, la tendance à la composition latérale est manifeste et justifiée par l'exemple du *Fragaria viridis* qui offre fréquemment des feuilles de quatre à cinq folioles latéralement développées comme dans les Quintefeuilles.

Pareillement, de ce que les feuilles de *Trifolium repens* offrent quelquefois quatre folioles disposées latéralement, nous en concluons que cette feuille trifoliolée appartient à la génération latérale, et cette hypothèse est fortifiée par l'exemple du *Trifolium repens* var. *purpureum* dont la feuille est de 3, 4 et 5 folioles latérales.

(1) *Organog. vég.*, t. 1, p. 314.

Au contraire, les feuilles trifoliolées des *Jasminum Azoricum,* *Mauritianum, fruticans,* etc., nous semblent être des feuilles trifoliolées du système de génération longitudinale, parce que dans le genre *Jasminum* on trouve des feuilles composées longitudinalement ; que l'on voit souvent la terminale se triséquant, et que dans le *Jasminum heterophyllum,* on rencontre parfois des feuilles trifoliolées présentant une foliole terminale qui offre des traces de trisection.

Enfin, il est des cas où même, avec des observations de ce genre, il peut être très-difficile de décider si la feuille est longitudinalement ou latéralement trifoliolée. Ainsi, chez les *Rubus,* le nombre d'espèces à 3 folioles est assez fréquent (*Rubus occidentalis, hispidus, parvifolius, cæsius, triphyllus, arcticus,* etc.). Mais, si nous cherchons dans les autres espèces des phénomènes analogues à ceux qui nous ont fait découvrir le système auquel appartiennent les feuilles trifoliolées dont nous venons de parler, nous y trouvons des cas de tératologie qui indiquent que la feuille trifoliolée peut tout aussi bien appartenir à un système qu'à l'autre. En effet, dans le *Rubus idæus,* c'est la foliole terminale qui, se triséquant, semble indiquer une génération longitudinale ou centripète ; mais, dans le *Rubus fruticosus,* ce sont aussi bien les folioles latérales qui tendent à se triséquer, *fig.* 2, 3, 4, pl. I, pour faire des feuilles quintifoliolées appartenant évidemment au système de génération latérale ou centrifuge.

SECTION III. — ÉTUDES ORGANOGÉNIQUES DES FEUILLES LATÉRICOMPOSÉES.

Il ne nous suffisait pas de reconnaître sur les feuilles latéricomposées que la composition se faisait bien comme nous venons de l'indiquer, et il se pouvait que notre manière de voir ne fût pas en rapport avec la marche de la nature. Il aurait pu se faire, en effet, que les diverses parties de la feuille composée fussent créées toutes à la fois, et alors les différences que l'on constate dans le développement ou la grandeur des folioles ou des parties de la feuille pouvaient être attribuées à des positions plus éloignées du rachis. Il aurait pu arriver encore que la marche de la trisection se continuât comme dans la génération longitudinale, et, dans ce cas, les nouvelles parties formées, au lieu de s'élever sur

le rachis, pouvaient prendre naissance entre les mamelons foliolaires et repousser plus sur le côté les premiers mamelons formés,
absolument comme on a admis que les bourgeons de la Vigne re-
poussent latéralement la vrille terminale qui devient alors oppositifoliée.

Il fallait donc que l'organogénie vînt nous fournir la preuve
que certaines feuilles composées étaient véritablement formées
par génération latérale. Or, en étudiant l'organogénie des feuilles
des Lupins, des Potentilles quintefeuilles, des Capucines et des
Ricins, nous avons pu nous convaincre que les feuilles latéricomposées méritaient véritablement ce nom par la manière dont
marche leur composition.

Nous reproduisons ici l'organogénie des feuilles du *Lupinus
mutabilis* et du *Tropœolum majus*, qui sont : la première, le
type de la génération latérale des feuilles latéricomposées ; la seconde, un des exemples les plus parfaits de la génération latérale
des feuilles peltées. L'organogénie des feuilles de ces deux espèces
se trouvant être la même que celle des feuilles des Potentilles
quintefeuilles, du *Cannabis sativa*, etc., et des feuilles de Ricins, etc., il devient inutile de les reproduire toutes ici. Nous
pensons que les deux premières suffiront pour faire comprendre
ce mode de génération qui, nous le répétons, est le même pour
toutes les feuilles de ce système.

Si l'on détache avec d'assez grandes précautions les feuilles de
plus en plus petites d'un axe du *Lupinus mutabilis*, on arrive à
trouver une série de feuilles dont les formes se trouvent représentées, *fig.* 44 (1, 2, 3, 4, 5 et 6).

1, représente le mamelon ovoïde qui devra former la première
feuille ou foliole. Nous l'avons appelé *a*, pour faire voir dans les
autres figures qu'il ne subit qu'une seule fois l'influence du
principe de la trisection ; car, ainsi qu'on va le voir, les nouveaux
éléments représentés par des lettres d'autant plus élevées qu'ils
sont de plus récente formation, sont toujours formés par les plus
nouveaux. Ainsi, en 2, *a* s'est triséqué pour produire un double
mamelon b. C'est également la manière dont une feuille *longicomposée* eût procédé pour commencer sa composition longitudinale ; car il n'y a pas, pour les feuilles, deux manières de se
triséquer.

3, représente une feuille un peu plus avancée, dans laquelle le mamelon *b*, qui formera une foliole, a produit le mamelon *c* qui constituera aussi une foliole.

En 4, la feuille est plus composée encore, et l'on y voit que *c* a donné naissance à l'élément *d* qui formera aussi une foliole. A son tour, *d* produit un nouveau mamelon *e*, indiqué en 6.

C'est ordinairement à ce nombre de folioles que s'arrête la composition de ce Lupin. Les progrès de la végétation ne portent plus que sur le développement et la forme des folioles, sans ajouter aucun autre élément à la feuille. On voit d'abord les mamelons s'écarter les uns des autres comme en 5 et 6, puis les mamelons s'élargir pour constituer chacun une foliole. Quant aux organes *s*,*s'* qui sont placés à la base de la feuille en 6, ils ne sont autres que des stipules.

Il est donc évident que dans la feuille du Lupin en question, la composition se fait par génération latérale.

Si maintenant nous examinons avec le même soin l'extrémité d'un axe du *Tropœolum majus*, nous pouvons arriver à constituer la série de feuilles représentée, *fig.* 45 (1, 2, 3, 4, 4', 5 et 6), dans laquelle il est aisé de reconnaitre l'ordre successif de la génération des parties de la feuille.

Ainsi, en 1, on voit le mamelon arrondi qui va donner lieu aux productions latérales suivantes, après avoir pris la forme ovoïde que l'on voit en 2. Un peu plus tard, cette forme ovoïde a produit de chaque côté un mamelon figuré en *b*, 3 ; il en résulte une petite feuille à 3 lobes. Puis cette feuille, en grandissant, produit 2 autres lobes *c*, qui sont au-dessous de *b*, si bien que l'on a une petite feuille à 5 lobes représentée en 4. Nous avons reproduit en 4' le profil d'une autre feuille où l'on voit que *a* a produit *b*, que *b* a donné naissance à *c*, et que ce dernier mamelon présente à sa base une gibbosité *d*, qui formera plus tard le lobe latéral quaternaire de la feuille de Capucine.

En 5, la feuille est vue à l'intérieur avec l'extrémité de ses lobules un peu incurvés. Enfin, en 6, la feuille un peu plus développée est représentée par le dos. Elle présente toutes les parties qui la constituent d'ordinaire ; cependant, quelquefois il s'y ajoute un élément de plus indiqué par la nervure quinaire que l'on remarque à la feuille représentée, *fig.* 63, b.

II.   4

Par la succession des lettres, il est facile de reconnaître l'ordre suivant lequel les diverses parties ont pris naissance, et, par conséquent, on y trouve la preuve que dans la formation de la feuille de Capucine les divers éléments qui la constituent se produisent par génération latérale, absolument comme si la feuille était composée à la manière des Lupins.

L'étude organogénique de la feuille des Ricins donne des résultats identiques; c'est pour cela que nous nous sommes borné à reproduire les divers états organogéniques de la Capucine.

Mais si la génération est *essentiellement latérale*, il est évident que nous n'avons plus une composition des feuilles analogue à celle que nous avons remarquée chez les Ombellifères, et, dans ce cas, comment découvrir l'influence du principe de la trisection?

Nous ne l'ignorons pas, il nous sera assez difficile de démontrer, ici, ce principe d'une manière aussi évidente que lorsqu'il s'est agi de génération longitudinale, et, à plus forte raison, de cette double génération que nous avons désignée par la forme $L = l$. Mais nous avons dit aussi que souvent le principe était dissimulé, et que, par conséquent, il n'en existait pas moins.

Voyons donc comment il peut être dissimulé, et comment on arrive, néanmoins, à le reconnaître. On peut y être conduit de trois façons différentes.

I. — Nous avons établi, p. 11, qu'il y avait des systèmes ou ensembles de parties qui pouvaient être regardés comme liés entre eux beaucoup plus que certains autres, et qu'en établissant des comparaisons entre les divers ensembles de plus en plus ou de moins en moins composés, on arrivait à concevoir une suite de trisections qui confirmaient de plus en plus le principe.

Nous avons vu encore que dans la génération longitudinale le principe de la trisection ne portant son influence que sur la foliole terminale, l'ordre de la formation des éléments foliolaires s'élevait de plus en plus, si bien que les nouvelles formations se trouvaient au-dessus des plus anciennes (formation centripète). Or, en admettant que ces deux ordres de phénomènes physiologiques soient applicables à la génération latérale, on arrive, sans trop forcer la logique, à concevoir que le principe de la trisection peut suivre une marche inverse dans la composition ou génération latérale.

1° On peut admettre, en effet, que dans la *fig.* 45, par exemple, de même que par rapport à *b* (3), *a* (2) représente un système simple qui s'est trilobé en formant *b* ; de même on peut dire aussi que *a* + *b* (3) constituent un système composé qui s'est triséqué en formant *c* (4); de même aussi *a* + *b* + *c* (4) constituent un système plus composé, qui s'est de nouveau triséqué pour former *d* (4′, 5 et 6). Le même raisonnement peut évidemment s'appliquer aux divers états de la feuille du Lupin, *fig.* 44. Donc, sous ce point de vue, on peut dire que le principe de la trisection est saisissable.

2° D'un autre côté on peut dire, et le raisonnement que nous venons de faire en est la preuve, que contrairement à ce qui a lieu dans la génération longitudinale ou centripète, l'ordre de la formation des éléments *descend de plus en plus,* de telle façon que les nouvelles générations se trouvent au-dessous des plus anciennes, et que, tandis que le principe de la trisection a une *marche ascendante* dans la génération longitudinale, dans la latérale ou centrifuge, au contraire, il a plutôt *une marche descendante*.

Toutefois, en admettant que l'on conçoive que le principe de la trisection soit ainsi démontré, il faudrait toujours convenir que, comme dans la génération longitudinale, il y a une exception évidente à la deuxième proposition de l'énoncé du principe ; car il est clair que les nombres 5, 7, 11, etc., qui peuvent résulter de la trisection descendante, ne sauraient être un multiple de 3. Donc les générations longitudinale et latérale font exception à cette proposition.

II. — Pour arriver à bien comprendre la seconde manière dont le principe de la trisection est dissimulé, ou, ce qui revient au même, la manière de le retrouver ou plutôt de le supposer, il faut entrer dans quelques considérations préalables sur la nervation comme centre d'un élément foliaire.

Nous savons qu'une nervure moyenne, rachis, ou continuation du pétiole, que nous nommons très-souvent *nervure primaire,* nous savons, disons-nous, qu'une nervure primaire donne nécessairement naissance à une feuille que l'on peut considérer comme une *feuille unilobée ;* mais la nervure qui en est le centre produit d'ordinaire des nervures secondaires souvent *parallèles,* et

placées les unes au-dessus des autres à des distances à peu près
égales. Les deux premières, secondaires ou latérales, donnent
très-souvent lieu à la formation de deux autres lobes qui, avec le
lobe terminal de la feuille unilobée, constituent une feuille à
trois lobes.

Mais de même que la nervure primaire a donné naissance aux
deux nervures secondaires qui ont produit chacune un lobe, de
même non-seulement 1° chaque nervure secondaire, tertiaire,
quaternaire, etc., pourra devenir le centre d'un élément foliaire
(foliole ou lobe), mais encore 2° les nervures secondaires, tertiaires, quaternaires répétées sur la nervure primaire ou sur les
autres nervures, regardées alors comme principales, peuvent devenir aussi le centre d'éléments foliolaires ou, si l'on veut, de folioles ou de lobes plus petits. En un mot, rien n'empêche de raisonner sur toutes les nervures de la feuille comme sur la nervure
principale ou primaire. Il y a donc lieu d'étudier séparément la
nervure primaire, les premières secondaires, tertiaires, quaternaires, etc., et les autres secondaires, tertiaires, quaternaires qui
se répètent sur les nervures d'où elles émergent.

1° Nous commençons par bien établir cette différence : tandis
que dans la nervure primaire les générations latérales étant parfaitement libres de chaque côté, il en résulte une *action symétrique parfaite*, dans le sens de nos idées sur la symétrie végétale (1), qui produit une nervure secondaire capable de donner
lieu à une *exastose* (foliole ou lobe) de chaque côté de cette nervure primaire ; au contraire, dans la nervure secondaire les
générations latérales ne seront plus libres des deux côtés au
même degré, car le côté qui regarde la nervure primaire aura
moins de liberté pour se développer que l'autre, et l'on conçoit
que la génération de ce côté soit moins prononcée, ou plutôt soit
*absorbée au profit de la génération longitudinale appartenant à
la nervure primaire*. De cette manière de voir, il résulte que le
côté libre de la nervure secondaire pourra seule produire la nervure tertiaire capable de donner naissance à un lobe, et c'est en
effet ce qui arrive souvent.

En raisonnant de la même façon sur la nervure tertiaire, on

(1) *Etudes sur la symétrie considérée dans les trois règnes de la nature.*
Paris, 1855. Broch. in-8°, 29 *figures*. Voir aussi tome Ier, chap. III.

voit qu'il n'y a que la génération la plus extérieure qui se prononcera, et une nervure quaternaire pourra prendre naissance et
produire un lobe plus petit ; mais on remarquera que la direction
des nervures des lobes et leur extrémité est suivant une courbe
qui, passant par ces extrémités, enceindrait une surface cordiforme.

Soit, par exemple, la feuille de Platane, *fig*. 46. On y voit que
la nervure primaire 1 forme le lobe 1' ; que le lobe 2' est formé
par la nervure 2 ; que la nervure 3 donne naissance au lobe 3', et
que la dernière nervure latérale 4 produit un petit lobe 4'. Mais
il est évident que la première nervure latérale droite 2 émane de
la primaire 1, qui, étant libre de chaque côté, produit une autre
nervure latérale à gauche tout à fait semblable à la première. Il
est également évident que la première tertiaire, ou nervure 3,
émane de la première secondaire. Mais comme la première secondaire est plus libre d'un côté que de l'autre, où la génération
latérale, par rapport à cette nervure secondaire, se trouve influencée ou absorbée par la génération longitudinale de la nervure primaire, il en résulte que le côté libre, seul, produira une
nervure tertiaire 3, pouvant donner lieu à la formation d'un
lobe 3'. On en pourrait dire autant de la nervure 3, qui produira
pour la même raison une nervure 4 et un lobe 4' du côté libre,
nervure et lobe qui ne se prononceront pas du côté de la nervure 2.

Nous reconnaissons en même temps qu'il y a pour chaque nervure, comme pour la primaire, deux générations : la longitudinale, qui produit les nervures *parallèlement* superposées, et la
latérale, qui forme les nervures *angulaires* ; c'est-à-dire dirigées
de plus en plus sur le côté, *fig*. 41, b, pl. VI.

2° Pour bien comprendre le rôle du second ordre de nervures, c'est-à-dire des nervures parallèles, examinons comment
se compose le squelette d'une feuille que nous prenons de
préférence dans notre sixième système de formation, dont la
notation est $\dfrac{L>l}{l<L}$ (1). Soit toujours celle du Platane, dont nous

(1) Ce qui veut dire que la génération longitudinale, plus grande que la latérale, est placée au-dessus de la génération latérale, plus grande que la longitudinale, comme nous le montrerons plus loin (art. III).

ne considérons que la nervation, *fig*. 47. On y voit que les nervures de même ordre sont indiquées par les mêmes chiffres, mais affectés de signes différents, selon qu'elles émanent de nervures principales différentes. Ainsi, les nervures *secondaires* 2, 2′, 2″, 2‴, etc., sont de même nom parce qu'elles prennent naissance sur la nervure primaire 1 ; mais elles ne sont pas toutes de même génération, puisque, évidemment, la première formée est 2 ; la deuxième formée est 2′ ; la troisième formée est 2″ ; la quatrième, 2‴, et ainsi de suite (génération longitudinale) ; de sorte qu'elles peuvent être aisément désignées par les expressions suivantes : première secondaire, 2 ; deuxième secondaire, 2′ ; troisième secondaire, 2″ ; quatrième secondaire, 2‴, etc. De même pour les nervures tertiaires : Première tertiaire de la première secondaire, 3^1 ; deuxième tertiaire de la première secondaire, $3^{1\prime}$; troisième tertiaire de la première secondaire, $3^{1\prime\prime}$, etc., et aussi première tertiaire de la deuxième secondaire, 3^2 ; deuxième tertiaire de la deuxième secondaire, $3^{2\prime}$, et ainsi des autres. On voit de suite combien il serait possible de dénommer chaque nervure d'une feuille ; mais il faut avouer que cette nomenclature est un peu compliquée, et que, heureusement, elle n'est pas, pour le moment, d'une trèsgrande importance ; si tant est, toutefois, que les moindres choses soient négligeables, surtout en histoire naturelle.

Cependant, pour arriver à démontrer la dissimulation du principe de la trisection, et aussi, pour compléter l'examen de la nervation de notre feuille, nous allons donner la notation exacte qui représente toutes les nervures :

1 est la nervure primaire ou rachis ;

2, 2′, 2″, 2‴, 2^{iv}, 2^{v}, les nervures secondaires ;

3^1, $3^{1\prime}$, $3^{1\prime\prime}$, $3^{1\prime\prime\prime}$, les première, deuxième, troisième, quatrième tertiaires de la première secondaire ;

3^2, $3^{2\prime}$, $3^{2\prime\prime}$, les première, deuxième et troisième tertiaires de la deuxième secondaire ;

3^3, $3^{3\prime}$, les première et deuxième tertiaires de la troisième secondaire ;

3^4, la première tertiaire de la quatrième secondaire ;

4, 4′, la première et la deuxième quaternaire ;

5, la première quinaire.

Comme ce n'est qu'exceptionnellement que la nervation est

poussée plus loin, nous nous bornerons à ces quelques détails.
D'ailleurs les botanistes qui voudraient aller plus loin dans cette
nomenclature, en ayant la clé, pourraient le faire très-aisément;
mais, nous le répétons, nous ne pensons pas qu'il soit utile de
pousser plus loin ce genre d'investigation.

Ceci bien compris, essayons de désigner l'ordre de formation
des lobes d'une feuille plurilobée; par exemple, celle du *Saxifraga sarmentosa*, *fig.* 48, présentant le plus souvent six grands
lobes de chaque côté, lesquels, avec le lobe terminal, donnent
treize lobes. La principale nervure, ou nervure primaire 1, va au
sommet de la feuille se terminer dans le premier lobe. La première secondaire 2 va se terminer à la pointe moyenne du lobe 2,
lequel correspond évidemment au lobe 2′ de la feuille du Platane,
fig. 46. De sorte que la feuille trilobée serait réduite au lobe 1 et
aux lobes 2 de droite et 2′ de gauche. La première tertiaire 3 va
se perdre à l'extrémité du lobe 3, qui correspond au lobe 3′ de
la feuille de Platane, de façon que la feuille réduite à 5 lobes
serait constituée par les lobes 1, 2 et 2′, 3 et 3′. La première
quaternaire conduit au lobe 4, correspondant à 4′ de la feuille du
Platane; mais, en même temps que ce lobe se forme, la deuxième
secondaire 2‴ agit sur le bord du limbe de la feuille et y prononce
un lobe 5 et 5′ qui apparaît dans le Platane en 4″; de sorte que
l'on peut dire que ce lobe est manifestement de quatrième formation, en ce sens qu'il se prononce à peu près au moment où
les lobes 4 et 4′ se forment. En poursuivant l'observation dans ce
sens, on trouve que la deuxième tertiaire 3′ de la première secondaire va se terminer à l'extrémité moyenne du lobe 6, dont on
trouve l'analogue dans le petit lobe 5 de la feuille du Platane.

Il résulte de cet examen que l'ordre de formation des lobes
d'une feuille est d'abord le lobe terminal 1, quand les feuilles
sont ovales ou cordiformes; puis les lobes 2 et 2′, *fig.* 48, dans
les feuilles trilobées, *fig.* 20 et 22, pl. III et IV; puis les lobes
3 et 3′ dans la plus grande partie des feuilles quintilobées,
fig. 23, 1, pl. IV; ensuite, les lobes 4 et 4′, *fig.* 48, dans les
feuilles septemlobées, *fig.* 50. De sorte que jusque-là la marche
croissante de la formation des lobes va du sommet à la base.
Puis, comme la formation des lobes continue, elle recommence
sa marche à partir d'en haut, et va en descendant en formant un

lobe entre chacun de ceux qui sont déjà formés. Ainsi, les lobes 5 et 5′ se forment d'abord, et à peu près en même temps que les lobes des deux premières quaternaires, comme étant le résultat de l'action, sur les bords du limbe, de la deuxième secondaire de chaque côté. C'est le lobe supérieur qui subit le premier l'influence du principe de la trisection.

Après la formation de ces deux lobes viennent les lobes 6 et 6′, résultant de l'action de la deuxième tertiaire de la première secondaire sur les bords du limbe. Ici, ce sont les lobes 2 et 2′ qui subissent l'influence du principe de la trisection ; mais tandis que les lobes 2 et 2′, *les premiers formés*, peuvent prendre naissance comme étant le résultat de la première trisection de la feuille, les deux côtés étant *également libres*, au contraire, les lobes latéraux ne doivent pas paraître se triséquer. On comprend bien, en effet, que les deux secondes nervures tertiaires 3′3′ donnent naissance aux lobes 6 et 6′ ; mais les nervures opposées ne sauraient en produire, puisque *leur direction ferait concevoir un lobe compris dans le parenchyme même de la feuille*. Donc on peut dire que ce lobe est absorbé par la feuille, et ce n'est pas une raison pour que le principe de la trisection ne soit pas général. Par conséquent on peut soutenir que le principe de la trisection est *dissimulé*. On en peut dire autant des lobes 7 et 7′, qui nous paraissent être le résultat du *principe dissimulé de la trisection* appliqué aux lobes 3 et 3′, et la cause qui s'oppose à l'apparition des lobes opposés aux lobes 7 et 7′ est exactement la même que précédemment.

L'ordre de la formation des lobes des feuilles multilobées est donc d'abord comme les nombres impairs 1, 3, 5, 7, etc., alternés ensuite par les nombres pairs 2, 4, 6, 8, etc. C'est un mode de formation qui n'est pas sans analogie avec celui que nous avons fait connaître en parlant de la composition organogénique de la feuille du Persil. Mais de ce que le lobe 5 parait être de la même époque de formation que le lobe 4, on peut supposer qu'une fois cette double formation commencée, elle se continue double aussi simultanément pour les formations ultérieures. Ainsi, il est très-probable que dans la feuille représentée *fig.* 49, les premiers lobes formés sont 3 et 3′, comme appartenant aux premières secondaires ; les lobes qui se sont ensuite formés sont

les lobes 5 et 5′, comme ayant les premières tertiaires pour centre. Mais pendant que les premières quaternaires vont former
chacune un lobe 7 et 7′, le lobe 1 subit une seconde fois le principe de la trisection ; alors les deuxièmes secondaires, 2′, deviennent le centre des deux lobes 2 et 2′. Il en est de même de 4 et 4′,
par rapport à 9 et 9′, et de 6 et 6′ par rapport aux petits lobes
11 et 11′, etc., *fig*. 49, d'où il suivrait que la formation des lobes,
après avoir commencé par une marche alternative, marcherait
plus tard en produisant simultanément un lobe pair supérieur et
un lobe impair inférieur.

Il est presque inutile de dire que les chiffres 1, 2, 3, 4, 5 et 6
placés à l'intérieur de la feuille représentent l'ordre de formation des nervures latérales.

Maintenant, remarquons que la nervure primaire 1, qui donne
naissance à la secondaire gauche 2, *fig*. 50, donne aussi naissance
à la secondaire droite 2′, opposée, par la raison que toutes les
circonstances étant égales de chaque côté, la symétrie obéit à
l'influence de la ligne 1, par rapport à laquelle elle est ordonnée,
et par conséquent 2′ doit se produire quand 2 prend naissance.

Si nous cherchons à faire un semblable raisonnement sur la
nervure secondaire 2, considérée comme centre symétrique, nous
voyons bien qu'elle donne lieu à la nervure tertiaire 3 ; mais en
supposant qu'une nervure opposée se produisît, elle serait nécessairement comprise dans la nervure 1, puisque par rapport
à 2, 1 devient l'opposé de 3. Cette seconde nervure tertiaire ne
peut donc pas exister, ou si l'on voulait supposer son existence,
il faudrait admettre qu'elle est confondue avec 1 ou *absorbée*
par 1. En continuant le même raisonnement, on verrait que la
nervure 4, émanant de la nervure 3, ne peut avoir d'opposée
que celle qui serait comprise dans la nervure 2 ou absorbée par
elle.

Ceci établi, quand le lobe 1 subit l'influence de la trisection,
nous avons vu que les lobes 2 et 2′ devaient nécessairement se
former ou tout au moins être indiqués par les nervures. C'est tout
autre chose pour le lobe 2 ; car nous savons bien que ce lobe
pourra produire le lobe 3 ; mais puisque la nervure opposée est
absorbée par la nervure 1, en admettant qu'elle ait dû se former,
le lobe sera donc compris dans le limbe de la feuille, et par con-

séquent dissimulé. Pour bien nous faire comprendre, ne craignons pas d'être trop explicite.

Considérons donc la feuille, *fig.* 51. La première tertiaire peut offrir à son sommet un premier lobe, 3; la première quaternaire donnera le lobe 5; mais la deuxième quaternaire fournira le lobe 4, et comme celle-ci peut avoir son opposée détachée de la nervure secondaire, en vertu du principe de la trisection et de notre loi de symétrie par rapport à une ligne, le lobe qui en résulterait serait en 4'. Or, ce lobe est largement compris dans le limbe général de la feuille; par conséquent, il est comme absorbé ou mieux *dissimulé*. Le même raisonnement est à plus forte raison applicable à la quatrième quaternaire qui donne le lobe 5, et dont l'opposé symétrique serait en 5', c'est-à-dire plus au centre du limbe, et conséquemment plus absorbé ou plus dissimulé encore. Il va sans dire que le même raisonnement peut s'appliquer aux lobes ou aux nervures secondaire, quaternaire, etc.

III. — Enfin, dans les feuilles composées latéralement comme le sont celles des Hellébores, des Quintefeuilles, des *Cannabis*, des *Pavia*, de Marronnier d'Inde, des Lupins, etc., on peut reconnaître, d'après ce que nous venons de dire, que le principe de la trisection y est véritablement dissimulé.

En effet, nous avons constaté que le centre de chaque foliole était parcouru par une nervure principale. D'un autre côté, nous avons établi par le raisonnement que chaque nervure principale pouvait être le siége d'une formation latérale qui, par rapport à la principale regardée comme primaire, donne lieu à deux nervures secondaires; mais quand l'une d'elles vient à manquer, c'est qu'elle doit être remplacée ou absorbée par la nervure de formation précédente à celle qui sert de primaire à la foliole (*fig.* 50), c'est-à-dire dissimulée dans cette nervure précédente. Or, on peut concevoir que la feuille, *fig.* 50, se compose comme nous l'avons indiqué par les lignes ponctuées, et, dans ce cas, le raisonnement reste évidemment toujours le même que pour la feuille simplement lobée. Si donc nous considérons la nervure 2 comme primaire, le principe de la trisection veut que la nervure 3 se produise, et, en même temps, une seconde nervure opposée à 3; mais comme la nervure 1 tient la place de l'opposée de 3, la nervure 1 devient elle-même son opposée, et il est fort possible

que cette nervure 1 soit composée 1° de la nervure continuant le
pétiole, et 2° de l'opposée réelle de 3. Donc, le principe de la
trisection se trouve dissimulé, puisque la nervure ou la foliole
opposée à la nervure ou la foliole 3 se trouve absorbée dans la
foliole 1. Nous avons vu que l'on en pouvait dire autant de la
nervure 3 regardée comme primaire, qui en vertu du principe de
la trisection formera la nervure 4, dont l'opposée sera dissimulée
dans la nervure 2, qui est elle-même l'opposée de 4, par rapport
à la nervure 3.

D'après ce raisonnement, si nous nous reportons à la *fig.* 40,
qui représente une feuille d'Hellébore fétide, nous y voyons que la
foliole 1 est longitudinalement parcourue par la nervure primaire ; mais nous avons vu qu'organogéniquement, cette foliole
se trisèque pour donner les folioles 2 et 2′. Si maintenant nous
admettons que la foliole 2 se trisèque à son tour, nous trouvons
naturel que la foliole 3 prenne naissance ; mais cette foliole doit
avoir, d'après le principe, une opposée, et la place de cette opposée est déjà occupée par la foliole 1 ; donc la foliole 1 rempla-
cera, absorbera ou dissimulera les éléments qui devaient produire
la foliole opposée à 3. On conçoit que les mêmes raisons puissent
être données pour les folioles 3, 4, 5 et 6 regardées tour à tour
comme centre d'une nouvelle trisection, et ce que nous avons dit
se passer dans les folioles de droite, se reproduit exactement,
quoiqu'en sens contraire, dans les folioles de gauche.

Si nous ne nous abusons, nous croyons pouvoir dire que le
principe de la trisection est général ; qu'il est nettement démontré
dans certaines feuilles de la forme L = 1 ; qu'il se reconnaît aisément dans les feuilles longicomposées par les trisections successives de la foliole terminale, feuilles qui, néanmoins, sont une
exception à notre deuxième proposition de l'énoncé du principe ;
qu'enfin, dans les feuilles latéricomposées, quoiqu'à l'aide d'un
raisonnement qui peut paraître logique pour les uns, spécieux
par les autres, nous soyons parvenus à y démontrer le principe
de la trisection, il faut convenir qu'il y est parfaitement dissimulé,
ce qui est une autre cause d'exception à notre deuxième proposition de l'énoncé du principe.

ARTICLE III. — *Classification méthodique et modes de génération des feuilles.*

Ainsi que nous avons cherché à l'établir dans les deux articles précédents, quand on étudie avec soin et dans le même sens que nous, les diverses formes de feuilles, il est impossible que l'on n'admette pas le principe général de la trisection comme cause de la division ou de la composition des feuilles, ainsi que les deux générations types, longitudinale et latérale, dans toute formation foliaire.

Il y a probablement des plantes qui ne portent que des feuilles chez lesquelles la génération longitudinale seule est admissible ; d'autres, au contraire, dont les feuilles appartiennent exclusivement à la génération latérale ; mais c'est évidemment la grande exception, et presque toujours ces deux générations se combinent de différentes manières pour donner des formes de feuilles extrêmement variées, mais chez lesquelles il y en a qui sont *dominantes* et qui tiennent, pour ainsi dire, la tête des divers systèmes que nous allons établir. Puis peu à peu ces formes se modifient, se dégradent, pour ainsi dire, et alors, arrivées toutes à un certain point de dégradation, il est souvent difficile de reconnaître le système d'où elles dérivent, et quelquefois on serait tenté de les confondre avec des feuilles d'un système souvent très-différent.

Les deux sortes de générations peuvent se combiner de telle façon, que toutes deux entrent pour une part égale dans la formation ou la composition de la feuille. D'autres fois, la génération longitudinale l'emporte sur la génération latérale ; souvent, au contraire, c'est la génération latérale qui est plus puissante que la longitudinale : dans certaines feuilles, la génération latérale semble occuper la base de la feuille, tandis que dans d'autres elle semble plus spécialement se porter au sommet de la feuille. Voilà autant de bases qu'il en faut pour établir méthodiquement une classification des feuilles. Nous allons successivement passer en revue ces divers systèmes, après, toutefois, les avoir convenablement établis.

Lorsque nous examinons la feuille composée des *Trifolium,*

Menianthes trifoliata, des *Fragaria,* etc., *fig.* 57, 3, il est facile **Pl. VIII.** de constater que des trois folioles, deux sont latérales, et, comme elles sont à peu près de même grandeur, nous regardons la génération latérale comme étant égale à la génération longitudinale.

Dans quelques feuilles, telles que celles du Jasmin, du *Cobea scandens,* des Rosiers, des *Robinia,* des *Rubus,* etc., nous avons reconnu que la division de la feuille se faisait longitudinalement; mais comme les folioles qui se forment le long du rachis sont une génération latérale qui s'arrête à la formation de la foliole, il y a aussi dans ces feuilles la réunion des deux générations, mais alors la longitudinale est de beaucoup dominante. Par conséquent nous disons que la génération longitudinale l'emporte sur la latérale.

Au contraire, certaines feuilles ont une génération essentiellement latérale; telles sont : les feuilles latéricomposées des Potentilles quintefeuilles, des *Pavia* et Marronnier d'Inde, etc.; mais comme aussi la production des folioles, et surtout de la foliole terminale, indique une génération longitudinale, nous sommes obligés de reconnaître dans la composition de ces feuilles la réunion des deux générations; mais la latérale l'emporte sur la longitudinale.

Dans certaines feuilles, telles que celles du Figuier, de certains *Arum,* de *Convolvulus arvensis,* etc., ou dans la fronde du *Scolopendrium officinale, fig.* 29, pl. V, nous pouvons constater une plus grande tendance à la génération longitudinale qu'à la génération latérale, et, de plus, que la génération latérale *occupe la base de la feuille.*

Nous voyons, en effet, dans le Figuier, *fig.* 24, pl. IV, que le lobe moyen tend à se diviser plusieurs fois, quand la génération latérale ne fait que produire de chaque côté 1, ou, au plus, 2 lobes, et que la production latérale est à la base de la feuille, c'est-à-dire *au-dessous de la longitudinale.*

Enfin, dans quelques autres feuilles, la génération latérale, au lieu d'occuper la base de la feuille, en occupe le sommet, tandis que c'est la longitudinale qui *se trouve au-dessous de la latérale;* c'est le caractère particulier des feuilles dites Lyrées des *Geum,* quelques *Sonchus,* des *Cardamime* (*fig.* 97 et 98), etc.

Si maintenant nous admettons des feuilles à génération longitudinale pure et simple, et des feuilles à génération latérale
également pure et simple, nous reconnaissons sept systèmes de
feuilles bien distincts les uns des autres, que nous allons résumer et symboliser de façon à simplifier le discours dans une infinité de cas.

Ainsi nous reconnaissons :

1° La génération longitudinale pure et simple $= L$.

2° La génération latérale pure et simple $= l$.

3° La génération longitudinale unie à la génération latérale,
mais sensiblement égales en intensité $= L = l$.

4° La génération longitudinale unie à la génération latérale,
mais la latérale l'emportant sur la longitudinale $= L < l$.

5° La génération longitudinale unie à la génération latérale,
mais la longitudinale l'emportant sur la latérale $= L > l$.

6° La génération longitudinale unie à la génération latérale,
mais la longitudinale *plus prononcée* placée au-dessus de la latérale

$$\text{plus prononcée} = \frac{L > l}{L < l} \text{ ou } \frac{L > l.}{l > L.}$$

7° La génération longitudinale unie à la latérale, mais la latérale *plus prononcée* placée au-dessus de la longitudinale *plus*

$$\text{prononcée} = \frac{L < l}{L > l} \text{ ou } \frac{l > L.}{L > l.}$$

*Premier système. Symbole $= L$, ou génération longitudinale
pure et simple.*

Dans ce système, les feuilles sont plus ou moins réduites à la
nervure médiane ou primaire, faisant suite au pétiole dont elle
n'est que le prolongement ; quelquefois elle est mince, grêle, filiforme et à peine revêtue du tissu parenchymateux. C'est de cette
façon qu'il faut considérer la feuille du *Lathyrus aphaca* qui se
trouve réduite à la nervure médiane affectant la forme de vrille V,
fig. 52. En revanche, grâce à un balancement organique très-
prononcé ici, les stipules ont acquis un grand développement et
tiennent lieu des folioles qu'elles remplacent dans les fonctions
physiologiques qui sont départies aux feuilles.

Les filets grêles qui naissent à l'aisselle des cotylédons et le long de la tige submergée du *Trapa natans* (1), ne sont peut-être aussi que les feuilles réduites à leurs simples nervures médianes, à moins qu'on ne les considère comme des nervures secondaires d'une feuille dont la nervure médiane aurait avorté.

D'autres fois, les feuilles de ce système sont plutôt allongées, cylindriques, épaisses, charnues comme on le voit dans le *Sar-cophyllum carnosum*, *fig.* 53, ou dans les feuilles cylindriques subulées de certains *Sedum*, etc. Ici, la nervure médiane est, relativement au tissu cellulaire, fort peu développée; mais comme nous ne saurions reconnaître aucune génération latérale, nous devons regarder ces feuilles comme appartenant à ce premier système, et dans ces idées la vrille du *Lathyrus aphaca* est aussi une feuille, à la vérité beaucoup plus réduite que les feuilles des *Sedum*. C'est évidemment à ce système qu'appartiennent les feuilles subulées des diverses espèces de la famille des Conifères.

Deuxième système. Symbole = 1, ou génération latérale pure et simple.

De même que nous avons vu la feuille de la génération longitudinale simple réduite ou à peu près à la nervure médiane, de même, dans ce second système, nous devrions trouver des feuilles réduites aux deux nervures latérales, la terminale ayant complétement avorté. Leur forme serait cylindrique ou plus ou moins aplatie, mais toujours dirigée obliquement par rapport au pétiole ou plutôt formant avec lui une sorte de T majuscule. Supposons un ensemble de 3 vrilles ou nervures : une moyenne continuant le pétiole et deux latérales. Si celle du centre venait à avorter complétement, le système serait réduit aux deux latérales ou secondaires, par conséquent nous aurions les conditions exigées par la génération latérale pure et simple, puisque nous supposons toute production longitudinale avortée. La feuille du *Smilax aspera*, *fig.* 54, réaliserait cette supposition si la feuille venait à avorter, car les 2 vrilles latérales représenteraient exactement notre second système. Notre mémoire ne nous fournit

(1) De Candolle, *Organog. végét.*, pl. 55, ff, *fig.* 1.

aucun exemple parfait de génération latérale simple réduite aux conditions précédentes. Cependant, peut-être pourrait-on considérer comme des feuilles appartenant à ce système les doubles filets submergés du *Trapa natans* (1). Mais si nous n'avons pas d'exemples de cet état de simplicité, nous en avons au moins d'autres qui s'en rapprochent beaucoup. Ainsi les cotylédons de l'*Ipomœa Quamoclit*, dont l'un d'eux est représenté, *fig*. 55, appartiennent évidemment à ce système. Les feuilles unijuguées de quelques *Lathyrus*, sans vrilles, de *Zygophyllum*, de l'*Hymenœa courbaril*, etc., rentrent aussi dans ce système.

Troisième système. Symbole $= \mathrm{L} = 1$, *ou générations longitudinale et latérale d'égale intensité.*

Une nervure longitudinale et deux latérales, *fig*. 56, soit qu'elles partent toutes trois de l'extrémité supérieure du pétiole p (1), soit que les 2 latérales émergent de la nervure primaire, qu'elles soient opposées (2) ou alternes (3), qu'elles soient ou non plus ou moins revêtues de tissu cellulaire, constitueraient le type le plus simple de la double génération $\mathrm{L} = 1$.

Avant d'aller plus loin, nous devons faire quelques observations sur cette disposition des nervures latérales ou secondaires. En général, elles devraient être opposées, mais elles subissent bien des fois des déplacements souvent assez prononcés pour qu'elles soient réellement régulièrement alternes. Ces sortes de nervures peuvent se montrer quelquefois émanant de points assez élevés sur la nervure principale, *fig*. 56, 3. D'autres fois, elles se rapprochent de la base de la nervure primaire (2). Souvent on les voit partir du même point, sur le pétiole, que la nervure médiane (1) ; enfin, dans quelques circonstances, continuant cette marche descendante, on les voit descendre encore de telle façon qu'elles semblent partir de points assez distants de la base de la nervure principale, et pourtant, dans ce cas, il est impossible de les considérer autrement que comme des nervures secondaires ; car elles sont évidemment les analogues des autres secondaires sur la nature desquelles le plus léger doute n'est pas permis.

(1) De Candolle, *Organog. végét.*, pl. 55, ff, *fig*. 1.

Nous ne saurions présentement donner d'exemple bien connu de feuilles réduites aux trois nervures ; mais en supposant absentes les folioles de quelques *Lathyrus,* on aurait à peu près l'exemple de ce type à son état de plus grande simplicité. Les feuilles les plus voisines de cet état appartenant à ce système sont assez fréquentes dans les genres *Fragaria, Trifolium, Phaseolus, Dolichos, Psoralea.* Enfin, toutes les feuilles franchement trilobées ou trifoliolées sont évidemment de ce système, ainsi que les feuilles entières qui sont dans les conditions suivantes :

Si nous supposons que l'intervalle de chacune des nervures np, ns, *fig.* 56, se remplit entièrement de tissu parenchymateux de manière à ne produire aucune dentelure, comme on le voit *fig.* 57, 1, nous aurons la feuille entière du *Syringa vulgaris.* Si l'exastosie ou l'individualisation de chaque nervure principale se prononce un peu, chaque nervure aura de la tendance à s'isoler ; mais, encore unies par la base, elles formeront la feuille trilobée 2, qui est celle de quelques Malvacées et de beaucoup d'autres plantes. Si l'exastosie est assez prononcée pour que l'individualisation se porte jusqu'au pétiole, alors nous aurons la feuille trifoliolée des genres dont nous venons de parler, *fig.* 57, 3.

Dans ces exemples, on voit que toute la différence tient à une quantité plus ou moins grande de tissu cellulaire qui vient à se produire entre les nervures, et une distribution de ce tissu, réparti proportionnellement entre elles, les dispose toutes suivant un ordre régulier que nous avons examiné à l'article 2. Quant à présent, nous pouvons constater que, généralement, les premières nervures secondaires n s, *fig.* 56, 1, 2, 3, forment avec la nervure principale un angle de 45 à 50° environ. Or, il peut arriver aussi que la proportion de tissu cellulaire qui se forme entre la nervure primaire et la nervure secondaire soit plus considérable ; dans ce cas, la nervure secondaire sera repoussée et même réfléchie sur le pétiole, et alors nous aurons la forme plus ou moins hastée, dont la feuille de la Fléchière (*Sagittaria Sagittifolia*) nous offre l'exemple, *fig.* 57, 4.

Ces quatre exemples de feuilles font aisément comprendre que les nervures secondaires ont une force génératrice très-sensiblement égale à celle de la nervure principale ou primaire, puisque l'on peut les concevoir composées de la même façon toutes trois ;

composition qui se trouve déjà justifiée assez exactement par les folioles latérales égales à la foliole terminale, *fig.* 57, 3. Donc on peut dire L = l.

Si L = l reste sensiblement constant dans la division ou composition plus ou moins avancée des folioles primaires et secondaires, elles-mêmes allant de la composition à la bi, tri, quadri, quinticomposition, etc., on peut dire que la génération latérale égale la génération longitudinale, et qu'en conséquence, même pour les cas les plus complexes, L = l. C'est précisément le cas des feuilles composées des Ombellifères en général, de quelques Renonculacées (*Aquilegia*, *Pæonia*, *Actea spicata*, etc.), de quelques Rosacées (*Spirea acuminata*, etc.), et de la feuille représentée *fig.* 10, dont chaque foliole latérale reproduit la composition exacte que l'on observe dans la foliole terminale. Les feuilles des *Fœniculum vulgare* et *dulce* peuvent être regardées comme le type le plus simple d'une des feuilles composées, puisqu'elles sont presque réduites aux nervures.

La *feuille simple* d'un pareil système peut se déduire de l'observation suivante. Si l'on conçoit une courbe passant par les points extrêmes de toutes les folioles périphériques qui constituent la feuille composée, *fig.* 10, ou la foliole composée, *fig.* 11, et se rejoignant au sommet du pétiole, on aura sensiblement une figure cordiforme qui peut être plus ou moins allongée, ou approchant plus ou moins d'une forme triangulaire, *fig.* 57, 1 et 4. Si la génération latérale était exactement égale à la longitudinale, nous aurions la forme approchée d'un triangle isocèle plus large que haut, ou plutôt d'un quadrilatère particulier dont aucun des côtés ne se trouve parallèle avec un autre, et qui, étant le type naturel d'un assez grand nombre de feuilles, pourrait prendre le nom de *quadrilatère folial*, *fig.* 58. Ce quadrilatère serait caractérisé par deux angles latéraux, cc′, égaux; un angle terminal aigu, a, opposé à un angle obtus b. Les deux côtés contigus c a, a c′, égaux plus grands que les deux côtés contigus, opposés et égaux aussi c b, b c′. Or, cette forme de quadrilatère, qui est assez exactement celle de quelques feuilles, particulièrement celles du *Rumex abyssinicus*, *fig.* 59, est évidemment symétrique par rapport à la ligne a b, et ne l'est nullement par rapport à un point ou un plan; car les droites dd′, cc′, ee′, *fig.* 58, per-

pendiculaires à a b, conduisent seules à des parties homologues (1).
Remarquons aussi que si la génération latérale se fût moins prononcée sur les nervures tertiaires ou quaternaires qui ont déterminé la formation des côtés c b, b c', on n'eût plus eu qu'une
feuille à peu près limitée à c c' comme base, et par conséquent
la feuille eût été sensiblement triangulaire.

Nous verrons plus tard comment on peut aisément passer de
la forme triangulaire à celle en cœur et réciproquement (sixième
système).

Nous avons donné, dans l'article premier, les lois de la composition des feuilles de ce système; il est, par conséquent, inutile
d'y revenir ici. Nous ajouterons seulement que l'exastosie circulaire qui fait la composition des feuilles de ce système est très-
rarement poussée assez loin pour arriver à en faire des éléments
facilement caduques. Cependant, dans les feuilles de plusieurs
Aralia qui appartiennent évidemment à ce système, non-seulement toutes les folioles sont articulées, mais encore tous les *mérithalles foliaires* le sont aussi tellement, qu'ils finissent par tomber d'eux-mêmes les uns après les autres.

Quatrième système. Symbole L < l, ou génération latérale plus grande que la longitudinale.

Dans ce système, nous reconnaissons encore deux sortes de
générations, savoir : 1° la longitudinale, c'est-à-dire celle qui
fait que la nervure primaire tend à répéter, en s'élevant de plus
en plus, les premières nervures secondaires ; de sorte que l'on a
une série de nervures secondaires, mais d'un ordre de plus en
plus élevé (art. 2 et *fig.* 47); 2° la génération latérale, c'est-à-
dire celle dans laquelle la nervure secondaire ne se borne pas à
produire une série de nervures tertiaires, mais une série de nervures toujours de plus en plus latérales. En d'autres termes, pour
bien fixer les idées, nous appelons génération latérale la tendance
qu'a la nervure ou la foliole secondaire à produire une nervure tertiaire ; celle-ci une quaternaire, etc. Par exemple, dans la *fig.* 60,
a, qui représente la nervation d'une feuille de ce système, on

(1) Voir nos *Études sur la symétrie considérée dans les trois règnes de la
nature*. Paris, 1855 ; et tome Ier, chap. III.

voit : en 1 la nervure principale ou primaire, celle qui doit produire les générations longitudinales ou la série des secondaires,
et par conséquent. les deux premières secondaires, 2 et son opposée ; en 2, la première latérale secondaire destinée à produire
la première tertiaire 3, laquelle produira à son tour la première
quaternaire 4, et ainsi de suite.

Si maintenant nous supposons toutes ces nervures et les espaces vides compris entre elles couverts ou remplis de tissu cellulaire, nous aurons constitué la *feuille simple* de ce système, qui
est celle d'un assez grand nombre de plantes, et en particulier
celle représentée *fig.* 60 b, qui n'est pas constituée autrement
que le sont les feuilles de *Petasites hybrida*, *fig.* 41, a, celle des
Petasites vulgaris, *niveus ; Nardosmia fragrans ; Althœa rosea*, etc.

Si nous supposons l'exastosie assez prononcée pour faire de
chacune des nervures 1, 2, 3, 4, 5, 6, le centre d'une foliole distincte ou à peu près, nous aurons assez fidèlement reproduit la
feuille représentée *fig.* 61, a, qui n'est autre que la feuille de
l'*Helleborus viridis* ou *fœtidus*, *fig.* 40. L'*Arum dracunculus* (1)
et l'*Arum* indéterminé que De Candolle a figuré (2), présentent le
caractère de génération latérale d'une manière plus exagérée
encore que la feuille de l'Hellébore, arrivant à une vraie composition latérale, avec folioles articulées chez les *Pavia*, *Cissus quinquefolius*, *Æsculus hippocastanum*, *fig.* 64, etc.

Pl. IX.

Mais puisque la nervure secondaire, ou foliole, donne successivement des nervures ou folioles d'un ordre plus élevé, tandis
que la nervure primaire, *fig.* 61, a, ne reproduit plus aucune
foliole, il en résulte que la génération latérale l'emporte sur la
génération longitudinale, et, par conséquent, que le symbole
L < l se trouve parfaitement justifié.

De même que nous avons vu les deux premières nervures secondaires descendre sur la nervure primaire, jusqu'à confondre
leur exsertion du pétiole avec celle de la nervure primaire, et
même s'en détacher pour prendre une exsertion un peu distincte
de celle de la nervure principale, de même aussi les nervures

(1) Turpin, *Iconog. végét.*, tabl. 43 *bis.*
(2) *Organog. végét.* Paris, 1827, t. II, pl. 13.

tertiaire, quaternaire, quinaire, sénaire, etc., peuvent se rapprocher de la base de la nervure secondaire, et non-seulement paraître émerger du même point, mais même s'en séparer et constituer, en quelque sorte, autant de points différents, *fig.* 61, b. Dans ce cas, il deviendrait à peu près impossible de saisir la véritable signification et l'ordre de génération de ces nervures, si l'on n'avait le soin de procéder, comme nous l'avons fait, des nervures des *Helleborus* ou *Arum* précités aux nervures de certaines feuilles quinti ou septemlobées, *fig.* 62, b, où les nervures latérales de divers ordres se rapprochent beaucoup plus de la nervure primaire, en passant par la *fig.* 62, a, où les nervures, par leur position, indiquent encore l'ordre de leur génération.

Dans ces conditions, c'est-à-dire lorsque les nervures d'ordres divers émergent de différents points du pétiole, si le nombre des nervures ou des folioles n'excède pas le chiffre 5 ou 7, l'exsertion des nervures a très-souvent lieu suivant un plan qui passerait par le centre du pétiole et le plan de la feuille *fig.* 61, b. Mais si le nombre des nervures ou des folioles est considérable, il faut de toute nécessité que les nervures ou folioles soient disposées suivant une courbe circulaire plus ou moins fermée, dont le plan couperait le pétiole plus ou moins obliquement, comme dans la *fig.* 63, a; sans cela il faudrait admettre que des nervures ou des folioles formées à l'extrémité du pétiole seraient fondues ou absorbées par le pétiole même, ce qui serait absurde. Donc, *lorsque le nombre des éléments foliaires dépasse celui qui peut se placer circulairement autour du sommet arrondi du pétiole*, de façon à ce que pétiole et nervures soient dans le même plan, *il y a obligation organogénique pour les éléments de se disposer suivant un plan dans lequel ne peut être compris le pétiole*. L'abondance du tissu cellulaire entre les nervures conduit aux mêmes résultats en écartant les nervures de telle façon que quelques-unes d'entre elles soient forcées de se rejeter sur le pétiole. Ainsi, chez les *Pavia*, les folioles, au nombre de cinq, sont encore assez sensiblement dans le même plan que le pétiole; chez le Marronnier d'Inde, les folioles, au nombre de sept, rarement de neuf, *fig.* 64, sont déjà disposées suivant un plan plus oblique sur le pétiole, et les feuilles des Lupins sont disposées suivant un plan à peu près perpendiculaire au pétiole.

De cet ensemble de faits, on peut, ce nous semble, établir cette première loi :

Première loi : *La perpendicularité du limbe d'une feuille de la forme L<l sur le pétiole, paraît être en raison directe du nombre de folioles ou de nervures qui partent simultanément du sommet du pétiole.*

Une pareille observation peut être faite sur les feuilles entières. En effet, si nous observons la feuille de *Geranium*, *fig.* 65, 1, nous constatons qu'au sommet du pétiole, malgré la *latérinervation* qui porte le nombre des nervures à 9 ou 11, il n'y a réellement que trois nervures partant du sommet du pétiole. Aussi la feuille entière peut-elle être sensiblement comprise dans le même plan que le pétiole; mais déjà dans la feuille du *Menispermum canadense*, *fig.* 65 *bis*, et celle du *Cissampelos pareira*, *fig.* 65, 2 (1), le nombre des nervures partant du sommet du pétiole étant plus grand, le limbe est un peu oblique sur le pétiole. Dans les *Ricinus*, *fig.* 66, le limbe est un peu plus perpendiculaire au pétiole; il l'est plus encore dans la feuille peltée de la Capucine, *fig.* 63, b, et surtout dans la feuille de l'*Hydrocotyle vulgaris* (2).

Quelquefois, soit que le tissu cellulaire soit très-abondant, soit que la génération latérale soit poussée à l'extrême, comme cela a lieu pour les feuilles de certains *Geranium* (*angulatum*, *eflexum*, *polypetalum*, etc.), les petits bords rentrants de la feuille, a, b, *fig.* 65, 1, viennent à se recouvrir et à simuler une feuille peltée, mais où le bord à cet endroit est complétement libre. Nous y avons cependant trouvé quelquefois un défaut d'exastosie qui en avait fait une vraie feuille peltée.

D'autres fois, sans que l'on puisse attribuer le phénomène à la génération poussée à l'extrême, on voit le tissu parenchymateux tellement abondant qu'il forme un bord saillant qui unit les deux dernières nervures de façon à constituer une vraie feuille peltinerve, comme on le voit dans les *Menispermum canadense*, *fig.* 65, 2, et *Cissampelos pareira*. Ces deux exemples de *Geranium* et de *Menispermum* ou de *Cissampelos* suffisent pour dé-

___

(1) **De Candolle**, *Organog. végét.* Paris, 1827, t. II, pl. 13.
(2) **Turpin**, *Iconog. végét.*, tabl. 8, *fig.* 9.

montrer qu'entre la feuille *palminerve* et la feuille *peltée* il n'y a pas d'autres différences qu'une génération latérale poussée plus loin, ou une plus grande formation de parenchyme, dans un cas que dans l'autre, avec défaut d'exastosie entre les deux petits bords de dernière formation.

La génération latérale peut quelquefois être poussée assez loin, et chez quelques Lupins elle est telle, que les folioles paraissent disposées les unes sur les autres, comme si elles formaient deux verticilles. On peut remarquer aussi que leurs folioles sont à peu près de même longueur, et que le plan de leur limbe est sensiblement perpendiculaire au pétiole. Les feuilles de la plupart des *Oxalis*, sans être surchargées de folioles, donnent lieu à une semblable observation relativement à la perpendicularité du limbe sur le pétiole.

C'est à cette génération latérale plus grande que la génération longitudinale qu'il convient de rapporter les feuilles concaves ou en cornet de l'Écuelle d'eau, ou du *Nelumbo lutea*, *fig.* 67, chez lesquelles la perpendicularité sur le pétiole du plan des bords du limbe est on ne peut plus manifeste. Or, on remarquera que les éléments circulaires de ce limbe sont à peu près de même grandeur, et que, conséquemment, comme dans les exemples précédents, et surtout des Lupins et des *Oxalis*, il y a une relation non équivoque entre la grandeur des éléments et la perpendicularité du limbe sur le pétiole. D'où l'on peut déduire cette deuxième loi :

Deuxième loi : *Dans une feuille latéricomposée ou de la forme* L < l, *l'inégalité des divers éléments qui composent le limbe est en raison inverse de sa perpendicularité sur le pétiole.*

Il n'est pas rare de trouver des feuilles de Ricin qui présentent, comme les feuilles des *Hydrocotyle* ou des *Nelumbo*, une concavité supérieure quelquefois très-prononcée. L'explication de cette concavité est des plus simples. Supposons, en effet, que les nervures de différents ordres 1, 2, 3, 4, 5, 6, *fig.* 63, a, plus ou moins dressées, soient réunies par un tissu cellulaire relativement moins abondant que dans la feuille peltée de la Capucine, et surtout *proportionnellement* de moins en moins abondant en partant du centre de la feuille, il en résultera que ces nervures seront retenues plus ou moins voisines les unes des autres par le tissu cellulaire, comme le sont les branches d'un parapluie par l'étoffe qui le constitue.

De la comparaison des nervures d'une feuille simple de ce système, on peut tirer deux nouvelles lois qui souffrent peu d'exception, savoir :

Troisième loi : *Dans une feuille simple de la forme* L < l, *dont le plan du limbe n'est pas perpendiculaire au pétiole, la longueur des nervures latérales est en raison inverse de l'ordre de leur génération.*

En effet, dans la *fig.* 63, a, la nervure 1, la première formée, est plus longue que la nervure secondaire 2 ; celle-ci plus longue que la nervure tertiaire 3 ; cette troisième plus longue que celle de quatrième ordre, 4, et ainsi de suite. Par conséquent, plus l'ordre de la nervure est élevé et moins elle a de longueur.

Corollaire. *Chaque nervure pouvant devenir le centre d'une foliole, il s'ensuit que la loi est applicable aux feuilles composées de ce système.*

Quatrième loi : *Dans une feuille simple de la forme* L < l, *dont le plan du limbe n'est pas perpendiculaire au pétiole, l'ouverture des angles que forme chaque nervure de nouvelle génération avec celle qui la précède, est en raison inverse de l'ordre de leur génération.*

Par exemple, *fig.* 63, a, l'angle 1P2 est plus grand que l'angle 2P3 ; cet angle plus grand que 3P4 ; celui-ci plus grand que 4P5, et ce dernier plus grand que 5P6.

En effet, la nervure P3 forme avec la nervure P1 un angle droit, ou à peu près, facile à constater sur les feuilles 64 et 66. Mais l'angle droit 1P3 n'est formé que des deux angles 1P2 $+$ 2P3 ; tandis que l'autre angle droit, 3P7, contient les angles 3P4 $+$ 4P5 $+$ 5P6 $+$ 6P7, direction de 1P continué.

Enfin, de tout ce qui précède, on peut encore déduire la conséquence suivante :

Corollaire général pour les feuilles de ce système :

L'ouverture des angles que forment entre elles les nervures des feuilles de la forme L < l *est en raison directe de leur longueur.*

Car si les nervures sont d'égale longueur, le limbe de la feuille sera perpendiculaire au pétiole (deuxième loi), et dans ce cas la formation du tissu cellulaire proportionnelle à la formation du tissu vasculaire. Remarquons toutefois que la perpendicularité exacte du limbe sur le pétiole, l'égalité parfaite des nervures ou de l'ouverture des angles, quoique pouvant réellement exister, ne sont cependant pas rigoureusement mathématiques et se tirent plutôt du raisonnement exercé sur les observations précédentes que sur un exemple parfaitement exact de feuilles constituées d'après les lois indiquées.

Puisque nous admettons que dans ce système la génération latérale est plus grande que la longitudinale, il s'ensuit que la feuille doit nécessairement être plus large que longue, et c'est en effet ce que présentent beaucoup de feuilles dérivant de ce système. L'exemple le plus propre à justifier les caractères de ce système se trouve dans la feuille du *Passiflora perfoliata*, *fig.* 68, dans laquelle nous voyons la génération longitudinale, a, considérablement réduite; tandis qu'au contraire la génération latérale, b, prend un très-grand développement. On pourrait donc regarder cette feuille comme type des feuilles entières de ce système réduit à son état de plus grande simplicité, puisqu'il se compose de la nervure principale très-réduite et seulement de deux nervures latérales ayant chacune au moins le double de longueur de la nervure principale.

Les feuilles du *Bauhinia purpurea*, *fig.* 85, établiraient le passage de la feuille précédente à la feuille réniforme du *Cercis siliquastrum*, *fig.* 84, de l'*Asarum europæum*, etc., conduisant elles-mêmes aux feuilles plus ou moins allongées et lobées des *Cucurbita*, de l'*Athæa rosea*, etc.

Cinquième système. Symbole L > l, *ou génération longitudinale plus grande que la latérale.*

Le type de cette double génération, réduit à son état le plus simple, paraît exister dans les feuilles submergées du *Trapa natans* figurées par Turpin (1), et alors nous avons une feuille réduite à ses nervures plus ou moins analogue à celle que représente la *fig.* 69, 1. S'il était juste ou démontré que certaines

____

(1) *Iconog. végét.*, tabl. 12, *fig.* 5.

vrilles de cucurbitacées dussent être regardées comme des feuilles,
nous aurions encore un exemple assez exact de feuilles sans parenchyme et réduites à leurs nervures principales. Les vrilles de la
plupart des viciées, en particulier celles du *Lathyrus odoratus* (1)
et du *Lathyrus platiphyllus, fig.* 70, réalisent ce type jusqu'à
un certain point, puisque, à part les deux folioles, nous y voyons
trois paires de vrilles secondaires rappelant la position des folioles
et une vrille terminale représentant l'*impaire* d'une feuille composée.

Pl. X.

Si l'on suppose que chaque nervure, nécessairement plus espacée de sa voisine que dans la *fig.* 69, 1 ; si l'on suppose, disons-
nous, que chaque nervure vient à se charger de tissu cellulaire
de façon à former une foliole, on aura une feuille composée, à
peu de choses près, semblable à celle reproduite en 2, qui est la
feuille composée d'un grand nombre de Légumineuses (*Galega,
Glycyrrhiza, Robinia,* etc.). Si le tissu cellulaire est assez abondant, alors non-seulement le rachis en sera comme bordé, mais
aussi une partie des espaces interfoliolaires sera comblé, et il en
résultera une feuille pinnatifide, pinnatipartite ou pinnatiséquée,
fig. 69, 3, selon que ces intervalles seront plus ou moins remplis
par le tissu cellulaire. Enfin, si le tissu parenchymateux comble
tous les espaces compris entre toutes les nervures, il formera la
feuille simple, elliptique, oblongue, *fig.* 69, 4, qui sera très-
allongée ou très-raccourcie, selon la longueur relative des nervures secondaires ou latérales et de la nervure principale.

On peut remarquer que la répétition des éléments se fait dans
le sens de la longueur et fort peu dans le sens de la largeur,
puisque nous avons de 5 à 11, 13, etc., répétition du premier
élément (nervure ou foliole), et que chaque élément ne se compose pas pour former une génération latérale. Par conséquent,
la génération longitudinale est plus prononcée que la génération
latérale ; donc L > l.

Comme nous venons de le dire, le caractère essentiel de ce
système est de donner lieu à une forme allongée, elliptique, lancéolée, oblongue, dont les feuilles de Pêcher, d'Amandier, de
Laurier-rose, etc., nous offrent d'excellents exemples comme

(1) *Iconog. végét.,* tabl. 55.

feuilles simples. Les feuilles ou les frondes des *Valeriana dioica*, du *Polypodium vulgare*, du *Comptonia asplenifolia* (1), etc., nous fournissent des exemples de *feuilles lobées* de ce système. Enfin les feuilles du *Robinia pseudo-Acacia*, des divers *Rosa*, des *Gleditschia*, des *Mahonia*, etc., sont des *feuilles composées* de ce système qui, malgré leur composition, conservent encore leur forme elliptique.

C'est dans ce système que l'on rencontre particulièrement les feuilles que les botanistes nomment *composées*. Cette distinction tient à une particularité remarquable de cette espèce de feuilles, que l'on est loin de rencontrer au même degré dans les autres systèmes. Ici, en effet, l'exastosie peut être poussée à tel point que non-seulement toutes les folioles sont réellement articulées sur le rachis, mais aussi les foliolules des feuilles bi-composées, ce qui les rend toutes très-facilement caduques. Enfin ce degré d'individualisation est quelquefois tellement prononcé, que chaque feuille, chaque foliole et même chaque foliolule porte à sa base un bourrelet assez proéminent qui paraît être quelquefois le siége de mouvements remarquables que chacune de ces folioles accomplit.

La forme elliptique se conserve encore, même dans les feuilles bi ou tricomposées de ce système, car c'est à lui qu'il faut rattacher la feuille de l'artichaut (2), et celle surtout de l'*Achillea Millefolium*, *fig.* 71, 1. Cependant cette forme elliptique n'est pas toujours aussi parfaitement conservée dans l'ensemble des foliolules qui constituent les feuilles bicomposées des légumineuses (*Poinciana pulcherrima* (3), *Acacia lophanta*, *Julibrissin*, etc.). Cela tient à coup sûr à ce que la génération longitudinale appartenant aux nervures secondaires est évidemment exagérée. C'est qu'en effet cette exagération de génération longitudinale aux dépens de la latérale est un des caractères distinctifs de ce système, et c'est en vertu de cette génération exagérée que certaines feuilles de ce système prennent des formes si allongées.

Ainsi, pour résumer les caractères principaux de ces trois sys-

<hr>

(1) Turpin, *Iconog. végét.*, tabl. 9, *fig.* 5.
(2) *Ibid.*, *fig.* 8.
(3) *Ibid.*, tabl. 12, *fig.* 1.

tèmes, nous dirons que, tandis que dans le troisième système ($L=1$) la génération latérale marche à peu près de pair avec la longitudinale, nous voyons dans le quatrième système ($L<1$) la génération longitudinale céder le pas à la latérale, alors qu'au contraire, dans le cinquième système ($L>1$), c'est la longitudinale qui a la prédominance.

Il en résulte que cette prédominance se conserve même dans la composition des folioles pour faire les foliolules de la bicomposition des Légumineuses, *fig.* 72, folioles et foliolules remarquables quelquefois par le nombre considérable qui entre dans la composition de chaque feuille. Ainsi, par exemple, dans l'*Acacia dealbata, Link*, de la Nouvelle-Hollande, les feuilles sont bicomposées et formées souvent de vingt à vingt-cinq paires de folioles, composées elles-mêmes parfois de quarante à cinquante paires de foliolules, ce qui porte le nombre des éléments foliolaires au chiffre énorme d'au moins cinq mille pour chaque feuille. Or, ce nombre, calculé d'après la loi de composition des feuilles du système $L=1$, donnerait une composition élevée à la septième ou huitième puissance (*septemcomposition* ou *octocomposition*), et nous n'avons cependant ici qu'une bicomposition. Ce caractère est donc des plus importants pour la distinction des feuilles composées des divers systèmes. Ajoutons que le quatrième système $L<1$ est loin de présenter un nombre à beaucoup près aussi considérable d'éléments foliaires dans la composition des feuilles qui en dérivent. Mais indépendamment de cette composition insolite des feuilles du cinquième système, nous en trouvons une autre que nous regardons comme beaucoup plus normale, en ce qu'elle se produit sans changer en rien la forme de la feuille simple du même système. Ainsi dans la feuille de l'*Alchemilla Millefolium*, *fig.* 71,1, nous reconnaissons une composition qui va jusqu'à la quatrième puissance (quadricomposition), car dans la *fig.* 71, 2, nous constatons qu'il y a une foliole de quatrième génération, d, à la base de la foliolule de troisième génération, c. Mais elle arrive à la quadricomposition bien différemment que la feuille du système $L=1$, car tandis que la composition de ce dernier système est d'autant plus grande qu'on l'examine à la base de la feuille, dans les feuilles composées du système $L>1$ la composition va croissant de la base au milieu de la feuille, puis elle recommence à se simplifier de plus en plus, jusqu'à ce qu'elle soit arrivée au sommet de la feuille, où l'on retrouve l'élément le plus simple que l'on a déjà pu observer à la base.

La forme générale des feuilles de ce système et les observations que nous venons d'exposer permettent de tirer ces deux lois qui sont assez générales :

Première loi : *Dans les feuilles simples ou composées du système* L > 1, *les nervures ou les folioles sont généralement entre elles comme les ordonnées d'une courbe sensiblement elliptique qui aurait pour limites les deux extrémités du limbe et pour abcisses la nervure principale ou rachis.*

Car la feuille 72, malgré sa bicomposition, conserve la forme elliptique que nous avons reconnue à la feuille simple du système *fig.* 69, 4, et que l'on retrouve encore dans la feuille composée, *fig.* 69, 2.

Corollaire. *Dans une feuille simple ou dans une feuille composée, les plus grandes nervures secondaires ou les plus grandes folioles sont très-sensiblement vers le milieu de la feuille.*

En effet, la feuille, malgré sa composition, conserve sa forme elliptique : donc, en faisant passer une ligne par les extrémités de toutes les folioles on aura une courbe elliptique, comme dans la *fig.* 72, b a c, et l'on peut voir que la plus grande foliole composée est en a, tandis que les folioles b et c sont moins grandes. On peut remarquer encore que chaque foliole composée, b, conserve aussi sensiblement sa forme elliptique, qui se trouve bien mieux conservée encore dans la feuille composée *fig.* 69, 2.

Deuxième loi : *Dans les feuilles bicomposées du système* L > 1, *les folioles composées sont entre elles comme les ordonnées d'une courbe à peu près elliptique dont le grand axe serait le rachis lui-même.*

Car la foliole, *fig.* 71, 2, est prise à peu près au milieu de l'ellipse très-allongée que forment ensemble les divers éléments qui constituent la feuille de l'*Achillea Millefolium*, *fig.* 71, 1, et les folioles vont sans cesse se simplifiant à mesure qu'elles se rapprochent des deux extrémités de la feuille. Il y a cependant à signaler une petite différence, qui fait que dans cette feuille la plus grande ordonnée de la courbe, ou la foliole la plus composée, se trouve portée un peu plus vers l'extrèmité supérieure de la feuille, tandis que dans quelques cas, surtout pour les feuilles simples, elle se trouve un peu plus vers la base ; de sorte que cet élément de la feuille peut osciller un peu de haut en bas, sans cependant faire perdre à la feuille son caractère spécial. On remarquera seulement que du côté où se porte la plus grande ordonnée de la courbe, la simplification des éléments est plus brusque que de l'autre, ce qui confirme pleinement la loi. Ainsi, dans la *fig*. 71, 1, la plus grande ordonnée doit être placée un peu plus près de l'extrémité supérieure de la feuille, par la raison que le nombre des éléments simples, b, est moins grand de ce côté que vers la base, où l'on trouve une suite de quatre folioles simples, rudimentaires, a.

Ces deux lois démontrent que la forme générale des feuilles de ce système est plus ou moins *elliptique*, *ovale* ou *obovale*, et qu'elles excluent toute feuille palmatiforme ou réniforme. C'est exactement le contraire du système précédent L < l, qui doit exclure toute feuille essentiellement elliptiforme. Nous verrons, toutefois, un peu plus loin que les feuilles peuvent, par déviation de ces deux types, se rapprocher les unes des autres ; mais ces feuilles hétéromorphes laissent aisément voir qu'elles n'appartiennent pas franchement au système d'où l'on serait tenté de les faire dériver.

Deux caractères assez importants de ce système se tirent essentiellement de la nervation.

1° Nous avons établi, par notre première loi sur les feuilles du système L = l, que la profondeur des sinus, la distance qui sépare les folioles ou les nervures, la longueur des pétioles et des pétiolules étaient d'autant plus prononcées que les éléments foliolaires étaient de plus ancienne formation. Ici, rien de cela n'a lieu : les distances entre les folioles ou foliolules et les longueurs des pétioles ou pétiolules sont sensiblement les mêmes, malgré des dissemblances assez notables dans la grandeur des folioles ; et s'il se présentait quelques différences dans les distances, cela pourrait être dû à des causes physiologiques qui auraient fait des déplacements de folioles à peu près comme ces déplacements de feuilles sur la tige dont, autre part, nous avons fait connaître de nombreux exemples (1).

2° D'un autre côté, nous avons fait voir que dans les feuilles du système L < 1, les éléments foliolaires, quand ils étaient assez nombreux, forçaient le limbe à se coucher sur l'extrémité du pétiole, tellement que le plan de certains limbes était sensiblement perpendiculaire au pétiole. Dans ce cinquième système, L > 1, rien de tout cela ne peut arriver, car c'est tout au plus si trois nervures partent en même temps du sommet du pétiole : il en résulte que la génération longitudinale étant très-prononcée, tous les éléments foliolaires peuvent se ranger, sans gêne, le long du rachis, et, par conséquent, dans le plan que forment ensemble les nervures et le pétiole. *Il est donc impossible de rencontrer une seule feuille de ce système ayant un limbe perpendiculaire au pétiole.*

Toutefois, si les éléments ou folioles qui constituent la feuille composée venaient à se composer eux-mêmes par exastosie bien prononcée, et de façon à former plusieurs générations latérales, alors le plan de chaque foliole, au lieu de rester compris dans celui des nervures secondaires et du pétiole, pourrait devenir latéralement perpendiculaire au rachis. C'est ce que l'on peut observer sur la feuille de l'*Achillea millefolium*, *fig.* 71, 1, dont une foliole séparée, 2, à plan perpendiculaire au rachis, démontre que la composition latérale s'élève à la quatrième puissance.

Sixième système. Symbole $\dfrac{L > 1}{L < 1}$ *ou* $\dfrac{L > 1}{1 > L,}$ *ou génération longitudinale plus prononcée, placée au-dessus d'une génération latérale plus prononcée.*

Nous avons déjà vu les deux systèmes L et 1 se combiner pour former les trois systèmes précédents, savoir : L = 1, L < 1 et L > 1. Ce sont les combinaisons les plus simples et les plus générales. Nous allons maintenant voir que les deux derniers systèmes se combinent aussi pour constituer deux nouveaux systèmes dont l'un d'eux est le sujet qui doit nous occuper ici.

(1) *Obs. dédoub. vég.* (*Compte rendu de l'Institut*, mars 1855. *Bull. soc. bot. France*, avril 1855.)

Le type le plus simple de cette forme serait celui qui résulterait d'un ensemble de nervures disposées comme dans la *fig.* 73, où l'on voit le système L > l représenté en L et le système l > L représenté en l. Nous ne connaissons pas d'exemples de cet état de simplicité, mais les premières feuilles de l'*Ipomea Quamoclit* (*Quamoclit vulgaris*, Chois.), *fig.* 74 (1), nous semblent en approcher beaucoup. En effet, le système L appartient évidemment à une génération longitudinale plus grande puisqu'il y a répétition de nervures secondaires disposées le long du rachis et que ces nervures sont à peine accompagnées de parenchyme, ce qui les réduit à de simples lanières. Quant au système l, on le reconnaît à ses quatre lanières émanant à peu près du même point au sommet du pétiole et aux deux lanières inférieures beaucoup plus courtes que les lanières qui leur sont supérieures.

D'ailleurs, si l'on suppose les espaces compris entre les nervures, *fig.* 73, remplis en partie de tissu cellulaire, on aura une forme voisine de la feuille d'une variété de Figuier, *fig.* 75, et dont le squelette, *fig.* 76, est bien évidemment analogue à la *fig.* 73. Or, dans la feuille en question, nous reconnaissons la tendance de chaque nervure à former des lobes qui appartiennent au système L > l ; et ce système est celui de la nervure médiane qui forme le lobe terminal et supérieur. Mais en même temps nous voyons partir de l'extrémité supérieure du pétiole, c'est-à-dire à la base du limbe, indépendamment de la primaire, quatre nervures : deux secondaires et deux tertiaires qui semblent sortir de points très-rapprochés. Chacune de ces nervures tend également à former des lobes plus ou moins profonds, de sorte qu'ici nous avons une véritable génération latérale surmontée d'une longitudinale, et comme la latérale occupe exactement la base du limbe de la feuille, il est exact de dire que deux systèmes composent cette sorte de feuille, et que $\dfrac{L > l}{l > L}$.

Si le tissu cellulaire emplissait tous les intervalles compris entre les différents lobes de l'exemple précédent, on aurait la constitution d'une feuille qui serait plus ou moins *hastée, sagittée,* ou *en fer de flèche* : telles sont celles de l'*Arum vulgare*, du *Sagit-*

____

(1) Tirée de l'*Organog. végét.* de De Candolle, pl. 49, *fig.* 2.

taria sagittifolia, *fig.* 57, 4, du *Rumex abyssinicus* (1), des *Calystegia sepium* et *pubescens*, *fig.* 77, et dans ce cas nous aurions la feuille simple de ce système, qui offre à l'esprit les considérations suivantes.

Si, pendant que la feuille tend à s'allonger par le sommet, elle tend aussi à s'élargir par la base, il doit de toute nécessité en résulter une forme générale se rapprochant plus ou moins de celle du triangle isocèle dont le sommet représenterait l'extrémité supérieure de la feuille simple.

Si, en effet, la force végétative longitudinale AC, *fig.* 78, et la force végétative latérale CB,CB', étaient accompagnées d'une production intermédiaire, proportionnelle et suffisante de tissu cellulaire, il se formerait certainement une feuille triangulaire isocèle, plus longue que large, dont les côtés AB,AB' seraient sensiblement égaux, et devraient être regardés comme la résultante des deux forces végétatives CA, d'une part, et CB,CB' de l'autre.

Hâtons-nous de dire qu'il est rare que la nature agisse aussi géométriquement dans la production des parties végétales. Cependant, si nous considérons certaines feuilles d'*Arum vulgare* ou *italicum*, notre esprit n'éprouve aucune difficulté pour admettre que dans leur formation les choses se passent bien ainsi que nous venons de le dire.

Quant aux deux forces ou générations que nous venons d'indiquer, elles sont des plus évidentes, car en prenant pour exemple la feuille du *Convolvulus arvensis*, *fig.* 79, on reconnaît en L un lobe dont la génération est évidemment analogue à celle qui aurait fait la feuille de Pêcher par exemple, et en l l' deux lobes latéraux dont la formation est évidemment de même origine que les deux cotylédons du Quamoclit, *fig.* 55.

Le type de la feuille composée de ce sixième système, réduit à sa plus simple expression, devrait être construit d'après la *fig.* 80, a, Pl. XI. c'est-à-dire réduit aux nervures, et en admettant que chaque nervure devînt le centre d'une foliole ou foliolule, on aurait une feuille composée comme l'est celle représentée en b, *fig.* 80. Nous ne savons si de pareilles feuilles existent construites exacte-

(1) Turpin, *Iconog. végét.*, tabl. 9, *fig.* 1 et 2.

ment sur cette forme ; mais ce que nous n'ignorons pas, c'est que certaines feuilles sont à peu près latéricomposées ou même tout à fait composées latéralement (Potentilles), et chaque lobe ou foliole présentant longitudinalement des lobes plus ou moins profonds, tendent, par conséquent, à une composition longitudinale. Telles sont les feuilles de certaines Potentilles, de certains *Geranium*, en particulier des *Geranium Robertianum* ou *parviflorum* et celles du *Jatropha multifida*, *fig.* 81, qui ne sont en définitive qu'un état d'exastosie plus avancé que dans la feuille du Figuier précité. Enfin, nous avons reproduit, pl. IV, *fig.* 27, la feuille du *Cussonia spicata*, dans laquelle, quoique le nombre des éléments foliolaires longitudinaux soit moins grand, nous reconnaissons, néanmoins, une double composition latérale et longitudinale, comme dans la *fig.* 80, b, la latérale occupant la base de la feuille. Mais c'est surtout la fronde de quelques *Adianthum*, particulièrement de l'*Adianthum pedatum*, qui peut être regardée comme une vraie feuille composée de ce système.

Considérations générales sur ce système.

Examinons maintenant quelques-unes de ces formes qui peuvent être communes à plusieurs systèmes.

En nous reportant aux feuilles simples de ce système que nous avons dit être de formes très-voisines d'un triangle, si nous supposons un tissu cellulaire très-abondant et la force végétative longitudinale un peu plus grande que la génération latérale, dans ce cas il ne se produira pas de lobes latéraux; les deux angles inférieurs du triangle s'effaceront sous la formation d'une courbe ; et comme l'angle de la production longitudinale persistera seule, nous aurons les données nécessaires à la formation d'une feuille cordiforme, *fig.* 82, par exemple celle du *Quamoclit luteola*, dans laquelle on reconnait évidemment les deux systèmes combinés L > l en L, et l > L en l; et de ce que (L > l) > (l > L), il s'ensuit que la feuille doit encore avoir plus de longueur que de largeur.

Mais admettons que la force longitudinale vienne à n'être pas plus grande que la latérale, et surtout que le tissu cellulaire soit assez abondant, l'angle de la génération L, *fig.* 82, pourra s'effacer sous la courbe qui aura fait la forme en cœur précédente, et alors nous aurons la feuille cordiforme obtuse du Nénuphar blanc, *fig.* 83, dans laquelle $(L > l) = (l > L)$ ou à peu près.

Il peut encore arriver que $(L > l) < (l > L)$, ou, en d'autres termes, que la force génératrice latérale soit plus grande que la longitudinale; dans ce cas, la feuille s'élargit, tout en restant entière et arrondie, et la forme obtenue est celle d'un rein. Telles sont celles du *Cercis siliquastrum*, *fig.* 84, de l'*Asarum euro-pæum*, du *Glechoma hederacea*, etc.

Si la force génératrice longitudinale diminue encore, la force latérale l'emportant de beaucoup, la nervure principale se raccourcira, et les latérales devenant prédominantes, la feuille, au lieu de se terminer en pointe, s'échancrera en cœur, au sommet, pour former celle du *Bauhinia purpurea*, *fig.* 85, que De Candolle regarde comme le résultat de la soudure de deux folioles (1). Le raccourcissement relatif de la nervure principale est bien plus prononcé encore dans la feuille du *Passiflora perfoliata*, *fig.* 68. Enfin, dans l'*Hymenæa courbaril*, les *Zygophyllum*, le *Guajacum officinale*, la force longitudinale est complétement nulle, et il ne reste plus alors que deux folioles latérales. D'où l'on tire cette conséquence que dans la formule $(L > l) \gtrless (l > L)$, si l'on supprime le premier membre $L > l$, il reste $l > L$, représentant la génération des feuilles de *Cercis*, *Bauhinia* et *Passiflora*; ce qui est conforme à ce que nous avons dit de notre quatrième système, ou génération latérale plus grande. Ce raisonnement prouve de la manière la plus irréfragable que les trois systèmes $L > l$, $l > L$ et $\dfrac{L > l}{l > L}$ existent réellement. Et puisque L lui-même $=$ zéro dans les feuilles d'*Hymenæa*, de *Zygophyllum*, de *Guajacum*, etc., on a $L < l - L$ ou simplement l, ce qui veut dire que la génération latérale seule peut être constatée dans ces feuilles.

Nous ne devons pas quitter ce sujet sans parler d'une sorte de feuille appartenant à ce sixième système, dans laquelle le dé-

(1) *Organog. végét.*, pl. 38, *fig.* 2, et p. 279, vol. II.

veloppement est bien plus prononcé d'un côté que de l'autre : nous voulons parler des feuilles inéquilatérales obliques dont les *Begonia* nous offrent de précieux exemples.

Dans ces sortes de feuilles, il semble que la génération latérale ne se produise pour ainsi dire que d'un seul côté, car si l'on observe la marche des nervures, on voit que la nervure principale qui, ici, n'est plus celle du milieu, celle enfin qui conduit à l'extrémité de la feuille, c'est-à-dire à son sommet organique, ne produit qu'une nervure secondaire bien manifeste pour le petit côté, a, *fig.* 86, et cinq nervures dérivant les unes des autres, pour le plus grand côté b. Il s'est produit, dans ce cas, un phénomène analogue à celui qui fait la *Campylotropie latérale* des graines ; et comme les nervures secondaires, tertiaires, etc., partent du sommet du pétiole, la feuille est franchement cordiforme à sa base, et, par conséquent, appartient au système $\dfrac{L > l}{l > L,}$ c'est-à-dire à notre sixième système.

Ajoutons que la feuille cordiforme de ce système est plus allongée que celle du troisième système puisque nous faisons $L > l$, et cela malgré le système inférieur $l > L$; car supposons une feuille qui pourrait être représentée par la formule $\dfrac{L = l}{l = L}$, comme cette formule est exactement égale à $L = l$, il arrive que nous aurions affaire à une feuille du troisième système. Ceci nous donne la preuve évidente que, malgré la distinction bien apparente que semblent établir ces systèmes, il n'est pas difficile, sans forcer en aucune façon le raisonnement, de passer d'un système à un autre.

Septième système. Symbole $\dfrac{l > L}{L > l}$ *ou génération latérale plus prononcée, placée au-dessus d'une génération longitudinale plus prononcée.*

Le type de ce système ne nous est pas connu ; mais on peut dire que si on le rencontrait dans son plus grand état de simplicité, c'est-à-dire la feuille réduite à ses nervures, il aurait très-sensiblement la forme du squelette représenté *fig.* 87, où l'on voit la génération latérale plus grande représentée en l, et placée

au-dessus de la génération longitudinale plus grande représentée
en L. La feuille véritablement composée de ce système, c'est-à-
dire la composition de la feuille qui soit à ce système ce que la
composition de la fronde de l'*Adianthum pedatum* est au système précédent, ne nous est pas connue ; mais nous supposons,
d'après les lois de la composition des feuilles, que si elle existe
elle doit approcher de la forme que nous donnons à celle représentée *fig.* 88, où la composition latérale est suffisamment indiquée en a, b, c, d, e, composition qui a la plus grande analogie
avec celle de la feuille d'*Helleborus fœtidus*.

Comme les feuilles de ce système ne sont pas d'ordinaire composées au sommet, ainsi que nous venons de le dire, si l'on n'y
prenait garde, on serait naturellement tenté de faire rentrer les
feuilles de ce système dans notre cinquième L > l, car il existe
tout le long du pétiole des folioles, des laciniures ou des décurrences, *fig.* 89, que l'on pourrait regarder comme une génération
longitudinale, et, dans ce cas, la grande foliole terminale ne serait qu'une foliole entière qui n'aurait pas subi l'action de l'exastosie ; mais on peut remarquer que ces décurrences, folioles ou
laciniures sont loin d'avoir la régularité des folioles des feuilles
composées, et, d'ailleurs, la direction des nervures de la grande
foliole montre évidemment une génération latérale plus prononcée
par le haut, indiquant que si la foliole avait à se composer, elle
le ferait plutôt à la manière des Quintefeuilles ou des Hellébores
qu'à la manière du Jasmin. Par conséquent, il est impossible de
confondre ce septième système avec le cinquième, chez lequel la
foliole terminale, en se composant, ne ferait que répéter longitudinalement les éléments qui constituent déjà la feuille composée.

Si nous ne pouvons indiquer le type réduit à ses simples nervures, *fig.* 87, ou le type de la feuille composée, *fig.* 88, nous
pouvons fournir l'exemple de certaines feuilles, particulièrement
celles du *Spirea kamstschatica*, *fig.* 90, dont les sept lobes de la Pl. XII.
grande foliole terminale se rapprochent beaucoup, quant au mode
de génération, des parties de la *fig.* 88, et il suffit de jeter un coup
d'œil sur l'une et sur l'autre feuille pour reconnaître qu'elles sont
bien toutes deux construites d'après le même système : dans
les deux figures les mêmes lettres expriment les mêmes éléments.

La feuille du *Sonchus oleraceus lœvis, fig.* 89, pl. XI, nous présente une feuille plus entière à son sommet seulement ; mais néanmoins nous trouvons encore en l le système l > L, d'où la forme en cœur, et en L, le système évident L > l, dont l'ensemble donne une forme allongée ; et comme le premier occupe la partie supérieure de la feuille, nous avons jugé convenable de représenter l'ensemble de ces deux systèmes par le symbole

$$\frac{l > L}{L > l}$$

L'étude des feuilles dans le genre *Geum* semble indiquer la marche de la nature dans la formation des feuilles de ce septième système. Ainsi, lorsque nous cherchons parmi les feuilles du *Geum album,* nous trouvons que les unes, parfaitement simples ou entières, sont formées d'après le système L < l et par conséquent sont ou réniformes ou cordiformes ; tandis que les autres sont trilobées avec la forme générale précédente et présentant de plus quelques folioles plus ou moins développées sur le pétiole. Cette feuille conduit évidemment à la feuille du *Geum nutans,* qui, tout en conservant une forme générale en cœur, est beaucoup plus lobée et porte sur son pétiole un plus grand nombre de folioles plus ou moins détachées. Enfin les *Geum sylvaticum* et *urbanum* présentent un plus grand nombre de folioles étendues sur le pétiole, quoiqu'ayant aussi de grandes folioles terminales lobées dérivant toujours du système l > L et par conséquent ayant encore la forme générale d'un cœur ou plutôt d'un rein.

Les feuilles *laciniées* de quelques Synanthérées, les feuilles *lyrées* de l'*Erysimum barbarea* (1), du *Raphanus Raphanistrum* et beaucoup d'autres Crucifères, celles de quelques *Spirea* et autres Rosacées, sont évidemment formées d'après ce double système.

D'après les idées générales que nous avons sur la nervation des feuilles, nous pourrions supposer que toutes les feuilles simples appartenant à ce système devraient avoir une forme spatulée, en coin ou obovale. C'est bien à peu près ce qui existe dans un grand nombre de feuilles, particulièrement dans le

(1) Turpin, *Iconog. végét.*, tabl. 9, *fig.* 7.

Crambe juncea qui paraît établir le passage du *Crambe cordifo-lia* au *Crambe filiformis* dont la feuille appartient évidemment à notre septième système. Cependant, il y a des feuilles apparte-nant manifestement à ce système et qui n'en prennent pas moins la forme plus ou moins allongée, formant alors une sorte de demi-ellipse terminée en pointe à son sommet. Voici un exemple de transformation de ce genre que l'on peut observer sur une série de feuilles du *Sonchus oleracea* (var. *lœvis*).

Dans la *fig.* 89, pl. XI, que nous regardons comme la feuille normale de cette espèce, nous trouvons trois paires de folioles inégales, liées souvent entre elles par une décurrence plus ou moins marquée. En général, cette décurrence est d'autant plus prononcée, que les folioles sont moins développées. La feuille est terminée au sommet par une large foliole un peu triangulaire ou subcordiforme (quatrième système). Si nous examinons la *fig.* 91, qui représente une feuille de la même plante, nous n'y trouvons plus de folioles latérales; mais, d'une part, la décurrence est bien plus prononcée que dans l'exemple précédent, et la foliole ter-minale a surtout acquis un très-grand développement. Dans la *fig.* 92, représentant une autre feuille de la même plante, la dé-currence s'élargit en même temps que la foliole terminale dimi-nue de grandeur relative. Enfin dans la *fig.* 93 nous ne trouvons plus qu'une feuille simple, entière, dans laquelle les parties L, qui représentent la décurrence des exemples précédents, ont pris une ampleur considérable, tandis que les parties l, qui représen-tent la foliole terminale, sont singulièrement rétrécies ; tellement, que la plus grande largeur de cette feuille se trouve précisément être là où dans les autres exemples nous n'avions que des par-ties de peu d'étendue latérale ; on peut reconnaître, en même temps, que la nervation a changé de caractère. Cependant, dans quelques feuilles, on rencontre encore des traces de la nervation propre à ce septième système, puisque, en a, *fig.* 93, on voit des nervures plus marquées et ayant encore une certaine tendance à la latérinervation.

Ces détails étaient nécessaires pour connaître la place dans notre classification et avoir l'explication de certaines particularités relatives aux feuilles dites *Roncinées*, qui pour nous doivent être regardées comme dérivant de notre septième système, plutôt que de celui que représente la forme L > l. En effet, dans ces feuilles, non-seulement nous reconnaissons la décurrence caractéristique du parenchyme, non-seulement nous trouvons le long du rachis des lobes plus ou moins prononcés dont le terminal est beaucoup plus grand, mais aussi, nous trouvons une nervation plus accentuée par le haut, et de plus, une tendance de cette nervation à former en a, *fig.* 94, une latérinervation. Enfin, la figure générale de cette feuille a bien la forme spatulée qui, avec ses décurrences et ses lobes aigus, ne représente autre chose qu'une feuille du *Taraxacum dens-leonis*, *fig.* 94.

Il n'est pas difficile de reconnaître dans les diverses transformations de la feuille du *Sonchus oleraceus lavis*, une des nombreuses applications de la loi des *balancements organiques*, lesquelles transformations pourront nous donner aisément la clé de certaines particularités que nous observons sur certaines feuilles.

Par exemple, dans la famille des Rosacées, on trouve assez fréquemment des feuilles dont les pétioles sont plus ou moins surchargés de folioles de grandeur extrèmement variables et dont jusqu'à ce jour on n'a reconnu aucune cause certaine. On pouvait croire que c'était le résultat de déchirures des décurrences dont nous avons parlé ; mais ni la forme souvent très-régulière, ni leur position très-régulière aussi, n'autorisent une pareille manière de penser. Ce sont évidemment des folioles plus ou moins développées. Or, quand on cherche la cause de ces différences de développements des folioles, on arrive à trouver qu'elle ne peut être attribuée qu'à la loi des *balancements organiques* établie, si nous ne nous trompons, par Geoffroy-Saint-Hilaire pour expliquer certains faits de tératologie animale, mais entrevue par De Candolle, dans un ordre de phénomènes qu'il appelle *avortements par défaut* et *avortements par excès* (1).

Comme il arrive fréquemment qu'un fait de tératologie sert merveilleusement à l'explication d'un fait physiologique, nous croyons être dans la vérité en appliquant cette loi de tératologie, transportée dans le règne végétal, à des phénomènes vulgaires de végétation, et que l'habitude où l'on est de les rencontrer ne fait pas regarder comme des monstruosités.

____

(1) *Théorie élémentaire,* 1813, p. 94 et suiv.

Nous sommes en effet tellement accoutumés à regarder les feuilles dites *ailées* des *Agrimonia Eupatoria* et *odorata*, du *Potentilla Anserina*, etc., et celles dites *ailées par interruptions*, (*Folia interrupte pinnata*) de quelques *Spirea* (*Ulmaria filipendula*, *kamstchatica*, *fig*. 90, etc.) comme formées d'un limbe et d'un pétiole parcouru par des appendices foliacés, qu'il ne nous vient pas à l'idée d'y reconnaître un état tératologique permanent. Par exemple, quand on jette les yeux sur la *fig*. 90, représentant une feuille du *Spirea kamstschatica*, nous la voyons terminée par une grande foliole à sept lobes; puis viennent, en dessous, d'abord, en f, des appendices foliacés très-petits, en général opposés; puis deux grandes folioles opposées, et enfin deux paires de petites folioles assez bien conformées.

Si l'on vient alors à se demander pourquoi cette feuille est ainsi composée, on voit qu'il est très-difficile de s'en rendre compte, à moins que l'on ait soin de recourir à l'examen d'autres feuilles plus ou moins analogues. En effet, si l'on porte son attention sur la *fig*. 95, qui n'est autre que la feuille du *Potentilla Anserina*, on remarque ce fait curieux, que chaque paire de folioles se compose d'une grande et d'une petite; que leur disposition relative est alternante, c'est-à-dire qu'immédiatement au-dessus et au-dessous d'une grande foliole il y en a une petite, et réciproquement.

Dans un cas, que l'on pourrait appeler normal, toutes ces folioles devraient être de même grandeur à peu près comme elles le sont dans les *Sanguisorba*; mais alors toutes les grandes auraient diminué et les petites augmenté de volume. Il faut donc admettre que, pour une cause quelconque, l'une des folioles a vécu aux dépens de l'autre, d'où est résulté un développement plus grand pour elle, un *presque avortement* pour l'autre, et cette cause est tellement répartie qu'elle oscille de chaque côté du rachis, pour porter son action alternativement tantôt d'un côté, tantôt de l'autre, et cela, avec une assez grande régularité (1).

A la vérité, on pourrait supposer que chaque petite foliole opposée, ou à peu près, à une grande, n'est autre chose qu'une foliolule détachée de la foliole qui la précède ou qui la suit, et

____

(1) Voyez aussi *Flore médicale* de Turpin, pl. 34.

qu'un déplacement organique aurait porté vis-à-vis d'une des folioles. Cette opinion semblerait fortifiée par l'observation que chez les *Poterium* et les *Sanguisorba*, il y a très-fréquemment des foliolules détachées à la base de chaque paire de folioles; mais, d'un autre côté, cette supposition semble contredite par les petites folioles surnuméraires qui se rencontrent chez les *Agrimonia*. On peut observer en effet, dans l'*Agrimonia Eupatoria* (1), ou l'*Agrimonia odorata*, *fig.* 96, qu'entre chaque grande foliole il se trouve des folioles plus petites, variables de grandeur depuis le tubercule, a, jusqu'à la foliole bien conformée, c, en passant par les intermédiaires b et b'. Or, on ne saurait admettre l'hypothèse précédente pour les rudiments de folioles qui sont compris entre les folioles 1 et 2; car en admettant que b', d'en haut, appartînt à la base supérieure de la foliole 2, il resterait toujours la foliole c, sans compter le tubercule, a, qui se trouve entre b' et la foliole 2.

Les *Geum*, surtout le G. *nutans*, donnent lieu à de semblables observations.

Il faut donc reconnaître dans ces divers exemples l'influence de la loi des balancements organiques qui offriraient encore ici quelque régularité dans la répartition de ses effets; mais dans quelques feuilles il devient réellement impossible de lui assigner la moindre régularité dans son action, comme on peut le remarquer, particulièrement, dans la feuille du *Geum coccineum*, où le désordre de grandeur et de position des petites folioles qui s'étendent sur le rachis, est véritablement remarquable.

Dans quel système de génération doit-on placer les feuilles qui, comme celles de l'Argentine et des Aigremoines précitées, semblent appartenir à notre cinquième système L > l, tout aussi bien qu'à ce septième système? Nous avouons être fort embarrassé pour répondre à cette question, et peut-être serions-nous disposé à la faire dériver du cinquième système.

Cependant, puisque nous avons vu comment la génération latérale disparaissait par suite du changement de forme de la feuille du *Sonchus oleraceus lœvis*, pour donner naissance à une génération plutôt longitudinale, dans laquelle néanmoins on retrouve

(1) Turpin, *Flor. méd.*, pl. 9.

quelquefois des traces de génération latérale, il est fort possible que ce soit à une cause pareille qu'il faille attribuer l'apparence des feuilles composées suivant le système plutôt longitudinal des espèces que nous venons de désigner. L'existence des décurrences et des appendices foliacés entre les folioles, constituent pour nous un caractère spécial, un cachet exceptionnel qui n'appartient en aucune façon au système purement longitudinal, L > l, dont au contraire les feuilles composées se font remarquer par une exastosie poussée aussi loin que possible et une régularité caractéristique des folioles. C'est pour cette raison que nous avons cru devoir maintenir, jusqu'à nouvel ordre, cette sorte de feuilles parmi celles qui sont constituées d'après notre septième système.

Quoi qu'il en soit, la feuille composée de la génération $\dfrac{l > L}{L > l}$ est tellement différente de la feuille composée du système L > l, que l'on y reconnaît en général la génération, l > L, même dans les folioles latérales, comme on peut s'en convaincre en jetant les yeux sur les feuilles des *Cardamine pratensis, fig.* 97, et *macrophylla*, surtout, *fig.* 98, et peut-être nous fussions-nous décidé à regarder les feuilles d'Aigremoine et d'Argentine comme appartenant au système L > l, si nous n'avions été conduit à faire le contraire par les observations suivantes.

Les feuilles des *Cardamine pratensis* et *macrophylla* sont peut-être les meilleurs types à choisir de la feuille composée selon notre septième système; car nous avons vu que chaque foliole a une génération l > L, ce qui en fait des folioles réniformes. On peut dès lors facilement comprendre que lorsque le pétiolule vient à *être absorbé*, ou, ce qui revient au même, quand la foliole reste sessile, la nervure principale ayant d'ailleurs moins de tendance à s'allonger, la génération latérale se prononce davantage, et il en résulte une décurrence de chaque bord de la foliole sur le rachis. Si cet état de choses est poussé assez loin, on comprend que l'on n'ait absolument qu'une grande foliole terminale, comme en l, *fig.* 91, et un pétiole ailé comme on le voit en L; mais en même temps les nervures foliolaires qui étaient palmées sont elles-mêmes séparées et placées à des distances plus ou moins égales.

Un état inverse peut quelquefois se présenter, c'est-à-dire que le faisceau palminerve, au lieu *d'être absorbé* par le rachis, se trouve, par l'élongation de la nervure médiane de chaque foliole, dissocié de façon à constituer une nervation plutôt parallèle ou penniforme, commandant ainsi une forme allongée à la foliole. C'est ce que l'on peut déduire de la *fig.* 89. En effet, la foliole terminale l, est évidemment du système l > L. La foliole f′, qui vient après, laisse, par la nervation, reconnaître qu'elle dérive du même système que la terminale f, quoique cette nervation ainsi que la forme de la foliole soient déjà fort altérées. La foliole inférieure f″ présente une nervation où l'on ne reconnaît plus la génération latérale : aussi sa forme est-elle plus allongée encore.

Ainsi, tandis que la décurrence ou ces petits appendices foliolaires accusent un défaut d'exastosie, au contraire, l'exastosie parfaite des feuilles composées des Légumineuses, de la forme L > l, excluent toute espèce de décurrence. Il y a donc, selon nous, une sorte d'incompatibilité entre les deux systèmes, et l'on comprendra que ces considérations nous aient fait supposer que les feuilles à folioles plus ou moins décurrentes sur le rachis ou à rachis ailés par interruption, appartenaient toutes à notre septième système.

ARTICLE IV. — *Conséquences que l'on peut tirer de l'étude des trois formes de l'exastosie pour la manière d'interpréter la formation de certains organes appendiculaires.*

Nous commencerons par rappeler que les trois formes de l'exastosie sont : 1° la *centripète,* celle qui sépare *concentriquement* les organes du centre de l'axe ; 2° la *circulaire* ou *plane,* celle qui sépare *circulairement* les unes des autres les parties que l'exastosie centripète a déjà séparées ; 3° la *transversale,* celle qui sépare *transversalement* les organes que les deux autres exastosies ont déjà divisés.

Jusqu'à présent nous nous sommes longuement étendu sur l'exastosie *circulaire* qui compose les feuilles, et sur la transversale qui les rend faciles à détacher de l'axe ; au contraire, nous n'avons rien dit de l'exastosie centripète par rapport aux feuilles. C'est que nous n'avions point encore étudié la question sous ce point de vue, et l'on va voir que cette étude n'est pas sans quel-

que importance pour la manière d'envisager certains axes en apparence très-différents des autres; tels sont en particulier ceux
des Opontiacées.

Nous avons vu comment une seule exastosie circulaire ne donnait lieu qu'à une seule feuille (monocotylédones), tandis que
2, 3, 4, 5, 6 exastosies circulaires formaient deux feuilles opposées ou 3, 4, 5, 6 feuilles verticillées, et nous avons dit que lorsque les exastosies centripète et circulaire étaient le plus prononcées possible, on arrivait non-seulement à une feuille plus ou
moins longuement pétiolée, non-seulement à une feuille articulée, mais même à une feuille articulée et ayant à sa base un
bourrelet, comme on en voit dans les Légumineuses. Recherchons
maintenant ce qui arriverait si l'on supposait ces feuilles se formant comme à l'ordinaire, mais seulement avec des différences
dans l'intensité de l'exastosie centripète.

Puisque nous venons de dire que la présence d'un bourrelet à
la base d'une feuille était le signe caractéristique d'un *maximum*
dans les exastosies foliaires, il s'ensuit que la feuille plus ou moins
pétiolée et articulée, mais sans bourrelet, indique des exastosies
moins prononcées. D'un autre côté, nous regardons la plus ou
moins grande longueur du pétiole comme un état indiquant,
avec des nuances insensibles, une plus ou moins grande exastosie,
si bien que l'on peut affirmer que la feuille *sessile* est déjà en
défaut d'exastosie par rapport aux feuilles pétiolées, ce qui est
très-conforme à la règle que nous avons établie dans notre première loi du principe de la trisection, et qui se généralise plus que
nous n'avons pu le dire dans l'énoncé de la loi même. Par conséquent, si l'on suppose un degré plus avancé dans le défaut
d'exastosie, c'est-à-dire une cohérence intime entre l'axe et la base
de la nervure médiane d'une feuille, on aura une feuille *décurrente* sur l'axe, et l'on conçoit que ce défaut d'exastosie puisse
être tel qu'il n'y ait plus que le sommet du limbe de la feuille qui
soit devenu libre, et même que la nervure de la feuille entière
soit complétement absorbée dans l'axe.

Aug. Saint-Hilaire avait admis précisément le contraire de ce
que nous avançons ici ; car il dit (1) : « Chez certaines Ombellifères

____

(1) *Morphol. végét.*, p. 142.

(ex. *Pimpinella magna*, *fig*. 46), je trouve vers le milieu de la tige une lame découpée, portée par un pétiole rétréci au sommet, à peu près triangulaire et embrassant à la base ; au-dessus de ces feuilles, j'en trouve d'autres où la partie rétrécie du pétiole n'existe plus et où le limbe est devenu plus simple ; enfin j'en trouve dans le voisinage des fleurs qui ne présentent que la partie triangulaire et où je ne vois plus de lame ; il est clair que si, dans quelques espèces de la même famille, je vois seulement des organes appendiculaires simples et embrassants, je dois dire que ce sont des feuilles réduites au pétiole : c'est là ce qui arrive chez les *Buplevrum* (ex. *Buplevrum pyrenaicum*, *fig*. 47). »
Y aurait-il donc deux formes dans le défaut de développement de l'un des deux principaux éléments de la feuille : le pétiole ou le limbe ? Nous serions assez disposé à le croire d'après l'observation d'Aug. Saint-Hilaire que nous venons de citer et d'après nos propres observations. Toutefois, de ce que dans le *Pimpinella magna* la feuille peut être réduite à l'état de pétiole, il ne nous semble pas de conséquence rigoureuse que les feuilles des *Buplevrum* soient nécessairement des pétioles ; car nous voyons souvent le même individu donner sur les mêmes branches des feuilles pétiolées, des feuilles non pétiolées et même des feuilles connées ou perfoliées (*Lonicera Caprifolium, Eucalyptus globulus*) ; des feuilles simples et des feuilles composées (*Jasminum heterophyllum fruticans, pubigerum, etc., Hibiscus heterophyllus, etc.*) sans que l'idée nous vienne de regarder les feuilles de ces espèces, même les feuilles redevenues simples des *Jasminum* et *Hibiscus*, comme des pétioles, et d'ailleurs les feuilles d'espèces différentes, et à plus forte raison de genres différents, ne doivent pas nécessairement toutes se ressembler. D'un autre côté, si l'on observe que soit que la feuille se présente avec des décurrences sur l'axe (*Nicotiana*), soit que la feuille se présente avec un pétiole nettement détaché du limbe (*Lonicera Caprifolium*), on voit toujours le pétiole tendre à disparaître et à faire le limbe *sessile* ou même *embrassant* ou même encore *perfolié*, que les feuilles soient alternes (*Buplevrum rotundifolium*) ou que les feuilles soient opposées (*Lonicera Caprifolium, Eucalyptus globulus, Pentstemon Wrightii*, etc.) ; si, disons-nous, l'on observe ces faits, il est difficile d'accorder que les feuilles perfoliées ou embrassantes dont nous venons de

parler soient des pétioles. Cependant il se peut que le contraire
arrive quelquefois et que dans certaines Ombellifères, par exemple, la feuille soit souvent réduite à sa partie vaginale que l'on
nomme quelquefois *pétiole embrassant;* mais on pourrait encore
admettre que ce prétendu pétiole n'est que le limbe d'une feuille
qui, par sa position, ou par défaut de développement de son pétiole, a revêtu des caractères spéciaux qui, n'étant pas ceux d'une
feuille, ont dû le faire regarder comme un pétiole dont il n'a cependant pas exactement les caractères. Aussi, dans l'état actuel
de nos connaissances et d'après nos idées phytogéniques, sommes-
nous disposé à considérer ces phénomènes et surtout le pétiole
engaînant un peu différemment qu'on ne l'a fait jusqu'à ce jour.

Toutefois, ce n'est qu'avec une extrême réserve que nous devons nous prononcer définitivement sur cette dernière manière
d'interpréter des phénomènes de cette importance, surtout quand
une célébrité botanique comme De Candolle a formulé, bien
avant Aug. Saint-Hilaire, des idées analogues à celles de ce dernier savant. Comme ces idées se rapportent entièrement, par leur
nature, à l'étude que nous faisons des feuilles, et comme, de plus,
elles éclairent différents points de la question, nous croyons utile
de les faire connaître ici, et nous ne saurions mieux faire que de
laisser parler De Candolle lui-même :

« Il arrive quelquefois, surtout quand le limbe des feuilles ne
se développe pas, que le pétiole, sans être engaînant à sa base, se
dilate dans sa longueur tout entière en un état intermédiaire
entre l'état foliacé et l'état pétiolaire, et alors il a reçu le nom de
phyllodium; ainsi lorsqu'on examine la plupart des Acacies de la
Nouvelle-Hollande, on voit que dans leur jeunesse elles offrent
des feuilles deux fois ailées, à pétiole grêle à peu près cylindrique (1). A mesure que la plante avance en âge, on voit le nombre
des folioles diminuer, le pétiole se dilater, et peu à peu les folioles disparaissent complétement, et toutes les feuilles sont réduites
à des pétioles dilatés en *phyllodium*. Ceux-ci sont planes, coria-
cés, fermes, toujours entiers sur les bords, munis de nervures
longitudinales, qui sont les traces des fibres dont le pétiole est
composé, et habituellement placés sur la tige dans un sens con-

(1) *Vent. malm.*, pl. 64, *fig*. 1.

traire aux vraies feuilles, c'est-à-dire que leur plan est à peu près vertical, au lieu d'être horizontal, ou, en d'autres termes, que leurs surfaces sont latérales au lieu d'être l'une supérieure, l'autre inférieure. Il est des espèces qui, pendant la durée entière de leur vie, portent mélangés des pétioles chargés de folioles ordinaires et des pétioles transformés en *phyllodium*. Telles sont les *Acacia heterophylla* (1), *Sophora* (2), etc. Quelques-uns portent sur leur bord supérieur une ou deux glandes qui indiquent la place où les ramifications chargées de folioles doivent prendre naissance. Tous ces caractères indiquent leur nature pétiolaire ; mais les fibres de ces pétioles sont assez écartées pour admettre un peu de parenchyme, et pour porter des stomates ; d'où il résulte que ces organes jouent physiologiquement le rôle de limbe. Des transformations analogues ont lieu dans quelques espèces d'*Oxalis ;* telle est, par exemple, l'*Oxalis bupleurifolia* (3), et l'*Oxalis fruticosa*. »

« Ce que nous voyons clairement se passer sous nos yeux en suivant l'histoire des Acacies hétérophylles, je présume qu'il se passe également dans quelques autres cas moins évidents. Ainsi, par exemple, les feuilles de plusieurs *Buplevrum* me paraissent de véritables *phyllodium ;* ils ressemblent en effet complétement à ceux des Acacies, et leur sont analogues en particulier et par leur extrémité calleuse qui annonce un avortement, et par leur position verticale, qui ne se rencontre presque jamais dans les vrais limbes de feuilles. Ces raisons sont corroborées par l'exemple du *Buplevrum difforma :* on a donné ce nom à la seule espèce qui révèle la structure des feuilles de ce singulier genre. Dans sa jeunesse, elle a, comme les Acacies, des feuilles à limbe développé et découpé à la manière des Ombellifères ; dans l'âge adulte, elle n'a plus que des *phyllodium*. C'est encore à cette classe de faits, ou à la précédente, que je suis tenté de rapporter les feuilles du *Ranunculus gramineus*, et en général de toutes les dicotylédones dont les feuilles semblent munies de nervures longitudinales. » Un peu plus loin il dit :

« Si nous considérons maintenant de la même manière les

----

(1) *Organog. végét.*, pl. 16, *fig.* 2, 3, 4, 5.
(2) *Labill. Nov. Holl.*, vol. II, pl. 237.
(3) Saint-Hilaire, *Fl. bras.*, pl. 23.

feuilles à nervures simples, ou celles des monocotylédones phanérogames, nous y trouvons des faits analogues. La structure de
leur pétiole, quand il existe, est modifiée par la disposition de
leurs fibres : celles-ci naissent toujours placées les unes à côté des
autres en série transversale, de manière que la base du pétiole
est plus ou moins engaînante ; au-dessus de la base, ces fibres se
rapprochent quelquefois en pétiole triangulaire ou demi-cylindri-
que, comme par exemple dans plusieurs espèces d'*Hemerocallis,*
d'*Alisma,* etc. Dans presque tous les Palmiers, on trouve de même
un pétiole à peu près triangulaire, évasé à sa base en une espèce
de gaîne sèche, dont les fibres sont très-visibles et souvent dénu-
dées de parenchyme ; mais souvent aussi le pétiole est engaînant
et comme foliacé ; c'est ce qu'on voit particulièrement dans les
Graminées, où il porte le nom de gaîne (1). Cette gaîne cylindrique entoure la tige dans une partie considérable de son étendue ;
elle est le plus souvent fendue dans toute sa longueur, parce que
les deux bords restent libres ; elle porte extérieurement à son extrémité un limbe à nervures parrallèles, distinct de la gaîne par
une espèce d'étranglement calleux. La sommité de cette gaîne se
prolonge intérieurement en une lame courte, scarieuse, et dressée
le plus souvent le long de la tige, qui a reçu le nom de languette
ou ligule. Les Cypéracées ne diffèrent de la plupart des Graminées, relativement à leur feuillage, qu'en ceci : 1° que leur gaîne
est presque toujours entière, c'est-à-dire que les deux bords se
soudent ensemble de manière à former un vrai tube cylindrique ;
2° que la languette manque plus souvent, etc.; 3° que le limbe est
moins distinct de la gaîne.

« Voilà des exemples dans lesquels l'existence simultanée et habituelle du limbe et du pétiole ne laisse presque aucun doute sur
la nature de l'un et de l'autre ; mais il est des cas ambigus qui
méritent une mention particulière. Si nous examinons la Sagittaire commune, nous trouverons que lorsqu'elle croît hors de
l'eau, toutes ses feuilles ont un pétiole et un limbe bien distincts ;
lorsqu'elle croît dans l'eau, son limbe avorte presque toujours, et
le pétiole, au lieu d'avoir sa forme triangulaire ou cylindrique,
prend l'apparence d'un ruban plane, foliacé, et terminé par une

(1) *Malp. oper.*, édition in-4°, vol. I, pl. 13, fig. 65. — Turpin, *Iconog.
végét.*, pl. 7, *fig.* 9.

petite callosité, analogue à celle qu'on observe dans les pétioles de dicotylédones où le limbe a avorté (1) ; il n'est pas rare de trouver des pieds qui portent à la fois ces deux sortes de feuilles. Le même phénomène arrive dans les Potamogetons où les feuilles flottantes sur l'eau ont un limbe bien conformé, tandis que les feuilles submergées sont réduites à un pétiole membraneux. La comparaison des diverses *Strelitzia* des jardins présente un résultat analogue ; leur pétiole est engaînant à sa base, puis cylindrique, un peu aminci vers le haut ; à son extrémité, il porte un limbe très-prononcé, et assez grand dans le *Strelitzia reginœ*, de moitié plus petit dans le *Strelitzia parvifolia*, complétement nul dans le *Strelitzia juncea*, dont ce qu'on nomme les feuilles sont les pétioles.

« D'après ces exemples, de quel nom devons nous-appeler les organes foliacés des monocotylédones qui sont homogènes dans toute leur longueur et chez lesquelles il est impossible de distinguer un pétiole ou un limbe, telles que les Jacinthes ou les Aloës, etc. ? On a donné à ces organes le nom de feuilles, qui semblerait indiquer qu'on les a regardés comme des limbes sessiles ; mais comme cette idée a été admise sans examen quelconque, et à une époque où l'on n'avait aucune idée des dégénérescences des organes, la question reste tout entière ; sont-ce des limbes de feuilles privées de pétioles, ou des pétioles privés de limbe ?

« Je penche pour cette dernière opinion, par les motifs suivants : 1° l'analogie de ces organes est évidente avec les feuilles où l'on reconnait habituellement un limbe et un pétiole. Si le *Strelitzia juncea* n'a que des pétioles, il est bien difficile de croire que les prétendues feuilles du *Littœa* soient d'une autre nature. Si la gaîne qui supporte les limbes des *Epidendrum* est un pétiole, il est difficile de soutenir que la gaîne des autres Orchidées n'en soit pas un. Si la gaîne des Graminées est un pétiole, pourquoi les feuilles engaînantes des familles voisines seraient-elles autre chose ? 2° On connaît dans les deux classes de plantes vasculaires beaucoup d'exemples de pétioles engaînants, on n'a point d'exemples de limbes engaînants. Tous les limbes de feuilles, quelle que soit la disposition de leurs nervures, se rétrécissent à la base, et

____

(1) *Flor. dan.*, pl. 172. — *Lœs. prass.*, pl. 74, et pl. 12 de cet ouvrage.

offrent en ce point une divergence dans leurs fibres, plus ou moins prononcée; on la remarque dans les limbes des Aroïdes, des Potamogetons, des Palmiers, comme dans les dicotylédones; c'est même dans cette divergence que consiste l'idée du limbe et le phénomène de l'épanouissement des fibres. Or, toutes ces feuilles s'évasent à leur base, comme des pétioles, au lieu de se rétrécir comme des limbes. 3° Les *phyllodium*, ou pétioles sans limbes, des dicotylédones, se terminent ou par une épine, comme celle des Aloës, ou par une vrille, comme le *Flagellaria* et le *Methonica*, ou par une callosité, comme la Jacinthe et une foule d'autres. Ces divers modes de désinence, qui indiquent un avortement, se retrouvent sous des circonstances analogues dans les deux classes. 4° L'étude des dicotylédones a pu prouver qu'il existe un grand nombre d'exemples de feuilles sans limbe, et par conséquent on peut tout aussi bien l'admettre dans les monocotylédones. Ce phénomène est, dans chaque classe, plus fréquent dans certaines familles que dans d'autres.

« Je pense donc que dans cette classe, tout comme dans la précédente, il existe :

« 1° Des feuilles ayant le limbe et le pétiole : telles sont, parmi les monocotylédones, la Sagittaire, le *Potamogeton natans*, l'*Hemerocallis*, les Palmiers, les Graminées, etc.; et parmi le dicotylédones, le Poirier, le Robinier, etc.

« 2° Des feuilles ayant seulement un pétiole foliacé, faisant l'office de limbe comme les Potamogetons submergés, les Jacinthes, les Iris etc., parmi les monocotylédones; les Acacies phyllodinées, les *Buplevrum*, le *Lathyrus nissolia* etc., parmi les dicotylédones.

« 3° Des feuilles ayant un véritable limbe dépourvu de pétiole, telles que celles des *Trillium*, des *Paris*, des Lis etc., parmi les monocotylédones, et toutes les feuilles dites sessiles, parmi les dicotylédones (1). »

Si nous avons rapporté tout au long les idées de De Candolle, surtout relativement aux phyllodes, c'est parce que cet illustre botaniste s'est éloigné de la manière de voir à laquelle les défauts d'exastosie ont dû nous conduire et que nous ferons connaitre un peu plus loin.

(1) *Organog. végét.*, t. I, p. 282-289.

A l'égard du pétiole, il y a quelques observations à faire et qui ne seront point sans intérêt pour le sujet que nous voulons traiter ici. Par exemple, il y a des feuilles qui sont très-franchement pétiolées, tandis qu'il y en a d'autres qui sont loin de présenter un pétiole aussi nettement distinct de l'axe d'où il naît et du limbe qui le termine. Dans la première série, le pétiole est parfaitement arrondi et le limbe franchement délimité au sommet du pétiole, et quoique indiquant, par ce caractère, une exastosie moins prononcée que par la présence d'un bourrelet, il est relativement le signe d'une exastosie plus nette. Au contraire, dans la deuxième série, le limbe n'est jamais aussi nettement distinct du pétiole qui, plus ou moins arrondi, offre le plus souvent une cannelure longitudinale supérieure qui va s'élargissant de plus en plus, ce qui aplatit d'autant plus le pétiole que les exastosies sont moins franchement prononcées. Plusieurs exemples feront mieux comprendre ces divers degrés d'exastosie.

Si nous jetons un coup d'œil sur la feuille d'un Figuier ou celle d'une Vigne, nous trouvons leur pétiole parfaitement cylindrique, sa coupe transversale bien arrondie et le limbe nettement séparé de lui. Il en est de même d'une feuille d'*Aristolochia Sypho* ou de Tilleul. Si nous leur comparons une feuille de Lilas, ou de Groseiller, par la présence seule de la rainure longitudinale sur le pétiole qui donne à la section transversale la forme d'un C ou d'un croissant, nous en concluons que l'exastosie centripète est moins nettement prononcée que dans les feuilles précédentes. Elles établissent le passage des premières à une troisième catégorie de feuilles. Celles-ci marchent progressivement vers les feuilles à limbe décurrent sur le pétiole. Ainsi dans le *Campanula pyramidalis*, la feuille offre un pétiole quelquefois très-allongé, dans les feuilles radicales; de la longueur du limbe seulement dans les caulinaires, et presque nul dans les bractéales; mais, aplati, il laisse apercevoir de chaque côté de sa longueur une petite bordure foliacée qui va se rendre à la base du limbe qui fait un peu décurrence sur le pétiole. Dans l'*Helianthus tuberosus*, cette décurrence est souvent plus prononcée à la base du limbe, et dans le *Digitalis purpurea* elle envahit toute la longueur du pétiole, de sorte que la feuille peut être dite *sessile*, car une partie de la bordure foliacée, largement accusée sur les bords latéraux du pétiole, descend même assez souvent un peu sur la tige. Il est donc évident, pour nous, que l'exastosie centripète a été de moins en moins prononcée ou s'est effectuée plus tard suivant l'ordre dans lequel nous avons fait l'examen des feuilles précitées.

Des phénomènes analogues se font remarquer sur certaines feuilles composées, et par cela même que le pétiole de la feuille composée du *Staphylea pinnata* est à peu près cylindrique, nous y trouvons une exastosie plus prononcée que dans la feuille également composée du *Sambucus nigra*, dont le pétiole ne représente qu'un demi-cylindre.

Pour nous donc, une feuille à limbe décurrent sur le pétiole est dans un état d'exastosie centripète moins avancé que la feuille franchement pétiolée, c'est-à-dire ne présentant aucune décurrence du limbe sur le pétiole ou du pétiole sur l'axe. Voilà sans doute pourquoi, d'une manière générale, les feuilles des monocotylédones sont dans un état d'exastosie circulaire et centripète moins prononcé que les feuilles des dicotylédones; aussi ne connaissons-nous aucune monocotylédone ayant des feuilles articulées avec bourrelet à l'égal de celles de certaines Légumineuses.

On peut faire des observations fort curieuses relativement à ces différences d'exastosie concernant les nuances infinies que l'on saisit entre les pétioles les plus nettement distincts du limbe et ceux qui se confondent avec le limbe, et cela dans les mêmes espèces, comme nous en avons donné quelques exemples, et à plus forte raison dans les diverses espèces d'un même genre. Citons quelques séries de cette nature :

1° Dans le genre *Nicotiana* on constate la série suivante :

Nicotiana glauca : feuilles nettement pétiolées; section transversale du pétiole bien ronde ;

Nicotiana paniculata et rustica : feuilles longuement pétiolées; pétiole à section moins arrondie ;

Nicotiana texana et persica : feuilles longuement pétiolées; pétiole légèrement déprimé supérieurement et offrant une apparence de bordure;

Nicotiana multivalvis : feuilles plus courtement pétiolées; pétiole un peu bordé ;

Nicotiana Tabacum: feuilles à pétioles courts plus ou moins largement bordés, et un peu décurrentes;

Nicotiana auriculata: feuilles à pétioles largement bordés et franchement décurrentes.

Ces espèces sont placées dans l'ordre des exastosies décroissantes. Nous ferons seulement cette observation : c'est que la cylindricité parfaite du pétiole indique un état *exastosique* plus prononcé que la longueur du pétiole, par la raison que la cylindricité est le résultat d'une propriété organique du végétal ou d'une exastosie plus tôt formée; tandis que la longueur n'est que la conséquence d'une nourriture plus abondante, et la preuve nous est déjà donnée par le *Campanula pyramidalis.* En voici quelques autres :

Dans le *Lonicera Caprifolium,* les feuilles qui se trouvent sur les pousses vigoureuses, celles qui ne fleurissent pas dans l'année, sont presque toutes pétiolées, quoique courtement; celles qui viennent sur les axes portant les inflorescences sont pétiolées à la base, sessiles un peu plus haut, connées et même perfoliées vers le sommet, car, assez souvent, le défaut d'exastosie est tel que les deux feuilles ne forment plus qu'un disque ou même une sorte de coupe arrondie du fond de laquelle émerge la continuation de l'axe.

2° Le genre *Pentstemon* nous présente une série plus complète que le genre *Nicotiana*, mais d'une autre nature. En effet, dans le *Pentstemon cordifolius* les feuilles sont peu, mais nettement pétiolées; dans les *Pentstemon barbatus, Themisteri,* etc., les feuilles sont sessiles; elles sont amplexicaules dans les *Pentstemon digitalis, diffusus, ovatus,* etc., et le plus souvent perfoliées dans le *Pentstemon Wrightii* dont les deux feuilles opposées arrivent à faire une seule feuille orbiculaire souvent concave, comme chez le *Lonicera Caprifolium.*

Il est encore une observation qu'il est bon de consigner ici : c'est que lorsque deux feuilles sont parfaitement opposées les défauts d'exastosie peuvent s'annoncer de deux façons très-différentes. Ainsi, dans les exemples du *Lonicera* et du *Pentstemon Wrightii,* nous avons vu les deux feuilles opposées rester unies en une seule feuille perfoliée; ici, pas de décurrence sensible, et la tige fait par rapport aux feuilles perfoliées ce que font les pétioles parfaitement cylindriques par rapport aux limbes.

Mais quelquefois, bien que les feuilles soient opposées, le défaut d'exastosie s'annonce d'une autre façon, comme on peut le voir dans les *Verbesina*, où l'on trouve d'abord des espèces à feuilles opposées, pétiolées, mais à pétiole court et aplati (*Verbesina serrata*); puis des espèces à feuilles décurrentes, à décurrences peu prononcées (*Verbesina Siegesbeckia*) qui se développent en ailes proéminentes de chaque côté de la tige dans le *Verbesina alata*. Or, dans ces exemples, les défauts d'exastosie ne sont pas évidemment du même ordre que dans les exemples précédents, puisque ce n'est que très-accidentellement que les deux feuilles opposées arrivent à se trouver unies par leur base ; mais s'il fallait attribuer une exastosie plus grande dans un cas que dans l'autre, nous n'hésiterions pas à dire qu'elle est plus prononcée dans le *Lonicera* et le *Pentstemon* que dans le *Verbesina*. Nous avions supposé un instant que cela dépendait de la prompte croissance de la tige ou du développement relativement rapide du phytogène central, mais nous avons dû abandonner cette manière de voir en observant que dans le *Dahlia arborea* la tige est vigoureuse et relativement très-développée, quoique pourtant les feuilles se réunissent par leurs pétioles en gouttières, en formant une sorte de nacelle à bords épais et sans que l'on puisse constater une décurrence tant soit peu sensible.

Ainsi, il y a deux séries de plantes offrant des défauts d'exastosie centripète. Dans la première, ce défaut est plus particulièrement *parallèle* à l'axe constituant alors les décurrences et les tiges ailées que nous regardons comme un défaut plus complet que dans la série suivante ; dans celle-ci, les défauts d'exastosie centripète se font plutôt sentir dans un sens *perpendiculaire* à l'axe, et c'est ce qui produit les feuilles sessiles, connées, perfoliées portées sur des tiges cylindriques, quelquefois réunies sur le même axe. Par exemple, si nous examinons une série de feuilles de l'*Eucalyptus globulus*, nous en trouvons qui sont assez longuement pétiolées, d'autres beaucoup moins ; un très-grand nombre sont complétement sessiles ; enfin, dans quelques cas rares, on les trouve connées, et il est hors de doute pour nous qu'il peut s'en trouver, exceptionnellement, qui soient perfoliées à la manière des feuilles du *Lonicera Caprifolium*. Ces différents points bien établis, revenons à l'étude des défauts d'exastosie centripète; mais divisons cette étude en deux parties, selon que les feuilles seront alternes ou opposées.

SECTION 1. — FEUILLES ALTERNES.

Si nous supposons une feuille à limbe dit *décurrent* sur le pétiole, le premier état du défaut d'exastosie centripète sera celui où la feuille est attachée purement et simplement à la tige, comme le sont très-souvent celles du *Digitalis purpurea;* mais nous avons vu que quelquefois la décurrence s'étendait un peu au-dessous de la feuille de chaque côté de l'axe. Si l'on suppose un défaut d'exastosie centripète plus prononcé, alors la nervure médiane de la feuille se fondra davantage avec l'axe, et les *décurrences pétiolaires* paraîtront appartenir à la tige, ainsi que cela arrive aux feuilles caulinaires du *Symphytum officinale,* par exemple. On conçoit que le défaut puisse aller toujours croissant et qu'alors les décurrences sur l'axe soient de plus en plus manifestes et arrivent à se confondre ou plutôt à paraître descendre bien au-dessous de l'origine des décurrences des feuilles immédiatement inférieures; il en résulte que parfois la décurrence supérieure vient se confondre avec la décurrence inférieure pour former une sorte d'aile continue; mais, en général, elles gardent respectivement les mêmes distances que celles que les bases des pétioles laissent entre eux dans chacun de leurs cycles respectifs.

Si l'on veut étudier avec soin les faits que nous venons d'indiquer et en même temps acquérir la preuve que tous ces phénomènes sont bien le résultat d'un défaut d'exastosie centripète, on n'a qu'à choisir les *Scolymus hispanicus* et *grandiflorus,* les *Onopordon illyricum* et *acanthium,* les *Cirsium lanceolatum* et *acanthoïdes,* et l'on ne tardera pas à reconnaître que ces décurrences proviennent d'un défaut d'exastosie centripète, et, d'ailleurs, les deux raisons suivantes vont confirmer cette manière de voir :

1° Dans quelques espèces comme la Digitale, la Consoude, etc., les feuilles inférieures sont sensiblement pétiolées, tandis que les supérieures sont évidemment décurrentes, surtout dans la Consoude, et puisque nous parlons du genre *Symphytum,* disons que les trois espèces que nous connaissons sont très-propres à faire saisir, à elles seules, les différences dans les états d'exatosie centripète que nous venons de signaler. En effet, dans le *Symphytum orientale*, les feuilles presque cordiformes et pétiolées indiquent une exastosie centripète assez prononcée ; elle est beaucoup moins manifeste dans le *Symphytum tuberosum*, dont les feuilles sont à peine semi-décurrentes ; tandis que dans le *Symphytum officinale* les feuilles sont amplement décurrentes, ce qui annonce un défaut d'exastosie centripète bien plus accusé.

2° On peut observer qu'en général les décurrences qui s'étendent sur la tige coïncident avec les décurrences pétiolaires : ainsi, elles sont de même nature, souvent de même largeur, et si les décurrences pétiolaires sont affectées d'exastosies circulaires, les décurrences caulinaires les présentent également et avec les diverses particularités qui les caractérisent. C'est ce que l'on peut parfaitement observer sur les *Cirsium lanceolatum* et *acanthoïdes*, et surtout dans l'*Echinops sphœrocephalus*, où les décurrences caulinaires et pétiolaires présentent la même structure, les mêmes sinuosités, les mêmes interruptions, les mêmes dispositions et les mêmes accidents de forme et de développement.

Quelquefois, les décurrences sont semblables de chaque côté de la tige à la base des feuilles ; mais bien souvent aussi la décurrence d'un côté est beaucoup plus prolongée que de l'autre côté. C'est ce que l'on peut observer sur les *Centaurea ferox, monspessulanus*, etc.; et bien que dans ces espèces les décurrences soient peu prononcées, cependant on peut voir surtout dans le *Centaurea monspessulanus* que la décurrence la plus courte correspond au côté où la feuille inférieure est la plus voisine, et, au contraire, la plus longue se trouve du côté où la feuille inférieure est la plus éloignée. Pour cette raison, il y a lieu de les examiner dans les feuilles alternes distiques, tristiques et quinconciales.

§ 1. — *Feuilles alternes distiques.*

Lorsque les feuilles sont alternes distiques, les décurrences s'étendent sur la tige d'une manière égale de part et d'autre, puisque les feuilles sont placées alternativement sur chaque moitié opposée de l'axe ; dans ce cas, si le défaut d'exastosie centripète est assez prononcé et si les décurrences sont assez prolongées, celles de la feuille supérieure coïncideront avec celles de la feuille inférieure, et la tige sera ailée, *biptère*, c'est-à-dire aplatie, bordée d'une membrane foliaire, et offrant alternativement sur les deux faces les restes des limbes de la feuille dont la base sera restée adhérente avec la tige. C'est ce qui nous paraît avoir lieu dans les tiges de certains *Lathyrus*, particulièrement celles des *Lathyrus latifolius, incurvus, platyphyllus, pyrenaicus, heterophyllus, ensifolius*, etc.; et l'on en trouve en quelque sorte la preuve dans ce fait que le pétiole apparent est aussi large que l'axe ailé chez les *Lathyrus latifolius, ensifolius, platyphyllus*. D'un autre côté, si l'on suppose un défaut d'exastosie centripète et circulaire assez avancé dans le *Centaurea glastifolia*, les décurrences longues et larges, étant souvent presque opposées à la manière des feuilles alternes distiques, seront unies à l'axe en forme d'ailes analogues à celles des *Lathyrus* précités.

Le *Genista sagittalis* offre le plus souvent des feuilles alternes tristiques, mais souvent aussi les axes les présentent alternes distiques; dans ce cas, la tige est aplatie et les décurrences sont égales et s'arrêtent à la feuille inférieure. Les feuilles qui surmontent ces décurrences étant ovales, très-rétrécies à leur base, de manière à présenter un très-court pétiole, on est naturellement conduit à l'idée que les décurrences ne sont autres que des stipules ou des folioles qui, par défaut d'exastosie centripète, sont restées adhérentes à l'axe. Dans le premier cas, la feuille serait simple; dans le second, ce ne serait plus qu'une foliole, et comme la famille des Légumineuses n'offre que des espèces à feuilles stipulées, les stipules d'une feuille se trouveraient avoir partagé le sort des folioles, et, vivant en commun, stipules et folioles auraient grandi ensemble en prenant la même configuration; voilà pourquoi il est impossible de constater la présence de la moindre stipule dans le *Genista sagittalis*.

Il y a des tiges ailées, comme celles du *Bossiæa scolopendria*, ou du *Carmichælia australis*, qui ont la plus grande analogie, en apparence, avec celles à feuilles alternes distiques du *Genista sagittalis*; mais il s'en faut de beaucoup que les ailes de ces deux sortes d'axes aient le même mode de formation. En effet, dans cette dernière espèce, le limbe de la feuille conserve encore une position *perpendiculaire* à l'axe, et les bourgeons se trouvent à l'aisselle même de la feuille, c'est-à-dire qu'ils *émergent de la face même de l'axe ;* tandis que, chez les premières, le limbe paraît être plutôt *parallèle* à l'axe, et les bourgeons qui ne paraissent plus axillaires *se trouvent exsérés sur les côtés de l'axe.* Le défaut d'exastosie entre un pétiole ailé et un axe donne une suffisante explication du phénomène que l'on observe dans le *Genista sagittalis ;* mais pour fournir une explication suffisante de l'autre phénomène, il faut de toute nécessité avoir recours à la théorie du défaut d'exastosie appliqué seulement à deux feuilles opposées, comme nous le verrons bientôt.

§ 2. — *Feuilles alternes tristiques.*

De même que nous avons vu les feuilles alternes distiques donner, par défaut d'exastosie, des tiges à deux ailes, de même nous allons voir les feuilles alternes tristiques donner des tiges à trois ailes ou trois côtés.

En effet, si l'on considère les axes floraux du *Centaurea glasti-folia,* on voit qu'ils sont parcourus par de longues décurrences, qu'il est difficile de ne pas regarder comme des feuilles très-allongées qui, par défaut d'exastosie, seraient restées unies en grande partie avec la tige. Or, si l'on suppose un défaut d'exastosie plus prononcé, il est impossible que l'on ne conçoive pas aussitôt la formation de la tige triptère des *Baccharis sagittalis,* *Genista sagittalis,* etc., où l'on retrouve en effet trois décurrences caulinaires qui, partant des feuilles, descendent se confondre presque exactement avec le sommet des décurrences des feuilles inférieures, de telle sorte que du côté de la feuille inférieure la plus voisine la décurrence est moins prolongée que du côté de la feuille inférieure la plus éloignée.

Mais pour que la continuité des décurrences puisse avoir lieu, il faut de toute nécessité 1° que les feuilles tombent exactement les unes au-dessus des autres, et c'est ce qui a lieu dans les feuilles alternes distiques et tristiques, car sans cela les décurrences supérieures pourraient descendre et marcher parallèlement avec les décurrences inférieures sans les rencontrer, quoique se trouvant parfois fort voisines les unes des autres ; 2° que le défaut d'exastosie centripète soit profondément accusé et de manière que les décurrences viennent se prononcer sur les deux lignes médianes latérales de l'axe chez les feuilles alternes distiques, ou s'étendre sur chaque tiers de la circonférence de l'axe chez les feuilles alternes tristiques. Dans ces conditions, la nervure de la feuille se fond avec l'axe, tellement, qu'il est difficile de dire si c'est elle qui constitue la majeure partie de l'axe ou si c'est l'axe qui a pris la place de la nervure. Quoi qu'il en soit, malgré cela, il n'est pas rare de trouver des solutions de continuité entre les décurrences supérieures et inférieures, ce qui prouve que, même dans les feuilles alternes distiques ou tristiques, la coïncidence n'est pas toujours parfaite.

§ 3. — Feuilles alternes quinconciales.

Dans les feuilles alternes appartenant aux autres cycles, les décurrences ne coïncident qu'accidentellement, et le plus souvent, comme nous l'avons dit, elles marchent parallèlement plus ou moins longtemps. On peut, ce nous semble, jusqu'à un certain point, en donner la raison. Si l'on admet que l'étendue des décurrences est toujours proportionnelle au développement du mérithalle, on peut concevoir que dans les feuilles alternes distiques et tristiques les décurrences supérieures, n'ayant que un ou deux mérithalles à parcourir pour rencontrer les inférieures, la coïncidence sera naturellement plus possible que dans les feuilles quinconciales où la décurrence aurait à parcourir cinq mérithalles; car il y a, toutes choses égales d'ailleurs, une moins grande distance entre la première et la troisième feuille (distique), ou la première et la quatrième feuille (tristique), qu'entre la première et la sixième (quinconciale). Toutefois, cette manière d'expliquer le phénomène ne saurait porter la conviction dans les esprits; et nous-même qui combattons la théorie des décurrences comme perpétuant une fausse manière de voir, puisqu'il est évident que ces productions latérales ne sauraient descendre et qu'au contraire elles monteraient plutôt par défaut d'exastosie, et nous-même n'oserions soutenir cette première interprétation. Voici, selon nous, la vraie théorie du phénomène.

On peut raisonnablement admettre des époques physiologiques

de formation correspondant au moment où chaque phytogène central d'un protophytogène deviendra lui-même protophytogène. Ainsi, par exemple, comme nous l'avons dit bien des fois (1), les six phytogènes circulaires d'un protophytogène se développant ensemble sont d'une première époque physiologique de formation, tandis que les six phytogènes circulaires du phytogène central devenu lui-même protophytogène, forment dans leur développement une autre époque physiologique de formation, mais une seconde époque, la plus voisine de la première. D'un autre côté, nous savons maintenant que les six phytogènes circulaires (plus les 3 ou 4 supérieurs) vivant en commun, forment les feuilles des mono-cotylédones, et qu'associés 3 à 3 ou 2 à 2 ils constituent les feuilles opposées ou verticillées par 3 des dicotylédones. Supposons maintenant que trois seulement des phytogènes circulaires d'un premier protophytogène arrivent à former une feuille, cette feuille sera de première époque physiologique de formation ; mais, bientôt après, le phytogène central, devenant deuxième protophy-togène, donnera trois seulement de ses phytogènes circulaires pour constituer une feuille qui observera dans sa position la loi d'alternance, et cette seconde feuille sera évidemment de seconde époque physiologique de formation ; et comme ces deux époques sont fort voisines, il peut arriver que, par défaut d'exastosie cen-tripète, *la base des feuilles ou même les feuilles entières restent unies avec l'axe tout en s'élargissant à la manière des feuilles ordinaires*, et ainsi adhérentes à l'axe et se trouvant jointes, le sommet de la feuille inférieure avec la base de la feuille supé-rieure, elles doivent évidemment produire la tige ailée alterne distique du *Genista sagittalis* ; et comme les deux époques phy-siologiques de formation sont très-voisines, les conditions sont les meilleures pour une complète coïncidence des décurrences. Si l'on fait un raisonnement analogue sur le troisième phytogène central devenu protophytogène, mais en admettant l'alternance tristique, on voit que la feuille qui provient de trois des six phy-togènes circulaires de ce nouveau protophytogène est de troi-sième époque physiologique de formation, et, par conséquent, est déjà bien plus éloignée de la première ; aussi, tandis que

(1) Consulter, à cet égard, notre tome Iᵉʳ, fig. 49 et 50, pl. IX.

dans les feuilles alternes distiques du *Genista sagittalis* la coïncidence des décurrences est parfaite, on voit au contraire, dans les
tiges alternes tristiques de la même plante, un défaut de coïncidence assez marqué pour qu'il ne soit pas méconnaissable. Si
nous appliquons un raisonnement analogue aux décurrences des
feuilles alternes quinconciales, et, à plus forte raison, aux feuilles
disposées suivant des cycles plus compliqués, on comprendra que
la coïncidence des décurrences supérieures avec les décurrences
inférieures soit à peu près impossible.

Toutefois, et afin de rester en accord avec nos idées les mieux
arrêtées au sujet de la disposition originelle des feuilles sur l'axe,
lesquelles idées consistent en ce que, pour nous, la plupart des
feuilles de dicotylédones, dans un protophytogène, sont originellement opposées ou verticillées (1), et que ce n'est que par *diastasie*, souvent très-précoce, qu'elles arrivent à s'éloigner en suivant un ordre de distance dont nous ne connaissons pas la cause
exacte, nous devons modifier un peu l'explication précédente.
En effet, dans cette nouvelle manière de voir, l'explication du
phénomène est encore plus simple, puisqu'il suffit d'appliquer la
théorie des déplacements à deux feuilles opposées qui se seraient
épanouies en un limbe plus ou moins étalé, tout en présentant
un défaut d'exastosie centripète et circulaire complet entre ce
limbe et l'axe même; d'où il résulte nécessairement qu'après le
transport d'une des feuilles opposées au-dessus de l'autre, les
deux parties limbaires, supérieure et inférieure, doivent nécessairement coïncider, et il en est de même pour les feuilles verticillées par 3, qui forment l'ordre alterne tristique par suite de
diastasie (2). Or, on peut remarquer que dans cette manière de
voir les deux feuilles alternes distiques ou les trois feuilles alternes
tristiques sont d'une même époque physiologique de formation,
et que par conséquent leurs limbes et la tige subissant un défaut
complet d'exastosie centripète et circulaire, la tige doit représenter deux ailes dans le premier cas, et trois ailes dans le second;

(1) *Essai de phytomorphie*, pl. VII, *fig.* 28, 29.
(2) Voir plus loin le chapitre de la *Métathésie végétale*, où nous éta-
blissons que les feuilles, toutes exactement superposées, sont une sorte d'anomalie à la loi d'alternance ordinaire, mais que cette loi d'alternance n'est
plus utile ici, puisque la diastasie a reproduit une alternance équivalente.

et comme la seconde époque physiologique de formation, voisine
d'ailleurs de la première, donne des organes appendiculaires
exactement placés au-dessus de ceux de la première époque, on
voit qu'il doit y avoir coïncidence tout le long de l'axe entre les
décurrences de diverses époques de formation. Enfin, comme il
se produit un commencement d'exastosie transversale, mais portant plutôt sur les parties limbaires des diverses époques de
formation, on voit souvent, de distance en distance, des angles
rentrants correspondant précisément au sommet de l'une des décurrences inférieures.

Il n'en est plus de même de la disposition quinconciale, car,
ainsi que nous croyons l'avoir démontré autre part, le cycle entier nous paraît être le résultat du déplacement d'un verticille de
deux feuilles et d'un verticille de trois (1), ce qui établit déjà
deux époques physiologiques de formation; mais comme la seconde époque de formation, quoique voisine de la première,
fournit des organes qui sont alternes avec ceux de la première
formation, il ne saurait y avoir de coïncidence, et dès lors les
décurrences doivent marcher parallèlement les unes avec les autres sans se toucher, si ce n'est que tout à fait accidentellement.
Quant au verticille de la troisième époque physiologique de formation, il aurait beau être formé au-dessus de celui de la première époque, il y a trop de distance entre ces deux formations
pour que les dernières coïncident exactement avec les premières.
Ajoutons à cela que le défaut d'exastosie centripète n'a pas été
assez prononcé pour que le défaut d'exastosie circulaire ait pu
s'ensuivre.

Un des caractères qui singularise le groupe de plantes dont
nous parlons ici, c'est que le bourgeon paraît toujours être axillaire, c'est-à-dire qu'il se développe au milieu du limbe de la
feuille, ou sur l'une des faces de l'axe, que cette feuille soit peu
ou presque entièrement adhérente à l'axe, ou qu'elle provienne
de l'alternance distique, ou de l'alternance tristique, ainsi qu'on
peut le voir sur les deux dispositions que l'on trouve fréquemment dans le *Genista sagittalis;* de sorte que l'on peut se servir

(1) *Recherches sur le nombre type des parties constituant les divers cycles
hélicoïdaux,* etc. (*Compte rendu, Acad. des sciences,* janvier 1861.)

de ce caractère pour reconnaître aussitôt dans une plante à tige *biptère* ou *triptère* si les feuilles adhérentes et souvent disparues sont bien alternes distiques ou tristiques.

Dans tous les exemples que nous venons de citer dans cette section des feuilles alternes, il n'a été question que du défaut d'exastosie centripète *parallèle* à l'axe ; mais on comprend qu'il y a certaines feuilles alternes qui présentent aussi le défaut d'exastosie, mais alors *perpendiculaire* à l'axe, ainsi que nous l'avons dit page 103, et dont on trouve de beaux exemples dans les feuilles perfoliées du *Buplevrum rotundifolium*. Comme on ne peut en tirer aucune conséquence phytogénique importante autre que celles que nous avons fait connaître, nous ne nous étendrons pas davantage sur leur sujet.

SECTION II. — FEUILLES OPPOSÉES.

Lorsque le défaut d'exastosie centripète et *perpendiculaire* des feuilles se présente sur les plantes à feuilles opposées, il en résulte des phénomènes bien connus dans le *Lonicera Caprifolium*, et dont nous avons parlé page 102 ; par conséquent, il n'y a pas lieu d'y revenir.

Il n'en est plus ainsi quand le défaut d'exastosie centripète et *parallèle* se présente sur les feuilles opposées, car alors nous trouvons toute une série de phénomènes dont l'explication est réellement inattendue.

En effet, dans certaines plantes à feuilles opposées, on voit s'étendre, d'abord sur une faible partie de la tige, de chaque côté de la feuille, une légère décurrence ; dans quelques autres, cette décurrence se prononce davantage, et, dans quelques-unes, finit par envahir toute la tige, qui revêt un aspect ailé facile à constater dans le *Coreopsis alata* (1). Nous avons déjà dit que les *Verbesina* nous présentaient d'abord des espèces à feuilles opposées pétiolées (*Verbesina serrata*), puis une espèce à feuilles décurrentes sur la tige et à décurrence peu prononcée (*Verbesina Siegesbeckia*) conduisant à la décurrence plus large que l'on observe sur la tige du *Verbesina alata* (2). Or, si l'on vient à supposer un défaut

____

(1) Turpin, *Iconog. végét.*, tabl. 8, *fig.* 6.
(2) Cette espèce est donnée par Linnée comme ayant des feuilles alternes :

complet d'exastosie entre les feuilles dressées et l'axe, on arrive à
concevoir l'explication de certains phénomènes végétaux qui, jusqu'à ce jour, ont dû quelquefois embarrasser quelques botanistes,
ou tout au moins qui n'ont pas reçu d'explications mécaniques
suffisantes. Comme les feuilles opposées présentent quelques
modifications importantes dans leur opposition même, nous allons
en faire le sujet de plusieurs paragraphes.

§ 1. — *Feuilles opposées toutes dans un même plan.*

Commençons par concevoir une plante à feuilles opposées
mais toutes placées les unes au-dessus des autres, sans alternance, et nous en avons des exemples dans les *Zygophyllum*, les
Tribulus, les *Porliera*, les *Euphorbia*, etc. Maintenant, supposons une espèce ayant cette disposition avec des feuilles simples
dressées et un défaut d'exastosie centripète qui ferait que les deux
feuilles développées à la manière d'une *fascie foliaire* (1) seraient
complétement unies entre elles par leur face supérieure en enveloppant l'axe. De cette façon, chaque double demi-limbe de
feuille ferait sur chaque côté de la tige l'effet de deux ailes d'une
forme dépendant de celle des feuilles, de sorte qu'une succession
de ces feuilles opposées ainsi appliquées l'une sur l'autre donnerait à l'axe l'apparence d'une tige de Cactée phyllomorphe : un
Phyllocactus par exemple; mais alors il y a lieu de distinguer
plusieurs modifications qui font naître des figures différentes résultant cependant toutes d'un même mode de formation.

1° Supposons les deux feuilles parfaitement appliquées l'une
sur l'autre, intimement unies et de manière à faire que l'axe
coïncide exactement avec les deux nervures médianes des feuilles;
on aura alors un axe ailé présentant la forme de la *fig.* 99, A. Or Pl. XIII.
il est impossible que l'on n'y reconnaisse pas la figure de certaines Cactées des genres *Cereus, Rhipsalis, Epiphyllum, Phyllocactus,* etc. Il y a toutefois une légère différence que nous devons signaler et qui constitue une des modifications dont nous
venons de parler.

foliis alternis decurrentibus undulatis obtusis; mais nous l'avons trouvée
bien plus souvent à feuilles opposées.

(1) T. I, p. 332.

2° En supposant les deux feuilles parfaitement appliquées l'une sur l'autre, mais dont les nervures médianes ne coïncident pas exactement avec l'axe, il se produit une sorte d'alternance distique qui fait qu'une paire de feuilles unies ainsi que nous venons de le dire se trouve portée un peu d'un côté de la tige, tandis que la paire supérieure se porte un peu de l'autre côté ; et comme ces deux paires de feuilles sont d'époques physiologiques de formation différentes, et que d'ailleurs elles inclinent alternativement de chaque côté de l'axe, il s'ensuit que les sinus constitués par les sommets d'une première paire et la base d'une troisième paire ont une disposition alterne distique très-appréciable, *fig.* 99, B. C'est cette inclinaison alternative d'un côté et de l'autre de l'axe qui constitue la différence que nous venons de signaler entre les Cactées phyllomorphes et la *fig.* 99, A. Ici le sommet des deux feuilles paraît confondu avec la base des deux feuilles unies qui les surmonte, ou tout au plus il est arrondi et vient coïncider avec le sinus que forment les feuilles ainsi étagées.

3° Cette inclinaison alternative peut augmenter plus ou moins, de façon à former une sorte de pointe assez prononcée pour que l'on puisse juger que cette pointe est bien le sommet des deux feuilles unies. Dans ce cas, le sinus est plus profond et vient quelquefois toucher l'axe médian ; mais alors les deux feuilles unies forment comme une sorte de décurrence qui atteint le sommet ou plutôt l'espèce d'aisselle que forment les deux feuilles unies inférieures, *fig.* 99, C ; mais en même temps la nervure médiane de ces doubles feuilles se fond avec l'axe, et ce n'est que très-haut qu'elle s'en échappe pour se rendre au sommet organique de la double feuille. Cette modification est surtout facile à étudier dans la tige ailée de l'*Acacia alata*, *fig.* 99, C, et nous allons voir que ces ailes ne sont autres que des *phyllodium* qui, dans un certain nombre d'autres espèces du même genre, se trouvent plus détachés de l'axe.

On peut voir que la théorie des doubles feuilles rend compte : 1° de la propriété que présentent les phyllodes et les Cactées phyllomorphes d'agir à la manière des feuilles dans l'acte de la respiration, et leurs faces, en effet, sont recouvertes de nombreuses stomates ; 2° de leurs deux faces complétement identiques ; 3° et enfin de leurs limbes et de leur axe qui sont compris dans un même plan. En un mot, ici, le plan des limbes, selon la théorie, doit toujours être parallèle à l'axe au lieu de lui être perpendiculaire, comme dans le cas des feuilles ordinaires, et c'est en effet ce qui a lieu. Cherchons maintenant quelques analogies à l'appui de cette théorie.

Nous avons dit bien des fois déjà, dans notre premier volume, que les six phytogènes circulaires, plus ceux qui les surmontent, entraient tous dans la composition d'une feuille de monocotylédone, tandis qu'ils se partageaient en deux pour former les euilles opposées des dicotylédones. On peut donc dire que chaque feuille de monocotylédone équivaut à deux feuilles opposées de dicotylédone. Pour que la feuille de monocotylédone se forme, il faut qu'il y ait exastosie circulaire d'un côté du protophytogène en même temps qu'exastosie centripète autour du phytogène central, et dans ces conditions, ordinairement, la feuille se développe en un limbe rarement pétiolé. Ainsi, les feuilles de monocotylédones sont en défaut d'exastosie par rapport aux feuilles de dicotylédones, non-seulement parce que les éléments des deux feuilles opposées ne présentent qu'une exastosie circulaire au lieu de deux, mais aussi parce que les feuilles qui en résultent sont très-souvent dépourvues de pétiole. Or ce défaut d'exastosie s'exagère encore dans certains cas de deux façons, soit en formant des feuilles *creuses*, comme dans quelques *Allium*, ou des feuilles *ensiformes*, comme celles des *Iris*, lesquelles sont loin d'avoir le même mode de formation des autres feuilles du même embranchement. Nous reviendrons plus loin sur les premières; nous n'avons à nous occuper ici que des dernières.

Pour que les feuilles de monocotylédones présentent un limbe dont le plan coupe *transversalement* l'axe, c'est-à-dire pour qu'il lui soit *perpendiculaire*, il faut de toute nécessité que tous les phytogènes circulaires ou périphériques, *fig.* 100, A, pendant le développement de la feuille, se disposent peu à peu, suivant un même plan qui ne comprenne que des phytogènes simples, *fig.* 100, B, et c'est là le cas le plus habituel, *fig.* 100, C; et cette circonstance nous paraît expliquer assez bien la disposition *convolutive*, c'est-à-dire celle dans laquelle le limbe est roulé en cornet, que l'on remarque dans les Scitaminées, les Amomées, et un très-grand nombre de Graminées. Mais supposons que ces phytogènes simples circulaires ou périphériques viennent à se développer au-dessus du phytogène central, tout en restant unis par leur face interne (celle qui, dans la feuille normale, serait devenue la face supérieure), alors cette feuille s'allonge en formant une feuille pliée intérieurement et longitudinalement sur elle-même, constituant ainsi une feuille dont le plan coupe *longitudinalement* l'axe, c'est-à-dire qu'il lui est *parallèle*, comme on peut le voir dans la *fig.* 100, D, dans laquelle nous avons à dessein coupé la feuille au sommet pour montrer qu'elle est parfaitement simple, et que la plicature a complétement disparu par défaut d'exastosie. Dans ce cas, le produit ultérieur du phytogène central, c'est-à-dire le nouvel axe, ne peut sortir de la feuille que par une fente latérale qui est tout à fait à sa base, car cette feuille n'est pas pétiolée, et nous verrons que beaucoup de feuilles de monocotylédones ne le sont pas. Or ce mode de formation, quoique paraissant anormal pour les monocotylédones, est cependant normal pour la plupart des Iridées (*Iris, Gladiolus, Sisyrinchium, Morea,* etc.), et quelques autres monocotylédones. Mais nous avons dit que la feuille de monocotylédone équivalait à 2 feuilles opposées de dicotylédone ; conséquemment, on peut voir dans une feuille d'Iridée soit une feuille de monocotylédone pliée longitudinalement en 2, soit 2 feuilles opposées qu'un défaut d'exastosie centripète aurait maintenu dans un état d'union intime, par leur face interne. Si nous nous sommes bien fait comprendre, on doit voir qu'il y a une analogie manifeste entre le mode de formation de la feuille des Iridées et la manière dont s'est formée l'aile ou plutôt la feuille également parallèle à l'axe de l'*Acacia alata,* et l'on a dû aisément saisir le passage des feuilles opposées, développées latéralement, mais enveloppant et faisant corps avec l'axe, par défaut d'exastosie centripète, aux feuilles doubles déjetées latéralement des Iridées et de l'*Acacia alata.* Evidemment, dans cet ordre d'idées, les ailes de cette dernière espèce sont une double feuille que le défaut d'exastosie centripète a rendue décurrente, de même que la feuille des Iridées est une double feuille que le défaut d'exastosie a rendue sessile, embrassante et à limbe vertical.

Si maintenant le défaut d'exastosie centripète, existant toujours pour les deux feuilles latéralement déjetées et formant un limbe parallèle à l'axe ou tige; si, disons-nous, l'on vient à supposer une exastosie latérale telle que ces doubles feuilles soient plus ou moins pétiolées, il est de toute évidence que le plan des feuilles restera toujours parallèle à l'axe, et nous tomberons alors dans les conditions normales de ce que De Candolle a désigné sous le nom de *pétiole dilaté* ou *phyllode*. Donc, phytogéniquement, un phyllode est l'analogue des ailes de l'*Acacia alata*, et le passage de l'un à l'autre est facile à saisir dans les phyllodes presque sessiles des *Acacia armata* et *paradoxa* passant aux phyllodes presque pétiolés des *Acacia falcata, longifolia, Dodoneifolia*, etc. Si au contraire on vient à supposer une *soudure* entre l'axe et le phyllode des *Acacia paradoxa* et *armata*, il est de toute évidence que l'on aura reproduit l'aile de l'*Acacia alata*. En effet, pour s'en convaincre, il suffit d'observer que le phyllode des premiers n'est pas exactement symétrique par rapport à sa nervure médiane, et que le côté qui regarde l'axe est beaucoup plus étroit que le côté contraire (*Acacia armata, fig.* 101, A). Si dans la fusion de ce petit côté avec l'axe le défaut d'exastosie peut confondre la nervure avec l'axe lui-même, alors le côté externe devient la décurrence ou l'aile de la tige. Or, il est bon de remarquer que le développement moindre du côté interne de ce phyllode est déjà un indice d'exastosie moins prononcée que dans les espèces à phyllodes presque pétiolées, puisque ces organes sont alors beaucoup plus symétriques (*Acacia longifolia, fig.* 101, B). Enfin, puisque phytogéniquement la feuille des *Iris, Gladiolus*, etc., a un même mode de formation, ce serait plutôt un phyllode qu'une feuille, quoique participant de la feuille de monocotylédone par sa base embrassante, mais tenant surtout du phyllode par sa partie supérieure limbaire dont le plan est vertical ou parallèle à l'axe, et cette feuille est précisément l'exemple le plus propre à faire concevoir le passage d'une feuille de monocotylédone pliée longitudinalement et dont les deux moitiés latérales sont adhérentes, ou de deux feuilles opposées de dicotylédones acolées par leurs faces supérieures, aux organes que l'on a distingués par le nom de *phyllode*.

Il résulte de cette manière de voir que non-seulement les ailes des Cactées.phyllomorphes sont les analogues des phyllodes avec défaut d'exastosie latérale, ou plutôt défaut d'inclinaison alternative suffisante d'un et d'autre côté de l'axe, mais que les phyllodes ou les deux feuilles opposées des dicotylédones unies par leurs faces supérieures sont les analogues des feuilles de monocotylédones; de là plusieurs conséquences importantes pour l'explication des faits :

1° Les feuilles de monocotylédones se distinguent de celles des dicotylédones par leurs nervures, en général parallèles. Or, c'est précisément là le caractère distinctif des phyllodes, ainsi qu'on peut le voir *fig.* 101, B; et si quelques botanistes éminents ont été embarrassés pour distinguer dans quelques cas le phyllode d'une feuille, c'est qu'ils n'étaient point en mesure de se servir du caractère distinctif que nous pouvons maintenant donner de cet organe. En effet, puisque l'usage a adopté le nom de phyllode pour distinguer des organes qui ont la plus grande analogie avec les feuilles, nous basant sur les considérations précédentes, nous conserverons ce nom *à tout organe foliacé dont le plan du limbe sera parallèle à l'axe;* tandis que ce seront des feuilles toutes les fois que le contraire arrivera, c'est-à-dire *lorsque le limbe formera un plan perpendiculaire à l'axe,* que les nervures soient parallèles ou qu'elles soient divergentes.

2° Nous avons dit, dans notre tome premier, p. 267, comment, chez les monocotylédones, les bourgeons axillaires, quand ils se forment, prenaient naissance, et nous avons cherché à démontrer que le phytogène provenant du *méat interphytogénique* qui se trouve au point où se fait l'exastosie circulaire (*loc. cit.,* pl. VII, *fig.* 27) ne se développait jamais, et qu'au contraire le phytogène provenant du méat interphytogénique opposé, celui qui se trouve au milieu même de la base de la feuille, mieux protégé et mieux nourri par elle, sera celui qui se développera de préférence aux cinq autres. Mais nous avons dit que deux feuilles de dicotylédones, opposées et unies par leur face supérieure, deviennent les analogues d'une feuille de monocotylédone; par conséquent, c'est exactement à leur aisselle que devra se former le bourgeon. Voilà pourquoi le bourgeon se forme exactement à l'aisselle des phyllodes des *Acacia;* à l'aisselle de chaque aile de l'*Acacia alata, fig.* 99, C; aux sinus des phyllodes continus des Cactées phyllomorphes, c'est-à-dire sur leurs bords et non sur leurs faces, ce qui est précisément le contraire pour les tiges ailées résultant du défaut d'exastosie centripète des feuilles alternes et des axes (p. 107).

3° Enfin, puisque tous les phytogènes périphériques d'un protophytogène entrent dans la constitution de l'organe appendiculaire, on voit qu'il n'est pas possible de rencontrer des phyllodes parfaitement opposés, et à plus forte raison exactement verticillés. Ce n'est donc que par à peu près que l'on a donné à l'une des espèces du genre *Acacia* la spécification de *verticillata*; car il est impossible d'y voir le moindre verticille tant soit peu bien formé, et si quelquefois les phyllodes prennent l'apparence de l'opposition ou du verticillisme, c'est par *plésiasmie* produite, ainsi que nous l'avons démontré autre part pour d'autres exemples (1), par le défaut de développement d'un ou de plusieurs mérithales, qui font que les feuilles restent quasi opposées ou verticillées alors qu'elles auraient dû être beaucoup plus séparées.

Mais la nature, qui semble se jouer de toutes nos méthodes de classification, nous montre encore ici des exemples d'organes qu'il est bien difficile de classer. En effet, en admettant comme *criterium* certain la définition distinctive que nous venons de donner de la feuille et du phyllode, dans quelle division devonsnous placer la feuille des Iridées précitées? Si l'on ne considère que son sommet, c'est un phyllode; mais si l'on observe sa base, ce doit être une feuille. D'ailleurs si l'on se décide à se baser sur son sommet, comme étant la partie de plus ancienne formation, et, si nous pouvons nous exprimer ainsi, la plus adulte, nous la regarderons comme un phyllode; mais alors nous nous trouvons de nouveau embarrassé en présence des feuilles des *Phormium tenax* et *cookianum*, par exemple, qui présentent à leur sommet une sorte de plan perpendiculaire à l'axe, vers le milieu une adhérence des deux côtés et, à sa base, une séparation des deux demifeuilles, comme chez les *Iris*. Ce qui semblerait indiquer dans le *Phormium tenax* que la feuille unique est bien le résultat de deux feuilles opposées plus ou moins unies par leurs faces internes, c'est que quelquefois l'exastosie se prononce au sommet de la

____

(1) *Obs. sur les dédoubl. végét.* (*Comte rendu Acad. sciences*, **mars 1855**, et *Bull. soc. bot. France,* t. II, p. 235.)

feuille de façon à simuler deux feuilles appliquées l'une sur l'autre, et cette indication est encore augmentée par la couleur rouille que l'on observe sur les marges des bords libres et sur toute la longueur du bord qui constitue en quelque sorte le dos de la feuille.

Le passage de la feuille plane à limbe perpendiculaire à l'axe, au phyllode est tellement visible, qu'il nous suffira d'indiquer la progression d'adhérence suivante pour en faire saisir la valeur. Dans les genres *Lilium*, *Yucca*, etc., les feuille sont planes, perpendiculaires à l'axe, ainsi que le représente leur section transversale A, *fig.* 103; déjà, dans le *Funkia ovata*, la base de la feuille forme une sorte de pétiole plus ou moins engaînant, à section transversale, en forme de C, *fig.* 103, B; dans les *Hemerocallis flava* ou *fulva*, la feuille est pliée dans le sens de sa longueur, sans qu'il y ait la moindre adhérence entre les deux moitiés, et sa section transversale offre la forme représentée en C, *fig.* 103. Dans le *Dianella cœrulea*, cette feuille pliée commence à être adhérente vers le fond de la plicature, et dans le *Dianella scabra*, les *Phormium tenax* et *Cookianium*, la feuille pliée dans sa longueur montre, vers le fond de sa plicature, une adhérence qui va quelquefois jusque vers les bords, ainsi que l'indique sa section transversale, *fig.* 103, D; mais cette adhérence n'occupe encore qu'une faible étendue en longueur, et la partie supérieure est à peu près plane et perpendiculaire à l'axe. Dans les *Iris*, *Gladiolus*, *Morœa*, *Sisyrinchium*, *Libertia*, *Wachendorfia*, *fig.* 102, A, la plus grande partie de la feuille présente ses deux moitiés parfaitement appliquées l'une sur l'autre et adhérentes de façon à représenter une section transversale semblable à celle que nous avons reproduite *fig.* 103, E. Enfin, ces deux moitiés ou ces deux feuilles opposées sont entièrement adhérentes dans les phyllodes, qu'on les considère dans les *Acacia*, *fig.* 101, ou dans les Cactées phyllomorphes, *fig.* 99, B.

Pour peu que l'on jette un coup d'œil sur l'ensemble des sections A, B, C, D, E, *fig.* 103, on ne tarde pas à comprendre comment de perpendiculaire à l'axe représenté par un point noir, la feuille arrive à lui être parallèle. Enfin, pour plus de précision, supposons opposées les feuilles du *Hakea saligna*, *fig.* 102, B, qui ont à peu près même forme, même grandeur et même base que certains phyllodes, si l'on vient à admettre une adhérence des 2 faces supérieures et une inflexion sur le côté, on aura reproduit assez exactement le phyllode de l'*Acacia falcata* ou *longifolia*, *fig.* 101, B, et l'on verra en même temps que ces deux feuilles opposées, à limbes perpendiculaires à l'axe, forment par leur union un limbe parallèle à cet axe. Restera maintenant à discuter la question de savoir si les parties ainsi appliquées sont des limbes ou si elles ne sont que des pétioles.

Nous n'ignorons pas que l'on peut nous faire plusieurs objections importantes relativement à cette théorie des phyllodes. Les principales sont les suivantes :

1° Nous admettons des feuilles opposées chez des plantes dont la famille entière n'en présente pas. Mais il n'est aucun botaniste aujourd'hui qui ne reconnaisse que l'alternance et l'opposition se rencontrent très-souvent sur le même individu et sur la même branche, et que par conséquent ce caractère est de trop peu de valeur pour être le sujet d'une objection sérieuse. D'ailleurs, ce qui n'a pas lieu d'ordinaire chez les individus d'une famille ou d'un genre peut, par exception, se rencontrer normalement chez quelques individus de la même famille ou du même genre. D'un autre côté, nous avons dit bien des fois, et la théorie phytogénique en fournit une preuve, que la disposition type des feuilles de dicotylédones était le verticillisme par 3, ou l'opposition, et que l'alternance n'arrivait que par le déplacement des éléments du verticille (1). Or, on comprend aisément que le défaut d'exastosie centripète des deux feuilles opposées *étant congénial*, il est impossible qu'il y ait déplacement, et que l'opposition persiste malgré la prédisposition organique générale qui veut que les feuilles de cette grande famille de dicotylédones se déplacent avec une constance remarquable.

2° Nous comparons des phyllodes à de vraies feuilles opposées, ce qui ne saurait être, puisqu'il est admis que ce sont des pétioles dilatés.

D'abord, nous pourrions ne pas discuter la question de savoir si le phyllode est ou non un limbe plutôt qu'un pétiole, et

(1) Ch., Fd. *Recherches sur le nombre des parties composant les divers cycles hélicoïdaux*, etc. (*Compte rendu de l'Institut*, septembre 1855, p. 428. — *Bull. soc. bot. France*, t. II, p. 568.)

chercher à expliquer purement et simplement la direction anormale de son limbe. Ensuite, la question des phyllodes, des limbes et des pétioles n'est pas si nettement éclairée que ces organes ne donnent lieu à des opinions diverses concernant leur nature.

Tant que l'on n'a pas pu donner une explication satisfaisante à ces prétendus pétioles, leur forme et la direction de leur limbe a dû nécessairement les faire distinguer des feuilles et le nom que De Candolle lui a si heureusement donné a suffi pour établir nettement cette différence. Quant à l'idée que ce sont des pétioles dilatés, elle a dû se produire en présence des feuilles variables et plus ou moins composées, qui se trouvent continuer le phyllode des *Acacia heterophylla* et *sophora*. Mais cette raison pourrait bien être insuffisante pour décider que le phyllode est un pétiole, de même, comme nous le verrons plus loin, que l'on a étendu le nom de pétiole à des parties de la fenille qui ne nous semblent pas mériter ce nom.

D'un autre côté, en nous en rapportant à ce qui a lieu dans les feuilles des *Gleditschia, fig.* 37 et 38, pl. VI, on pourrait soutenir que les exastosies circulaires qui ont fait les folioles par le bas, se sont portées vers le haut dans les feuilles des *Acacia* précités, et que la partie élargie n'est qu'une portion de feuille simple terminée par une autre portion de feuille composée. Seulement, le phénomène, de symétrique qu'il serait le plus souvent chez les *Acacia*, deviendrait asymétrique dans les *Gleditschia*.

Dans tous les cas, bien que malheureusement nous n'ayons jamais pu voir sur le vivant les feuilles dont nous avons reproduit un exemple, *fig.* 102, C, cependant, d'après celles qui sont représentées par De Candolle (1) et Aug. Saint-Hilaire (2), on reconnaît que le plan de chaque foliole est compris dans le plan du pétiole, par conséquent toute la feuille composée a son plan parallèle à l'axe, et rien dans cette disposition ne s'oppose à l'idée de deux feuilles, même composées, unies congénialement face à face; car elles seraient dans le cas où se trouveraient les deux feuilles composées et opposées des *Tribulus terrestris* et *Porliera hygrometrica* qui resteraient unies ensemble par leur face supérieure et qui seraient déjetées sur le côté.

(1) *Organog. végét.*, pl. 16, *fig.* 2, 3, 4.
(2) *Morphol.*, pl. 5, *fig.* 51.

3° Si les phyllodes étaient le résultat d'un défaut d'exastosie entre deux feuilles opposées, leur base devrait occuper sur l'axe plus de place qu'on ne leur en voit occuper.

Si l'on observe que lorsque la double feuille se déjette sur le côté pour laisser passer le bourgeon terminal, toutes ces parties sont extrêmement petites et littéralement microscopiques, on comprendra que la tige grossissant beaucoup du côté où la double feuille ne se trouve pas portée, la base de celle-ci arrive bientôt à n'occuper plus qu'un point très-restreint sur la tige. Tous ceux qui ont fait l'organogénie des feuilles savent très-bien que le mamelon qui doit constituer une feuille est souvent plus volumineux que le bourgeon terminal en miniature ou phytogène central, et pourtant, par les progrès de l'évolution, il arrive que l'on a un axe volumineux, relativement, sur lequel se trouve exsérée une feuille dont le pétiole n'occupe qu'un très-petit espace.

4° Les phyllodes sont bien des pétioles dilatés, car toutes les feuilles des Mimosées sont composées d'une grande quantité de folioles, et c'est même là un caractère général.

Cette objection est évidemment la plus sérieuse de toutes celles que l'on peut faire; mais elle ne reste pas sans réponse, et l'on peut même en donner plusieurs :

a. Qu'y aurait-il d'extraordinaire dans le fait d'espèces à feuilles simples se rencontrant dans un groupe à feuilles composées? Mais toutes les familles en sont là : à côté d'espèces à feuilles composées, on en trouve d'autres à feuilles fort simples, et si par hasard il se forme au sommet de cette feuille des éléments foliolaires, ce pourrait être par une répétition d'organismes semblable à celles dont nous avons donné des exemples dans les *Tamus communis*, *Phaseolus* et *Ptelea trifoliata* (1), organismes qui, plus épuisés, doivent nécessairement prendre une forme plus grêle; de là des exastosies nombreuses qui font des folioles rentrant dans le plan général de la formation des feuilles du groupe.

b. Si le phyllode est le résultat d'un défaut d'exastosie de deux feuilles opposées, comme le sont les deux côtés d'une feuille

(1) T. I, pl. XIII, *fig.* 92, 93, 94.

d'Iridée, il doit y avoir une somme de vitalité double, un tissu cellulaire double, deux conditions qui s'opposent aux exastosies circulaires et doivent maintenir la feuille dans une grande intégrité. Aussi voyons-nous les phyllodes être généralement très-simples dans leur constitution, sans lobes, découpures ou dents, plus épais que les feuilles ordinaires, et sous ce rapport nous retrouvons les mêmes caractères dans les feuilles des Iridées et dans les phyllodes des *Acacia,* ainsi que dans les ailes des Cactées phyllomorphes.

Si nous sommes entré dans tous ces détails, c'est plutôt pour envisager la question sous tous ses points de vue que dans une idée de controverse; car lorsque nous reviendrons sur cette discussion à propos de l'organographie de la feuille nous verrons que notre opinion penche aussi en faveur d'un pétiole dilaté dont la verticalité avait besoin d'être expliquée.

§ 2. — *Feuilles opposées décussées.*

Ou a vu que les feuilles opposées toutes dans un même plan, en restant unies à l'axe par défaut d'exastosie centripète, pouvaient donner lieu à une tige ailée, aplatie à la manière des feuilles ordinaires, c'est-à-dire ne formant que deux ailes opposées. Mais si l'on suppose des feuilles opposées *décussées* se développant dans les mêmes conditions, ou, en d'autres termes, restant unies, par défaut d'exastosie centripète, entre elles et enveloppant la tige, il est évident que nous aurons alors les éléments des quatre ailes ou côtes de certains végétaux; admettons, de plus, que les éléments superposés ne soient séparés les uns des autres que par de très-courts mérithalles, chaque double feuille inférieure sera plus ou moins unie avec chaque double feuille supérieure, et si l'on conçoit en même temps l'inflexion alternative de chaque élément superposé, comme nous l'avons indiqué dans le paragraphe précédent, on aura toutes les conditions mécaniques de la formation des côtes de certaines tiges *tétraptères,* comme le sont celles des *Cereus punctatus, thalassinus, variabilis, Jamacaru, lœtevirens, sublanatus,* etc., et cette idée nous paraît en quelque sorte confirmée par l'inflexion beaucoup plus prononcée des éléments foliaires que l'on observe sur le *Rhipsalis paradoxa,* où l'on voit souvent des portions de côtes disposées sur quatre rangs opposés, mais chaque élément étant alterne par rapport à son opposé. Ajoutons que si le développement de la fascie foliaire, ou feuille, est moins prononcé, ce qui indique toujours une exastosie moins avancée, les quatre ailes ne seront plus apparentes que sous forme d'angles, et nous aurons ainsi la raison d'être des tiges tétragones dont les *Cereus* nous fournissent encore d'excellents exemples dans les espèces connues sous les noms de *Cereus tetragonus, horridus, hamatus, obtusus, validus, grandis, princeps,* etc. Cette manière d'expliquer ces singulières tiges nous paraît fortifiée par l'exemple des tiges quadrangulaires des *Stapelia* qui, privées de feuilles, présentent en effet des bourgeons décussés ou parfaitement opposés en croix et placés sur les angles. Mais, précisément à cause de l'opposition exacte de leurs bourgeons, nous admettons qu'il n'y a pas eu d'inclinaison latérale des éléments foliaires; en d'autres termes, le défaut d'exastosie centripète s'est fait de façon que les nervures médianes des feuilles opposées ont complétement coïncidé avec l'axe. En exagérant encore les mêmes défauts d'exastosie, nous arrivons aux axes plus ou moins charnus qui ne présentent même plus d'angles, et l'on a alors les tiges cylindriques des *Rhipsalis cassytha, floccosa, funalis, fasciculata,* etc., ou les articles quelquefois cylindriques des *Hariota salicornoïdes* et *Saglionis,* etc. Enfin, l'exagération de ce défaut peut être telle, qu'il ne se forme plus la moindre apparence d'éléments foliaires. Dans ce cas, l'axe au lieu d'être épais et de rester plus ou moins longtemps charnu, devient bientôt sec et ligneux, sans produire de feuilles, quoique donnant encore des bourgeons capables de reproduire des axes semblables ou des axes chargés de feuilles. Cette sorte d'axe très-remarquable dans les épines des *Gleditschia,* prend quelquefois un très-grand développement.

§ 3. — *Feuilles opposées hélicoïdées.*

De même qu'il existe des végétaux à feuilles opposées qui ne sont superposées ni suivant un plan, ni suivant une décussation nette comme celle que l'on observe chez les Labiées, de même il se peut que le défaut d'exastosie appliqué à des feuilles opposées suivant un tout autre ordre soit la cause des formes que nous allons essayer de décrire.

En effet, quelques plantes en très-petit nombre, telles que le *Globulea obvallata* et l'*Ajuga genevensis* sortent des règles ordinaires de l'opposition. Ainsi, selon De Candolle, la première de ces espèces cffre des feuilles opposées qui sont disposées par paires hélicoïdées; c'est-à-dire que la seconde paire ne coupe la première que sous un angle aigu; la troisième coupe la seconde sous le même angle, et ce n'est que la sixième ou septième qui vient à recouvrir la première, tellement, que chaque système est composé de six ou sept paires hélicoïdées. M. Rœper a observé une disposition à peu près semblable dans les feuilles inférieures de la tige de l'*Ajuga genevensis* (1).

Si l'on fait sur ces feuilles le même raisonnement et la même application du défaut d'exastosie centripète que ceux que nous venons de faire sur les feuilles opposées, suivant un même plan, ou sur les feuilles opposées décussées, on s'expliquera aisément la formation des côtes souvent nombreuses que présentent quelques végétaux, et en particulier les Cactées. Il faut d'abord faire observer que plus les côtes sont nombreuses, plus, en général, les mérithalles sont courts, et il y a là une manifeste application de la loi des balancements organiques. Or, puisque les mérithalles sont très-courts, la double feuille peut coïncider avec une double feuille qui lui sera de beaucoup supérieure, c'est-à-dire qui ne sera que d'une époque physiologique de formation très-supérieure; mais nous avons démontré autre part (2) que plus les mérithalles étaient courts, plus les époques physiologiques de formation étaient rapprochées; par conséquent, il est donc raisonnable de penser que dans certaines Cactées toutes les époques physiologiques de formation étant très-voisines, des doubles feuil es inférieures peuvent être unies, par le sommet, avec la base des doubles feuilles supérieures de plusieurs époques physiologiques de formation. Ainsi s'expliquent aisément toutes les côtes que l'on observe dans les Cactées et dont la variabilité est très-grande depuis les tiges ailées à deux côtes que nous avons indi-

(1) De Candolle, *Organog. végét.*, t. I, p. 327.
(2) T. I, p. 349.

quées, jusqu'aux 15-18 côtes des *Cereus strigosus, polylophus, ferox, dichroacanthus*, etc., et même jusqu'aux 20-26 côtes des *Cereus senilis, multangularis, Lecchii*, etc.

Dans notre premier volume (1), alors que nous avions moins étudié cette question, nous émettions des idées analogues, mais un peu différentes; nous avions cru devoir attribuer les ailes des axes de Cactées à des décurrences, et nous expliquions les côtes d'après les dispositions phyllotaxiques ordinaires; mais de tout ce qui précède, il résulte que notre opinion devait être modifiée, et nous n'hésitons pas à le faire en présence de la plus grande vraisemblance.

§ 4. — *Feuilles verticillées.*

Si les feuilles opposées non décussées, mais disposées par paires hélicoïdales sont capables de fournir des ailes nombreuses, et d'autant plus nombreuses, que chaque hélicule comporte plus d'éléments, il va sans dire que les feuilles verticillées seront, de même, capables de donner lieu à de semblables résultats, et peut-être même le raisonnement fait sur les feuilles verticillées serait-il plus satisfaisant pour certains esprits. En effet, en supposant des feuilles verticillées par 3 et à verticilles alternants, si les méri-thalles sont relativement courts, et si les nervures foliaires coïn-cident bien avec les axes, nous aurons par défaut d'exastosie cen-tripète formation de six ailes continues; c'est ce que donnerait un défaut d'exastosie centripète appliqué à l'axe et aux feuilles du *Nerium oleander*. Si l'on suppose une verticille de quatre feuilles, toujours par verticilles alternes, on aura la formation de huit côtes; on aurait dix côtes pour les verticilles alternes par 5; douze pour les verticilles par 6; quatorze, seize, etc., pour les ver-ticilles de 7 ou 8, etc., nombre que donneraient, dans quelques cas, les feuilles et les axes des *Leptandra Virginica* et *Sibe-rica*, etc., si l'on venait à leur supposer un défaut d'exastosie centripète.

(1) Page 472.

ARTICLE V.

De la composition organophytogénique des feuilles.

Quand on ne fait qu'étudier les feuilles dans les dicotylédones, il est rare que l'on ne soit pas conduit à ne voir dans leur constitution autre chose qu'un *pétiole* et un *limbe ;* mais lorsque l'on vient à faire une étude comparée dans les monocotylédones et les dicotylédones, et cela d'une manière générale, il est difficile de ne pas voir qu'il y a un élément de plus, que, certainement, les botanistes ont bien vu, mais qu'ils ont néanmoins continué à confondre avec le pétiole. La suite de cette dissertation démontrera qu'il y a deux éléments de caractère et d'origine complétement différents là où l'on n'en a généralement vu qu'un seul, et que l'un d'eux ne saurait disparaître, dans beaucoup de cas, où l'autre au contraire peut faire complétement défaut. Examinons les faits.

1° Si nous observons la manière dont se fait le développement de certains bourgeons, par exemple ceux des *Scirpus lacustris, triqueter,* etc.; *Elœocharis ovata,* etc., on voit qu'il ne se forme que des organes appendiculaires engaînants ou *gaînes,* en très-petit nombre, du milieu desquels sort un axe qui porte les fleurs. Certains *Juncus (glaucus, balticus, conglomeratus)* ne paraissent aussi avoir, pour tout organe appendiculaire, que des *gaînes.*

Les premiers organes appendiculaires qui apparaissent dans les bourgeons des *Canna, Thalia, Arum, Richardia, Arundo,* etc., ne sont autres que des organes embrassants dépourvus des éléments que l'on retrouve plus haut sur les tiges.

2° La famille des Graminées tout entière et celle des Cypéracées, présentent, indépendamment de la gaîne dont nous venons de parler, un épanouissement des fibres en une lame foliacée très-distincte de la gaîne, et qui n'est autre que le *limbe* de la feuille, suivant l'opinion admise.

3° Mais très-souvent, indépendamment de ces deux éléments de la feuille, il s'en trouve un autre intermédiaire entre la gaîne et le limbe et qui se présente sous la forme d'une sorte de mérithalle, tantôt plus ou moins aplati, tantôt parfaitement cylindrique, quelquefois plus ou moins prismatique, bordé par des décurrences limbaires, et qui résulte de la réunion de plusieurs faisceaux fibro-vasculaires qui se sont rapprochés en un faisceau unique presque toujours recouvert de ce tissu cellulaire qui entre dans la composition du limbe. C'est ce corps que l'on désigne particulièrement sous le nom de *pétiole*.

Ainsi, contrairement à l'opinion de quelques auteurs, qui ne voient que deux éléments dans les feuilles : le pétiole et le limbe, considérant alors les gaines comme faisant partie du pétiole, nous sommes forcé de reconnaître que les feuilles se composent de trois parties très-distinctes, savoir : la *partie vaginale*, ou *gaine*, la partie *pétiolaire* ou *pétiole*, la partie *limbaire*, ou *limbe;* toutes les trois faciles à distinguer dans beaucoup de feuilles. Nous allons les étudier séparément dans les mono et dans les dicotylédones.

SECTION I. — FEUILLES DE MONOCOTYLÉDONES.

Dans certains végétaux monocotylédonés, la gaine est la seule partie de la feuille qui se forme bien, comme on peut le voir dans certains *Cyperus* (*minimus, setaceus, arenarius, prolifer,* etc.); *Scirpus* (*palustris, lacustris, acicularis, capitatus,* etc.); *Elæocharis ovata*; *Juncus* (*filiformis, grandiflorus, rubens,* etc.). Par conséquent l'existence de la gaine, comme partie distincte de la feuille, n'est déjà pas douteuse, et elle nous présente la feuille dans son plus grand état de simplicité. C'est que les premiers phytogènes périphériques n'ayant été en aucune façon protégés par d'autres organes, n'ont pas acquis tout le développement qu'ils peuvent prendre dans d'autres végétaux, où ils se répètent plusieurs fois, et où les premiers développés protégent ceux qui viennent un peu plus tard. Dans ces circonstances, les phytogènes périphériques des premiers protophytogènes vivent tous en commun pour former l'organe qui s'ouvre seulement à son sommet ou sur le côté pour laisser passer les organes qui proviendront du développement ultérieur des phytogènes centraux successifs.

Si nous suivons le développement d'un bourgeon qui se forme surle rhizome de l'*Arundo donax*, où ce bourgeon, par sa grosseur, est facile à étudier, nous voyons d'abord se former une ou deux gaînes qui s'ouvrent un peu sur le côté pour laisser passer les parties internes qui se développent plus tard ; mais, tandis que les premières gaînes paraissent uniformes, on voit que celles qui suivent sont surmontées d'un tout petit limbe de forme triangulaire ; puis, à mesure que le végétal se développe, on voit successivement les gaînes fournir un limbe de plus en plus allongé, tellement, que bientôt le limbe devient la partie dominante de la feuille. Mais, quelle que soit la croissance du végétal, jamais on n'arrive à trouver autre chose que cette gaîne surmontée de ce limbe, si ce n'est une sorte de petit collier qui se développe au point de réunion de ces deux parties de la feuille, et auquel on a donné le nom de *languette, ligule* ou *collure.*

En observant le développement du bourgeon du *Canna nepalensis,* on voit d'abord des gaînes seulement se former ; puis après, un limbe et plus haut, on commence à voir le limbe se séparer de la gaîne par une sorte d'étranglement, qui arrive bientôt à simuler un pétiole, mais un pétiole membraneux sur ses bords. Déjà il apparaît plus distinct, mais très-court dans les *Maranta arundinacea* et *bicolor.* Ce pétiole est bien plus apparent dans le *Strelitzia reginæ,* où il prend l'apparence d'un cylindre portant une rainure interne et offrant une longueur de 20 à 25 centimètres, et dans le *Thalia dealbata,* il est assez prononcé pour arriver à la forme cylindrique et séparer nettement la gaîne du limbe dans une longueur également de 20 à 25 centimètres. Enfin ce pétiole est bien plus marqué dans le *Pontederia cordata,* car avec une forme parfaitement cylindrique, surtout dans ses 3/4 supérieurs, il a quelquefois jusqu'à 50 et 55 centimètres de longueur. Ainsi le pétiole, comme les deux autres éléments de la feuille, semble constituer une troisième partie bien distincte des deux autres, et qui paraît avoir sa signification particulière. En effet, dans les dégénérescences de la feuille des monocotylédones, si la lame foliacée qu'on lui connaît est un limbe, c'est souvent le pétiole qui disparaît, alors que la gaîne persiste. Toutefois, il est quelques exceptions à cette règle, car dans le *Strelitzia juncea* le limbe disparaît, et la feuille ne se trouve plus composée que de la gaîne et d'un pétiole long, cylindrique, dressé et pointu ; or, c'est à peu près celui du *Strelitzia parvifolia,* auquel s'ajoute un petit limbe que l'on trouve beaucoup plus développé dans le

Strelitzia reginæ. Pareillement, il est probable que la longue lanière sous-quadrangulaire qui surmonte la large base de la feuille d'*Agave geminiflora*, n'est autre qu'un pétiole. Il en serait de même de la longue partie cylindrique qui surmonte la gaîne de l'*Isolepis holoschœnus*, et peut-être aussi la partie filiforme continuant la gaîne du *Schœnus nigricans*, etc. Mais, nous le répétons, à moins que par des considérations que nous développerons un peu plus haut, on n'arrive à admettre que les limbes des Graminées et de beaucoup d'autres monocotylédones ne sont que des pétioles, ce n'est réellement que par exception que le limbe disparaît, tandis que le pétiole persiste, et la vaste famille des Graminées prouve au contraire que le pétiole seul disparaît, puisque presque toutes les espèces portent des feuilles qui ne sont uniquement composées que de la gaîne et du limbe; car dans les genres *Arundinaria*, *Bambusa* et *Panicum* (*latifolium*), si l'on observe entre la gaîne et le limbe un étranglement qui semble être un commencement de pétiole, il est réellement si court qu'on ne saurait le compter même comme une exception.

Dans les Cypéracées on constate aussi l'assemblage d'une gaîne non fendue et d'un limbe bien mieux confondu avec la gaîne, car on n'y trouve pas la ligne de démarcation, la *ligule*, que l'on voit chez les Graminées.

Dans les monocotylédones la gaîne est donc la partie de la feuille la plus fixe, puisqu'on la voit persister le plus souvent alors même que le pétiole et le limbe viennent à manquer complétement. Il y a néanmoins quelques exceptions rares, et nous citerons comme présentant des limbes sans gaînes les feuilles des *Trillium*, *Lilium*, *Paris*; celles de quelques *Convallaria*, de plusieurs Dioscorées, du *Disporum chilense*, etc.

Nous avons dit que quelques auteurs, d'ailleurs célèbres, avaient confondu dans une même appellation la gaîne et le pétiole; mais il suffit d'examiner le mode d'élongation des différentes parties de la feuille pour être conduit à faire une certaine distinction entre la gaîne et le pétiole.

Sans avoir connaissance d'une expérience de De Candolle (1), il y a déjà longtemps que, pour poursuivre quelques recherches

----

(1) *Organog. végét.*, t. I, p. 354.

sur le développement des feuilles, nous avons entrepris des expériences analogues à celles de l'illustre botaniste que nous venons de nommer. Les résultats obtenus ont été les mêmes, mais faites dans un autre but sans doute, elles nous permettent de tirer une conséquence en faveur de la distinction à faire entre le pétiole et la gaîne. Ainsi, après avoir fait des ponctuations avec des aiguilles très-fines et à des distances égales, sur la nervure médiane des gaînes, des pétioles et des limbes de très-jeunes feuilles des *Canna nepalensis*, *Arundo Donax*, *Allium cepa* et *porrum*, *Hyacinthus orientalis* et *Funkia ovata*, nous avons reconnu que ces ponctuations, pendant la croissance, gardaient sensiblement les mèmes intervalles au sommet des feuilles, tandis qu'elles s'éloignaient proportionnellement de plus en plus, à mesure que l'on descendait vers la gaîne, comme l'avait vu aussi De Candolle, sur la feuille de Jacinthe. Or, dans cette progression les pétioles des *Canna nepalensis* et *Funkia ovata* avaient complétement suivi le sort de la nervure médiane du limbe; c'est-à-dire que les distances observées sur eux étaient proportionnelles à la position plus basse qu'occupaient les ponctuations au-dessous du limbe, et en rapport avec les distances proportionnelles observées au-dessus dans la nervure limbaire. Il n'en était pas de même de la gaîne; celle-ci avait pris une croissance tout à fait isolée, et, bien que se produisant dans le même sens que le reste de la feuille, on pouvait constater que la distance des points marqués sur elle, ne continuait plus la progression que le pétiole avait si bien observée par rapport à celle que l'on trouvait sur le limbe. En effet, les deux points supérieurs marqués sur la gaîne avaient peu augmenté la distance primitive; l'intervalle du deuxième au troisième point était un peu plus grand, celui du troisième au quatrième point était plus prononcé et celui du quatrième au cinquième point plus grand encore. Comme nous n'avons pas pu faire plus de cinq ponctuations sur les gaînes, nous n'avons pas poussé plus loin ce genre d'observation, mais il est probable qu'il eût été plus concluant si l'on avait pu aller au delà, et nous nous fondons sur ce que le point le plus inférieur du limbe s'est trouvé dans l'*Allium cepa* et dans l'*Arundo Donax* excessivement élevé par rapport à la ponctuation supérieure que nous avions pratiquée en même temps sur la gaîne. En effet, la croissance de la gaîne et celle de la feuille sont si distinctes l'une de l'autre, que l'on voit la gaîne s'allonger par sa base, ainsi que le reste de la feuille, d'où il résulte que des points étant marqués à égales distances sur toute l'étendue de la gaîne et de la feuille jeune encore, au bout de quelque temps on observe que le point le plus haut de la gaîne et le point le plus bas du reste de la feuille se sont incomparablement plus séparés que tous les autres points. Ce fait montre d'une manière irrécusable l'indépendance de croissance de la gaîne et du reste de la feuille, et par conséquent l'existence particulière de la gaîne.

Ces observations, loin de conduire à confondre la gaîne et le pétiole ont évidemment plutôt pour effet de faire distinguer la gaîne du pétiole avec le limbe, et de faire considérer la nervure médiane du limbe comme le prolongement du pétiole, lequel pétiole peut varier beaucoup de longueur, de forme, et peut être regardé comme un mérithalle foliaire intermédiaire entre un premier limbe ou gaîne et un second, absolument comme les mérithalles rachidiens qui séparent les paires de folioles dans les feuilles composées.

Un des caractères essentiels de la gaîne des monocotylédones est, ainsi que l'indique son nom, d'être complétement enveloppante et une des raisons qui font qu'il en est ainsi, c'est que lorsque la gaîne est formée et pour ainsi dire moulée sur le bourgeon central, celui-ci s'allonge sans presque augmenter le diamètre de la tige qu'il forme; aussi voyons-nous cette gaîne rester entière, par défaut d'exastosie circulaire, dans les Cypéracées, les *Tradescantia*, etc., et si, dans la plupart des cas, cette gaîne est fendue par le côté, c'est que l'exastosie circulaire a été véritablement seule la cause de cette fente.

Tout le monde a remarqué que, dans les Graminées, la gaîne se distingue du limbe de la feuille par un organe particulier, auquel les botanistes ont donné le nom de *ligule*, et qui se forme sur la ligne même où se fait cette distinction. Cette ligule, dont nous essayerons de donner le mode de formation phytogénique, ne se rencontre pas dans toutes les monocotylédones, et quoique étant un des caractères particuliers à la famille des Graminées, cependant elle fait quelquefois défaut, comme on peut s'en assurer sur les feuilles des *Oplismenus crus-galli, colonus*, etc., où la ligule est remplacée par une simple zone blanchâtre. Dans les *Setaria persica, viridis, glauca, italica*, etc., cette ligule commence à apparaître sous forme de poils courts ; elle est plus apparente et membraneuse dans les *Arundo Donax, Coix lacryma, Zea Maïs*, etc.; elle est plus développée encore dans le *Melica altissima*, l'*Hordeum bulbosum ;* plus encore dans le *Trisetum rigidum*, l'*Andropogon Sorghum*, le *Saccharum strictum ;* elle augmente encore dans le *Paspalum dilatatum* et le *Phalaris truncata*, et c'est dans le *Phalaris nodosa* ou le *Poa trivialis, fig.* 104, B, que, parmi les Graminées, nous lui avons vu atteindre la plus grande longueur ; car il y en a qui prennent jusqu'à 3 ou 4 centimètres de hauteur.

Mais cette ligule se trouve être encore le partage d'autres végétaux monocotylédonés. Ainsi, pour nous, c'est l'analogue d'une ligule qui se trouve continuer le pétiole à la base du limbe des feuilles latéricomposées des Palmiers. Dans le *Sabal Adansonii*, elle est très-courte, elle est plus prononcée dans le *Chamærops humilis*, et plus encore dans le *Chamærops excelsa ;* dans l'*Amomum grana-paradisi*, cette ligule est nettement prononcée et très-longue ; elle l'est davantage dans l'*Alpinia nutans*, et bien plus encore dans les *Hedichium thyrsiforme* et *coronarium ;* enfin, parmi les monocotylédones, c'est dans le *Pontederia cordata* que nous l'avons vu se développer le mieux ; elle y atteint parfois jusqu'à 6 centimètres de longueur (*fig.* 104, A).

SECTION II. — FEUILLES DE DICOTYLÉDONES.

Les feuilles de dicotylédones, précisément à cause de leurs deux cotylédons, de leurs feuilles plus souvent opposées ou verticillées, d'une exastosie circulaire plus prononcée, n'ont pas aussi souvent que les monocotylédones des feuilles engaînantes. Cependant il y a encore un certain nombre de ces végétaux, où l'on trouve l'analogue de ce que nous venons de voir dans les monocotylédones.

En effet, il ne faut que jeter un coup d'œil sur les feuilles de certaines espèces d'Ombellifères, par exemple sur l'*Angelica Razulsii, fig.* 108, b, ou sur le *Melanoselinum decipiens, fig.* 108, a, pour être assuré que le pétiole est porté par une gaîne ayant la plus grande analogie avec celles des monocotylédones.

Ainsi, lorsque l'on compare la gaîne de la figure 108, a, avec celle du *Pontederia cordata, fig.* 104, A, il est impossible que l'on ne saisisse pas l'analogie qui existe entre ces deux formes, et, à part la ligule, on doit reconnaître que ces deux gaînes ont bien un même mode de formation. Voici à ce sujet quelques détails plus précis.

Si nous observons la manière dont se fait le développement du bourgeon *Pæonia officinalis*, nous voyons qu'il se forme d'ordinaire six grandes écailles engaînantes qui ne présentent aucune trace ni de pétiole ni de limbe. Ici la feuille est réduite à un organe qui est tout à fait l'analogue de la gaîne de l'*Arundo Donax*, dont nous avons parlé ; après ces gaînes apparaissent les feuilles, d'abord peu composées, portées sur un pétiole bien prononcé, puis de plus en plus composées ; mais tandis que dans la Canne la gaîne persiste, malgré le développement du limbe, ici, le pétiole paraît être en grande partie dépourvu de l'élément vaginal, quoique l'on puisse le supposer encore au moyen de l'explication que nous donnerons un peu plus loin. Un certain nombre d'espèces à feuilles alternes, particulièrement de la famille des Renonculacées, etc., permettent de faire des observations analogues. On comprend aisément que ces observations ne puissent être faites que sur des espèces à feuilles *essentiellement alternes*, puisque, pour que le phénomène se produise, il faut de toute nécessité que tous les phytogènes périphériques d'un protophytogène entrent dans la composition de l'organe appendiculaire, et encore n'arrive-t-il pas toujours que l'organe soit enveloppant ; en voici la raison :

Lorsque l'exastosie circulaire se prononce d'un côté seulement des phytogènes périphériques, l'accroissement en diamètre, qui se fait vite chez les dicotylédones, oblige bientôt le gaîne à s'ouvrir, et dès lors elle cesse d'être embrassante. De plus, si elle reste sans s'accroître en largeur en proportion de l'axe qui la porte, elle doit nécessairement être caduque, ou tout au moins arriver à n'occuper qu'une petite place sur le pourtour de l'axe. Mais le plus ordinairement elle est accrescente, et pour le peu de temps que la feuille met à accomplir ses fonctions, elle grandit assez, sinon pour rester embrassante, du moins pour que sa base continue à entourer la tige.

De même que chez les monocotylédones, les dicotylédones présentent néanmoins des gaînes entières qui entourent l'axe, mais jamais elles n'ont la longueur que l'on remarque chez les premières. Ainsi, de part et d'autre, nous reconnaissons que la gaîne se présente *sans exastosie* ou *avec exastosie* sur le côté.

1° Avec exastosie, elle forme les *pétioles dilatés* plus ou moins embrassants ou ventrus de beaucoup d'Ombellifères : *Angelica*, *fig*. 108, b, *Heracleum*, etc. Quand cette gaîne s'ouvre complétement et qu'en même temps surtout elle se sépare de chaque côté du pétiole, *fig*. 108, c, alors elle forme les *stipules*, si constantes dans certaines familles de plantes dicotylédones (Rosacées, Légumineuses, etc.). Quelquefois alors ces gaînes, devenues stipules par leur séparation plus ou moins prononcée du pétiole, prennent un si grand développement, par balancement organique, que le limbe est très-réduit, ainsi qu'on peut le voir dans le *Lathyrus Aphaca*, *fig*. 52, pl. VIII, où le limbe disparaît complétement pour ne plus laisser que la nervure médiane en forme de vrille. Mais, d'autres fois, ces organes diminuent de plus en plus, de façon à faire concevoir l'idée que là où ils n'existent pas, ils ont complétement avorté. Ainsi, libres dans une partie de leur étendue et assez développés encore dans le *Lathyrus pratensis*, *fig*. 108, c, ils adhèrent longuement au pétiole et diminuent de volume dans les Rosiers, *fig*. 108, d ; ils se séparent encore du pétiole en réduisant de beaucoup leur volume dans le *Rubus collinus*, *fig*. 108, e ; ils se réduisent à un simple filament dans le *Rubus idœus*, *fig*. 108, f, et à une simple glande dans le *Noblevillea Gestasiana*, *fig*. 108, g. Quand la gaîne se réduit ainsi, ou lorsqu'elle forme des stipules libres, on comprend que sa feuille ne soit plus embrassante, et qu'au contraire elle soit attachée à l'axe par un point très-restreint. Ainsi, non-seulement la partie vaginale de la feuille se fend dans sa longueur, mais encore souvent chaque côté de la gaîne peut, dans certains cas, se séparer du centre de la gaîne et former les organes distincts désignés sous le nom de *Stipules*. Or, ces séparations constituent un état de l'*exastosie circulaire;* mais il est des cas où l'*exastosie centripète* se produit, et alors on a une série de phénomènes d'un autre ordre, quoique voisin du premier. En effet, dans quelques Ombellifères (*Sium latifolium*, et quelquefois *Fœniculum vul-*

gare), on voit le sommet de la gaîne se détacher un peu du pétiole, de façon à rappeler la ligule des Graminées ; dans le *Melianthus major, fig.* 106, A, l'*Houttuynia cordata* et le *Drosera anglica*, cette gaîne ne tient plus au pétiole que par la base ; enfin, chez le *Drosera graminifolia*, etc., cette gaîne est complétement libre ; c'est ce nouvel état de la gaîne, que l'on désigne ordinairement sous le nom de *Stipule axillaire*. Or, si nous comparons tous ces phénomènes à ceux qui ont lieu chez les monocotylédones, nous leur trouvons la plus complète analogie. Ainsi, dans ces dernières, la ligule plus ou moins prononcée comme dans le *Sium latifolium*, est un peu plus libre dans le *Lamarkia aurea* et complétement libre dans le *Potamogeton natans, fig.* 106, C. On est en conséquence obligé de reconnaître que cette nouvelle série de phénomène a pour cause principale l'exastosie centripète qui a séparé la gaîne du pétiole.

2° Enfin la comparaison peut être poussée encore plus loin entre les gaînes des mono et des dicotylédones, car si nous avons des gaînes entières, c'est-à-dire *sans exastosie circulaire*, comme dans les Cypéracées, quelques Amomées (1), quelques Commelinées (*Tradescantia, fig.* 105, A), etc., nous en trouvons également dans les Polygonées (*Polygonum orientale, fig.* 105, C), ou dans les Platanées (*Platanus cuneata, fig.* 105, B) ; mais on remarque que tandis que chez les monocotylédones il y a défaut d'exastosie centripète entre le pétiole et la gaîne non fendue, au contraire, dans les dicotylédones cette propriété est à peu près constante ; il en résulte que l'exsertion du limbe de la feuille se fait au sommet de la gaîne, *fig.* 105, A, chez les premières ; tandis qu'elle se fait à la base dans les dicotylédones, *fig.* 105, B, C. On est convenu de donner le nom d'*Ochrea* à celle des Polygonées et comme celle des *Platanus* est tout à fait de même forme et de même nature, le même nom doit leur être appliqué. Ajoutons que si l'on supposait une exastosie centripète entre le pétiole et la gaîne des *Tradescantia, fig.* 105, A, ou un défaut d'exastosie circulaire dans la gaîne du *Potamogeton natans, fig.* 106, C, on aurait une gaîne de même nature qui au lieu d'être une *gaîne* dans le premier cas, ou une *stipule axillaire* dans le

____

(1) De Candolle, *Organog. végét.*, pl. 26, a, b.

second, serait un *Ochrea*; enfin, supposons à la fois un défaut d'exastosie *circulaire* entre les bords des stipules, et un excès d'exastosie *centripète* entre le pétiole et la gaîne des *Rosa*, on aura encore un Ochrea au lieu de deux stipules latérales. Dans quelques espèces la gaîne se détache de chaque côté du pétiole et forme une véritable *stipule oppositifoliée*; comme on peut en voir dans les Ricins. Si l'on suppose un défaut d'exastosie circulaire entre les deux bords libres de la stipule et un défaut d'exastosie centripète entre la base de la stipule et du pétiole, on aura encore reformé un véritable ochrea.

Tous ces exemples sont une preuve de la multiplicité de formes que peut prendre le même organe sous l'influence variée des exastosies centripète et circulaire.

Jusqu'à présent nous ne nous sommes occupé que de la feuille dite alterne, parce qu'en réalité il n'y a que celles-là qui soient dans les conditions les plus propres à la formation des gaînes véritablement embrassantes, au moins à la base; car tous les phytogènes périphériques entrent dans la constitution de la feuille. Toutefois, il y a un grand nombre de feuilles alternes qui, provenant de la *diastasie*, ou éloignement des feuilles opposées, n'en présentent pas moins des stipules à leur base, ainsi qu'on en voit chez les Légumineuses, les Rosacées, etc., mais jamais elles ne sont réellement embrassantes; de sorte que l'on peut assurer que les feuilles de dicotylédones véritablement engaînantes sont les seules qui soient originellement alternes, puisque alors, tous les phytogènes périphériques entrent dans leur constitution. C'est peut-être dans le cas seul d'*alternance par diastasie* qu'il conviendrait de conserver le nom si usité de stipules. Ainsi, pour être plus clair, la stipule ne serait autre dans les feuilles *alternes par déplacement* qu'une fraction de la gaîne d'une autre feuille *phytogéniquement alterne*. Mais, pour bien comprendre cette distinction, en apparence subtile, il faut de toute nécessité donner la théorie phytogénique de la formation des feuilles.

SECTION III. — PHYTOGÉNIE DES ÉLÉMENTS DE LA FEUILLE.

Au point de vue phytogénique, la gaîne et les stipules ont certainement la même origine, si bien qu'après avoir fait comprendre comment, phytogéniquement, ces corps se forment, on sera tenté de les faire rentrer tous dans une même division.

Mais, pour bien comprendre la formation de ces organes, il faut entrer dans des détails phytogéniques plus approfondis, indispensables à l'intelligence des faits.

Nous avons dit que les organes appendiculaires étaient formés par les phytogènes simples qui entourent un phytogène central, dans un protophytogène (1). Mais alors, pour simplifier les explications nous avons dû nous borner à supposer douze phytogènes en entourant un treizième, et nous avons dit qu'ils étaient disposés ainsi qu'il suit : trois inférieures, i, qui entrent dans la composition des mérithalles; six circulaires, c, et trois supérieures, s, placées sur les six circulaires assemblés par couples (2). Maintenant qu'il s'agit de chercher une explication rationnelle aux trois ordres d'éléments foliaires reconnus, il est bon de faire observer que nous avons supposé la division originelle se faisant sur un phytogène initial, et encore sphérique; mais tout le monde sait bien qu'un bourgeon sphérique à sa naissance ne tarde pas à s'allonger en forme de cône, et par conséquent, le phytogène composé ou protophytogène n'est plus seulement formé de douze phytogènes en entourant un treizième, car la petite masse cellulaire qui surmonte le protophytogène devient elle-même un phytogène, qui, selon les circonstances, pourra se développer en donnant lieu à un phénomène que nous aurons soin de faire connaître avec quelques détails.

Ainsi, commençons par bien nous figurer la position des phytogènes simples dans un protophytogène. Si nous sommes bien parvenu à expliquer cette position par la *fig.* 81 *bis*, pl. XII (tome premier), on doit reconnaître que les trois phytogènes supérieurs sont précisément posés sur les six circulaires et le

(1) T. I, pl. VII, *fig.* 27, 28, 29.
(2) *Ibid.*, pl. XII, *fig.* 81 *bis*.

central au milieu de trois phytogènes contigus et aux endroits
indiqués par des points, *fig.* 100, A, placés dans les méats interphytogéniques. Mais, on voit très-bien que dans cette disposition de six phytogènes entourant circulairement un septième
(*fig.* 100, A), il y a place pour trois phytogènes supérieurs qui
se trouvent dans un même plan horizontal, et qui font entre eux
l'effet des trois phytogènes contigus dont nous venons de parler,
si bien qu'ils affectent la position représentée en a, *fig.* 100, et
comme il y a place pour poser un autre phytogène d'égales dimensions à cheval, pour ainsi dire, sur ces trois phytogènes supérieurs, c'est cet autre phytogène qui prendra naissance pendant
la composition de la petite masse ovoïde ou conique de tissu cellulaire passant à l'état de protophytogène. De telle sorte, qu'abstraction faite des trois phytogènes inférieurs, nous avons en profil
la disposition en forme de cône des phytogènes. superposés que
nous avons représentée, *fig.* 100, b. Cette disposition, toute hypo-
thétique qu'elle paraisse, au premier abord, va pourtant si bien
expliquer les phénomènes observables à la simple vue qu'elle
deviendra une sorte de vérité démontrée par le raisonnement
seul.

En effet, remarquons que ces trois séries superposées de phytogènes sont dans des conditions différentes, savoir : 1° six circulaires, g, enveloppant le phytogène central dans tout son pourtour, et d'ailleurs placés au-dessous des autres phytogènes;
2° trois intermédiaires, p, qui ne sont plus enveloppants, et
3° un seul terminant le cône, l, qui, peu gêné dans son évolution, mais aussi moins protégé, pourra, selon les circonstances,
prendre un développement particulier, ou bien se dessécher,
s'atrophier, ou complétement avorter.

1° Ceci posé, on peut aisément concevoir que tout ce système
vivant en commun puisse, en se fendant sur un seul côté, donner lieu à une lame enveloppante qui ne sera autre qu'une gaîne,
et cela devra arriver, surtout aux organes appendiculaires des
premiers protophytogènes. Ces organes n'ayant reçu encore ni
une nourriture suffisante, ni aucune protection de la part d'organes déjà formés, ont été exposés aux influences extérieures
peu favorables, dans bien des cas, au développement plus parfait que ces mêmes organes, mieux protégés ou mieux nourris,

peuvent prendre. Voilà pourquoi, l'organe ne se répétant pas, on ne trouvera qu'une seule gaîne dépourvue d'un pétiole et d'un limbe.

2° Mais si, mieux nourris et suffisamment protégés, les trois séries superposées de phytogènes viennent à se développer d'une manière normale, alors les phytogènes circulaires, g, les premiers qui se développeront, croîtront en produisant souvent une lame circulaire enveloppante qui ne sera autre que la gaîne et qui pourra se fendre longuement sur le côté où ne se fendre que juste ce qu'il faut pour laisser passer le nouveau bourgeon résultant de l'accroissement du phytogène central. Dans ce cas, les deux séries de phytogènes p, l, *fig.* 100, b, sont repoussées sur le côté, et leur croissance commence à se faire d'une manière indépendante de la gaîne ; c'est ce que l'on peut très-bien voir quand on observe le développement des gaînes et des feuilles de l'Oignon ordinaire (*Allium cepa*). De même que nous avons vu les trois séries concourir à la formation d'un seul élément, la gaîne, de même il peut arriver que les deux autres entrent ensemble dans la composition, soit du pétiole, soit du limbe de la feuille, et c'est très-probablement ce qui arrive dans les Graminées, les Cypéracées, etc., dont la forme plane sera expliquée un peu plus haut. Est-il nécessaire de dire que les productions latérales des séries, p, l, *fig.* 100, b, sont souvent telles, que la partie qui leur correspond dans la feuille prend des dimensions énormes relativement à la gaîne ? Enfin il est évident qu'il y a une sorte d'exastosie transversale qui sépare la série circulaire, g, des deux autres séries, p, l, puisque dans les *Arundinaria falcata*, *Bambusa nigra*, *Paspalum dilatatum*, par exemple, le limbe se distingue de la gaîne par un étranglement très-prononcé qui ferait croire à un court pétiole.

3° Dans un grand nombre de circonstances, les séries, p et l, peuvent, quoique vivant en commun, affecter des formes si différentes, que l'on serait tenté de croire que les éléments qui les composent sont très-dissemblables. Cependant, l'explication de ce fait nous semble des plus faciles à donner. Les 3 phytogènes, p, *fig.* 100, b, en vivant ensemble, peuvent s'allonger plus ou moins et donner lieu à une sorte d'axe prismatique ou cylindrique formant le *pétiole*, au haut duquel pourra se développer librement le phytogène terminal, 1. Dans ce cas, ce phytogène passe à l'état de protophytogène, c'est-à-dire qu'il se compose, de telle façon que bientôt chacun de ses phytogènes secondaires devient le centre d'un élément foliaire qui se traduit par une nervure bordée de tissu cellulaire dont l'ensemble constitue un limbe simple, si toutes les nervures sont unies par du tissu cellulaire, ou un limbe composé, si les nervures principales deviennent le centre d'un élément séparé de ce limbe.

Toutefois, il ne faut pas croire que cette composition se fasse à la manière du protophytogène d'un bourgeon. Dans notre opinion, la composition ne se ferait jamais que dans un seul plan, mais ce plan pourrait être compris dans le sens du pétiole ou bien lui être perpendiculaire. La première hypothèse expliquerait les limbes développés dans le même plan que le pétiole ; la seconde, la disposition des limbes *peltés*. Entre ces deux extrèmes on trouverait toutes les positions intermédiaires possibles, et peut-être des études plus avancées dans ce sens conduiraient-elles à l'explication phytogénique de toutes les feuilles plus ou moins composées. Quoi qu'il en soit, nous croyons que, pour la plupart des dicotylédones, c'est la partie, 1, qui prend la plus grande part à la formation des limbes, et c'est aussi elle qui se montre dans les recherches organogéniques sous la forme d'un mamelon duquel sortent tous les autres éléments de la feuille ; dans ce cas encore, la série g, *fig.* 100, b, ou une partie de cette série concourt à la formation des stipules, tandis que la série, p, ou une partie seulement, servirait à la formation du pétiole, et tandis que dans quelques cas, la partie, g, formerait des stipules très-développées, très-souvent celles-ci avorteraient si bien, que la feuille ne serait plus attachée à l'axe que par un point très-restreint (p. 136).

Mais l'ensemble des séries g, p, 1, même après la séparation qui doit, plus tard, faire les feuilles opposées des dicotylédones, se comporte souvent absolument comme dans les monocotylédones, et il suffit d'observer ce qui se passe dans le développement d'un bourgeon d'espèces à feuilles opposées, pour être convaincu de cette vérité. Si, en effet, nous choisissons pour exemple le développement du phytogène qui doit constituer le bourgeon de l'*Æsculus hippocastanum,* voici ce que nous observerons. D'abord on constatera l'existence d'une petite masse sphérique de tissu cellulaire; puis cette petite sphère s'allongera en cône, et cependant on n'observera encore rien de distinct dans sa constitution. Un peu plus tard, une fente se prononcera au sommet, puis descendra en coupant le petit bourgeon en deux parties égales; ce seront deux premières écailles enveloppantes; le phytogène ou bourgeon central se fendra de nouveau comme le premier phytogène, mais dans une direction perpendiculaire à la première division, et donnera lieu à deux nouvelles écailles; puis le phytogène central se divisera encore, de la même façon, en observant la loi d'alternance, d'où deux nouvelles écailles; enfin le quatrième phytogène se fendra encore de la même manière pour former deux autres écailles. Or, ces quatre formations donnent lieu à des écailles engaînantes dont chaque paire opposée semble représenter la gaîne pure et simple des monocotylédones; elles ne présentent, en effet, aucun vestige du pétiole ou du limbe que nous allons retrouver dans les formations suivantes. A partir de ces quatre séries d'écailles opposées, on voit s'en former d'autres d'après le même système de formation; mais celles-ci commencent à présenter à leur sommet quelques traces du limbe de la feuille accusées par de petites lanières disposées latéralement. Ce limbe se prononce davantage dans la formation suivante; mais en même temps, par balancement organique, la partie engaînante diminue proportionnellement de largeur, tellement, que dès la troisième formation où, en général, le limbe est bien formé, la gaîne a complétement fait place au pétiole. Il est donc logique de supposer que ces prétendues gaînes ne sont autres que des pétioles, et, en effet, on les voit si bien se transformer les uns dans les autres, que l'on ne peut guère s'empêcher de reconnaître que ces feuilles ne sont formées que de deux parties : le pétiole et le limbe; mais le pétiole faisant l'office de gaîne au moment où le bourgeon commence à se former, conserve souvent, plus tard, à son extrême base, une partie élargie qui est l'indice de la transformation. Quelquefois cet indice se conserve même à la base des pétioles les mieux *exastosiés*, ainsi qu'on peut s'en assurer sur les feuilles composées des *Aralia*, dont les éléments ainsi que les mérithalles foliaires sont tous articulés.

De semblables observations peuvent être faites sur le développement des autres bourgeons, que ces bourgeons donnent des feuilles opposées ou des feuilles alternes, pourvu que ces feuilles ne soient pas *phytogéniquement alternes* (p. 138), comme c'est le cas des Ombellifères, ou bien encore que ces feuilles ne présentent pas des stipules à leur base.

Cependant il se pourrait que beaucoup de limbes de feuilles ne dussent être considérés que comme des pétioles; car les deux séries p et l, *fig.* 100, b, pourraient, en vivant en commun, ne produire qu'un seul élément : le pétiole. Pour concevoir ce fait, il suffit de voir ce qui arriverait dans le cas où les 3 phytogènes, p, *fig.* 100, b, surmontés du phytogène, l, arriveraient à croître en commun sans changer la forme dominante de l'ensemble. Or, cette forme est donnée par la simple disposition en triangle, *fig.* 100, a, des 3 phytogènes, p, *fig.* 100, b ; par conséquent, si aucune autre génération ne vient s'ajouter à cette forme pendant la croissance du pétiole, il est de toute évidence que ce pétiole devra conserver sa forme triangulaire. Mais les feuilles du *Butomus umbellatus*, du *Triglochin Barrelieri*, de l'*Asphodeline lutea*, de l'*Eriophorum gracile*, de plusieurs *Aloe*, etc., ont une forme manifestement triangulaire : donc, il n'est pas déraisonnable de penser que la feuille totale de ces espèces pourrait bien n'être formée que d'une gaîne et d'un pétiole. Il y a plus, si l'on suppose que pendant l'évolution du pétiole le tissu cellulaire ou tout autre élément de ce pétiole vient à être assez abondant pour en arrondir les angles, on aura une forme cylindrique, et dans ce cas les feuilles du *Strelitzia juncea*, celles plus ou moins cylindriques de plusieurs *Juncus*, devront aussi être considérées comme formées uniquement d'une gaîne et d'un pétiole.

Mais la conséquence de ce raisonnement est bien loin de s'arrêter là ; car il suffit de suivre la série des feuilles suivantes pour arriver à une conclusion véritablement intéressante. En effet, dans les feuilles de forme triangulaire que nous venons de citer, nous n'avons qu'à observer que l'une des faces du triangle, ordinairement la plus plane, c'est-à-dire *la moins bombée*, est toujours en face de l'axe, ainsi qu'on peut le voir dans la section transversale de la feuille du *Butomus umbellatus*, fig. 108, h. En examinant sous ce point de vue la feuille de l'*Eriophorum gracile*, on voit que cette feuille présente dans sa longueur un léger enfoncement qui fait face à l'axe, comme l'indique la section transversale d'une pareille feuille représentée en i. *fig.* 108. En poursuivant l'examen des feuilles dans ce sens, on trouve que cet enfoncement longitudinal est beaucoup plus prononcé dans certaines feuilles, entre autres celles du *Tritoma glauca,* dont la section transversale est figurée en k, *fig.* 108. De cette feuille à celle de l'*Hemerocallis fulva,* il n'y a presque aucune différence, si ce n'est que l'exastosie longitudinale qui a fait l'enfoncement dans les autres feuilles est bien plus prononcée que dans le *Tritoma;* aussi sa section transversale reproduite en C, *fig.* 103, laisse-t-elle voir un angle rentrant bien plus marqué. Enfin, lorsque l'exastosie est suffisamment profonde, le pétiole doit revêtir la forme d'une lame aplatie analogue à celle dont nous avons indiqué la section transversale *fig.* 103, A. De sorte que progressivement, en partant du pétiole du *Butomus umbellatus,* nous sommes arrivé au limbe de la feuille du Lis, et à plus forte raison à celui de la feuille des Graminées. Par conséquent, la déduction logique de cette analyse est que, si l'on considère les feuilles triangulaires dont nous avons parlé comme des pétioles, il est de nécessité rigoureuse de regarder les limbes des Graminées, des Cypéracées et quelques autres comme des pétioles; car, sans cela, où devrait-on s'arrêter pour distinguer le pétiole du limbe?

Il y a une considération importante, à notre point de vue, en faveur de cette manière de voir. Elle consiste en ce que, comme nous l'avons dit plusieurs fois déjà, les 3 phytogènes inférieurs de tout protophytogène concourent à la formation du *mérithalle caulinaire;* mais nous avons dit aussi que le pétiole était, pour nous, un *mérithalle foliaire,* et nous venons de reconnaître que les 3 phytogènes supérieurs entraient dans la composition du pétiole. Il est donc difficile de ne pas saisir la relation phytogénique de ces deux séries, sinon similaires, du moins analogues, formées par les 3 phytogènes inférieurs et les 3 phytogènes supérieurs d'un protophytogène, et ainsi s'explique aisément la grande analogie qui existe entre un mérithalle et un pétiole.

Puisque nous venons d'établir que ces feuilles triangulaires ou cylindriques n'étaient formées que de gaînes et de pétioles, nous devons trouver probable que les feuilles *fistuleuses* des

Allium cepa, fistulosum, ascalonicum, vineale, ochroleucum, tenuiflorum, etc., de l'*Asphodelus fistulosus*, etc., sont aussi des pétioles, car quelques-unes conservent encore un reste de la forme triangulaire que nous avons reconnue à la feuille du *Butomus;* telle est en particulier celle de l'*Asphodelus fistulosus*. La feuille fistuleuse peut avoir deux interprétations phytogéniques, que nous devons indiquer ici :

1° Elle peut résulter du développement en commun de tous les phytogènes périphériques qui, tous *liés intimement*, grandiraient autour du phytogène central en faisant autour de lui une sorte de chambre close de toutes parts. Mais bientôt le phytogène central se développant à son tour, presserait sur les parois intérieures de la base de la feuille enveloppante, d'ailleurs disposée à l'exastosie du côté interne, lequel étant aussi d'un tissu plus mou, laisserait facilement passer le sommet d'une seconde feuille. Il résulte de ce mode de développement que la feuille doit nécessairement être creuse, et qu'elle rentre dans les conditions phytogéniques d'une Cyclochorise (1). Dans cette hypothèse, la série de phytogènes, g, *fig.* 100, b, aurait conservé les caractères propres à la gaîne, tandis que les séries, p et l, auraient revêtu les caractères propres au pétiole ou au limbe;

2° Dans la seconde interprétation, que nous croyons la plus rationnelle, la gaîne se formerait comme dans les autres espèces de feuilles; puis à un moment donné les séries de phytogènes p et l, liées entre elles, se développeraient en un long pétiole creux, à la manière de la Cyclochorise triplasique de la Jacinthe, dont nous avons donné le mode de formation dans notre premier volume, p. 314. Toutefois, nous n'oserions pas affirmer que les phytogènes de la série p et l, ne se sont pas multipliés circulairement en se dédoublant, car, par les stries longitudinales souvent assez prononcées que l'on remarque parfois sur ces feuilles, on peut, jusqu'à un certain point, admettre et connaître le nombre des phytogènes qui entrent dans leur composition; c'est ainsi, par exemple, que dans l'*Allium pallens,* on compte 5, 6 et parfois jusqu'à 9 stries, ce qui indiquerait un dédoublement de plusieurs phytogènes.

(1) T. I, p. 335.

Par tout ce qui précède, on est naturellement conduit à penser que si les feuilles des *Butomus*, des *Tritoma*, des *Allium*, des Graminées, etc., ne sont que des pétioles, il faut en conclure que les feuilles verticales des Iridées, des *Phormium*, *Dianella*, etc., ne sont aussi que des pétioles, et puisque, d'une part, la verticalité du limbe des Iridées conduit si bien à l'explication du phyllode en même temps qu'il en indique la nature, et que, d'un autre côté, les parties vaginales des feuilles de dicotylédones se transforment si visiblement en pétiole, il est raisonnable de penser que les phyllodes ne sont aussi réellement que des pétioles. Ainsi, comme on le voit, par une suite de déductions logiques différentes, nous arrivons à la même manière de voir que les autres botanistes.

Si l'on admettait les idées générales que nous venons d'émettre, et qui, pour quelques cas seulement, sont acceptées par plusieurs botanistes, on ferait naturellement cette distinction remarquable que, tandis que *les feuilles de monocotylédones sont très-souvent formées d'une gaîne et d'un pétiole seulement;* au contraire, *les feuilles de dicotylédones seraient le plus souvent formées d'un pétiole et d'un limbe*, c'est-à-dire que dans les premières le *limbe manquerait*, dans les secondes ce serait *la gaîne*. Mais hâtons-nous de dire que dans les monocotylédones (*Arum*, *Pontederia*, *Colocasia*, *Strelitzia*, etc.), comme dans les dicotylédones (Ombellifères, Polygonées, *Melianthus*, *Platanus*, etc.), les trois éléments se rencontrent souvent avec des caractères très-particuliers à chacun d'eux.

Nous avons plusieurs fois comparé le pétiole à un mérithalle, de sorte que le rachis des feuilles composées, qui en est la continuation, serait formé d'une succession de *mérithalles foliaires*. Or, cette comparaison du pétiole et du rachis avec les tiges se poursuit encore dans les tiges articulées, car on trouve pareillement des feuilles dont le pétiole et la nervure médiane qui le continue présentent de véritables articulations. Ainsi, les feuilles dites *lomentacées*, dont les Ingas ptéropodes, le *Fagara pterota*, le *Bignonia articulata*, etc., nous fournissent des exemples, sont des feuilles composées longitudinalement, et dans lesquelles on trouve deux et trois pièces articulées les unes au bout des autres, et les feuilles véritablement composées dans le système L = l des

Aralia, offrent non-seulement des articulations nombreuses sur leur rachis, mais aussi sur les nervures secondaires, tertiaires, etc. Peut-être pourrait-on rapporter à cette série de feuilles celles de plusieurs *Citrus*, du *Desmodium triquetrum,* etc., et dans ce cas, soit que l'on considère les parties foliacées comme des limbes répétés ou leur base comme des pétioles dilatés qui auraient été privés de leurs folioles, ce que nous voulons signaler, c'est cette répétition, si bien accusée par des articulations, et bien que nous ne connaissions aucune feuille normale ayant certainement deux ou trois limbes superposés, cependant, nous regardons le phénomène comme très-possible. Voici, d'ailleurs, quelques considérations qui militent en faveur de cette manière de voir :

1° Nous avons signalé plusieurs cas tératologiques dans lesquels les limbes et leur pétiole s'étaient répétés au sommet d'un pétiole : dans le Haricot, le *Tamus communis* et le *Ptelea trifoliata* (1).

2° Les plus remarquables exemples de feuilles composées présentant des mérithalles foliaires articulés, se trouvent dans les *Aralia*. Or, ce que nous avons dit de la manière dont se composent les feuilles, surtout celles de la forme L = l, fait voir que les éléments foliaires se répètent plusieurs fois. D'ailleurs on peut trouver sur le même *Aralia* des feuilles dont les articulations ont été plus ou moins répétées, et comme cette répétition se fait en longueur comme en largeur, nous ne voyons pas pourquoi des limbes simples ne se répéteraient pas aussi bien que des limbes composés. En supposant un développement de tissu cellulaire tel, que tous les intervalles compris entre toutes les nervures en soient remplis, nous aurions une feuille simple qui présenterait des nodosités à tous les points correspondants aux articulations. Ce serait alors, très-vraisemblablement, une feuille analogue à celle que De Candolle dit être la feuille d'un arbre inconnu de Cayenne, dont son herbier possède des branches, et où l'on observe des renflements oblongs le long de leurs nervures (2).

3° Enfin la répétition des limbes en série longitudinale serait puissamment appuyée par l'exemple des carpelles lomentacés.

(1) T. I, pl. XIII, *fig.* 92, 93, 94.
(2) *Organog. végét.*, t. I, p. 270.

Au moyen des données que nous avons présentées, il va nous être possible, ce nous semble, de donner une idée assez exacte des différentes parties dont se composent certaines feuilles de formes très-bizarres : nous voulons parler des feuilles de *Sarracenia*, de *Dionœa muscipula* et de *Nepenthes distillatoria*.

Dans les *Sarracenia*, et particulièrement le *S. purpurea*, *fig.* 107, C, nous ne voyons réellement que deux éléments dans la feuille, savoir : un pétiole a, cyclochorisé, c'est-à-dire analogue à la feuille de l'*Allium cepa*, et surmonté d'un limbe cordiforme b.

Le *Dionœa muscipula*, B, *fig.* 107, est pareillement formé par un *pétiole dilaté*, a, différent du phyllode par son plan horizontal, et surmonté par un limbe cilié et facilement irritable, b.

Ces deux sortes de feuilles sont composées de la même façon, car si l'on suppose les bords du pétiole du *Dionœa* unis ensemble par défaut d'exastosie, on aura la feuille du *Sarracenia*; et réciproquement, si l'on conçoit le pétiole de ce dernier fendu longitudinalement, par exastosie, on aura l'analogue de la feuille du *Dionœa*. Au reste, la position de ces deux espèces parmi les dicotylédones fait rejeter l'idée d'une gaîne qui, d'ailleurs, n'aurait rien d'embrassant à sa base.

La feuille du *Nepenthes distillatoria*, *fig.* 107, A, présente quatre parties très-distinctes. En observant que le *Nepenthes* est un dicotylédone, nous excluons l'idée de gaîne, d'autant que la base de la feuille n'est évidemment pas engaînante. Donc la partie, a, est l'analogue du pétiole que nous avons vu être dilaté dans les écailles du Marronnier ; ce pétiole dilaté se continue en une sorte de vrille, b, terminée par un limbe cyclochorisé, c. A peu près tous les auteurs ont admis que cette urne était l'analogue de celle du *Sarracenia*, et véritablement l'analogie paraît complète ; mais comme nous ne connaissons aucun exemple certain de pétiole dilaté répété, et qu'au contraire nous connaissons d'une manière assurée des limbes répétés accidentellement dans le *Tamus*, le *Phaseolus* et le *Ptelea*; comme, d'un autre côté, tous les pétioles dilatés sont sessiles et jamais portés sur de longs pétioles cylindriques ou prismatiques, et que la prétendue vrille n'est que la continuation du pétiole dilaté redevenu normal, nous sommes autorisé à croire que l'ascidie des *Nepenthes* est un limbe plutôt

qu'un second pétiole dilaté. Ce limbe se répéterait avec des proportions très-réduites dans l'opercule, d, absolument comme les
feuilles surnuméraires de *Phaseolus*, de *Tamus* et de *Ptelea*
l'ont été dans les exemples précités.

Il ne nous reste plus maintenant, pour compléter ce travail,
au point de vue où nous sommes placé, qu'à chercher la signification phytogénique de certaines gaînes qui sont restées plus ou
moins séparées du pétiole; telles sont la *ligule*, l'*ochrea* et la
stipule axillaire. Mais pour ne pas trop nous répéter, nous dirons
qu'elles sont le résultat d'une chorise centripète analogue à celle
qui fait les couronnes des Narcissées, et dont nous avons donné
la théorie détaillée dans notre premier volume (1). Si, en effet,
on conçoit que chacun des six phytogènes circulaires de la série, g, *fig.* 100, b, se compose à la manière des phytogènes circulaires, n, s, *fig.* 52, pl. IX (tome premier), on aura bientôt
l'idée d'un dédoublement centripète, car tandis que les trois phytogènes extérieurs de chaque phytogène circulaire composé vivent
en commun avec les trois extérieurs de chacun des cinq autres
pour constituer le limbe ou le pétiole dilaté (si l'on veut) des
Graminées; au contraire, les trois phytogènes intérieurs ponctués,
n, s (*ibid.*) de chacun des six phytogènes s'unissent et vivent en
commun pour faire la ligule des Graminées, qui n'est qu'un
commencement de chorise centripète. Cette chorise se prononce
davantage dans l'ochrea du *Polygonum amphibium* (2), où le
pétiole descend à peu près au tiers de la gaîne. Dans le *Platanus
cuneata*, B, et le *Polygonum orientale*, C, *fig.* 105, le pétiole
émerge de la base de la gaîne quoique y adhérant encore; il en
est de même de la stipule axillaire du *Melianthus major*, A,
fig. 106, celle du *Drosera anglica*, etc. Mais dans le *Potamogeton
natans*, C, le *Ficus elastica*, B, *fig.* 106, le pétiole est complétement séparé de la gaîne, devenue ainsi stipule axillaire ou
oppositifoliée. Or, la gaîne étant sans adhérence avec le pétiole,
supposons une exastosie circulaire du côté de la tige diamétralement opposé à celui où se trouve le pétiole, et l'on aura la stipule
axillaire du *Potamogeton natans*. Si cette exastosie se prononce

(1) Pl. IX, *fig.* 52 et p. 525.
(2) Turpin, *Iconog. végét.*, tabl. 6, *fig.* 17.

du même côté que le pétiole, on aura la stipule embrassante *oppositifoliée* des Ricins, *Magnolia*, etc. On voit que, dans ces deux
exemples, l'exastosie circulaire s'est produite suivant une ligne
exactement contraire. Enfin si l'on admet ces deux exastosies
réunies sur la même gaîne devenue stipule, on aura les deux
stipules latérales et libres du *Ficus carica*. Mais comme la gaîne
est essentiellement enveloppante, on comprend aisément que le
pétiole entièrement séparé de sa gaîne ne soit plus uni à la tige
que par une étendue relativement fort restreinte.

Cette chorise centripète se réalise d'une manière nette et indu-
bitable non-seulement dans les pétales, mais encore dans les
feuilles, ainsi que nous l'avons démontré en en donnant des
exemples anormaux, p. 247 (du tome premier). Mais cet état
anormal semble devenir normal dans quelques espèces, et il est
bon d'en dire un mot. En effet, si nous examinons les feuilles
des *Berberis*, nous les voyons très-souvent se transformer en
une épine simple, qui n'est autre que la nervure médiane de la
feuille, car, à l'aisselle de cette épine nous trouvons un bourgeon qui se développe parfaitement; le plus souvent on rencontre 3 épines : une moyenne et deux latérales, qui ne sont évidemment que les deux nervures secondaires latérales de la feuille,
puisque lorsque la feuille revèt ses caractères ordinaires on ne
trouve plus d'épines; quelquefois on en rencontre cinq, comme
dans le *Berberis cretica*, lesquelles sont disposées latéralement
à la manière des nervures de feuilles latéricomposées, conduisant
de cette façon aux cinq épines de génération latérale qui se forment normalement dans le *Berberis actinacantha*. Or, si nous
comparons ces épines à celles que nous voyons dans les *Ribes*
spinescents, tels que les *Ribes lacustre, niveum, grossularia,
uva-crispa, divaricatum, speciosum*, etc, nous leur trouvons une
composition très-analogue. Prises pour des stipules par quelques
auteurs, Turpin a cru devoir les regarder comme de simples expansions, sortes d'exostoses qui, par leur situation, ne peuvent
être ni des feuilles, ni des stipules, mais seulement des parties
proéminentes et dépendantes des *nœuds-vitaux* (1). C'est qu'alors
Dunal et Moquin-Tandon n'avaient pas encore fait connaître

(1) *Iconog. végét.*, p. 84.

leurs importants travaux sur les dédoublements ; c'est pourquoi, aujourd'hui que ces travaux nous sont connus, nous ne saurions partager la manière de voir de l'illustre académicien que nous venons de citer par les raisons suivantes : d'abord, les chorises centripètes sont une vérité acquise pour la botanique ; ensuite, la plus grande analogie se reconnaît dans les formations des épines des *Berberis* et des *Ribes*; puis les épines *subfoliaires* des *Ribes* sont très-différentes de formes et de position avec celles que l'on trouve sur les mérithalles de certaines espèces (*Ribes oxyacan-thoides.* L.); enfin la composition des feuilles est comme celle des épines, tellement que les épines latéricomposées correspondent exactement avec les nervures des feuilles latéricomposées qui sont placées au-dessus, et les épines latérales sont d'ailleurs si visiblement de génération latérale, qu'on les voit décroître absolument comme les nervures des feuilles de génération latérale. Pour toutes ces raisons, nous regardons les épines subfoliaires des *Ribes* comme le résultat d'un dédoublement des phytogènes circulaires analogue aux chorises centripètes dont nous avons parlé, et la composition des phytogènes circulaires, dans cette circonstance, nous paraît de nature à expliquer ce phénomène.

Pour compléter ces idées phytogéniques concernant les feuilles, ajoutons que le phytogène, l, *fig.* 100, b, qui, dans notre opinion, doit constituer le limbe, ne peut le faire qu'autant qu'il a subi une composition particulière, analogue à celle d'un phytogène, différente en cela, néanmoins, qu'au lieu d'une composition *sphérique*, la composition est seulement *circulaire*. Il en résulte des formes très-distinctes, selon la manière dont le plan circulaire se produit par rapport au pétiole : 1° si le plan est parallèle au pétiole, nous aurons une feuille ordinaire dont la composition est facile à concevoir d'après tout ce que nous avons dit ; 2° si au contraire le plan est perpendiculaire, il en résultera une feuille peltée, ainsi que nous l'avons déjà avancé p. 142. Or, la conséquence de ces deux dispositions, c'est que dans le premier cas, les éléments foliaires ne se font que les uns après les autres ; tandis que dans le cas spécial des feuilles *exactement peltées*, le limbe étant *parfaitement perpendiculaire*, on comprend qu'il n'y a absolument aucune raison pour que les éléments foliaires ne se fassent pas simultanément, et s'ils se font simultanément, il n'y a pas plus de raison pour qu'ils ne soient pas de même grandeur. Ainsi se justifie la deuxième loi de composition des feuilles de notre quatrième système $= L < l$. Si l'on voulait avoir la raison exacte des différences que peut apporter l'inclinaison du limbe sur le pétiole, il suffirait de se reporter à l'organogénie des sépales et de la couronne des Narcisses telle que nous l'avons indiquée dans notre premier volume, pl. XIII, *fig.* 97 *bis*, où nous représentons le développement successif de chaque phytogène composé à la manière d'un protophytogène, mais suivant un plan, et p. 531 et 642, où nous donnons les détails de ce développement ; car la marche des choses est complétement la même pour les deux ordres de faits, et l'on acquerra ainsi la certitude que les lois que nous avons posées sont bien celles qui régissent la formation des feuilles simples et composées de notre quatrième système $= L < l$. D'ailleurs tous ces phénomènes appartiennent, comme on le voit, au *système de génération latérale*.

Enfin, si l'on se reporte à notre figure 95, pl. XIII, et à la p. 474 (premier volume), on verra que nous y avons donné la description phytogénique de la formation des feuilles composées du *système de génération longitudinale*, d'après les idées les plus probables. Cependant, il se pourrait que dans le plan de la feuille, *fig.* 95, le protophytogène, composé suivant un plan, ne fût pas exactement posé comme nous l'indiquons, et qu'au lieu de l'être de façon à ce que les deux phytogènes supérieurs fussent horizontaux, ce qui nécessite, pour l'explication, le passage du phytogène central C, au sommet du protophytogène en C′ (ce que l'on peut nier), il devrait être posé comme nous l'indiquons *fig.* 97 *bis* (même planche); alors ce serait le phytogène 1, d, formant le mamelon 1, b, c, qui deviendrait un protophytogène, composé suivant un plan, et qui donnerait les éléments foliaires a′ b′, a″ b″, a‴ b‴, de la *fig.* 95. On comprend aisément qu'il puisse y avoir dissidence d'opinion entre ces deux manières de voir, mais il se pourrait aussi que les deux phénomènes se produisissent, et que ce fût à eux que l'on doit les différences si tranchées que l'on observe, par exemple, entre les feuilles composées du Sureau ou du Jasmin, et celles du Rosier ou du *Robinia*. Dans tous les cas, nous touchons à la partie la plus délicate et la plus difficile à résoudre de la phytogénie, et ce n'est que lorsque l'étude de l'évolution des feuilles sera plus avancée au point de vue des idées que nous émettons, que l'on arrivera à pouvoir dire avec précision la position que doit avoir, par rapport au pétiole, le protophytogène plan qui doit former le limbe.

CHAPITRE VI

DE LA CAMPYLOTROPIE EN GÉNÉRAL.

Jusqu'à ce jour, le mot *campulitrope*, du grec καμπύλος, qui signifie *courbe*, n'avait été employé que pour exprimer l'état d'une graine qui, dans son développement beaucoup plus grand d'un côté que de l'autre, a forcé la chalaze à se déplacer un peu et le micropyle à se rapprocher du hile, qui se trouve alors placé entre la chalaze et le micropyle, ou sommet organique de la graine.

En observant que la radicule des graines de Crucifères était tantôt couchée sur le dos des cotylédons (*incombants*), tantôt appliquée sur leurs bords (*accombants*), nous avons compris qu'il y avait lieu de regarder ces divers états comme se rattachant à un phénomène plus général qu'on ne l'avait pensé, et dans notre note sur la germination du *Sapindus divaricatus*, nous avons déjà établi deux sortes de *campulitropies*, ou mieux *campylotropies*, l'une *dorsale*, à laquelle se rapporte, quoique d'une manière incomplète, la graine du *Sapindus divaricatus* (1) et les cotylédons dits *incombants* des graines de crucifères, et l'autre *latérale*, à laquelle appartiennent toutes les graines à cotylédons dits *accombants*.

Plus tard, nous avons dû comparer le phénomène qui produit la feuille oblique de quelques *Begonia* à celui qui préside à la formation des graines campylotropes, et dès lors nous avons pensé qu'il y avait lieu de généraliser la campylotropie, qui, en effet,

---

(1) *Bull. Soc. bot. France*, t. VII, p. 494.

est un phénomène physiologique duquel dépend un grand nombre de formes tératologiques que l'on retrouve à l'état normal dans un grand nombre de végétaux.

Les recherches que nous avons faites nous mettent en mesure de démontrer que la campylotropie n'affecte pas seulement les graines et les feuilles, mais encore toutes les parties et tous les organes végétaux. Nous allons passer en revue les principaux phénomènes tératologiques, en ayant soin, autant que possible, de les rattacher aux formes normales que nous sommes habitués à voir.

Le phénomène de la campylotropie est le résultat d'une inégalité dans le développement des parties qui auraient dû s'accroître en formant un ensemble symétrique. Il agit exactement comme certaines forces mécaniques pour produire certains effets particuliers. En effet, chaque organe ou chaque partie végétale peut toujours être théoriquement considérée comme formée de deux couches qui, ainsi que nous l'avons dit autre part, se comportent exactement de la même manière que le feraient deux plaques métalliques différemment dilatables par la chaleur et soudées face à face (1). On sait que dans ce cas celle qui se dilate le plus, occupant une surface plus grande que celle qui se dilate le moins, et la soudure s'opposant au glissement d'un métal sur l'autre, les deux métaux sont obligés de prendre une forme telle que celui qui se dilate ou grandit le plus pendant l'action de la chaleur, doit de toute nécessité envelopper celui qui se dilate ou grandit le moins. Or, une surface courbe est la forme qui satisfait le mieux à cette condition.

Supposons donc deux plaques métalliques + et — soudées face à face, pl. XIV, *fig.* 3, a. Si nous venons à les chauffer à 100 degrés, par exemple, elles se courberont et prendront la forme représentée en b, et si la température est suffisamment élevée, elles pourront prendre la forme reproduite en c.

Admettons maintenant qu'au lieu de deux plaques métalliques nous considérions deux couches de tissu cellulaire vivant, mais se développant l'une beaucoup plus que l'autre; il est évident que

___

(1) *Phytogénie*, p. 475, pl. V, *fig.* 34. — *Faits pour servir à l'histoire générale de la fécondation végétale*, brochure in-8, Paris, 1859, p. 24 et suiv.

celle qui se développe le plus occupera une plus grande surface
et deviendra de plus en plus enveloppante, si bien qu'il arrivera
un moment où la couche — pourra être complétement enfermée
dans la couche +, comme en b et c. Il peut même arriver que ce
point soit dépassé, c'est-à-dire que la couche enveloppante soit
plus grande qu'il ne le faut pour donner lieu à la *fig.* c; alors,
pour satisfaire à cette nouvelle condition, les deux couches de
tissu cellulaire sont obligées de se rouler plusieurs fois sur elles-
mêmes en cornet ou en spirale, *fig.* 1, E, et *fig.* 3, d.

Mais tandis que pour les métaux la dilatation se fait dans toutes
les dimensions, il peut arriver que dans les développements organiques, l'excès de développement d'une couche sur l'autre ne se
fasse sentir que dans deux ou même une seule des dimensions, de
là des modifications dans les formes que nous aurons à étudier.
Cette inégalité dans le développement des parties organiques a
été désignée par Ph. Ré sous le nom de *distrophie.*

La campylotropie a été quelquefois étudiée sous d'autres dénominations, telles que celles de *déformations crispées, enroulements, torsions;* mais comme la cause est le plus souvent la
même, nous avons cru devoir les comprendre dans l'étude des
phénomènes campylotropiques.

Enfin, puisque la campylotropie reconnaît pour cause un défaut ou un excès de développement, nous avons dû la placer après
les feuilles, à la suite des exastosies, car nous croyons avoir démontré (t. 1, p. 117, et pl. IV, *fig.* 7) que l'absence d'un des
côtés d'une feuille était dû à un défaut d'exastosie des éléments
phytogéniques qui devaient constituer cette demi-feuille, et nous
verrons par l'expérience que ce défaut de développement est souvent la cause de la campylotropie.

L'étude de ce singulier phénomène comprendra deux articles,
selon qu'elle aura en vue la campylotropie des axes ou celles des
organes appendiculaires.

ARTICLE PREMIER. — *Campylotropie des axes.*

L'ovule, dans son ensemble, pouvant être regardé comme un axe muni de ses organes appendiculaires (1), c'est sur des axes que les auteurs, avec Mirbel, ont commencé l'étude de la campylotropie.

Pour bien se rendre compte du phénomène campylotropique, il suffit, comme nous l'avons fait, de faire l'organogénie de l'ovule sur une série de boutons floraux pris sur la Ketmie de Syrie (*Hibiscus syriacus*) à différents degrés de développement, *fig. 2*. On voit alors que, dans le bouton très-jeune, un des ovules ne se montre que sous la forme d'un mamelon plus ou moins hémisphérique, a ; que sur un bouton plus âgé, ce mamelon s'est allongé et a pris une forme ovoïde, b, qui est encore parfaitement régulière. Un peu plus tard, quand la secondine, s, a fait son apparition, l'ovule, c, a déjà un peu dévié de sa direction ; puis cette déviation devient de plus en plus grande en d, e, f, g, jusqu'à ce qu'elle soit arrivée au point où elle est représentée en h.

Mais l'ovule peut présenter des modifications importantes, selon que la campylotropie se fait sentir sur tout l'ovule ou seulement sur l'axe qui porte l'ovule, ou même sur l'embryon seul, modifications que nous allons faire connaître et qui, étant le résultat d'une prédisposition organique particulière à certains groupes de végétaux, constituent des caractères d'une grande valeur pour leur classification. Mirbel a établi les trois modifications suivantes, admises surtout par les botanistes français ; ce sont : l'*orthotropie*, l'*anatropie* et la *campylotropie*.

C'est que Mirbel a reconnu que les rapports du hile, de la chalaze et du micropyle entre eux avaient une grande importance par la manière constante dont ces rapports s'établissent dans les ovules d'un même genre et souvent dans ceux d'une même famille. Ainsi, comme dans le principe la chalaze correspond immédiatement au hile et forme la base de l'ovule, tandis que le micropyle en occupe le sommet organique, il s'ensuit que lorsque l'ovule se

(1) *Phylogénie*, p. 389.

développe uniformément, le hile, h, et la chalaze, ch, sont à une extrémité et le micropyle, m, à l'autre (*fig.* 5, A); l'ovule est régulièrement formé, et puisque, selon l'observation d'Aug. Saint-Hilaire, la radicule de l'embryon est toujours dirigée vers le micropyle, il s'ensuit que *l'embryon est renversé*, et que cette radicule se trouve tournée vers le sommet réel de la graine, pendant que ses cotylédons sont tournés du côté de la chalaze et du hile. Faisons observer en passant que Robert Brown, dans son beau travail sur la structure de l'ovule avant l'imprégnation, a admis que la base de l'ovule était le côté vers lequel se trouvait le micropyle, puisque c'est de ce côté que la radicule de l'embryon se dirige. Quoi qu'il en soit, c'est à cet ovule à direction droite que Mirbel a donné le nom d'*orthotrope* (d'ὀρθὸς, droit). C'est cette modification que nous regardons comme le *type* du développement de l'ovule; elle correspond aux ovules ayant l'embryon que Richard désignait sous le nom d'*antitrope*. Les Thymélées, les Fluviales de Richard, les *Melampyrum, urtica*, etc., en offrent des exemples.

Mais très-souvent les rapports du hile, de la chalaze et du micropyle sont changés, et il peut en résulter deux modifications principales. En effet, le développement ne se fait pas toujours d'une manière régulière, et tandis qu'un des côtés reste à peu près stationnaire, l'autre côté, au contraire, continue à se développer plus ou moins. De cette façon, le sommet de l'ovule, *fig.* 2, a, b, tourné d'abord en haut, se dirige peu à peu de côté, c, d, e, puis en bas, f, g, h, si bien qu'au bout d'un certain temps l'ovule se trouve avoir fait un demi-tour de révolution. Alors deux modifications se présentent : si la chalaze et le hile restent dans leur position primitive, *l'ovule seul s'est recourbé;* le micropyle formé par les deux ouvertures, s, p, très-rétrécies (*fig.* 1, F), s'est rapproché du hile, tandis que la chalaze, ch, s'est déjetée un peu sur le côté (*fig.* 5, F). L'ovule prend alors le nom de *campylotrope* et correspond exactement à la dénomination d'*amphitrope*, que Richard avait donnée aux embryons des Caryophyllées, des Crucifères, des Atriplicées, etc. Enfin, dans quelques cas, la chalaze, au lieu de demeurer en place dans le voisinage du hile, est emportée plus haut, si bien que le hile occupant la base de l'ovule, la chalaze, ch, en occupe le sommet apparent (pl. XIV, *fig*. 1, F), tandis que le micropyle, en accomplissant entièrement sa demi-révolution, s'est rapproché du hile. Mais alors, en s'élevant ainsi, la chalaze, qui n'est autre que l'épanouissement du faisceau vasculaire, a laissé ce faisceau sous la forme d'un petit cordon ou ruban, r, qui semble logé dans l'épaisseur des téguments (de l'externe s'il y en a deux) formant sur un des côtés de la graine une ligne qui a reçu le nom de *raphé*, de ραφὴ, couture, objet auquel cette ligne a été comparée. C'est cet ovule que Mirbel a nommé *anatrope* (d'ἀνατροπὴ, renversement). Morphologiquement, l'ovule anatrope n'est autre chose qu'un ovule orthotrope, chez lequel la campylotropie s'est exercée sur le podosperme (*funicule* de Mirbel), en même temps que, par défaut d'exastosie, les téguments de la graine restés unis avec le podosperme se sont complétement fondus avec lui dans toute sa longueur, et le raphé n'est plus, dans cette manière de voir, que l'expression du petit axe portant l'ovule. Dans quelques cas, lorsque le podosperme est assez long, comme l'*Opuntia vulgaris*, la campylotropie se continue plus ou moins sur le podosperme, et alors l'ovule se trouve enroulé dans son funicule (1). Cette modification de l'ovule correspond aux graines à embryon *homotrope* ou *orthotrope* de Richard, l'embryon étant plus ou moins recourbé dans le premier cas, et parfaitement rectiligne dans le second.

Dans quelques espèces, la campylotropie est tellement marquée que les organes sont obligés de prendre une forme en spirale comme les embryons des *Bunias*, *fig*. 1, E, de quelques *Cistus*, *fig*. 7, E, etc.; ou en hélice, comme on le voit dans les embryons des *Cuscuta*, *fig*. 7, F; ou en cornet, comme les cotylédons des *Punica*, *fig*. 3, d.

D'après ce que nous venons de voir, le phénomène campylotropique peut donc s'exercer : 1° sur l'embryon seulement; 2° sur l'ovule entier; 3° sur le podosperme ou funicule seul. Examinons les autres modifications de la campylotropie des ovules.

1° Dans un grand nombre de cas, l'embryon reste droit, que l'ovule soit orthotrope, campylotrope ou anatrope, et par conséquent, très-souvent la configuration de l'ovule n'est pas en rap-

(1) Payer, *Organog. comp. de la*   L. XVIII, *fig*. 31, 32, 33, 34.

port avec celle de l'embryon. En effet, si l'ovule est orthotrope, le plus souvent son embryon est régulièrement développé et sa direction rectiligne (*fig. 5, A*). Il en est de même de l'ovule anatrope, qui n'est qu'un ovule orthotrope renversé par la campylotropie de son funicule, qu'un défaut d'exastosie a uni avec l'ovule dans la plus grande partie de son étendue (*fig. 5, A'*).

Quant à la campylotropie des ovules, il y a certaines considérations à faire connaître. En les étudiant avec soin, on peut s'apercevoir qu'ils sont pour ainsi dire l'état intermédiaire entre les ovules orthotropes et les ovules anatropes, car si l'on examine ceux des Primulacées, on reconnaît qu'ils ne sont ni orthotropes, ni anatropes, ni complétement campylotropes. D'un autre côté, leur embryon, au lieu d'avoir une direction dans le sens de l'axe avec radicule dirigé vers le *hile* ou point d'attache de la graine au funicule, comme dans le cas d'anatropie, ou en sens opposé, comme le veut l'orthotropie, on voit, au contraire, que cet embryon, bien que droit ou rectiligne, comme dans les ovules précédents, n'en présente pas moins les caractères de l'ovule campylotrope, dans lequel la direction prolongée de l'axe funiculaire vient coïncider avec un point quelconque du milieu de l'embryon, en supposant celui-ci suffisamment développé; car, ainsi que nous allons le voir, si l'embryon reste fort petit par arrêt provisoire d'accroissement (1), le prolongement de l'axe funiculaire ne saurait rencontrer le milieu de l'embryon. En un mot, tandis que dans le cas d'orthotropie ou d'anatropie, l'embryon est dans le sens de l'axe funiculaire, dans le cas de campylotropie, l'embryon est en travers de cet axe, et quand il est droit, il est parallèle au plan du hile, *fig. 6, A*. Or, c'est ce qui a lieu dans les Primulacées, les Plantaginées et les Myrsinées. Mais, tandis que dans le *Lysimachia vulgaris*, *fig. 6, A*, l'embryon est tout à fait rectiligne, il se courbe un peu dans l'*Ardisia nana*, *fig. 6, B, 1*, davantage dans l'*Ardisia coriacea*, B, 2, et arrive à être complétement recourbé dans les ovules véritablement campylotropes, comme dans le *Lychnis dioica* ou le *Cucubalus baccifer* (*fig. 5, F*), et en général les Caryophyllées, les Crucifères, les Atriplicées, etc.

2° Il peut arriver que l'ovule anatrope revête les caractères de la

____

(1) Ch. Fd., *Phylogénie*, p. 557 et 641.

II.

11

campylotropie et qu'alors son albumen soit réellement recourbé, figurant ainsi trois quarts de cercle ; mais comme l'embryon est très-peu développé, étant dans un état d'arrêt provisoire d'accroissement, il ne se montre plus alors que comme un embryon rectiligne. C'est ce caractère que possède, parmi les Ombellifères, la tribu des Célospermées, *fig.* 6, D, 3 (*Coriandum, Cymbocarpum, Bifora*, etc.).

3° L'embryon campylotrope ne se rencontre pas seulement dans les cas de campylotropie des ovules ou même dans le cas de *plagiotropie*, c'est-à-dire celui où l'embryon plus ou moins droit est placé transversalement, par rapport à la direction du hile. Ainsi, la campylotropie de l'embryon se retrouve encore dans les ovules anatropes de quelques espèces présentant un commencement de courbure dans l'*Andromeda poliifolia,* se continuant dans les *Nicotiana, fig.* 6, C, 1, et se complétant en anneau dans le *Mirabilis jalapa*, C, 2, qui n'est autre, selon Payer, qu'un ovule anatrope.

Non-seulement la campylotropie de l'embryon se trouve dans les ovules précédents, mais on les rencontre encore dans les ovules orthotropes qui sembleraient le mieux exclure cette disposition de l'embryon. Par exemple, dans les Polygonées dont l'ovule est essentiellement orthotrope, en particulier le *Polygonum orientale*, on le trouve courbé en demi-cercle, *fig.* 6, D, 1 ; il est plus courbé encore dans le *Potamogeton marinum*, et dans le *Zanichellia palustris* il est plusieurs fois recourbé sur lui-même (*fig.* 6, D, 2).

Dans quelques espèces, l'embryon est tellement campylotrope que ses éléments sont obligés de prendre la forme d'un cornet, *fig.* 3, d, comme dans le *Punica granatum;* ou celui d'une spirale, *fig.* 1, E, et *fig.* 7, E, comme on peut le voir dans le *Bunias orientalis* ou le *Solanum tuberosum;* ou celui d'une hélice, *fig*, 7, F, ainsi que cela a lieu dans les Cuscutes et dans les Chénopodiées *spirolobées* (*Basella, Suœda, Salsola*, etc.).

Ainsi, nous constatons que l'embryon peut avoir sa campylotropie indépendante de l'albumen et des enveloppes de l'ovule ; nous constatons encore que l'albumen peut se montrer campylotrope, indépendamment de l'embryon et des enveloppes de l'ovule (Ombellifères célospermées) ; enfin, puisque nous avons signalé des exemples d'ovules *plagiotropes*, nous reconnaissons que les enveloppes de l'ovule ont subi l'influence de la campylotropie sans que l'albumen et l'embryon aient obéi à cette influence, *fig.* 6, A (*Samolus valerandi*).

Cette indépendance de la campylotropie affectant un organisme à l'exclusion des autres se retrouve à un très-haut degré dans les carpelles de certaines familles dont les ovules sont dits *gynobasiques*. En effet, si nous faisons l'organogénie du gynécée des Labiées, nous constatons que les loges de l'ovaire se présentent d'abord sous la forme de deux bourrelets très-distincts qui, en grandissant, restent unis par la base (1). Cette base forme bientôt un sac qui se renfle en un ovaire uniloculaire, mais dont le sommet s'effile en style à sa partie moyenne, et se termine par une ouverture bordée de deux lèvres qui ne sont autres que les sommets des deux bourrelets primitifs. Bientôt la cavité de l'ovaire, d'abord unique, se divise en deux loges par la naissance de deux lames placentaires qui, partant des points de jonction des deux bourrelets semi-circulaires primitifs, s'avancent l'une au-devant de l'autre vers le centre de la loge, s'y rencontrent et s'y *soudent*. Puis, plus tard, chacune de ces deux loges se partage en deux compartiments par la formation d'une fausse cloison qui, partant du milieu de la paroi, s'avance vers la cloison placentaire et s'y *soude*. (Payer, *Organ. comp. de la fleur*, p. 554.)

Jusque-là le jeune ovaire s'est développé d'une manière régulière, et rien encore ne fait préjuger qu'il sera gynobasique. Mais dès que les ovules ont fait leur apparition, chacune des loges grandit inégalement ; le côté supérieur de la loge qui touche à l'axe cesse de croître, tandis que tout le reste de son contour prend un grand développement, et de là une campylotropie carpellienne qui fait que le sommet organique de la loge reste enclavé entre les quatre carpelles, et que le style paraît naître directement de ce point que les botanistes nomment le réceptacle. En réalité, la cause de la campylotropie des carpelles tient à un arrêt de développement dans l'axe même du gynécée.

Payer attribue ce phénomène aux ovules qui, en grandissant, forceraient l'enveloppe qui les entoure à se boursoufler, et l'ovaire, par suite, à devenir gynobasique (*loc. cit.*, p. 555). Mais

____

(1) *Phytogénie*, p. 344.

tellé n'est pas notre manière de voir, pour deux raisons que nous devons faire connaître :

1° Dans le principe, l'ovule, quoique bien formé, et les parois de la loge, évidemment déjà campylotropique, ne se touchent même pas, ainsi que l'on peut s'en assurer *fig.* 7, A, où l'on voit en o l'ovule, en l la loge et en c les carpelles, et comme d'ailleurs le montre Payer dans ses *figures* 17, 20 et 22, pl. CXIV; par conséquent ce ne peuvent être les ovules qui soient cause du phénomène.

2° Au point de vue mécanique, on comprendrait jusqu'à un certain point que, si la campylotropie de l'ovule et celle de la loge s'accomplissaient toujours dans un même sens, l'accroissement de la loge pût être subordonné à celui de l'ovule; mais il arrive que souvent c'est précisément le contraire qui a lieu. Pour bien faire comprendre cette idée, il nous suffira de signaler ce qui se passe dans les Borraginées et les Labiées.

Dans les premières, la cause du phénomène campylotropique qui fait les ovules anatropes, c'est-à-dire le point où cesse (relativement) l'accroissement, est *supérieure,* et de là ce fait : que le micropyle de l'ovule regarde le haut de la loge, *fig.* 7, A; le micropyle, en un mot, est supérieur, et comme la cause du même phénomène qui fait la loge campylotrope est pareillement *supérieure,* il s'ensuit que les deux campylotropies marchent dans le même sens, ainsi que l'indiquent les flèches, et c'est alors que, mécaniquement, on pourrait soutenir avec Payer que le développement de l'ovule peut être la cause de la formation gynobasique du carpelle.

Mais dans les Labiées, la cause du phénomène campylotropique qui fait les ovules anatropes est *inférieure,* ce qui oblige leur micropyle à être inférieur, *fig.* 7, B; tandis que la cause du phénomène campylotropique qui produit l'ovaire gynobasique est *supérieure.* Il s'ensuit donc que le plus grand accroissement de l'ovule se fait dans un sens différent du plus grand accroissement de la loge, ainsi que le montrent les flèches, ce qui, mécaniquement, infirme l'idée émise par Payer, car alors il faut que l'ovule ne touche pas à la paroi carpellienne, au moins pendant tout le temps du plus grand accroissement des deux organismes. Donc la campylotropie du carpelle est indépendante de celle qui fait l'ovule anatrope.

Nous avons dit, p. 160, comment il fallait regarder l'ovule anatrope et considérer le raphé qui le parcourt dans un de ses côtés.
Mais selon que le point campylotropique (celui qui présente un
arrêt relatif d'accroissement) est supérieur ou inférieur, il en résulte une disposition de l'ovule qu'il est important de bien connaître, puisque dans beaucoup de cas elle peut servir de caractère
distinctif à des groupes de végétaux chez lesquels cette disposition
se montre constante. Toutefois, il ne nous semble pas que cette
disposition soit de première valeur, car on rencontre quelquefois
dans la même loge des ovules présentant les deux dispositions
que nous allons faire connaître, et chez lesquels ovules les uns
ont montré que le point ou le côté campylotropique était supérieur, ce qui obligeait le micropyle à se diriger en haut de la loge ;
tandis que les autres ont fait voir que le point ou le côté campylotropique était inférieur, ce qui nécessitait la direction descendante du micropyle. C'est en particulier ce qui a lieu dans le
Sphœralcea angustifolia, où, des trois ovules que comporte chaque
loge, deux sont à micropyle dirigé en haut, alors que le troisième
dirige son micropyle en bas (1).

Le plus souvent, néanmoins, la disposition est la même pour
tous les ovules d'une même loge, malgré leurs directions diverses,
ainsi qu'il est facile de s'en assurer dans l'*Abelmoschus moscheutos,* par exemple. Supposons maintenant un ovule naissant, et
admettons que le point ou le côté campylotropique soit inférieur,
en ca, *fig.* 6, E, il est évident que le micropyle devra se diriger
vers le bas de la loge (*Tamarix tetrandra*) ; au contraire, si le
point ou le côté campylotropique est supérieur, en ca, *fig.* 6, F,
le micropyle se dirigera nécessairement vers le haut (*Myricaria
germanica*) ; et dans ces deux cas, nés sur des placentas situés au
centre de l'ovaire, les ovules ont leur micropyle tourné vers l'extérieur, et leur *raphé interne,* par conséquent, voisin de l'axe, a.

Mais il peut arriver que, nés à peu près dans les mêmes conditions, le raphé s'allonge assez pour que la campylotropie se fasse
de telle façon que le micropyle soit tourné vers l'intérieur, et par
conséquent voisin de l'axe, a, *fig.* 7, C ; tandis qu'alors le raphé
se trouve être extérieur par rapport à l'axe. C'est ce qui arrive

(1) Payer, *Organog. comp. de la fleur,* pl. VI, *fig.* 26, 27.

aux ovules de l'*Impatiens royleana*, du *Centranthus ruber*, du *Symphoricarpos racemosa*, etc.

Les expressions *dressé, renversé, pendu, ascendant,* n'ont aucun rapport avec les phénomènes campylotropiques, et par conséquent avec la direction du micropyle. Ainsi, un ovule dressé ou renversé peut être orthotrope, campylotrope ou anatrope. Mais quand le funicule ou podosperme naît d'un placenta situé à la base d'une loge et que l'ovule continue à croître suivant la direction de l'axe, on le dit *dressé, fig.* 5, B. Si au contraire le funicule part du sommet de la loge et si l'ovule continue à croître exactement en sens contraire de la direction de l'axe, il est dit *renversé, fig.* 5, C.

Le plus souvent, cependant, c'est plutôt sur le côté de la loge que naissent les ovules. Lorsque l'ovule naît vers le bas, il est obligé de se diriger vers le haut, et il est *ascendant, fig.* 5, D ; quand au contraire c'est vers le haut qu'il prend naissance, il est forcé de se diriger en bas, et l'ovule est *pendu* ou *descendant, fig.* 5, E.

Il peut arriver que, naissant de la base de la loge, l'ovule, quoique campylotrope, n'en présente pas moins une graine dont le micropyle reste tourné vers le sommet de la loge ; c'est qu'alors le funicule s'est allongé tout en subissant le phénomène campylotropique, et que son sommet recourbé place l'ovule dans le même cas que s'il était né du sommet de la loge (*fig.* 7, D). C'est particulièrement ce qui a lieu chez le *Scleranthus annuus*.

Enfin, dans quelques cas rares (*Opuntia vulgaris*), le funicule subit le phénomène de la campylotropie d'une manière très-remarquable, en ce qu'il s'allonge en se contournant de manière à envelopper totalement l'ovule, qui fait ainsi une révolution tout entière.

Les phénomènes que nous venons de décrire sont certainement curieux à étudier, mais ils sont bien moins surprenants que ceux que nous avons fait connaître dans notre *Phytogénie* en parlant de la formation des ovaires infères (p. 320) et de l'organogénie des ovaires des *Mesembryanthemum* et *Punica* (p. 357), où ce mouvement campylotropique offre des particularités très-remarquables. Pour ne pas nous répéter, nous y renverrons ceux qui tiennent à faire une étude complète de la campylotropie. Nous

allons, au contraire, faire l'histoire de quelques-uns de ces phénomènes appliqués aux tiges des végétaux. Les uns sont normaux
et les autres insolites, et constituent de véritables monstruosités.

Philippe Ré, dans sa classification nosologique, a donné le singulier nom de *Stéléchorriphyssie* aux tortuosités contre nature
des tiges. Moquin-Tandon les désigne sous les noms d'*enroulement* et de *torsion*.

La première dénomination est appliquée aux axes qui se courbent, se tordent, s'enroulent sur eux-mêmes en déformant plus
ou moins le végétal ; il en résulte des arcs, des boucles, des cercles, des spirales, suivant l'intensité du phénomène campylotropique. Tous ces phénomènes sont dus à la même cause que celle
qui préside aux modifications des ovules ; c'est-à-dire que sur un
des côtés de l'axe il y a un arrêt d'accroissement relatif, soit par
suite d'un développement de tissus plus grand d'un côté, soit
parce que les cellules du tissu mieux développées de ce côté ont
dû lui donner plus de grandeur que de l'autre côté et le rendre
ainsi enveloppant.

Lorsque le côté que nous désignerons pour plus de simplicité
sous le nom de *campylotropique*, et nous entendrons toujours
parler alors de celui qui s'accroît relativement moins, lorsque,
disons-nous, le côté campylotropique reste rectiligne et parallèle
à l'axe du végétal, dans ce cas, il ne peut se produire qu'une
courbure qui pourra être un arc de cercle, un cercle ou une spirale, le phénomène s'accomplissant *dans un même plan*, et c'est
là un phénomène de *campylotropie simple*. Mais il peut arriver
que le côté campylotropique, au lieu de se produire suivant une
ligne droite, change incessamment de place, par suite d'une
action mécanique que nous allons démontrer ; alors la tige, au lieu
de former un arc de cercle, un cercle ou une spirale, formera un
élément d'hélicule, une hélicule ou une hélice, c'est-à-dire
un axe dont aucun des éléments *ne restera dans un même*
plan.

Pour comprendre mécaniquement la formation de cette *campylotropie hélicoïdale* qui est l'état normal ou anormal d'un
certain nombre de tiges, il faut considérer que le phénomène
obéit à deux forces distinctes : l'une de campylotropie simple qui
aurait fait de l'axe un arc, un cercle ou une spirale suivant un

plan ; l'autre, d'élongation naturelle qui tend à faire croître l'axe suivant une ligne droite perpendiculaire au plan de la spirale. Ainsi tandis que la force campylotropique agit pour produire une direction curviligne, et par suite le cercle ou la spirale, la force naturelle agit pour faire un axe rectiligne, et l'hélice qui se produit n'est réellement que la résultante de ces deux directions combinées. C'est à la *campylotropie suivant un même plan* que Moquin-Tandon a appliqué le nom d'*enroulement*, et c'est à la *campylotropie suivant des plans différents* qu'il donne le nom de *torsion*.

1° *Campylotropie suivant un plan.*

Cette anomalie est assez souvent concomitante avec le phénomène d'épipédochorise (fasciation), et l'on observe dans ce cas que la monstruosité se roule plus ou moins à la manière des frondes de Fougères. C'est sous cette forme que Richer de Belleval a dessiné une tige de Chicorée ; Wedel, deux rameaux de Pin ; Gilibert, une branche d'If. Moquin-Tandon a vu une monstruosité de *Melia Azedarach* dans laquelle sept à huit jeunes rameaux s'étaient tordus en spirale tous dans le même sens. Il cite une épipédochorise de Févier qui existait dans le cabinet de Philippe Lapeyrouse, dont la spire était très-régulière ; une monstruosité de Frêne que possède M. B. Delessert, et dans laquelle la campylotropie a produit une spirale à trois spires. Il cite encore plusieurs branches de Mûrier blanc, toutes divisées au sommet en deux petits rameaux, tordus, mais en sens contraire l'un de l'autre.

En général, quand la campylotropie s'exerce sur une épipédochorise (fascie), on remarque que l'incurvation se fait plutôt sur un des côtés du plan de la monstruosité que sur une de ses faces, et cela est facile à concevoir si l'on observe que ce plan est constitué par une multitude d'éléments caulinaires et qu'il est difficile que les phénomènes vitaux qui font l'élongation de ces axes unis soient tous d'une égale intensité ; il suffit donc que cette intensité soit moindre d'un côté pour qu'aussitôt la campylotropie se produise.

Cependant tout aussi fréquemment les axes se courbent sans que l'on ait à constater sa concomitance avec la monstruosité précédente, et alors le phénomène est simplement dû à un développement moindre d'un côté de la tige. Parmi les végétaux ligneux on le rencontre dans les Groseillers, les Rosiers, les Pêchers, les Tilleuls, les Saules, les Pruniers, la Vigne, les Viornes, les Sureaux, etc. Les plantes herbacées comme les Bettes, les Chicorées, les Campanules, les Véroniques, les Ansérines, le *Solanum tuberosum*, les *Lycopersicum*, les Capucines, etc., montrent parfois de semblables phénomènes. Les Choux et les Navets nous ont offert des campylotropies d'axes avec ou sans épipédochorises. L'un de ces exemples, avec fascie, représentait un S assez imparfait ; un autre un croissant ; un troisième un anneau, et un quatrième, formé par l'axe et les deux carpelles, présentait deux tours complets très-rapprochés d'une hélice, commençant par le pédicelle et se terminant par le sommet de l'ovaire ; c'est-à-dire que toutes les parties, à partir du pédicelle, étaient en état de campylotropie et les faisaient ressembler, jusqu'à un certain point, au fruit de certain *Medicago*. Dans cette anomalie c'était l'un des carpelles qui, s'étant moins bien développé, se trouvait enveloppé par l'autre.

On a remarqué que la campylotropie pouvait avoir pour cause la piqûre de certains insectes, mais très-souvent cette cause nous est inconnue, et elle est certainement de même nature que celle qui fait les campylotropies normales dont il nous reste à parler. Ainsi, sans parler de la campylotropie normale de toutes les frondes de Fougères (si on veut les regarder comme des axes), puisqu'elle n'est que passagère, il y a des axes qui sont réellement campylotropiques par nature. On peut en citer un grand nombre dans les inflorescences scorpioïdes, comme en offrent, par exemple, les Borraginées et en particulier le genre *Heliotropium* dont nous avons figuré une partie de l'inflorescence dans notre premier volume, pl. XII, *fig.* 86 *bis*.

Un grand nombre d'ovaires ou de fruits présentent des degrés très-divers de campylotropie, soit anormale, ainsi que nous l'avons constaté sur des Prunes, Abricots, Groseilles, Pommes, Poires (pl. XV, *fig.* 10, d), ou sur le fruit du *Nigella damascena*, *fig.* 10, a ; soit normale, comme l'est le fruit du *Cyclanthera explodens*, b, ou du Comaret anguleux (*Martynia angulosa*), c, *fig.* 10, etc.

Enfin le réceptacle lui-même peut être affecté de campylotropie et donner un aspect en quelque sorte réniforme, soit à la fleur composée (*Calendula, Dahlia, Zinnia, Tagetes*, etc.), soit au fruit comme on le voit dans la fraise où le gynophore est atrophié d'un côté. C'est particulièrement ce qui arrive aux espèces comme le Breslinge-Coucou (*Fragaria abortiva*), dont les fruits avortent souvent par partie, et qui ne sont pulpeux que sous quelques ovaires qui ont été fécondés. La Figue offre aussi, très-souvent, des phénomènes d'une semblable campylotropie.

2° *Campylotropie suivant plusieurs plans ou hélicoïdale.*

De même que pour les campylotropies précédentes, la campylotropie qui nous occupe peut présenter des exemples d'anomalie et des cas normaux : ces derniers sont sans contredit beaucoup plus nombreux.

Indépendamment des deux forces dont nous avons parlé page 167, et qui déterminent la campylotropie hélicoïdale des axes, on retrouve encore une preuve de cette campylotropie dans ce fait que pour qu'une tige puisse se tordre il faut de toute nécessité que sa partie centrale soit moins développée que ses parties périphériques, car celles-ci décrivent des courbes autour du centre, ce qu'elles ne feraient pas sans ces conditions de développement. Or, le caractère essentiel de toute campylotropie consiste dans le développement inégal des parties symétriques constituant un organe indivis. Ce fait de la différence de développement entre le système central et le système cortical d'une tige n'avait point échappé à la sagacité de Dutrochet, qui l'a parfaitement décrit dans ses *Mémoires*, t. I, p. 459, auxquels nous renvoyons nos lecteurs. On comprend dès lors pourquoi nous rattachons la volubilité des tiges à la campylotropie en général.

A. *Campylotropies anormales.* — On voit assez fréquemment des tiges qui, au lieu de se diriger en lignes droites, se contournent en divers sens et se tordent tantôt de droite à gauche, tantôt de gauche à droite. Or, ce qui se rencontre accidentellement dans certains végétaux se retrouve au contraire normalement dans un grand nombre d'autres végétaux. Resterait à constater si le phénomène anormal se présente dans le même végétal avec l'invariabilité que l'on observe dans les torsions normales. Quoi qu'il en soit, on est convenu de donner le nom de tiges *volubles* ou *volubiles* à celles qui s'enroulent en formant une hélice. Si l'on se suppose au centre de l'hélice, on constate qu'il en est qui, partant de la droite de l'observateur, s'élèvent en se dirigeant vers sa gauche : on les nomme *sinistrorses;* tandis qu'il en est d'autres qui, dans les mêmes conditions, partent de la gauche et s'élèvent en se dirigeant vers la droite : on les dit *dextrorses*.

M. Vaucher a fait connaître, dans sa *Monographie des Prêles*, pl. II, A, une Prêle fluviatile dont l'axe était très-régulièrement tordu en hélice depuis la base jusqu'au sommet, et Ad. de Jussieu a retrouvé la même campylotropie dans le bois de Meudon, avec cette particularité que les verticilles partageaient cette disposition hélicoïdale.

M. Lapierre de Roanne a trouvé une Valériane officinale dont la tige, contournée en hélice dans une longueur de 29 centimètres, a été présentée à la Société linnéenne de Paris (1). Gélibert avait déjà signalé une monstruosité analogue : sa tige courte, concave, obliquement striée, avait la figure de ces grosses coquilles nommées *Tonnes* (cité par Moquin-Tandon).

Dans un troisième exemple de ce genre, sur le *Valeriana dioica* né dans le Jardin des Plantes de Pavie et que Viviani a dessiné, les organes appendiculaires, pendant la torsion, avaient tous été portés d'un seul côté et formaient une seule ligne verticale (Moq.-Tand.). De Candolle a fait connaître une tige de *Mentha aquatica* qui se trouvait être dans les mêmes conditions de torsion hélicoïdale et de feuilles unilatérales (2).

Georges Franc a observé un phénomène analogue sur un *Galium :* sa tige renflée et fusiforme se terminait par un bouquet d'organes appendiculaires; mais tous les rameaux étaient placés en série linéaire sur un seul côté, au lieu de décrire une hélice de la forme ÷ comme nous l'avons dit autre part (3). Les stries bien marquées étaient hélicoïdales et marchaient parallèlement (4).

M. Decaisne a fait connaître une épipédochorise (fascie) de

(1) *Mém. Soc. linn. Paris*, t. III, p. 39.
(2) *Organ. vég.*, t. I, p. 155, pl. XXXIV.
(3) *Phytogénie*, p. 542.
(4) *Éphém. nat. cur.*, déc. 2, ann. 1, p. 68, *fig.* 14.

Zinnia, accompagnée d'une forte torsion et dans laquelle les organes appendiculaires formaient une seule hélice, depuis la base jusqu'au sommet de la tige (Moq.-Tand.).

Moquin-Tandon cite un chaume de *Scirpus lacustris* assez régulièrement tordu sur lui-même et qu'il a vu dans la collection de monstruosités végétales que possédait Ad. de Jussieu.

Nous avons nous-même observé un *Salvia splendens* dont la torsion était telle que les angles de la plante formaient tout le long de la tige quatre hélices très-régulières et parallèles; les feuilles étaient toutes alternes et disposées elles-mêmes en une hélice dont il eût été difficile de déterminer la forme phyllotaxique. Un *Sambucus nigra* nous a présenté une tige qui était exactement dans le même cas, et cette anomalie était compliquée d'un déplacement de toutes les folioles sur les rachis. Un *Campanula pyramidalis* nous a offert une semblable campylotropie peu différente dans sa forme, si ce n'est que les feuilles ne présentaient plus la disposition hélicoïdale régulière qui lui est propre.

Dans un *Rubus fruticosus* nous avons constaté la présence d'une campylotropie complexe : l'axe, de la grosseur d'un chaume de Blé, se renfle tout à coup par hypertrophie, se recourbe un peu sur l'axe, puis, changeant de direction, forme une sorte d'anneau presque complet dont le plan est perpendiculaire à la direction primitive de l'axe ; enfin l'hypertrophie disparaît et un axe normal termine cet anneau en conservant la même direction ; c'est-à-dire que cet axe terminal est à angle droit avec le premier. Une autre particularité de cette monstruosité consiste en ce que les rameaux secondaires qui sont nés à l'aisselle des feuilles, particulièrement au-dessus de l'anneau, sont très-longs, grêles et plus ou moins contournés en une hélice irrégulière. Cet anneau a environ dix centimètres de diamètre, et en grosseur cinq à six fois le volume de l'axe.

Une des plus curieuses de ces anomalies est, sans contredit, celle d'une Asperge qui s'était tellement contournée qu'il est assez difficile d'en faire la description. Cependant, on l'aura à peu près, si l'on suppose qu'à la hauteur de douze centimètres environ elle se recourbe pour former une hélicule, puis, par un mouvement horizontal, se dirige de droite à gauche en passant par le centre de l'hélicule et en se contournant en hélice dans une longueur de six centimètres environ, après quoi elle incline en bas, se relève au-dessus de la portion horizontale, redescend pour accomplir une sorte d'anneau avec étranglement en son milieu, correspondant à la partie horizontale, mais en se contournant toujours en hélice ; arrivé à cette partie horizontale au-dessous de laquelle elle descend, elle se retourne brusquement, prend une direction contraire (toujours en se tordant en hélice) à cette première partie horizontale qu'elle suit en formant autour d'elle une *hélicule*, passe par le centre de l'hélicule primitivement formée, continue son chemin à droite (toujours en se tordant en hélice) et finalement se termine de ce côté à une longueur telle que l'ensemble représente grossièrement un T majuscule, *fig.* 12, c. Telle est la monstruosité d'Asperge que nous avons sous les yeux et d'après laquelle nous faisons la description. Sans doute des obstacles tels que pierres ou dureté de terrain ont participé à plusieurs de ces torsions, mais il en est qui se sont accomplies naturellement et seulement, peut-être, sous l'influence d'une première déviation de la direction rectiligne.

Il n'est pas rare de rencontrer dans les semis de *Robinia pseudo-Acacia* des individus dont l'axe principal, droit, donne des axes secondaires plus ou moins tordus : de là la variété dite *tortuosa*. Il en est de même de l'*Ulmus campestris* qui donne parfois naissance à une variété connue sous le nom de *Tortillard* à cause de cette particularité.

On rencontre très-souvent des Grenadiers (*Punica granatum*) dont les axes principaux sont véritablement tordus en hélice. Nous avons retrouvé le même fait sur le tronc d'un Cerisier et celui d'un Châtaignier.

Nous avons plusieurs fois rencontré et décrit la tige souterraine du *Convolvulus arvensis* qui s'était enroulée en hélice et dans le même sens que l'axe ordinaire. Cette tige souterraine, blanche, avait dans l'extension une longueur qui était, dans un cas, de quatre-vingt-quatre centimètres. Cet exemple montre que cette tige, quoique profondément enfoncée en terre, n'en avait pas moins continué son élongation souterraine, suivant la direction hélicoïdale qu'elle prend lors de son développement à l'air libre (1).

(1) *Recueil trav. Soc. émul. sciences pharmaceutiques*, t. III, 1er fascicule, p. 19.

Les racines, étant des axes descendants, sont sujettes au même genre de campylotropie. On l'observe principalement dans les racines pivotantes telles que celles de Raifort, de Rave, de Carotte, etc. Dans ce cas les racines se contournent en hélice plus ou moins régulière. Nous avons sous les yeux deux jeunes Carottes longues d'environ dix centimètres et qui se sont enroulées l'une sur l'autre de façon à constituer deux hélices formant chacune trois hélicules. Ce phénomène peut même quelquefois se perpétuer, jusqu'à un certain point, par la culture; c'est ce qui paraît avoir lieu, par exemple, dans la Rave tortillée du Mans et dans le Raifort en tire-bouchon.

B. *Campylotropie normale*. — Nous avons dit, page 167, que ce phénomène était dû à l'action mécanique de deux forces: l'une de campylotropie simple, qui tend à faire prendre à la tige la forme d'un anneau ou d'une spirale, et l'autre qui lui est plus ou moins perpendiculaire et qui tend à la redresser : la résultante de ces deux forces étant précisément la direction hélicoïdale. C'est ce qui pourrait bien avoir lieu pour les hélices anormales dont nous avons parlé ; mais pour les torsions et les enroulements des tiges dites *volubiles*, le mécanisme nous paraît plus compliqué et mérite de fixer notre attention.

Il n'entre en aucune façon dans notre plan de faire connaître ici les expériences ou les diverses idées émises par plusieurs naturalistes dans le but d'expliquer comment se produit ce curieux phénomène de l'enroulement normal. Nous nous contenterons de renvoyer aux mémoires des principaux auteurs qui ont écrit sur ce sujet, parmi lesquels nous citerons : Ludwig H. Palm (1), Mohl (2), Dutrochet (3), Gray (4), Isidore Léon (5), Ch. Darwin (6), etc.

Nous devons au contraire nous attacher à démontrer qu'il y a,

(1) *Ueber das Winden der Pflanzen*, 1827.
(2) *Ueber den Bau und das Winden der Ranken und Schlingpflanzen*, 1827.
(3) *Ann. sc. nat.*, 3e série, t. II, p. 163. — *Mémoires*, t. I, p. 457; 1837.
(4) *Proceedings of the american academy of arts and sciences*, t. IV, p. 98, 1858.
(5) *Bull. Soc. bot. France*, t. V, p. 351, 610, 624 et 679.
(6) *On the movements and habits of climbing plants*, brochure in-8. Londres.

indépendamment de l'enroulement, une torsion particulière de la tige qui, dans la plupart des cas, concourt à cet enroulement, et que l'un et l'autre pourraient bien dériver des mouvements des molécules lumineuses que nous allons bientôt faire connaître.

Dans son important mémoire, M. Palm nous a appris ce fait très-remarquable que les espèces volubiles appartenant à une même famille s'enroulaient toutes dans un même sens. Il nous a, de plus, fait connaître que les plantes qui se dirigent de droite à gauche (*sinistrorses*), en se supposant au centre de l'hélice, sont en plus grand nombre que celles qui se dirigent de gauche à droite (*dextrorses*), et que les plantes volubiles sont au nombre de six cents environ, appartenant à trente-quatre familles différentes. Voici l'énumération des familles et des genres principaux chez lesquels se trouvent ces espèces :

SINISTRORSES.		DEXTRORSES.	
Genres.	*Familles.*	*Genres.*	*Familles.*
Cocculus........	Ménispermées.	Calyptrion......	Violariées.
Menispernum....		Lonicera........	Caprifoliacées.
Dolichos........		Basella	Chénopodées.
Nissolia.........	Légumineuses.	Polygonum......	Polygonées.
Abrus...........		Humulus........	Urticées.
Clitoria.........		Morinda	Rubiacées.
Cuscuta		Tamus..........	Dioscorées.
Convolvulus.....	Convolvulacées.	Dioscorea.......	
Ipomæa.........		Rajania.........	Smilacées.
Calystegia.......		Ugena	Fougères.
Thunbergia	Acanthacées.		
Passiflora.......	Passiflorées.		
Periploca........	Apocynées.		
Asclepias			
Cynanchum.....			
Momordica......	Cucurbitacées.		
Banisteria.......	Malpighiacées.		
Tragia..........	Euphorbiacées.		

Nous signalerons, toutefois, une exception remarquable au principe admis par M. Palm ; c'est celui que présente la famille des Dioscorées, dans laquelle se trouvent le *Tamus communis* qui s'enroule de gauche à droite, et le *Dioscorea Batatas* qui s'enroule de droite à gauche. Il y a mieux, c'est que le *Dioscorea villosa* s'enroule comme le *Tamus* et par conséquent en sens contraire du *Dioscorea Batatas*. Ces deux espèces n'appartiendraient-elles pas au même genre ?

A côté de ces plantes à volubilité constante, on peut citer les *Loasa*, les *Solanum Dulcamara*, etc., qui n'out pas de direction bien déterminée et dont la volubilité paraît être tantôt dans un sens, tantôt dans l'autre. Il en est de même de la plupart des vrilles des Ampélidées, Passiflorées, Cucurbitacées, *Lathyrus*, *Pisum*, etc., qui, véritables axes très-grèles, s'enroulent tantôt dans un sens, tantôt dans l'autre. Dans les Cucurbitacées, les Smilacées et les Passiflorées, on voit fréquemment la même vrille s'enrouler dans un sens, puis se retourner et s'enrouler dans un sens contraire. Les Passiflorées nous ont offert, après une série d'hélicules dans un second sens, un retour au premier sens ; en sorte que le dernier sens était celui du premier sens de l'enroulement.

Dans la volubilité des plantes il faut distinguer la propriété qu'elles ont de s'enrouler autour d'un appui, de la torsion hélicoïdale que la plupart des tiges exécutent sur elles-mêmes ; car une tige peut se tordre sur elle-même sans être volubile. Ces deux torsions sont donc indépendantes l'une de l'autre, quoique cependant pouvant se rencontrer dans une même plante et concourir à l'enroulement dans un même sens.

Au delà de la cause campylotropique dont nous avons parlé, si nous recherchons quelle peut être la cause première ou déterminante de cette volubilité, et en procédant par voie d'élimination, on arrive à trouver que cette cause déterminante pourrait bien être attribuée au soleil, d'après une action que nous allons décrire.

1° En effet, si l'on voulait supposer que les directions hélicoïdales fussent dues au mouvement de rotation de la terre, il devrait s'ensuivre que les mêmes espèces devraient avoir, dans une hémisphère, une torsion différente de celle que l'on observerait dans l'autre, absolument comme les hélices formées par deux ficelles le sont de chaque côté du centre de torsion. Or, nous ne connaissons aucune observation qui soit en faveur de cette opinion. Toutefois, peut-être ne serait-il pas inutile de répéter ces observations, et les naturalistes voyageurs qui se chargeraient de les faire ne devraient jamais négliger de se placer exactement dans les mêmes conditions, c'est-à-dire de se supposer au centre de l'hélice volubile et de constater si la tige se dirige de droite à

gauche ou de gauche à droite (1). S'il était une fois prouvé que
la même espèce, le Haricot, par exemple, est *dextrorse* dans un
hémisphère et *sinistrorse* dans l'autre, il paraîtrait évident que
le sens de la torsion serait dû au mouvement de rotation de la
terre. Toutefois il resterait à expliquer pourquoi dans le même
hémisphère on rencontre à la fois des espèces sinistrorses et des
espèces dextrorses ; mais cette difficulté disparaîtrait devant les
explications que nous donnerons en parlant des mouvements
moléculaires déterminés de proche en proche par le soleil.

2° Veut-on admettre que cette direction hélicoïdale est déterminée par la disposition hélicoïdale des feuilles sur la tige, ce qui
a priori pourrait paraître soutenable ; mais d'abord il y a ce fait
que la plus grande partie des plantes ne sont pas volubiles, et
cependant toutes leurs feuilles sont hélicoïdalement disposées sur
la tige ; ensuite que dans certains cas les hélices décrites par les
feuilles sont, sur la même plante, tantôt dans un sens, tantôt
dans un autre (Cucurbitacées, *Phytog.*, p. 552) ; enfin, que dans
les espèces à feuilles opposées, comme dans le Houblon, ou à
feuilles alternes distiques comme les *Phaseolus*, la volubilité
n'en est pas moins parfaitement prononcée, et pourtant l'influence
des feuilles sur la tige est symétrique de chaque côté de l'axe et
par conséquent, doit être sans action sur le phénomène. C'étaient
les deux seules suppositions ayant *a priori* les chances d'offrir
une explication rationnelle du phénomène ; car celles qui ont été
présentées par différents auteurs ne semblent pas devoir être
prises en considération au point de vue mécanique.

Si nous ne réussissons à découvrir aucune cause de cette direction, ni dans la constitution intime de la plante, ni dans le mouvement de rotation de la terre, nous devons chercher si, au contraire, nous ne trouverions pas dans les mouvements solaires la
cause qu'il nous importe de découvrir. A l'article intitulé : *Du
soleil comme cause mécanique de la végétation*, et auquel nous
renvoyons nos lecteurs afin qu'ils se fassent une idée complète
des mouvements qui de proche en proche arrivent jusqu'à nous,
nous entrons dans de longs détails sur l'origine de ces mouvements, et nous n'avons pas à en parler ici autrement que pour

(1) Voir plus loin la note de la page 181.

en déduire ceux qui nous semblent avoir une certaine influence
sur la torsion des tiges. En effet, si nous parvenons à démontrer
que les mouvements moléculaires de l'*éther* (ainsi que disent les
physiciens) sont hélicoïdaux ; qu'il y en a de deux ordres, les
uns qui sont dextrorses et les autres sinistrorses, on comprendra
alors aisément que quelques végétaux obéissent : les uns aux
mouvements dextroses qui les feront se diriger de gauche à droite ;
les autres aux mouvements sinistrorses qui les feront marcher de
droite à gauche. Il se passe, en effet, dans ces actions moléculaires
et relativement très-subtiles, un phénomène analogue, mais
inverse, à celui du tire-bouchon qui, entrant dans le bouchon, y
détermine la formation d'une hélice de même direction ; et il y a
des espèces qui sont invinciblement entraînées plutôt dans une
direction que dans l'autre par ces actions hélicoïdales solaires,
comme il y a des végétaux qui obéissent, quant à leur floraison,
plutôt à telle obliquité annuelle (Calendrier de Flore) ou diurne
(Horloge de Flore) du soleil qu'à telle autre.

On sait depuis longtemps que le soleil est une masse sphérique
douée d'un mouvement de rotation ; que dans son mouvement de
rotation, qui représente une vitesse quatre fois aussi grande que
celle de la terre, les molécules atmosphériques qui l'entourent, et
qui sont plus denses que celles qui enveloppent la terre, doivent
être frappées avec violence et recevoir une impulsion qui tend à
les écarter de la surface du soleil en vertu de la force centrifuge.
On démontre en mécanique moléculaire que, frappées sur un
côté, les molécules de la première couche a b, *fig.* 11, doivent
prendre un mouvement de rotation en sens inverse de celui du
soleil S ; qu'enfin d'autres molécules, c d, doivent recevoir du
mouvement rotatoire des premières un mouvement de rotation
en sens contraire et par conséquent dans le même sens que celui
du soleil, *fig.* 11, C, et ainsi de suite de proche en proche jusqu'à
nous, après avoir communiqué un mouvement analogue aux
molécules éthérées, de sorte que si l'axe de rotation du soleil est
incliné au plan de l'écliptique de 87° 30', il doit s'ensuivre dans
le mouvement de molécules : 1° un mouvement de translation
qui tend à les repousser de proche en proche du soleil ; 2° un
mouvement de rotation qui les fait tourner en sens contraire les
unes des autres ; 3° et par la direction du mouvement de transla-

tion, oblique par rapport à la terre, à cause de l'inclinaison au plan de l'écliptique, il en résulte une combinaison de mouvements dont la résultante est un mouvement hélicoïdal; mouvement hélicoïdal dont nous ferons mieux comprendre le mécanisme à l'article intitulé: *Du soleil comme cause mécanique de la végétation.* Mais puisqu'il est impossible que des molécules tournent dans un sens sans déterminer un mouvement de rotation en sens contraire dans les molécules qui les touchent, il s'ensuit nécessairement que si la première couche de molécules frappées par le corps qui tourne forme une hélice dans un sens que nous nommerons *hélice primordiale,* celles qui sont frappées ensuite par cette première couche, ayant un mouvement contraire, devront former une hélice en sens contraire de la première, qui prendra le nom d'*hélice secondaire.* De proche en proche, ces deux mouvements nous arrivant à la surface de la terre, le premier déterminera dans les végétaux grêles une tendance à se tordre en hélice dans un sens ; le second, à se tordre en hélice dans un sens contraire, et de là la tendance aux deux volubilités que l'on observe. En d'autres termes, il est des végétaux qui obéissent aux mouvements de la première couche et d'autres qui obéissent à ceux de la seconde ; telle est, selon nous, la cause mécanique de la torsion de certains axes, et pour être assuré qu'il n'en saurait être autrement, il suffit de se rappeler les expériences si concluantes de Tessier, Knight, Dutrochet, etc., sur la tendance des tiges à se diriger du côté de la lumière, et si l'on admet cette action de la lumière à attirer les tiges, il n'est pas plus difficile de comprendre que les actions moléculaires lumineuses obliques ou hélicoïdales doivent avoir une influence marquée sur des axes plus impressionnables, comme le sont les tiges longues et grêles.

Pour bien se rendre compte de la volubilité des tiges comme conséquence de la torsion de l'axe, deux phénomènes que nous avons dit devoir être distingués l'un de l'autre, il faut examiner avec soin les torsions qui se produisent sur les tiges grêles de celles qui sont volubiles. Ainsi, en observant attentivement la flèche *non encore enroulée* des *Phaseolus* et du *Convolvulus arvensis,* on reconnaît qu'en se supposant au centre de l'axe, celui-ci se tord en une hélice qui marche de droite à gauche et absolument dans le même sens de l'enroulement de la tige autour d'un support. Si, au contraire, on fait la même observation sur le *Tamus communis* ou l'*Humulus lupulus*, on reconnaît aussitôt que l'axe se tord sur lui-même en décrivant une hélice qui marche de gauche à droite, et son enroulement se fait conséquemment selon une hélice marchant dans le même sens. Cependant un éminent physiologiste a écrit dans ses *Mémoires :* « Toutes les tiges grimpantes volubiles sont tordues sur elles-mêmes, et j'ai observé que, *le plus souvent*, le sens de la spirale que forme la tige par sa torsion sur elle-même est opposé au sens de la spirale que forme la tige volubile autour du support qu'elle enveloppe. Si ce fait était général, on serait en droit de considérer la disposition volubile de la tige, autour de son appui, comme le résultat nécessaire de sa torsion sur elle-même, dans un sens opposé à celui de la spire volubile..... » (Dutrochet, *Mémoires*, t. I, p. 457.) C'est que si l'on se place dans les conditions où s'est placé l'illustre botaniste que nous venons de citer, on arrive à trouver la raison qui lui a fait écrire ces lignes.

Presque toutes les plantes volubiles que nous avons examinées avec soin présentent, plus ou moins visibles par la coloration, les stries ou les angles de leur tige, une torsion dans le sens de l'enroulement, pourvu que la tige n'ait pas encore subi l'enroulement. Ainsi les *Phaseolus, Convolvulus, Calystegia, Ipomœa, Calonyction, Aristolochia Sipho ; Holbœlia latifolia, Akebia quinata, Menispermum, Dioclea glycinoïdes, Wistaria frutescens, Apios tuberosa, Boussingaultia baselloïdes, Dioscorea Batatas,* offrent une torsion de droite à gauche et leur enroulement est bien dans le même sens. De même le *Tamus communis,* l'*Humulus lupulus,* le *Dioscorea villosa,* les seuls que nous ayons pu examiner, ont une torsion de gauche à droite et un enroulement également de gauche à droite. Mais ce qu'il y a de remarquable, c'est que dès que la tige commence son enroulement sur un appui, aussitôt le sens de la torsion paraît changé, comme si le support mettait obstacle à l'accomplissement de la torsion naturelle, si bien que, comme l'a fort bien observé Dutrochet, le sens de la torsion est exactement contraire à celui de l'enroulement. Ce phénomène, que l'on observe très-bien sur les tiges anguleuses comme celles du Houblon, cesse presque aussitôt que l'extrémité caulinaire devient libre et la torsion naturelle à la tige se reproduit dans le sens de l'enroulement. Ajoutons qu'il est des tiges où l'absence de coloration, de stries ou d'angles, rend le sens de la torsion souvent très-difficile à déterminer ; c'est ce qui a lieu dans le *Cynanchum monspeliacum*, le *Vincetoxicum nigrum*, le *Menispermum virginicum*, etc., dont l'axe très-cylindrique paraît être dépourvu de torsion. Enfin, dans l'*Eustrephus angustifolius*, cette année 1867, nous avons constaté que la tige se tord dans un sens exactement contraire à celui de l'enroulement (1). Le *Jasminum officinale* est exactement dans le même cas.

Enfin, on constate très-souvent, particulièrement dans les axes très-grêles, comme les vrilles, une indifférence absolue à suivre une direction plutôt que l'autre, et la même vrille (Cucurbitacées, Passiflorées, Smilacées, etc.) peut, après avoir fait un certain nombre d'hélicules dans un sens, continuer son enroulement en sens contraire, comme si elle voulait prouver par là que, dans cet état d'exilité, la tige est influencée aussi facilement par l'un que par l'autre des deux mouvements hélicoïdaux des molécules lumineuses.

ARTICLE II. — *Campylotropie des organes appendiculaires.*

La campylotropie peut affecter les organismes réduits à leur plus grand état de simplicité ; tels sont : les cotylédons, les feuilles et leurs folioles, les stipules, les bractées, les sépales, les pétales, les étamines et les carpelles. Ce sont ces différents organes que nous allons examiner dans cet article, que nous diviserons d'ailleurs en trois sections, savoir : la *campylotropie latérale*, la *campylotropie dorsale* et la *campylotropie ventrale*.

---

(1) Quelques auteurs ayant écrit que le sens de l'hélice se déterminait en observant sa direction quand le spectateur est placé en face de sa convexité, il peut y avoir confusion. En effet, s'il en est ainsi, ou l'observateur prendra l'élément *convexe* de l'hélice, et il sera en désaccord avec ce qui est établi par Palm, puisque ce qui sera pour cet auteur *dextrorse*, sera nécessairement *sinistrorse* pour l'observateur en question, et réciproquement ; ou bien l'observateur prendra l'élément *concave* de l'hélice observée, et alors c'est absolument comme s'il était placé au centre de l'hélice, ce qui est beaucoup plus rationnel, car quel que soit le côté vers lequel on se tourne, l'hélice a toujours la même direction, et il n'est plus alors nécessaire d'être tourné du côté du midi, ainsi que le recommande M. Palm.

SECTION I. — CAMPYLOTROPIE LATÉRALE.

La campylotropie latérale est celle qui détermine l'incurvation
d'un côté des parties végétales plus ou moins planes. Elle paraît
être due à un développement exagéré d'un côté, alors que l'autre
ne prend presque aucun accroissement. Toutes les parties végétales qui reconnaissent deux côtés, ce qui est plus particulier aux
organes appendiculaires, sont susceptibles de subir l'influence de
la campylotropie latérale.

COTYLÉDONS. — Les cotylédons sont susceptibles de présenter
des cas de campylotropie tératologique. C'est lorsque l'un des
côtés du cotylédon, par une cause souvent inconnue, subit une
sorte d'arrêt de développement relatif, tandis que l'autre se développe au contraire parfaitement. Il en résulte une courbure d'un
côté, qui donne au cotylédon la figure d'un croissant. C'est ce
qui arrive fréquemment, mais d'une manière plus ou moins prononcée, pour les cotylédons des *Angelica*, *Spinacia*, *Calendula*,
Scandix, etc., qui prennent quelquefois des formes voisines de
celles qui sont représentées *fig.* 1, A, et que nous avons copiées
sur des cotylédons d'*Angelica archangelica*. Ce qu'il y a de remarquable c'est que, le plus souvent, lorsque le phénomène
campylotropique se prononce, il atteint les deux organes appendiculaires opposés à la fois.

Cette campylotropie peut être normale et en même temps per-
manente, c'est-à-dire qu'elle se conserve même après la germination, comme on peut le voir dans le Haricot, *fig.* 1, D, ou la
semence de l'*Anacardium occidentale*, improprement nommée
noix d'acajou, pl. XV, *fig.* 13, a, b', dont les cotylédons conservent, malgré la germination, sa forme recourbée en rognon,
fig. 1, D, ce qui n'arrive pas aux cotylédons affectés de campylotropie dorsale ou ventrale.

FEUILLES. — Nous avons dit, page 117 (t. I), que les feuilles se
présentaient quelquefois avec des caractères de campylotropie
assez prononcés. Nous avons, en effet, figuré plusieurs feuilles
étant plus ou moins recourbées latéralement, et nous avons expliqué ces anomalies par un défaut de développement de tous les
éléments de la moitié de la feuille. Les feuilles du *Syringa vul-*

garis que nous avons reproduites (1), et les demi-folioles normales et incurvées du côté de la grande nervure de l'*Adianthum
pedatum*, que tous les botanistes connaissent, sont une confirma-
tion de cette manière de penser, car on voit que la feuille ou les
folioles se sont recourbées du côté où la moitié manquait.

Nous avons aussi trouvé, sur le *Campanula pyramidalis*, une
feuille caulinaire tellement campylotrope latéralement que les
deux extrémités se recouvraient l'une l'autre, pl. XIV, *fig.* 3, e,
et il était visible que l'un des côtés était beaucoup moins développé que l'autre.

Une curieuse campylotropie nous a été fournie par le *Nephrodium violascens*, et nous ne saurions dire au juste si elle est
naturelle ou si elle est le résultat de l'ablation de la plupart des
pinnules d'un seul côté. Quoi qu'il en soit, en voici la description
d'après l'exemplaire que nous possédons.

Le rachis porte, au côté droit, douze pinnules dont deux rudimentaires, et une treizième qui semble terminer la fronde. Au
côté gauche, deux pinnules à la base et trois autres rudimentaires au sommet. C'est de ce côté que se trouve le centre de la
courbure qui décrit un anneau complet, allongé et anguleux au
sommet, de sorte que les pinnules entières sont disposées autour
de l'anneau et vont en rayonnant. Ce qui fait croire à une campylotropie naturelle, c'est que la deuxième pinnule gauche, en
s'élevant sur le rachis, privée elle-même d'un côté d'une grande
partie de ses divisions limbaires, est affectée de campylotropie
sous la forme de croissant, dont le centre de courbure est du
côté de la partie manquante du limbe ; d'un autre côté, la troisième pinnule droite, privée à la base d'une partie de son limbe,
se tourne brusquement du côté où le limbe fait défaut. Ce qui
pourrait faire croire que cette campylotropie est artificielle, ce
sont des sortes de cicatrices qui se trouvent vis-à-vis des pinnules
entières, et par conséquent du côté central de l'anneau ; mais il
nous paraît impossible, malgré les plus grandes précautions, que
l'on puisse arriver à opérer l'ablation aussi nettement et aussi
complétement sans endommager le rachis, qui, dans l'exemple
que nous possédons, est parfaitement intact.

(1) T. I, pl. IV, *fig.* 7, et pl. VI, *fig.* 17.

A la vérité, quelquefois nous avons constaté un défaut de développement de l'une des moitiés de la feuille, sans pourtant remarquer la moindre incurvation : ainsi nous avons figuré une feuille de Vigne sans courbure (t. I, pl. IV, *fig*. 6), mais il est fort possible que la feuille étant restée fort petite et en quelque sorte avortée, la campylotropie n'ait pas eu le temps de se prononcer suffisamment. Cependant il est juste de faire remarquer que dans l'*Aspidium falcatum* un phénomène contraire se présente ; car c'est précisément le côté concave de la foliole qui se trouve être le plus développé, pl. XV, *fig*. 12, a.

Quoi qu'il en soit, ces observations nous ont conduit à entreprendre quelques expériences dans le but d'éclairer ce point de la question. Pour déterminer le degré d'influence que pouvait avoir sur sa forme le développement d'un seul côté de la feuille, nous avons choisi des feuilles ou des folioles très-jeunes, dont nous avons enlevé avec soin tout un côté jusqu'auprès de la nervure médiane.

1° Après avoir enlevé sur des feuilles ou des folioles simples, ou mieux, de génération longitudinale comme celles de Lilas, Poirier, Haricot, Sureau, etc., toute une moitié de la feuille ou de la foliole, nous les avons abandonnées à elles-mêmes pendant quinze jours ou trois semaines. Examinées alors, nous avons reconnu qu'elles avaient, pour la plupart, subi une forte courbure du côté où nous avions enlevé la moitié de la feuille ou de la foliole. L'ablation de l'un des côtés de la feuille avait amplement suffi pour donner aux demi-feuilles développées une physionomie très-différente et rappelant jusqu'à un certain point la forme de quelques feuilles normales ; par exemple, celle de la *Claudea elegans* (1). Quand on fait cette ablation sur des folioles comme celles du Sureau ou du Rosier, les demi-folioles s'incurvent de façon à prendre une figure falciforme très-prononcée. Pour rendre la campylotropie artificielle beaucoup plus saisissante, on peut, comme nous l'avons fait, enlever d'un côté toutes les moitiés supérieures des folioles et de l'autre toutes les moitiés inférieures. Il en résulte, plus tard, une feuille d'un aspect auquel l'œil n'est pas habitué et qui probablement n'a pas son représentant dans la nature (*fig*. 3, f).

(1) Turp., *Iconog. vég.*, tabl. viii, *fig*. 7.

La campylotropie normale des feuilles est bien plus commune u'on ne le croit généralement, ainsi que l'on peut s'en assurer dans les folioles latérales des *Phaseolus*, dans les feuilles de certains *Begonia*, du *Rochea falcata*, du *Sium falcaria*, du *Buplevrum falcatum*, de l'*Acacia falcata* et quelques autres dont voici la liste :

Ixia falcata,

Gladiolus falcatus,

Crinum falcatum (Jacq., *Hort.*, v. 3, t. 60).

Anthericum falcatum (Lin., f. suppl., 202),

Asparagus falcatus,

Loranthus falcatus (Lin., f. suppl., 214),

Cassia falcata (Lin., *Hort. Cliff.*, 159),

Achillea falcata (Vaill., *Act. Acad.*, 1720, p. 322),

Orchis falcata (Thunb., *Fl. jap.*, p. 26),

Serapias falcata (Thunb., *Fl. jap.*, p. 28),

Cliffortia falcata (Lin., f. suppl., 431),

Polypodium falcatum (Lin., f. suppl., p. 446),

et beaucoup d'autres, parmi lesquelles nous citerons les feuilles de certaines Mousses, telles que quelques *Dicranum* (*Scoparium*, etc.); *Weissia cirrhata* (Hedw.); *Andrae falcata; Hypnum crista castrensis, Hedwigii, filicinum, commutatum, uncinatum, cupressiforme, revolvens, aduncum,* etc. On peut voir d'ailleurs que le phénomène campylotropique n'est pas plus particulier à un embranchement qu'à un autre, puisque les plantes signalées appartiennent aussi bien aux Acotylédones qu'aux Mono et Dicotylédones.

Mais c'est surtout la campylotropie anormale qui peut s'observer sur tous les végétaux, et pour peu que l'on s'occupe de ce genre de recherches, il sera toujours facile d'en rencontrer des exemples. C'est ainsi que, pour n'en citer que quelques cas, il ne nous a pas été difficile de trouver dans les *Salix, Amygdalus, Persica, Lythrum, Galium, Rubia,* etc., des feuilles campylotropiques rappelant plus ou moins la foliole de l'*Aspidium falcatum,* pl. XV, *fig.* 12, a. Dans les *Eucalyptus viminalis,* le *Salix acutifolia,* l'*Asclepias mexicana,* le phénomène est assez fréquent et quelquefois très-prononcé.

2° Quand, au lieu de faire l'ablation dont nous venons de parler sur une feuille simple, on fait cette opération sur une feuille plus ou moins lobée ou de génération latérale, comme le sont celles de la Vigne, du Figuier, du Potiron, du Groseillier, etc, il y a bien encore une sorte d'incurvation, mais elle est beaucoup moins apparente, parce que la nervure primitivement médiane est rejetée sur le côté, et c'est alors la nervure secondaire du côté non enlevé qui devient prédominante. Dans ce cas, il se forme une feuille dont la nervure secondaire devient le centre symétrique. Ainsi, dans le Platane, *fig.* 4, pl. XIV, la jeune feuille A, coupée suivant a b, au lieu de se développer et de prendre la forme représentée en A, acquiert au bout de quelque temps une figure quasi-symétrique, comme en B ; mais pour bien réussir, il faut opérer sur une feuille très-jeune et surtout parfaitement en enlever une des moitiés, tout en laissant intacte la nervure médiane.

Il n'y a pas non plus incurvation très-apparente de la demi-feuille de Capucine, mais peu à peu le développement se fait de telle façon que les nervures secondaires ou tertiaires deviennent le centre symétrique d'une feuille qui ne serait plus peltée, mais dont les nervures seraient digitées et indiqueraient leur génération latérale.

Ainsi, l'ablation d'une moitié de la feuille pendant sa jeunesse est la cause d'une modification telle que si l'expérience était faite avec un grand soin sur toutes les jeunes feuilles on arriverait, dans la plupart des végétaux, à leur donner des formes insolites souvent curieuses et qui ne seraient dues qu'à une campylotropie artificielle.

Nous avons encore essayé de faire naître une modification de certaines feuilles à l'aide de l'ablation de la nervure médiane et de tout le tissu cellulaire adjacent jusqu'aux deux nervures se-condaires, par exemple, d'une feuille de génération latérale ou palminerve de Platane, de Figuier, de Potiron, de Groseillier, etc. Dans ce cas, le développement obéissant au phénomène campy-lotropique, au lieu de produire une feuille comme en a, *fig.* 4, C, a donné lieu à une double campylotropie formant une feuille semblable à celle qui est représentée en b, laquelle est le résultat d'un pareil traitement sur la feuille du Platane.

Dans le Potiron, le phénomène campylotropique est tellement prononcée que les deux lobes, après s'être incurvés l'un vers l'autre, arrivent non-seulement à se toucher, mais même à se croiser fortement.

C'est à un phénomène de ce genre que se rattachent certaines variétés de formes qui s'éloignent plus ou moins de la symétrie des feuilles, que nous avons fait connaître (t. I, chap. III), et, en tenant compte des différents degrés d'intensité de la campylotropie, il est possible d'expliquer les formes plus ou moins obliques des feuilles. Ainsi, nous avons rencontré des feuilles de Vigne, de Groseilliers, d'*Acer pseudo-Platanus* ayant plus ou moins pris l'apparence de la feuille campylotrope artificielle du Platane, *fig.* 4, B, et bien des fois, quand il y avait arrêt d'accroissement dans la nervure médiane des feuilles de Courge ou de Figuier, nous avons pu reconnaître une forme plus ou moins analogue à celle que nous avons reproduite en b, *fig.* 4, C.

Folioles. — Nous avons déjà indiqué, t. I, p. 148, des folioles de Haricot anormales, falciformes, toutes deux en sens contraire, et ne paraissant formées l'une et l'autre que par des demi-folioles. Ces folioles, plus ou moins recourbées, se retrouvent facilement sur les feuilles longicomposées de beaucoup de Légumineuses, de Rosacées, etc., lesquelles alors rappellent isolément les folioles de l'*Aspidium falcatum*, pl. XV, *fig.* 12, a.

Stipules. — Les stipules pourraient être regardées comme les folioles inférieures d'une feuille longicomposée ; par conséquent, la campylotropie peut agir sur elle comme sur les feuilles ou les folioles. Aussi rencontre-t-on quelquefois des stipules qui offrent la forme d'un croissant. Nous avons constaté ce phénomène sur les *Pisum*, les *Lathyrus*, particulièrement sur le *Lathyrus Aphaca,* dont les deux stipules étaient incurvées en sens contraire, et par conséquent très-symétriques par rapport à l'axe. Il n'en a pas été de même des stipules de l'*Onobrychis supina*, dont les stipules, bien plus incurvées, l'étaient dans le même sens et représentaient l'incurvation en spirale normale, mais bien plus exagérée, encore que l'on connaît à celles du *Sophora pendula*.

Bractées. — Il en est des bractées comme des feuilles. Elles aussi sont susceptibles de subir l'influence plus ou moins prononcée de la campylotropie, et il ne faut pas chercher longtemps parmi les bractées des Sauges et des *Astrantia* pour arriver à en trouver montrant cette anomalie à divers degrés. Nous n'avons présentement à la mémoire aucun exemple de bractées campylotropique à l'état normal.

Sépales. — Les sépales étant des feuilles modifiées, il doit se présenter des exemples de cette influence exercée sur eux. Nous avons constaté l'existence de sépales ayant subi la campylotropie latérale dans la famille des Malvacées (*Hybiscus syriacus*, *Althea rosea*, etc.), des Rosacées (*Fragaria*, *Rosa*, etc.), mais jamais d'une manière aussi prononcée que pour les stipules. Bien souvent l'incurvation d'un côté des sépales était liée avec un état campylotropique général de la fleur, état que nous avons fait connaître page 170. Quelquefois les pièces du calicule présentaient une semblable incurvation d'un côté, constituant aussi une campylotropie latérale.

Nous avons observé bien des fois sur les fleurs de Cucurbitacées des divisions calicinales qui étaient plus ou moins courbées latéralement en forme de faucille ; mais c'est surtout parmi les calices des *Polygala vulgaris* et *Cordifolia* que nous avons pu quelquefois rencontrer les deux grandes divisions recourbées latéralement et rappelant parfaitement les deux grandes divisions falciformes du *Polygala glomerata*.

Pétales. — Les pétales ne sont pas plus exempts de campylotropie latérale que les autres parties végétales que nous venons de passer en revue. On trouve quelquefois des languettes de demifleurons recourbés sur le côté, et des pétales simples qui ont subi la même influence.

Nous avons trouvé une fleur d'oranger dont les pétales étaient tous courbés dans le même sens et les uns sur les autres, ce qui donnait à la corolle l'apparence complète de la fleur mâle du Papayer (*Carica papaya*), *fig.* 4, D. On trouve quelquefois des lobes de fleurs Cucurbitacées, particulièrement dans celles du *Cucurbita pyridaris*, qui présentent une campylotropie latérale trèsmanifeste.

Ces états tératologiques sont les analogues du phénomène physiologique naturel qui fait que les pétales des *Nerium* (*odorum*), *fig.* 15, a, et des *Polygala* (*cordifolia*, b), sont bien campylotropes, que ceux du *Fugosia sulfurea* le sont plus encore, et que ceux de certaines Ombellifères sont déjetés sur le côté.

Ainsi la fleur des *Daucus*, surtout le *Daucus carota*, *fig.* 8, pl. XV, a, et l'*Ammi glaucifolium*, *fig.* b, présentent des pétales réellement campylotropes.

Les pétales des Ombellifères sont quelquefois bifides (*Heracleum*), et résultent alors d'une chorise diplasique comme ceux des Caryophyllées, page 225 (t. I) ; mais parfois il arrive que l'une des parties de la diplasie reste dans un état d'avortement plus ou moins grand, tandis que l'autre se développe parfaitement. De cette inégalité de développement résulte le plus souvent une campylotropie très-appréciable dans les espèces précitées. Cependant, de même que pour certaines feuilles, il arrive que ce développement inégal des deux parties de la chorise ne forme pas de pétales campylotropes, comme on peut s'en assurer sur ceux des *Daucus maritimus* et *maximus*, *fig.* 8, c, d, e, et pourtant on peut voir que la campylotropie n'est pas plus prononcée sur le petit pétale, e, de la fleur du *Daucus maritimus* que sur le grand, d, de la même fleur.

La même chose se produit sur certains pétales simples. Ainsi, le pétale de l'*Hibiscus trionum*. *fig.* 9, c, a l'un de ses côtés beaucoup plus développé que l'autre sans que l'on y remarque la moindre courbure. Il y a donc là une cause occulte qui s'oppose à ce que le développement plus grand d'un côté fasse plus ou moins incliner le sommet du pétale vers sa base. Un instant nous avions pensé que dans les corolles à pétales imbriqués, la portion qui est engagée sous le pétale voisin n'ayant pas l'action desséchante de l'air comme celle qui reste libre, celle-ci devait se développer moins et contracter une rigidité qui devait opposer une certaine résistance à l'inclinaison du sommet du pétale pendant le développement ultérieur du côté protégé par la partie du pétale voisin qui le recouvre, et l'exemple du *Nerium odorum*, *fig.* 9, a, semblait favorable à cette explication ; mais dans le *Nerium oleander*, *fig.* 9, d, et dans le *Camellia*, la même imbrication existe, et pourtant le pétale reste sensiblement symétrique par rapport à sa ligne médiane. Enfin, la plupart des fleurs de Papilionacées présentent deux des pétales, les ailes, qui sont toujours plus ou moins campylotropes.

Nous devons faire remarquer, en passant, qu'il résulte évidemment de cette modification des pétales un défaut de symétrie pour les auteurs, particulièrement pour ceux qui acceptent la manière de voir d'Ad. de Jussieu, et que nous avons rapportée page 58, t. I; car, quelle que soit la direction du plan que l'on ferait passer par le centre de la fleur, il est bien impossible que l'on divise la fleur en deux moitiés parfaitement semblables. Mais si au contraire on invoque la signification que nous avons donnée à la symétrie; en un mot, si on cherche à l'ordonner par rapport à une ligne qui soit le centre de toute l'inflorescence, et en supposant toutes les fleurs opposées, on arrive à reconnaître que la symétrie est des plus parfaites, malgré l'irrégularité de la corolle. En effet, admettons, comme dans la *fig.* 8, a, que les deux fleurs A B soient opposées de chaque côté de l'axe A', et faisons passer des droites A B et C D par le centre A', il est visible que ces droites vont rencontrer, à des distances sensiblement égales, des parties tout à fait homologues que nous n'avons pas besoin d'indiquer pour que le lecteur les aperçoive. Ainsi, tandis que rien n'est symétrique, *mathématiquement,* quand on prend la fleur seule, au contraire la symétrie mathématique est des plus exactes aussitôt que l'on met deux fleurs en opposition (voir t. I, p. 66).

Étamines. — Les étamines présentent parfois des phénomènes campylotropiques soit dans leurs filets, soit dans leurs anthères. Ainsi, c'est par un phénomène de ce genre que les deux étamines des *Stachys* se déjettent sur le côté, mais alors c'est le filet qui subit ce genre d'influence. Au contraire, c'est le connectif qui s'allonge et se recourbe dans certaines Sauges, où alors on peut observer parfois une courbure latérale. Enfin, les anthères prennent fort souvent une forme qui les font ressembler à un rein, comme on le voit dans beaucoup de Malvacées, par exemple dans la Guimauve (*Althœa officinalis*), ou à un S, ainsi que cela a lieu dans la plupart des Cucurbitacées.

Carpelles. — Les carpelles présentent aussi parfois, tératologiquement, des cas de campylotropie latérale qu'il n'est pas rare de rencontrer, surtout dans les carpelles allongés comme ceux des *Aquilegia*, des Crucifères, des *Phaseolus*, des *Pisum*, de beaucoup d'autres Légumineuses, etc. On remarque que souvent, dans les Pois, la campylotropie latérale coïncide avec des tuberculosités sans doute produites par des piqûres d'insectes ou un commencement d'hypertrophie. Mais dans les variétés dites *Mange-tout,* dont les cosses sont grandes, larges, charnues et crochues, ce qui leur a mérité le nom de *Cornes de bélier*, la campylotropie se produit sans autre cause apparente que le phénomène physiologique naturel.

SECTION II. — CAMPYLOTROPIE DORSALE.

La campylotropie dorsale des organes appendiculaires est, sans contredit, la plus généralement répandue. Pour bien fixer les idées sur ce que nous entendons sous cette dénomination, nous rappellerons que les organes appendiculaires n'étant que des feuilles modifiées, celles-ci offrent une face inférieure qui est le dos de la feuille, et une face supérieure que nous nommerons sa partie ventrale. La campylotropie dorsale est celle qui résulte de la convexité du dos de l'organe.

Cotylédons. — Comme les cotylédons sont en général appliqués l'un sur l'autre, *ventre à ventre*, il en résulte que, lorsque, dans un embryon, les cotylédons sont campylotropes, ils le sont de façon que la campylotropie étant dorsale pour le cotylédon externe, le cotylédon interne est nécessairement en état de campylotropie ventrale, ce qui fait que nous ne pouvons séparer l'une de l'autre, pour les cotylédons, ces deux variétés de la campylotropie. La famille des Crucifères nous offre, dans les *Orthoplacées*, des exemples d'une campylotropie longitudinale (*Sinapis, Eruca, Crambe, Raphanus, Diplotaxis, Brassica*, pl. XV, *fig.* 12, a, etc.); dans les *Spirolobées* et les *Diplécolobées*, des exemples d'une campylotropie transversale : chez les premières, les cotylédons étant roulés en spirale ou en crosse (*Erucaria, Bunias*, pl. XIV, *fig.* 1, E); chez les secondes, les cotylédons étant deux fois repliés sur eux-mêmes (*Heliophila, Chamira, Subularia, Senebiera*, etc.). On voit aisément, par les figures précitées, que si la campylotropie est dorsale pour le cotytédon enveloppant, elle est ventrale pour le cotylédon enveloppé.

Ces campylotropies, qui ne sont que transitoires, sont normales, et nous ne saurions en citer aucun cas qui soit anormal.

Feuilles et folioles. — Au contraire, les feuilles nous présentent fréquemment des exemples de campylotropie dorsale anormale. Dans ce cas, la feuille, au lieu de devenir parfaitement plane, se creuse de manière que sa face supérieure forme une concavité plus ou moins prononcée. Des exemples de cette anomalie se rencontrent souvent dans les feuilles du Poirier, des *Hedera*, et plus fréquemment encore dans les *Buxus sempervirens* et *Balearica*, qui rappellent l'état normal de l'*Origanum Ægyptiacum*, ou Marjolaine à *coquille*, ainsi nommée à cause de la forme de ses feuilles. Cette forme est en général celle des feuilles dans le bourgeon. Si, lorsque ces organes sont déjà bien développés, quoique encore sous forme de cupule, il survient des froids qui arrêtent la végétation, ces feuilles restent dans cet état, et quoique fasse la chaleur sur les feuilles de nouvelle formation, celles qui ont été frappées par le froid ne reviennent jamais à leur état normal, qui est d'être aplaties. Nous avons figuré une feuille de *Phaseolus* offrant cette campylotropie, pl. XV, *fig.* 12, f, où l'on voit que les trois folioles sont affectées de la même anomalie.

Cette campylotropie dorsale existe transitoirement dans un grand nombre de feuilles et de folioles. Elle est *longitudinale* dans la vernation de certaines feuilles ou certaines folioles dites *condupliquées* (Chêne, Oranger, Sureau, etc.), *convolutées* (Abricotier) ou *involutées* (Poirier, *Nymphœa*, Violette, etc.). Elle est *transversale* dans la vernation *réclinée* (Tulipier) ou *circinnée* (Pilulaire, Fougères, etc.). Mais ces états campylotropiques disparaissent par les progrès de la végétation et aussitôt que la couche supérieure de tissu cellulaire égale en étendue la couche inférieure ; il n'est même pas rare de voir, plus tard, cette couche supérieure devenir plus grande, et donner lieu alors à une campylotropie ventrale. Les phyllodes ayant le plan de leur limbe parallèle à l'axe qui les porte, le dos de cet organe est son bord inférieur, et dans ce cas, les *Acacia dodoneifolia, floribunda*, etc., donnent souvent des phyllodes affectés de campylotropie dorsale qui les rend falciformes à des degrés divers.

Sépales. — On rencontre quelquefois des sépales qui, normalement plans, affectent une forme plus ou moins cupulée, absolument comme les feuilles de Buis dont nous venons de parler. Ainsi, nous avons vu les 5 ou 6 sépales de l'*Aquilegia vulgaris* rester parfaitement concaves, la concavité étant tournée vers le centre de la fleur. L'un de ces sépales présentait vers la base un creux interne accusant comme un commencement d'éperon.

Moquin-Tandon assure que dans quelques cas accidentels les sépales des Aconits se bossèlent au point de ressembler en quelque
sorte au casque de la fleur ; et lorsque ce phénomène arrive, on
est sûr, dit Seringe, que les deux pétales opposés à l'aile sont
transformés plus ou moins complétement en capuchons. Schauer
a aussi signalé un *Aconitum stoerkianum* dont les pétales étaient
tous transformés en capuchon. (*Schrift. der Schlesisch gesellsch.*
1834, p. 68.)

A l'état normal, il y a un très-grand nombre d'espèces qui
présentent des états campylotropiques à des degrés très-divers,
depuis la simple concavité des sépales des *Ranunculus*, *Gordonia*, etc., devenant plus concaves dans ceux des *Papaver*, se
creusant davantage dans le sépale supérieur en casque des *Aconitum*, *fig.* 12, g, lequel s'allonge en un cylindre creux, élargi
au sommet dans les *Aconitum septentrionale* et *lycoctonum*,
fig. 12, h, et se transformant en un éperon *libre*, très-développé,
dans les *Delphinium*, *fig.* 12, i (pl. XV), lequel éperon, *uni* au
pédicelle par défaut d'exastosie, est plus grêle et bien plus allongé
dans les *Pelargonium*. C'est aussi l'état normal des Balsaminées
et des Tropœolées de présenter un éperon au calice ; mais tandis
que l'éperon des premières appartient au sépale postérieur, l'éperon des Tropœolées est commun à 3 des sépales intimement unis
en une lèvre supérieure. Il en résulte que les Balsaminées, par
pélorie, peuvent avoir autant d'éperons qu'il y a de sépales au
calice, tandis que dans les Tropœolées il semble juste de prédire
que l'on n'en trouvera que deux, chacun des groupes de sépales
formant deux sortes de lèvres pouvant être anormalement pourvu
de son éperon. Nous avons, en effet, trouvé des fleurs de Capucine ayant deux éperons, *fig.* 12, j. (Voir plus loin le chapitre de
l'*Hypostrophésie végétale*.)

Pour concevoir le mode de formation de ces organes creux plus
ou moins prolongés en éperon, il faut d'abord rappeler que
MM. Schleiden et Vogel avaient reconnu que, dans les Papilionacées, la corolle, très-irrégulière, était dans le principe parfaitement régulière, et M. Barnéoud, en étudiant l'organogénie des
Renonculacées, Violariées, Labiées, Personnées, Orchidées, etc.,
a démontré que ce fait était général (1). Il est donc ainsi reconnu

(1) *Comp. rend. Acad. sc.*, t. XXIII, p. 1062.

　　　　　　　　　　　　

que toutes les fleurs naissent régulières, et que ce n'est que par suite de leur développement que les irrégularités se prononcent de plus en plus. Donc, dans l'état de jeune bouton, les parties florales sont sensiblement régulières, mais un peu plus tard, s'il s'agit du calice, on voit un des sépales ou plusieurs sépales unis subir le phénomène de la campylotropie dorsale; c'est-à-dire que, quel que soit le degré de développement de l'organe, la couche ventrale se développe moins que la dorsale, et il en résulte une concavité plus ou moins grande. Si, en même temps que cette concavité se prononce, l'accroissement en longueur se fait dans une proportion beaucoup plus grande que le développement en largeur, les parties constituantes de la cavité restant toujours unies, il en résultera une cavité allongée, pointue même, qui ne sera autre que l'éperon.

Dans un ordre plus composé, on voit quelquefois le calice entier prendre une forme campylotropique, qui est évidemment dorsale, par exemple, dans la fleur de l'*Aristolochia sipho*, *fig.* 13, f. Dans les *Scutellaria*, le calice formé de deux lèvres offre dans la supérieure une complication singulière de ce phénomène : par un effet de campylotropie *dorsale*, cette lèvre se creuse en une sorte de sabot qui s'aplatit ensuite de façon que les parois se touchent à peu près, puis cette partie aplatie se creuse à son tour de manière à former un tout scutelliforme, dont la concavité regarde l'axe, ce qui constitue une campylotropie *ventrale*.

PÉTALES. — Les pétales sont en tout comparables aux sépales quant aux formes que peut leur faire subir la campylotropie dorsale plus ou moins exagérée. Ainsi, dans les *Ranunculus, Adonis*, etc., les pétales simplement convexes dorsalement, se creusent davantage et en forme de cuillère dans les *Ceanothus*, c, *Anadenia*, d, *fig.* 13, etc.; ils forment deux gibbosités à leur base dans le *Dielytra spectabilis*, qui souvent s'allongent en des éperons courts, mais qui deviennent de longs éperons ou cornets dans les *Corydalis*, les *Aquilegia*, etc. Enfin, dans les Orchidées, le sépale supérieur interne que l'on regarde avec raison comme un pétale, et qui, par la torsion de son ovaire, devient inférieur, offre dans le genre *Cypripedium* (*flavescens*, *fig.* 13, g) une campylotropie dorsale déjà prononcée dans la forme en sabot de son labelle, devenant un éperon très-court, sacculiforme dans les

Pl. XV.

Orchis viridis, nigra, etc., s'allongeant plus ou moins en éperon dans la plupart des autres espèces d'*Orchis* et arrivant à former un éperon grêle, subulé, ayant deux fois la longueur de l'ovaire dans l'*Orchis conopsea.*

Dans le genre *Satyrium,* tel que Swartz l'a établi, ce même labelle, par campylotropie dorsale, est creusé en forme de casque et terminé postérieurement par deux éperons plus ou moins allongés, ce qui confirme dans l'idée que deux phytogènes circulaires entrent dans la composition de cette pièce de la corolle, ainsi que nous l'avons avancé bien des fois déjà.

Dans un ordre plus composé, nous voyons s'associer les pétales pour former, comme dans les Labiées, des corolles bilabiées dont chaque lèvre, formée par 2, 3 ou 4 pétales, est quelquefois peu apparente, les pétales formant une corolle presque régulière (*Pogostemon, Mentha, Lycopus,* etc.); mais le plus souvent, ces lèvres sont plus distinctes, et ordinairement se présentent avec des concavités qui ne sont que des campylotropies dorsales plus ou moins prononcées, depuis la lèvre supérieure peu concave des *Molucella* et *Ballota,* jusqu'à celle en casque du *Phlomis,* fig. 13, e, *Galeopsis, Lamium,* etc., arrivant jusqu'à l'éperon du *Plectranthus fructicosus.*

De même, dans les Personées, nous remarquons des corolles presque régulières dans les *Polycarena, Budleia, Sibthorpia,* etc., ou à tube renflé à sa base comme dans les *Maurandia* et les *Antirrhinum, fig.* 13, h; ou des lèvres creusées en nacelle comme dans les *Collinsia,* ou en sabot, comme dans les *Calceolaria,* arrivant enfin à la formation d'un éperon court dans les *Anarrhinum,* les *Linaria cymbalaria, striata,* devenant très-long dans le *Linaria vulgaris, fig.* 13, g. Faisons observer, en passant, que l'éperon des espèces de cette famille paraît appartenir à un seule pétale, car, comme nous le verrons plus loin (*Hypostrophésie végétale*), dans les fleurs péloriées, il peut y avoir autant d'éperons qu'il y a de pétales à la corolle. Par une exagération singulière de cette forme de la campylotropie, nous voyons les pétales prendre les formes d'un cornet très-pointu, comme dans l'*Aconitum lycoctonum, fig.* 14, g', ou d'un bonnet phrygien, comme dans l'*Aconitum napellus, fig.* 12, h, terminés par une pointe elle-même ventralement campylotrope.

On pourrait faire un pareil rapprochement en parcourant les espèces de la famille des Légumineuses, où l'on trouve des campylotropies dorsales qui arrivent, dans les *Indigofera*, à des gibbosités calcariformes affectant chacun des pétales de la carène.

Enfin, dans un ordre plus composé encore, on rencontre la campylotropie dorsale dans certaines corolles entières (Papilionacées, Polygalées, Labiées, etc.).

L'organogénie des sépales et des pétales supérieurs de l'*Aconitum lycoctonum*, où s'exagère cette campylotropie, va nous faire comprendre comment ce phénomène se produit. Dans un très-jeune bouton, et lorsque les exastosies se sont prononcées, on trouve un sépale supérieur de forme légèrement concave à l'intérieur, et qui, dans le principe, ne semble pas différer beaucoup des autres sépales, si ce n'est que ceux-ci, ayant une disposition quinconciale, le premier est un des sépales extérieurs ou enveloppants, et en même temps postérieur. Mais bientôt ce sépale grandit relativement plus que les autres, et prend dans la fleur une position oblique, *fig.* 14, a, qui devient de plus en plus horizontale, f, g ; mais en même temps il se creuse de plus en plus, surtout dans sa partie la plus postérieure, où il donne lieu à une cavité calcariforme, b, qui ne tarde pas à grandir et qui, par suite de la position horizontale du calice, se relève peu à peu, c, d, e, f, g, au point d'être presque parallèle à l'axe de l'inflorescence quand vient le moment de la floraison, en même temps qu'il s'élargit plus ou moins en une sorte de bonnet, g ; c'est qu'il se passe là un phénomène campylotropique qui est encore plus prononcé dans les pétales dont nous avons fait en même temps l'organogénie.

Lorsque la fleur est à ce moment où les sépales sont presque semblables, sous le sépale postérieur que nous venons de décrire, on remarque deux petits corps globuleux ou plutôt lenticulaires ; ces corps s'aplatissent du côté qui regarde l'axe de la fleur, puis se creusent un peu, *fig.* 14, a'; peu de temps après, il se creuse davantage, particulièrement dans sa partie postérieure, b', et conserve encore, comme le sépale qui le recouvre, une position oblique. Mais à mesure que cette sorte d'éperon s'allonge, c', d', e', f', on voit le pétale se renverser peu à peu, au point de devenir hori-

zontal, f′, g′ (1). Ainsi, une première campylotropie dorsale a déterminé la concavité du pétale, a, qui, en s'exagérant, a formé
l'éperon que porte le pétale. Si la campylotropie dorsale avait été
unique, le sépale et le pétale eussent conservé la position oblique
ou quasi-verticale première. Or, c'est ce qui n'a pas lieu ; il a donc
fallu qu'une campylotropie plus générale intervînt, et c'est ce qui
est arrivé. En effet, tout le système floral subissant l'influence de
cette nouvelle campylotropie, déterminée par un développement
moindre antérieurement que postérieurement, il en résulte :
1° que la fleur entière est sensiblement campylotrope ; 2° que les
pétales présentent dans leur onglet une différence de développement à l'avantage de la partie postérieure, d'où résulte le redres-
sement successif de l'éperon, et par suite l'horizontalité du pétale ;
3° et par un phénomène tout à fait analogue, l'horizontalité du
casque ; ce qui se reproduit également dans les fleurs à casque
non éperonnées des *Aconitum Napellus, intermedium, emi-
nens*, etc.

ÉTAMINES. — Il y a un grand nombre d'espèces chez lesquelles
les étamines subissent la campylotropie dorsale ; mais c'est particulièrement dans les Labiées et les Papilionacées qu'elles présentent cette disposition. D'une manière générale, on peut dire que
chez les premières les étamines se redressent, puis se recourbent
en se plaçant sous la lèvre supérieure voûtée de la fleur, et la
courbure est tellement prononcée que, chez les *Phlomis*, elles
forment un faisceau affectant les trois quarts environ d'un cercle
qui suit les contours de la plus grande circonférence de la lèvre
supérieure en casque. Au contraire, chez les Papilionacées les
étamines sont plutôt infléchies, s'appliquant sur la concavité de
la carène, qu'elles suivent dans son contour. Dans les Polygalées
on remarque une disposition à peu de chose près analogue, et
bien facile à constater dans les *Polygala vulgaris, myrtifolia,
cordifolia*, etc.

CARPELLES. — La campylotropie dorsale des carpelles est des
plus faciles à rencontrer, car, indépendamment de ceux dont nous

---

(1) Les figures affectées de lettres primées représentent les états des pétales
correspondant aux moments où les observations ont été faites sur les sépales
affectés des mêmes lettres non primées.

avons fait la description en parlant des carpelles gynobasiques, page 163, il y a un grand nombre de carpelles appartenant à d'autres espèces où la campylotropie dorsale se fait observer. Ainsi, dans la plupart des Renonculacées et en particulier dans les *Ranunculus*, chaque carpelle est véritablement campylotropique, si bien que le style est toujours latéral; mais, tandis que le carpelle se bossue dorsalement à sa base, son sommet subit une campylotropie ventrale qui rejette le style sur le côté externe. Ce phenomène est bien autrement prononcé dans les carpelles de certaines Rosacées, comme dans ceux du *Fragaria* ou des *Chrysobalanus,* dont le style arrive véritablement à être *basilaire.* Entre ces deux extrèmes il existe une foule d'états intermédiaires que nous ne pouvons reproduire ici. Dans le *Cassuvium pomiferum (Anacardium occidentale L.)*, le carpelle subit une campylotropie dorsale qui donne à la semence la forme d'un rein, *fig.* 13, b′, campylotropie que l'on voit se commencer dans le pistil, a. Nous bornerons à ces exemples l'étude des carpelles qui présentent, à l'état normal, ce genre de campylotropie, mais il sera toujours très-facile de la reconnaître dès qu'on les rencontrera.

Cette campylotropie dorsale se retrouve parfois aussi anormalement sur des carpelles où d'ordinaire elle ne se montre pas d'une manière très-appréciable. C'est particulièrement dans les carpelles allongés comme les gousses, les follicules, les siliques que l'on peut plus communément les observer. Ainsi, bien que déjà sur les gousses des *Pisum*, des *Phaseolus, Dolichos*, etc., il soit possible de reconnaître un commencement de campylotropie dorsale dans l'état ordinaire, cependant on rencontre fréquemment des carpelles où cette campylotropie est tellement exagérée que la gousse forme un croissant dont le centre de courbure est tourné du côté de la suture qui porte les ovules. Or, comme cette suture regarde l'étendard, la partie véritablement dorsale de la graine est précisément la suture qui ne porte point les ovules, et c'est celle qui se bombe pendant la campylotropie soit anormale, comme dans le *Spartium junceum* et les exemples précités, soit normale, comme dans les *Trigonella, Cytisus polytricus; Cassia,* particulièrement le *C. obovata; Medicago (radiata, scutellata), Astragalus brachycarpus, hamosus, bœticus, falcatus,* galegi-

formis, etc.; *Lathyrus incurvatus*; *Onobrychis sativa, vagina-lis*, etc. Les gousses des *Colutea* présentent aussi le plus souvent une campylotropie dorsale très-manifeste. Quant aux *Medicago*, la campylotropie est dorsale dans toutes les espèces que nous avons examinées, mais elle est tellement prononcée que la gousse s'enroule en une spirale dont les tours, à cause de la largeur du fruit, ne peuvent être contenus les uns dans les autres, et sont obligés de se superposer à la manière des hélicules d'une hélice. Enfin, le *Trigonella Fœnum græcum* présente cette exception remarquable que sa campylotropie est ventrale, et par conséquent contraire à celle des autres espèces.

Il n'est pas inutile de faire observer que quelquefois, dans le genre *Pisum* par exemple, la campylotropie change de nom pendant le développement de la gousse. En effet, dans la fleur, le carpelle est droit; un peu plus tard, il est courbé en un croissant dont le dos regarde l'étendard, mais peu à peu il se redresse et tend à former un croissant en sens contraire, qui, parfois très-arqué, constitue l'anomalie dont nous avons parlé.

Dans les siliques le phénomène se retrouve pareillement. Ici les deux carpelles se développent d'ordinaire d'une façon très-régulière, mais quelquefois, anormalement, elles subissent la campylotropie dorsale de manière à leur faire prendre la forme d'une faucille, dont la concavité regarde l'axe principal de l'inflo-rescence. C'est ce que nous avons observé dans les *Brassica*, les *Cheiranthus, Hesperis, Alliaria, Raphanus, Mathiola, Nastur-tium*, etc. Mais comme l'ovaire des Crucifères est formé de deux feuilles carpellaires accolées, il s'ensuit que, rigoureusement, ce que nous venons de regarder comme le dos par rapport à l'axe de l'inflorescence, n'est réellement que le côté du carpelle par rapport à l'axe du fruit, et que par conséquent la campylotropie des car-pelles peut et doit être regardée comme latérale. Dans cette nou-velle manière de voir la campylotropie dorsale, on la trouve encore dans les carpelles de quelques Crucifères dites *siliculeuses*, à valves carénées, comme on le voit dans les *Lepidium sativum, Iberis, Thlaspi*, etc. Enfin, dans quelques espèces de ces deux derniers genres, le jeune fruit étant aplati et concave, et la concavité re-gardant l'axe de l'inflorescence, envisagée sous ce point de vue, il y a une campylotropie dorsale bien manifeste.

Enfin, dans les follicules on retrouve encore la campylotropie dorsale, anormale, très-accentuée dans le *Vincetoxicum officinale*, laquelle est normale dans le *Vincetoxicum nigrum*, dont les follicules forment deux croissants dont les concavités se regardent. Mais ces campylotropies, constantes pour quelques espèces, ne le sont plus pour d'autres. Ainsi, c'est la campylotropie dorsale qui est constante dans les follicules du *Vincetoxicum medium*, mais pour le *V. officinale*, la campylotropie est anormale et se trouve tantôt dorsale, tantôt ventrale, les follicules étant habituellement droits.

On peut regarder comme appartenant à la campylotropie dorsale le phénomène si singulier qui affecte les carpelles des *Geranium* et des *Monsonia* après leur maturité. Toutes les espèces de ce genre ont, en effet, parmi les autres caractères qui les distinguent des Géraniacées, celui de présenter cinq carpelles surmontés chacun d'une arête, lesquels, à la maturité, se détachent par la base de l'axe, emportant avec eux l'arête qui les surmonte et qui, par un brusque mouvement d'élasticité, se roule en demi-cercle, en anneau plus ou moins complet, ou même en spirale. Or, comme le sens de cet enroulement est le même que celui des pièces du périanthe des *Iris* dont nous parlons page 203, il en résulte que c'est une véritable campylotropie dorsale, dont voici l'explication mécanique. Chaque carpelle surmonté de son arête est uni par un faible défaut d'exastosie à la columelle et aux autres carpelles ; quand vient le moment de la maturité, le faible défaut d'exastosie disparaît pour faire place à l'exastosie qui se trouve sollicitée par le mécanisme suivant : dès que la graine est mûre, les sucs nutritifs, inutiles alors, n'affluent plus dans la columelle, dans les carpelles et dans les arêtes ; l'action desséchante de l'air ayant pour effet de raccourcir les fibres les plus extérieures, tandis que les plus intérieures restent plus allongées, celles-ci doivent devenir enveloppantes, et comme le défaut d'exastosie a disparu, il faut bien que, pour satisfaire à cette exigence de l'enveloppement, le cercle, l'anneau ou la spirale se produisent.

SECTION III. — CAMPYLOTROPIE VENTRALE.

Cette modification de la campylotropie est au moins aussi répandue, sinon davantage, que la campylotropie dorsale, et elle est due à un phénomène physiologique contraire, c'est-à-dire à la prédominance de développement de la face supérieure de l'organe sur la face inférieure.

COTYLÉDONS. — Nous avons déjà dit, page 191, que dans les graines à cotylédon campylotropes, cette campylotropie ne pouvait être que transitoirement et à la fois ventrale et dorsale. Il arrive assez souvent que, après la germination, la face supérieure du cotylédon prend un développement légèrement plus grand que la face inférieure, et il en résulte une légère courbure, dont le centre est du côté de la face inférieure, mais souvent si peu appréciable que l'on ne doit guère s'en apercevoir. Cependant, quand les cotylédons sont allongés, ils se courbent assez pour qu'il soit facile de constater cette campylotropie ventrale, par exemple dans ceux des *Spinacia*, *Angelica archangelica*, *Tragopogon porrifolius*, *Scorzonera hispanica*, etc., que nous avons vus parfois former presque un anneau complet.

FEUILLES. — Les feuilles sont fréquemment affectées de campylotropie ventrale, pour la même raison que les cotylédons, et il n'est pas rare de rencontrer des feuilles très-allongées, comme celles des *Dianthus*, se courbant en dehors, de façon à former des anneaux et même des spirales avec deux et trois tours de spirale, particulièrement dans les *D. caryophyllus*. On rencontre aussi très-fréquemment dans les *Salix* des feuilles ayant subi la campylotropie dorsale, qui les fait se recoquiller anormalement, de manière qu'elles ressemblent à des anneaux, et dont une espèce, le *Salix babylonica*, présentant ce phénomène d'une manière plus fréquente et plus prononcée, pourrait bien avoir donné naissance à la variété dite *annularis*, dont il est bon d'analyser la campylotropie dorsale qu'elle présente. S'il n'y avait que la face supérieure de la feuille qui se développât plus que la face inférieure, nous aurions une feuille creuse dont la concavité serait externe. Dans ce cas, toutes les parties de la face supérieure se seraient proportionnellement plus développées que l'inférieure ;

mais il n'en est pas ainsi, car la feuille se présente presque pliée en deux dans le sens de la nervure médiane, ce qui accuse une campylotropie longitudinale plus prononcée vers cette partie de la feuille. Cette campylotropie formée, il s'en produit une autre qui consiste dans ce fait que la partie ventrale de la nervure médiane s'allonge proportionnellement plus que la partie dorsale, et comme les parties du limbe obéissent à cette même différence d'accroissement, la feuille, en définitive, est obligée de prendre la forme d'une spirale très-voisine d'une hélice, car les plans de la spirale représentés par le limbe de la feuille sont appliqués l'un sur l'autre. On trouve, en effet, des feuilles qui ont deux spires complètes dans leur spirale. Cette campylotropie peut être considérée comme normale.

Tandis que dans la plupart des espèces végétales c'est ordinairement la face inférieure qui se trouve être la plus développée, ce qui donne à la feuille une forme légèrement concave en dessus, au contraire, il en est dont les feuilles ou les folioles, comme le *Cladrastis tinctoria*, ont une face supérieure plus développée, enveloppante par conséquent, ce qui donne à la feuille ou à la foliole une forme légèrement concave en dessous, constituant une vraie campylotropie ventrale, dont on peut trouver de nombreux exemples normaux ou insolites dans un très-grand nombre de végétaux.

Cette campylotropie affecte certains végétaux qui sont atteints de la maladie connue sous le nom de *cloque,* maladie très-particulière aux Amandiers et surtout aux Pêchers, et dans laquelle le tissu de la couche supérieure prend souvent un grand développement relatif et force la feuille à se creuser plus particulièrement par sa partie inférieure. C'est une maladie qu'il faut attribuer à une végétation exagérée, déterminée par les rayons solaires frappant les feuilles naissantes, par conséquent tendres et pleines de sucs nutritifs, surtout à la suite d'une basse température qui a arrêté les progrès de la végétation dans la couche inférieure ou externe de la feuille. Il importe de ne point confondre ce phénomène campylotropique avec celui qui est déterminé par la piqûre des *Pucerons,* des *Myzoxyles* et des *Aleyrodes.* Lorsque ces insectes se fixent sur les feuilles, c'est d'ordinaire à leur face inférieure et lorsqu'elles sont jeunes ; ils sucent alors les sucs qui doivent nourrir cette face inférieure et l'empêchent ainsi de prendre son développement normal. Au contraire, la face supérieure, relativement mieux nourrie, continue à croître, et, devenant enveloppante, elle donne à la feuille la forme recoquillée que tout le monde connaît. Le plus souvent ce sont les Pucerons qui affectent ainsi les feuilles des végétaux ; mais les Choux et les Chênes doivent parfois cet état aux Aleyrodes, lesquels abondent à toutes les époques de l'année sur les feuilles de l'Eclaire (*Chelidonium majus*). Quant au Myzoxyle du Pommier, ou *Puceron lanigère*, c'est plus particulièrement sur le bois que cet insecte se fixe, mais il peut arriver aussi qu'il se fixe sur les feuilles et y produise la campylotropie qui nous occupe.

Ces phénomènes de campylotropie accidentelle et anormale ne doivent pas être confondus avec les *déformations crispées* qui ne sont autres qu'un phénomène physiologique dû à un excès de nourriture et que peut faire naître la culture. Nous y reviendrons un peu plus loin.

C'est vraisemblablement à une campylotropie ventrale que les phyllodes des *Acacias falcata* et *cultriformis* doivent la forme qu'ils présentent. Toutefois si, comme nous l'avons supposé, le phyllode résulte de l'union face à face supérieure de deux feuilles opposées (p. 113), il ne faudrait y voir qu'une campylotropie latérale. L'*Acacia latifolia* présente aussi un grand nombre de ses phyllodes affectés de la même campylotropie.

SÉPALES. — Les sépales courts, peu développés et plus ou moins unis entre eux, ne présentent guère qu'exceptionnellement des phénomènes de campylotropie ventrale. Quand ils sont libres et qu'ils atteignent une certaine longueur, on les voit parfois se réfléchir par suite d'une légère différence dans la grandeur des deux faces. Dans quelques cas, cette différence est assez grande pour faire que les sépales, plus ou moins libres, se contournent en arc dont le centre de courbure est extérieur, ainsi qu'on le voit dans les *Hemerocallis fulva* et *flava* et surtout les *Lilium* de la section du *Martagon*; ou bien encore, que les divisions du calice soient rejetées en dehors et réfléchies, par exemple dans les *Saxifraga sarmentosa, hirculus, stellaris, hirsuta; Fuchsia; Asclepias syriaca; Prunus*, etc.

Dans les *Iris*, la campylotropie ventrale est manifeste dans les trois sépales externes constituant l'exanthophylle ou calice de ces Monocotylédones ; mais il est remarquable que cette campylotropie n'est que transitoire, car, peu de temps après l'émission du pollen, les sépales se relèvent, la campylotropie dorsale se prononce à un tel point que les parties s'enroulent intérieurement en enveloppant étroitement les étamines et les stigmates, ce qui assure la fécondation, qui sans ce mécanisme serait naturellement impossible (1).

Quand, au contraire, la campylotropie dorsale se montre seule dans les sépales plus ou moins unis entre eux, alors les extrémités sont conniventes et le calice prend la forme urcéolée dont les *Convallaria* nous offrent des exemples. Entre ces deux extrêmes de calice urcéolé et de calice à sépales réfléchis ou courbés extérieurement en anneaux plus ou moins complets, il y a une foule d'intermédiaires où les deux campylotropies se montrent et qui ont reçu des noms significatifs. Ainsi, lorsque le calice est étroit, plus ou moins allongé, et que son limbe n'est pas étalé, comme on le voit dans l'Œillet, le *Primula veris,* il est dit *tubuleux*. Ici, aucune campylotropie bien appréciable ne se montre.

Quelquefois, atteint de campylotropie dorsale dans toutes ses divisions unies entre elles, s'il paraît renflé à sa base, mais resserré à la gorge, si ses divisions sont plus ou moins dilatées ou étoilées, on a la forme *urcéolée,* dont la Jusquiame et les *Rosa* nous donnent des exemples ; dans ce cas, une campylotropie ventrale s'est fait plus ou moins sentir sur les parties libres du calice.

D'autres fois, la campylotropie dorsale plus accusée, particulièrement dans les calices d'une seule pièce, le calice prend la forme d'un grelot ou d'une vessie. Il est alors le plus souvent mince, membraneux, beaucoup plus large que la base de la corolle qu'il entoure, ainsi que cela a lieu dans le *Rhinanthus crista galli,* le *Silene inflata,* etc.; on le dit alors *vésiculeux* ou *enflé.*

Quand, au contraire, dilaté de la base vers l'orifice, les parties

(1) Ch. Fd., *Faits pour servir à l'histoire générale de la fécondation végétale,* p. 5 et 32.

libres, par campylotropie ventrale, s'évasent à la manière d'une cloche, on a un calice *campanulé* ou en *cloche*, comme l'est celui de l'*Herbe sacrée* (*Mellitis melissophyllum*), des *Molucella*, etc. Cependant on donne aussi le nom de cette forme à certains périanthes ou calices qui, comme dans l'*Yucca*, offrent des parties dont la campylotropie dorsale fait de chaque pièce des organes concaves ayant leurs extrémités toutes conniventes, ce qui donne à la fleur une forme *cymbosique* ou en *grelot*, dans laquelle il n'y a aucune campylotropie ventrale manifeste, plutôt qu'une forme en cloche. C'est pourquoi la dénomination de calice ou périanthe *cymbosé* nous paraîtrait plus exacte à employer pour la forme qu'affecte la fleur des *Yucca* que celle de *campanulé*.

PÉTALES. — Comme les sépales, les pétales, dans leur entier épanouissement, sont très-fréquemment affectés de campylotropie ventrale et donnent à la corolle des formes tout aussi significatives que celles que nous avons reconnues au calice. Il n'est pas inutile de passer en revue les principales formes que la corolle prend par suite des campylotropies ventrales et dorsales.

Il y a des corolles qui ne paraissent affectées d'aucune campylotropie ; telles sont les corolles du *Spigelia marylandica* et de beaucoup de Synanthérées, particulièrement celles de la sous-famille des Tubuliflores. En effet, unis entre eux dans une grande partie de leur longueur, les pétales forment un long tube cylindrique que continuent à peu près dans la même direction les divisions qui en constituent le limbe. La corolle est alors *tubuleuse*.

Lorsque, par suite d'un commencement de campylotropie ventrale, ce tube s'évase à son sommet, et que son limbe s'ouvre encore davantage, de manière à prendre la forme d'un entonnoir, la corolle est dite *infundibuliforme*. La fleur du *Nicotiana Tabacum* et les fleurons d'un certain nombre de Synanthérées ont des corolles de cette forme.

Si le tube se termine à son sommet par des divisions à peu près planes et que la campylotropie ventrale écarte les unes des autres, de manière à placer leurs limites sensiblement dans le même plan, comme le sont les bords d'une soucoupe, on a la corolle désignée sous le nom d'*hypocratériforme* ; telles sont celles de la Primevère élevée (*Primula elatior*), du *Syringa vulgaris*, du *Jasminum officinale*, etc.

Quelquefois la corolle s'évase graduellement jusqu'au limbe, qui se renverse légèrement à l'extérieur et donne à la corolle la forme d'une cloche, d'où le nom de *campanulée*, dont le genre *Campanula* nous donne de nombreux exemples.

Lorsque le tube de la corolle s'évase rapidement, puis se développe en un large cylindre et se termine en un limbe plus évasé encore par campylotropie ventrale, on a la forme d'un doigt de gant, dite *digitaliforme* ou *en cloche allongée*, comme on le voit dans la Gantière (*Digitalis purpurea*).

D'autres fois, le tube de la corolle s'évase rapidement, puis, par campylotropie dorsale, se rétrécit à son sommet en laissant ses lobes relevés et presque connivents, de sorte que le tube se trouve plus ou moins renflé. Cette forme, qui est celle de la corolle du *Symphytum officinale* et qui tient le milieu entre la forme campanulée et la forme urcéolée, n'a reçu aucun nom précis, et pourrait être désignée par l'expression *tubulo-urcéolée;* mais si l'on admet une campylotropie dorsale plus prononcée avec un plus grand rétrécissement au sommet de la corolle, on aura une forme ovoïde ou plus ou moins sphérique qui, se rapprochant beaucoup de la forme d'un grelot ou d'un godet, prend le nom d'*urcéolé*, forme que l'on retrouve dans quelques *Erica*.

Telles sont les principales formes que les campylotropies ventrale et dorsale font naître dans les corolles gamopétales régulières. Mais l'irrégularité de la corolle peut donner lieu à d'autres formes que nous devons faire connaître.

Quelquefois les pétales, unis par la base en un tube plus ou moins court, subissent une seule exastosie principale qui fend la corolle dans la plus grande partie de sa longueur, et les cinq ou six pétales unis entre eux s'étendent en une sorte de languette allongée simulant un simple pétale, mais qui, le plus souvent, se trouve terminé par cinq ou six petits lobes ; c'est ce qui arrive à beaucoup de corolles de la famille des Composées. La corolle offrant une pareille disposition est dite *ligulée*, qu'elle reste droite ou qu'elle soit courbée en dedans ou en dehors, par campylotropie dorsale ou ventrale.

Dans la grande majorité des cas, au lieu d'une exastosie il s'en produit deux, et l'on remarque alors que les deux parties de la corolle ainsi séparées ne se développent pas de la même façon.

Quelquefois, les deux grandes exastosies (car il y a de petites exastosies qui font les dents ou les lobes de la ligule) sont rapprochées de façon à faire deux sortes de lèvres : l'une composée d'un seul pétale, tandis que les autres pétales restent unis entre eux, comme on le voit dans les *Lonicera*. Cette forme, qui tient le milieu entre la précédente et celle que nous allons examiner, pourrait être appelée *labiatiforme*.

Le plus souvent les deux exastosies principales séparent les éléments de la corolle en deux lèvres : l'une de deux pétales, et l'autre de trois ; et comme ces deux lèvres prennent des accroissements souvent très-différents, il en résulte une irrégularité qui frappe la vue et donne à la corolle la forme d'une gueule, et que, pour cette raison, on a nommée *labiée*. Le plus ordinairement, c'est la campylotropie dorsale qui affecte les deux lèvres de la corolle des Labiées ; mais dans la famille des Scrofularinées, la campylotropie ventrale se montre d'une manière très-singulière. En effet, dans quelques genres tels que les *Maurandia*, *Linaria*, *Antirrhinum*, etc., *fig.* 13, g et h, la lèvre inférieure, par campylotropie ventrale, se boursoufle en une espèce de sac plus ou moins saillant, dont la concavité est en-dessous, et dont la convexité vient fermer entièrement la gorge de la corolle. C'est à cette convexité que les botanistes ont donné le nom de *palais*, et à la corolle celui de *personée*. Très-souvent aussi la lèvre supérieure, par campylotropie ventrale, se redresse, et quelquefois même se rejette un peu en arrière.

Dans quelques cas, la campylotropie ventrale n'est que provisoire, car bientôt après, au moment où la fleur commence à se faner, la campylotropie dorsale se manifeste de nouveau, et la fleur se ferme pour ne plus se rouvrir. C'est ce qui arrive à la plupart des Malvacées, des *Convolvulus*, de plusieurs *Iris*, etc. Dans les *Ipomea*, *Mirabilis*, etc., dans les *anthophylles* ou verticilles internes des fleurs de certains *Iris*, des *Morea*, des *Sisyrinchium*, etc., la campylotropie dorsale se prononce tellement que les pièces s'enroulent intérieurement à la manière des feuilles dites *circinnées*, ce qui contribue, dans beaucoup de cas, à assurer la fécondation (1).

(1) Ch. Fd., *Faits pour servir à l'histoire générale de la fécondation végétale*, p. 5.

Etamines. — Les étamines présentent rarement des phénomènes de campylotropie ventrale. Cependant, on la retrouve particulièrement dans les étamines de l'*Epilobium spicatum*, et à des degrés peu accusés dans quelques étamines, soit dans le connectif du *Byrsonima corniculata* ou dans les anthères effilées en pointes du *Gaulthiera procumbens* et quelques autres.

Après la fécondation, les étamines des *Campanula* se déjettent à l'extérieur, puis tombent au fond de la corolle, ce qui est vraisemblablement dû à une campylotropie ventrale gênée par les parois de la corolle.

On voit souvent les étamines des Graminées déjetées en dehors du périanthe, mais il est fort possible que le poids de leurs anthères dorsi-fixes, portées sur des filets très-grêles, soit en grande partie la cause de cette campylotropie ventrale apparente, particulièrement dans l'*Alopecurus geniculatus, fig.* 13, i.

Dans un certain nombre de végétaux à étamines libres et à corolles polypétales, comme dans l'*Epilobium spicatum*, certains *Pelargonium*, etc., les étamines, après la fécondation, se rejettent un peu sur les côtés de la corolle. D'autres fois, ce sont les anthères seules qui, droites et introrses pendant la fécondation qui se fait avant l'anthèse, se renversent en dehors par un mouvement de campylotropie ventrale très-manifeste. C'est ce qui a lieu dans les *Clarkia elegans* et *pulchella* ; les *Godetia tenella, lepida, amœna, purpurea*, etc. Quelquefois elles se disposent en une hélice assez prononcée. Mais le phénomène de campylotropie ventrale est surtout remarquable dans le *Spiranthera*, dont les anthères linéaires, après la floraison, se roulent de dedans en dehors en une vraie spirale à tours très-rapprochés et à peu près comme un ruban sur sa bobine. (Auguste Saint-Hilaire.)

Carpelles. — La campylotropie ventrale de certains carpelles est des plus manifestes. D'une manière anormale, on la rencontre dans la plupart des gousses allongées des *Vicia Faba*, du *Spartium junceum*, du *Cercis siliquastrum*, des *Pisum*, des *Phaseolus*, etc. A l'état normal, on en trouve des exemples dans le *Cytisus capitatus*, le *Trigonella Fœnum græcum*, l'*Ornithopus compressus*, le *Callistachys ovata*, etc. Ce sont surtout les gousses des *Scorpiurus* qui présentent à un haut degré cette sorte de campylotropie par leur disposition en spirale où il n'est pas rare de compter trois, quatre et jusqu'à cinq tours complets.

La campylotropie ventrale du *Trigonella Fœnum græcum* est une exception du genre, car la plupart des gousses des autres espèces ont une campylotropie dorsale (p. 198). Il en est probablement de même .du *Cytisus capitatus*, car le *C. polytrichus* présente une campylotropie contraire.

Dans les Crucifères, il n'est pas rare de voir des siliques affectées de campylotropie ventrale, dans les *Mathiola*, les *Cheiranthus*, *Brassica*, etc.; mais c'est toujours d'une manière anormale.

Enfin les follicules présentent aussi d'une manière accidentelle ou normale des exemples de campylotropie ventrale, particulièrement dans les deux follicules du *Vincetoxicum medium*, dont la forme et la position rappellent un peu les poils en navette des Malpighiacées, ou même celle de deux croissants placés bout à bout et ayant leurs cornes dirigées dans le même sens.

STYLES ET STIGMATES. — La campylotropie ventrale est tellement commune dans les styles et les stigmates, que c'est plutôt une exception quand elle ne se rencontre pas. En effet, comme le stigmate est la partie de l'ovaire qui sert à recevoir et à retenir le pollen, et que les étamines sont placées suivant un cercle plus extérieur par rapport aux carpelles, il s'ensuit, pour que la fécondation soit assurée, ou que les étamines se recourbent vers l'intérieur de la fleur, par campylotropie dorsale, ou que les styles se recourbent à l'extérieur par campylotropie ventrale. Aussi voyons-nous très-souvent le style se recourber extérieurement de manière à mettre son stigmate en contact plus ou moins immédiat avec les anthères.

Quand les styles sont très-allongés et libres, ou divisés à leur sommet comme dans les *Cannabis*, les *Salsola*, les *Synanthérées*, etc., on voit la campylotropie ventrale leur donner des courbures variées selon l'intensité du phénomène, et dont la seule famille des Composées peut fournir des exemples de ces variétés. En effet, dans les fleurs staminées ou mâles, le style est filiforme et sans divisions ; mais si nous examinons le style du *Thevenotia* ou du *Chætantera linearis*, nous le trouvons plus ou moins légèrement bifide à son sommet, et ses divisions fort peu écartées ;

dans les *Senecio* (*doria*) et dans le *Stevia purpurea*, la division du style est plus profonde et ses branches plus écartées en forme de **V**, avec une légère courbure à l'extérieur ; dans le *Vernonia angustifolia*, les branches stigmatiques du style sont fortement recourbées extérieurement en forme de croissant ; enfin, dans le *Cichorium intybus*, ou dans l'*Epilobium spicatum*, le *Gentiana cruciata*, etc., la campylotropie ventrale a courbé les quatre ou les deux branches en des spires plus que complètes. Dans les Cypéracées, les Campanulacées, etc., les styles plus ou moins profondément bifides présentent de semblables courbures en dehors.

Il n'est pas besoin que le style soit très-allongé pour présenter la campylotropie ventrale, car il suffit d'observer le style court et épais du *Phœnix dactylifera* pour voir qu'il se courbe extérieurement en croissant, ce qui permet à l'ovaire de présenter ses surfaces stigmatiques d'une manière plus favorable à la fécondation, quand le pollen des fleurs mâles lui est apporté soit par les vents, soit par la fécondation artificielle qu'on est dans l'usage de pratiquer pour être sûr d'obtenir des fruits.

Les *Nigella* présentent une particularité remarquable que nous avons fait connaître autre part (1). Les anthères étant extrorses, les styles stigmatiques seraient difficilement fécondés s'ils restaient dressés, mais, à une certaine époque de la déhiscence des anthères, ces styles se courbent, par campylotropie ventrale, du côté des étamines, et même se contournent en hélice, de sorte qu'il y a un moment où l'on peut voir les extrémités stigmatiques du style se mettre en contact immédiat avec les anthères ; puis, ces styles se relèvent et arrivent à n'être plus qu'horizontaux ou même dressés, si bien qu'il faut suivre la marche de la floraison pour être assuré du phénomène que nous venons de décrire.

SECTION IV. — CAMPYLOTROPIE HÉLICOÏDALE.

Bien qu'il ne soit pas facile de constater que les phénomènes dont nous allons signaler quelques exemples soient absolument

(1) Ch. Fd., *Faits pour servir à l'histoire générale de la fécondation végétale*, p. 19.

dus à une campylotropie, cependant, comme ils sont aux organes appendiculaires ce que sont les tiges tordues par rapport aux axes ordinaires, nous avons cru devoir les réunir sous ce titre, afin d'indiquer qu'il y existe une certaine relation, au moins de forme, et peut-être de cause, en même temps qu'ils complètent la série de phénomènes qui se rattachent plus ou moins à la campylotropie. Toutefois, comme il est impossible de concevoir un organe plan contourné en hélice sans admettre que ses bords ont une plus grande longueur que son centre, il devient évident qu'il y a là une sorte d'arrêt d'accroissement relatif, ce qui rapproche le phénomène de la campylotropie; seulement, ici l'arrêt relatif d'accroissement, au lieu d'être d'un côté ou sur un bord, est au centre. C'est ce phénomène qui, appliqué aux axes floraux, détermine la condition de formation des ovaires infères. Or, quand les côtés d'un organe plan sont plus allongés que son centre, il y a nécessité pour cet organe de prendre la forme hélicoïdale, ou la forme crispée ou bouillonnée sur ses bords. Une expérience bien simple fera comprendre ce phénomène : si l'on prend une petite bande de papier, et si, en la tendant bien, on cherche à lui imprimer une disposition hélicoïdale, on remarque aussitôt que les bords se tendent, tandis que le centre se relâche. C'est donc un exemple du mécanisme qui a lieu pendant la torsion des organes appendiculaires.

Cotylédons. — Lorsque les cotylédons sont très-allongés, comme ceux des *Tragopogon*, des *Scorzonera*, des *Fœniculum*, etc., il n'est pas rare de les voir se contourner plus ou moins en hélice. Mais cet état contre nature se retrouve-t-il normalement dans les cotylédons de certaines espèces? Notre mémoire ne saurait présentement nous en fournir aucun exemple.

Feuilles. — De même que pour les cotylédons, les feuilles allongées, étroites, doivent accidentellement offrir des cas de campylotropie hélicoïdale. C'est en effet ce qui se présente, par exemple, dans les *Salix (amygdalina, viminalis, helix, acutifolia*, etc.); *Callistemon (salignum, lanceolatum, linifolium, speciosum)*; *Hippophae rhamnoides*; *Elæagnus angustifolia*; *Fabricia lævigata*; *Hakea saligna*; *Eucalyptus viminalis*; *Olea lancea*, et surtout les *Buplevrum spinosum*, l'*Asclepias tuberosa*, etc. Mais ce sont principalement les feuilles allongées des

Monocotylédones qui présentent des phénomènes très-sensibles de cette torsion hélicoïdale. On peut les observer à un degré plus ou moins prononcé dans les *Allium albidum, angulosum, baïcalense, carinatum, glaucum, hymenorrhizon, nutans, odorum*, etc. ; les *Sparganium ramosum* et *simplex*; les *Typha angustifolia* et *latifolia;* les *Lilium candidum* et *testaceum* (particulièrement sur les feuilles caulinaires); l'*Iris pallasii;* l'*Acorus calamus*, etc. Dans cette dernière espèce, la torsion est peu prononcée.

Le sens de la torsion générale des feuilles nous a paru être le plus souvent de gauche à droite; mais il y a au contraire des feuilles dont la direction générale est plutôt de droite à gauche, telles sont celles des *Lilium candidum* et *testaceum; Iris pallasii* et *Allium odorum* (1). On voit que, pour cette dernière espèce, la torsion est contraire à celle des autres espèces d'*Allium*. Quant à la torsion des feuilles de l'*Acorus calamus*, elle est peu générale et peu prononcée, et d'ailleurs les traces de torsions que l'on aperçoit sont tantôt dans un sens et tantôt dans l'autre.

Si les observations qui seront faites ultérieurement sur cette campylotropie hélicoïdale des feuilles venaient confirmer cette donnée, que le nombre des feuilles qui se tordent de gauche à droite est plus grand que le nombre de celles qui se tordent de droite à gauche, il existerait ce fait curieux entre les tiges et les feuilles, que les premières seraient plus souvent *sinistrorses* et les dernières, au contraire, plus fréquemment *dextrorses*.

Sépales. — Il est vraisemblablement quelques sépales qui pourraient offrir ce genre de campylotropie; mais, à part les cinq divisions autres que le labelle du *Trichopilia tortilis*, qui sont tordues en hélices dextrorses, nous avouons n'en connaître aucun autre exemple à signaler ici, à moins que l'on ne considère comme un commencement de cette campylotropie la disposition torsive des sépales des Cistinées.

Pétales. — Les pétales hélicoïdaux sont visibles d'une manière remarquable dans les deux pétales constituant la carène des *Phaseolus*, et surtout dans le labelle de l'*Aceras hircina*, lequel, formé de trois lobes contournés en spirales avant l'épanouissement de la

(1) Nous rappelons encore qu'il faut que l'observateur se suppose au centre de l'hélice.

fleur, donne lieu à un lobe médian qui se développe en une longue hélice pendant la floraison, et à deux lobes latéraux crépus ou souvent eux-mêmes tordus en hélice.

La direction de l'hélice de la carène des *Phaseolus* est de droite à gauche, et par conséquent sinistrorse, c'est-à-dire dans le même sens que la tige de ces mêmes végétaux; et le sens de son développement, par rapport à la face supérieure de l'étendard, est toujours le même. Il semble qu'indépendamment de la campylotropie dorsale très-prononcée qui aurait fait faire à la carène deux tours compris dans un même plan, il y ait une force perpendiculaire au plan de la spirale et qui en ait poussé le centre de droite à gauche, quand on est directement devant la face supérieure de l'étendard. Or, quelle est la cause de cette direction plutôt que la direction contraire, si on ne veut la voir dans la *constance absolue* de toutes les parties du végétal à se tordre de droite à gauche? Car si, par impossible, cette direction était contraire, la torsion serait aussitôt de gauche à droite; dans ce cas, il serait aujourd'hui tout à fait impossible de dire à quoi tient cette cause, aucune raison apparente ne pouvant faire que cette direction soit plutôt dans un sens que dans l'autre. Par conséquent, le phénomène ne devrait être attribué qu'à une prédisposition organique tellement prononcée que nous n'avons encore pu, même accidentellement, découvrir une direction contraire (1).

La longue carène falciforme terminée par une disposition hélicoïdale des *Apios* aurait pu nous donner à connaître si la direction des hélicules était, comme chez les *Phaseolus*, dans le même sens que celle des tiges; mais au moment de livrer ces lignes à l'imprimeur (juillet), l'*Apios tuberosa* n'étant pas en fleur, il nous a été impossible de faire cette observation.

Il serait curieux de poursuivre ce genre de recherches chez les individus dont les pétales présentent une torsion normale. Ainsi, l'*Aceras hircina* présente dans le lobe moyen de son labelle une torsion qui va de droite à gauche, et qui est par conséquent sinistrorse. On ne peut comparer cette torsion à celle de la tige, puisque

(1) Cette persévérance à se diriger toujours du même côté est remarquable surtout en présence du fait qui veut que dans les Mollusques gastéropodes appelés *Helix* (*aspersa, nemoralis, pomatia*), on rencontre accidentellement des individus dont les tours sont dirigés en sens *inverse* de ceux des individus normaux.

celle-ci est droite. Mais nous avons dans la famille des Orchidées un genre, le *Spiranthes*, dont l'épi est tordu en hélice, et dans le genre *Satyrium* même, le *Satyrium spirale*, dont l'épi est aussi tordu en hélice. On pourrait donc voir si la direction de l'hélice du labelle est la même que celle de l'épi, et s'assurer ainsi du degré de persévérance du sens de la torsion dans les Orchidées.

Malheureusement nous n'avons pu vérifier sur aucune de ces plantes s'il y avait une relation entre la torsion du labelle de l'*Aceras hircina* et l'axe des plantes précitées; mais ce que nous avons constaté, c'est que la torsion de l'ovaire des Orchidées n'offre pas la moindre constance, car on trouve à la fois sur le même axe, et en particulier sur l'*Aceras hircina*, des ovaires sinistrorses et dextrorses, et, autant que nous avons pu en juger par l'examen que nous avons fait de ces organes, il nous a semblé qu'il y en avait sensiblement autant qui se dirigeaient de droite à gauche que de gauche à droite. D'ailleurs nous venons de voir, page 212, que deux des divisions de la corolle du *Trichopilia tortilis* étaient tordues en hélices dextrorses, et par conséquent en sens contraire du labelle de l'*Aceras*, ce qui fait supposer qu'il n'y a pas de relation constante entre le sens de torsion de l'axe et celui des pétales.

Les pétales de certaines autres fleurs subissent plus ou moins une sorte de campylotropie hélicoïdale résultant d'une campylotropie dorsale très-prononcée qui enroule les pétales en une sorte de spirale contractée, comme on le voit dans plusieurs *Silene* (*ambigua*, *Duriœi*, *noctiflora*, *serrulata*, *Vallesia*, *Grœfferi*, etc.), et qu'une force latérale perpendiculaire au plan de la spirale a transformée en une sorte d'hélice plus ou moins développée, comme on peut le voir dans les *Silene oligantha*, *vespertina*, *hispida*, *sericea*, *imbricata*, etc. Mais cette sorte d'hélice est loin d'être aussi nettement accusée que l'hélice formée par les périanthes de certaines espèces d'*Iris* qui, après la floraison, se rapprochent, puis se contournent en hélice, afin d'appliquer plus exactement leurs parties chargées de pollen sur le stigmate. C'est ce que l'on peut aisément observer sur les *Iris neglecta*, *pallida*, *flavescens*, *variegata*, *Redouteana*, etc. (1).

(1) Ch. Fd., *Faits pour servir à l'histoire générale de la fécondation végétale*, p. 8.

On observe une disposition presque hélicoïdale dans les pétales des *Nerium*, particulièrement dans ceux du *N. oleander*, variété *album*, où chacun d'eux est disposé comme le bras d'une hélice mécanique ; mais cette disposition hélicoïdale est particulièrement remarquable dans chacun des cinq ou six pétales qui composent la corolle du *Marsdenia erecta*. En effet, l'hélicule est complète, et la direction, qui est de gauche à droite, est par conséquent contraire à celle des tiges des Apocynées.

Enfin, Loureiro a donné le nom d'*Helicia* à un genre de plantes dont un des caractères est d'avoir une corolle formée de quatre pétales linéaires roulés en spirale ou hélice (1).

C'est probablement à un léger commencement de campylotropie hélicoïdale qu'il faut attribuer la disposition *torsive* des corolles à préfloraison *tordue*, comme le sont celles de la plupart des Malvacées, car le recouvrement des pétales se fait d'une façon régulière, c'est-à-dire que c'est toujours le même côté de chaque pétale qui est recouvert par l'autre côté de chaque pétale, si bien que chaque pétale est *recouvert* d'un côté et *recouvrant* de l'autre. Or, selon que le commencement de cette campylotropie incline à droite ou à gauche, on a une torsion contraire.

Il nous importait de connaître quel degré de constance les fleurs présentaient à cet égard, et nous avons pu nous assurer que si quelquefois la torsion était inconstante, d'autres fois elle se montrait tellement invariable qu'elle pouvait être employée avec avantage dans la caractéristique de genres tout entiers.

En effet, sauf de très-rares exceptions, dans les *Calystegia* (*dahurica*, *sepium*) ; *Convolvulus* (*arvensis*, *siculus*, *pseudosiculus*, *tricolor*, *oleifolium*, *mauritanicus*) ; *Pharbitis* (*purpurea*, *Nil*), on peut voir que la corolle est tordue toujours dans le même sens, et que la torsion se fait de *gauche à droite ;* et lorsque, après la floraison, ces corolles se tordent en se fermant, c'est encore dans le même sens que le phénomène s'accomplit.

Au contraire, dans les *Phlox*, les *Epilobium*, les *Fuchsia*, les *Godetia*, les *Clarkia*, le sens de la torsion se fait de *droite à gauche* et présente une constance de direction tout aussi remar-

(1) Les auteurs, à tort, confondent toujours l'hélice et la spirale, de sorte qu'il est difficile de se faire une idée exacte de la forme qu'ils ont voulu décrire.

quable. Il serait intéressant de voir si les autres genres de la famille des Onagrariées présenteraient la même constance.

Il n'en est pas de même de la famille des Malvacées, des Buttnériacées, des Linées, des Géraniacées, des Hypéricinées et des Oxalidées, car dans la liste dont les noms suivent nous avons constamment rencontré les deux directions réunies sur le même individu, et le caractère tiré du sens de la torsion serait des plus trompeurs. Les espèces que nous avons examinées sous ce point de vue sont les suivantes :

Malvacées.	**Malva duriæi.**	Erodium longipes.
Abutilon venosum.	— mauritiana.	*Hypéricinées.*
— striatum.	*Buttnériacées.*	Hypericum elatum.
Callirhoe involucrata.	Mahernia pinnata.	— prolificum.
Malope trifida.	Hermannia althæifolia.	— hircinum.
Kitaibelia vitifolia.	— aurea.	*Oxalidées.*
Lavatera trimestris.	— denudata.	Oxalis corniculata.
Althæa rosea.	*Linées.*	— navieri.
— ficifolia.	Linum usitatissimum.	— Deppei.
— sinensis.	— sibiricum.	— floribunda.
— officinalis.	*Géraniacées.*	
— armeniaca.	Erodium anemonefolium.	

Une particularité qu'il est bon de constater, c'est que, dans la famille entière des Convolvulacées, le sens de la torsion de la corolle est d'ordinaire, et d'une manière constante, exactement contraire au sens de l'enroulement des tiges volubiles (1). Ainsi, tandis que la torsion des corolles est dextrorse, celle des tiges est, au contraire, sinistrorse; c'est au moins ce que nous avons pu vérifier sur toutes les espèces de Convolvulacées que nous avons énumérées plus haut. Il n'en est pas de même des *Nerium,* chez lesquels la torsion de la corolle nous a paru être constamment sinistrorse, absolument comme les tiges volubiles des Apocynées. Cependant on retrouve une sorte d'application de cette *loi d'opposition* du sens de la torsion, dérivant de la grande loi de l'alternance, dans les appendices qui terminent les an-

(1) Il importe de bien préciser ici le sens de cette torsion. Les pétales, en se recouvrant réciproquement, le font de façon à ce que les lignes que présentent les bords des pétales sur le dos des pétales recouverts, décrivent des hélicules qui marchent dans le sens de la torsion des tiges ou dans un sens exactement contraire. Ce sont ces lignes qui servent de base à nos comparaisons; mais il faut les observer dans le bouton floral très-jeune, et lorsque, toutefois, les pétales sont suffisamment développés.

thères et qui sont, eux, constamment tordus en hélices dextrorses.

Cette opposition dans le sens de la torsion de deux verticilles floraux voisins se retrouve d'une manière très-remarquable dans les fleurs des Cistinées. En effet, tandis que la torsion du calice se fait dans un sens, celle de la corolle se fait constamment dans un sens contraire. Mais si ici la loi est constante, il n'en est pas de même du sens de la torsion appliqué soit au calice, soit à la corolle, car sur le même individu on trouve que le même verticille peut prendre les deux directions. Ainsi, le verticille calicinal offre une direction tantôt dextrorse, tantôt sinistrorse; mais la direction du calice étant donnée, c'est toujours la direction contraire que prend la corolle; d'où il résulte que sur le même individu la corolle peut avoir les deux directions, absolument comme le calice.

ÉTAMINES. — La campylotropie hélicoïdale appliquée aux étamines est très-rare. Si l'on veut regarder comme des filets les appendices filiformes qui accompagnent latéralement les filets staminaux des *Allium*, on aura dans les filaments latéraux des étamines internes de l'*Allium sativum* des exemples de campylotropie hélicoïdale.

Les anthères allongées prennent aussi parfois la forme hélicoïdale. Ainsi, dans les *Clarkia elegans* et *pulchella;* les *Godetia amœna, lepida, purpurea, tenella,* etc., les anthères sont parfaitement droites avant la fécondation, mais dès qu'elles ont émis leur pollen, par un mouvement de campylotropie ventrale, les anthères se renversent peu à peu, obliquement, et de là naît la forme hélicoïdale qu'elles prennent et qui est surtout remarquable dans le *Godetia rubicunda-splendens.*

Il y a certainement des cas où les anthères linéaires des *Spiranthera*, au lieu de former une spirale par leur enroulement de dedans en dehors, donnent lieu à des hélices plus ou moins régulières, et l'on sait que Loureiro a donné le nom d'*Helixanthera parasitica* à une plante dont les anthères présentent une semblable forme.

La campylotropie hélicoïdale se fait encore observer dans les longs appendices qui terminent les anthères des *Nerium*. Aucun des auteurs que nous avons consultés n'indique cette particularité très-remarquable. On s'est contenté de dire qu'*ils adhèrent entre eux au-dessus du stigmate*. Or, cette adhérence n'a lieu que parce que ces appendices sont tordus en hélice comme les fils que forment la ficelle. Le sens de cette torsion nous a paru être toujours de gauche à droite ou dextrorse, ce qui est contraire à la volubilité des tiges des Apocynées.

CARPELLES. — La campylotropie hélicoïdale se fait observer sur certains carpelles; anormalement, sur ceux du *Virgilia lutea*, des *Phaseolus*, du *Cercis siliquatrum*, des *Gleditschia*, mais les exemples bien accusés en sont encore assez rares. C'est aussi accidentellement que le *Cucumis flexuosus* peut offrir une forme plus ou moins approchée d'une hélice, ce qui néanmoins a lieu très-rarement.

On voit aussi très-souvent les gousses de certains *Lathyrus* (*latifolius*), etc., prendre une forme hélicoïdée passagère qui disparaît à mesure que le carpelle grossit.

A l'état normal, il y a des carpelles qui sont réellement disposés en hélice, tels sont les 5-9 carpelles libres du *Spiræa ulmaria*, et les 5 carpelles polyspermes et tordus en hélices régulières qui ont mérité au genre le nom d'*Helicteres*, et à la section dont les carpelles sont ainsi hélicoïdés, celui de *Spirocarpœa*.

Mais où ce phénomène se montre dans toute sa plénitude, c'est dans les gousses de certaines espèces du genre *Medicago*, particulièrement dans celles de la section des *Spirocarpos* (*M. maculata, marina, minima, polycarpa, striata*, etc.). La campylotropie qui a fait ces hélices nous a paru être toujours dorsale et dirigée toujours dans le même sens, c'est-à-dire marchant toujours de gauche à droite (1), et par conséquent *dextrorse*, ce qui est tout à fait contraire à la marche de l'axe dans les Légumineuses, qui est celle de droite à gauche, et par conséquent sinistrorses.

C'est ici qu'il faut placer la description de ce singulier phénomène de campylotropie que l'on peut, si l'on veut, rapprocher de la campylotropie dorsale, et qui affecte les fruits de certaines Géraniacées au moment de leur déhiscence. On sait, en effet, que dans les *Erodium* et les *Pelargonium*, les fruits sont formés de

____

(1) Nous rappelons qu'il faut toujours se supposer au centre de l'hélice.

cinq coques surmontées chacune d'une arête adhérente à l'axe.
Quand vient le moment de la maturité des graines, et par suite
de la déhiscence, chacune de ces coques, emportant avec elle
l'arête qui la surmonte, se détache avec élasticité de l'axe et se
contourne en une hélice très-régulièrement constituée. La cause
de ce phénomène est la même que celle que nous avons décrite
page 200, en parlant des genres *Geranium* et *Monsonia*.

En examinant les *Erodium Botrys, carvifolium, ciconium,
Gussonii, malachoides, verbenæfolium*, nous avons constaté que
la direction des hélices était sinistrorse avec une constance remarquable. Le genre *Erodium* est composé d'espèces nombreuses; il
serait bon de s'assurer que toutes présentent la même direction
et la même constance.

Pour terminer ce qui a trait aux campylotropies hélicoïdales,
nous signalerons ce que l'on nomme la fleur dans les *Anthurium*, dont le spadice subit une campylotropie plus ou moins
hélicoïdale, remarquable particulièrement dans l'*A. schertzeria-
num*. Ici l'hélice n'a aucune constance dans sa direction, car elle
est tantôt dextrorse, tantôt sinistrorse.

SECTION V. — DE LA CAMPYLOTROPIE ONDULÉE.

Dans cette section nous réunissons les phénomènes dans lesquels
il est aisé de reconnaître à la fois la campylotropie dorsale et la
campylotropie ventrale. Dans un grand nombre de végétaux,
par anomalie ou par suite d'une nourriture très-abondante, ou
d'une prédisposition organique spéciale, ou pour cause de maladie, les organes appendiculaires, au lieu de se développer en un
limbe plan, se bossèlent ou se creusent et deviennent ce que
Linné a appelé *bullé*. « Bullata *folia fiunt ex rugosis, cum discus
(non ambitus) multiplicetur, ut inter rugas ascendat substantia
instar conorum subtus concavorum* (1); » et plus loin : « Bullata
*folia fiunt plerumque ex rugosis aucta et multiplicata, adeoque
elevata, substantia folii intra ejusdem vasa* (2). » Dans la plupart
de ces cas, il faut reconnaître que ce sont les nervures qui, ne se

(1) *Philos. bot.*, 274.
(2) *Ibid.*, 311.

développant pas en raison de la croissance du parenchyme, deviennent la cause des campylotropies que l'on observe, et c'est bien un phénomène assimilable aux campylotropies, puisque nous sommes forcé de reconnaître dans un même organe des parties se développant relativement moins que d'autres.

Lorsque le développement moindre se borne à la nervure médiane de la feuille, alors le limbe se dilate plus ou moins, et si, au lieu de se contourner en hélice, il maintient sa position plane, il faut bien, dans ce cas, que les parties affectent des ondulations ou des plis qui font paraître la feuille chiffonnée ou frisée. C'est la forme que Linné a désignée sous le nom de *crispa*, que les botanistes ont traduit par les mots *crispé*, *crépu*. « Crispa *folia fiunt, cum foliorum peripheria augetur, ut circumcirca fluctuet quasi undatus limbus* (1); » et plus loin : « Crispa et bullata *folia omnia monstrosa sunt* (2). » Dans sa Nosologie végétale, Philippe Ré parle de la crispation des feuilles qu'il nomme *phyllorrhyssème*, et qu'il attribue à une maladie asthénique et sthénique? mais qui paraît essentiellement tenir à un excès de nourriture. « Crispæ *evadunt plantæ per culturam, forte ob nimium nutrimentum, nimiamque expansionem folii* (3). » Quelquefois cette frisure est tellement prononcée que les feuilles se tortillent et s'enroulent au point de ne plus être reconnaissables; c'est à ce phénomène que Ré donne le nom de *phyllosystrophie*.

Quoi qu'il en soit, tous ces phénomènes sont dus aux mêmes causes et se rapprochant, selon nous, sous le principal point de vue (la différence dans l'accroissement des parties de l'organe), nous avons dû en faire une section de la campylotropie.

a. La campylotropie ondulée paraît être *anormale* dans les végétaux qui, en apparence, se portent très-bien, quoique placés dans les conditions les plus ordinaires de leur *habitat*, et cependant, parmi les feuilles ou les carpelles normaux, on trouve des organes qui se sont bosselés sans que l'on puisse attribuer ce phénomène à autre chose qu'à une anomalie. Les feuilles de l'Oranger, du Pêcher, de la Capucine, du Groseillier, du Hari-

---

(1) *Philos. bot.*, 274.
(2) *Ibid.*, 311.
(3) Linn., *Crit. bot.*, 193.

cot, etc., nous ont souvent offerts de ces anomalies, et les gousses de Haricot, de Pois et de Baguenaudier nous en ont offert quelques exemples. Dans les pépinières de *Robinia pseudo-Acacia* on trouve parfois certaines variétés dont toutes les feuilles naissent crépues. Enfin, ce que les Anglais désignent sous le nom de *curl* est une frisure dont les Pommes de terre sont assez fréquemment atteintes.

b. Mais ce sont surtout les excès de nourriture qui peuvent déterminer cette campylotropie. C'est, en effet, par la culture que l'on obtient ces monstruosités. Ainsi, ce que l'on nomme Chou frisé, Laitue frisée, Persil frisé; les chicorées, les endives cultivées, nous présentent des phénomènes remarquables de ce phénomène. Les Cressons, les Laitues et beaucoup d'autres plantes potagères sont dans le même cas. Le *Scolopendrium officinale,* dans certaines conditions, offre une fronde ondulée ou plissée sur les bords et que la culture peut ensuite conserver à titre de variété. L'*Ocimum basilicum* présente dans certains terrains des feuilles non-seulement bien développées, mais aussi plus ou moins ondulées, rappelant, à part leur petit volume, les feuilles de l'*Ocimum bullatum.*

c. Quoique Linné regarde cette campylotropie comme une monstruosité, cependant il y a des végétaux pour lesquels cet état est normal. Par exemple, indépendamment des plantes précitées qui conservent par la culture cette faculté de se friser ou de s'enrouler, il en est qui, venues dans leur habitat naturel, n'en ont pas moins des feuilles crispées ou ondulées. Ainsi, l'*Ocimum bullatum* a des feuilles qui sont irrégulières, bosselées, ridées et comme plissées ou crépues. Il y en a qui, comme le *Mentha rotundifolia,* le *Montanoa elegans*, l'*Euribia Forsteri*, le *Nepeta crispa*, les *Rheum*, particulièrement le *Rheum ondulatum*, le *Malva crispa*, le *Rumex crispus*, etc., présentent à l'état normal la campylotropie ondulée, laquelle ne paraît devoir être attribuée qu'à une prédisposition organique qui leur est propre et qui fait que cette particularité se conserve et est souvent exagérée par la culture.

Il est si rare de ne pas rencontrer de feuilles de Chou, de Topinambour, de *Scolymus hispanicus*, etc., offrant des ondulations plus ou moins nombreuses et prononcées, que l'on peut les regarder comme normales. On peut remarquer sur les bords de certains pétales, comme ceux de quelques *Cucurbitacées* (*Cucurbita, Momordica pterocarpus,* etc.), des ondulations souvent très-prononcées dues aux mêmes causes. Les *Ervum Ervilia* et *Hohenackeri* présentent une particularité qui se rapporte à ce sujet : les jeunes gousses sont affectées d'une ondulation remarquable, qui fait qu'elles sont latéralement disposées en zig-zag, et ce n'est que plus tard que la gousse reprend sa forme rectiligne.

d. Dans quelques circonstances, la campylotropie ondulée peut être le résultat d'une maladie déterminée par l'action trop directe des rayons solaires sur les feuilles naissantes, qui ont ainsi une tendance à pousser rapidement, mais dont tous les éléments, principalement les nervures, ne peuvent s'accroître avec la même rapidité. C'est en particulier ce qui arrive aux Pêchers atteints de cette maladie appelée *cloque.* Celle-ci paraît devoir être attribuée aussi à la piqûre des Pucerons ou autres insectes dont nous avons parlé, et qui déterminent la campylotropie ventrale des feuilles (p. 202).

e. On doit à M. Galesio des observations importantes qui pourraient donner une certaine explication à la cause déterminante de cette campylotropie. Cet observateur dit avoir obtenu un Oranger à feuilles coquillées avec les graines provenant du croisement de l'Oranger à peau raboteuse, fécondé par une autre variété. Il dit aussi avoir eu des Choux à feuilles crépues au moyen de graines cueillies sur des Choux-fleurs cultivés au milieu de Brocolis.

Quoique ces observations ne soient pas assez multipliées et les résultats pas assez nets, il serait curieux de faire d'autres recherches dans ce sens sur l'hybridité. Il se pourrait que dans la fécondation le père fournisse la charpente végétale, qui ne serait autre que les faisceaux fibreux et vasculaires, tandis que la mère ne fournirait que le tissu cellulaire. Dans ce cas, si la croissance de la charpente est relativement moindre que le tissu cellulaire, il doit nécessairement s'ensuivre une campylotropie ondulée, qu'elle soit bullée, frisée, ou crispée.

Enfin il y a un grand nombre de racines ou des rhizomes qui offrent la campylotropie ondulée à des degrés plus ou moins appréciables et dont on trouve la preuve dans les tiges souterraines des *Iris* (*germanica*, *florentina*, etc.), et surtout dans la racine de Bistorte (*Polygonum Bistorta*), qui doit à cette campylotropie le nom qu'elle porte (1).

(1) Tournef., *Instit. rei herb.*, p. 511, tabl. 291, L.

CHAPITRE VII

DE L'APHANISE EN GÉNÉRAL.

Sous le nom d'aphanise, du grec ἀφάνισις, disparition, nous réunissons les phénomènes végétaux dans lesquels on ne retrouve plus qu'un organe ou élément d'organe là où la théorie indiquait l'existence de deux ou plusieurs de ces éléments. Ce sont des phénomènes en quelque sorte inverses de ceux que produisent les exastosies, et qui peuvent être de deux natures très-différentes l'une de l'autre. Ainsi, l'aphanise peut résulter de la fusion de deux ou plusieurs éléments en un seul et produire un phénomène exactement contraire aux exastosies, ce que nous désignons sous le nom de *chyséosie* ou *fusion des organes*, ou provenir du défaut de développement ou de la disparition d'un élément que la théorie indique comme ayant eu un commencement d'évolution, phénomène que tous les botanistes connaissent sous le nom d'*avortement*. De là deux articles d'après lesquels nous étudierons les phénomènes de l'aphanise.

ARTICLE PREMIER. — *De la chyséosie ou fusion des organes.*

Les fusions d'éléments organiques des végétaux n'ont pas encore été étudiées avec tout le soin que mérite cette classe de phénomènes; cependant on a des observations assez nettes sur ce sujet pour qu'il ne puisse s'élever aucun doute sur leur existence.

En effet, on peut *a priori* dire que, puisque dans un grand nombre de cas on voit des organes se dédoubler, se triplasier ou même se pollaplasier, il doit exister un phénomène inverse qui peut faire que deux, trois ou plusieurs organes s'unissent de plus en plus jusqu'à ne plus représenter qu'un seul organe là où il aurait dû y en avoir plusieurs, et l'observation est venue confirmer ce que la théorie semblait indiquer.

Mais avant de signaler les phénomènes dus à la fusion, il convient de distinguer nettement deux sortes de phénomènes qui, ayant une origine totalement différente, arrivent cependant à donner lieu à des anomalies complétement semblables.

1° Il peut, en effet, arriver que dans un phytogène ou centre vital, constitué, comme nous le savons, par une petite masse de tissu cellulaire, il se produise une chorise de laquelle résulteront plusieurs centres vitaux donnant lieu à autant d'axes. Si les axes se développent sans se séparer entièrement, il en résultera un axe multiple dans lequel il sera aisé de reconnaître que plusieurs axes entrent dans sa composition, et l'on aura une anomalie due à un *défaut d'exastosie*.

2° Au contraire, supposons deux ou plusieurs phytogènes ou centres vitaux ayant chacun une vie indépendante continuée plus ou moins longtemps; puis, à un moment donné, admettons que ces phytogènes, plus ou moins pressés, arrivent à se réunir et à faire vie commune dans un état d'union plus ou moins grande, il en résultera encore un axe multiple semblable au précédent, mais dont la cause sera due, non plus à un défaut d'exastosie, mais bien à une vraie *soudure*.

Il suit de là que nous devrions, dans cet article, établir deux sections précédant le phénomène des fusions; mais comme il est très-facile de se tromper sur l'origine des anomalies qui conduisent aux fusions, nous croyons plus prudent de laisser de côté ces questions, pour ne nous occuper que de celles qui sont moins douteuses, c'est-à-dire celles des fusions; car il est très-souvent facile de découvrir l'existence de ces anomalies.

D'ailleurs, soudures ou défauts d'exastosies peuvent conduire à la fusion, qui *n'est autre que la résolution de deux ou plusieurs organes en un seul;* et, comme il est difficile de dire où le défaut d'exastosie ou la soudure finissent et où la fusion commence, on voit qu'il est impossible de séparer ces deux phénomènes, et il nous a paru plus convenable de ne les rapporter qu'à l'anomalie ultime, la fusion qui, elle, est réellement assez caractéristique pour ne pouvoir donner prise à la moindre confusion.

Les soudures et les défauts d'exastosies ne sont donc que des états intermédiaires entre le phénomène normal et l'anomalie, états qui cependant peuvent se continuer plus ou moins long-temps ou se terminer soit à la forme normale, c'est-à-dire à la séparation de tous les axes, soit à l'anomalie, c'est-à-dire à la fusion complète.

Les soudures et les défauts d'exastosies peuvent se produire entre des parties similaires ou entre des organes dissemblables. De Candolle a donné le nom de *cohérence* au premier de ces phénomènes, et celui d'*adhérence* au second. Moquin-Tandon, dans sa *Térato-logie végétale*, a adopté ces deux divisions, que nous ne suivrons pas ici, par la raison que les phénomènes de l'exastosie ayant été longuement traités dans le premier volume de cet ouvrage, et comprenant ceux dont il est question ici, il est inutile d'y reve-nir. D'ailleurs, les expressions employées par De Candolle sont le résultat naturel des idées que l'on s'était faites sur le mode d'union des organes entre eux et que l'on croyait devoir attribuer à une soudure, mais qui, en réalité, n'est le plus souvent qu'un défaut d'exastosie.

Nous en dirons autant des divisions que Moquin-Tandon a cru devoir établir dans l'ouvrage précité; et, chose digne de remarque, c'est que, bien qu'il ait eu l'idée d'une union congéniale quand il dit que « l'on pourrait démontrer d'une manière évidente que l'union des organes est, dans certaines circonstances, antérieure à leur séparation, et que bien des parties dites *soudées* sont des parties où la désunion n'a pas eu lieu (1); » bien que, disons-nous, le savant académicien ait eu l'idée d'un défaut d'exastosie dans les cas dont il s'agit, cependant il n'en a pas moins basé la division de ces monstruosités sur l'idée de *soudure*, se conformant en cela à l'idée généralement admise. En effet, Turpin avait désigné les défauts d'exastosie sous le nom de *collage physiologique*, que d'autres nommaient *union, jonction, greffe*, dénominations aux-quelles la plupart des auteurs, d'après De Candolle, ont préféré les noms d'*adhérence* et de *cohérence*. C'est donc en vertu de cette manière de penser que Moquin-Tandon a cru devoir diviser les

(1) *Élém. de Tératologie végétale*, p. 240.

monstruosités résultant d'un défaut d'exastosie sous le nom général de *soudures*, qu'il subdivise en *soudures entre les organes
appendiculaires, soudures entre les individus élémentaires* et
soudures entre les organes axiles. A la première subdivision
appartiennent : les *cohérences* ou soudures entre des organes ou
des verticilles similaires, et les *adhérences* ou soudures entre des
organes ou des verticilles dissemblables; à la seconde appartiennent : les *synophties* ou soudures entre les bourgeons ou les embryons, les *synanthies* ou soudures entre les fleurs, les *syncarpies*
ou soudures entre les fruits; à la troisième, le savant auteur rapporte les soudures entre les axes d'un même végétal et les soudures entre les axes de plusieurs végétaux.

Mais il est aisé de reconnaître que, philosophiquement, ces
divisions laissent beaucoup à désirer. En effet, d'une part, beaucoup des anomalies rapportées aux soudures ne sont que des défauts d'exastosies, et de l'autre, dans les soudures des embryons
et des axes de plusieurs végétaux, il y a de véritables soudures et
non plus des défauts d'exastosies, car dans les soudures des axes
dissemblables, il est de toute évidence que les axes devaient être
auparavant entièrement séparés. Il en est de même des soudures
d'embryons, puisque le mot embryon emporte avec lui l'idée d'une
vie ou d'une individualisation initiale, indépendante, dans chaque
embryon, et quand la vie en commun se prononce pour ne faire
qu'une seule individualité de plusieurs, ce ne peut être que par
un phénomène de véritable soudure. Or, dans notre *Phytogénie*,
page 458, nous avons établi les raisons physiologiques qui pouvaient être causes de ces sortes de monstruosités, dont les plus remarquables sont le *Cytisus Adami* et le *Citrus Bigaradia bi-
zarria* de Riss. et Poit.

On doit comprendre dès lors pourquoi nous n'avons pas dû
adopter les divisions de l'illustre auteur de la *Tératologie végétale*, et pourquoi, ayant longuement traité dans notre premier
volume des phénomènes qui se rapportent aux défauts d'exastosie, nous n'avons plus ici qu'à parler des phénomènes où il est
évident que deux ou plusieurs organes se résolvent en un seul.
Nous diviserons donc cet article en deux sections comprenant,
l'une, la *fusion des organes axiles;* l'autre, la *fusion des organe
appendiculaires.*

SECTION I. — FUSION DES ORGANES AXILES.

Lorsque deux ou plusieurs axes se montrent d'abord plus ou moins libres et finissent ensuite par se résoudre en un seul axe normal, on est autorisé à dire qu'il y a eu fusion complète. Ainsi, on doit à Turpin l'observation de deux turions de l'*Asparagus officinalis* unis depuis la base jusqu'à une certaine hauteur, puis libres pendant l'espace de 27 millimètres, et soudés ensuite au point de n'offrir plus qu'un seul bourgeon terminal. Moquin-Tandon, en rappelant l'exemple précité, a indiqué une anomalie semblable sur le même végétal : deux turions étaient distincts à la base, soudés vers le milieu et fondus en une seule pointe au sommet. Dans ces deux exemples, l'anomalie était arrivée à une fusion complète (1).

Il en est de même des fusions que nous avons signalées autre part, sur un pied de *Rumex Acetosa*, sur une inflorescence d'*Angelica archangelica*, etc., t. I, p. 126, auquel nous renvoyons le lecteur.

Que l'union de plusieurs axes ait lieu, ce qui n'est pas douteux ; que cette union soit assez intime pour ne faire plus qu'un seul axe, c'est ce qui résulte des observations qui précèdent. Mais savoir si le phénomène a eu pour origine un défaut d'exastosie ou une véritable soudure, c'est ce qu'il est plus difficile de décider, et pour y arriver d'une manière plus ou moins certaine, il nous paraît indispensable d'entrer dans les considérations phytogéniques et phytomorphiques qui vont suivre.

Si nous cherchons avec soin parmi les inflorescences du *Lonicera Caprifolium*, nous constatons d'abord que très-souvent, à l'aisselle des deux feuilles opposées et connées, les plus basses, naissent des bourgeons constituant une plus petite inflorescence, ou inflorescence secondaire ; puis que parfois, à la place d'une de ces inflorescences secondaires et à l'opposé de l'une d'elles, on

____

(1) On prétend qu'il est facile de produire par soudure des asperges très-volumineuses. Il suffirait de lier ensemble deux ou plusieurs têtes d'asperges naissantes et de les recouvrir de terre à mesure qu'elles poussent. Quoique nous n'ayons jamais été témoin de ce fait, cependant il n'a rien qui répugne à notre croyance.

rencontre trois fleurs semblables à celles qui forment les verticilles par 6 des inflorescences. Or, il nous semble permis de supposer que les trois fleurs d'un côté se sont phytogéniquement soudées et fondues en un seul organe qui, plus vigoureusement constitué par l'union de ces trois phytogènes floraux, a pu mieux se développer et constituer l'inflorescence partielle qui en résulte. A la vérité, on pourrait dire aussi que le phytogène moyen se développant seul et vivant aux dépens des deux latéraux atrophiés ou avortés, le phénomène peut être le même que s'il y avait eu fusion des trois phytogènes floraux. Mais comme, en multipliant convenablement les observations, on peut établir une série de phénomènes conduisant à l'idée de fusion, nous croyons que souvent le fait indiqué peut résulter d'une véritable fusion. Quoi qu'il en soit, le phénomène en question est bien voisin de ceux que nous avons décrits sous le nom de défauts d'exastosie, et toute la différence consiste en ce que, dans ce dernier cas, les *exastosies commençantes* n'auraient pas eu lieu, et des centres vitaux particuliers et origines des organes ne se seraient pas formés ; tandis que dans le cas de fusion nous admettons que, tout au moins à l'origine, ces phytogènes ont eu un commencement d'évolution, et que ce n'est que par la suite que la fusion complète a pu se faire.

Comme il importe de se faire une idée exacte de ce phénomène phytogénique, nous ne craindrons pas d'entrer dans quelques détails à cet égard. Supposons donc un phytogène. *fig.* 51 *bis*, A, pl. VII, arrivé à l'état de protophytogène, il sera alors constitué par un phytogène central et par six phytogènes circulaires qui devront donner lieu à deux feuilles opposées ; donc il y a nécessairement, entre les phytogènes circulaires et le central, six espaces qui produiront six phytogènes interphytogéniques (*Phytogénie*, p. 193) et dont chacun sera l'origine d'une des fleurs du verticille floral du Chèvrefeuille. C'est le cas le plus ordinaire.

Comme, abstraction faite des phytogènes circulaires destinés à produire les organes appendiculaires, on peut regarder les six phytogènes interphytogéniques comme formant une série circulaire de phytogènes, nous pourrons raisonner sur eux absolument comme s'il s'agissait de phytogènes circulaires, et, pour cette raison, nous emploierons ici des figures analogues à celles qui représentent des phytogènes circulaires entourant un phytogène central, mais il sera bien entendu que les phytogènes circulaires de ces figures ne représenteront que des phytogènes interphytogéniques.

Supposons donc que les trois phytogènes ponctués, seuls, donnent lieu à trois fleurs disposées en demi-verticille, et que les trois autres, après s'être formés, s'unissent et vivent en commun, ils pourront alors donner lieu à un axe qui ne sera autre que le résultat d'une fusion; car, de ce que les trois phytogènes ponctués se sont bien individualisés pour former les trois fleurs bien distinctes, on peut soutenir que le protophytogène s'étant formé, il y a eu trois autres phytogènes interphytogéniques opposés qui se sont formés en même temps, mais, mieux nourris et développés, et par conséquent plus pressés, ils se sont fondus et ont produit l'axe portant l'inflorescence partielle opposée aux trois fleurs distinctes. C'est dans ce cas qu'il faut reconnaître le phénomène de fusion dont nous parlons ici.

Cependant il peut arriver aussi que pendant la formation protophytogénique le phénomène soit incomplet, et qu'alors, tandis que d'un côté les exastosies commençantes déterminent la formation de trois centres vitaux ou phytogènes destinés à former les fleurs d'un côté, *fig.* 51 *bis*, B, au contraire, à l'opposé, les exastosies commençantes seraient nulles, toute la masse de tissu cellulaire resterait une, et, continuant son évolution, formerait un seul et même bourgeon donnant lieu à l'axe secondaire qui porte l'inflorescence partielle. Dans ce cas seulement il n'y a pas fusion, mais bien défaut d'exastosie.

Enfin il se peut que le phénomène résulte d'un développement exagéré du phytogène interphytogénique seul, *fig.* 51 *bis*, A, e, tandis que les phytogènes latéraux avorteraient, et de là une troisième explication du phénomène physiologique.

A coup sûr ces trois manières de voir doivent présenter des exemples de leur réalisation dans la nature végétale, mais par les exemples qui vont suivre, on ne saurait douter, surtout de la première.

Des exemples semblables à ceux du Chèvrefeuille sont extrêmement fréquents. Par exemple, en cherchant suffisamment dans les inflorescences du *Jasmimum officinale*, on ne tarde pas à découvrir les traces du phénomène en question. Ainsi, on sait que l'inflorescence terminale du Jasmin est ordinairement composée de quatre fleurs du milieu desquelles s'en élève une cinquième. Or, très-souvent, au-dessous de ces cinq fleurs, à l'aisselle des deux feuilles opposées inférieures, on constate la présence d'une inflorescence secondaire, formée de trois fleurs représentant chacune un des phytogènes interphytogéniques d'un protophytogène, dont le phytogène central, en se développant, a produit l'inflorescence terminale, et comme ces trois fleurs sont portées par un seul pédicelle, on peut dire que les trois phytogènes interphytogéniques se sont fondus en un seul axe, puis se sont séparés au sommet pour former les trois fleurs. Mais il arrive alors fréquemment que d'un seul côté seulement se forment ces trois fleurs, tandis que de l'autre côté, et exactement à l'opposé, on ne trouve plus qu'une seule fleur sans trace d'avortement ; ou bien on trouve au contraire un petit axe portant cinq fleurs exactement disposées comme l'inflorescence terminale ordinaire dont nous avons parlé.

Dans nos idées phytogéniques, ces faits sont faciles à expliquer. En effet, si les deux inflorescences secondaires étaient complètes, c'est-à-dire formées de trois fleurs chacune, il est évident qu'elles représenteraient les six phytogènes interphytogéniques d'un protophytogène, mais chez lesquels l'exastosie circulaire ne se produirait pas simultanément ou également, car, de ce que chacune des inflorescences secondaires est portée sur un petit pédoncule, il s'ensuit qu'il est impossible de nier leur union ou leur fusion. A cet égard, il y a eu deux manières de voir concernant leur production : 1° ou bien il n'y a eu d'abord que deux exastosies opposées, ex, *fig.* 51 *bis*, C, pl. VII ; chacune de ces deux masses a formé un seul mamelon, et ce n'est que plus tard que les exastosies ont divisé chacune des deux masses en trois phytogènes qui, par leur composition ultérieure, ont donné lieu aux trois fleurs de l'inflorescence secondaire ; 2° ou bien les phytogènes interphytogéniques se sont bien originellement formés, mais il y a eu un temps d'arrêt dans le phénomène exastosique, d'où est résulté la vie en commun des trois phytogènes et la production du petit axe ; mais plus tard, l'exastosie, en reprenant son activité, sépare les trois phytogènes d'abord unis, les individualise et leur permet de se composer normalement et de produire chacun une fleur. Si donc à la place de trois fleurs on n'en trouve souvent qu'une, on peut dire avec quelque apparence de raison que c'est par fusion de trois fleurs en une seule, ou par avortement des deux phytogènes latéraux ; mais les considérations suivantes vont faire admettre la possibilité patente d'une fusion des trois phytogènes en un seul.

Nous avons dit que souvent à la place des trois fleurs on trouve une inflorescence semblable à celle qui termine normalement les axes. Or, ou bien c'est un seul phytogène (le médian) qui se développe aux dépens des deux autres ; ou bien, par défaut d'exastosie, toute la masse est entrée en évolution pour ne former qu'un seul axe ; ou bien enfin ce sont les trois phytogènes qui se sont fondus en un seul, après avoir eu un commencement d'indépendance.

A. D'abord, sans nier absolument la participation des deux premiers modes phytogéniques au phénomène de la production d'un seul axe, nous pouvons choisir une série de ces axes secondaires d'inflorescence et reconnaître qu'ils offrent le passage évident d'une fleur simple longuement pédicellée à l'inflorescence secondaire constituée par trois fleurs représentant les trois phytogènes interphytogéniques d'un seul côté de l'axe. En effet, tantôt nous trouvons deux fleurs seulement, mais, sur le pédicelle et à l'opposé d'une fleur, nous remarquons soit une fleur plus ou moins avortée, soit même une petite bractéole indiquant un avortement plus complet de la fleur, ou peut-être la fusion de la fleur avec l'axe ; tantôt nous ne trouvons plus qu'une seule fleur, mais dont le pédicelle porte, de chaque côté et à la place des deux fleurs absentes, deux bractéoles opposées, indices de l'existence de deux fleurs avortées ou fondues. Supposons l'avortement ou la fusion plus profonde, et nous n'aurons même plus trace de la présence des bractéoles. Or, on ne peut nier qu'ici il y ait eu fusion de trois phytogènes, dont le médian seul, mieux nourri, a pu se développer totalement, peut-être bien aussi parce que les éléments organiques des deux fleurs avortées se sont complétement fondus avec le phytogène médian qui a formé la fleur arrivée à terme.

Supposons maintenant qu'après la fusion dont nous venons de parler, le phytogène unique qui en résulte soit suffisamment nourri, il aura relativement grossi beaucoup, et alors, au lieu de produire seulement les trois phytogènes représentant les trois phytogènes interphytogéniques, les exastosies agissent sur le phytogène unique pour le diviser exactement comme un phytogène central du protophytogène inflorescence primaire, et de là résultera une inflorescence secondaire dans laquelle on retrouvera quatre fleurs en entourant une cinquième, absolument comme on le voit dans la plupart des inflorescences du *Jasminum officinale*. Cette dernière observation coïncide précisément avec un degré de fusion plus grand entre les trois phytogènes interphytogéniques, car elle indique que la fusion a été assez intime pour que les exastosies nouvelles aient pu avoir lieu sans avoir été influencées par les premières exastosies qui ont pu déterminer la formation des trois phytogènes interphytogéniques. Voilà pourquoi il sera si difficile de lire exactement la marche des choses sur le phénomène naturel.

B. Si nous examinons un phénomène à peu près analogue que l'on retrouve dans le Prunier, nous serons conduit à nous former une conviction plus profonde.

En effet, considérons un grand nombre de bourgeons-fleurs de divers *Prunus*, et nous ne tarderons pas à reconnaître que le type de ces bourgeons est celui qui consiste en une rosette de petites feuilles, du milieu de laquelle sortent trois fleurs disposées en triangle, probablement par suite de la formation d'une cyclochorise triplasique s'exerçant sur le phytogène central d'un protophytogène ayant déjà produit deux ou trois organes appendiculaires; mais quelquefois on ne trouve que deux fleurs ou même qu'une seule.

Lorsqu'il n'y a qu'une seule fleur, on peut soutenir ou bien que ce phytogène central ne s'est pas cyclochorisé, ou bien que, si la cyclochorise a eu un commencement d'exécution, les trois phytogènes qui résulteraient de cette multiplication ont dû se fondre en un seul axe pour ne former qu'une seule fleur. Comment donc avoir la preuve que cette fusion peut quelquefois se produire ainsi que nous venons de le dire? Par l'examen d'un grand nombre de ces fleurs, dans lesquelles on trouve la série des monstruosités qui conduisent de la triple fleur à la fleur simple, d'abord par des soudures, puis par des fusions de plus en plus complètes jusqu'au point où l'on ne trouve plus que les éléments constituant la fleur normale unique du Prunier.

Quelquefois la fusion ne porte que sur les pédoncules, et les fleurs, au nombre de trois, sont normales ; d'autres fois la fusion porte à la fois sur le calice, la corolle et l'androcée, tandis que les ovaires restent complétement libres, et comme *typiquement* le nombre des ovaires est de deux dans chaque fleur normale, il s'ensuit que la fleur peut offrir quatre, cinq et même six carpelles. Nous avons figuré (t. I, pl. IV, *fig.* 2) une de ces fleurs rendue simple par fusion et dans laquelle on trouve sept pétales et cinq carpelles, dont deux soudés ensemble et deux autres assez éloignés pour laisser croire qu'un sixième a avorté (t. I, p. 111). C'est à ce phénomène que Moquin-Tandon a donné le nom de *synanthie*.

Enfin il n'est point impossible que la fusion soit encore plus complète, et qu'alors il n'y ait plus que cinq ou six parties aux verticilles floraux, et que les cinq ou six carpelles eux-mêmes soient fondus de telle façon qu'il n'y en ait plus que deux, ce qui fait rentrer l'anomalie dans l'état normal.

On pourrait rapporter à ce type de fusion ce que nous avons dit de la Jacinthe, t. I, p. 314, mais il est plus rationnel d'admettre au contraire, la forme normale étant la hampe simple, que c'est par suite d'une cyclochorise accidentelle que le phénomène a lieu. Ainsi, dans le Prunier, après la formation de la cyclochorise triplasique, il y aurait fusion de trois axes, tandis que dans la Jacinthe il y aurait tendance seulement à la formation d'une cyclochorise triplasique qui ne s'effectuerait que très-rarement.

Dans les *Ficus* on voit parfois un phénomène qui se rapproche de ceux que nous étudions ici, et qu'il est bon de faire connaître. Dans la plupart des variétés du *Ficus carica* on voit souvent naître à l'aisselle de la feuille deux figues au lieu d'une figue, et d'un bourgeon infrondescent. C'est que, selon les circonstances, le bourgeon infrondescent devient inflorescent ou *vice versa*. Or, bien souvent nous avons vu les deux figues axillaires s'unir dans une plus ou moins grande étendue, et nous avons pu constater que cette union, dont nous avons donné un exemple (t. I, pl. XII, *fig.* 86), et qui peut aussi bien être prise pour un dédoublement, nous avons vu deux de ces figues tellement unies ou fondues, qu'on ne les distinguait plus que par deux œils supérieurs et deux sillons médians un peu plus accusés que les sillons ordinaires, qui marquent longitudinalement l'inflorescence. Si l'on admet que, au lieu d'être le résultat d'une chorise diplasique, ces deux figues unies résultent du développement de deux phytogènes interphytogéniques, on sera conduit à supposer que cette union puisse être poussée assez loin pour faire coïncider les deux œils, et alors le sillon médian plus prononcé n'existant plus, la figue unique qui en résulte sera véritablement une fusion complète. Dans ce cas il est impossible de reconnaître l'anomalie, à moins que sa base plus ou moins épatée ne trahisse sa double origine.

Voici un autre fait que l'on pourrait, si l'on voulait, rapporter aux phénomènes de fusion : sur une tige inflorescente de *Gladiolus* nous voyons, tout à fait à la base, une inflorescence constituée par trois fleurs portée sur un axe secondaire. Au-dessus de cet axe et du même côté, nous trouvons deux fleurs très-distinctes et complètes ; au-dessus de ces deux fleurs et toujours du même côté, nous ne trouvons plus qu'une seule fleur, mais à neuf pétales et à six étamines ; la fleur placée immédiatement au-dessus n'a plus que six parties à son périanthe, mais on y trouve encore quatre étamines ; enfin, la fleur qui vient après n'a plus que six parties pétaloïdes et trois étamines, et se trouve ainsi normalement constituée. On peut donc admettre que les trois fleurs de l'inflorescence secondaire se sont peu à peu fondues au point de n'en plus faire qu'une seule. Toutefois, une théorie inverse peut être rationnellement soutenue, puisque l'état normal de l'inflorescence est de présenter des fleurs simples disposées sur l'axe, suivant la forme alterne distique, qui est aussi celle des feuilles.

Comme on le voit, ces phénomènes si semblables en apparence peuvent être produits par des effets en quelque sorte diamétralement opposés.

Néanmoins, on peut n'ajouter qu'une foi bien faible à la manière d'interpréter la cause de ces faits, parce que nous n'avons pas pu démontrer d'une manière absolue, d'abord la séparation des éléments organiques, puis leur fusion ultérieure ; mais les exemples de fusion que nous avons cités, page 228, et ceux que nous signalerons en parlant du style, doivent entraîner la conviction sur ce phénomène déjà admis par beaucoup de savants botanistes.

SECTION II. — FUSION DES ORGANES APPENDICULAIRES.

Les organes appendiculaires sont capables de donner lieu à des phénomènes de fusion tout aussi bien que les axes, et, de même que, dans la fusion des axes, certains organes (feuilles, bourgeons, etc.) disparaissent complétement, de même aussi certains éléments de la feuille disparaissent au point de ne plus laisser aucune trace de leur présence.

Cotylédons. — Il n'est pas rare de rencontrer des cotylédons qui sont plus ou moins unis par défaut d'exastosie circulaire ou même peut-être par véritable soudure, et comme on y rencontre tous les degrés d'union, il doit nécessairement se faire parfois que le phénomène arrive à la fusion complète, dans laquelle on ne retrouve plus qu'un seul cotylédon au lieu de deux; mais alors l'organe unique est de beaucoup plus volumineux, et sa base est toujours plus ou moins enveloppante. Ainsi, nous avons observé sur le *Cucurbita Pepo*, sur un *Phaseolus*, sur le *Chœrophyllum sativum* et sur le *Myrrhis odorata* les deux cotylédons unis par la base et formant comme une sorte de collier autour de la gemmule; mais tandis que dans le *Chœrophyllum* et le *Myrrhis* les cotylédons se séparaient après avoir été plus ou moins unis, dans le *Phaseolus* et le *Cucurbita* les deux cotylédons n'en formaient plus qu'un seul, lequel, dans le dernier végétal, n'offrait réellement qu'une seule nervure médiane conduisant au seul sommet organique du cotylédon.

De son côté, M. de Schlectendal a aussi observé l'union par un côté des deux cotylédons d'un *Cratœgus*, probablement le *C. punctata*, de laquelle union résultait que les deux cotylédons étaient déjetés un peu obliquement vers un côté de la plantule, tandis que la tigelle se dirigeait du côté opposé en formant une petite courbure. (*Bull. Soc. bot. France*, t. II, p. 690.)

Feuilles. — Au premier abord il semble que la fusion de plusieurs feuilles soit une chose impossible, et l'on serait plutôt tenté de supposer que la tendance de la feuille à se diviser et se subdiviser suivant le *principe de la trisection*, page 3, devrait être un obstacle au phénomène de la fusion; mais s'il est vrai, comme

nous l'avons démontré, que la feuille monstrueuse du Haricot (1)
et celle du Pommier (2) soient le résultat d'une épipédochorise
pollaplasique de feuilles, par le seul fait de la cause de ce phénomène, nous pouvons croire à un phénomène inverse dans lequel
deux ou plusieurs feuilles arriveraient à une fusion plus ou moins
complète, dont le résultat extrême serait la feuille unique.

Si, en effet, on met de côté la cause qui produit l'union de deux
feuilles, qu'elle soit due à un défaut d'exastosie ou à une véritable
soudure, on peut au moins constater l'union de deux ou trois
feuilles appartenant à un même verticille, et les exemples de ces
unions sont assez fréquents. Ainsi, De Candolle a représenté deux
feuilles de *Justicia oxyphylla* (3) et deux feuilles de *Laurus nobilis* (4) unies, les premières dans presque toute leur longueur, les
secondes dans les deux tiers de leur longueur. Une semblable
observation a été faite par Bonnet sur les feuilles du *Punica granatum* (5), et une autre par Schlotterbech sur celles du *Syringa
vulgaris* (6). Nous-même nous avons signalé une semblable anomalie sur les feuilles du *Fuchsia spectabilis*, et sur celles du *Symphoricarpos recemosa* et du *Phaseolus* (7).

Si l'on jette un coup d'œil sur la *fig.* 71, pl. XI, on voit que
l'union des deux feuilles primordiales du Haricot n'existe complétement que d'un seul côté, et que leurs principales nervures sont diamétralement opposées. Ici l'union est commen-
çante. Mais en observant la figure qui représente les deux feuilles
du *Laurus nobilis*, on voit que les deux principales nervures forment entre elles un angle d'environ 45°, tandis que les nervures
principales des deux feuilles du *Justicia* ne forment plus qu'un
angle de 30° environ. Dans l'exemple du *Symphoricarpos*, les
deux nervures principales ne s'éloignaient plus l'une de l'autre
que par un angle de 12 à 13°, et le sommet de chaque feuille
était très-voisin de l'autre. Supposons un rapprochement de
plus en plus grand des deux nervures jusqu'au moment où les

(1) T. I, pl. X, *fig.* 59, p. 309.
(2) *Ibid.*, pl. XIII, *fig.* 90, p. 310.
(3) *Organ. vég.*, pl. XVII, *fig.* 3.
(4) *Ibid.*, pl. XLVIII, *fig.* 2.
(5) *Rech. us. feuilles*, pl. XXI, *fig.* 2.
(6) *Sched., de Monstr. plant., Act. Helvet.*, t. II, pl. I, *fig.* 9.
(7) T. I, p. 113, pl. XI, *fig.* 71.

deux nervures n'en feront plus qu'une, et nous aurons un phénomène de fusion complète, auquel cas il sera difficile de dire s'il y a réellement deux organes fondus en un seul. Mais alors est-il possible de reconnaître le phénomène? C'est par l'observation attentive que l'on pourra se former une opinion plus ou moins certaine à cet égard.

Pour arriver à ce but, plusieurs moyens peuvent être consultés :

1° Si les feuilles sont ordinairement opposées et si l'on ne voit qu'une seule feuille au verticille par deux, il y a lieu de croire à une fusion; mais comme il se pourrait que l'une des deux eût avorté et que l'on prît pour une fusion ce qui n'en est pas une, il faut observer soigneusement la base de la feuille ou plutôt du pétiole.

2° Si le pétiole présente une base plus ou moins enveloppante que l'on ne retrouve point dans les feuilles normales, il est alors très-vraisemblable que la feuille observée est le résultat de la fusion de deux feuilles en une seule. C'est en effet ce qui s'est présenté dans les cotylédons du *Cucurbita* et des *Chœrophyllum,* ainsi que dans les feuilles doubles du *Fuchsia,* du *Symphoricarpos,* que nous avons signalés plus haut, et l'on peut voir qu'il en est ainsi des deux cotylédons normalement soudés du *Chœrophyllum bulbosum* que nous avons figuré t. I, pl. IV, *fig.* 3, b.

C'est à l'aide de ces considérations et de celles que nous avons développées longuement dans notre chapitre V, art. iv, p. 92, que nous avons été conduit à reconnaître que cette fusion de deux feuilles en une seule, anormale dans la plupart des Dicotylédones, est au contraire l'état normal pour les feuilles des Monocotylédones, et que la conséquence de cette fusion était une disposition *phytogéniquement alterne,* puisque les phytogènes circulaires de chaque protophytogène qui, dans les premières, par exastosie circulaire donnent, *typiquement,* lieu à deux, trois ou plusieurs feuilles à chaque verticille, dans les secondes s'unissent tous pour ne donner qu'un seul organe appendiculaire (1).

C'est ici qu'il convient de faire connaître une singulière union que l'on pourrait regarder comme une soudure, mais qui, en réa-

____

(1) *Phytogénie,* p. 121.

lité, n'est autre qu'un défaut d'exastosie circulaire ; elle a été observée par M. le docteur Puel sur quelques feuilles du *Polygonatum multiflorum* : les bords de certaines feuilles étaient unis de manière à former un sac, ne laissant au sommet qu'une petite ouverture circulaire à travers laquelle passaient les extrémités des feuilles terminales renfermées dans le sac. M. Germain de Saint-Pierre, à qui M. Puel en a confié l'examen, dit avoir trouvé la portion de la tige renfermée dans le sac à l'état suivant : « La feuille (quatrième de la tige) qui se présente après la feuille à bords soudés est une feuille normale à bords libres, puis, chose bizarre, la feuille suivante (cinquième de la tige), à part sa taille moins grande, est semblable à la feuille extérieure normale ; ses bords sont soudés de la même manière, et elle renferme à son tour la continuation du bourgeon. Cette seconde feuille anormale contient la sixième feuille, ainsi que la septième feuille. Ces deux feuilles, qui occupent la partie supérieure de la tige, sont planes. » M. Germain de Saint-Pierre ajoute qu'il a observé une anomalie à peu près semblable dans la feuille caulinaire précédant la fleur d'un *Tulipa Gesneriana* cultivé au jardin du Luxembourg (1).

Si l'on a bien compris la composition d'un protophytogène, on doit voir que rien n'est plus facile à expliquer que cette anomalie, et l'on doit reconnaître que, tandis que dans les feuilles normales de Monocotylédones il se forme d'ordinaire une seule exastosie circulaire séparant d'un seul côté les phytogènes périphériques, ici, au contraire, cette exastosie ne se produisant pas, tous les phytogènes périphériques se sont développés en une sorte d'utricule ou sac analogue à celui qui forme la spathe des *Allium* ou le calice des *Eschscholtzia*. Mais ce qu'il y a de remarquable, c'est que le défaut d'exastosie en question ne s'était prononcé que d'un seul côté de l'axe, car les feuilles étant alternes distiques, on voit que c'est la troisième et la cinquième feuille dont les bords unis se trouvaient d'un même côté. Or, bien que d'ordinaire, chez les Monocotylédones, l'exastosie circulaire ne se produise alternativement que d'un seul côté, tandis que chez les Dicotylédones elle se produit aussi simultanément du côté opposé dans l'état normal, n'est-il pas évident que les éléments des

(1) *Bull. Soc. bot. France*, t. I, p. 62 et 63.

deux feuilles de ces dernières s'unissent pour n'en faire plus qu'une dans les Monocotylédones, et n'est-ce pas l'exemple le plus remarquable de la fusion de deux feuilles pour n'en faire plus qu'une seule? Mais l'habitude où l'on a été jusqu'à ce jour de ne voir qu'une feuille là où, phytogéniquement, nous en voyons deux, peut être la seule cause qui fasse que notre manière de voir soit lente à se faire accepter dans le monde savant. Toutefois, en se pénétrant bien des observations que nous avons consignées page 112 et suivantes, on ne tardera pas à se convaincre que cette manière de voir est bien voisine de la vérité, sinon la vérité elle-même.

Il ne faut pas confondre l'union des folioles en une seule feuille avec la vraie fusion, car, bien que dans la plupart des cas que nous avons fait connaître en parlant du *principe de la trisection*, page 3, on reconnaisse aisément que plusieurs folioles ou lobes de feuilles se confondent en une feuille simple, cependant il n'y a pas fusion proprement dite, car tous les éléments principaux (les nervures) se retrouvent sans presque aucune altération, tandis que dans les vraies fusions *complètes* les éléments de la moitié de chacune des feuilles disparaissent totalement. D'ailleurs l'organogénie démontre qu'au lieu d'y avoir fusion, c'est au contraire une sorte de chorise qui se produit, de laquelle il résulte les folioles ou même les nervures, car dans le principe il n'y a que la foliole médiane ou terminale qui se forme, et ce n'est qu'ultérieurement que les autres folioles se produisent soit longitudinalement, soit latéralement (p. 37 et 40).

Il n'y a pas non plus fusion dans les éléments de l'involucelle monophylle du *Seseli Hippomarathrum*, par la raison qu'il n'y a qu'un défaut d'exastosie entre tous les éléments appendiculaires qui, dans les autres espèces du genre, sont toujours plus ou moins séparés, et surtout parce que, malgré leur union, tous les éléments s'y retrouvent sous forme de nervures plus ou moins apparentes.

Sépales. — Mais si dans des verticilles floraux où dans l'état normal on rencontre six ou cinq parties, on vient à n'en trouver que quatre, trois ou même deux, et si toutes les parties réduites ainsi à ces nombres inférieurs se présentent avec la nervation normale et une seule extrémité; si de plus ces parties se touchent

exactement par la base, il sera extrêmement probable qu'il y aura
là un phénomène de fusion complète.

Or, il n'est pas rare de rencontrer des calices chez lesquels on
ne trouve plus accidentellement que cinq sépales au lieu de six
sépales normaux (*Achras, Lecythis, Prinos, Canarina*, etc.), ou
quatre au lieu de cinq (*Fragaria, Cerasus, Prunus, Oxalis*, etc.),
ou trois au lieu de quatre (*Œnothera, Fuchsia, Epilobium,
Gaura, Galium, Atragene, Clematis*, etc.), ou deux au lieu de
trois (*Cneorum, Triplaris, Xyris, Comocladia, Bursera*, etc.),
ou un au lieu de deux (*Utricularia, Circea*). Il suffit, en effet,
de prendre la peine de chercher suffisamment sur les végétaux
précités et beaucoup d'autres pour avoir la preuve que ces sortes
d'anomalies se rencontrent encore assez fréquemment, et que
chaque sépale n'est véritablement constitué que comme les sépales normaux, et l'ensemble de tous les sépales se touchant tous
par la base indique bien que le sépale qui manque ne provient
ni d'un avortement, ni d'un accident autre que la fusion de deux
organes en un seul ; par conséquent, il est impossible de nier que
le phénomène de l'aphanise par fusion s'est bien produit ici.

PÉTALES. — Il en est tout à fait de même des pétales qui se
réduisent à un ou deux de moins que le nombre normal de la
fleur, et cette fusion est tout aussi fréquente que la fusion du sépale, car il est remarquable que la même altération de nombre
dans le calice se rencontre presque toujours dans la corolle de la
même fleur. Donc, si l'on prend la peine de chercher suffisamment dans la corolle de la plupart des végétaux précités, on ne
tardera pas à constater la disparition d'un ou de deux pétales, et
l'on pourra se convaincre par l'examen que souvent il a dû s'y
produire une fusion complète d'un ou de plusieurs éléments de
la corolle.

Observations. — Il est difficile que l'on ne soit pas tenté de
rapprocher les phénomènes de fusion que nous venons d'étudier
de ce qui se passe dans les Monocotylédones.

1° En effet, qu'est-ce que le cotylédon double des *Cratægus
Cucurbita Pepo* et *Phaseolus* signalé page 236, si ce n'est l'*analogue* ou l'*équivalent* du cotylédon, regardé comme simple, des
Monocotylédones ? Car de ce que le cotylédon double du premier,
par suite de l'influence physiologique qui appartient en propre à

beaucoup de Dicotylédones, se présente après la germination sous forme d'une lame large et amplement développée, tandis que le cotylédon des Monocotylédones reste le plus souvent épais, peu étalé et enveloppant la gemmule, il serait très-peu philosophique d'attacher à cette distinction une valeur qu'elle n'a pas en réalité.

Il est d'ailleurs possible de montrer par des exemples le passage des deux cotylédons des Dicotylédones au seul cotylédon des Monocotylédones. Il y a en effet des espèces où les deux cotylédons opposés restent écartés l'un de l'autre, ainsi qu'on peut le voir dans plusieurs *Delphinium* ; mais le plus ordinairement ils s'appliquent l'un sur l'autre et embrassent entre eux la gemmule. Dans cet état, ils sont le plus souvent épais et charnus (Amandier, Ricin, *Phaseolus*, etc.). Supposons un défaut d'exastosie entre les cotylédons, excepté d'un côté, à la base, et nous aurons très-sensiblement la structure de l'embryon monocotylédoné. Or, cette union anormale pour le *Cratægus*, le *Cucurbita* et le *Phaseolus*, par défaut d'exastosie ou par *vraie soudure*, devient normale pour les cotylédons de la Capucine et de l'*Æsculus Hippocastanum*. Cette union se rencontre fréquemment dans ceux du *Castanea vulgaris*, et Aug. Saint-Hilaire a vu le même phénomène se reproduire dans un *Swartzia* et chez une foule d'*Eugenia*, dont il a vu non-seulement les cotylédons soudés entre eux, mais encore avec la radicule. Admettons, dans ces cotylédons unis, moins de développement physiologique, c'est-à-dire une gemmule et une radicule moins prononcées, et nous aurons l'*équivalent*, sinon l'analogue, d'un embryon monocotylédoné. Aussi a-t-on quelquefois donné à ces embryons le nom de *pseudo-monocotylédones*.

2° Si nous comparons maintenant les feuilles fusionnées du *Symphoricarpos* et du *Fuchsia*, page 238, avec certaines feuilles de Monocotylédones, nous trouvons qu'il n'y a d'autre différence qu'une fusion moins complète dans les premières que dans les secondes. Mais la logique conduit à admettre qu'il doit être des cas où cette fusion de deux feuilles opposées de Dicotylédones soit assez complète pour que les deux feuilles n'en fassent plus qu'une, c'est-à-dire qu'alors l'angle de divergence des deux nervures principales soit nul, et dans ce cas, les deux nervures fondues en une seule médiane conduiraient à un seul sommet organique ; et si ce fait existe, il est bien évident que ces deux feuilles étant fondues entièrement en une seule, celle-ci est exactement l'analogue ou l'équivalente d'une feuille de Monocotylédone. Or, nous avons suffisamment démontré, page 15 et suivantes, qu'il était extrêmement probable que, dans la formation des *phyllodes* de dicotylédones, tous les phytogènes périphériques d'un protophytogène avaient le même ordre d'union que les phytogènes périphériques d'un protophygène de Monocotylédone, particulièrement des Iridées, et par conséquent les phyllodes étaient le résultat de deux feuilles fondues en une seule et équivalentes à la feuille des Iridées ; de là la position verticale des unes et des autres.

On voit ainsi que l'exastosie circulaire est une des causes principales de ces différences, qu'elle est relativement en plus dans les Dicotylédones, et au contraire en moins dans les Monocotylédones ; et comme généralement les premières sont regardées avec raison comme étant plus élevées dans l'échelle de l'organisation végétale, nous avons été en droit d'établir comme une loi que « *les phénomènes de l'exastosie sont en général d'autant plus marqués qu'on les observe chez les végétaux plus élevés dans les classifications méthodiques* » (t. I, p. 198).

3° Mais si cette loi est générale, on doit s'attendre à la rencontrer dans toutes les parties végétales, et, de même que nous avons vu les cotylédons et les feuilles opposés des Dicotylédones s'associer deux à deux pour former les cotylédons uniques ou les feuilles alternes des Monocotylédones, de même nous devons trouver les sépales ou les pétales dicotylédonés s'associer deux à deux pour former les sépales ou les pétales monocotylédonés. C'est précisément ce qui a lieu, et voilà pourquoi les calices et les corolles des premiers végétaux sont *typiquement* de six parties ou normalement de cinq, tandis que les mêmes organismes des seconds ne sont réellement que de trois parties. C'était la conséquence logique de notre loi, et nous voyons que la vérité des faits est en relation exacte avec elle. Nous allons voir d'ailleurs que cette relation de nombre se retrouve aussi dans les organismes de la reproduction, c'est-à-dire dans l'androcée et le gynécée.

ÉTAMINES. — On rencontre très-fréquemment des étamines dont les filets staminaux sont plus ou moins intimement unis entre eux. On peut en conséquence, *a priori*, admettre que cette union peut être poussée assez loin pour qu'il y ait une fusion complète de deux étamines dans une seule. Cette union peut provenir de trois causes distinctes : 1° ou bien d'un défaut d'exastosie entre deux des phytogènes destinés chacun à la formation d'une étamine; 2° ou bien d'une soudure, ce qui indiquerait alors que chaque phytogène-étamine se serait complétement individualisé auparavant; 3° ou bien d'une chorise diplasique dans laquelle l'individualisation serait restée incomplète. Comment peut-on arriver à distinguer ces trois sortes de phénomènes en apparence si semblables? Au moyen des considérations suivantes.

Si dans une fleur régulière *type* de Dicotylédone on trouve six sépales, six pétales, cinq étamines et six ou trois carpelles, il y a lieu de supposer une fusion. Celle-ci sera certifiée si l'une des étamines se trouve superposée à un pétale alors que les autres leur sont alternes. Il en serait de même des quatre étamines que l'on trouverait dans une fleur régulière normale de Dicotylédone dans le cas où le nombre cinq se retrouverait dans le calice, la corolle, et le nombre cinq ou trois dans le gynécée; ou des trois étamines dans une fleur tétramère, etc., pourvu que les conditions précédentes soient observées. Voilà la fusion probable démontrée. Voici maintenant comment on peut distinguer les trois modifications sus énoncées : 1° si la base de l'étamine supposée double par fusion n'offre pas plus de largeur que la base des autres étamines, et surtout si elle ne présente pas une fente ou un sillon indiquant une individualisation originelle des deux phytogènes-étamines, il est vraisemblable que la fusion est originelle et qu'il y a là un défaut d'exastosie circulaire; 2° si au contraire la base est relativement large, si une fente ou un sillon se retrouve à cette base, il est probable que les phytogènes-étamines ont eu un commencement d'évolution individuelle et que la fusion n'est survenue que plus tard ; 3° enfin, si la base de l'étamine double est sensiblement la même que celle des autres étamines, si le nombre d'étamines exigé se trouve être en rapport avec le nombre des parties trouvées au calice, à la corolle et au gynécée, si enfin la double étamine alterne avec les pétales aussi bien que les autres, il est de la dernière évidence que les deux étamines unies par la base sont le résultat d'une chorise diplasique, mais alors ce phénomène ne se rapporte plus à ceux que nous étudions ici.

Or, il n'est pas rare de rencontrer des phénomènes de ce genre, nous en avons cité des exemples en parlant des défauts d'exastosie, mais il convient surtout de faire connaître les cas les plus avérés de fusion de deux ou plusieurs étamines en une seule.

Dans sa Tératologie végétale, Moquin-Tandon ne cite pas un seul exemple d'union d'étamines que l'on puisse exactement rapporter à une fusion. Il parle seulement d'étamines plus ou moins unies soit par le filet seulement, soit par les anthères, soit par le filet et les anthères à la fois; mais il ne cherche point à reconnaître si ces unions sont dues à l'une des trois causes que nous avons établies plus haut.

Payer nous paraît être le botaniste qui a le mieux constaté la fusion des étamines (1). Seulement nous ferons remarquer que s'il dit vrai en parlant de la fleur d'*Hippocratea*, dans le genre *Cucurbita* on ne saurait voir une fusion de deux étamines en une seule, mais bien une soudure ou plutôt un défaut d'exastosie entre quatre étamines, qui sont ainsi unies deux à deux. Or ces deux étamines ainsi unies restent telles pendant toute leur évolution, et présentent deux anthères, tandis que l'étamine qui vit seule ne présente qu'une seule anthère. Donc, il n'y a réellement pas fusion, mais simplement union congéniale, c'est-à-dire défaut d'exastosie. Il n'en est pas ainsi des *Hippocratea*, chez lesquelles l'organogénie décrite par Payer, p. 162, diffère de la figure qu'il en donne, pl. XXXV, *fig.* 18. En effet, dans le texte, le savant organogéniste dit que l'on ne peut se rendre compte du petit nombre d'étamines composant l'androcée des Hippocratéacées, ainsi que de leur position alterne pour l'une et superposée aux pétales pour les deux autres, qu'en se rappelant ce qui se passe dans les Cucurbitacées. « Par exemple, dans les *Luffa*, dit-il, on trouve à tout âge cinq étamines alternes; dans les *Cucurbita*, au contraire, on n'observe cinq étamines alternes que dans le jeune âge; plus tard, quatre d'entre elles se réunissent deux à deux, et il en résulte deux doubles étamines qui sont superposées chacune à un pétale et une étamine simple qui est alterne. Imaginons que cette fusion de quatre étamines en deux soit congéniale et complète, en ce sens que chacune des deux paires d'étamines qui

---

1) *Organogénie comparée de la fleur*, p. 718.

se réunissent ne forme plus qu'une étamine, nous aurons les trois étamines des Hippocratéacées placées comme je viens de le dire. »

D'après cette citation, on voit qu'il y avait originellement cinq étamines, et pourtant, si l'on consulte la *fig.* 18, pl. XXXV, représentant l'organogénie de la fleur de l'*Hippocratea Riedelii*, on ne peut s'empêcher de reconnaître qu'il y a six mamelons ou phytogènes staminaux, avec cette différence que les deux postérieurs (sur la figure) sont déjà plus unis entre eux que ne le sont les autres. Or, la *fig.* 8 de la même planche, qui reproduit l'organogénie de la fleur du *Salacia viridiflora*, est complétement analogue au point de vue de l'androcée à celle de la *fig.* 18, d'où il suit que là aussi nous reconnaissons six phytogènes staminaux et ce seraient ces six phytogènes qui unis deux à deux constitueraient les trois seules étamines des Hippocratéacées, et, dans ce cas, il faut bien reconnaître qu'il y a une véritable et complète fusion de deux organes en un seul.

On pourrait très-bien soutenir que le nombre trois des étamines des Monocotylédones résulte aussi de l'association de deux phytogènes en une seule étamine, absolument comme nous avons vu les deux cotylédons, les deux feuilles, les deux sépales ou les deux pétales normaux des Dicotylédones s'unir pour ne fournir qu'un seul organe analogue dans les Monocotylédones, et les six étamines des Butomées superposées par paires aux sépales extérieurs sembleraient appuyer cette manière de voir. Mais on peut aussi admettre que chaque phytogène-étamine se développe normalement, mais non simultanément (1), et de là l'existence de deux verticilles d'organes dans la plupart des androcées monocotylédonés.

Dans cette hypothèse, lorsque l'androcée ne se composerait que de trois étamines, ou bien il y aurait fusion congéniale de deux étamines en une seule, ou bien encore il faudrait admettre un avortement dont le genre *Albuca* nous offre un commencement d'exécution dans la stérilité de trois de ses six étamines.

Observations. — Cependant on peut remarquer que chez les Monocotylédones on trouve un beaucoup plus grand nombre re-

(1) *Phytogénie*, p. 533.

latif d'étamines dont les filets sont ou pétaloïdes (Cannées), ou planes ou aplatis (Musacées, *Polianthes*, *Yucca*, *Ornithogalum*, etc.), ou dilatés à la base (Liliacées, *Asphodelus*, *Hyacinthus*, *S. G. Uropetalum et Bellavalia*), quelquefois unis entre eux (*Paris*), ou cohérents dans une partie de leur longueur de manière à former un tube (Iridées, *Galaxia, Patersonia, Ferraria, Tigridia, Wicusseuxia, Sisyrinchium, Allium, Eucomis, Ruscus, Chamœrops, Typha*, etc.). D'où il suit qu'il ne serait point impossible, au moins pour tous les genres que nous venons de signaler, que chaque étamine, constituant le verticille par trois de la fleur, fût le résultat de la fusion de deux phytogènes staminaux en une seule étamine, et de là à admettre une fusion plus complète, plus intime, dans les étamines à filets subulés, ou libres et filiformes des autres genres, il n'y a réellement qu'un pas.

Les phénomènes phytomorphiques viennent quelquefois appuyer cette manière générale de considérer les étamines des Monocotylédones. Ainsi, on trouve parfois sept ou huit étamines au lieu de six dans certaines fleurs de Monocotylédones (*Lilium, Alstræmeria, Tulipa, Yucca*, etc)., et nous avons observé une fleur d'*Asphodelus luteus* ayant un premier verticille composé de six étamines et un second verticille de trois seulement rappelant assez bien la disposition de l'androcée du *Butomus umbellatus*, car la base des étamines, au lieu d'être élargie comme à l'ordinaire, était plutôt filiforme. Par contre, il ne faut pas chercher bien longtemps dans les fleurs de l'*Alisma Plantago* pour saisir des unions à tous les degrés de certaines des étamines qui composent son androcée.

Mais c'est surtout dans les espèces à étamines nombreuses, comme dans les Typhacées, que l'on peut trouver des unions d'étamines très-fréquentes et très-diverses conduisant sans peine à l'idée de fusion complète. Aussi est-il rare d'y rencontrer le même nombre d'étamines dans deux fleurs voisines.

Cette fusion de plusieurs étamines en une seule n'est pas seulement possible dans les Monocotylédones, car les Dicotylédones chez certains genres desquelles les étamines sont très-nombreuses (*Papaver*, Renonculacées, Cactées, etc.), nous ont présenté des unions à des degrés si divers qu'il est très-probable qu'il y a très-souvent des phénomènes de fusion qui sont restés inaperçus.

Un exemple très-remarquable de fusion ou, du moins, d'un phénomène qui s'en rapproche beaucoup nous a été fourni par la fleur du *Citrus Aurantium*. On sait que Linné a placé le genre *Citrus* dans sa *Polyadelphie icosandrie*, croyant à la présence normale de vingt étamines ; mais quelquefois il y en a moins, et le plus souvent ce nombre est dépassé. Or, dans la fleur anomale nous n'avons trouvé que cinq étamines avec des filets élargis, et tous unis entre eux, ce qui en faisait une fleur monadelphe au lieu d'être polyadelphe. Si maintenant nous faisons l'organogénie de la fleur avec soin, c'est-à-dire en consultant une série de boutons à tous les âges, on voit aisément que l'androcée n'apparaît d'abord que sous la forme de quatre, cinq, ou six mamelons ou phytogènes staminaux, selon le nombre des sépales et des pétales, et alternes avec les pétales. Sur des boutons plus avancés on voit, à la base et de chaque côté des phytogènes primitifs, s'en former un autre, de sorte que chaque étamine se trouvant *triplasiée*, le nombre se trouve triplé. Quelquefois ce phénomène de multiplication s'arrête là, et la fleur porte douze, quinze, ou dix-huit étamines. Cependant, le plus ordinairement, de chaque côté de ces étamines déjà triplasiées on voit poindre un nouveau phytogène, et l'étamine simple dans le principe se trouve composée de cinq étamines unies, ce qui porte le nombre des parties de l'androcée à vingt, vingt-cinq ou trente. Jamais nous n'avons pu voir aller cette multiplication au delà de cette chorise *pentaplasique*, et, si rarement nous avons observé un plus grand nombre d'étamines dans ces fleurs, il nous a toujours été possible de reconnaître que la fleur était double par suite de diplasie ou triple par suite de triplasie antérieure à la formation des organismes floraux, et que les deux ou trois fleurs qui en résultaient, fondues incomplétement en une seule fleur offrant de sept à douze sépales et autant de pétales, devaient produire un nombre proportionnel d'étamines à l'androcée.

Donc si la structure habituelle de la fleur des *Citrus* est de vingt étamines pour la fleur tétramère, ou vingt-cinq pour l'état normal, ou trente pour la fleur type, il est évident que l'on peut regarder chacune des cinq étamines de la fleur si remarquablement modifiée (p. 248) comme résultant de la fusion de cinq phytogènes staminaux en un seul ; mais comme nous avons dit que la multiplication n'avait lieu que successivement, il nous paraît plus juste de rapporter le phénomène à une chorise pollaplasique (t. I, p. 243), ou à une épipédochorise pollaplasique *normale*, et l'anomalie en question à un retour au type naturel des Dicotylédones, c'est-à-dire à un arrêt anormal dans le développement habituel des étamines composées. Cette manière de voir est en quelque sorte justifiée par la fleur des *Triphasia*, dont la constitution phytogénique est d'avoir six phytogènes circulaires associés deux à deux, au calice ; six phytogènes circulaires assemblés deux à deux, à la corolle ; six phytogènes, à l'androcée évoluant *non simultanément* en six étamines *formant deux verticilles*, et six phytogènes circulaires s'associant deux à deux pour constituer les trois carpelles constituant le gynécée normal.

Carpelles. — La position centrale des éléments du gynécée les expose plus que les autres à contracter des alliances insolites ; c'est pourquoi les unions entre les carpelles sont assez communes (Moq.-Tand.). Il en doit être de même de leur fusion complète.

Il arrive, en conséquence, que bien souvent il y a fusion de deux carpelles en un seul alors que rien ne semble indiquer cette particularité ; mais l'union plus ou moins intime de deux carpelles doit faire supposer l'existence du fait, qui devient probable quand on trouve tous les degrés possibles de ces alliances. Commençons par examiner quelques cas non douteux de soudures, et par suite, de fusion.

Si en particulier nous faisons l'étude des fruits des *Lonicera*, sect. des *Xylosteon*, chez lesquels le pédoncule axillaire est biflore et doit par conséquent donner lieu à deux fruits ou deux petites baies, nous reconnaîtrons que chez le *Lonicera Ledcbourii* le fruit se compose de deux baies complétement libres ; que dans le *Lonicera Tatarica* les deux baies d'abord libres finissent par se souder à la base ; que dans les *Lonicera nigra, Xylosteum, Pyrenaica*, les deux baies se soudent beaucoup plus tôt ; qu'enfin dans le *Lonicera Alpigena* les deux baies sont plus intimement soudées en une seule baie. Or, il n'est pas rare de ne rencontrer parfois qu'une seule baie même sur les espèces où d'ordinaire on en constate deux, et quelque soin que l'on prenne pour retrouver la trace de celle qui manque, on n'y arrive pas. On pourrait alors soutenir que par avortement l'une des deux a disparu, mais comme dans les espèces de ce sous-genre la tendance du phénomène physiologique est plus grande vers la soudure, et par conséquent vers la fusion, nous penchons à croire à ce dernier phénomène.

Peut-être pourrait-on en dire autant des fruits des espèces de la sous-famille des Amygdalées chez lesquels l'ovaire, pris à sa naissance, se présente très-fréquemment avec deux carpelles dont un avorte le plus souvent. Mais il n'est pas rare de les voir se développer tous les deux, et comme les fruits sont charnus, ils se soudent plus ou moins. Si donc nous rencontrons parmi les fruits des *Cerasus, Prunus, Persica*, etc., des soudures (qui ne sont peut-être souvent que des défauts d'exastosie) à des degrés divers se rapprochant de la fusion presque complète, et cela se voit quelquefois, il suffit d'admettre le phénomène poussé plus loin pour croire à une fusion complète. Toutefois ces cas peuvent être assez rares et nous pensons que, le plus souvent, lorsqu'il n'y a qu'un seul carpelle, c'est que l'un des deux a avorté, par la raison que la tendance dans les espèces de ce genre est plutôt vers l'avortement que vers la fusion, ce qui est le contraire dans les *Lonicera*.

A cette occasion, nous devons faire connaître la remarque que nous avons eu l'occasion de faire sur ces anomalies. Elle consiste en ce que très-souvent l'union se fait par les côtés *symétriquement homologues*; ainsi, c'est, par rapport à l'axe qui continue le pédoncule, le côté droit d'un carpelle qui s'unit au côté droit de l'autre carpelle et nullement les côtés qui sont exactement vis-à-vis l'un de l'autre; de sorte qu'en tirant une droite par le milieu des deux parties unies, cette droite passe par le centre de l'axe ou pédoncule continué, ce qui est bien conforme aux principes que nous avons établis dans notre symétrie par rapport à une ligne, ou symétrie végétale (t. I, p. 57).

Dans les Ombellifères, les Rubiacées, et en général dans toutes les espèces *digynes*, il n'est pas rare de ne rencontrer qu'un seul carpelle là où l'on aurait dû en trouver deux. Si en consultant les anomalies on trouve tous les degrés possibles d'avortement et au contraire peu de soudures, il y a beaucoup de probabilités pour conclure que le carpelle unique ne l'est ainsi que par avortement du second ; tandis que si l'on rencontre plus de soudures à degrés divers et peu ou point de traces d'avortement, on doit en conclure que le fruit unique peut ou doit résulter d'une fusion intime.

L'étude des fusions doit nous conduire tout naturellement à une interprétation du fruit des Graminées que nous croyons rationnelle. En effet, si le cotylédon des Monocotylédones est l'*équivalent* des deux cotylédons des Dicotylédones; si la feuille phytogéniquement alterne, le sépale, le pétale et peut-être l'étamine des Monocotylédones *équivalent* aux deux feuilles opposées, à deux sépales, à deux pétales et à deux étamines des Dicotylédones, il est vraisemblable que certains carpelles uniques de Monocotylédones équivalent aux deux carpelles de beaucoup de Dicotylédones. Cherchons donc ce que peut avoir de vrai cette manière de voir.

A quelque époque que l'on examine la jeune fleur d'une Graminée (*Nardus, Zea, Oryza, Triticum*, etc.), on ne voit jamais qu'un seul ovaire constitué par une seule feuille carpellienne. En effet, l'organogénie démontre qu'après l'apparition des étamines et des paléoles, on voit s'élever au centre un mamelon que les botanistes nomment le réceptacle, et qui n'est autre que le phytogène central du protophytogène staminal. Bientôt, sur ce phytogène central et du côté de la paillette inférieure, on voit se former d'abord un léger repli qui, très-circonscrit à l'origine, s'élargit peu à peu à sa base et, grandissant, finit par envelopper le sommet de l'axe en constituant une sorte de sac qui n'est autre que l'ovaire. Cet ovaire, organe appendiculaire formé aux dépens de tous les phytogènes périphériques du protophytogène carpellien, renferme le phytogène central qui bientôt se transformera en un ovule.

Or, tandis que dans la plupart des Dicotylédones nous voyons ces phytogènes périphériques s'associer de façon à produire deux ou trois feuilles carpelliennes, ici nous ne les voyons en former qu'une seule : par conséquent, cette seule feuille équivaut aux deux ou trois feuilles carpelliennes des végétaux dicotylédonés. Donc on peut dire qu'il y a ici fusion de deux feuilles en une seule, et cette fusion, qui est intime et complète pour certains genres, trahit son origine dans certains autres. Par exemple, dans le genre *Nardus*, la feuille carpellienne s'allonge du côté qui correspond à sa nervure médiane en une longue pointe qui est le style, lequel reste toujours simple. C'est qu'ici la fusion est complète.

Mais il en est autrement dans la plupart des Graminées. Ainsi dans le genre *Zea*, déjà le style qui se produit de la même façon finit par se bifurquer à son sommet, indiquant déjà une fusion moins complète et l'origine de deux feuilles carpelliennes. Dans le genre *Oryza*, le côté de la feuille carpellienne qui répond à sa nervure médiane s'allonge peu et ne forme qu'une petite pointe, mais de chaque côté de cette pointe, dans les parties qui correspondent aux deux nervures latérales (et qui pour nous sont les nervures médianes de deux feuilles unies par défaut d'exastosie), on voit se former deux prolongements qui grandissent rapidement et forment les deux styles du Riz. Enfin, dans le *Triticum monococcum*, jamais on ne voit se former la pointe médiane que nous venons de constater; ce sont les styles latéraux (nervures médianes de deux feuilles unies) seuls qui apparaissent et indiquent l'origine double de la feuille unique.

D'ailleurs, d'autres exemples d'organogénie peuvent donner la preuve incontestable qu'il en est bien ainsi. Par exemple, au lieu de faire notre observation sur la feuille carpellienne, si nous la faisons sur la paillette supérieure de la fleur de l'*Ehrharta panicea*, nous reconnaissons que cette paillette est originellement constituée par deux mamelons phytogéniques qui en grandissant finissent par se rejoindre, se fondre et ne faire plus qu'une seule et même paillette (1).

Ainsi se trouve justifiée notre manière de voir non-seulement sur le carpelle unique des Graminées, mais encore sur le cotylédon, la feuille unique, le sépale, le pétale et peut-être certaines étamines des végétaux monocotylédonés.

Le plus ordinairement dans les Monocotylédones, le phytogène central du protophytogène androcéen se compose de façon à donner lieu à trois feuilles carpelliennes commençant à paraître séparément (2); mais bientôt, en grandissant, ils s'unissent par la

(1) Payer, *Organographie comparée de la fleur*, p. 701 et suivantes.
(2) Voir : *Phytogénie*, p. 343 et suivantes, pour se rendre bien compte de

base. et comme peu à peu les sommets se rapprochent et se soudent plus ou moins intimement, on pourrait assimiler le phénomène à une fusion des carpelles; mais il n'en est rien, car les carpelles ne sont tout simplement qu'unis et présentent chacun leur nervure médiane, et de chaque côté le sillon qui les sépare. Il en est de même des carpelles des Dicotylédones, qui se forment au nombre de trois, ou de cinq (normal), ou de six (type).

Néanmoins, quoique distincts dans leurs parties *loculaires*, il arrive quelquefois que les styles qui les surmontent se fondent tellement entre eux que l'on ne saurait y reconnaître qu'un tube parfaitement cylindrique et terminé par un stigmate en tête. Voici à cet égard une série croissante du phénomène de la fusion des styles :

Par exemple, dans le *Bulbocodium autumnale*, les trois styles qui surmontent les trois carpelles restent complétement libres, et déjà dans le *Bulbocodium vernum* ces styles sont cohérents, mais encore libres au sommet. Maintenant, si nous examinons le long style du *Lilium candidum*, on reconnaît facilement l'union des trois styles qui terminent chacun des carpelles de l'ovaire, par trois sillons plus ou moins prononcés que l'on observe dans sa longueur, particulièrement au-dessous du stigmate trilobé. Dans quelques genres (*Morea*, *Gagea*, *Iris*, etc.), le style est simplement trigone, mais les angles sont bien accusés. Ces angles sont bien moins prononcés dans les *Gladiolus*, quoique l'on retrouve encore sur la coupe transversale du style les traces de l'union des trois styles simples de chaque carpelle. Enfin, dans les styles des *Fuchsia*, des *Pelargonium*, etc., le style est si parfaitement cylindrique et la fusion si complète qu'il est impossible de reconnaitre s'il est le résultat de l'union de quatre styles simples provenant des quatre carpelles des *Fuchsia* ou des cinq styles simples appartenant aux cinq carpelles des *Pelargonium* ; mais le nombre des loges de l'ovaire et le nombre des stigmates ne laissent aucun doute sur la composition du style unique qui surmonte la fleur de ces genres.

Or, il est parfaitement démontré, par l'organogénie, que dans

la manière dont se forment les carpelles et comment cette apparition séparée doit nécessairement résulter de la composition d'un protophytogène.

l'apparition des phytogènes périphériques qui doivent former les carpelles, c'est la partie complétement libre, celle qui correspond au phytogène supérieur du triangle phytogénique (*Phytog.*, p. 344 et *fig.* 19, A), qui s'allonge et qui forme le style terminant chaque carpelle. Mais ces styles, d'abord libres, se rapprochent peu à peu, par suite d'un léger mouvement *campylotropique* (1), et finissent par se souder et se fondre tellement que le stigmate lui-même devient simple et n'accuse plus le nombre des éléments qui composent le style. Tels sont les genres *Anigosanthus*, *Wachendorfia*, *Pancratium*, etc., parmi les Monocotylédones à trois carpelles, et les genres *Lonicera*, *Borrago*, *Nolana*, *Lagerstrœmia*, parmi les Dicotylédones; le premier ayant un ovaire formé de deux à trois carpelles; le second, un ovaire à quatre carpelles; le troisième, un ovaire à cinq carpelles, et le quatrième, un fruit capsulaire de six loges indiquant six carpelles.

ARTICLE II. — *De l'Amblosie ou avortement des organes.*

Quoique depuis un temps immémorial les hommes aient dû observer que les animaux n'arrivaient pas tous à la fin de leur vie normale; que souvent même ils n'amenaient pas à terme le produit de leur conception; que tous les œufs n'arrivaient pas à leur éclosion; que les végétaux mouraient souvent avant l'âge; que la plupart des grains ne germaient pas; que parmi les semences un grand nombre n'atteignaient jamais leur complet développement; on n'a cependant jamais cherché à établir les lois d'après lesquelles se produisent ces faits que l'on peut regarder comme des états très-divers d'un seul et même phénomène, l'*avortement*, que, à cause de la généralisation que nous lui donnons, nous nommerons *Amblosie*. Ainsi, une plante qui se développe, qui croît et qui n'arrive pas à fruit est atteinte du phénomène d'amblosie: c'est une sorte d'avortement, et les graines trop faiblement constituées (Pois, Haricots, Fèves, etc.) sont aussi sujettes à ce genre de phénomène. On en peut dire autant de beau-

(1) *Phytogénie*, p. 345.

coup de *dégénérescences* dans lesquelles l'organe a un certain développement, mais n'arrive jamais à l'état normal de son évolution. Ainsi, par exemple, l'étamine réduite à son filet ou même à un moignon est un phénomène d'amblosie ; l'écaille des bourgeons ou la bractée, qui ne sont autres que des feuilles, ne restent à cet état que par un phénomène analogue, car si, ce qui arrive quelquefois, certaines conditions viennent à se réaliser, on les voit tout à coup prendre les caractères de la feuille ordinaire, ce qui prouve bien qu'elle n'est elle-même qu'une feuille plus ou moins avortée. Nous insistons sur cette nécessité de distinguer les différents degrés d'avortement parce qu'il est difficile de dire précisément où le phénomène d'avortement finit et où celui de dégénérescence commence, et, comme le dit de Candolle, « lorsque les causes qui tendent en général à faire avorter un organe agissent à un moindre degré d'intensité, elles produisent seulement une réduction dans ses dimensions. »

On a aussi donné le nom d'*atrophie* à un phénomène d'amblosie qui se confond avec ceux que nous étudions ici. En général on s'entend fort peu sur les dénominations à adopter, et ce qui est pour de Candolle une dégénérescence, est une atrophie pour un autre et un avortement pour celui-ci. Mais tandis que de Candolle confond les dégénérescences avec les métamorphoses, Moquin-Tandon fait entre ces deux phénomènes une grande différence, et son chapitre sur les atrophies se rapporte plus particulièrement aux dégénérescences de de Candolle, dont nous avons cité une des causes. Comme on peut soutenir que toute individualité, tout organisme ou tout organe qui ne se développe pas entièrement ne doit cette circonstance qu'à ce qu'il n'est pas suffisamment nourri, soit par suite d'un défaut de nourriture, soit parce que son organisation est vicieuse, nous croyons aussi que l'expression d'atrophie rend mieux compte du phénomène d'amblosie dans lequel on peut reconnaître un avortement incomplet quelconque.

Il est des cas où l'amblosie n'est pas nettement appréciable, soit parce que l'organe présente un développement très-voisin de l'état normal, soit au contraire parce que, lorsque l'amblosie est complète, on ne retrouve plus trace de l'organe. Entre ces deux extrêmes on peut concevoir tous les degrés possibles du phénomène, et c'est pour cela qu'il nous a paru difficile de séparer es atrophies des avortements.

Quoi qu'il en soit, les atrophies ont été nommées, par Turpin, *avortements visibles* ou *extérieurs* (1) ; par Moquin-Tandon, *avortement incomplet* (2) ; par Meckel, *arrêt de développement* (3) ; par Geoffroy Saint-Hilaire, *retardement de développement* (4) ; tandis que les *avortements complets* ou *proprement dits* (Moq.-Tand.) sont appelés *avortements invisibles* ou *intérieurs* par Turpin.

Pour qu'un avortement puisse avoir lieu, il faut toujours supposer que l'individualité ou l'organisme a eu un commencement d'existence. Dans les végétaux ce sont les phytogènes qui en sont les points initials. L'époque où ces avortements peuvent avoir lieu peut être plus ou moins voisine de ce point initial, et dans ce cas le végétal doit se montrer complétement privé d'organes ou de la partie organique qui aurait pu se produire. C'est dans ce cas qu'il y a *avortement*. Quand, au contraire, les phytogènes prennent un certain développement et que, par une cause souvent inconnue, ils cessent de se développer, il n'y a plus de diminution de volume, et les parties plus ou moins développées sont dites *atrophiées* ou *amblosiées*, dans le cas où il serait prouvé que la nourriture n'a pas fait défaut.

Comme pour les phénomènes d'adhérences ou de cohérences conduisant à la fusion, nous nous occuperons plus spécialement ici des phénomènes ultimes de l'amblosie, c'est-à-dire des avortements, par la raison que ce sont eux qui ont le plus d'influence sur la physionomie des végétaux. Toutefois il nous est impossible de ne pas parler aussi de quelques cas d'atrophie, car ce sera souvent un moyen de faire comprendre comment un organe peut arriver à disparaître complétement là où il aurait dû se montrer.

C'est de Candolle qui le premier a appelé l'attention des botanistes sur les avortements (5). Il leur attribue deux causes principales, savoir : 1° la gêne ou la compression exercée sur certains

(1) *Iconog. vég.*, p. 18.
(2) *Tératol. vég.*, p. 121.
(3) *Handb. der Path. anat.*, t. I (1812).
(4) *Phil. anat.*, t. II (1823).
(5) *Théorie élémentaire de la botanique*, p. 94 (1813).

organes voisins ; 2° l'activité vitale que certains organes prennent dans des cas déterminés aux dépens de leurs voisins. A ces deux causes on doit ajouter : 3° celle qui résulte de certaines prédispositions organiques, sortes d'idiosyncrasies qui font que, sans que l'on puisse admettre soit une compression, soit un développement d'une partie voisine, il y a néanmoins certains organismes qui ne se développent point. Nous allons étudier les phénomènes d'amblosie d'après ces trois causes.

SECTION I. — AMBLOSIE AYANT POUR CAUSE LA GÊNE OU LA COMPRESSION.

Cette cause du phénomène d'amblosie est plutôt le résultat du raisonnement qu'un résultat d'observations pratiques ; cependant, comme l'esprit la conçoit parfaitement, nous l'admettrons volontiers malgré le petit nombre d'exemples sur lesquels nous pouvons l'étayer.

SÉPALES. — De Candolle admet que dans les fleurs réunies en têtes serrées, comme le sont celles des Composées ou des Dipsacées, la compression a pour effet, selon le degré de gêne et selon sa propre nature, de réduire le calice à une membrane fine et scarieuse, ou à des poils scarieux, ou à des dents peu apparentes, ou même de l'oblitérer complétement. Cependant, il faut observer que nous ne sommes pas sûr que cette réduction du calice soit due à la compression ; car dans les Valérianes ou les Ombellifères, dont les fleurs ne sont pas comprimées, nous retrouvons des aigrettes plumeuses dans les premières, ou un calice denté presque nul ou même oblitéré dans les secondes (*Petroselinum, Didiscus, Apium, Trinia*, etc.).

Les *Ambrina ambrosioides, Blitum polymorphum, Chenopodium glaucum*, présentent assez souvent des glomérules de fleurs très-serrées dans lesquels on trouve des petites fleurs auxquelles il manque 1, 2 et même 3 sépales (Moq.-Tand.). Nous avons constaté un pareil phénomène dans les glomérules du *Mercurialis annua*, du *Beta vulgaris*, des *Chenopodium album* et *fœtidum*, du *Spinacia oleracea*, du *Cœlosia cristata*, des *Amarantus caudatus* et *Blitum*, et du *Gomphrena globosa*. Cette absence de 1, 2 ou 3 sépales est même assez fréquente, et comme les fleurs sont réunies en petites têtes ou glomérules, il se pourrait que souvent la compression fût sinon une cause d'avortement, du moins une cause de défaut d'exastosie.

C'est probablement à la compression que le Maïs doit ses fruits découverts, tandis que ceux des autres Graminées sont revêtus d'enveloppes. En effet, par l'effet de la culture, les glumes et les glumelles (involucre et calice) des fleurs femelles sont étiolées, membraneuses et réduites à une sorte d'involucre court, scarieux, très-mince et seulement visible quand le fruit est séparé de l'axe. Or quelquefois, si les épis se développent mal, ces parties prennent un aspect foliacé, s'allongent et imitent jusqu'à un certain point les involucres et les calices des autres Graminées. Cette prétendue déformation qui se retrouve surtout dans les épis qui ont éprouvé des avortements dans les fruits voisins de ceux qui ne se sont pas développés, n'est qu'un retour vers l'ordre primitif (Moq.-Tand.). De son côté, Aug. Saint-Hilaire a rapporté du Brésil une portion d'épi de Maïs sauvage ayant des fruits couverts d'enveloppes allongées et aigües, et présentant les caractères généraux de la famille des Graminées. C'est pour cette raison que l'abbé Damasio Larranhaga l'a appelé *Zea Mays* var. *tunicata*, et M. Mathieu Bonafous, *Mays Cryptosperma* (1).

Il est fort possible que ce soit à l'agglomération en chatons globuleux et très-serrés que les fleurs des Platanées, des Typhacées, etc., doivent de ne pas présenter de périanthe, ou de ne les présenter qu'à l'état de soies ou d'écailles membraneuses.

Pétales. — Les pétales sont sujets à des atrophies plus fréquentes que les sépales. Selon Moquin-Tandon, l'espace nécessaire à leur développement, la pression à laquelle ils sont soumis, la délicatesse de leur tissu peuvent jusqu'à un certain point expliquer cette fréquence. Philippe Ré a nommé *apétalisme* la cause qui fait que la fleur manque de pétales.

C'est à cette cause qu'il faudrait rapporter les corolles beaucoup plus courtes que de coutume, observées par Seringe et Heyland sur une fleur d'*Arabis alpina* (2), sur des fleurs de *Geranium colombinum* (Seringe), sur celles de l'*Anagallis phœnicea* (Gay), et il n'est pas rare de rencontrer un semblable phé-

---

(1) *Lettre sur une variété du Maïs du Brésil.* (*Ann. Sc. nat.*, t. XVI, p. 143.)

(2) *Bull. bot.*, pl. I, *fig.* 5,

nomène sur les fleurs des *Viola odorata* et *tricolor*, de l'*Hepatica triloba*, etc.

Seringe a décrit et figuré une fleur de *Diplotaxis tenuifolia* dans laquelle l'avortement de deux pétales se faisait observer. La même fleur était privée de 3 de ses sépales (1).

Peut-être est-ce à la compression exercée au centre des Calathides que les fleurs centrales de beaucoup de Composées développent leur corolle beaucoup moins que celles de la circonférence ainsi qu'on en a un exemple remarquable dans le Grand Soleil (*Helianthus annuus*). Au contraire dans certaines circonstances, ce sont les fleurs de la circonférence (demi-fleurons) qui chez les *Aster* et plusieurs autres Corymbifères s'atrophient d'une manière remarquable et tendent à prendre le volume des petites fleurs du disque, tout en conservant une partie de leur irrégularité (Moq.-Tand.).

On pourrait supposer que la régularité des fleurons est une cause de leur petitesse relative, car on remarque en effet, dans les *Radiées* de Tournefort, que les demi-fleurons, plus développés que les fleurons, se trouvent précisément placés à la circonférence; mais la régularité de la corolle n'est pour rien dans ce développement, car nous avons vu les demi-fleurons de la circonférence du *Calliopsis tinctoria* (2), *Drummundi*, des *Tagetes erecta et patula, Gaillardia aristata, Zinnia elegans*, etc., se transformer en véritables fleurons, par défaut d'exastosie, et néanmoins acquérir les dimensions des demi-fleurons ordinaires. D'un autre côté, nous voyons souvent les fleurs du disque prendre les dimensions des fleurs de la circonférence (*Dalhia*); par conséquent, la régularité ou l'irrégularité de la fleur ne nous semble pas avoir une grande part dans la cause qui produit les différences de grandeur.

Dans certaines circonstances le défaut de développement n'affecte qu'une ou plusieurs parties du verticille pétaloïde. Chez quelques Labiées comme les *Ajuga*, les *Teucrium*, ainsi que chez certaines Lobéliacées comme les *Lobelia erinus, pubescens, ramosa, cuneifolia*, etc., on peut admettre jusqu'à un certain

(1) *Bull. bot.*, t. I, pl. II, *fig.* 8.
(2) *Phytogénie*, pl. III, *fig.* 17, a, b.

point que les deux pétales supérieurs sont moins développés parce que, se trouvant du côté de l'axe principal de l'inflorescence, ils subissent une sorte de compression de la part de cet axe. Toutefois il faut accorder une bien mince valeur à cette compression comme cause de la petitesse des parties, puisque dans des circonstances analogues, chez d'autres espèces des mêmes genres, nous voyons ces mêmes parties aussi bien développées. Ainsi chez les *Salvia* (*pratensis*, *horminum*, *utilis*, etc.), les fleurs présentent une lèvre supérieure plus développée que l'inférieure. Il en est de même des *Brunella*, *Phlomis*, etc. Dans les *Lobelia*, en particulier, il est difficile que la compression intervienne dans le phénomène en question, car chez les espèces dont nous venons de parler les pédicelles sont assez allongés, tandis que chez les *Lobelia syphilitica*, *fulgens*, les fleurs, quoique portées sur des pédicelles très-courts, n'en présentent pas moins les deux pétales supérieurs beaucoup plus développés que dans les espèces précédentes. Or, s'il devait y avoir gêne ou compression, il semble que ce devrait être plutôt dans les fleurs qui ne sont que très-courtement pédicellées.

Chez les Légumineuses cette prétendue compression devrait être à l'opposé du point où elle serait dans les plantes sus-mentionnées. En effet, c'est presque toujours l'étendard qui est la pièce la plus développée de la corolle, et elle se trouve précisément placée dans le point le plus voisin de l'axe principal de l'inflorescence ; tandis que la carène placée en dessous est d'ordinaire beaucoup moins développée, particulièrement dans l'*Erythrina*. Si donc, on tire une droite suivant la nervure de l'étendard, on voit qu'elle forme avec l'axe principal qui est *au-dessus* de la fleur un *angle très-aigu* ; tandis qu'en tirant une droite suivant le centre de la carène, celle-ci forme avec l'axe principal qui est *au-dessous* de la fleur un *angle obtus ;* et si la compression devait se produire en un point, ce devrait être là où se trouve l'angle aigu, et la partie qui lui correspond devrait moins bien se développer. Or, c'est précisément le contraire : donc la compression ne peut être une cause de l'irrégularité de la corolle des Légumineuses.

Il y a mieux, c'est que dans les espèces dont les inflorescences sont capitiformes, comme les *Trifolium*, il semblerait que là surtout on devrait trouver le pétale supérieur ou étendard très-peu développé ; mais l'examen prouve au contraire que ce pétale est beaucoup plus grand que les autres pièces de la corolle (*Trifolium Lupinaster*, etc.).

Enfin il est remarquable que dans le genre *Amorpha*, les ailes et la carène ont complétement avorté et qu'il ne reste absolument, pour représenter la corolle, que l'étendard placé précisément au point le plus voisin de l'axe principal de l'inflorescence.

Or ce qui est l'état normal pour l'*Amorpha*, se rencontre quelquefois anormalement dans certaines Légumineuses Papilionacées. Ainsi Boivin a trouvé des fleurs de Haricot dont la carène avait complétement disparu, et Moquin-Tandon cite une fleur de Pois, privée à la fois de sa carène et de ses ailes. Quelquefois nous avons rencontré des faits analogues dans les fleurs du *Cytisus Laburnum* : c'était tantôt la carène qui était considérablement atrophiée ou qui manquait tout à fait, tantôt les ailes, et une fois seulement nous avons rencontré la corolle de la fleur réduite au seul étendard.

Dans le genre *Acanthus* les phénomènes sont tout à fait contraires à ce qui a lieu dans le genre *Amorpha*. Les fleurs ne portent que la lèvre inférieure à trois lobes, tandis que la lèvre supérieure manque absolument ou est réduite à un petit mamelon applati, que nous avons vu une fois se développer en une sorte de petit pétale très-réduit et complétement blanc. Evidemment, ici, la théorie des compressions peut être invoquée pour expliquer le phénomène, mais il nous semble qu'elle ne peut plus servir à expliquer l'absence de la carène et des ailes des *Amorpha*.

Étamines. — Sous le nom d'*Apanthérosie*, Philippe Ré (*Sulle malat. delle piante*) a désigné la cause qui produit le défaut d'anthères ou d'étamines soit en totalité, soit dans le nombre.

Seringe et Heyland ont décrit et figuré une fleur anomale d'*Arabis* dont toutes les étamines s'étaient moins développées que dans l'état habituel. Les mêmes auteurs ont cité encore des fleurs de *Diplotaxis tenuifolia* chez quelques-unes desquelles les étamines étaient atrophiées et dans quelques autres véritablement avortées (1). Ad. de Jussieu a fait connaître une monstruosité de

(1) *Bull. bot.*, t. I, p. 7, pl. I, *fig.* 7.

Valerianella olitoria dont les étamines étaient atrophiées en un corps celluleux, tandis que les éléments du périanthe s'étaient transformés en organes foliacés; le stigmate était urcéolé et presque trifide.

MM. Cosson et Germain ont reconnu que l'androcée des *Cerastium* est sujet à la perte d'une étamine et que presque toujours alors la corolle est aussi privée d'un pétale. La fleur, au lieu d'être pentamère, est ainsi devenue tétramère. Dans le *Cerastium semi-decandrum*, on ne trouve d'ordinaire que cinq étamines, mais Scopoli a fort bien remarqué que cette plante avait quelquefois dix étamines. Dans l'état habituel, il y a donc cinq étamines qui avortent. Supposons que cinq des dix étamines, au lieu d'avorter complétement, soient réduites à leurs cinq filaments, on aura la constitution normale de l'androcée des *Erodium*. Les *Cerastium glomeratum* et *glutinosum* sont tantôt à cinq, tantôt à dix étamines, et, dans le premier cas, parfois il manque une des cinq étamines, ce qui avait conduit Curtis à établir une espèce particulière sous le nom de *Cerastium tetrandrum*.

La Mollugine (*Mollugo cerviana*) présente le plus ordinairement trois étamines, ce qui l'a fait ranger par Linné dans sa *triandrie*, mais quelquefois elle n'en offre que deux; tandis que d'autres fois elle en porte cinq ou, rarement, six, sept à dix. Adanson dit qu'au Sénégal, le nombre normal est de cinq. On peut donc reconnaître que rien n'est plus variable que le nombre des parties de l'androcée dans cette plante, et que si l'on admet, d'après le nombre cinq des parties du calice, que le type de l'androcé est dix étamines, il faut admettre l'avortement de une à huit étamines selon les circonstances.

Le *Cardamine hirsuta* a présenté à Auguste Saint-Hilaire des fleurs nées trois à trois et dont chacune avait perdu deux étamines, ce qui en faisait des fleurs tétrandres; mais si l'on se rappelle que les Crucifères, selon toute probabilité, ne doivent leurs six étamines qu'à une chorise diplasique subie par deux des étamines de leur androcée (t. I, p. 227), on sera tenté de rapporter l'absence des deux étamines, soit à une fusion de deux en une seule, soit à un retour au type tétramère duquel l'androcée s'écarterait normalement.

Nous avons parfois rencontré des fleurs d'*Ornithogalum um-*

bellatum et d'*Asphodelus luteus* avec des étamines atrophiées sans trace d'anthère. Sur la dernière espèce nous avons trouvé trois de ces étamines privées d'anthères, alternant avec les étamines fertiles et rappelant la structure de l'androcée des *Albuca*.

Lorsque l'*Arenaria tetraquetra* β *aggregata* croît sur les montagnes élevées, la fleur, au lieu d'être pentamère, est tétramère et offre huit étamines au lieu de dix. C'est alors l'*Arenaria tetraquetra* α *uniflora* (Gay, *Hist. de l'A. tetraquetra. Ann. Sc. nat.*, t. III, p. 27). Admettons l'avortement d'un des verticilles staminaux de cette plante et nous aurons la variété trouvée par Lapeyrouse (1).

Lindley parle de certaines monstruosités du *Digitalis purpurea* qui n'offraient que deux étamines à leurs fleurs (2). Or, cette anomalie est fréquente dans le *Limosella aquatica* et se trouve *normalisée* dans certains genres de la famille des Personées (*Calceolaria, Wulfenia*, etc.), où souvent, des quatre ou cinq étamines, deux seulement sont fertiles (*Gratiola, Schizanthus*).

Un certain nombre de familles, celles que Linné avait placées dans sa didynamie (Personées, Orobanchées, Gesnériées, Bignoniacées, Acanthacées, Labiées, Cyrtandracées, etc.), présentent presque toujours des espèces à quatre étamines, bien que le type de la fleur soit pentamère. Or, pour peu que l'on ait fait une étude de ces familles, il est facile de reconnaitre que dans certains genres l'androcée est complet (*Ramondia, Verbascum*); que dans d'autres les cinq étamines existent, mais l'une d'elles est privée de son anthère (*Pentstemon, Bignonia*, etc.); que, plus souvent, la cinquième étamine est plus atrophiée, mais encore visible (*Lophospermum, Scrofularia, Collinsia*, etc.); qu'enfin, très-souvent elle a complétement disparu (*Digitalis, Orobanche, Ocimum*, etc.).

Si nous recherchons la place où se trouve l'étamine atrophiée ou avortée, nous reconnaissons que c'est tantôt la supérieure qui est nulle ou rudimentaire, et c'est le cas le plus ordinaire; que tantôt, au contraire, ce sont les inférieures qui manquent (*Mo-*

(1) *Flor. Pyrén.*, t. I, p. 251.
(2) *Digit. monogr.*, p. 10.

narda, Gratiola), ou qui sont plus courtes (*Nepeta, Cedronella, Dracocephalum*, etc.), ou qui existent, mais dont l'anthère ne présente plus qu'une seule loge (*Scutellaria, Sideritis*, etc.), modifications qui peuvent être regardées comme des états moins avancés de l'amblosie conduisant à l'avortement. Or, si la disparition des étamines supérieures est en faveur de l'hypothèse de la compression, en doit-il être de même de l'absence des mêmes organes inférieurs? Nous ne le pensons pas et nous croyons qu'il faut plutôt attribuer cette absence à une prédisposition organique du végétal, sorte d'idiosyncrasie dont il est difficile de déterminer la juste cause.

Carpelles. — La position des carpelles au centre de l'appareil floral, gênés, comprimés par les autres verticilles, pouvait faire supposer que chez eux devaient se trouver des avortements plus nombreux et plus variés. C'est, en effet, ce qui a lieu dans un très-grand nombre de cas.

Quelquefois l'amblosie des carpelles n'est qu'imparfaite et présente alors les organes dans des états différents d'atrophie. Dans ce cas, à la place des carpelles, on ne rencontre plus que des organes plus ou moins rudimentaires et très-souvent incapables de remplir les fonctions qui leur sont dévolues. Ainsi, tantôt les carpelles se développent tout d'abord de façon à faire croire à une bonne conformation organique, mais bientôt ils subissent un arrêt de développement et alors ils sont impuissants à mûrir leurs graines, ou à permettre que leurs ovules soient fécondés, ou même à leur donner un commencement d'évolution; tantôt les carpelles sont eux-mêmes plus réduits encore et tout en offrant la forme qui leur est propre, on les juge aussitôt incapables d'accomplir la moindre de leurs fonctions. D'autres fois, plus atrophiés encore, ils se présentent sous la forme de lames, ou de tubercules, ou de saillie, ou de simple renflement glanduliforme. Enfin, leur absence dans un gynécée où les lois phytogéniques devraient les avoir produits indique clairement une aphanise complète, c'est-à-dire un véritable avortement.

Selon Gay, l'*Arenaria tetraquetra* venu sur les montagnes élevées présente des fleurs dont les carpelles sont imparfaits. Elles sont mêlées à d'autres fleurs, les unes ayant des étamines atrophiées et les autres offrant les deux sexes normalement développés, anomalie qui peut servir d'exemple à la formation des fleurs polygames normales (1).

Lorsque les carpelles sont nombreux, il est rare que l'on ne constate pas dans le gynécée soit l'atrophie, soit l'avortement d'une ou de plusieurs parties. Quand le nombre type est de six et le nombre normal de cinq carpelles, il arrive fréquemment que le gynécée ne présente plus que quatre ou que trois carpelles et quelquefois on saisit le passage de l'atrophie à l'avortement par des décroissances successives des carpelles. Ainsi dans les *Ruta*, *Aquilegia*, *Dictamnus albus*, *Nigella*, nous avons fréquemment rencontré des ovaires qui n'avaient plus que quatre, trois et même deux carpelles (*Ruta*). Les *Delphinium* ont présenté des pistils dont le nombre variait entre cinq et un, et les *Aconitum*, qui d'ordinaire portent un gynécée de trois carpelles, sont souvent réduits à deux et quelquefois à un seul. Quand les carpelles ne sont qu'atrophiés, ils se recouvrent parfois d'un duvet plus ou moins serré (2) qui les fait ressembler alors au fruit du *Trifolium fragiferum* (Seringe).

Lorsque la maladie connue sous le nom de *charbon* attaque les Graminées, M. Ad. Brongniart a reconnu que les organes femelles ne sont point transformés en matière charbonneuse, mais qu'ils se trouvent, à l'état rudimentaire, portés au sommet d'une masse charnue occupée par le charbon, lequel se développe dans le pédoncule et non dans l'ovaire ou dans les parties environnantes comme on le croyait généralement (3).

Gay a signalé (*loc. cit.*, p. 27) des fleurs d'*Arenaria tetraquetra* qui, au lieu de trois styles et une capsule 6 - valves avaient deux styles et une capsule 5 - ou 4 - valve.

Moquin-Tandon dit avoir observé un *Polygala vulgaris* avec un seul carpelle et réalisant, par conséquent, le fruit normal des *Monnina*; mais l'auteur ne nous dit point si l'anomalie en avait pris les caractères, qui sont d'être drupacé et indéhiscent, tandis que dans le *Polygala* le fruit est capsulaire et déhiscent. Ce célèbre botaniste a vu sur un pied de Ronce sauvage tous les

(1) Hist. de l'*A. tetraquetra*. (*Ann. Sc. nat.*, t. III, p. 44.)
(2) *Reichenb.*, tabl. V, fig. B, 6.
(3) *Ann. Sc. nat.*, t. XX, p. 171.

carpelles avorter, à l'exception d'un seul qui était parfaitement semblable à une cerise, et justifiant la manière de voir de Mirbel qui comparait les fruit des *Rubus* à des cerises en miniature, qui auraient été groupées et qui se seraient entre-greffées. Le *Rubus idæus* nous a offert souvent l'avortement d'un grand nombre de carpelles au point de n'en plus avoir que quatre ou cinq rappelant celui du *Rubus saxatilis*. Dans ce cas, les petites baies qui constituent le fruit acquièrent généralement un plus gros volume que dans l'état normal.

OVULES. — La compression peut quelquefois être invoquée pour expliquer l'atrophie ou l'avortement des ovules ou des graines, mais il est fort possible que souvent l'on attribue à cette aphanise une cause qui n'est pas la véritable. Ainsi lorsque l'on fait l'organogénie du fruit du Marronnier d'Inde, on constate la formation de trois loges dans son ovaire, puis l'apparition de deux ovules dans chaque loge. Bientôt on voit trois, deux ou même un seul ovule se développer, tandis que les autres, restant sans accroissement, sont bientôt comprimés par les premiers, si bien que lorsque le fruit est mûr, on ne trouve souvent qu'une graine, bien souvent deux et rarement trois.

En faisant l'organogénie du fruit du Chêne, on voit d'abord se former trois ou même quatre loges dans chacune desquelles apparaissent deux ovules; mais bientôt un ou deux de ces ovules se développent rapidement et compriment les autres, qui peu à peu avortent, de telle façon que le plus habituellement le fruit du Chêne n'est plus composé que d'une seule graine. Evidemment, dans ces exemples on peut, avec de Candolle, soutenir que la compression est la cause de l'avortement des graines, mais est-ce bien là la seule cause? et n'est-il pas probable que le premier fécondé ou le plus robustement constitué peut, par un développement rapide, affamer ses voisins et les réduire ainsi à un avortement infaillible?

Ce qu'il y a de certain, c'est que dans les gousses des Légumineuses, dans les capsules oligospermées, on rencontre des graines à tous les états d'avortement et qui ne sont nullement comprimées par les graines voisines, mais qui, ayant été affamées par les ovules mieux développés, se sont arrêtés dans leur développement et offrent des degrés très-divers d'atrophie. Ce sont des phénomènes qui restent dans la classe de ceux que nous allons étudier dans la section consacrée aux *balancements organiques*.

SECTION II. — AMBLOSIE AYANT POUR CAUSE L'ACTION VITALE EXAGÉRÉE DE CERTAINS ORGANES (BALANCEMENTS ORGANIQUES).

Le végétal étant constitué par une multitude d'organismes ou d'organes unis les uns aux autres et participant plus ou moins à la vie commune du végétal, il en résulte souvent des défauts ou des excès de développement qui donnent aux appareils végétaux une physionomie particulière à quelques-uns d'entre eux. On conçoit aisément que chaque organe tende à s'approprier les éléments nourriciers de la plante qui doivent le faire croître. Ceux qui, formés les premiers, ont déjà une action vitale plus accusée ; ceux qui sont plus fortement constitués ; ceux qui sont plus favorisés par leur position sur le végétal, acquièrent bientôt une activité vitale prépondérante, attirent à eux une partie plus considérable de sucs nutritifs, et se développent en conséquence aux dépens de leurs voisins, qui,. moins favorisés, végètent lentement ou même périssent affamés, sans quelquefois avoir pris un développement apparent.

Dans ces conditions, il arrive fréquemment que l'organe acquiert des proportions plus grandes que l'état normal et l'on dit de lui qu'il est *hypertrophié*, par opposition à celui qui, moins bien développé que dans l'état de nature, est dit *atrophié*. Il y a donc entre ces deux phénomènes une sorte d'antagonisme ou de compensation qui s'établit entre les atrophies et les hypertrophies ; c'est là le *balancement organique* (Moq.-Tand.).

Mais s'il arrive souvent que certains organes, en se développant rapidement, tendent à affamer les organes voisins et à les atrophier, par contre, il peut se faire que l'oblitération des vaisseaux ou des méats qui conduisent les sucs nourriciers aux organes, la compression, l'action du froid, le manque de lumière, un accident quelconque, empêchent un organe de profiter de toute la nourriture dont il avait besoin ; celle-ci se porte alors vers un autre organe qui en profite et arrive ainsi à un développement qui ne lui est pas habituel, et il est dans ce cas plus ou moins hypertrophié. Or, quoique l'esprit conçoive que l'un quelconque de ces deux phénomènes soit cause de l'autre, cependant il est le plus souvent difficile de dire quel est celui qui a produit l'effet et si c'est le grossissement qui a entraîné l'atrophie, ou si c'est l'atrophie qui a causé le grossissement. (De Candolle.)

Feuilles. — Le balancement organique peut s'effectuer sur les parties d'un même verticille. Ainsi, dans un *Nerium Oleander*, nous avons trouvé une tige tout entière présentant une anomalie qui peut être attribuée aux phénomènes que nous étudions ici. On sait qu'en général, excepté les deux premières feuilles de chaque nouvel axe, les feuilles sont verticillées par trois, et que les feuilles de chaque verticille sont sensiblement de même grandeur. Or, dans l'anomalie, toutes les feuilles internes, c'est-à-dire celles qui tournaient la face inférieure à l'axe principal portant l'anomalie, ce qui arrive tous les deux verticilles, étaient très-petites et évidemment plus ou moins atrophiées; tandis que dans les autres verticilles toutes les feuilles externes, c'est-à-dire celles qui présentaient la face supérieure à l'axe principal portant l'anomalie, étaient réellement bien plus développées et par conséquent plus ou moins hypertrophiées. Or cet état contre nature dans les *Nerium* est l'état habituel du *Bignonia Catalpa*.

Il n'est pas rare de retrouver cette anomalie dans les verticilles par trois de beaucoup d'axes végétaux, particulièrement ceux qui ne présentent le verticille par trois que par exception (*Syringa vulgaris, Sambucus nigra*, etc.), ainsi que nous l'avons démontré autre part (1), mais alors l'anomalie ne se rencontre que sur un ou plusieurs verticilles.

Moquin-Tandon a observé un *Faba vulgaris* monstrueux dont les stipules avaient acquis des dimensions considérables, tandis que les folioles avaient complétement disparu, ce qui rappelait l'état normal du *Lathyrus Aphaca*.

Fleurs. — Le balancement affecte quelquefois toutes les parties d'un axe. C'est ainsi qu'une monstruosité du *Muscari comosum* a présenté un épi dont toutes les fleurs avortées n'offraient plus que de longs pédoncules, très-nombreux, de couleur violacée et semblables au toupet qui surmonte l'épi normal, et dont l'ensemble formait une chevelure qui n'était pas sans élégance

(1) *Bull. Soc. bot. France*, t. II, p. 568.

(Ad. de Juss.); balancement organique qui n'est pas sans analogie avec l'état normal observé par Deleuze dans les grappes florales du *Rhus cotinus*.

Le plus souvent, le balancement organique se fait principalement sentir d'un verticille à l'autre, et surtout exerce une action spéciale sur les organes sexuels. Par exemple, dans le *Viburnum Opulus*, les fleurs sont disposées en corymbe plane dont les fleurs de la circonférence sont grandes, irrégulières et stériles, tandis que les centrales, régulières, plus petites, sont fertiles. Or, dans la Boule-de-neige (*Viburnum Opulus sterilis*), toutes les fleurs centrales se développent comme celles de la circonférence en formant un corymbe serré et globuleux, et toutes sont stériles. On trouve rarement, parmi elles, une ou deux fleurs fertiles, mais alors on remarque qu'elles n'ont plus la grandeur des autres fleurs.

BOURGEONS. — On peut rapporter à un balancement organique les faits qui résultent des observations suivantes, que nous empruntons à de Candolle (*Phys. vég.*, p. 767).

On sait que chaque feuille d'une branche porte à son aisselle, dès sa naissance, le rudiment d'un ou de plusieurs bourgeons (phytogènes interphytogéniques). Tant que la feuille est jeune et a toute l'activité vitale dont elle est susceptible, elle attire la séve à elle, et le bourgeon ne prend presque aucun accroissement ; mais dès que la feuille commence à perdre de son activité, elle aspire la séve avec moins de force et alors le ou les phytogènes interphytogéniques commencent à manifester leur présence par un développement sensible. La preuve qu'il en est ainsi, c'est que lorsque, au moi de mai ou de juin, on enlève les feuilles des arbres, tous les bourgeons latents à leurs aisselles se développent immédiatement ; c'est ce qu'on observe particulièrement dans les Muriers effeuillés pour les vers à soie ; c'est ce qu'on voit aussi lorsqu'à la suite d'une grêle qui a abattu les feuilles des vergers il survient un temps chaud et humide : les bourgeons infrondescents ou inflorescents se développent en peu de temps. « Ainsi, dit de Candolle, l'action de la feuille arrête pendant quelque temps, dans le cours ordinaire, l'action des bourgeons, et plusieurs de ceux-ci (ordinairement les inférieurs de chaque branche) ne peuvent se développer et avortent sans produire de rameau. »

C'est aussi ce qui a lieu dans le développement des bourgeons de certains végétaux, tels que les Rubiacées, les Caryophyllées, etc., dont nous avons parlé dans notre *Phytogénie*, page 533 (1). En effet, il arrive parfois que les bourgeons de deux feuilles opposées ne se développent pas simultanément ; l'un d'eux croit et grandit, tandis que l'autre reste sans accroissement ; mais quand le mouvement vital se ralentit dans le premier, alors le second commence son évolution et peu à peu il forme un axe qui atteint souvent la longueur du premier (*Galium aparine; Silene rubella, bipartita; Lychnis dioica,* etc.). Toutefois, il arrive fréquemment que l'un des deux bourgeons reste toujours sans développement, à moins que l'on ne supprime le bourgeon en voie de croissance.

On voit que par la régularité et la constance de ces amblosies de bourgeons, le phénomène peut être rapporté à ceux que nous étudierons dans la section suivante.

Un balancement analogue se fait remarquer dans les *Tagetes,* les Reines-Marguerites, les Soucis (Moq.-Tand.). De Candolle a nommé *fleurs permutées* celles dans lesquelles l'atrophie des organes sexuels est liée à l'accroissement exagéré des enveloppes florales (2).

Un épi de Blé présenté à la Société d'agriculture de la Haute-Garonne offrait un curieux exemple de ce dernier balancement : toutes ses fleurs, dit Moquin-Tandon, se trouvaient à l'état normal, excepté une·seule, dont les organes sexuels avaient avorté et dont les enveloppes calicinales avaient pris un accroissement presque double du volume habituel ; la surface de cette fleur s'était couverte de poils assez serrés, et son aspect ressemblait beaucoup à celui d'une fleur de Folle-Avoine (*Térat. vég.,* p. 158).

Très-souvent le balancement semble se passer entre l'androcée et le gynécée. Ainsi, lorsque nous examinons un certain nombre de fleurs du *Lychnis dioica* (3), on voit que dans beaucoup d'entre elles les étamines sont dilatées, tandis que les pistils sont

---

(1) Voir notre Mémoire intitulé : *Lois suivant lesquelles se fait l'évolution des bourgeons,* etc. (*Compt. rend. Acad. sciences,* septembre 1855, p. 476. — *Bull. Soc. bot. France,* t. II, p. 532.)

(2) *Mém. soc. d'Arcueil,* t. III, p. 402.

(3) Authenrieth, *Disq. de discr. sex. sem.,* Tubingæ, 1821, pl. I, *fig.* 2-5.

réduits à de petits corps glanduliformes; au contraire, dans certaines autres fleurs, les organes femelles sont très-développés alors que les étamines ne sont qu'à l'état rudimentaire. Le même phénomène se présente dans le *Spiræa Aruncus* (1), le *Sedum Rhodiola* (2). Or, ce qui se passe ici est un balancement organique très-répandu dans les végétaux, car il se retrouve dans tous ceux que l'on a désignés sous les noms de *monoïques* et de *dioïques*, chez lesquels, en effet, la division du travail physiologique exige pour le développement d'un sexe l'atrophie ou l'avortement de l'autre. Cependant il n'est pas rare de trouver, même chez les végétaux monoïques ou dioïques, les plus incontestables des fleurs chez lesquelles la végétation est assez active pour donner lieu chez les premiers à des fleurs hermaphrodites, ou chez les seconds à des fleurs mâles parmi les fleurs femelles ou des fleurs femelles parmi les fleurs mâles; c'est ce qui a été parfaitement reconnu depuis longtemps dans les *Spinacia*, *Mercurialis*, *Cannabis*, etc.

Moquin-Tandon a cité une inflorescence femelle de *Mays* dans laquelle plusieurs pistils s'étaient totalement ou partiellement convertis en organes anthéraux (3).

Le genre *Coix* est monoïque. Cependant, plusieurs fois, nous avons trouvé l'ovaire entouré de trois étamines à anthères bien conformées et remplies de pollen.

Dans son mémoire *sur la Métamorphose des anthères* (4), M. Mohl a fait connaître une anomalie rencontrée dans le *Chamærops humilis*. Les trois carpelles de chaque fleur étaient normalement conformés, seulement, des deux côtés de la suture ventrale, on distinguait, dans la longueur, un bourrelet jaune que la section de l'ovaire a fait reconnaître pour une loge anthérique remplie de pollen et partagée en deux logettes par la cloison ordinaire.

Le genre *Breynia* (5), que Willdenow et Jussieu ont réuni aux

(1) *Ibid., fig.* 7, 8.
(2) D. C., *Organ. vég.*, t. I, p. 493.
(3) *Térat. vég.*, p. 219.
(4) *Ann. Sc. nat.*, 1837, p. 58.
(5) Ce nom a été aussi appliqué à certaines espèces de Câpriers et au genre *Seriphium* par Petiver (A. Richard).

Phyllanthus, a été décrit par Forster comme ayant des fleurs monoïques ou hermaphrodites. Or, ces plantes sont d'ordinaire monoïques ou même dioïques. De son côté, Jacquin a décrit et représenté un *Cicca* qui est son *Phyllanthus longifolius,* ayant des fleurs polygames et par conséquent des fleurs hermaphrodites, bien que le genre soit habituellement monoïque ou dioïque.

M. Baillon, à qui l'on doit une bonne étude sur les Euphorbiacées, a non-seulement admis les faits signalés par Forster et Jacquin, mais il a vu que la fleur femelle du *Crozophora tinctoria* portait accidentellement cinq étamines; que celles des *Ricinus* portaient une cinquantaine d'anthères parfaitement développées. Il a montré que, dans les *Conceveiba macrophylla,* les fleurs femelles portent anormalement une anthère bien développée; que le *Cluytia semperflorens* a des fleurs hermaphrodites; que l'ovaire d'un *Rottlera* portait une trentaine d'étamines dont les anthères étaient pleines de pollen; que le *Mercurialis annua* lui avait offert une fleur dont le pistil, bien développé, portait sept ou huit étamines toutes fertiles (1).

Les fleurs hermaphrodites dans les *Mercurialis* sont plus fréquentes qu'on ne saurait le croire, et nous en avons assez souvent constaté l'existence soit dans les pieds femelles, soit dans les pieds mâles, ce qui est plus rare. Également dans le *Spinacia oleracea (inermis),* nous avons pu constater, au milieu des quatre ou cinq étamines de la fleur mâle, la présente d'un ovaire parfaitement développé, et au contraire, dans quelques fleurs femelles, la présence de cinq et six étamines ayant des anthères remplies de pollen.

Les végétaux polygames ne sont donc qu'un état en quelque sorte intermédiaire entre les hermaphrodites et les monoïques ou les dioïques.

Ovules. — C'est plutôt à un effet de balancement organique que l'on doit attribuer le développement et l'amblosie des graines dont nous avons parlé dans la précédente section. En effet, dès que les ovules sont fécondés, ils deviennent des organes actifs qui

____

(1) *De l'hermaphroditisme chez les Euphorbiacées.* (*Bull. Soc. bot. France,* t. IV, p. 692.)

tendent à s'approprier la séve aux dépens des organes qui les
entourent ; il résulte de là que les premiers ovules fécondés, en
absorbant avidement les sucs nutritifs, en privent les autres,
grossissent, et finissent par affamer et étouffer les derniers fécondés. Ainsi la vie d'un végétal se compose de l'action simultanée
de tous ses organes qui, chacun de leur côté, appellent la séve :
sa prospérité dépend de l'espèce d'équilibre qui s'établit. Une
partie de l'art de la taille consiste à maintenir ou à rétablir cet
équilibre, ou, en d'autres termes, à empêcher que des organes
trop actifs ne deviennent prépondérants et ne fassent avorter
leurs voisins. (D. C., *Phys. vég.*, p. 769.)

SECTION III. — AMBLOSIE AYANT POUR CAUSE DES PRÉDISPOSITIONS
ORGANIQUES.

Il y a des circonstances inconnues qui font que les organes
avortent sans qu'il soit possible de leur assigner une des causes
indiquées dans les deux précédentes sections ; mais comme très-
souvent on remarque que ces amblosies se produisent d'une manière constante dans les espèces où elles se font observer, il est
impossible que l'on ne soit pas disposé à les attribuer à une
cause particulière qui tiendrait à une prédisposition organique,
sorte d'habitude contractée, et de laquelle rarement le végétal
sortirait pour retourner à une forme plus normale.

BOURGEONS. — A l'aisselle des feuilles il se développe d'ordinaire un, deux ou plusieurs bourgeons, que nous avons dits présenter, dans leur ensemble, tantôt une évolution *centripète* ou
indéfinie, tantôt une évolution *centrifuge* ou *définie* (1).

1° Bien souvent, lorsque les feuilles sont opposées, les bourgeons se développent en obéissant à la *loi d'évolution simultanée* que nous avons établie autre part (2); mais très-souvent aussi
on voit un des bourgeons se développer, tandis que le bourgeon
opposé reste sans croissance. Ce phénomène, qui se produit anor-

---

(1) T. I, p. 403 et suivantes.
(2) *Lois suivant lesquelles se fait l'évolution des bourgeons,* etc. (*Compt.
rend. Acad. sciences,* septembre 1855, p. 476. — *Bull. Soc. bot. France,* t. II,
p. 532.)

malement sur quelques axes de végétaux, se présente avec des caractères particuliers qu'il est bon de faire connaître.

2° En effet, on remarque que tous les bourgeons développés ne se trouvent que sur une des moitiés de l'axe, tandis que l'autre moitié ne porte que des bourgeons *amblosiés*, mais non avortés, car il suffira de supprimer les bourgeons en pleine croissance pour décider les autres à se développer. Or, ce singulier développement, qui se rencontre quelquefois seulement dans les tiges de *Syringa vulgaris* et *persica*, de *Ligustrum vulgare*, de *Sambucus nigra*, etc., devient l'état normal d'un assez grand nombre de végétaux et constitue la *loi d'évolution alternative* que nous avons fait connaître (*loc. cit.*), et dont les *Serissa fœtida*, *Petunia*, *Cuphea*, etc., fournissent de nombreux exemples.

3° Dans quelques végétaux à feuilles opposées, mais toutes celles d'un même axe se développant dans un même plan, particulièrement dans le *Zygophyllum Fabago*, on observe que, des deux bourgeons opposés, l'un se développe tandis que l'autre est amblosié, c'est-à-dire reste sans développement. Or, comme toutes les feuilles opposées se superposent les unes aux autres de chaque côté de l'axe, et que les rameaux végétants se disposent alternativement de chaque côté de la tige, il en résulte : 1° qu'un rameau se superpose à un bourgeon amblosié, et celui-ci à un rameau végétant; et 2° que les rameaux ou les bourgeons sont disposés sur l'axe principal comme les feuilles alternes distiques le sont sur la tige qui les porte. Par conséquent, nous reconnaissons que l'évolution des bourgeons obéit à une loi constante et que nous désignerons sous le nom d'*évolution alternative distique*.

4° Dans d'autres genres, on constate également l'amblosie de certains bourgeons opposés à ceux qui se développent habituellement, mais ici le phénomène est bien différent. Tous les bourgeons développés sont disposés sur la tige suivant une hélice dont la forme égale $\frac{1}{4}$, c'est-à-dire que le cinquième bourgeon vient se placer directement sur le premier, après un tour d'hélice; il en est de même de tous les bourgeons amblosiés, et à moins que l'on ne supprime les bourgeons en voie de croissance, les bourgeons amblosiés restent sans se développer. Cette évolution que nous avons nommée *loi d'évolution hélicoïdale anté-*

rieure (*loc. cit.*), se rencontre dans les *Gypsophila scorzoneræ-folia, altissima; Vaccaria parviflora*, etc.

5° Il y a certains genres (*Silene rubella, bipartita, repens; Lychnis dioica; Spergula nodosa; Galium articulatum*, etc.), où l'on remarque que l'un des deux bourgeons opposés se développe d'abord suivant une disposition hélicoïdale semblable à la précédente; mais, sans qu'aucune cause apparente puisse être invoquée, on voit, peu de temps après, tous les bourgeons amblosiés se mettre en mouvement, grandir et bientôt égaler en longueur les premiers bourgeons développés : c'est la *loi d'évolution hélicoïdale postérieure.*

Cette régularité dans le développement ou l'amblosie des bourgeons est tellement nette et constante qu'il nous paraît difficile d'y voir, quant à présent, autre chose qu'un phénomène dû à une prédisposition organique et nullement à une influence de balancement.

6° Dans certains cas, comme dans la Vigne, on pourrait peut-être supposer que le développement de l'un des bourgeons tînt à une autre cause que celle que nous examinons ici, si l'on se fonde sur ce fait que nous avons observé, savoir : que de deux bourgeons latéraux l'un se développe toujours le premier et dans l'année, tandis que l'autre ne commence sa croissance que l'année suivante, à moins que la tige qui les porte ne soit taillée et les bourgeons en voie de croissance supprimés. En effet, alors les bourgeons amblosiés sortent de leur état de repos apparent, et croissent même avec une très-grande rapidité et avec une énergie que n'avaient pas les premiers. Quoi qu'il en soit, ce développement nous paraît se rapporter à la classe de phénomènes que nous étudions ici par la netteté et la constance que ces bourgeons présentent dans la différence de leur évolution. Ainsi, on peut remarquer que le bourgeon qui se développe le premier est toujours celui qui est tourné du côté de l'axe principal producteur de l'axe secondaire, lequel porte les deux bourgeons latéraux en question. Il suit de là que ces deux bourgeons obéissent à deux nouvelles lois que nous avons cru devoir désigner sous les noms d'*évolution unilatérale antérieure* ou *centripète* s'appliquant au développement des premiers bourgeons, et d'*évolution unilatérale postérieure* ou *centrifuge* se rapportant à l'évolution des bourgeons qui ne se développent que plus tard et qui donnent lieu à ces sarments vigoureux desquels on attend les produits ordinaires de la Vigne (1).

7° C'est encore à une prédisposition organique qu'il faut attribuer les différences que l'on observe dans le développement de l'ensemble des bourgeons qui se forment à l'aisselle des feuilles alternes d'un axe. Ainsi dans certains végétaux on peut observer que les bourgeons se développent dès qu'ils sont formés, et que, par conséquent, leur évolution est ascendante, que l'on ait affaire à des bourgeons infrondescents, à des phytonies, à des bourgeons inflorescents ou à des bourgeons-fleurs (*Mercurialis annua*, *Digitalis purpurea*, etc.), et comme la formation et l'évolution des bourgeons axillaires n'a de limites que le sommet de l'axe qui peut s'allonger indéfiniment, on pourrait désigner sous le nom de *loi d'évolution indéfinie* ou *basifuge* cette forme d'après laquelle marche le développement de tous les bourgeons axillaires d'un même axe. Au contraire, dans beaucoup de cas, le développement de tous les bourgeons d'un même axe commence par le haut, près de la fleur ou de l'inflorescence terminales, et se continue successivement en descendant vers la base de l'axe. Or, comme cette évolution des derniers bourgeons se trouve nécessairement limitée à la base de l'axe, on peut nommer *loi d'évolution définie* ou *basipète* celle qui préside à cette marche.

8° Enfin, si l'on veut assimiler les ovules aux autres bourgeons, nous reconnaissons que souvent l'apparition des ovules suit la loi d'*évolution basifuge* (*Abelmoschus moscheutos*, *Tetrapoma barbareifolia*, *Myricaria germanica*, etc.); que, bien souvent aussi, l'apparition des ovules se fait suivant la loi d'*évolution basipète* (*Drymaria divaricata*, *Trianthema monogyna*, *Cerastium biebersteinianum*, etc.); que d'autres fois, enfin, une autre loi préside à l'évolution de l'ensemble d'une même série d'ovules. En effet, dans un assez grand nombre de végétaux, tels que les *Chelidonium*, les *Glaucium*, les *Aquilegia*, les *Eschscholtzia*, le *Capparis spinosa*, etc., l'apparition des ovules a lieu sur le

---

(1) *Obs. sur la vég. de la Vigne et lois qui président à l'évolution de ses bourgeons. (Bull. Soc. bot. France*, t. III, p. 591.)

milieu du placentaire et se continue successivement en marchant vers chacune de ses extrémités (1). Nous proposons de désigner la cause de ce singulier développement sous le nom de *loi d'évolution médiifuge*, loi que nous ne saurions présentement appliquer à aucun axe infrondescent ou inflorescent, mais qui préside à l'évolution des éléments foliaires des feuilles *latéricomposées* ou de *génération latérale*.

Il résulterait, en définitive, dix lois générales présidant à l'évolution des bourgeons, savoir :

1° Évolution basifuge ou indéfinie (la plupart des évolutions ordinaires sur axes à feuilles alternes) ;

2° Évolution basipète ou définie (beaucoup des évolutions ordinaires sur axes à feuilles alternes) ;

3° Évolution médiifuge (évolutions des ovules sur certains placentaires) ;

4° Évolution simultanée (la plupart des évolutions sur axes à feuilles opposées) ;

5° Évolution alternative (*Serissa*, *Cuphea*, *Petunia*, etc.) ;

6° Évolution alternative distique (*Zygophyllum Fabago*, etc.) ;

7° Évolution hélicoïdale antérieure (*Gypsophila* et *Vaccaria* précités, etc.) ;

8° Évolution hélicoïdale postérieure (*Silene*, *Lychnis*, *Spergula*, *Galium* précités) ;

9° Évolution unilatérale antérieure (Vigne, premiers bourgeons développés) ;

10° Évolution unilatérale postérieure (Vigne, bourgeons développés après les premiers).

Dans un certain nombre de végétaux on observe un avortement naturel des bourgeons terminaux, avortement qui ne semble avoir pour cause ni une gêne ou une compression, puisqu'ils sont au sommet de l'axe ; ni une sorte de balancement organique, puisque ces bourgeons se trouvent exactement dans les mêmes conditions que d'autres bourgeons qui continuent à se développer pourtant parfaitement. Mais, en vertu d'une certaine prédisposition organique particulière, ces bourgeons avortent avec une constance si régulière que nous ne saurions aujourd'hui citer un

____
(1) *Phytogénie*, p. 361.

seul exemple prouvant que ces végétaux sortent quelquefois de la règle générale.

Quand le bourgeon terminal (phytogène central du dernier protophytogène infrondescent) d'un axe à feuilles opposées vient à avorter ou à constituer une inflorescence ou une fleur, les bourgeons axillaires des dernières feuilles se développent et alors le végétal prend une forme particulière due à une ramification dite par *dichotomie* ; si le phénomème se produit sur un axe à feuilles verticillées par trois, dans ce cas la tige présente une *trichotomie*, et, dans l'une et l'autre supposition, après une évolution plus ou moins grande des axes secondaires, le même phénomène se présente sur chacun des nouveaux axes, et de là de nouvelles dichotomies ou trichotomies et ainsi de suite.

Quelques auteurs ont cru devoir regarder comme une trichotomie le phénomène qui veut que les deux bourgeons axillaires de deux feuilles opposées se développent à peu près simultanément avec le bourgeon terminal, parce qu'en effet il se forme trois rameaux au lieu de deux ; mais si l'on convient que la *dichotomie vraie* résulte de l'avortement du bourgeon terminal d'un axe à feuilles opposées, il est logique de ne donner le nom de *trichoto-mie vraie* qu'au développement de trois bourgeons axillaires émanant de l'aisselle de trois feuilles verticillées avec avortement du bourgeon terminal, car c'est le même ordre de faits résultant d'un avortement. D'ailleurs la prétendue trichotomie des auteurs, résultant du développement des bourgeons axillaires simultanément avec le bourgeon terminal, constituerait un fait extrêmement ordinaire, tandis que les phénomènes de dichotomie et de trichotomie sont assez rares, surtout ce dernier. Cependant, quoique d'une manière accidentelle ou anormale, on trouve parfois (*Fraxinus excelsior*, Olivier, Lilas, *Lippia citriodora*, etc.) des tiges dichotomes ou trichotomes par avortement du bourgeon terminal, alors que dans l'état normal ce bourgeon terminal se développe. Néanmoins ce qui est une anomalie pour les végétaux précités devient l'ordre normal de certaines espèces véritablement dichotomes (*Viscum album*, *Lychnis coronaria*, *Valerianella olitoria*, etc.) ou trichotomes (*Nerium*, etc.). Il y a donc lieu de distinguer une *fausse* dichotomie ou trichotomie, et rien, au reste, n'est plus facile.

En effet, dans quelques cas, comme dans le *Sedum acre*, le *Geum urbanum*, etc., il arrive souvent qu'une partie des sucs nutritifs se portent assez abondamment vers le dernier rameau secondaire, de façon à hâter son développement ; celui-ci chasse de sa véritable direction le rameau résultant de la croissance du bourgeon terminal et, grandissant ensemble, le rameau continuant l'axe principal et le rameau secondaire forment une bifurcation qui ressemble à une dichotomie ; mais on reconnaît aisément qu'elle est *fausse* à ce que l'on ne trouve *qu'une seule feuille* à la naissance de la bifurcation. Or, le rameau voisin de la feuille est de seconde génération, tandis que le rameau qui ne naît pas à l'aisselle d'une feuille n'est autre que la continuation de l'axe primaire. (Aug. Saint-Hilaire.)

Mais dans la supposition de la trichotomie indiquée plus haut, formée par le bourgeon terminal et les deux bourgeons latéraux, on ne voit véritablement que *deux feuilles* quand il en aurait fallu *trois,* comme on les retrouve dans la vraie trichotomie des *Nerium*. D'un autre côté, la trichotomie vraie résultant du développement de trois axes secondaires et de l'avortement ou de la transformation en fleur ou en inflorescence du bourgeon terminal doit offrir ces trois axes *placés entre eux comme les trois angles d'un triangle équilatéral,* tandis que la prétendue trichotomie des auteurs présente trois axes *situés dans un même plan,* ce qui est bien différent au point de vue phytomorphique ; par conséquent elle n'est réellement pas une trichotomie, et, dans cette manière de voir, elle ne mériterait même pas le nom de *fausse trichotomie.*

Il n'en est pas ainsi de la trifurcation que l'on observe dans quelques *Solanum* (*auriculatum, laciniatum,* etc.), où véritablement trois axes disposés en triangle forment une *fausse trichotomie* qui pourrait induire en erreur un observateur superficiel ; mais l'absence d'une feuille au moins et le défaut de coïncidence du point de départ des trois axes suffisent pour la prévenir.

Cette nécessité de l'avortement ou de la transformation en inflorescence ou en fleur du phytogène central du dernier protophytogène de l'axe est absolue pour constituer une dichotomie ou une trichotomie, car sans cela on confondrait les épipédochorises diplasiques avec les dichotomies, et les cyclochorises triplasiques avec les trichotomies, phénomènes cependant différents, puisque les chorises n'admettent pas l'avortement d'un phytogène central qui n'existe pas, tandis que les dichotomies ou les trichotomies veulent l'amblosie du phytogène central existant, qu'il avorte ou qu'il ait une existence éphémère soit comme fleur, soit comme inflorescence.

Cependant, telle n'est pas la manière dont M. Stenzel considère la dichotomie, car, d'après ses recherches, dit-il, elle n'existe point dans les Phanérogames, tandis qu'au contraire elle est fréquente parmi les Cryptogames, particulièrement chez les Fougères et les Lycopodiacées (1). C'est que M. Stenzel n'admet pas de bourgeons axillaires chez les Cryptogames, et il peut avoir raison : donc, dans ce cas, on ne saurait en effet reconnaître que la dichotomie soit due à l'avortement du bourgeon terminal et au développement de deux bourgeons latéraux, mais la nature supplée à ce défaut par le phénomène du dédoublement qui, ainsi que nous venons de le voir, ne constitue qu'une fausse dichotomie. Or, c'est ce dédoublement, fréquent dans les Cryptogames, que M. Stenzel considère comme une dichotomie.

FEUILLES. — Il n'est pas rare de rencontrer des tiges portant des feuilles très-réduites à côté d'autres feuilles beaucoup plus amplement développées et de grandeur normale (2). Cet état très-commun d'amblosie est le commencement d'un état plus avancé, mais aussi beaucoup plus rare, et qui n'est autre que l'avortement complet de la feuille.

Cet avortement complet, dont on a peu parlé jusqu'à ce jour, s'est montré à notre observation d'abord dans la Capucine (*Tropœolum majus*), présentant des tiges sur lesquelles on observait des fleurs bien conformées et n'offrant aucune trace de feuilles à la base de leur pédoncule. Or, il était impossible de rattacher l'existence de ces fleurs à un défaut d'exastosie entre l'axe primaire et le pédoncule, car les feuilles, en dessous, étaient munies de leurs fleurs aussi bien que celles qui leur étaient supérieures, et d'un autre côté, la position de ces fleurs excluait l'idée qu'elles pussent provenir de feuilles inférieures, puisqu'elles ne se trou-

---

(1) Résumé des travaux présentés par M. Cohn à la Société silésienne d'agriculture. *Flora*, 21 mars 1859.

(2) T. I, pl. V, *fig.* 15, a et b.

vaient nullement en rapport avec la ligne partant de l'aisselle d'une feuille inférieure et s'élevant sur l'axe. Il y avait réellement là un véritable avortement de feuille.

La Vigne offre assez souvent aussi un avortement de ses feuilles; quelquefois l'amblosie se borne à les faire plus petites; d'autres fois l'amblosie ne se porte que sur une de ses moitiés dont l'avortement est complet (1); souvent, enfin, l'avortement complet se prononce sur la feuille entière, et alors on a des vrilles d'un côté sans aucune trace de feuille de l'autre, si ce n'est un renflement indiquant que les phytogènes périphériques qui en sont l'origine ont eu un commencement d'évolution, mais qui s'est arrêtée bientôt par une cause inconnue, en dehors de celles que nous étudions (2). Il est probable que cette cause est la même que celle qui détermine l'avortement des vrilles de cette plante.

Or, cette cause qui est accidentelle pour la Vigne et la Capucine, est probablement la même que celle qui fait que normalement les tiges de *Cassytha* et de *Cuscuta* sont dépourvues de feuilles, et l'on voit ainsi qu'une anomalie observée dans certains végétaux peut indiquer une disposition normale dans certains autres, alors même que cette disposition normale ne serait pas encore découverte. C'est donc par amblosie ou par avortement prédisposés que le *Cassytha filiformis* et les *Cuscuta* sont dépourvus de feuilles, ou tout au plus n'offrent que de faibles écailles pour tout organe appendiculaire de l'infrondescence. Une anomalie fort curieuse à observer serait celle d'une feuille bien développée dans les espèces de ces deux genres.

L'avortement peut se faire sentir sur quelques-uns seulement des éléments d'une feuille simple ou composée. Ainsi, lorsque nous considérons une feuille de *Bauhinia purpurea* (*fig.* 85), nous remarquons une légère échancrure à son sommet, laquelle indique déjà un commencement d'amblosie dans la nervure médiane. Si cette amblosie est plus prononcée, on aura une nervure médiane très-courte, relativement aux nervures latérales, comme on le voit dans la feuille du *Passiflora perfoliata* (*fig.* 68).

(1) T. I, pl. IV, *fig.* 6.
(2) Ch. Fd. *Phylogénie*, pl. III, *fig.* 15 *bis*, f, a.

Enfin, admettons un avortement complet de l'élément médian de la feuille, nous aurons alors la constitution de la feuille des *Zygophyllum* ou des *Cliffortia* bifoliolés. C'est qu'en effet la nervure médiane d'une feuille simple représente la foliole terminale d'une feuille composée de trois folioles. D'un autre côté, il n'est pas rare de trouver des feuilles composées dans lesquelles une ou plusieurs folioles viennent à manquer, et cela pendant la formation organogénique de la feuille. Nous avons figuré (t. I, pl. IV, *fig*. 8, a) une feuille de *Robinia pseudo-Acacia* dans laquelle l'absence de plusieurs folioles se fait observer. Mais c'est surtout dans les feuilles d'une composition très-élevée que ces avortements se font remarquer, et ce sont eux qui contribuent pour une large part à masquer le *principe de la trisection* (1), car, en effet, les avortements des éléments sont d'autant plus fréquents que ces mêmes éléments sont plus nombreux. Là encore, l'anomalie peut servir de renseignement sur l'existence probable de faits normaux. Ainsi, dans les feuilles trifoliolées, on remarque que l'avortement peut agir sur la foliole du sommet ou sur les folioles latérales. Dans le premier cas, on a l'état habituel des *Zygophyllum*, des *Cliffortia* bifoliolées, etc.; dans le second, on a la forme normale de la feuille des Orangers ou du *Desmodium triquetrum*; celle du *Desmodium gyrans*, par ses petites folioles latérales, indiquant déjà une amblosie se complétant dans l'avortement des deux folioles latérales de l'espèce précédente. Si, par hasard, toutes les folioles venaient à avorter, la plante se trouverait alors dans les conditions organiques de quelques *Cliffortia* ténuifoliées et des *Acacia* phyllodinés (Moq.-Tand.).

SÉPALES. — Nous regardons l'avortement des sépales comme étant à peu près impossible, par la raison que le calice est l'organe essentiellement protecteur des organismes de la reproduction. Nous n'admettons pas que lorsqu'un calice présente une ou plusieurs pièces en moins, c'est parce qu'il y a avortement ; c'est plutôt par un défaut d'exastosie que deux ou plusieurs pièces unies entre elles font croire à un avortement. Dans les Orangers, les Grenadiers, les Fraisiers, les Malvacées, soit dans leurs calices, soit dans leurs calicules, on trouve des traces de ces unions à des

(1) Page 3.

degrés divers, et jamais, ou du moins extrêmement rarement, un véritable avortement indiqué par une place laissée vide dans le verticille calicinal. D'ailleurs, en admettant l'avortement possible d'un ou de plusieurs sépales, ce ne serait qu'une exception et nous n'y verrions pas une cause ordinaire de phytomorphie.

Cependant lorsque l'ovaire est infère et que, par conséquent, il est naturellement enveloppé par la base du calice comme on le voit chez les Ombellifères, les Synanthérées ou les Valérianées, dans ce cas, le calice peut paraître extrêmement réduit, soit à de petites dents, soit à un bourrelet, soit à des poils, mais il n'en existe pas moins, surtout dans la partie destinée à protéger l'ovaire. (Voir p. 257.)

Pétales. — Il n'en est pas de même des parties de la corolle, qui peut, elle, complétement disparaître et donner à la fleur une physionomie et une signification physiologique particulières.

· Nous ne parlerons point ici de la disparition d'un ou de plusieurs éléments de la corolle, qui nous paraît bien plutôt due à un défaut d'exastosie qu'à un véritable avortement. C'est ainsi que l'on considère à tort les trois ou quatre pétales que présentent le Jasmin, le Lilas, etc., comme offrant la preuve d'un avortement, car si l'on observe un assez grand nombre de fleurs, on peut arriver à reconnaître que, par défaut d'exastosie, plusieurs pétales sont restés unis deux à deux, d'où la diminution du nombre. Quelquefois, ce défaut d'exastosie est indiqué par un sillon médian, et alors l'idée du nombre normal naît aussitôt; mais comme ces unions peuvent aller jusqu'à la fusion complète de deux parties en une seule, c'est alors seulement que l'on peut être conduit à admettre l'avortement d'une ou de plusieurs parties qui, dans ce cas, devraient offrir une trace quelconque du phénomène. Or, lorsque la corolle d'une fleur pentamère ou tétramère n'offre que quatre ou trois parties, on ne trouve jamais, ou du moins très-rarement, aucun vide qui indique certainement l'avortement d'une ou de deux parties, excepté pourtant dans les exemples que nous avons signalés dans les sections précédentes, où l'absence des parties est indiquée par un vide bien marqué.

Nous avons vu, dans la première section de cet article, que chez les *Acanthus* et les *Amorpha* la fleur était privée naturel-

lemment, chez les premiers, de sa lèvre supérieure, et chez les
seconds, de ses ailes et de sa carène. Or, comme ces avortements
ont lieu dans deux points opposés chez ces deux ordres de fleurs,
et que, d'ailleurs, ces avortements se font avec une constance
remarquable, il en résulte que c'est particulièrement dans cette
section que viennent se ranger ces phénomènes, puisque l'on ne
saurait nier que ces avortements sont prédisposés et qu'il nous
serait impossible de trouver un moyen de les empêcher.

Il y a toute une classe, les *Apétales* de la classification de
Jussieu, qui comprend un très-grand nombre de fleurs chez lesquelles la corolle fait défaut et cela avec une constance remarquable, qui fait rentrer l'avortement des parties de cette corolle
dans l'étude que nous faisons ici. Il était curieux de rechercher
comment la corolle qui devait jouer un grand rôle dans l'acte de
la fécondation, soit en protégeant le développement des organes
sexuels, soit en devenant un des principaux auxiliaires de ce
grand acte, ainsi que nous l'avons fait connaître autre part (1),
il importait, disons-nous, de rechercher pourquoi la nature avait
privé certaines fleurs de cette enveloppe tout au moins protec-
trice, et c'est ce qu'a fait avec un rare bonheur M. le docteur
Ed. Gouriet, dans une thèse soutenue devant la Faculté des
sciences de Poitiers. Nous regardons ce point de phytomorphie
comme trop important pour ne point citer entièrement le passage
suivant, qui donne une idée complète de la manière de voir de
l'auteur.

« 1° En parcourant la longue liste des principaux genres mono-

---

(1) Nous avons, en effet, constaté que bien souvent la fécondation serait
impossible sans le secours de la corolle qui, chargée de pollen, le reportait
sur le stigmate à l'aide de six moyens différents :

1° Par *inconvolution* (*Iris, Morea, Sisyrinchium*, etc.);

2° Par application des divisions flétries (*Iris, Gladiolus, Tigridia*, etc.);

3° Par rapprochement des divisions encore vivantes (*Hibiscus, Althœa, Lavatera*, etc.);

4° Par accroissement du périanthe (*Viola, Funkia*);

5° Par renversement de la fleur après l'émission du pollen (*Campanula ma-
crantha, eriocarpa, latifolia*, etc.);

6° a. Par occlusion de la corolle entière (*Calonyction speciosum, Adenophora Gmelini et vulgaris*);

b. Par occlusion d'une partie seulement de la corolle (Papilionacées).

Faits pour servir à l'histoire générale de la fécondation végétale. Paris,
1859.

pétales, je faisais la réflexion que dans la plupart de ces plantes, presque toutes hermaphrodites, le nombre des étamines ne dépasse pas cinq (voyez les Synanthérées, Rubiacées, Convolvulacées, Borraginées, Solanées, etc., etc.); que souvent le nombre en est réduit à quatre (presque toutes les plantes à corolle labiée et personée); que parfois même il est réduit à deux (les Stylidiées, certaines Labiées, Bignoniacées, etc.); si bien qu'à part la Didynamie et à peine un ou deux autres groupes, presque tous les Monopétales ne dépassent guère les cinq premières classes de Linné. Or, si on fait attention à la forme de l'enveloppe florale, on verra qu'elle est le plus souvent en cloche, en entonnoir, en coupe, en un mot qu'elle offre l'aspect d'une cavité réceptaculaire plus ou moins profonde. Chez la plupart des plantes qui ont le nombre de leurs étamines inférieur à cinq, on trouve des corolles bien plus aptes encore à retenir le pollen, puisqu'elles ont généralement la forme d'une gueule, et que parfois même les bords de cette gueule sont rapprochés jusqu'au contact.

« Que conclure de là ? C'est qu'avec une corolle qui s'oppose à la déperdition trop grande du pollen, il n'est besoin pour la fécondation que d'un bien petit nombre d'étamines.

« 2º Si l'on parcourt actuellement l'immense division des Polypétales, on rencontre encore parfois cinq étamines, mais presque toujours on en observe huit, dix, quinze, vingt ou un bien plus grand nombre. Or, si on fait attention que les corolles polypétales sont généralement évasées, que leur contour offre des fentes et des brèches favorables à la déperdition du pollen, on trouvera la nature bien prévoyante d'avoir multiplié les étamines, pour suppléer à cette déperdition. »

« Voilà de puissantes raisons (*ab existentia*) pour démontrer le rôle passif de la corolle dans le grand acte de la fécondation. En voici une autre, non moins sérieuse à mon avis, que j'appellerai preuve *a defectu*.

« 3º S'il est bien vrai que la corolle ait pour fonction de maintenir le pollen dans l'enceinte de la fleur hermaphrodite, que doit-il se passer dans le cas de séparation des sexes? La réponse la plus naturelle est que la corolle doit faire défaut. Or, si l'on considère cette importante classe de plantes que A.-L. de Jussieu appelait *Diclines*, elles sont presque toutes apétales. Et en effet, cela devait être : si chez la plante hermaphrodite le pollen doit rester dans l'enceinte de la fleur, et s'il a besoin d'une barrière qui s'oppose à sa trop grande dissémination, chez la dicline, au contraire, la dispersion de ces précieux globules est une condition indispensable au succès de la fécondation, et la barrière, je veux dire la corolle, qui dans le cas précédent retenait le pollen, doit s'effacer ici devant des exigences opposées.

« Si maintenant on passe aux étamines des Apétales, et qu'on les compare à celles des autres sections, on verra que dans les premières les étamines sont presque toujours en nombre considérable, et qu'il n'est pas rare de les voir aller à une ou plusieurs centaines. N'était-il pas rationnel de multiplier ces organes en proportion des pertes éprouvées par le pollen ?

« Ces divers résultats, comme on le voit, se fortifient les uns par les autres et se donnent mutuellement le mot de leur raison physiologique.

« Je mettrai donc sur la même ligne, comme se convenant parfaitement, les trois mots :

« *Hermaphrodisme, Monopétalie, Oligostémonie*, absolument comme on pourrait mettre ceux-ci :

« *Hermaphrodisme, Polypétalie, Polystémonie.*

« *Diclinie, Apétalie, Perpolystémonie.*

« Chacune de ces trois lignes peut constituer une *trilogie*, c'est-à-dire une série de trois choses qui se commandent réciproquement (1). »

Toutefois, M. Gouriet fait sagement observer que ces lois présentent d'assez nombreuses exceptions, qu'elles n'expriment après tout que des tendances et qu'elles sont sujettes à des objections comme toutes les lois possibles (p. 53).

La corolle peut, anormalement, manquer dans une foule de fleurs. Ainsi, d'après Linné, la corolle du *Campanula perfoliata* et celle du *Ruellia clandestina* venus dans les jardins d'Upsal sont fréquemment absentes, et certaines *Helianthemum* qui croissent dans les neiges de la Laponie donnent des fleurs sans pétales ; il en est de même de beaucoup d'autres plantes qui croissent dans

___

(1) Édouard Gouriet, *Thèse pour obtenir le grade de docteur ès sciences naturelles*. Niort, 1866, p. 52.

les pays glacés et dont cet illustre savant a dressé la liste. C'est à
ces fleurs sans corolle que Linné donne le nom de *Mutili* :
« *Mutilus* autem dicitur in flos qui corollam excludit; » et plus
loin : « *Mutilus* flos nobis est, qui corollam non promit, quam-
quam eamdem promere deberet; » (*Philos. bot.* 119) et il désigne
ensuite les *Ipomœa, Campanula, Ruellia, Viola, Tussilago* et
Cucubalus. Adanson dit aussi que les plantes des pays chauds
perdent leur corolle quand elles vivent dans des régions un peu
froides.

Selon de Candolle, les pétales du *Ranunculus auricomus*
avortent souvent dans la Thuringe; il en est de même du *Cerastium viscosum* dans les environs d'Agen (Saint-Amand). Dans les
Pyrénées-Orientales, l'*Ajuga Iva*, d'après Bentham (1), est toujours sans corolle, bien que fructifiant parfaitement. Enfin un certain nombre d'autres plantes ont, anormalement, présenté des
fleurs sans corolles (apétales); tels sont l'*Alsine media* (Gay); le
Cardamine impatiens (Mœnch); le *Lamium amplexicaule* (Soyer-
Willemet); le *Polemonium cœruleum* (Decaisne); le *Teucrium
Botrys* (Cosson et Germain); les *Rosa centifolia, Medicago lupu-
lina, Melilotus officinalis, Saxifraga longifolia, Verbascum
Thapsus*. Le *Sagina apetala* est aussi fréquemment affecté de cette
amblosie, qui lui est pour ainsi dire normale.

On trouve encore, parmi les familles habituellement caractérisées par la présence d'une corolle, des genres qui sont normalement apétales. Tels sont les *Alchemilla, Sanguisorba, Poterium* (Rosacées); les *Chrysosplenium, Callicoma* (Saxifragées);
le *Ceratonia siliqua* (Légumineuses).

ÉTAMINES. — Qu'une ou plusieurs étamines d'un verticille
androcéen viennent à manquer, c'est là un phénomène ordinaire qui peut être dû à un défaut d'exastosie ou à un avortement
accidentel. Mais lorsque la disparition d'une ou de plusieurs étamines, ou même de tout l'androcée, se produit d'une manière
constante, il n'y a d'autre cause à cette régularité qu'une sorte
d'habitude contractée, qu'une véritable prédisposition organique
du végétal à se comporter toujours d'une façon invariable. Ainsi
lorsque dans les fleurs *didynames* nous voyons toujours la même

(1 *Cat. plant. pyr.*, p. 58.

étamine avorter ; lorsque dans les fleurs *diandres* nous ne retrouvons jamais que deux étamines alors que la fleur est pentamère ou tétramère (*Salvia, Veronica, Syringa,* etc.); lorsque dans les plantes *monoïques* ou *dioïques* nous voyons constamment se produire des fleurs sans aucune étamine, l'absence de ces organes est certainement due à un avortement prédisposé qu'aucune méthode n'a réussi à vaincre, et ce n'est plus qu'accidentellement alors que quelques pieds ou quelques fleurs femelles possèdent par hasard quelques organes mâles. Il faut donc admettre que, dans certaines circonstances inconnues, l'androcée a pu se développer, ce qui implique l'idée d'existence primordiale de phytogènes ou d'éléments staminaux qui se sont atrophiés ou ont complétement avorté.

Dans certaines anomalies inexpliquées, on voit l'androphylle faire complétement défaut. Ainsi, selon Claude Richard, l'*Erica tetralix* se rencontre parfois, dans le bois de Montmorency, sans aucune étamine apparente. Guillemin a remarqué l'absence complète de l'androcée dans une pélorie de *Calceolaria rugosa.* Certaines variétés de *Malus* deviennent unisexuées par l'avortement de tout l'androphylle (Willdenow). Dans les *Annales des sciences naturelles*(1), M. Dupont a désigné dix-neuf espèces de Chénopodées dont les fleurs, souvent privées d'androphylle, deviennent femelles. Mais on sait que dans cette famille cette sorte de prédisposition à l'avortement des étamines est indiquée par les *Spinacia* et *Atriplex,* qui sont normalement dioïques ou monoïques, et les *Blitum, Chenopodium, Kochia,* qui ont fréquemment des fleurs femelles par l'avortement de l'androphylle.

Il en est de même de l'*Artemisia Tournefortiana,* dont les fleurs marginales, habituellement hermaphrodites, ont été trouvées anormalement femelles par suite de l'avortement de l'androphylle. Une grappe entière était couverte de cette anomalie (Gay). Mais il ne faut pas être surpris de cette monstruosité en présence du caractère des *Artemisia* qui est d'avoir, généralement, des fleurs marginales femelles.

Quelquefois l'avortement de l'androphylle n'est que partiel; c'est particulièrement lorsque l'androcée est formé de plusieurs

(1) T. XIII, p. 312.

verticilles. Alors on remarque que tous les verticilles disparaissent ou bien que l'un d'eux seul fait défaut : tantôt l'un, tantôt
l'autre. C'est ainsi que M. Rœper a vu l'*Agrimonia Eupatoria*
présenter des fleurs dont quelques-unes avaient dix étamines
opposées les unes aux pétales, les autres aux sépales; tandis que
d'autres fleurs n'en offraient que cinq opposées aux divisions
calicinales (1).

Quelquefois l'amblosie partielle ne porte que sur les anthères,
ainsi que l'on peut s'en assurer en observant l'androphylle
des *Albuca, Erodium* et d'un grand nombre de genres appartenant aux Personées, Gesnériées, Cyrtandracées, Bignoniacées,
Sésamées, Acanthacées, etc.

PISTILS. — Ce que nous venons de dire est de tous points
applicable aux gynécées, et de même que nous avons vu les fleurs
femelles privées de leurs organes mâles, de même, dans les plantes monoïques ou dioïques, nous retrouvons des fleurs mâles
complétement privées de leurs organes féminins; et cette absence
est bien due à un avortement prédisposé, car, parfois, on voit ces
derniers organes se développer et constituer soit une fleur femelle, soit une fleur hermaphrodite.

L'avortement tératologique des carpelles est un fait au moins
aussi fréquent que celui des étamines. Il y a, en effet, infiniment
plus de fleurs hermaphrodites dont le gynéconophylle ne se développe pas que de fleurs où l'androphylle fait défaut, et cela
se conçoit sans peine si l'on observe : 1° que le gynéconophylle
est constitué par le dernier protophytogène apparent de la fleur,
lequel, bien souvent, doit être privé de nourriture par suite de
l'épuisement de l'axe; 2° et surtout que cet organe, ayant besoin,
pour nourrir les graines souvent nombreuses qu'il porte, de revêtir une partie des caractères des feuilles ordinaires, réclame une
nourriture abondante que n'exigent pas au même degré les éléments de l'androphylle.

On sait que l'ombelle du *Daucus Carota* porte à son centre
une fleur rouge remarquable qui tranche fortement sur la couleur de l'ombelle. Or cette fleur est habituellement stérile; mais
quand on en observe un grand nombre, on reconnaît que le

____

(1) ʻeringe, *Mém. bot.*, p. 94.

style seul a avorté, tandis que les étamines sont plus ou moins développées; parfois les étamines avortent, tandis que le style se développe assez pour devenir fertile par la fécondation des autres fleurs, enfin quelquefois la même fleur est parfaitement hermaphrodite.

Ce qui arrive pour la fleur centrale du *Daucus Carota* se reproduit d'une manière plus fréquente dans le *Daucus polygamus*, dont la plupart des fleurs de la circonférence de l'ombelle sont privées d'ovaire.

On sait que l'ombelle du *Torilis Anthriscus* est d'ordinaire entièrement composée de fleurs hermaphrodites; mais J. Hoffer a observé que, venue dans des endroits stériles, l'ovaire des fleurs centrales avorte et elle devient ainsi unisexuée (1).

Ovules. — Il n'est pas rare de rencontrer des fruits dans lesquels les ovules ou les graines se montrent plus ou moins amblosiés et même complétement avortés (Ananas, Poires, Pommes, Oranges, Raisins, etc.); mais cet état presque contre nature, quoique fréquent, ne l'est pourtant pas assez pour indiquer une prédisposition organique. Nous ne connaissons réellement qu'un seul fruit, le Raisin dit de *Corinthe* (blanc et violet), qui mûrisse sans pépins, et dont par conséquent les ovules subissent un avortement prédisposé. Nous possédons un pied de Vigne (Frankenthal ordinaire) qui donne chaque année une grande quantité de grappes parmi lesquelles on en observe qui sont à tout petits grains et ne présentant pas de graines. Les ovules ont avorté comme dans le raisin de Corinthe. Néanmoins cet avortement n'est pas prédisposé, car beaucoup de grappes se montrent formées de gros grains contenant les semences fertiles, et d'autres grappes sont composées à la fois de gros grains séminifères et de petits grains sans semences, qui mûrissent ordinairement très-bien.

Où le phénomène d'amblosie prédisposé se montre d'une manière plus normale, c'est dans certains ovaires, comme celui des *Quercus, Castanea, Æsculus* et *Fagus*. Dans le premier, en effet, l'ovaire a toujours originellement trois loges et deux ovules dans chaque loge; mais non-seulement deux des loges avortent, mais même un des ovules de la loge fertile, si bien que la cupule ne

____

(1) *Obs. bot., Act. helv.*, t. II, p. 15.

renferme plus qu'une seule graine : *le gland*, et, quel que soit le nombre de fruits que l'on examine, on ne trouve jamais dans la même cupule qu'un seul gland à graine unique.

Dans l'*Æsculus hippocastanum*, l'ovaire est aussi à trois loges biovulées, d'où six ovules dont trois, quatre et même cinq avortent peu à peu, de façon que le fruit ne renferme plus que trois, deux et souvent une seule graine.

Pareille chose se passe dans le *Castanea vulgaris* : son ovaire est primitivement à six ou huit loges dispermes, mais souvent une seule graine, quelquefois deux, se développent complétement ; de sorte qu'au lieu de douze à seize graines, il n'en reste souvent que deux et même parfois qu'une seule.

Dans le genre *Fagus*, quelque chose d'analogue se produit, mais le nombre des carpelles n'étant que de trois, et chacun d'eux étant uniovulé, il en résulte que l'avortement ne porte que sur un carpelle et partant sur un ovule. Mais tous ces avortements sont si constants que nous ne savons pas si jamais la nature ne nous a fourni l'exemple d'un fruit représentant tous les éléments constitutifs de l'ovaire, particulièrement pour les trois premiers de ces exemples.

On pourrait multiplier considérablement ces exemples ; aussi peut-on dire d'une manière générale que l'amblosie des ovules est tellement fréquente qu'il n'existe peut-être pas d'espèces à carpelles polyspermes qui n'offre des exemples de ce défaut de développement.

Enfin, c'est par l'avortement des deux sexes que les fleurs marginales du corymbe sont stériles dans le *Viburnum Opulus*, stérilité qui s'étend, pour la même cause, à toutes les fleurs de la variété dite *sterilis*, vulgairement connue sous le nom de *Boule de neige*.

Dans quelques circonstances, c'est tantôt l'un des sexes qui avorte, tantôt l'autre, comme on le voit dans le *Lychnis dioica* ou le *Bryonia dioica*; mais c'est rentrer dans l'histoire des plantes monoïques ou dioïques dont nous avons parlé page 270.

CHAPITRE VIII

DE LA MÉTATHÉSIE VÉGÉTALE

Sous ce titre tiré du grec (μετάθεσις, déplacement), nous examinons les phénomènes désignés par le nom de *déplacement* et qui se remarquent particulièrement dans les organes appendiculaires. En effet, tantôt des organes qui devaient être normalement opposés se déplacent et deviennent alternes ; tantôt, au contraire, des organes qui normalement devaient être alternes arrivent à être plus ou moins exactement opposés. Ces deux sortes de déplacements doivent être distinguées ; c'est pourquoi nous désignerons le premier phénomène sous le nom de *diastasie* (διάστασις, éloignement), et le second sous celui de *plésiasmie*, de πλησιασμὸς, rapprochement (1).

Moquin-Tandon, dans ses *Éléments de Tératologie végétale*, range les déplacements parmi les monstruosités, mais il ne fait aucune distinction entre les organes qui s'écartent et ceux qui se rapprochent : il les réunit dans un seul et même chapitre. Nous n'avons pas cru devoir suivre l'exemple du savant tératologue ; en conséquence, nous formerons deux ordres de tous les phénomènes métathésiques.

ARTICLE PREMIER. — *De la Diastasie.*

Si nous examinons la position respective des cotylédons des plantes dicotylédonées, nous voyons que, sauf quelques rares

(1) Ch. Fd, *Observ. sur les dédoublements.* (*Compt. rend. Acad. sciences,* mars 1855. — *Bull. Soc. bot. France,* t. II, p. 235.)

exceptions, ces organes appendiculaires sont exactement opposés quand il n'y en a que deux, ou verticillés quand il y en a trois, nombre plus fréquent qu'on ne le saurait croire, alors même qu'il ne s'agirait pas des végétaux qui, comme les Conifères, étaient regardés comme polycotylédonés. En effet, depuis la publication de notre mémoire (1), nous avons eu l'occasion de nous assurer que le nombre trois des cotylédons, parmi les Dicotylédones, était aussi fréquent que le nombre trois parmi les feuilles dites opposées. On peut donc dire que le nombre *normal* des cotylédons dans les Dicotylédones est de deux, puisqu'il est le plus ordinaire; mais on peut soutenir aussi que le nombre trois en est le *type*, car il est fréquent comme nombre normal dans certaines espèces à feuilles verticillées par trois, et fréquent aussi comme nombre anormal dans les espèces à feuilles opposées ou même dans les espèces à feuilles *phylogéniquement alternes*, comme le sont celles des Polygonées et de la plupart des Ombellifères.

Quel que soit d'ailleurs le nombre des cotylédons, il est constant qu'ils sont le plus souvent exactement opposés ou exactement verticillés et représentent un arrangement particulier de tous les phytogènes périphériques du *premier* protophytogène végétal, ou protophytogène-embryon.

Si maintenant nous suivons le développement d'un végétal regardé comme ayant rigoureusement des feuilles alternes (*Phaseolus, Lunaria, Calendula*, etc.), nous pourrons constater que les feuilles primordiales sont opposées ou verticillées, et que quelquefois l'opposition se répète une seconde, une troisième fois, après quoi les feuilles qui auraient dû continuer à être opposées ou verticillées passent à l'alternance, si bien qu'elles se maintiennent à cet état tout le long de l'axe, jusqu'au moment où elles redeviennent opposées ou verticillées dans la fleur sous la forme de sépales ou de pétales, etc.

Dans certaines plantes, par exemple dans les *Cannabis*, l'*Helianthus tuberosus*, etc., les feuilles inférieures sont toutes opposées ou verticillées, jusqu'à une assez grande hauteur, puis

---

(1) *Recherches sur le nombre des parties qui composent les divers cycles hélicoïdaux*, etc. (*Compt. rend. Acad. Sc.*, septembre 1855. — *Bull. Soc. bot. France*, t. II, p. 508.)

elles deviennent alternes et restent souvent telles, ou présentent de temps à autre un retour à l'opposition ou au verticillisme qui paraît leur être propre.

On voit, par ces exemples et surtout par celui des cotylédons, que les phytogènes périphériques ont la plus grande tendance à former des organes appendiculaires opposés ou verticillés, et il est rationnel de penser que tel devrait être la physionomie des plantes Dicotylédones, si une cause physiologique qui n'est pas bien connue ne venait, *accidentellement* dans les plantes à feuilles verticillées ou opposées, et *normalement* dans les plantes à feuilles alternes, détruire cette opposition ou ce verticillisme.

Plusieurs auteurs, avant nous, avaient signalé un certain nombre d'exemples de feuilles ou d'organes appendiculaires ayant changé de position. Ainsi, de Candolle a figuré une anomalie d'*Iris chinensis* qu'il regarde comme un exemple de déplacement (1). Un tiers des parties de la fleur a disparu, mais à sa place et un peu au-dessous de la fleur se trouve un bouton demi-avorté. Moquin-Tandon est tenté de regarder cette anomalie comme un fait de double avortement. « Ne pourrait-on pas voir, dit-il, dans cette aberration deux fleurs incomplètes, qui ont perdu chacune un certain nombre de pièces, lesquelles se sont développées dans l'autre? Ce fait serait analogue à ce qui arrive normalement dans les inflorescences polygames (2). »

Dans notre opinion, ce phénomène est des plus propres à éclairer un des points de notre théorie phytogénique. En effet, un ou plusieurs des phytogènes périphériques d'un protophytogène se sont (dans l'hypothèse de plusieurs) fondus en un seul et ont formé d'abord un phytogène qui, plus fortement constitué, a pu, jusqu'à un certain point, se composer en un protophytogène-fleur; tandis que les autres phytogènes périphériques ont pu obéir à l'influence qui devait en faire des pièces du périanthe.

D'autres déplacements, que nous aurons à examiner en leur lieu, ont aussi été observés par de Candolle, Ad. de Jussieu, Dunal, Engelmann, Jœger, Dutrochet, Moquin-Tandon, Stein-

____

(1) *Organ. vég.*, pl. XL.
(2) *Élém. de Tératologie végétale*, p. 309.

heil, Ch. Desmoulins, Boivin et quelques autres botanistes, mais isolément et non d'une manière générale, comme nous avons cherché à le faire dans nos *Études sur le développement des mérithalles ou entre-nœuds des tiges* (1). Ces études ont plus particulièrement porté sur le déplacement des feuilles, et nous avons reconnu, depuis, que cette diastasie pouvait être plus générale et se faire de deux façons : *verticalement* et *latéralement*.

§ I. — DIASTASIE VERTICALE OU LONGITUDINALE.

A. *Organes opposés.*

Le nombre des feuilles opposées qui subissent des diastasies est très-considérable. Il est extrêmement probable même qu'il n'existe aucune plante à feuilles opposées ou verticillées qui soit capable d'échapper absolument à la diastasie; car dans les végétaux les plus essentiellement à feuilles opposées, comme les Labiées, nous avons trouvé deux cas remarquables de diastasie : l'un, sur le *Teucrium pyrenaicum;* l'autre, sur le *Salvia splendens.* Dans quelques espèces, ces diastasies sont si prononcées qu'elles semblent établir le passage des feuilles opposées aux feuilles alternes : c'est ce que l'on observe dans les *Helianthus,* les *Verbesina,* les *Veronica,* les *Lythrum,* les *Tagetes,* etc., etc., qui ont des espèces à feuilles opposées et des espèces à feuilles alternes ou hélicoïdées.

Il y a même des espèces chez lesquelles l'alternance devient si prononcée, que dans certaines tiges on ne retrouve plus le caractère de l'oppositifoliation. Telles sont celles de *Phlox paniculata,* de *Ligustrum vulgare,* de *Lythrum Salicaria,* de plusieurs *Veronica,* etc., chez lesquelles l'opposition a disparu pour faire place à la disposition quinconciale.

Dans le *Benthamia acuminata* de l'école botanique du Muséum, à Paris (1854), nous avons trouvé un exemple remarquable de diastasie qui mérite d'être particulièrement signalé. L'axe principal a été enlevé, mais de la courte partie qui s'élève au-dessus du sol partent deux tiges opposées. L'une d'elles a ses feuilles

____

(1) *Compt. rend. Acad. Sc.,* juillet, septembre, novembre 1854. — *Bull. Soc. bot. France,* t. I, p. 189, 289, 307.

toutes opposées, tandis que l'autre a ses feuilles alternes ; et ce qu'il y a de plus curieux à considérer, c'est que les feuilles des rameaux de la première tige tendent à l'alternance par diastasie; au contraire, celles des rameaux de la tige à feuilles alternes sont opposées (1).

Parmi les Monocotylédones, nous ne connaissons que peu de végétaux qui, comme les *Dioscorea*, présentent des feuilles opposées. Cette exception à l'alternance des feuilles de cette grande division des végétaux a dû attirer notre attention. Il ne nous a pas fallu longtemps pour acquérir la certitude que toutes les espèces offrent des feuilles alternes, qui semblent être un retour au type général de la phyllotaxie des Monocotylédones. Faisons observer toutefois que, dans ce genre, les feuilles ne sont jamais *essentiellement* ou *phytogéniquement alternes*, caractère qui exclut la véritable opposition (p. 135).

De Candolle a figuré un *Mentha aquatica* dont la tige, tordue en hélice à tours très-rapprochés, présentait toutes ses feuilles déjetées d'un seul côté (2); mais ce phénomène est dû à une autre cause que celui qui nous occupe ici et dont nous avons parlé ailleurs (p. 171).

La diastasie est on ne peut plus facile à apprécier sur les inflorescences, car on peut avancer qu'il n'y a peut-être pas une seule inflorescence multiflore qui ne présente des déplacements. Un exemple suffira à faire reconnaître des diastasies là où d'ordinaire on ne constate aucun phénomène anormal.

Examinons le thyrse du *Syringa vulgaris*, et remarquons que les feuilles de ce végétal étant opposées décussées, les rameaux doivent naturellement présenter la même disposition. L'inflorescence du Lilas se compose donc d'un axe principal et d'une succession d'axes secondaires, tertiaires, etc., qui devraient rigoureusement être tous soumis à la *loi d'opposition*. Or, c'est ce qui n'est pas, et cependant l'examen attentif de cette inflorescence ne laisse aucun doute sur ce qui devrait être, par l'opposition de beaucoup des parties raméales qui la composent. L'inflorescence

(1) *Études sur le développement des mérithalles.* (*Bull. Soc. bot. France*, t. I, p. 190.)
(2) *Organ. vég.*, pl. XXXVI, *fig.* 2.

du *Ligustrum vulgare*, de la Vigne, etc., etc., donne lieu à des observations semblables (1).

Les feuilles présentent des déplacements beaucoup plus considérables que les organes appendiculaires de la fleur. Ainsi, tandis que les diastasies se mesurent par centimètres dans les premières, ce n'est plus que par millimètres qu'on les voit se produire dans les fleurs ; ce qui tient à ce que les mérithalles floraux sont toujours plus contractés que les mérithalles caulinaires. Cependant, ces sortes de diastasies florales n'ont pas échappé à l'observation de quelques savants. Nous avons cité le déplacement des pièces du périanthe de l'*Iris chinensis* observé par de Candolle ; en voici un autre cas observé par Dunal : dans une fleur de *Cistus vaginatus*, une partie des étamines s'était développée sous la forme d'un renflement glanduleux, lequel avait soulevé et poussé du côté opposé le gynécée et les autres étamines. Moquin-Tandon fait observer que cette organisation rappelle la structure normale de l'androcée des *Polygala* et de plusieurs autres genres de la même famille. En effet, à la place d'une étamine ou de deux demi-étamines, on distingue, du côté de l'axe, un corps glanduliforme plus ou moins apparent qui détermine, en grande partie, l'obliquité de l'appareil floral.

B. *Organes verticillés.*

Les *Fuchsia*, les *Veronica*, les *Helianthus*, les *Sedum*, les *Lysimachia*, etc., dont les feuilles affectent souvent le verticillisme, présentent des diastasies de parties nombreuses et considérables, qui vont jusqu'à sept et huit centimètres (*Helianthus tuberosus*) au-dessous du point d'exsertion du verticille dont elles devaient faire partie. Les *Sylphium ternatum* et *trifoliatum* présentent une diastasie de leurs feuilles qui semble conduire aux feuilles naturellement alternes des *Sylphium laciniatum, dissectum*, etc. Il en est de même du *Lysimachia vulgaris*, qui semble être, sous ce rapport, l'intermédiaire des *Lysimachia verticillata* et *dubia*.

Trois exemples remarquables de ce phénomène nous ont été

(1) Ch. Fd, *Études sur le développement des mérithalles*, 2ᵉ partie. (*Bull. Soc. bot. France*, t. I, p. 240.)

offerts par le *Leptandra virginica*, le *Polygonatum verticillatum* et le *Zinnia verticillata*. Les verticilles du premier abandonnent souvent au-dessous d'eux, sur le mérithalle, une ou deux feuilles qui font évidemment partie du verticille supérieur. Celui-ci, incomplet, présente la place des feuilles restées, pour ainsi dire, en chemin. Le *Polygonatum verticillatum* est peut-être plus remarquable encore, par une partie du verticille qui se trouve arrêtée juste au milieu du mérithalle limité inférieurement par un verticille complet et supérieurement par le verticille incomplet, laissant, directement au-dessus des parties restées en chemin, un intervalle dans lequel elles auraient dû se placer. Il semble que la tige ait été divisée longitudinalement en deux parties inégales, que l'on aurait rapprochées sans faire coïncider les organes qui devaient constituer le verticille. Le *Zinnia verticillata* a cela de particulier qu'aucun de ses verticilles n'est complet, mais il est toujours facile de le compléter par des parties restées en dessous sur le mérithalle, ou portées plus haut par l'inégalité de sa croissance.

Les Monocotylédones sont très-rarement à feuilles verticillées. Cependant nous pouvons, indépendamment du *Polygonatum verticillatum*, citer comme exemples les *Lilium Martagon* et *Superbum*, le *Gyromia virginica*, les *Trillium* et le *Paris quadrifolia*. Nous venons de voir le premier offrir des diastasies de ses feuilles et le fait est extrêmement fréquent, mais il est bien plus rare de retrouver ce phénomène dans les *Trillium* ou le *Paris*. Néanmoins, nous l'avons observé dans la Parisette dont une des feuilles était restée au-dessous des trois autres à une distance de douze millimètres environ.

Dans le *Lilium superbum* les feuilles inférieures sont verticillées et passent plus tard à l'alternance, et les feuilles du *Fritillaria imperialis* paraissent indiquer un verticillisme le plus souvent affecté de diastasie.

Les inflorescences formées par des verticilles floraux offrent aussi de fréquents exemples de diastasie, comme on peut le voir sur les *Nerium*, *Lippia citriodora*, *Vitex Agnus castus*, etc.

Si nous choisissons une série d'inflorescences avec verticillisme, comme par exemple celles des Lupins, nous y trouverons une curieuse décroissance de phénomènes allant du verticillisme à l'alternance. Ainsi, dans le *Lupinus luteus*, les fleurs sont disposées en verticilles assez stables ; dans le *L. hirsutus*, les fleurs supérieures sont réellement verticillées, tandis que les inférieures sont plutôt alternes ; le *L. varius* présente des fleurs disposées en demi-verticilles et en même temps quelques fleurs éparses ; chez le *L. arboreus*, les verticilles sont peut-être moins bien accusés encore ; enfin dans les *L. albus* et *reticulatus*, les fleurs sont réellement alternes ou éparses, mais présentant çà et là des portions de verticilles qui ne se complètent jamais. (Voir nos *Études sur le développement des mérithalles*, loc. cit.)

Il arrive parfois que l'axe d'une fleur, au lieu de se terminer brusquement par le verticille gynécéen, prend un grand développement anormal. Dans ce cas, les organes floraux peuvent s'éloigner les uns des autres et les parties verticillées prennent alors la disposition hélicoïdale. Les pistils, dilatés en lames foliacées, emportés hors de leurs places habituelles, sont souvent disposés sur le prolongement de l'axe, comme les feuilles sur un scion (Moq.-Tand.). Cette anomalie s'observe dans les Roses, les Tulipes, les Juliennes, etc., ainsi que dans beaucoup de ces phénomènes connus sous le nom de *prolifications*.

Quelquefois, la diastasie porte sur des verticilles tout entiers. Ainsi, l'on sait que la fleur n'est autre qu'un rameau contracté dans lequel les mérithalles, infiniment courts, font que les verticilles sont extrêmement rapprochés. Or, il arrive parfois que les mérithalles, se développant plus que d'ordinaire, séparent plus ou moins les divers verticilles, tantôt uniformément, tantôt irrégulièrement. Cette sorte de diastasie a été plus particulièrement désignée par M. Engelmann sous le nom d'*apostasie* (1). Ce savant a observé ces phénomènes dans le *Convallaria maialis*, le *Tulipa Gesneriana*, l'*Anagalis phœnicea*. On les observe aussi dans certaines fleurs anomales de Benoîtes, de Crucifères, d'Œillets, etc.

Jæger a aussi rencontré quelquefois dans les Caryophyllées, les Renonculacées, les Rosacées, les organes sexuels anomalement éloignés à une certaine distance de la corolle et du calice. Or, cet état de choses se retrouve d'une manière normale dans certains

____

(1) *De Anthol.*, p. 42.

végétaux, tels que les Caryophyllées, *Helicteres*, Crucifères, Légumineuses, Capparidées, etc. (1).

Quand la diastasie, au lieu de se produire d'une manière régulière sur tout un verticille floral, comme dans les exemples précités, se fait d'une manière irrégulière, les éléments des verticilles sont uniformément écartés les uns des autres, de telle sorte qu'ils se trouvent hélicoïdés. C'est ce qui est arrivé à la monstruosité du *Lilium candidum* que possède l'Herbier de de Candolle, ainsi qu'à l'*Arenaria tetraquetra* observé par M. Boivin, et dans lequel tous les verticilles floraux étaient changés en hélices imparfaites. (Moq.-Tand.)

Tous ces exemples ne sont que le passage exceptionnel des verticilles floraux des espèces précitées à la disposition hélicoïdale normale des parties de la fleur : calice des *Camellia*, étamines et carpelles des *Liriodendron*, des *Magnolia*, etc.

§ II. — DIASTASIE HORIZONTALE OU LATÉRALE.

Lorsque le déplacement des feuilles opposées est peu prononcé et lorsque le retour à l'opposition arrive immédiatement, il est difficile de constater autre chose qu'un déplacement longitudinal. Mais quand ce déplacement est très-marqué, et qu'il se produit souvent sur le même axe, comme dans les *Veronica*, alors la diastasie latérale se prononce aussi, et non-seulement l'alternance en est la conséquence, mais encore la disposition quinconciale ou une disposition d'un ordre plus compliqué.

Il n'y a qu'un fort petit nombre de plantes à feuilles *opposées distiques* (*Potamogeton densus*, *Zygophyllum*, quelques *Euphorbia*, etc.), et, selon de Candolle, les *Globulea obvallata* et *Ajuga genevensis* dont les feuilles forment deux paires d'hélices, dans chacune desquelles la sixième vient se placer au-dessus de la première. Chez les autres végétaux à feuilles opposées on remarque que les paires de feuilles sont toutes disposées en croix les unes par rapport aux autres. Si donc, comme dans ce dernier cas, on suppose que les deux feuilles qui sont opposées font partie de deux hélices marchant parallèlement, puisqu'elles sont

(1) *Phytogénie*, p. 278.

en croix, il est évident que dans une des hélices régulières la feuille qui viendra se placer sur la première ne pourra être que la cinquième, et cette disposition sera exprimée par la forme $\frac{1}{4}$. Si, dans les exemples de déplacement de feuilles opposées que nous avons cités, nous avons constaté la disposition quinconciale $= \frac{2}{5}$, il est clair qu'il faut que les feuilles aient dévié latéralement de leur position première pour que ce ne soit plus la cinquième qui vienne se placer sur la première, mais bien la sixième. Or, ce fait de disposition quinconciale par diastasie latérale de feuilles opposées a été parfaitement observé par Dutrochet, et nous-même l'avons constaté sur une foule de plantes, entre autres sur les tiges des *Phlox paniculata*, *Ligustrum vulgare*, *Syringa*, *Lythrum Salicaria*, *Veronica*, etc.

Il n'est pas rare de rencontrer chez les plantes à feuilles *alternes distiques* des exemples de cette diastasie latérale. L'exemple le plus remarquable de ce déplacement latéral nous a été fourni par le *Paliurus aculeatus*. Ce petit arbrisseau porte des axes secondaires étalés, évidemment tous à feuilles alternes distiques ; mais l'axe principal, bien vertical, présente la disposition hélicoïdale exprimée par la forme $\frac{3}{8}$; c'est-à-dire que le neuvième rameau, après trois hélicules, est venu se placer sur le premier. Mais les bourgeons sont axillaires : il a donc fallu que, dans le premier axe, les organes appendiculaires qui auraient dû être distiques fussent latéralement déplacés pour donner lieu à la disposition exprimée plus haut.

Toutefois, c'est plutôt la forme quinconciale que semblent prendre les feuilles alternes distiques lorsque la diastasie latérale vient influencer la phyllotaxie, et c'est toujours cette forme que nous avons constatée dans les déplacements observés par nous sur les Tilleuls, les Noisetiers, les *Hedera*, les *Castanea*, etc.

Steinheil a fait connaître un échantillon de *Salvia verbenaca* dont les feuilles, unies, par défaut d'exostosie, à différents degrés, présentaient une véritable diastasie latérale. Les deux feuilles placées au bas du rameau étaient incomplétement unies et présentaient la preuve de leur union par leurs deux sommets formant deux lobes. Chaque lobe paraissait presque aussi grand que le limbe d'une feuille ordinaire et caractérisé par une forme semblable. Le mérithalle supérieur portait une feuille, unique en apparence, sessile, très-large relativement à sa longueur, et produite évidemment par la fusion complète des deux feuilles normales opposées. Cette feuille et la feuille bilobée offraient, l'une à l'égard de l'autre, la disposition des feuilles alternes distiques, au lieu d'être opposées comme dans les Sauges, et *chaque feuille était devenue embrassante*. Steinheil, pour expliquer cette alternance, a supposé que les feuilles opposées de chaque paire normale se sont dirigées l'une vers l'autre pour se souder et qu'il en est résulté un déplacement forcé. La déviation des organes s'est faite dans un sens pour la première paire, dans un sens opposé pour la seconde, et ainsi de suite pour les autres paires.

Ces faits sont exactement d'accord avec les idées que nous avons émises sur la formation des feuilles *phytogéniquement alternes* des Monocotylédones. Il n'y avait eu qu'une seule exastosie latérale, séparant d'un seul côté tous les phytogènes périphériques de chaque protophytogène. Tous ces phytogènes périphériques vivant en commun ne devaient former qu'une seule feuille et celle-ci devait être nécessairement *embrassante*. En un mot, sous l'influence d'un défaut d'exastosie d'un côté, les feuilles, au lieu d'être opposées comme celles des Dicotylédones, n'en formaient plus qu'une, comme cela a lieu dans les Monocotylédones, et la loi d'alternance intervenant dans la succession de ces formations de feuilles, celles-ci devaient nécessairement affecter la disposition alterne distique. Nous ne connaissons aucun exemple plus capable de faire comprendre ce que sont les feuilles de Dicotylédones par rapport aux feuilles de Monocotylédones, dont nous avons dit le mode de formation. (*Phytogénie*, p. 121.)

Ainsi, pour nous, les organes appendiculaires résultant de la séparation, ou mieux, des groupements particuliers des phytogènes périphériques d'un même protophytogène doivent nécessairement être opposés ou verticillés; la feuille ordinaire des Monocotylédones ou de quelques Dicotylédones (Polygonées, plusieurs Ombellifères) n'étant que l'*équivalente* des deux feuilles opposées des Dicotylédones, il s'ensuit que celles-ci seules doivent naître *phytogéniquement alternes*. Donc si l'alternance se remarque dans beaucoup de Dicotylédones, ce ne peut être qu'en vertu de la diastasie que ce phénomène se produit ; mais alors, comment expliquer cette diastasie ? De la manière la plus simple (1).

Nous avons dit (*Phytogénie,* p. 177) que les phytogènes périphériques d'un protophytogène servaient : les circulaires et les supérieurs, à former les feuilles ; les inférieurs, à former les mérithalles. Nous avons dit aussi, bien souvent, que le nombre *type* des feuilles de Dicotylédones pouvait être le nombre trois, chacune de ces feuilles résultant alors du développement de trois phytogènes disposés en triangle (*triangle phytogénique vertical*); par conséquent chaque feuille et chaque partie de mérithalle représentée par un des phytogènes périphériques inférieurs peuvent être regardés comme constituant une individualité. Dans cette hypothèse, chaque mérithalle *type* surmonté de ses trois feuilles peut être considéré comme résultant de l'union de trois individualités qui, bien que vivant en commun, peuvent avoir chacune sa croissance plus ou moins indépendante. Si les trois individualités sont également constituées, également nourries, elles croîtront également et les feuilles resteront verticillées. Si le contraire arrive, elles croîtront inégalement et la diastasie se montrera. Mais bientôt les phénomènes de nutrition se régularisant, à mesure que les sucs nutritifs se formeront mieux et en plus grande abondance, chacune des individualités vivra et croîtra également, si bien que si l'alternance s'est bien accusée, elle se continuera tant que les individualités continueront à vivre et à croître également. C'est donc une sorte d'idiosyncrasie ou prédisposition organique qui préside au verticillisme ou à l'alternance naturels, lesquels peuvent être intervertis par des causes qui nous sont à peu près inconnues.

La diastasie peut, dans quelques circonstances, paraître avoir son utilité physiologique. En effet, on sait que l'alternance a été regardée comme un besoin pour la plante d'avoir ses organes appendiculaires placés le plus possible dans des conditions d'air et de lumière qu'ils ne trouveraient pas s'ils étaient tous superposés les uns aux autres. Les feuilles opposées ou les feuilles verticillées pourraient présenter cette disposition, mais on observe que

---

(1) Il faut remarquer que s'il y a diastasie d'un côté pour écarter les feuilles qui devaient être opposées, on peut dire qu'il y a plésiasmie de l'autre côté pour les rapprocher et les unir en une seule feuille.

la très-grande majorité des feuilles opposées offrent la décussation qui est déjà une forme de l'alternance, et que toutes les feuilles verticillées présentent une alternance analogue. Mais, de même qu'il y a des plantes qui n'ont pas besoin, pour leurs organes appendiculaires, de cette décussation (*Zygophyllum*, etc.), de même il y a des plantes pour lesquelles cette *alternance décussative* n'est plus suffisante, et c'est pour cela que la nature a dû employer pour elles une alternance plus complète et plus parfaite, laquelle est précisément un des phénomènes de la diastasie.

ARTICLE II. — De la plésiasmie.

Lorsqu'un organe appendiculaire ou un organe axile se divise de manière à présenter du côté de la division une organisation semblable à l'organe appendiculaire ou axile primitif, on doit supposer qu'il y a dédoublement ou *chorise*, suivant l'expression de Dunal. Mais lorsque ces parties végétales sont des feuilles et que ces feuilles sont nettement séparées et distantes, il est difficile d'assurer qu'elles proviennent d'un dédoublement, et très-souvent, en effet, elles peuvent être le résultat d'un rapprochement de deux feuilles hélicoïdées, rapprochement qui, en raison de sa fréquence et de ses caractères particuliers, nous paraît devoir être signalé et désigné sous le nom de *plésiasmie*, de πλησιασμὸς, rapprochement.

Quand on observe une série de mérithalles dont la succession forme la tige d'une espèce, on ne tarde pas à reconnaître que d'une manière générale ces mérithalles ont, pour la même espèce, sensiblement la même longueur, que l'on peut appeler *longueur normale*. Or il arrive très-fréquemment que les mérithalles d'une même tige présentent entre eux des écarts tellement considérables que l'idée d'une *anomalie* se présente naturellement.

Pour faire voir combien le phénomème de plésiasmie présente de différences avec le phénomène normal et combien il est plus général qu'on ne saurait le croire, nous citerons seulement quelques exemples dont nous avons pris les mesures exactes et chez lesquels la plésiasmie se présente à des degrés divers :

	MÉRITHALLE	ENTRE MÉRITHALLES	
	court de	supérieur de	inférieur de
Chrysanthèmes.........	0 à 5 millim.	40 millim.	60 millim.
Cydonia vulgaris........	0 à 5	25	35
Cornus alba............	15-16	50	85
Opercularia perfoliata...	4-5	20	23
Carpinus orientalis	4-5	29	37
Ulmus campestris.......	0-1	15	20
Vitis vinifera...........	1-4	125	150
Colutea arborescens.....	1-6	30	40
Robinia pseudo-Acacia..	2-6	30	38
Ficus Carica............	3-4	80	100
Lagerstræmia indica....	3-5	14-16	18
Spirea Reevesiana.......	1-6	30	35
Reseda luteola..........	1-6	45	60
Laurus nobilis..........	1-5 et 8	60	65
Cerasus vulgaris........	3-4	15	20
Amygdalus persica......	10	45	50
Malus communis........	2-5	45	50
Rosa Canina	10-12	60	93
Citrus aurantium.......	0-4	10	12
Bignonia radicans.......	41	116	119

Nous pourrions de beaucoup augmenter le nombre de ces exemples. Le zéro que nous employons correspond à des feuilles exsérées sur un même plan perpendiculaire à l'axe de la tige, ce qui veut dire que le mérithalle est réduit à 0.

Lorsque les feuilles sont très-rapprochées, comme dans les exemples fournis par les Chrysanthèmes, *Cydonia, Ulmus, Laurus, Vitis, Colutea, Spirea, Reseda, Citrus,* elles pourraient être regardées comme le résultat d'un dédoublement. Faut-il, en effet, les envisager de cette façon, ou vaut-il mieux les considérer comme le résultat d'une plésiasmie? Les considérations suivantes vont servir à résoudre cette double question.

Comme il est facile de le constater sur le tableau, les mérithalles paraissent se raccourcir ou s'amblosier de manière que les deux feuilles qui doivent les limiter subissent le phénomène du rapprochement, et l'on conçoit que ce phénomène puisse aller jusqu'à faire paraître les deux feuilles comme formées en même temps et placées sur un même plan ; et si, par hasard, l'angle de divergence de ces deux feuilles est petit, il arrivera nécessairement que la feuille supérieure viendra s'exsérer tout près et à côté de la feuille inférieure, et peut-être pourrait-il se produire une *soudure* qui indiquerait un dédoublement, alors qu'il n'y aurait que plésiasmie exagérée. Ce n'est donc que par des considérations tirées de la position des organes et de la longueur respective des mérithalles supérieur et inférieur aux mérithalles courts, que l'on peut arriver à reconnaître si le phénomène qui nous occupe doit être attribué à un dédoublement ou à une plésiasmie. Citons quelques exemples de ces considérations.

Si l'on jette un coup d'œil sur le tableau qui précède, on constate ce premier point important, en comparant un à un les chiffres des deux colonnes qui sont à droite du tableau, que lé mérithalle supérieur est toujours plus court que le mérithalle inférieur, d'où il résulte que l'on peut établir cette loi générale :

Le mérithalle immédiatement inférieur au mérithalle court est toujours plus allongé que le mérithalle immédiatement supérieur.

Ceci posé, examinons quelques exemples douteux.

Dans un *Nerium* que nous possédons nous trouvons une feuille double dont le tiers supérieur se sépare en deux sommets; mais comme le verticille par trois est complet ainsi que celui qui le précède ou qui le suit, nous sommes fondé à penser que la double feuille est due à une chorise.

Chez le *Citrus Aurantium* nous trouvons deux feuilles parfaitement développées et unies par la base du pétiole dans une longueur de deux millimètres seulement ; mais comme ici l'angle de divergence des feuilles est beaucoup plus grand que ne le comporte la position de deux feuilles unies, et que d'ailleurs les mérithalles supérieur et inférieur paraissent avoir une longueur normale, au lieu d'être plus grands comme le veut la loi précitée, nous sommes disposés à voir là un dédoublement.

Si, au contraire, nous trouvons, comme chez les Chrysanthèmes, deux feuilles au même niveau de l'axe, ce qui se trouve exprimé par le 0, mais situées entre un mérithalle inférieur de 60 millimètres et un autre supérieur de 40 millimètres : de ce que le mérithalle inférieur est plus long d'un tiers que le mérithalle supérieur, on peut déjà supposer qu'il y a plésiasmie des deux feuilles voisines. Il est d'ailleurs facile de s'en assurer en comparant ces mérithalles à ceux qui se trouvent sur la même tige, lesquels doivent être plus petits. Dans ce cas, en divisant par trois la longueur totale des deux mérithalles plus longs et du mérithalle court, on doit avoir la longueur moyenne des mérithalles normaux de la tige. Ainsi, pour l'exemple qui nous occupe, nous avons:

$$40 + 60 + 0 = \frac{100}{3} = 33 \text{ millimètres,}$$

qui sont en effet la longueur moyenne trouvée pour les mérithalles normaux de la tige présentant la plésiasmie en question.

Nous avons cité (1) un *Rosa canina* très-curieux en ce qu'il réunit les deux phénomènes de chorise et de plésiasmie. Nous y avons trouvé, en effet, un mérithalle court de dix à douze millimètres limité inférieurement par trois feuilles placées à peu près sur le même plan horizontal, et supérieurement par une feuille dont l'exsertion était *plutôt verticale qu'horizontale*. Ce mérithalle court était compris entre un mérithalle supérieur de soixante millimètres et un mérithalle inférieur de quatre-vingt-treize millimètres. Des trois feuilles inférieures formant une sorte de verticille incomplet, deux étaient unies dans la longueur de leurs stipules, l'autre était parfaitement libre. Chacune de ces quatre feuilles possédait un bourgeon à son aisselle, excepté la feuille oblique qui avait son bourgeon placé sur le bord droit de sa stipule. Faut-il considérer le rapprochement de ces quatre feuilles comme le résultat d'un dédoublement plusieurs fois répété, d'une plésiasmie, ou d'une chorise et d'une plésiasmie réunies ?

Nous avons reconnu que, en général, lorsque la plésiasmie se produit, les mérithalles qui sont immédiatement placés au-dessus et au-dessous du mérithalle court sont plus allongés que les mérithalles normaux, et se partagent en quelque sorte la partie qui manque à l'autre ; il en résulte que si, par exemple, les mérithalles avaient normalement cinquante millimètres, le mérithalle court n'en ayant que dix, le supérieur et l'inférieur auraient à eux deux quarante millimètres de plus que leur somme, c'est-à-dire cent quarante millimètres. Le partage ne se fait pas toujours également ; mais la somme totale paraît se rapprocher assez de la formule suivante :

$$\frac{m + 2M'}{3} = \frac{3M}{3} = M$$

m, représentant la longueur du mérithalle court ; M', celle des mé-

(1) *Bull. Soc. bot. France*, t. II, p. 238.

rithalles plus allongés supérieur et inférieur au mérithalle court, et M, la longueur moyenne d'un mérithalle normal.

Afin que cette formule ait quelque exactitude, il est clair que pour avoir la valeur de M, il faut prendre la longueur moyenne de plusieurs mérithalles développés normalement sur la même tige, dans la même saison, et choisis dans des parties qui ne soient ni le commencement ni la fin de la végétation annuelle ; car alors la longueur des mérithalles est relativement trop courte et ne représenterait pas la longueur moyenne exigée par la formule. Ainsi nous avons pour certaines tiges les nombres suivants :

$$Cornus\ alba \quad \frac{16 + 50 + 85}{3} = 50\ 1/3$$

$$Ulmus\ campestris \quad \frac{1 + 15 + 20}{3} = 12$$

$$Vitis\ vinifera \quad \frac{1 + 125 + 150}{3} = 92$$

et ainsi des autres.

Or les nombres 50 $\frac{1}{3}$, 12, 92, sont très-sensiblement les longueurs moyennes des mérithalles de la tige où s'était produite la plésiasmie. Il importe de prendre la longueur moyenne sur la même tige, car cette longueur varie très-sensiblement d'une tige à une autre alors même que ces tiges seraient prises sur un seul et même végétal.

Ceci posé, revenant au *Rosa canina* précité, nous y voyons quatre feuilles limitant le mérithalle court, qui a une longueur de 12 millimètres ; de plus, nous trouvons dessus et dessous deux longs mérithalles : l'inférieur de 93 millimètres ; le supérieur, de 60 ; en tout 165 millimètres qui, divisés par trois, donneraient 55 millimètres. D'un autre côté, l'échantillon du *Rosa* possède deux autres mérithalles supérieurs aux trois mérithalles sus-mentionnés : l'un de 38 millimètres, l'autre de 45 = 83 millimètres, qui, divisés par 2, donnent 41 1/2 millimètres pour la longueur moyenne d'un mérithalle de cette tige. En regardant les quatre feuilles comme devant représenter trois mérithalles réduits au mérithalle court, et y ajoutant les deux autres mérithalles allongés, nous aurions cinq mérithalles pour 165 millimètres de longueur totale. Or, $\frac{165}{5} = 33$ millimètres, nombre inférieur à celui de la longueur moyenne des mérithalles de la branche. Mais si nous observons que deux de ces feuilles, celles qui sont unies à leur base, pourraient bien être le résultat d'une chorise, il en résulte qu'il ne faut plus considérer le mérithalle court comme limité par quatre feuilles, mais seulement par trois, et alors représentant deux mérithalles. Dans ce cas, c'est par 4 qu'il faut diviser le nombre 165, qui alors donne 41 1/4 millimètres, nombre très-rapproché de 41 1/2 millimètres, longueur moyenne que nous avons trouvée. Donc l'anomalie en question est due à une chorise diplasique et à une double plésiasmie.

Comme des anomalies de cette nature peuvent se présenter, peut-être même plus compliquées encore, il nous paraît utile de rendre la formule plus générale, ainsi qu'il suit :

$$\frac{m + 2M'}{n} = \frac{nM}{n} = M$$

n, représentant autant de mérithalles moins 1 qu'il y a de feuilles limitant le mérithalle court, plus les deux feuilles qui limitent les côtés extrêmes des deux mérithalles allongés.

D'après les espèces indiquées dans le tableau de la page 305, on peut voir, par les *Cornus alba*, *Opercularia*, *Lagerstrœmia*, *Bignonia*, que la plésiasmie se montre aussi bien dans les espèces à feuilles opposées ou verticillées que dans les feuilles alternes. Cependant ce phénomène nous a paru plus fréquent dans les plantes à feuilles alternes, et cela devait être, puisque nous admettons que l'alternance normale n'est qu'une déviation du type opposition ou verticillisme.

Chez le *Vinca minor*, ce phénomène se présente assez fréquemment, et quelquefois la plésiasmie est poussée assez loin pour simuler un faux verticillisme par quatre, mais un peu d'attention laisse voir que ces quatre feuilles réunies ne le sont que par l'absence du mérithalle entre deux paires de feuilles opposées décussées. Or ce qui, pour ce végétal, est une anomalie, devient l'état normal pour le *Cucubalus stellatus*. En effet, cette plante offre sept ou huit nœuds caulinaires dont les quatre ou cinq inférieurs portent des feuilles opposées, tandis que les trois supérieurs (avant l'inflorescence) sont quadrifoliées, mais de manière à représenter un faux verticille formé par la suppression de l'entre-nœud de deux paires de feuilles décussées. (J. Gay, *Bull. Soc. bot. France*, t. II, p. 578.)

Moquin-Tandon signale un rameau de Saule dont l'extrémité

rabougrie offrait un bouquet de feuilles très-rapprochées et disposées en verticille, ainsi qu'un *Buplevrum falcatum* dont toutes les spirales s'étaient rapprochées en verticilles, tous deux observés par Ad. de Jussieu. (*Térat. vég.*, p. 310.)

Les *Actinomeris* sont curieux à étudier sous le rapport de la métathésie de leurs feuilles. En effet, l'un d'eux est spécifié par le mot *alternifolia*, et l'autre par celui d'*oppositifolia*. Or, il est extrêmement fréquent de trouver le premier avec des feuilles opposées et le second avec des feuilles alternes. On voit ainsi comment l'opposition passe à l'alternance et comment cette dernière retourne à l'opposition.

Le retour au verticillisme n'est pas moins manifeste. Dans les *Asparagus*, on rencontre des rameaux formant des verticilles incomplets le plus souvent, mais que nous avons retrouvés entiers dans l'*Asparagus capensis*. De plus, il n'est pas rare de trouver, dans les *Lilium candidum* et *croceum*, trois ou quatre feuilles très-voisines indiquant une tendance au verticillisme, et cette tendance est bien plus marquée dans les *Fritillaria*, particulièrement l'*imperialis*, où il semble qu'elle indique le passage des feuilles alternes des Monocotylédones aux feuilles verticillées des *Lilium Martagon* et *superbum*, du *Polygonatum verticillatum*, etc.

On pourrait assez facilement disposer les espèces allant de l'opposition ou du verticillisme à l'alternance, d'après une courbe conduisant de l'une à l'autre en passant par les espèces chez lesquelles la disposition opposée à celle du point de départ irait en augmentant, ainsi qu'il suit :

<table>
<tr><td>ALTERNANCE ABSOLUE.</td><td>Ne se trouve que dans les Monocotylédones à feuilles phytogéniquement alternes.</td></tr>
<tr><td rowspan="2">VERTICILLISME
AUSSI
FRÉQUENT QUE L'ALTERNANCE.</td><td>Légumineuses — Rosacées.
Ficus, Colutea.
Crucifères.
Ulmus campestris.
Cornus alba, Chrysanthèmes.
Lophospermum erubescens.
Linaria vulgaris.
Cannabis, Veronica, Helianthus tuberosus.
Antirrhinum, Phlox.
Lysimachia vulgaris.
Fuchsia.
Sylphium ternatum et *trifoliatum.*
Syringa vulgaris, Sambucus.
Labiées.</td></tr>
<tr><td>OPPOSIT. OU VERTICIL. ABSOLUS.</td></tr>
</table>

OPPOSIT. OU VERTICIL. ABSOLUS. — Caryophyllées ?

Les Caryophyllées sont peut-être les végétaux le plus décidément à feuilles opposées; mais parce que nous ne sommes pas encore parvenus à y découvrir l'alternance, nous ne sommes pas sûr qu'elle ne se trouvera pas ; c'est pourquoi nous avons exprimé cette incertitude par un point d'interrogation.

Quant aux *Cannabis*, *Helianthus tuberosus*, *Veronica*, ils occupent le centre de la courbe comme exprimant, par cette position, qu'ils sont autant à feuilles opposées qu'à feuilles alternes.

Enfin, dans l'alternance absolue qui occupe l'extrémité opposée de la courbe, nous ne pouvons placer que les Monocotylédones à feuilles phytogéniquement alternes, attendu que les Dicotylédones à feuilles également phytogéniquement alternes ne sont pas d'une alternance absolue, puisqu'ils ont des cotylédons opposés ou verticillés.

Il va sans dire que les espèces sont, ici, placées un peu arbitrairement ; mais nous n'avons voulu donner qu'une idée de ce qui pourrait être fait, pour établir le passage rationnel de l'une à l'autre disposition, dans le cas où l'on aurait des données plus certaines.

Enfin, il est visible que l'on ne peut procéder de haut en bas que par voie de plésiasmie, et de bas en haut que par voie de diastasie.

Les axes floraux présentent de fréquents cas de plésiasmie. En effet, d'alternes qu'ils sont d'ordinaire, on les voit se rapprocher et former des mérithalles très-courts à côté d'autres beaucoup plus allongés ; souvent même plusieurs axes se groupent pour commencer un verticille qui se complète quelquefois. C'est ce que nous avons pu constater sur les *Aconitum Napellus*, *Lycoctonum*, etc.; le *Delphinium Requienii*; plusieurs *Reseda*, les *Campanula bononiensis* et *pyramidalis*, etc., etc. L'inflorescence des *Lupinus* présente ces déplacements à un plus haut degré : celle du *L. mutabilis* peut être considérée ou comme verticillaire avec déplacement, ou comme alterne arrivant fréquemment au verticillisme. Cette disposition est bien plus prononcée et plus souvent répétée dans le *L. nanus*, chez lequel les verticilles sont sur le même axe complets et incomplets ; mais alors on retrouve souvent au-dessus ou au-dessous les parties séparées qui manquent au verticille.

Cette tendance au verticillisme par suite de plésiasmie peut être facilement constatée dans les Ombellifères et les Araliacées. Ordinairement, indépendamment de l'ombelle terminale, de l'aisselle des feuilles s'élève un pédoncule qui porte un système de fleurs en ombelles ; mais, chez quelques individus, ces axes floraux se rapprochent en un *faux* verticille plus ou moins complet, constituant ainsi une sorte d'ombelle gigantesque ; chez les *Heracleum angustifolium* et *flavescens* nous avons trouvé trois et quatre de ces axes floraux, partant à peu près d'un même plan et placés autour de l'axe primaire. Il était aisé de voir alors que deux ou trois de ces axes étaient portés d'un même côté, tandis qu'un autre seul leur était, pour ainsi dire, opposé. Le verticille était incomplet, mais on pouvait reconnaître, directement au-dessous, les axes floraux qui s'étaient arrêtés en chemin et qui auraient dû occuper les places vacantes du faux verticille.

Des phénomènes plus ou moins semblables se font remarquer dans une foule d'autres Ombellifères. Toutefois, il faut remarquer que, dans la plupart de ces végétaux, les feuilles étant *phytogéniquement alternes*, les axes floraux dont nous venons de parler ne peuvent jamais arriver qu'à un *faux verticillisme*.

L'étude des axes floraux des *Euphorbia* fait reconnaître que si l'*Euphorbia Helioscopia* n'offre que cinq axes floraux disposés en une ombelle terminale, les *Euphorbia sylvatica*, *hyberna*, *virgata*, etc., présentent, à part l'ombelle terminale, un grand nombre d'axes floraux secondaires, hélicoïdés, qui semblent conduire au verticillisme, en passant par l'*E. Paralias* chez lequel ces axes, indépendamment du verticille terminal, sont souvent rapprochés en verticilles incomplets.

Parmi les Monocotylédones, nous avons trouvé cette plésiasmie tendant au verticillisme, particulièrement chez les *Graminées*, les *Alstrœmeria*, les *Veratrum*, les *Yucca*, etc. (1).

Ainsi, d'après tous les exemples dem étathésie que nous venons de citer, il est permis de soutenir que par diastasie *anormale* les organes opposés ou verticillés se déplacent et, par habitude organique, produisent l'alternance *normale* d'un grand nombre

---

(1) Ch. Fd, *Études sur le développement des mérithalles.* (*Compt. rend. Acad. Sc.*, septembre 1854. — *Bull. Soc. bot. France*, t. I, p. 241.)

d'espèces, alternance que la plésiasmie, à son tour, par un déplacement *anormal*, tend à rendre à l'opposition ou au verticillisme. Nous savons d'ailleurs, par les études phytogéniques que nous avons faites, que chaque protophytogène ne peut produire que des organes appendiculaires *phytogéniquement alternes* (Monocotylédones), ou des feuilles *opposées* ou *verticillées* (Dicotylédones). Ce sont donc ces dernières dispositions qui sont les *types* de l'arrangement des organes sur les axes végétaux.

De ce que les phénomènes de plésiasmie sont exactement contraires aux phénomènes de diastasie, il en résulte nécessairement que dès que l'alternance tend à arriver à l'opposition, les formes phyllotaxiques changent en sens inverse et de même, par exemple, que la forme $\frac{1}{4}$ passe à la forme $\frac{2}{5}$ dans les cas de diastasie, de même par conséquent la forme $\frac{2}{5}$ tend à passer à la forme $\frac{1}{4}$, dans les cas de plésiasmie. Donc on peut dire qu'il y a deux plésiasmies : la *verticale* ou *longitudinale* et l'*horizontale* ou *latérale*, comme on a vu qu'il y avait deux diastasies de mêmes noms. Mais nous avons pensé qu'il suffirait de faire bien comprendre l'existence des unes, pour que l'on dût conclure naturellement à l'existence des autres. Enfin, de ce que, dans le cas de diastasie horizontale ou latérale, deux feuilles s'éloignent pour se porter d'un seul côté, on est bien forcé de reconnaître le phénomène de plésiasmie horizontale ou latérale qui rapproche les deux feuilles au point de les faire se fondre en une seule. Nous avons dit, en effet, que, selon notre pensée, c'est ce qui a lieu pour les Monocotylédones et quelques Dicotylédones telles que certaines Ombellifères, Polygonées, en un mot, pour toutes les plantes à feuilles *phytogéniquement alternes*, puisqu'elles ne peuvent l'être qu'à la condition que tous les phytogènes périphériques qui devaient produire deux feuilles opposées, comme dans les Dicotylédones, n'en produisent qu'une seule.

CHAPITRE IX

DE L'HYPOSTROPHÉSIE VÉGÉTALE

Nous admettons avec tous les botanistes que les végétaux sont soumis à une *loi de régularisation* qui fait que, dans les créations *types*, les parties constituant leurs organes se disposent de telle façon que les similaires sont placés symétriquement autour de l'axe central de manière à donner une forme que l'on a dite régulière, et qu'il ne faut point confondre avec la symétrie proprement dite ; car une fleur pourrait être régulière sans être symétrique, tandis qu'une fleur irrégulière peut être symétrique, ce qui dépend du point où l'on place le centre de symétrie (1). Mais il arrive fréquemment que cette régularité et même cette symétrie sont altérées par l'absence ou la présence anormales de certaines parties, ou par la production insolite d'une forme qui en dissimule l'existence. Ainsi, par exemple, il peut arriver que dans une fleur une ou plusieurs des parties d'un verticille viennent à prendre une figure différente de celle que présente la fleur type, et aussitôt on a une fleur irrégulière que les anciens botanistes désignaient sous le nom d'*anomale*, laquelle, malgré cela, ne cesse pas d'être symétrique par rapport à une ligne (2). De même, dès qu'une ou plusieurs parties d'un verticille viennent à avorter ou à s'amblosier, il en résulte une fleur qui n'est plus régulière, mais qui néanmoins reste symétrique par rapport à

(1) T. I, p. 57.
(2) T. I, p. 58 et 66.

une ligne. Enfin, il peut arriver même que la fleur perde un ou plusieurs de ses verticilles floraux, et alors la fleur reste régulière et toujours symétrique. Dans ces trois cas de fleurs anomales, la formation s'est éloignée de la création typique, constituant des caractères constants, secondaires, le plus souvent génériques, quelquefois spécifiques, caractères qui, dans des circonstances peu connues, disparaissent et font que la fleur retourne à la forme type de laquelle elle était sortie. C'est ce retour au type que nous désignerons par le nom d'*hypostrophésie,* du grec ὑποστροφὴ, retour.

On reconnaît ainsi deux hypostrophésies principales, savoir : 1° l'*hypostrophésie par réversion,* celle qui fait qu'un nombre normal ou anormal passe au nombre type; 2° et l'*hypostrophésie par régularisation,* celle qui veut qu'une fleur irrégulière dans sa forme revienne à un type régulier.

ARTICLE PREMIER. — *Hypostrophésie par réversion.*

L'hypostrophésie par réversion est donc un phénomène qui consiste à faire passer un nombre *normal* ou un nombre anormal à un nombre *type,* qu'il ne faut pas confondre avec le nombre normal. En effet, dans beaucoup de cas, un nombre peut être affecté à la plus grande partie des espèces, des genres et voire même des familles, sans que pour cela on doive considérer ce nombre comme étant le type de l'espèce, du genre ou de la famille; mais par sa très-grande généralisation, ce nombre devra être considéré comme normal.

Ainsi, par exemple, lorsque nous disons que le nombre *type* des verticilles d'une fleur est de quatre, savoir : un verticille pour l'exanthophylle (calice) ; un verticille pour l'énanthophylle (corolle) ; un verticille pour l'androphylle (androcée), et un verticille pour le gynéconophylle ou gynécée (1), cela n'empêche pas la fleur de ne présenter quelquefois, d'une manière *normale,* que deux ou trois verticilles. Mais si, par un phénomène anormal, nous voyons la fleur revêtir le nombre quatre de ces verticilles, nous assistons à un phénomène d'hypostrophésie par réversion ; car

(1) T. I, p. 516 et 342, note 2.

ce n'est que par un retour au type naturel que ce phénomène peut se produire.

De même, si nous disons que le nombre type des parties constituant chaque verticille floral est de trois pour les Monocotylédones et de six pour les Dicotylédones, cela ne veut pas dire qu'il n'y aura pas des Monocotylédones ou des Dicotylédones dont le nombre normal, c'est-à-dire le plus fréquent, sera moindre que le nombre type ; et quand, anormalement, ce nombre normal s'augmentera pour compléter celui qu'exige le nombre type, nous aurons un retour à ce nombre type et par conséquent une hypostrophésie par réversion.

Il est donc bien important de fixer les grands types végétaux ; mais il ne faudra pas perdre de vue que ce qui ne sera que normal par rapport à ces grands types, pourra être à son tour le type de quelques autres séries de végétaux par rapport à un autre nombre normal.

Voici quels sont ces principaux types : 1° Le type principal de la végétalité est l'*Hermaphroditisme*, tandis que le type principal de l'animalité est le *dioïcisme*. Mais de même que le dioïcisme peut, normalement, être remplacé, chez certains animaux inférieurs, par l'hermaphroditisme, de même celui-ci, chez quelques végétaux relativement supérieurs, peut être remplacé par le dioïcisme.

2° La nature, dans la plupart des cas, nous montre la fleur hermaphrodite composée des quatre verticilles que nous avons mentionnés plus haut et qui peuvent suffire à la reproduction de l'espèce, et comme le type de la fleur est d'être hermaphrodite, le nombre quatre en doit être le type. Mais ce n'est pas une raison pour que, d'une manière normale, la fleur ne soit composée parfois que de trois verticilles ou même, plus rarement, de deux : calice, corolle et androcée ou gynécée ; ou bien calice et androcée ou gynécée.

3° Nous avons dit bien souvent déjà (1) que chaque phytogène composé ou *protophytogène* était constitué par un phytogène central entouré circulairement de phytogènes qui devaient concourir à la formation des organes appendiculaires, et que la géo-

(1) *Phytogénie*, p. 57 et 74.

métrie et même les lois de mécanique moléculaire démontrent ne pouvoir être qu'au nombre de six, en vertu du principe des mouvements d'égales dimensions (1), d'où résultent :

a. Que lorsque, par une seule exastosie latérale souvent très-incomplète, tous les phytogènes circulaires et périphériques vivent en commun, ces phytogènes ne peuvent donner qu'un seul cotylédon qui est le nombre type des Monocotylédones ;

b. Que lorsque, par une seule exastosie latérale plus ou moins complète, tous les phytogènes circulaires et périphériques vivent en commun, ils ne peuvent former, pour chaque protophytogène, qu'un seul organe appendiculaire, qui est le nombre type des feuilles des Monocotylédones ;

c. Que lorsque, par trois exastosies latérales plus ou moins complètes, tous les phytogènes circulaires et périphériques se partagent en trois groupes vivant chacun en commun, ils donnent lieu à trois organes appendiculaires pour chaque protophytogène, nombre qui est le type de chaque verticille floral des Monocotylédones et peut-être du verticille gynécéen des Dicotylédones ;

d. Que lorsque, par deux exastosies latérales plus ou moins complètes, tous les phytogènes circulaires et périphériques forment deux groupes vivant chacun en commun, il ne peut en résulter que deux cotylédons ou deux feuilles opposées, pour chaque protophytogène, et c'est ce nombre 2 qui est le type des cotylédons et des organes foliacés des Dicotylédones.

e. Que lorsque, par six exastosies latérales plus ou moins complètes, les phytogènes circulaires et périphériques donnent lieu à six organes appendiculaires pour chaque protophytogène, c'est ce nombre qui devient le type des parties de chaque verticille floral, chez les Dicotylédones, moins le verticille gynécéen, dont le type est le nombre 3, ou peut-être le nombre 6.

On voit ainsi qu'il y a lieu d'établir deux sections dans cet article, savoir : 1° *l'hypostrophésie numérique des verticilles de la fleur* ; 2° *l'hypostrophésie numérique des parties de chaque verticille floral.*

____

(1) *Phytogénie*, p. 58.

SECTION I. — HYPOSTROPHÉSIE NUMÉRIQUE DES VERTICILLES FLORAUX.

Dans les végétaux *monoïques* ou *dioïques*, les sexes sont séparés, et d'ordinaire chaque fleur est mâle ou femelle. Dans le premier cas, c'est le gynéconophylle (gynécée) qui vient à manquer ; dans le second, c'est l'androphylle (androcée) qui fait défaut. Le nombre des végétaux offrant ces caractères est encore assez grand ; ils constituent les classes que Linné a désignées sous les noms de *Monœcie* et *Diœcie*. Tout le monde connaît le défaut de cette classification, et l'on peut dire qu'il est peu de familles naturelles qui ne présentent quelques genres ou espèces ayant leurs sexes séparés et par conséquent appartenant à la Monœcie ou à la Diœcie.

Cependant les verticilles staminaux et carpellaires ne sont pas les seuls qui puissent faire défaut, car on sait qu'un grand nombre de fleurs sont privées de corolles, et le grand A. L. de Jussieu a profité de ce caractère pour établir dans sa Méthode, sous le nom d'*Apétalie*, une de ses quatre grandes divisions des Dicotylédones.

EXANTHOPHYLLE ou CALICE. — Existe-t-il des fleurs sans calice, comme il y a des fleurs apétales ? C'est une question difficile à résoudre, et jusqu'à ce jour les botanistes sont d'accord pour admettre que les fleurs qui n'ont qu'un seul verticille à leur périanthe sont privées de corolle et que le périanthe, qu'il soit vert ou coloré et pétaloïde, n'est réellement qu'un calice. Cependant, si l'on observe que le calice, comme la corolle et comme tous les autres verticilles floraux, présente des degrés très-divers d'amblosie ou d'atrophie, il est à peu près admissible que ce verticille peut tout aussi bien faire quelquefois défaut, au moins tératologiquement, que les autres verticilles. C'est ce que Moquin-Tandon n'hésite pas à admettre.

Quoi qu'il en soit, il y a des calices qui sont réduits à de simples bourrelets ou à de simples poils ou soies, comme on peut le voir dans les Ombellifères, les Synanthérées et les *Valeriana* et *Centranthus*. Or, il peut arriver que les sépales se développent anormalement en limbes plus ou moins foliacés, et comme ils se rapprochent alors des sépales ordinaires, on peut admettre qu'il y a une sorte d'hypostrophésie ou retour type des autres calices. Or, sur un pied de *Podospermum laciniatum*, Dufresne a vu que l'aigrette était remplacée par cinq lobes foliacés et linéaires (1). M. Kirschleger a observé un fait analogue dans les capitules du *Tragopogon pratense* (2). Nous-même avons fait la même observation sur une fleur de *Centranthus ruber* et dans plusieurs *Sonchus*. Donc on pourrait soutenir qu'au point de vue tératologique, il doit arriver que le calice avorte complétement. Toutefois il ne faut pas oublier que l'ovaire étant infère dans les exemples que nous venons de citer, le calice ne paraît s'atrophier que dans ses parties libres, mais qu'il n'en reste pas moins intact dans ses adhérences avec l'ovaire, ce qui nous parait diminuer la valeur de l'argumentation que nous venons de présenter et l'espoir de rencontrer des calices libres complétement avortés.

ENANDROPHYLLE ou COROLLE. — Le nombre des fleurs apétalées étant assez grand, il doit arriver parfois que d'une manière insolite leur corolle se développe de manière à reproduire une fleur complète, et dans ce cas nous avons encore un phénomène d'hypostrophésie. Malheureusement les exemples de ce phénomène sont rares ou n'ont pas été observés ; mais nous n'hésitons pas à penser qu'ils doivent se rencontrer assez souvent.

Le *Macleya cordata* est une plante dont la fleur est d'ordinaire privée de corolle, bien que voisine des Pavots dont les pétales sont souvent si amplement développés. Or, Adanson a constaté la présence d'une corolle sur un individu de cette espèce qu'il a observé dans les serres du duc d'Ayen (3).

Le *Sagina apetala* est le plus ordinairement dépourvu de pétales. C'est donc par hypostrophésie que la fleur arrive à être complète. Le genre *Sagina* est remarquable en ce que, placé dans les Caryophyllées, qui constituent une famille essentiellement pétalée, plusieurs de ses espèces ont une grande tendance à l'avortement des pétales ; car, en commençant par le *Sagina maritima* dont les pétales sont rarement nuls, passant par le *Sagina procumbens* chez lequel les pétales font plus souvent défaut, puis par le *Sagina erecta* où les fleurs sont plus souvent

(1) D. C., *Org. vég.*, t. I, p. 492.
(2) *Soc. d'hist. nat. Strasb.*, 2 juin 1840.
(3) *Fam. plant.*, t. I, p. 112.

encore apétales, on arrive au *Sagina apetala* dont les fleurs sont ordinairement sans pétales, et enfin au *Sagina stricta*, qui mériterait encore mieux la qualification d'apétalée, puisque les corolles s'y observent beaucoup plus rarement. Faisons observer que tout le genre est remarquable par l'exiguïté de la corolle des espèces qui le composent.

ANDROPHYLLE ou ANDROCÉE. — Si dans quelques végétaux dioïques on rencontre des étamines sur des pieds femelles, ce qui est arrivé fréquemment ; si sur des inflorescences femelles de plantes monoïques on trouve soit des fleurs mâles, soit des fleurs hermaphrodites, ce qui se présente assez souvent, ce n'est que parce qu'il s'y accomplit un phénomène d'hypostrophésie.

Or, c'est ce que plusieurs observateurs ont été contraints d'admettre en présence des faits avancés par Spallanzani, concernant la production des graines sans fécondation (1). Mais il faut bien le dire, aucun des naturalistes qui ont contredit les assertions de ce célèbre physiologiste n'ont apporté des preuves aussi convaincantes que l'ont fait, dans ces derniers temps, quelques botanistes distingués.

Ainsi, Jacquin et Forster ont assuré avoir trouvé plusieurs fleurs d'Euphorbiacées rendues hermaphrodites par hypostrophésie. Le premier a décrit et représenté un *Cicca* et un *Phyllanthus* qu'il nomme *longifolius* avec des fleurs polygames ; le second a indiqué un *Breynia* possédant des fleurs hermaphrodites.

D'un autre côté, Rob. Brown a constaté la présence des étamines dans l'utricule ou urcéole du *Carex acuta*, et Gay, dans celui d'un *Carex glauca* venant de Rodez. M. Schlechtendal a reconnu aussi l'hermaphroditisme dans le *Cucurbita Melopepo*. Enfin on trouve des fleurs hermaphrodites anomales dans des plantes unisexuées d'ordinaire, comme le sont quelques *Populus*, parmi les Amentacées ; le *Spinacia oleracea*, parmi les Chénopodées ; le *Cannabis sativa*, parmi les Urticées (Moq.-Tand.). Turpin a observé que, dans quelques circonstances, le *Zea Mays* porte des inflorescences femelles où l'on rencontre des fleurs mâles, tandis qu'il y a des inflorescences mâles qui portent des fleurs femelles. Nous avons sous les yeux une inflorescence moitié mâle et moitié femelle de cette espèce. En voici la description

(1) *Phytogénie*, p. 445.

exacte ; elle nous a paru assez curieuse pour être faite avec quelques détails, car nous l'avons trouvée parmi quelques pieds que nous cultivions, et par conséquent nous avons pu suivre toutes les phases de son développement.

La base de l'inflorescence est formée par quatorze épis mâles, simples, grêles, portant chacun de vingt à quarante épillets. Trois d'entre eux portent à leur base deux ou trois fruits murs et parfaitement embryonnés. Du centre de ce bouquet d'épis mâles, s'élève une courte inflorescence femelle avortée presque entièrement, si ce n'est à la base où nous constatons la présence de cinq caryopses parfaitement conformés et arrivés à maturité. Deux de ces fleurs femelles portaient, entre l'ovaire et la glumelle, trois étamines dont une stérile et qui sont tombées plus tard, lorsque les ovaires ont été bien développés.

Enfin, cette année 1867, nous avons trouvé quelques fleurs femelles de *Mercurialis annua* portant six à huit étamines disposées autour de l'ovaire, et dont quelques-unes munies d'anthères à loges globuleuses dans lesquelles existait un pollen assez abondant.

Il paraît que ce fait est plus général qu'on ne le pense, car M. Baillon dit qu'il n'existe guère de type dans la famille des Euphorbiacées qui ne lui ait présenté un ou plusieurs exemples d'hermaphroditisme. Le *Crozophora tinctoria* lui a offert, dans les fleurs femelles, des étamines bien constituées, quoique d'ordinaire ces étamines restent amblosiées à l'état de staminodes. Moquin-Tandon dit qu'il a rencontré des fleurs hermaphrodites sur des pieds femelles de *Spinacia* qu'il avait séquestrés. Il y avait donc, dans tous ces exemples, un phénomène remarquable d'hypostrophésie.

GYNÉCONOPHYLLE ou GYNÉCÉE. — L'ovaire étant formé par le dernier protophytogène central *apparent* de l'axe floral, il doit arriver fréquemment que celui-ci ne se développe pas complétement ou que même il avorte entièrement : c'est particulièrement ce qui arrive à toutes les fleurs mâles de plantes unisexées. Mais si, par une cause que l'on n'est pas maître de faire naître à volonté, ce protophytogène est suffisamment nourri, il se développe alors, et produit d'une manière anormale une fleur complète et, par conséquent, hermaphrodite.

<table>
<tr><td>II.</td><td></td><td>21</td></tr>
</table>

Quand la fleur est dioïque ou quand, étant monoïque, comme
dans le *Mays*, les *Typha*, etc., les fleurs mâles sont nettement
séparées des fleurs femelles, il est aisé de constater si c'est la fleur
mâle qui, d'une manière anormale, a été pourvue d'un ovaire,
ou si c'est une fleur femelle qui est devenue hermaphrodite par
hypostrophésie. Mais lorsque, comme dans les Cucurbitacées, les
fleurs mâles et les fleurs femelles naissent sans ordre bien régulier et souvent alternativement sur le même axe, on ne peut
avoir aucune certitude sur l'origine de la fleur hermaphrodite. Il
semblerait que l'*inférité* de l'ovaire dût conduire à une manière
de voir exacte; mais nous croyons la chose impossible parce que
le mécanisme de la formation de l'ovaire infère, tel que nous
l'avons décrit autre part (1), est une conséquence absolue de ce
mode de formation de l'ovaire.

Ainsi, dans l'exemple du *Zea Mays* cité page 320, nous avons la
certitude que ce sont les fleurs mâles qui se sont complétées par
la formation insolite d'un ovaire, car nous avons trouvé l'inflorescence au sommet de l'axe principal, précisément là où se
forme d'ordinaire la panicule de fleurs mâles.

M. Baillon a fait connaître deux échantillons de *Mercurialis
annua*, dont les inflorescences mâles portent un certain nombre
de fleurs femelles (2). Ici encore nous sommes assurés que c'est
bien la fleur mâle qui, par hypostrophésie, est devenue hermaphrodite, puisque cette plante est dioïque et que certainement le
pied en question ne pouvait être qu'un individu mâle.

Ainsi, lorsque nous avons trouvé des graines fertiles sur des
pieds mâles de *Spinacia oleracea*, il est vraisemblable que cela
tenait à ce que quelques fleurs s'étaient complétées par la formation de l'ovaire, car la prédisposition organique particulière à
chaque individu doit commencer par leur faire produire les éléments ordinaires de leur fleur avant de les faire se compléter
anormalement par hypostrophésie.

M. Gubler a découvert, dans les environs de Cannes, un Len-
tisque hermaphrodite dont toutes les fleurs, *sans exception*,
offraient les organes mâles et femelles réunis (*Bull. Soc. bot.
France*, t. VIII, p. 39). Or ici, il serait absolument impossible

(1) *Phytogénie*, p. 270 et 320.
(2) *Bull. Soc. bot. France*, t. III, p. 709.

de dire si c'est le verticille mâle ou le verticille femelle qui s'est ajouté à la fleur unisexuée. Heureusement que ce botaniste nous apprend que ses études microscopiques lui ont démontré que les anthères contenaient un pollen très-abondant, non parfaitement conformé comme l'est celui de l'individu mâle ; d'où il est permis de conclure que c'est un individu femelle qui a subi l'influence de l'hypostrophésie.

Il y a déjà longtemps que nous avons constaté la présence de fruits mûrs de *Ricinus,* au milieu des fleurs mâles de cette plante, mais nous n'avions point observé antérieurement l'hermaphroditisme de la fleur ; cependant, en vertu du raisonnement que nous venons de faire, l'idée de fleurs hermaphrodites nous était venue. M. Baillon, dans une note sur ce sujet (1), est venu confirmer cette manière de voir ; ce botaniste ayant pu recueillir une quarantaine de fleurs hermaphrodites sur un même pied, lesquelles mêlées aux fleurs mâles étaient difficiles à distinguer. Ce même observateur cite le *Conceveiba macrophylla,* le *Cluytia semperflorens,* une espèce de *Rottlera* et un échantillon d'*Aparisthmium* qui lui ont présenté des exemples d'hermaphroditisme.

Observations. — Il est ainsi démontré, par ce que nous venons de dire, que le *dioïcisme* et le *monoïcisme* ne sont pas deux caractères absolus, et que tous les végétaux classés par Linné dans ses vingt et unième et vingt-deuxième classes, rentrent plus ou moins dans la vingt-troisième classe de son système sexuel. C'est qu'en effet, la *Polygamie* se compose de végétaux monoïques ou dioïques chez lesquels plus ou moins on rencontre des fleurs hermaphrodites. Il en résulte qu'il ne serait point impossible que, d'une manière insolite, on rencontrât des plantes polygamiques devenues monoïques ou dioïques, par suite de conditions particulières qu'il est difficile de déterminer, puisque nous ne connaissons pas exactement la cause qui préside aux avortements et aux hypostrophésies.

(1) *De l'hermaphroditisme accidentel chez les Euphorbiacées.* (*Bull. S .* bot. France, t. IV, p. 692)

SECTION II. — HYPOSTROPHÉSIE NUMÉRIQUE DES PARTIES
DE CHAQUE VERTICILLE FLORAL.

Nous avons admis que chaque verticille floral avait pour *type*
de ses parties constituantes le nombre 6 chez les Dicotylédones et
le nombre 3 chez les Monocotylédones.

Quand les nombres 5, 4, 3 ou même 2 se présentent, ces
nombres peuvent bien être normaux, mais par hypostrophésie,
ils arrivent quelquefois au nombre type 3 ou 6 qui est le nombre
exigé par la constitution géométrique du protophytogène. Un
grand nombre d'exemples viennent à l'appui de cette proposition.

Il importe de ne pas confondre, comme on a pu le faire jusqu'à
ce jour, le phénomène d'hypostrophésie avec celui de dédoublement, car le premier n'est que le retour au nombre type et le
second une multiplication qui exagère bien souvent ce nombre
(voyez t. I, p. 207 et suivantes, et *Phytogénie*, p. 9).

Cette hypostrophésie peut avoir deux causes principales,
savoir : 1° le défaut de fusion habituel de deux organes en un
seul ; 2° ou le développement anormal d'un élément du verticille avortant d'ordinaire dans les phénomènes normaux. Il est
souvent difficile de distinguer ces deux causes, cependant il est
des cas où le doute n'est pas possible.

SÉPALES. — Dans la plupart des grandes familles appartenant
aux Dicotylédones, le calice est normalement formé de cinq sépales libres ou unis entre eux, par défaut partiel d'exastosie ; mais
alors cinq divisions plus ou moins profondes indiquent le nombre
des parties qui le constituent. Or, il n'est pas rare de trouver ce
nombre augmenté de la partie qui devait le ramener au nombre 6, type des verticilles de ce grand embranchement, et nous
avons autre part fourni de nombreux exemples de cette hypostrophésie (1).

Quand le nombre normal pour certains genres est 4, comme
on le voit dans les *Ligustrum*, *Olea*, *Syringa*, les *Rubiacées
étoilées*, etc., on constate aisément que ses divisions tendent à
passer au nombre type par l'observation de fleurs offrant cinq

(1) *Phytogénie*, p. 79 et suivantes.

sépales au lieu de quatre; on peut même, avec quelques recherches, arriver à constater la présence des six sépales affectés
au nombre type; c'est ce qui nous est arrivé pour plusieurs Rubiacées indigènes ou exotiques (*Sherardia, Asperula, Guettarda,
Cephalanthus, Pavetta,* etc.).

Dans quelques cas, le calice paraît être réellement composé de
trois parties seulement; mais alors il se passe souvent des phénomènes qui, bien que ne se rapportant pas à l'hypostrophésie,
méritent cependant d'être expliqués au point de vue phytomorphique. On sait, depuis les observations de Payer, que l'exanthophylle ou calice est constitué par une série circulaire de mamelons ou phytogènes qui n'apparaissent pas tous à la fois, mais
successivement, ce qui pour ce savant constitue un bon *criterium*
de ce qui doit être regardé comme un calice, puisque tous les
éléments de l'énanthophylle ou corolle, au contraire, ont une
apparition simultanée (1).

Or, dans certains cas, comme dans les *Epimedium,* les six
phytogènes circulaires du protophytogène calicinal font leur
apparition deux par deux : les deux premiers restant inférieurs
et formant deux bractéoles à la base du calice à quatre sépales
colorés.

Au contraire, dans le *Podophyllum peltatum,* les six phytogènes circulaires font leur apparition trois par trois : les trois
premiers formés restent inférieurs et prennent l'apparence d'un
calice, tandis que les trois autres apparaissant après, sont plus
élevés sur l'axe floral et, subissant l'influence pétaloïde (2),
forment trois sépales pétaloïdes ; la vraie corolle doit être composée de six pétales formés trois par trois, ce qui fait que la fleur
doit présenter (en apparence) un calice de trois sépales et une
corolle de neuf pétales; mais il arrive souvent que les trois derniers phytogènes de la vraie corolle avortent, et dans ce cas la
fleur n'a plus que trois sépales au calice et six pétales à la corolle; c'est donc par hypostrophésie que la corolle *apparente*
arrive à posséder neuf pétales qui, avec les trois sépales, constituent le nombre douze représentant celui des phytogènes circulaires de deux protophytogènes : le calicinal et le corollien.

(1) *Phytogénie,* p. 284 et 288.
(2) *Ibid.,* p. 561.

Toutefois, nous devons dire que Payer attribue le nombre neuf des pétales de ce genre à un dédoublement de chaque pétale du dernier verticille corollien, et il en trouve la cause dans ce fait que chaque pétale de ce verticille n'est parcouru que par deux faisceaux fibro-vasculaires, tandis que les pétales du verticille extérieur le sont par quatre faisceaux. Ce savant avoue, du reste, n'avoir fait que d'une manière imparfaite l'organogénie du *Podophyllum* (1).

Dans les *Berberis* et *Mahonia,* le phénomène est exactement le même, avec cette différence que l'exanthophylle représente deux verticilles de sépales, et l'énanthophylle, deux verticilles de pétales.

Chez les *Leontice* et *Bongardia,* un phénomène contraire semble se produire. Souvent trois des six sépales ne se produisent pas, mais les six pétales se forment presque toujours.

Nous pourrions multiplier beaucoup les exemples de ce genre, mais nous pensons que ceux-ci suffiront pour faire comprendre comment certains calices à trois sépales pourraient néanmoins en offrir six, dont trois seraient dissimulés sous l'apparence de bractées ou de verticilles pétaloïdes.

Cependant le nombre trois des sépales peut résulter de l'union deux par deux des six phytogènes circulaires, absolument comme cela arrive pour les Monocotylédones. C'est ce qui nous paraît avoir lieu chez les Euphorbiacées, le *Cneorum*, etc., où le nombre trois se rencontre le plus souvent au verticille calicinal ; mais appartenant à la famille des Dicotylédones, chez lesquelles les exastosies sont plus multipliées que chez les Monocotylédones, il arrive fréquemment que les mêmes espèces présentent des exastosies supplémentaires qui font arriver le nombre 3 à celui de 4 (*Buxus, Mercurialis, Cneorum*), ou à celui de 5 et parfois même de 6 (*Ricinus, Crozophora*, etc.). C'est encore là un phénomène d'hypostrophésie, mais qu'il serait peut-être bon de distinguer de celui qui est dû au développement d'un organe avorté d'ordinaire, par le nom d'*hypostrophésie par défaut de fusion.*

Enfin, il peut y avoir des cas où les six phytogènes crculaires s'assemblent trois par trois pour ne former plus que deux organes

______

(1) *Organog. comp. de la fleur,* p. 237.

appendiculaires opposés (sépales ou pétales), comme on le voit dans les cotylédons et les feuilles opposées des Dicotylédones, et tel paraît être le cas du *Circea lutetiana*, lequel ne possède jamais que deux parties à son calice, sa corolle, son androcée et son gynécée, et qui nous paraît être un autre type achevé des Dicotylédones.

PÉTALES. — Tout ce que nous venons de dire du calice se rapporte sans restrictions aux pétales. En général, quand une corolle retourne au type absolu de l'embranchement ou au type du genre, c'est par un phénomène d'hypostrophésie qui se reproduit en même temps dans le calice de la même fleur et réciproquement. Mais au-delà du nombre type absolu, le phénomène rentre dans les multiplications ou chorises, pourvu toutefois qu'il soit bien établi que les parties appartiennent bien au même verticille et que, par conséquent, les pétales surnuméraires ne proviennent pas d'une transformation des étamines en pétales.

Comme nous avons autre part (1) fait connaître beaucoup d'exemples du retour du nombre normal 5 ou 4 au nombre type 6, nous nous bornerons ici à dresser une liste des principaux genres où ces nombres sont arrivés au type par les six parties que nous avons observées à la corolle de leurs fleurs ; ces genres sont :

Helianthus.	Polemonium.	Crassula.
Tagetes.	Borrago.	Rochea.
Calliopsis.	Heliotropium.	Sedum.
Campanula.	Cerinthe.	Grossularia.
Platycodon.	Solanum.	Passiflora.
Specularia.	Lycopersicum.	Fuchsia.
Scabiosa.	Atropa.	Melaleuca.
Viburnum.	Datura.	Myrtus.
Sambucus.	Nicotiana.	Punica.
Sherardia.	Cestrum.	Cydonia.
Asperula.	Primula.	Pyrus.
Guettarda.	Lysimachia.	Malus.
Cephalanthus.	Anagallis.	Mespilus.
Pavetta.	Fraxinus ornus.	Rubus.
Vinca.	Syringa.	Fragaria.
Convolvulus.	Jasminum.	Potentilla.
Pharbitis.	Gaulthiera.	Amygdalus.
Cuscuta.	Staphylea.	Persica.
Phlox.	Philadelphus.	Prunus.

(1) *Compt. rend. Acad. sciences*, juillet 1855. — *Bull. Soc. bot. France*, t. II, p. 466.

Citrus.	Linum.	Argemone.
Acer.	Ruta.	Glaucium.
Hypericum.	Ptelea.	Dianthus.
Hibiscus.	Ranunculus.	Saponaria.
Malva.	Ficaria.	Portulaca.
Althæa.	Nigella.	Bryonia.
Pelargonium.	Aquilegia.	Cucumis.
Geranium.	Papaver.	Cucurbita.
Balsamina.		

Il va sans dire que nous n'avons pas voulu donner la liste complète de tous les genres où nous avons constaté le nombre six et qu'il faudrait au moins tripler. On peut dire d'une manière générale qu'il suffit que le verticille pétaloïde soit normalement de cinq ou quatre pétales pour que l'on soit à peu près assuré de retrouver le type six.

Nous n'avons pas, bien entendu, compris dans cette liste tous les genres dont le nombre six est un des caractères.

Étamines. — Les étamines sont de tous les organes floraux les plus sujets aux avortements, aussi bien qu'aux multiplications. Ainsi, tandis qu'il est des familles entières caractérisées par un nombre considérable d'étamines qui dépassent parfois le nombre cent, il en est d'autres au contraire chez lesquelles le nombre se réduit à trois, deux, un, et même arrive à zéro par avortement complet, comme on le voit dans les fleurs unisexuées femelles. Comment alors se rattachent-elles les unes et les autres au type dont nous avons donné les caractères ? De la manière la plus simple : au-dessus du nombre six, 1° par le phénomène des chorises qui non-seulement multiplient les étamines d'une même rangée circulaire, mais encore qui peuvent multiplier ces rangées ; 2° par un phénomène d'influence staminal qui fait qu'une série successive de protophytogènes conservent la propriété de ne produire que des étamines, et c'est vraisemblablement le cas des Renonculacées, Papavéracées, etc. Nous nous sommes suffisamment étendu sur ce sujet en traitant des chorises en général, t. I, p. 212 et suivantes ; il est inutile d'y rien ajouter ici.

Il n'en est plus de même des nombres inférieurs à six ; c'est pourquoi nous traiterons cette partie de la question avec plus de détails.

Dans les Monocotylédones, le nombre six des étamines est très-fréquent, et il est probable que s'il forme deux rangées ou deux verticilles, cela tient à ce que les six phytogènes circulaires du protophytogène androcéen ne se développent pas simultanément, mais bien trois par trois, car phytogéniquement nous ne saurions admettre que chaque étamine représente, comme les pétales ou les sépales, deux ou trois phytogènes circulaires, à moins qu'il ne se produise un phénomène de fusion, comme nous l'avons avancé page 246.

Lorsque le nombre se trouve réduit à trois, comme dans les Iridées, les Graminées, etc., c'est que trois des phytogènes circulaires avortent. Or c'est ce que semble prouver le genre *Oriza* parmi les Graminées, et c'est probablement à un phénomène analogue que le nombre trois se produit, parmi les Hémodoracées, dans le *Wachendorfia*, tandis que dans l'*Anigosanthus* les étamines sont au nombre de six.

Quoique le nombre six soit moins fréquent dans les Dicotylédones, cependant il se rencontre assez fréquemment d'une manière normale dans certaines familles (1), ou anormalement dans presque tous les verticilles par cinq de l'androcée, et dans beaucoup de verticilles par quatre, des Rubiacées, par exemple, où le nombre des étamines est toujours égal à celui des divisions de la corolle.

Quelques genres ou familles de Monocotylédones (*Anthoxanthum*) et de Dicotylédones (Oleinées, Jasminées, quelques Labiées et Scrofularinées, *Circea*, *Veronica*, etc.) sont caractérisés par la présence seulement de deux étamines, et les botanistes sont d'accord pour admettre que c'est par suite de l'avortement de celles qui auraient dû compléter le nombre normal cinq, ou, selon nous, le nombre type six. Or, même dans ces genres où la tendance à l'avortement est extrêmement prononcée, on cite des exemples (2) dans lesquels le nombre des étamines s'est élevé au point de compléter le nombre type (*Jasminum*, *Syringa*, *Salvia*). Nous y ajouterons le genre *Ancistrum* qui est caractérisé aussi par deux étamines, mais qui peuvent atteindre le nombre normal et même le nombre type par hypostrophésie.

Enfin, réduites à l'unité comme dans les Orchidées, les *Canna*, *Amomum*, *Salicornia*, *Hippuris*, *Cinna*, etc., on les voit quel-

(1) *Phytogénie*, p. 82.
(2) Moq.-Tand., *Térat. vég.*, p. 352.

quefois arriver sinon au nombre type, du moins au nombre normal caractéristique des Monocotylédones, c'est-à-dire au nombre
trois. Les Orchidées sont remarquables en ce sens que l'on peut
y découvrir une hypostrophésie des plus curieuses. En effet, on
sait que dans presque tous les genres, les étamines gynandres
sont au nombre de trois, mais dont une seulement se développe
d'ordinaire, et naturellement, en vertu des lois de la symétrisa-
tion, c'est celle du milieu. Déjà dans le genre *Cypripedium* on
peut voir que les deux latérales sont fertiles, tandis que c'est
alors l'étamine médiane qui avorte ; mais nous l'avons vue une
fois se développer parfaitement et compléter le verticille par trois,
qui est le nombre normal de quelques Monocotylédones. De son
côté, Ach. Richard a publié, dans le premier volume des *Mémoires de la Société d'hist. natur.*, la description d'une monstruosité des fleurs de l'*Orchis latifolia* qui consistait en ce que
les trois étamines s'étaient également développées en même
temps que la fleur était redevenue régulière. Si maintenant nous
considérons le genre *Epistephium* établi par Kunth, nous voyons
qu'indépendamment des six divisions calicinales, il y a un calicule extérieur couronnant l'ovaire et beaucoup plus court que les
divisions du calice. D'où il suit que si le hasard venait à faire
regarder les trois divisions internes du périanthe ordinaire comme
des étamines transformées, on retournerait au type général des
Monocotylédones ; car nous aurions deux verticilles au périanthe,
deux verticilles d'étamines dont un subissant l'influence pétaloïde
formerait le labelle et les deux autres divisions internes, l'ovaire
représentant le verticille carpellaire. Or, en 1807, Ch. His, dans
une lettre adressée à l'Institut, a décrit un *Ophrys arachnites*
dans lequel les deux divisions internes et supérieures étaient
converties en étamines.

CARPELLES. — On a généralement admis que le nombre cinq
était le nombre normal des parties du pistil ou ovaire des Dicotylédones ; mais il est tellement rare à rencontrer dans les caractères génériques, que ce nombre a plutôt été admis par suite de
l'habitude où l'on a été jusqu'à ce jour de vouloir absolument
que tous les verticilles floraux des Dicotylédones fussent composés
de cinq parties. Cependant, quoique très-rare, on peut soutenir
l'opinion qu'il faut le regarder comme le nombre normal des

Dicotylédones. En effet, bien que fort souvent le gynécée ne se compose que de quatre, trois, deux et même un seul carpelle, on découvre de temps en temps soit une espèce, soit une anomalie qui confirme dans cette manière de voir par la présence d'un ovaire à cinq ou six parties. C'est en particulier ce qui est arrivé pour les Légumineuses qui, d'ordinaire, ne présentent qu'un seul carpelle et dont une espèce nouvelle, l'*Affonsea juglandifolia*, observée en Amérique par Aug Saint-Hilaire, a offert cinq carpelles.

Mais le nombre réellement le plus fréquent, même parmi les Dicotylédones, est sans contredit le nombre trois, et comme souvent les carpelles sont formés de deux valves, on peut se demander si le nombre trois des carpelles ne serait pas à la fois et le nombre normal et le nombre type : le nombre normal, parce qu'il est le plus fréquent, et le nombre type, parce que chaque valve peut et doit être regardée comme l'expression du développement d'un des six phytogènes circulaires du protophytogène gynécéen (1). Or c'est ce qui nous paraît avoir lieu dans les Monocotylédones, et il n'est point imposssible qu'il en soit ainsi pour les Dicotylédones. Dans cette manière de voir, les nombres quatre, cinq et six s'expliqueraient parfaitement par des dédoublements qui deviendraient, dans quelques cas particuliers, le mode normal de formation des carpelles de certaines familles ou de certains genres. Voilà pourquoi, au début de cet article, page 317, nous avons posé le nombre 3 comme étant le type du verticille gynécéen, ce qui n'empêche pas le gynéconophylle de se multiplier, soit par dédoublement, soit par répétition de verticilles.

Si donc le type est le nombre trois, il n'est plus étonnant dé le trouver très-fréquent au nombre des caractères génériques, et l'on comprend parfaitement qu'il soit bien souvent réduit à deux par avortement ou par l'union trois par trois des six phytogènes circulaires du protophytogène gynécéen, ou bien à un, par avortement ou par l'union en une seule feuille carpellienne de tous les phytogènes périphériques, ainsi que nous en avons donné des exemples pour l'ovaire des *Urtica* et *Parietaria* (*Phytogénie*, p. 317).

(1) *Phytogénie*, p. 322.

Nous avons dit plus haut que les Légumineuses se montrent le plus souvent avec un seul carpelle; mais il n'est pas rare d'en trouver qui portent deux et quelquefois trois gousses plus ou moins libres, mais jamais complétement. Ainsi, de Candolle a signalé un *Mimosa* à deux carpelles ; et Moquin-Tandon cite les *Cassia, Medicago, Cercis* et *Phaseolus* avec un double carpelle. Nous avons très-souvent pu observer, dans les Haricots, ces deux carpelles unis dans presque toute leur longueur, particulièrement dans la variété dite du *Saint-Esprit*, et nous avons sous les yeux un de ces pistils conservé dans l'esprit de vin, dont la forme est triangulaire et terminé par trois pointes : peut-être représentent-elles les trois carpelles exigés par le nombre type. Les genres *Hœmatoxylum* et *Mezoneuvrum* portent une gousse munie sur son côté séminifère d'une crête saillante que Turpin regarde comme le rudiment d'une seconde gousse (1).

Les Rosacées, famille très-voisine des Légumineuses, présentent, dans la sous-famille des Amygdalées et des Chrysobalanées, des fleurs à carpelle unique, qui quelquefois se doublent ou même se triplent, sans pourtant que l'on puisse supposer que cette augmentation de nombre doive être attribuée à la fusion de plusieurs fleurs en une seule. Ainsi, de Candolle a signalé un *Cerasus*, et l'on a cité des *Prunus* qui étaient dans ce cas. Nous avons souvent trouvé des Prunes doubles, ainsi que des Amandes, des Pêches et des Abricots doubles aussi, quoique bien moins fréquemment que les deux sortes de fruits qui précèdent, et nous avons pu, dans notre premier volume (p. 316, pl. X, *fig.* 66), décrire sous le nom de Cyclochorise triplasique le fruit de l'*Amygdalus communis* qui n'est peut-être qu'un phénomène d'hypostrophésie.

Dans un grand nombre de genres caractérisés par deux carpelles, tels que les *Ptelea, Acer, Mercurialis,* Ombellifères, Scrofularinées, Solanées, Rubiacées, il est souvent arrivé que le verticille par trois se complétait par un carpelle surnuméraire. Moquin-Tandon cite les deux premiers genres et les Ombellifères (2); nous pouvons indiquer les autres comme présentant cette hypostrophésie : fréquemment sur les pieds femelles du

(1) *Iconog. végét.*, p. 117.
(2) *Tératol. vég.*, p. 345.

Mercurialis annua; quelquefois sur les *Verbascum, Paulownia, Nicotiana* et *Cestrum;* et rarement sur le *Galium aparine.* Il serait important de vérifier par des recherches soutenues si tous les genres caractérisés par deux carpelles à leur ovaire n'en présenteraient point plus ou moins souvent trois, d'une manière anormale, ce qui confirmerait dans l'opinion que le nombre trois est le type du verticille gynécéen, même chez les Dicotylédones.

ARTICLE II. — De l'hypostrophésie par régularisation
ou pélorisation.

On connaît un grand nombre de fleurs qui sont dites *irrégulières,* qualification que nous ne croyons pas devoir être confondue avec la symétrie (1), et c'est précisément dans ces fleurs que l'on rencontre le plus souvent des défauts organiques qui font les avortements, ou les amblosies, ou les défauts d'exastosie partiels, ou les fusions des organes.

Lorsque le vice organique qui cause les irrégularités normales disparaît, la fleur revient à la régularité, et alors on a coutume de dire que la fleur est *péloriée :* elle constitue une *pélorie,* et l'on nomme *pélorisation* le phénomène en vertu duquel cette fleur se régularise. On voit donc que la pélorisation peut s'appliquer d'une manière générale à toutes les fleurs irrégulières qui, dans certaines circonstances inhabituelles et inconnues, reviennent à la régularité. Turpin a écrit que, dans sa pensée, l'irrégularité et le défaut de symétrie, quoique souvent constants dans certains groupes de végétaux, sont contraires au vœu général de la nature ; qu'ils sont dus à un vice organique intérieur que nous ne pouvons pas encore expliquer ; vice qui est la source commune des avortements *visibles* ou *invisibles,* c'est-à-dire *extérieurs* ou *intérieurs ;* ou qui seulement, en empêchant quelques parties de se développer entièrement, occasionne l'irrégularité (2).

Quand une fleur irrégulière se complète par l'adjonction d'une ou de plusieurs pièces à l'un de ses verticilles et quand en même temps toutes les pièces arrivent à être sensiblement égales, on

(1) T. I, p. 59.
(2) *Iconog. végét.,* p. 115.

n'a pas seulement une hypostrophésie numérique, mais aussi une hypostrophésie par régularisation. Ces deux ordres de phénomènes, que l'on conçoit être très-distincts, sont donc néanmoins très-voisins l'un de l'autre.

Mais il y a dans les phénomènes de régularisation des difficultés à vaincre en ce qui touche à ce qu'il convient de regarder comme le type de certains groupes de végétaux. Ainsi, par exemple, nous trouvons des fleurs de *Linaria* avec éperon, et ces mêmes fleurs sans éperon ; quelle est de ces deux formes celle qui devra être choisie comme type? Il faut avouer que la question ne nous semble pas facile à résoudre, attendu que si le plus grand nombre des espèces du genre est éperonné, on ne trouve le plus souvent qu'un seul éperon au lieu de cinq ou six, et qu'il n'est pas démontré que l'éperon joue un rôle quelconque dans les fonctions qui sont départies à la fleur. Peut-être la nature, en créant accidentellement des *Linaria* avec éperons et des *Linaria* sans éperons, a-t-elle voulu indiquer deux types qui, peut-être, dans l'avenir, se réaliseront tous les deux.

Quoi qu'il en soit, l'amblosie nous a montré des avortements d'organes appendiculaires, et la métathésie, des phénomènes très-voisins, dans le raccourcissement des mérithalles ; la pélorie va nous montrer le contraire de l'avortement de quelques organes appendiculaires, c'est-à-dire la réapparition anomale de certains organes là où normalement ils ont l'habitude de ne pas se produire.

Les *Linaria* sont les premiers végétaux où ce phénomène paraît avoir été observé pour la première fois. On sait que les caractères normaux des espèces de ce genre sont de présenter : une corolle irrégulière portant un seul éperon au pétale médian de la lèvre inférieure et seulement quatre étamines, la cinquième (celle qui correspond à la fente de la lèvre supérieure) avortant habituellement ; or, dans quelques circonstances anormales, la corolle se régularise, porte cinq éperons semblables et cinq étamines bien conformées.

Ce retour à la régularité constituant un état contre nature, les botanistes philosophes ont dû regarder les Linaires qui en étaient affectées comme des monstruosités. Turpin, au contraire, pensait que cette irrégularité, quoique constante, était due à un vice organique et intérieur. (*Iconog. vég.* Leçons de flore, t. II, p. 124.)

C'est à Zioberg, qui la découvrit en 1742, que l'on doit la connaissance de la première Linaire péloriée. Il la trouva à peu de distance d'Upsal, dans une île marine (Norra Gasskiæret), vers la province de Roslagne, végétant dans un terrain sableux et au milieu d'un grand nombre de Linaires normales ; mais c'est à Linné que l'on doit le nom de *pélorie,* qu'il a dérivé du grec πελορ (prodige).

Depuis lors, Linné (1), Adanson (2), Jussieu (3), et un grand nombre d'autres botanistes, ont fait sur les Linaires des observations analogues qui en ont fait le type du phénomène de la pélorisation, quoique cette anomalie se retrouve dans une foule d'autres végétaux, ainsi que nous allons le faire connaître.

Quoi qu'il en soit, les idées de phytomorphie étaient telles, à cette époque, que les premiers observateurs de ce curieux état des Linaires le regardèrent comme étant le résultat de l'hybridité et considérèrent les Linaires péloriées comme des plantes distinctes. On alla même jusqu'à émettre l'idée qu'elles pourraient bien provenir de la fécondation croisée du *Linaria vulgaris* avec un *Nicotiana* ou un *Hyoscyamus.*

Plus tard, quelques naturalistes ont supposé que la pélorie était le produit de la soudure de cinq fleurs dont toutes les parties non éperonnées auraient disparu (4). On a dit avec plus de vraisemblance que, dans certaines circonstances locales, là où la plante peut puiser une grande quantité de sucs nutritifs, le nombre des parties de la fleur est augmenté, et de là la régularisation de la fleur (5). Enfin, d'autres botanistes ayant observé, sur les mêmes pieds, des fleurs péloriées et des fleurs ordinaires, ont rejeté l'idée d'hybridation ou de multiplication, et en ont conclu plus philosophiquement que la pélorie n'était autre qu'*un retour accidentel à la forme type dont la fleur normale n'était*

(1) *Amœnit. Acad.,* I, p. 55, t. III (1744).
(2) *Fam. plant.,* t. I, p. 110.
(3) *Genera plant.,* p. 120.
(4) Poiret, *Encyclop. supp.,* t. III. — Jæger, *Missbild. der Gewæschs* p. 94-97 et 313.
(5) Ventenat, *Encyclop. méthod.,* t. IV, p. 348, col. 1.

qu'une déviation habituelle. Dans cette hypothèse acceptée aujourd'hui par presque tous les botanistes, une fleur péloriée n'est autre qu'une fleur qui s'est régularisée (1).

Mais si telle est la définition qu'il faut adopter et qui nous paraît la plus philosophique, il convient alors de distinguer deux sortes de pélories ; savoir : celle qui consiste dans la régularisation de la fleur par la formation d'éperons à toutes les pièces du calice ou de la corolle, et celle qui résulte de la régularisation de la fleur par la disparition de l'éperon ou de la gibbosité que porte l'une des parties constituantes du calice ou de la corolle. De là les *pélories nectariées* et les *pélories anectariées*. Mais comme le sens du mot *nectarium* que Linné avait étendu à l'éperon des corolles monopétales a été extrêmement restreint et que l'éperon n'est qu'une exagération de la gibbosité qui se remarque à la base des pétales du *Diclytera spectabilis* ou du développement calcéiforme de ceux des *Calceolaria*, il ne nous semble pas que les termes *nectariés* ou *anectariés* doivent être conservés ; c'est pourquoi il nous paraît plus rationnel de leur donner une autre dénomination. Nous proposons de désigner les deux sortes de pélories sous les noms de *cyrtosiée* et d'*acyrtosiée*, tirés du grec κυρτὸς, gibbeux, bossu ou creux.

SECTION I. — DE LA PÉLORIE CYRTOSIÉE.

Les phénomènes de *pélorie cyrtosiée* sont les plus anciennement connus, car Zioberg nous les fit connaître en 1742, tandis que ce ne fut qu'en 1806 que Gmelin signala la première *Linaire anectariée*. C'est sans doute ce qui explique pourquoi le nombre des observations s'appliquant aux premières est plus grand que celui qui concerne les dernières.

La pélorie cyrtosiée se retrouve dans un grand nombre de familles, mais particulièrement dans la famille des Scrofularinées. Le genre *Linaria* l'a présentée le plus souvent ; néanmoins plusieurs botanistes l'ont observée dans une foule d'autres plantes. En voici l'énumération la plus complète :

---

(1) Cassini, *Opusc. phytolog.*, t. II, p. 331. — D. C., *Organ. végét.*, t. I, p. 518. — Ratzebourg, *Animadv. ad peloriam spect.*, Berolini, 1825. — Moq.-Tand., *Élém. térat. vég.*, p. 186.

Linaria vulgaris (Zioberg. Ludolfe, cité par Linné. — Leers, *Flor. herborn.*, p. 144. — Turpin, *Iconog. végét.*, tabl. 20, *fig.* 10. —
   Hopk., *Fl. anom.*, pl. VII, *fig.* 1, 2, 3).
—   *spuria* (Stæbelin, *Act. helv.*, t. II, p. 25, t. IV. — D. C., *Fl. franç.*,
   t. III, p. 585. — Cassini, *Opusc. phytol.*, t. II, p. 330).
—   *Elatine* (Haller, Lettre à Gmelin. — Adans, *Fam. plantes*, t. I,
   p. 111).
—   *triphylla* (Rœmer, *Archiv. bot.*, I, st. 1, p. 125).
—   *æruginea* (Adans, *Fam. nat.*, t. I, Avertissement, note. — Gouan,
   Illustr. bot., p. 38).
—   *triornithophora* (Durieu).
—   *glauca* (Chavannes).
—   *pilosa* (Decaisne).
—   *chalepensis* (Boivin).
—   *purpurea* (Ventenat).
—   *cymbalaria*........
—   *supina*............ } (Moq.-Tand., *Élém. térat. vég.*, p. 187).
—   *pelisseriana*.......
—   *origanifolia*.......
—   *striata* (Morio et Delavaud, *Bull. Soc. bot. France*, t. V, p. 688).
Antirrhinum majus (Seringe, Moq.-Tand., *loc. cit.*).
Plectranthus fruticosus (Ratzebourg, *Animadv. ad pelor. spect.*, 1825).
Impatiens Balsamina (Schlotterbeck, Sched., *De Monst. plant.*, *Act. helv.*,
t. II, pl. I. — L'abbé Rosier, *Cours d'agricult.*, t. IV, p. 528).
Viola odorata (Leers, *Flor. herborn.*, p. 145).
—   *hirta* (Colladon-Martin, D. C., *Organ. vég.*, t. I, p. 519, pl. XLV,
   1, 2, 3, 4, 5).
Orchidées (Rob. Brown, *Obs. org. Orchid.*, p. 698).
Orchis latifolia (Ach. Richard, *Mém. Soc. d'hist. nat.*, t. I, p. 212, pl. III).
—   *papilionacea* (Moq.-Tand., *Élém. térat. vég.*, p. 189, note).
—   *simia* (Noulet, rapporté par Moq.-Tandon, *ibid.*).
Columnea schiedeana Schlecteud. (Caspary, *Bull. Soc. bot. France*, t. VIII,
p. 394).
Calceolaria rugosa (Chamisso, *Linnæa*, 1822, t. VII, p. 206. — Guillemin,
Archiv. bot., t. II, p. 1 et 136).
Pelargonium (Moq.-Tand., *Élém. térat. vég.*, p. 189).

Nous avons placé dans cette section toutes les plantes péloriées
à éperons, quoiqu'il ne soit pas prouvé par les descriptions données qu'elles aient toutes subies la pélorisation ou la régularisation par le développement d'éperons à toutes les pièces du verticille, mais bien parce que nous prévoyons que le fait pourrait se
présenter comme nous l'avons vu se produire anomalement sur
le *Linaria vulgaris* ou sur le *Balsamina hortensis*, et comme
nous le voyons à l'état normal dans la fleur de l'*Aquilegia* qui
peut être prise pour le type de la fleur cyrtosiée.

La Calcéolaire rugueuse péloriée offrait une corolle modifiée au
point de n'avoir aucune analogie avec la figure calcéiforme des
autres fleurs. Elle était constituée par un tube en forme de bou-

teille de 13 millimètres de longueur, terminé par un rebord calleux, noirâtre, et qui n'était point sans ressemblance avec la fleur des *Fabiana* de la famille des Solanées (Guillemin). Cependant on peut admettre que si la lèvre en forme de sabot a diminué sa boursouflure par la pélorisation, au contraire, la lèvre supérieure s'est renflée pour constituer, avec l'autre, la partie ventrale de la corolle en forme de bouteille, et par conséquent le phénomène rentre dans les pélories cyrtosiées.

La complète pélorie cyrtosiée du *Linaria vulgaris*, selon M. le baron de Mélicocq, est très-rarement générale ; c'est-à-dire avec toutes ses fleurs péloriées. Cependant, en septembre 1858, au milieu d'une nouvelle prairie enclavée dans la forêt de Raismes, près Valenciennes, ce botaniste dit avoir découvert vingt et un pieds de cette plante dont toutes les fleurs, *sans en excepter aucune*, étaient complétement péloriées. Cet observateur a remarqué que tous les pieds qui les portaient étaient toujours grêles et moins vigoureux que les autres, et leurs feuilles moins longues et plus étroites. (*Bull. Soc. bot. France*, t. V, p. 700.) L'année suivante (1859), le même observateur a de nouveau trouvé cent vingt-quatre tiges *dont toutes les fleurs étaient complétement péloriées*. (*Ibid.*, t. VI, p. 717.)

M. Germain de Saint-Pierre a aussi rencontré deux ou trois fois la pélorie cyrtosiée complète du *Linaria vulgaris*, dans un champ sec, sur des plantes assez maigres et chez lesquelles cette anomalie ne paraissait pas résulter d'un excès de développement. (*Ibid.*, t. V, p. 703.)

Dans le *Linaria striata* de M. Morio, cité par M. Delavaud, la pélorie était tantôt partielle et tantôt complète. Cet auteur cite une fleur à neuf éperons et à onze sépales qui n'étaient que le résultat de deux fleurs unies, ou peut-être d'une fleur ayant subi une chorise diplasique ; car il n'est pas impossible que les deux phénomènes, bien que différents, soient rapportés à un seul.

La pélorie cyrtosiée complète, à cinq éperons, est assez fréquente. Elle a été observée par Stœhelin (de Bâle) sur le *Linaria spuria*, et on l'a observée en Alsace sur presque toutes nos Linaires, en particulier sur les *Linaria vulgaris, Cymbalaria, Elatine, spuria*. (Kirschleger, Observ. sur *Annotations de M. Billot, Bull. Soc. bot. France*, t. VII, p. 377.)

S'il était vrai, comme M. le professeur Clos est porté à le penser, que le labelle des Orchidées fût le type des pièces du périanthe de cette famille, on pourrait regarder comme une pélorie
cyrtosiée partielle l'anomalie que lui ont offerte les fleurs d'*Orchis
laxiflora* qu'il a observées. « Dans les fleurs de cette plante,
dit-il, les deux pièces latérales du verticille externe avaient pris
la forme du labelle avec un éperon, mais elles étaient irrégulières
en ce sens qu'une ligne médiane les aurait divisées en deux moitiés inégales (1). » Cependant il est possible que ces fleurs anormales ne soient que le résultat d'un défaut d'exastosie de deux
fleurs collatérales ou d'une chorise diplasique.

En effet, il faut observer que dans quelques cas, la régularisation de la fleur des Orchidées se fait par la disparition du labelle.
M. R. Caspary a décrit une monstruosité de la fleur de l'*Orchis
latifolia*, dont toutes les fleurs de l'épi, qui avait une longueur
de six pouces, étaient presque tout à fait régulières et complètement privées de labelle. Ce n'est là qu'une pélorie partielle, car
si le périanthe offrait une certaine régularisation, il n'y avait
qu'une seule anthère n'offrant aucune déviation de la forme ordinaire. M. Caspary signale plusieurs autres faits analogues dans la
famille des Orchidées. (*Act. Soc. royale physico-économiq. de
Kœnigsberg*, 1re année, 1re livraison.)

Les pélories cyrtosiées peuvent être particlles ou générales,
complètes ou incomplètes. En effet, on peut ne rencontrer qu'une
seule ou plusieurs fleurs péloriées, quand d'autres fois toutes les
fleurs d'un même individu présentent cette particularité. De
même il peut n'y avoir que quelques pièces du verticille qui subissent la modification; tandis que, dans quelques cas, toutes les
pièces du verticille sont soumises à la pélorisation; c'est alors
seulement que la fleur est régulière.

Par exemple, la Balsamine figurée par Schlotterbeck ne présentait que trois éperons à son calice, tandis que nous l'avons
vue avec cinq et même six éperons (2) quand la fleur était hexa-
mère ; au contraire, celle de l'abbé Rosier n'en avait que deux.
Guillemin a vu le *Linaria spuria* pélorié tantôt avec deux, trois,

---

(1) *Bull. Soc. bot. France*, t. VI, p. 159.
(2) Sur le même pied il y avait des fleurs qui présentaient tous les nombres d'éperons entre un et six.

quatre et cinq éperons à la base de la corolle (1), et MM. Decaisne et Moquin-Tandon ont observé les mêmes variations; le premier, sur la Linaire poilue, et le second sur la Linaire bâtarde. Il en a été de même de la Linaire ærugineuse (Gouan), de la Violette hérissée (D. C.) et des *Viola odorata* et *Altaïca* que nous avons trouvées : la première, avec trois et cinq éperons, et la seconde avec deux et quatre. Dans le *Tropæolum majus* nous avons aussi observé deux éperons au calice, et sur plusieurs fleurs nous avons remarqué ce singulier phénomène : que l'extrémité de l'éperon était repliée dans l'éperon lui-même, à la manière d'un doigt de gant.

La pélorie du *Linaria pilosa* de M. Decaisne présentait ce phénomène remarquable que la régularisation avait fait revenir la fleur au *type* des Dicotylédones. Chaque fleur offrait, en effet, six sépales, six pétales et quelquefois six étamines. Ce qui est très-curieux, car les Personées comme les Labiées sont généralement constantes dans le nombre des parties qui constituent leur appareil floral.

SECTION II. — DE LA PÉLORIE ACYRTOSIÉE.

Nous réunissons dans cette section tous les phénomènes d'hypostrophésie par régularisation, dans lesquels il y a absence d'éperon, soit que la fleur n'en porte pas d'ordinaire, soit que la régularisation ait eu pour résultat de faire disparaître ceux que l'on y observe dans l'état normal.

Il y a déjà longtemps que De Candolle a observé que l'*Aquilegia vulgaris* était capable d'affecter deux formes très-distinctes. La première, que tout le monde connaît, et dont tous les pétales ont la forme de cornets, même lorsque la corolle se multiplie par la transformation des étamines, c'est l'*Aquilegia vulgaris corniculata;* la seconde, qui se montre double et dans laquelle tous les pétales sont plans, c'est l'*A. vulgaris stellata.* Ce résultat paraît avoir été obtenu par la culture. Il suit de là, et rien ne dit que la chose ne s'est pas déjà présentée, que, si la fleur à pétales plans se retrouvait à l'état simple, on aurait une pélorie acyrto-

____

(1) *Dict. class. d'hist. nat.*, t. XIII, p. 184, col. 2.

siée qui serait le type d'une nouvelle forme dans laquelle viendraient se ranger toutes les autres pélories acyrtosiées d'espèces munies de corolle éperonnée, ou en cornet, ou en capuchon, ou en sabot, et ce serait en même temps un phénomène d'hypostrophésie ; car il est évident que la forme type des organes appendiculaires doit être la forme plane.

Or, nous avons déjà, sous ce point de vue, une observation importante faite par M. Attilio Tassi. C'est une monstruosité d'*Aquilegia vulgaris*, dans laquelle la fleur offrait accidentelle-des pétales plans et égaux; mais, en même temps, elle était affectée de chloranthie avec virescence des carpelles.

Quoi qu'il en soit, c'est Gmelin qui le premier a fait connaître, sous le nom de *Peloria anectaria*, la pélorie acyrtosiée observée sur la Linaire (1). Cet observateur rapporte que, pendant plusieurs années, il a cultivé cette plante, originaire du grand-duché de Bade, et qui se trouvait sans éperon : le tube de la corolle était fort court et les graines avortaient constamment. (*Loc. cit.*, p. 694.)

En 1833, Édouard Chavannes (2) a signalé une semblable Linaire, existant dans l'herbier de Desfontaines, et une autre trouvée par M. Bernard.

M. Ch. Desmoulins dit qu'il possède dans son herbier deux échantillons de cette monstruosité; savoir : 1° un échantillon très-beau trouvé par M. Antoine Dource en 1840. Cet échantillon a vingt-quatre centimètres de hauteur, plusieurs tiges grêles et stériles, et une seule tige fertile, terminée (sans compter les boutons incomplétement caractérisés) par un épi de vingt-cinq fleurs parfaitement régulières, sans éperon et rappelant sensiblement la forme de celles du *Bouvardia*; 2° un second échantillon, qui n'est qu'un rameau portant quatre fleurs, et qui a été recueilli à Fillé-Guécélard (Sarthe). C'est M. Édouard Guéranger (du Mans) qui le lui a adressé dans une lettre du 1er septembre 1846. (*Bull. Soc. bot. France*, t. VII, p. 505.)

Selon M. de la Perraudière, au jardin botanique d'Angers, on cultive depuis 1847 une touffe de *Linaria vulgaris* dont presque toutes les fleurs sont acyrtosiées; sur chaque tige il y a une

(1) *Fl. Bad.*, t. II, p. 695, tabl. IV.
(2) *Monog. des Antirrhinées*, p. 68.

douzaine de fleurs péloriées et une ou deux fleurs ordinaires.
(*Bull. Soc. bot. France*, t. V, p. 703.)

M. Germain de Saint-Pierre a remarqué aussi cette anomalie
dans un champ sec du département du Cher, où se trouvait un
mélange de pieds à fleurs ordinaires et de pieds portant des
fleurs affectées de pélorie cyrtosiée (1858).

L'année suivante, M. Billot a observé que cette anomalie s'é-
tait produite avec abondance dans la vallée de la Bruche. (*Flora
Galliæ et Germanæ exsiccata*, 28e centurie.)

Cette pélorie acyrtosiée a encore été retrouvée dans le *Linaria
striata* par M. Decaisne (1), et nous-même l'avons constatée
dans les *Balsamina hortensis* et *Tropæolum majus*, et nous
sommes convaincu qu'elle est assez fréquente pour être retrouvée dans plusieurs autres espèces à éperon.

La pélorie acyrtosiée est naturellement très-fréquente chez les
espèces qui ne portent pas d'éperons, et se borne seulement à la
régularisaton de la corolle, et comme presque toujours, en
même temps que la fleur se régularise, les parties des verticilles
viennent à se compléter, il ne nous semble pas nécessaire de diviser cette section en plusieurs paragraphes. Nous nous bornerons à indiquer les principales espèces où cette hypostrophésie
par régularisation s'est présentée ; ce sont :

Teucrium campanulatum (Lmk., *Encyclop. méthod.*, t. II, 697, col. 1. —
Mirbel, *Mém. sur les Labiées, Ann. Museum*, 1810, t. XV, p. 232).

Dracocephalum austriacum (Trattinick, F. Schmidt, *Samml. physick.
œcon.*, I, p. 214, t. II, f, c).

Cleonia lusitanica (Mirbel, *Élém. phys. vég.*, t. I, p. 221, note).

Galeopsis Ladanum (Ad. Brongniart).

Nepeta diffusa (Decaisne).

Sideritis
Mentha } (Moq.-Tand., *Élém. térat. vég.*, p. 188).
Lamium

Pedicularis sylvatica (Reynier, *Journ. phys.*, 1787, t. XXVII, p. 381,
pl. II).

Digitalis orientalis (Elmiger, *Hist. nat. Digit.*, Montpel., 1812, p. 16, pl. I,
fig. 6, 1, 2, 3).

— *purpurea* (Vrolik, 1844. — Caspary, *Bull. Soc. bot. France*, t. VIII,
p. 394).

Scrofularia alpestris (H. Loret, *Glanes d'un botaniste*, etc., *Bull. Soc.
bot. France*, t. VI, p. 442).

Rhinanthus crista galli (Coquebert, cité par D. C.).

(1) Chavannes, *Monogr. Antirrhin.*, p. 69.

Chelone barbata (Chamisso, *Linnæa*, 1832, t. VII, p. 216. — Chavannes, *loc. cit.*, p. 62).

Sesamum indicum (D. C., *Plant. rar. jard. Genev.*, pl. V).

Zingiber Zerumbet (Arth. Gris, *Bull. Soc. bot. France*, t. VI, p. 346).

Streptocarpus Rexii (Ed. Bureau, *Bull. Soc. bot. France*, t. VIII, p. 708-711).

Ophrys anthropophora (Soyer-Villemet, *Obs. plant. franç.*, p. 123, 178).
— *arachnites* (His, *Lettre à l'Instit.*, août 1807).

Medicago } (Moq.-Tand., *Élém. térat. vég.*, p. 189).
Aconitum }

Comme on le voit, les fleurs irrégulières qui, subissant l'influence de l'hypostrophésie par régularisation, se trouvent dans les Labiées, les Scrofularinées, les Sésamées, les Cyrtandracées, les Légumineuses, les Renonculacées, les Orchidées et les Scitaminées.

Dans les Labiées, la corolle, au lieu d'offrir deux lèvres, présente une forme plus ou moins campanulée, à cinq lobes parfaitement égaux, comme le voit dans le *Teucrium campanulatum*, dont presque toutes les fleurs de la partie terminale se développent d'une manière régulière (1).

Il en est à peu près de même des Personées. Turpin a figuré une fleur de Linaire péloriée dans laquelle la corolle a pris la forme d'un tube élargi à la base et rétréci au sommet, qui est terminé par un orifice plus ou moins fermé par des parties bombées auxquelles, dans les fleurs ordinaires irrégulières, on donne le nom de *palais*, et par cinq lobes égaux (2).

Dans la Digitale orientale observée par Elmiger, la fleur n'était péloriée qu'en ce sens qu'au lieu de quatre étamines, elle en avait cinq; mais, sous ce rapport, la pélorisation des fleurs didynames est bien plus commune qu'on ne le pense d'ordinaire, et c'est ce dont nous avons pu nous assurer sur les *Salpiglossis sinuata; Antirrhinum majus; Maurandia semperflorens; Scrofularia aquatica*, ainsi que dans le *Pentstemon campanulatus*, dont les cinq étamines étaient toutes munies de leurs anthères bien conformées.

Le *Scrofularia alpestris* de M. Loret offrait un calice et une corolle à six lobes au lieu de cinq. La lèvre inférieure de la co-

---

(1) Mirbel, *Mém. sur les Labiées*, *loc. cit.*
(2) *Iconog. vég.*, p. 123, tabl. xx, *fig. 10.*

rolle était à quatre lobes et portait quatre étamines. La lèvre supérieure, au lieu de l'appendice staminal réniforme orbiculaire qu'elle porte ordinairement à sa base, présentait deux étamines parfaitement conformées, opposées chacune à l'un de ses lobes. Ainsi, dans cet exemple de pélorie incomplète, puisque la corolle était restée à deux lèvres, nous voyons la fleur retourner au nombre type six, ce qui constitue une hypostrophésie numérique des parties de chaque verticille. Il en est de même de la fleur péloriée du *Nepeta diffusa*, trouvée par M. Decaisne, lequel a observé qu'elle était constituée par six sépales, six pétales et quelquefois six étamines.

M. Ed. Bureau a fait la description détaillée d'une fleur de *Streptocarpus Rexii*, parfaitement régulière et construite sur le type six. Or, on sait que cette plante, de la famille des Cyrtandracées, a normalement le nombre cinq, et dont trois des cinq étamines avortent ou se réduisent à de courts filets. Par conséquent, nous assistons ici à une hypostrophésie par régularisation, et en même temps par augmentation d'une partie à chaque verticille, d'où le nombre type six (1).

La famille des Bignoniacées, comme on le sait, se compose de genres à fleurs irrégulières, ordinairement pentamères et à quatre ou cinq étamines, dont une, le plus souvent infertile, est plus ou moins amblosiée. Or, cette famille renferme deux genres : les *Colosanthes* et *Rhigozum*, dont les fleurs peuvent être regardées comme normalement péloriées et sont même habituellement hexamères ; ce qui en fait une fleur appartenant au type des Dicotylédones. (Bureau, *Bull. Soc. bot. France*, t. IX, p. 91.)

On sait que la famille des Scitaminées renferme des plantes à fleurs bizarres par les organes déformés qui les constituent, mais dont M. Th. Lestiboudois le premier, dans un travail très-important, a commencé à bien faire connaître la structure. Le genre *Zingiber*, en particulier le *Z. Zerumbet*, a offert à M. Arth. Gris l'occasion de constater que cette fleur pouvait, par diverses modifications, arriver à une véritable pélorie. Il fait d'ailleurs remarquer que M. Lestiboudois avait déjà montré que l'on pouvait rattacher ces fleurs au type régulier des Monocotylédones.

(1) *Bull. Soc. bot. France*, t. VIII, p. 708-711.

REMARQUES GÉNÉRALES SUR LES PÉLORIES.

Selon Guillemin, la pélorisation lui ayant paru déterminée par des lésions que les animaux, en broutant, ont faites à la tige de la plante, ce phénomène pourrait bien être dû à une déviation dans la marche des sucs et par conséquent à un changement dans l'organisation du végétal (1). Ce qu'il y a de certain, c'est que, lorsqu'on met les boutures ou les pieds de plantes péloriées dans un terrain peu fertile, au bout d'un certain temps, les fleurs reprennent leurs formes habituelles. « *Radices peloriæ solo sterili plantæ degenerant in Linariam* (2). » D'un autre côté, M. Decaisne a remarqué que les pélories de *Linaria pilosa* et de *Nepeta diffusa* étaient munies d'un élément de plus dans l'appareil floral; qu'ainsi la corolle avait six pétales et l'androcée quelquefois six étamines, ce qui appuierait l'idée que l'on a émise que la principale cause de la pélorisation des fleurs pouvait être due à un excès de nourriture. Cependant cette cause ne paraît pas être la seule, si tant est qu'elle y soit pour quelque chose, puisque l'on trouve : 1° des pieds péloriés au milieu d'autres qui ne le sont pas; 2° des pieds péloriés dans des terrains évidemment stériles; 3° des pieds non péloriés dans les terrains les plus richement fumés. Ainsi Leers cite une pélorie de *Linaria vulgaris* trouvée au milieu d'un champ et qui, transportée dans un jardin pour être cultivée, perdit en un an toute trace de pélorisation (3).

La position des fleurs semblerait devoir posséder une certaine influence sur la production des pélories. Ainsi celles qui sont placées au sommet de l'inflorescence devraient plus facilement se pélorier que les autres, puisque, terminant l'axe principal, elles semblent pouvoir circulairement recevoir d'une manière régulière les sucs nécessaires au développement des parties. C'est, en effet, ce qui a eu lieu presque toujours pour le *Teucrium campanulatum* (Mirbel) et souvent pour l'*Antirrhinum majus* (Chavannes). Néanmoins, il y a de nombreuses exceptions à cette

(1) *Dict. class. d'hist. nat.*, t. XIII, p. 164, col. 2.
(2) Willd., *Spec. plant.*, t. III, p. 254.
(3) *Flor. Herborn.*, p. 144.

règle, et pour la Calcéolaire rugueuse, Guillemin fait observer que la plupart des fleurs régularisées étaient placées au milieu d'un grand nombre d'autres fleurs qui avaient conservé leur forme habituelle, tandis que des fleurs calcéiformes étaient terminales tout aussi bien que les fleurs péloriées. M. Boivin a fait les mêmes remarques sur les fleurs péloriées du *Linaria chaleppensis*, et dans la Balsamine que nous avons observée, on ne peut rapporter le phénomène à sa position terminale sur l'axe, puisque toutes les fleurs sont axillaires et par conséquent latérales.

Le retour à la régularité des fleurs ou la *pélorisation* est un phénomène plus fréquent que le passage d'une fleur régulière à l'irrégularité. « *Multo frequentius occurrit reditus ad symmetriam abnormis quam aberrationes abnormes ab eadem symmetria.* » (Rœper. *Balsam.*, p. 25.) Il semble que la nature s'essaye à produire des formes régulières, ce qui est pour elle une perfection, et une fois qu'elle les a obtenues, ce n'est qu'avec difficulté qu'elle retombe dans l'irrégularité.

Quand les pélories se forment, il est évident que pour que la regularité se fasse, il faut nécessairement ou que des parties diminuent, ou que d'autres augmentent de volume ; mais en général, ces deux actions se combinent de façon qu'il y a à la fois diminution des plus grandes et augmentation des plus petites.

Si l'on veut bien considérer qu'un végétal n'est autre chose que l'aggrégation d'une multitude d'individualités (1) toutes semblables dans l'origine (phytogènes), mais qui subissent des développements très-variés, des modifications multiples qui donnent aux organes des formes si curieusement diverses ; que les unes s'accroissent régulièrement, tandis que les autres subissent des arrêts d'accroissement ou même avortent complètement après avoir eu un moment d'existence ; que des phénomènes d'exastosie ou de fusion peuvent augmenter ou diminuer le nombre de ces éléments ; que ces variations, ces modifications, ces exastosies, ces fusions, ces avortements, quoique appartenant à des causes encore ignorées, mais qui pourraient bien tenir à des constitutions organiques parfaites ou vicieuses, desquelles résulte une nourriture abondamment ou parcimonieusement distribuée à chaque élé-

____

(1) *Planta est multitudo* (Engelmann).

ment botanique ou phytogène, et cela, le plus souvent, en vertu d'une prédisposition organique ; si disons-nous, on veut bien tenir compte de toutes ces considérations, on pourra jusqu'à un certain point comprendre comment les formes irrégulières se produisent normalement dans chaque espèce et comment quand, par une exception particulière, la constitution organique, de vicieuse qu'elle était, tend à se parfaire, il peut alors se produire un phénomène d'hypostrophésie qui fait que les organes ou les appareils organiques retournent aux types que nous avons établis. Par cette seule raison que les individualités sont très-nombreuses, il est impossible qu'il n'y ait pas de ces individualités (phytogènes) qui avortent et d'autres qui se développent entièrement, et entre l'entier développement d'un phytogène et le complet avortement d'un autre, il y a une échelle de développement dont les degrés intermédiaires sont infinis. Il arrive à ces individualités végétales constituant le *genre plante* quelque chose d'analogue à ce qui arrive à chaque individualité humaine composant le *genre humain*. En effet, en considérant chaque individualité humaine en particulier depuis l'individualité-embryon pris strictement *ab semine*, jusqu'à l'individualité la plus avancée en âge, on conçoit qu'il y a entre ces deux extrèmes des variétés infinies de termes d'existence que l'on ne voudrait jamais regarder comme des degrés d'avortement, mais qui, y touchant par quelques points, peuvent recevoir le nom *d'amblosies*. De même, les modifications de formes qui peuvent affecter l'individualité humaine et qui tiennent certainement aussi à des phénomènes d'amblosie, sont nécessairement variables à l'infini. Mais tandis que ces amblosies ou ces développements si divers, que ces modifications de formes si variées ne sont pas immédiatement saisissables sur le genre humain à cause de l'indépendance de chaque individualité, dans le *genre végétal*, au contraire, où toutes les individualités sont liées les unes aux autres, il suffit qu'un défaut plus ou moins prononcé de développement vienne à se produire sur un ou plusieurs éléments phytogéniques pour qu'aussitôt la physionomie de l'ensemble soit changée et qu'elle nous saute aux yeux. C'est ainsi, comme nous l'avons vu, page 156, qu'un arrêt de développement d'une partie d'organe ou d'appareil suffit pour y déterminer la campylotropie et lui donner une physionomie d'irrégularité très-remarquable. La fleur naturelle irrégulière n'étant qu'une forme de la campylotropie, dès que cette campylotropie disparaît par le développement complet des organes plus ou moins amblosiés d'ordinaire, nous avons des fleurs redevenues régulières et par conséquent péloriées, et M. Ed. Bureau nous semble avoir émis une idée juste en comparant les *Calosanthes* et *Rhigozum* à des pélories naturelles, car, logiquement, les fleurs régulières sont aux fleurs irrégulières ce que la pélorie est à la campylotropie.

Depuis longtemps déjà, de Candolle avait exprimé en d'autres termes cette opinion philosophique en disant que les pélories des *Linaria* constituaient un retour vers le type des Solanées et qu'une pélorie anectariée revêtait tous les caractères d'une Solanée; d'où il conclut que les Scrofularinées ne sont que des *altérations habituelles* du type régulier des Solanées (1).

Si nous prenions pour base de notre raisonnement la famille des Scrofularinées, et si nous voulions en établir les principaux caractères, nous choisirions comme type le genre *Pedicularis*, auquel nous trouvons un calice bilabié inégalement denté; une corolle également bilabiée, à lèvre supérieure très-différente de l'inférieure; quatre étamines didynames et une capsule ovale ou lancéolée, plus ou moins arquée ou oblique vers le sommet. Dans l'inégalité de chacun des verticelles (calice, corolle, androphylle), nous sommes obligés de reconnaître un phénomène plus ou moins prononcé de campylotropie du même genre de celui que nous ne pouvons nier dans la capsule plus ou moins arquée ou oblique. Donc la fleur est campylotropique, et cela à cause d'un développement relatif moindre dans une partie de chacun des verticilles. Si maintenant nous cherchons dans la famille les genres qui n'offrent pas tous ces caractères, nous voyons le calice se régulariser plus ou moins complétement dans les *Budleia, Euphrasia, Bartsia Rhinanthus, Salpiglossis, Browallia, Limosella, Anthocercis, Digitalis*, etc. C'est une pélorie partielle appliquée au calice.

En faisant la même recherche sur les corolles de la même famille, nous trouvons qu'elle aussi se régularise presque complétement

____

(1) *Théorie élémentaire,* 2ᵉ édition, p. 266.

dans les *Polycarena, Budleia, Sphenandra*, et donne lieu à une pélorisation partielle.

De même en examinant l'androphylle, nous voyons une cinquième étamine apparaître sous forme plus ou moins rudimentaire dans les *Scrofularia, Chelone, Pentstemon, Collinsia, Anthocercis, Salpiglossis,* ce qui constitue une autre pélorie partielle.

Si maintenant nous plaçons en regard chacun des verticilles de tous ces genres en désignant par le nom du genre le verticille régularisé ainsi qu'il suit :

CALICE.	COROLLE.	ANDROPHYLLE.
Budleia.	Budleia.	—
Euphrasia.	—	—
Bartsia.	—	—
Rhinanthus.	—	—
Salpiglossis.	—	Salpiglossis.
Browallia.	—	—
Anthocercis.	—	Anthocercis.
Digitalis.	—	—
Pentstemon.	—	Pentstemon.
Verbascum.	Verbascum.	Verbascum.

Nous trouvons des genres qui ont une pélorie partielle dans deux de leurs verticilles floraux; mais tandis que pour le *Budleia* cette pélorie partielle affecte le calice et la corolle, dans les *Salpiglossis, Anthocercis et Pentstemon,* c'est le calice et l'androphylle qui se sont partiellement péloriés, d'où il résulte que les fleurs des genres précités ne sont qu'en partie péloriées, bien que l'étant plus que celles des genres qui n'ont que l'un de leurs verticilles régularisés, et encore cette pélorisation est-elle amoindrie par une légère irrégularité, soit dans le calice ou dans la corolle, soit dans l'une des cinq étamines qui reste plus ou moins amblosiée. Le genre qui, dans cette famille, se rapproche le plus de la pélorie complète est le genre *Verbascum,* dont le calice est sensiblement à divisions égales, la corolle rotacée à lobes seulement un peu inégaux et l'androphylle formé de cinq étamines fertiles; et encore ici, bien que cette fleur puisse être regardée comme une pélorie normale de la famille, cependant, lorsque accidentellement nous trouvons des fleurs hexamères, par conséquent à six étamines, et une capsule triloculaire, nous avons une pélorie plus complète arrivant au type des

Dicotylédones. On comprend donc pourquoi ce genre peut être regardé comme une Solanée ou comme une Scrofularinée; mais comme en réalité la corolle est inégale, on conçoit que les botanistes actuels penchent vers l'idée qu'elle est plutôt une Scrofularinée. Cependant, si nous considérons sous ce point de vue les genres *Hyosciamus* et *Scopolia*, nous trouvons au moins autant de raisons pour les placer parmi les Scrofularinées que parmi les Solanées dont ils font partie, car leur calice et leur corolle sont évidemment irréguliers, et si l'on fait résider le caractère distinctif *essentiel* dans l'androphylle, ayant toujours normalement le nombre cinq pour le constituer, alors il est de logique rigoureuse de placer le genre *Verbascum* parmi les Solanées, et il faut bien l'avouer, par son aspect, la fleur de l'*Hyosciamus* semblerait plutôt être une Scrofularinée que celle du *Verbascum*. Donc nous pouvons dire avec De Candolle que les Scrofularinées sont des Solanées irrégulières, ou les Solanées, des Scrofularinées péloriées.

Nous avons signalé autre part (1) des fleurs de *Nicotiana Tabacum* n'ayant que quatre étamines au lieu de cinq, en même temps que la corolle s'était déformée et avait pris la figure d'une corolle un peu bilabiée ; de sorte qu'une de ces fleurs offrait exactement la structure d'une fleur de Scrofularinée. Il s'était produit absolument le contraire de ce qui a lieu dans les pélories.

Des observations analogues pourraient être faites sur les Acanthacées, où l'on peut voir que, par rapport aux autres genres de cette famille, les *Thunbergia* et *Ruellia* sont *relativement* péloriées, car leur calice et leur corolle sont sensiblement réguliers, et leurs quatre étamines fertiles. Une étamine de plus en eût fait des fleurs complétement péloriées dans l'acception ordinaire de ce qualificatif.

Mais de toutes les grandes familles à fleurs irrégulières, celle qui sous ce rapport nous présentent la régularisation la plus fréquemment normale est sans contredit la famille des Légumineuses, dont le type, à cause du grand nombre des espèces qui la constituent, serait la sous-famille des Papilionacées. Ici la fleur

---

(1) Ch. Fd, *Monographie du Tabac*, p. 126.

est des plus irrégulières. Mais quand on considère les fleurs des Mimosées on les trouve parfaitement régulières ; elles sont par conséquent, relativement aux Papilionacées, des fleurs péloriées ; et entre ces deux extrêmes de fleurs types des Légumineuses et de fleurs péloriées des Mimosées, nous constatons cet état intermédiaire remarquable de fleurs qui ne sont ni complétement régulières, ni absolument papilionacées, et constituant les fleurs de la sous-famille des Cæsalpiniées ; de sorte que l'on peut, par des exemples bien choisis, passer progressivement de la fleur la plus irrégulière à la fleur la plus régulière d'une Mimosée.

Un grand nombre d'autres familles à fleurs irrégulières peuvent ainsi présenter d'une manière normale ou anormale des fleurs régularisées qui ne sont autres que des pélories relatives. Mais on peut remarquer qu'entre les diverses familles il y a, sous le rapport de la proportion des fleurs irrégulières relativement aux fleurs péloriées, de grandes différences. Ainsi, tandis que la famille des Labiées ne présente guère que le genre *Mentha* qui offre des fleurs relativement péloriées, et encore ne le sont-elles que partiellement, au contraire, certaines familles, comme les Légumineuses et surtout comme les Iridées (*Gladiolus*, *Anomatheca*, *Watsonia*, etc.), n'offrent que peu de genres à fleurs irrégulières : par rapport à celles-ci, toutes les autres pourraient donc être regardées comme des pélories.

CHAPITRE X

S'il est une série de phénomènes capables de nous donner une juste idée du phytogène, de son origine et de ses propriétés, et de nous montrer comment, avec ce seul élément botanique, on peut concevoir la formation de tous les organes, c'est, sans contredit, celle qui comprend les métamorphoses, c'est-à-dire la transformation des organes les uns dans les autres.

Dans les métamorphoses, on observe que les organes subissent, dans leur nature et leurs fonctions, des modifications telles, que leur structure et le rôle qu'ils devaient remplir sont complétement changés; voilà pourquoi le volume, la forme, la couleur et la consistance peuvent être fort différents de ce qu'ils auraient dû être.

C'est en 1678 que Joachim Jungius, dans son *Isagoge phytoscopica*, a commencé à établir certaines analogies entre les divers organes végétaux. Plus tard, Gaspard-Frédéric Wolf a positivement annoncé que les organes élémentaires végétaux étaient identiques et pouvaient se réduire à un seul type. Mais toutes ces idées manquaient de développement et étaient en conséquence restées inconnues à la plupart des botanistes d'alors.

Ce n'est qu'en 1790 que le célèbre Gœthe, poëte et philosophe à la fois, exposa cette théorie avec des développements qui firent de son ouvrage un livre remarquable, aussi bien au point de vue de la hauteur des idées qui y sont contenues qu'au point de vue de l'élégance du style qui sert à les exprimer (1).

Comme toutes les grandes et nouvelles idées, la théorie des métamorphoses de Gœthe fut assez mal accueillie des savants, peut-être parce que, dans les détails, tous les corollaires ne sont pas déduits avec la même logique, ni tous les faits empreints de la même vérité (Moq.-Tand.); et cette théorie eût couru le risque de tomber dans l'oubli, si, en France, plusieurs savants n'eussent eu des idées analogues et ne les eussent peu à peu fait accepter de la plupart des botanistes. C'est ainsi que, vers 1810, le docteur Pelletier d'Orléans exposait à Aug. Saint-Hilaire, dans de savantes conversations, des idées analogues à celles que Gœthe avait cherché à répandre en Allemagne, et que le professeur Dunal esquissait une semblable théorie dans son *Essai sur les Vacciniées*, bien que tous deux fussent étrangers à la langue allemande; que De Candolle, dans la seconde édition de sa *Théorie élémentaire*, arrivait, par l'étude des monstruosités, à l'idée que les mêmes organes pouvaient se métamorphoser les uns dans les autres; qu'enfin, Turpin, sans avoir connaissance des observations des auteurs précités, exposait, en 1820, dans son *Essai d'une Iconographie*, une manière de voir semblable. Depuis lors, la théorie des métamorphoses a été acceptée, étudiée, puis confirmée par un grand nombre de botanistes, au nombre desquels nous citerons, parmi les Français, Du Petit-Thouars, Cassini, Adrien de Jussieu, Aug. Saint-Hilaire, Ach. Richard, Gaudichaud, Moquin-Tandon et M. Adolphe Brongniart, etc., et parmi les botanistes étrangers, Robert Brownn, Martius, Rœper, Schimper, Lindley, Engelmann, Schleiden et beaucoup d'autres.

La théorie des métamorphoses est donc aujourd'hui regardée comme une vérité botanique incontestable; mais les botanistes les plus célèbres ayant établi une grande distinction entre les organes appendiculaires et les organes axiles, personne encore n'a cru à la possibilité de la transformation d'un organe d'origine axile en un organe d'origine appendiculaire ou réciproquement. C'est pourquoi tous les savants qui se sont occupés des méta-

____

(1) *Vers. die Metam. der Pflanz.*, 1790. — *Zur Morphol.*, 1817.

morphoses n'ont jusqu'à ce jour reconnu que trois sortes de ces transformations ; savoir :

1° Celle des organes appendiculaires entre eux, c'est-à-dire le changement d'un carpelle en étamine, ou d'une étamine en carpelle, ou d'une étamine en pétale, etc.;

2° Celle des organes appendiculaires ou fondamentaux en organes accessoires, comme le changement d'une feuille en aiguillon ou réciproquement ;

3° Celle des organes accessoires entre eux ; par exemple, la transformation d'une glande en vrille ou d'une vrille en glande.

Enfin, la théorie phytogénique admet la possibilité d'une autre transformation ; savoir :

4° Celle des organes d'origine appendiculaire en organes d'origine axile et réciproquement, ainsi que nous en avons donné des exemples dans notre *Phytogénie*, pages 247 et 516.

Gœthe considérait comme *les plus parfaits* les organes les plus élevés sur l'axe, et, partant de cette idée, il a établi deux sortes de métamorphoses ; savoir : la *métamorphose ascendante (regelmæssige* ou *fortschreitende)*, dans laquelle les organes inférieurs se transforment en un organe supérieur ; par exemple, une étamine en pistil ; et la *métamorphose descendante (un regelmæssige* ou *rückschreitende)*, ou la transformation d'un organe supérieur en un organe inférieur, comme l'étamine changée en pétale.

De Candolle, en dirigeant son attention sur la transformation des organes fondamentaux en organes accessoires, a établi que ceux-ci devaient toujours être considérés comme des organes fondamentaux dégénérés, d'où le nom de *dégénérescence*, qui lui sert pour signifier ce phénomène. Moquin-Tandon combat avec raison cette manière de voir. « Ce nom, dit-il, ne saurait convenir à tous les genres de transformations, même si l'on adoptait la théorie de ce célèbre botaniste. Dans une feuille modifiée en aiguillon, dans une étamine rapetissée en glande, on peut admettre un abâtardissement, si je puis m'exprimer ainsi, une *dégénérescence*; mais dans le phénomène inverse, dans une glande changée en étamine, dans un aiguillon changé en feuille, en suivant les mêmes idées, il est arrivé, au contraire, un perfectionnement, un *ennoblissement*. D'un autre côté, quand ce

même phénomène a lieu entre deux organes fondamentaux,
quand une étamine devient pistil, ou qu'un pistil devient étamine, nous n'avons plus ni une dégénérescence, ni un perfectionnement, mais un simple changement, une *métamorphose*.
Dira-t-on qu'il y a dégénérescence dans tout organe qui s'éloigne
de sa nature habituelle pour adopter l'état d'un autre organe,
quel qu'il soit? Mais alors un organe accessoire qui prendrait le
caractère d'un organe fondamental aurait dégénéré ; tandis que,
dans la théorie de M. De Candolle, il serait arrivé un phénomène
inverse. » (*Élém. térat. vég.*, p. 198.) Il faut en conclure, avec
Moquin-Tandon, que le vocable *métamorphose*, employé par
Gœthe pour exprimer la série des phénomènes qui vont nous
occuper, est le seul qui embrasse le phénomène dans sa généralisation, sans rien préjuger sur sa nature. C'est pourquoi nous
l'avons choisi pour l'entête de ce chapitre, mais en lui donnant
une terminaison en rapport avec la plupart des autres titres de
cet ouvrage.

En conséquence, nous divisons ce chapitre en deux articles :
les *métamorphosies descendantes* et les *métamorphosies ascendantes*. Mais, pour se rendre bien compte de ces transformations, il est en même temps indispensable d'admettre deux forces
ou influences distinctes : l'une qui fait la feuille et que nous
avons désignée sous le nom d'*influence foliifiante ;* l'autre qui fait
la fleur et que nous avons nommée *influence florifiante* (1). Ces
deux influences ou forces sont tellement voisines dans leur es-
sence, qu'elles se trouvent distribuées dans le végétal de manière
à y être parfois confondues, ce qui expliquera facilement la mu-
tabilité dont les organes végétaux vont nous donner de si nombreux exemples. Cependant, on peut dire, d'une manière générale, que l'influence foliifiante appartient plus spécialement à la
base du végétal; tandis que l'influence florifiante en affecte plutôt la partie supérieure; cela n'empêche pas qu'à la même hauteur, sur le végétal, on ne trouve parfois réunies ces deux influences, soit que l'une ait été portée plus haut que d'habitude,
soit que l'autre soit descendue au-dessous de sa limite ordinaire.

(1) *Phytogénie*, p. 558.

Article premier. — *Métamorphosie descendante.*

Dans cette série de phénomènes nous allons comprendre ceux que de Candolle devait considérer avec raison comme une sorte de dégénérescence, puisque, en acceptant l'idée de Gœthe qui veut que les organes les plus élevés sur l'axe soient *les plus parfaits* (quoique nous ne l'acceptions pas, pour notre part, car chaque organe est parfait en vue du rôle qu'il a à remplir), puisque, disons-nous, ces organes plus parfaits se transforment en organes moins parfaits. Ainsi les phytogènes-fleurs se transforment en phytogènes-scions (Chloranthie), les pétales colorés en sépales ou en feuilles (Virescence), les étamines en pétales, les carpelles en étamines ou en pétales.

Section I. — DE LA CHLORANTHIE OU TRANSFORMATION
DES PHYTOGÈNES-FLEURS EN PHYTOGÈNES-SCIONS.

Bien des fois on a observé, dans le phénomène physiologique qui est connu sous le nom de *chloranthie*, que tous les verticilles floraux se transformaient en feuilles constituant dans leur ensemble un vrai bourgeon infrondescent que George Dickie a comparé à un chou en miniature (1). Cette sorte de métamorphose, plus commune qu'on ne le pense, peut être *partielle* ou *complète*, *légère* ou *profonde*.

Un grand nombre de celles que les botanistes ont décrites jusqu'à ce jour ne peuvent être regardées que comme des chloranthies légères ou incomplètes, car on y trouve toujours des traces de l'origine de la chloranthie, soit par des parties des bourgeons qui rappellent celles de la fleur, soit par l'exiguïté des organes, soit par la disposition phyllotaxique des éléments qui la composent, soit par l'hypertrophie que l'on remarque dans la fleur, soit enfin par le peu de développement général que prend la chloranthie.

Quand toutes les pièces florales affectent la forme que nous venons de décrire, mais sans prendre le développement qui cons-

(1) A cabbage in miniature. (*Not. vivip. plants, Ann. nat. hist.*, t. V, p. 295.)

titue un axe, lequel avorte ensuite sans être suivi d'inflorescence, on a une chloranthie *légère ;* tandis que si cet axe se
développe à la manière ordinaire donnant lieu à un rameau normal fructifère, dans ce cas nous avons une chloranthie *complète.*
Que!quefois enfin elle n'est que *partielle* ou *incomplète ;* c'est
lorsque une ou plusieurs pièces des verticilles floraux sont transformées en feuilles, alors que les autres parties du même verticille ont conservé la forme normale qui les caractérise.

C'est le plus souvent à une chloranthie légère ou incomplète
que semblent se rapporter la plupart des chloranthies observées,
car les vraies chloranthies complètes et profondes ne peuvent être
devinées qu'à l'aide des considérations phytogéniques que nous
avons développées autre part (1). C'est donc parmi la première
catégorie de chloranthies qu'il faut classer celles que l'on a observées dans les espèces suivantes :

Saxifraga (Flor. lapp., tabl. ii, *fig.* 3. — C'est le *Saxifraga foliosa* de
Rob. Brownn; Parry, voy. app., p. 275).
Campanula Trachelium (Haller, *Enum.,* p. 193).
Sisymbrium officinale (Bridel, *Jour. gén.,* 1791, n° 4. — Muscol., t. I,
p. 52).
Erucastrum canariense (Webb., *Phytogr. Can.,* pl. VIII).
Diplotaxis tenuifolia (Du Petit-Thouars, *Ess. vég.*).
Trifolium repens (De Cand., *Organ. végét.,* p. 273, pl. XXVIII. — Viaud
Grand-Marais, *Bull. Soc. bot. France,* t. VIII, p. 696).
Tropœolum majus (Jæger, *Nov. act. Acad. nat. cur. Bon.,* t. XIII, part. ii,
p. 811).
Reseda odorata (Henslow., *Trans. of the cambr. phil. Soc.,* 1833, t. V,
p. 1).
Verbascum phlomoides (Dunal, *Consid. org. fleurs,* p. 25).
Lysimachia Ephemerum (Valentin, *Flora,* 1840, *Literaturber.,* p. 96).
Scrofularia nodosa...... ⎫
Rhamnus Frangula...... ⎪
Nicotiana rustica........ ⎪
Potentilla argentea...... ⎬ (Ad. de Jussieu, rapporté par Moq.-Tand.,
Campanula pyramidalis.. ⎪ *Élém. térat. vég.,* p. 231).
Hedychium angustifolium ⎪
Matricaria Parthenium... ⎭
Dactylis glomerata (Boivin, cité par Moq.-Tand., *loc. cit.,* p. 232).
Poa trivialis....... ⎫
— pratensis...... ⎪
— angustifolia... ⎪
Cynosurus cristatus ⎬ (Draparnaud, Moq.-Tand., *loc. cit.*).
Festuca nemoralis.. ⎪
Juncus mutabilis... ⎪
Carex vulpina..... ⎭

(1) T. I, p. 423 et suivantes. — *Phytogénie,* p. 558.

Stellaria media }
Sinapis arvensis } (Ach. Guillard, *Bull. Soc. bot. France*, t. IV, p. 760).

Myosotis cæspitosa (de Schœnefeld. — Germain de Saint-Pierre, *ibid.*, p. 897).

Rosa diversifolia (Alph. Lavallée, *Horticulteur français*, octobre 1866. — Brongniart et Arth. Gris, *Bull. Soc. bot. France*, t. V, p. 261).

Bellis perennis (Eug. Fournier, *ibid.*, t. VII, p. 438. — Decaisne, *ibid.*, p. 439).

Phleum Bœhmeri (Chatin, *ibid.*, p. 439).

Clinopodium vulgare (Duhamel, de Camembert, *ibid.*, t. VIII, p. 536).

Anagallis arvensis (Viaud-Grand-Marais, *ibid.*, p. 696).

Rubus exsuccus? (Schimper et Spenner, *Flore de Fribourg*, p. 475. — Eug. Fournier et M. Bonnet, *Bull. Soc. bot. France*, t. IX, p. 36, pl. I. — Decaisne, p. 78. Voyez aussi p. 292, une excellente note de notre savant confrère, M. Kirschleger).

Rubus tomentosus (Kirschleger, *Addit. flor. alsac.*, t. II, p. 450).

Les Crucifères, à cause de leur végétation luxuriante et rapide, sont au nombre des végétaux qui présentent le plus fréquemment des phénomènes de chloranthie. Ainsi, Seringe a décrit un *Diplotaxis tenuifolia* attaqué de charbon, dont toutes les pièces florales étaient converties en petites folioles distinctes, au nombre de seize, et disposées en rosettes ayant conservé leurs places respectives (1). Le *Lychnis dioïca* se présente assez souvent aussi avec des fleurs chloranthées.

On cultive dans les jardins une monstruosité d'*Hesperis matronalis* dont les fleurs sont remplacées par une multitude d'organes foliacés qui sont dans un état intermédiaire entre les pétales et les feuilles, de sorte qu'on peut considérer ces fleurs ou comme des fleurs doubles à pétales semifoliacés (2), ou comme des fleurs *légèrement chloranthées*.

De Candolle cite plusieurs variétés doubles d'Anémones, de Renoncules, etc., qui présentaient le même phénomène, et il a observé des fleurs de *Dictamnus albus*, dont tous les organes floraux, augmentés en nombre comme dans les cas précédents, avaient pris l'apparence de feuilles. Cette monstruosité, déjà observée par M. Marchant, il y a plus d'un siècle (3), avait été aussi trouvée par Du Petit-Thouars.

M. Focquet, horticulteur, a envoyé à l'exposition de mai 1858

(1) *Bull. bot.*, t. I, p. 6.
(2) D. C., *Organ. vég.*, t. I, p. 543.
(3) *Mém. Acad. Sc. de Paris*, 1693, p. 23.

une collection d'Anémones et de Renoncules parmi lesquelles se trouvait une Anémone *verte*, très-belle, que M. Em. Goubert a fait connaître à la Société botanique de France. (Voir le Bulletin de cette Société, t. V, p. 318.)

M. Kirschleger a décrit (1) une chloranthie d'*Alsine media*, trouvée en novembre 1865 par M. Michel Paira. On sait que dans cette espèce la ramification est dichotomée et qu'entre les deux rameaux se trouve une fleur médiane terminant le mérithalle précé lent. Cette fleur a subi la métamorphose suivante : les sépales ont présenté cinq folioles ovales brièvement pétiolées ; les pétales sont semblables aux sépales, mais plus petits et plus longuement pétiolés. A peine des traces d'étamines. Les trois feuilles carpelliennes étaient conniventes par leurs bords et se terminaient ensemble en pointe assez aiguë, simulant un petit bourgeon herbacé-pédiculé. Après la séparation des trois carpelles, on remarquait, au fond, six à huit ovules sphéroïdes attachés par un funicule assez grand à un placentaire conique très-petit. Ce qui fait supposer, dans les Alsinées, que le placentaire est essentiellement *axile* et indépendant de la marge des feuilles carpelliennes (Kirschleger).

On doit à Cassini l'observation d'un *Scabiosa columbaria* chez lequel la corolle, l'androcée et le pistil étaient transformés en lames foliacées, et l'ovaire lui-même, au lieu d'ovule, contenait un bourgeon formé par une petite touffe de feuilles, inégalement formées, irrégulières et portées par un corps charnu articulé au fond du carpelle (2).

Moquin-Tandon a signalé un pied d'*Euphorbia segetalis* offrant une chloranthie analogue, mais le phénomène était plus avancé : chaque fleur avait produit un petit rameau grêle, couvert de feuilles allongées, étroites et pointues, qui paraissaient n'être autre chose qu'un commencement de prolification (3).

Le même auteur rapporte (*loc. cit.*) un fait tout aussi intéressant que lui a fait connaître M. Delile. Il consiste en une inflorescence de *Furcræa gigantea* n'offrant, au lieu de fleurs, presque

(1) *Ann. de l'Assoc. philomat. vogéso-rhénane*, etc., 5e livraison, p. 240.
(2) *Obs. sur une monstr.* (*Bull. Scienc.*, mai 1821, p. 78. — *Opusc. phyt.*, t. II, p. 549.)
(3) *Tératol. vég.*, p. 232.

que des bourgeons plus ou moins développés. Chacun de ces bourgeons offre en petit l'organisation de la plante-mère.

Enfin, M. Germain de Saint-Pierre a figuré et décrit plusieurs cas de chloranthie : 1° sur le *Rumex arifolius* observé par M. Lecoq ; 2° sur le *Rumex scutatus*, trouvé par M. Cosson ; 3° sur le *Phyteuma spicatum* et le *Trifolium repens* qu'il a rencontrés lui-même.

Le *Rosa diversifolia* a donné lieu à une chloranthie que les horticulteurs sont parvenus à conserver, et, au concours d'horticulture du mois de mai 1858, tout le monde a pu voir, exposé par M. Verdier fils aîné, un pied vigoureux de cette chloranthie désignée sous le nom de *Rosa viridiflora*. M. Alph. Lavallée pense que la rose verte revient à la coloration rouge par suite d'une *culture débilitante*. Sur de jeunes pieds provenant de boutures, les fleurs restent d'abord vertes, mais elles se colorent de plus en plus à mesure que la plante vieillit.

Dans quelques cas, la chloranthie se montre plus composée. Ainsi non-seulement nous avons observé des fleurs à peu près chloranthées sur diverses variétés de *Brassica* (*Napus, gongyloïdes, botrytis, oleracea*) et sur le *Raphanus sativus ;* mais ce qu'il faut surtout noter avec soin, c'est l'état particulier de chloranthie que nous a offert le *Brassica botrytis*. En effet, ce n'était pas seulement la fleur qui était changée en bourgeon infrondescent, mais chaque fleur s'était métamorphosée en un groupe de petits bourgeons qui, disposés par verticilles et sur plusieurs rangs, étaient évidemment des sépales, des pétales, des étamines et des carpelles, transformés chacun en un petit bourgeon. Il a donc fallu que chaque phytogène circulaire de chacun des protophytogènes successifs se fût composé à la manière d'un protophytogène pour donner lieu à autant de bourgeons. Peut-être est-ce à cette tendance des verticilles à se transformer en bourgeons que l'on doit les inflorescences charnues, compactes et confuses qui caractérisent cette variété de chou.

D'autres fois la chloranthie se complique d'un autre phénomène tératologique. C'est ainsi que le *Scrofularia nodosa*, qui a offert à Ad. de Jussieu un exemple de chloranthie, s'est de nouveau offert à M. Lacher avec des conditions de pélorie incontestable, reconnues par J. Gay. Le calice est formé de cinq petites feuilles verticillées, oblongues, très-entières, vertes et séparées jusqu'à la base qui était sensiblement amincie en pétiole. La corolle, parfaitement régulière et entièrement verte comme le calice, est fendue jusqu'aux deux tiers en cinq lobes elliptiques. Quatre des étamines, au nombre de cinq, alternant avec les lobes de la corolle, ne diffèrent des étamines normales que par la brièveté et la rectitude du filament et par la stérilité de l'anthère. Sur le même plan et devant le *sinus* vacant de la corolle se trouve la cinquième étamine convertie en une petite feuille elliptique, verte, semblable aux lobes de la corolle. A l'intérieur de la fleur le pistil est remplacé par un menu bourgeon foliaire, formé par un axe très-court, portant deux feuilles opposées qui ont chacune un rudiment de bourgeon à leur aisselle. (J. Gay. *Bull. Soc. bot. France*, t. IX, p. 343.) M. Cosson a également observé à Thurelles, près Dordives (Loiret), une monstruosité affectant une plante de la même espèce et analogue à celle qu'a rencontrée M. Larcher (*loc. cit.* p. 344). Il est vrai qu'ici le phénomène de pélorie par régularisation pouvait n'être que la conséquence de la chloranthie, puisque l'irrégularité n'affecte que la fleur, et que dans la chloranthie, la fleur redevenant bourgeon, celui-ci ne peut l'être qu'avec les conditions ordinaires de l'axe infrondescent qui est la régularité.

La monstruosité du *Rubus* recueillie près de Baden-Baden par M. Maurice Bonnet et analysée par M. Eug. Fournier, était remarquable par ses calices fortement hypertrophiés et un peu charnus; par ses pétales, au contraire, plus petits qu'à l'état normal, mais verts; par l'absence d'étamines (vraisemblablement changées en carpelles), et enfin par plusieurs carpelles portés sur un axe élevé d'un à deux centimètres au-dessus de la fleur. Ces carpelles sont pédiculés, ascendants, arqués et concaves du côté de l'axe (campylotropie dorsale), glabres et complétement secs, terminés par un style presque aussi long que le fruit et non séminifères. A cette différence près que le style n'est pas articulé, la monstruosité se rapprocherait du genre *Geum*. Mais l'articulation n'étant pas un caractère constant, même pour les espèces d'un même genre, on peut dire que la monstruosité trouvait son état normal dans les *Geum* (1).

(1) Les *Triticum*, dont l'épi se continue sans interruption avec le chaume,

M. le professeur Kirschleger avait déjà, dès 1848, observé un fait tout semblable à celui de MM. Fournier et Bonnet. Il a été mentionné dans sa *Flore d'Alsace* (t. I, p. 219), où il est dit : « Les Ronces sont sujettes à des anomalies ou à des monstruosités très-intéressantes : outre la radication si fréquente des sommets des turions, on observe quelquefois l'anamorphose des carpelles en nucules ou *akènes secs* semblables à ceux des *Geum*. »

Le même savant a trouvé, en 1863, sur la montagne granitique de Scherwiller, un *Echium vulgare* qui lui a offert l'apparence d'un de ces Genévriers-hérissons (*Juniperus echinata*), en forme de boule hérissée, compacte. Ce n'était néanmoins qu'une chloranthie dans laquelle tous les verticilles floraux s'étaient transformés en petites feuilles sépaliques ou en bourgeons foliacés rudimentaires (1).

Nous pourrions considérablement augmenter le nombre de ces exemples, qui ont été trouvés et publiés par un grand nombre d'excellents observateurs; mais il nous suffira de dire que ce développement anormal s'observe principalement sur les plantes à végétation luxuriante, ou lorsque celles-ci se trouvent dans des conditions inusitées de chaleur et d'humidité, ou lorsque des piqûres d'insectes viennent déterminer dans l'appareil floral un mouvement vital extraordinaire. Ainsi, lorsque la Psylle des Joncs pique la sommité d'une plante, elle fait naître à la place des fleurs une touffe d'écailles foliacées qui a l'apparence d'un véritable bourgeon. Le développement des *Æcidium* ou des *Uredo* sur quelques fleurs détermine parfois encore la chloranthie. Ce phénomène, produit par les insectes ou les *Æcidium*, a été principalement observé dans les chatons des Chênes, des Saules et des Sapins; on lui a donné quelquefois le nom de *squammation*. Il en résulte une petite rosette de feuilles que quelques auteurs anciens ont comparée à une rose en miniature,

---

produisent, avec les *Ægilops*, des hybrides fertiles, ayant des épis articulés à leur base. Il en est de même des *Avena* dont les fleurs, souvent fortement attachées à l'axe, sont quelquefois articulées avec lui. Dans ce dernier cas, elles se détachent au moindre choc, notamment chez les espèces du groupe de l'*A. fatua*, ce qui empêche de les cultiver utilement. (Cosson.)

(1) *Ann. de l'Assoc. philomat. vogéso-rhénane*, 3e livraison, p. 131.

mais de couleur verte; d'où le nom de *fausses roses*, *Roses de Saule* (Rosa salicina).

L'*Uredo candida*, Pers (*Cœoma candidum*, Nees), qui se trouve principalement sur les Crucifères et les Semi-flosculeuses, en se développant sur les fleurs des *Brassica*, les change parfois entièrement en fleurs hypertrophiées dont tous les organes revêtent la forme de petites feuilles épaisses d'un blanc verdâtre, constituant un état voisin de la chloranthie.

Quand la chloranthie est *très-profonde*, il est alors impossible de retrouver même les traces du verticillisme, qui est le propre de la disposition des parties florales.

Cette sorte de chloranthie est extrêmement commune et peut facilement être observée sur nos arbres les plus communs. Ainsi, par exemple, si l'on observe un *bouton* à fruits du Pommier ou du Poirier, on verra, dans le premier cas, cinq ou quelquefois six fleurs disposées en *faux verticille* autour d'une fleur centrale, représentant les six phytogènes circulaires autour du phytogène central de tout protophytogène. Or, assez souvent l'une des fleurs se trouve remplacée par un bourgeon infrondescent. Dans le Poirier, on observe exactement la même chose, si ce n'est qu'ici les bourgeons-fleurs sont beaucoup plus nombreux et cachent un peu le phénomène dont il s'agit; mais on peut toujours aisément constater qu'à la base de l'inflorescence, le plus souvent, à l'aisselle d'une feuille bractéale, au lieu d'une fleur, on voit se développer un bourgeon infrondescent.

En faisant de semblables observations sur les genres *Persica*, *Amygdalus* et quelques autres, on peut remarquer qu'à l'aisselle de chaque feuille il y a très-souvent trois bourgeons dont le médian est d'ordinaire un bourgeon infrondescent, tandis que les latéraux sont habituellement des bourgeons-fleurs. Mais parfois on observe : 1° que l'un des bourgeons latéraux se développe en bourgeon infrondescent, et il ne reste qu'une seule fleur; 2° que deux bourgeons latéraux se transforment en bourgeons infrondescents, et il n'y a pas de fleurs. C'est ce qui arrive sur les branches très-vigoureuses qui ne doivent pas porter fruits. Or, ce sont ces bourgeons infrondescents qui, donnant lieu à un véritable axe ordinaire, passent aux yeux de l'observateur d'une manière inaperçue, et pour cette raison n'ont jamais été assimi-

lés à une monstruosité. Cependant c'est assurément un phénomène de chloranthie, mais de chloranthie profonde, tellement
que rien de la fleur ne se laisse plus même soupçonner.

Quelquefois c'est un axe composé de plusieurs fleurs qui se
transforme en axe infrondescent, comme on en a des exemples
dans les Lilas, particulièrement dans le *Syringa persica*. Si, en
effet, on examine les thyrses de cette plante, on en trouve bientôt quelques-uns chez lesquels un des bourgeons de la base s'est
développé en axe floral, tandis que le bourgeon opposé s'est
transformé en bourgeon infrondescent. Ces deux sortes de métamorphoses sont si fréquentes, car on peut les observer sur un
grand nombre de végétaux (1), et l'on est tellement habitué à les
confondre avec les phénomènes ordinaires de la végétation, que
jusqu'à ce jour on n'y a prêté aucune attention ; mais le moindre
raisonnement suffit pour faire comprendre qu'ils sont de même
nature que ceux qui sont décrits sous le nom de chloranthie,
seulement ici la chloranthie est très-prononcée et si profonde
que l'axe produit ne diffère nullement des autres axes. Sous ce
rapport, il y a néanmoins une différence entre le phénomène que
nous décrivons et la chloranthie, puisque, comme l'indique l'o-
rigine de ce mot, dans ce dernier phénomène la fleur est restée
sous forme de rosette rappelant plus ou moins les caractères que
l'on connaît à la fleur normale.

D'ailleurs, entre la chloranthie légère et la chloranthie profonde, il est un autre phénomène qui tient le milieu et qui sert
par conséquent de passage de l'un à l'autre, c'est le phénomène
décrit sous le nom de *viviparité* et dont nous avons donné des
exemples dans le premier volume de cet ouvrage, page 435, où
nous les avons décrits sous le nom de *répétition des infrondescences*. Il est par conséquent inutile de les décrire ici ; mais on
peut observer que certains phénomènes tératologiques, selon le
point de vue où on les examine, se rapportent à plusieurs classes
de faits en apparence très-différents (t. I, p. 443).

La viviparité est d'ailleurs un phénomène assez fréquent,
même dans les inflorescences, et indépendamment des exemples
que nous en avons donnés (2), nous croyons devoir rappeler celui

(1) Voir l'article *Répétition des infrondescences*, t. I, p. 423.
(2) Voir aussi, plus loin, le chapitre des *Phytoblastes-bourgeons libres*.

que nous a fait connaître M. de Schœnefeld. Notre excellent secrétaire général a présenté à la Société botanique de France un pied
de *Sempervivum arachnoideum* portant une inflorescence très-
incomplétement et bizarrement développée, dont trois des fleurs se
sont transformées en trois rosettes de feuilles exactement semblables à celles que la plante émet de sa base dans les années où
elle ne fleurit pas. Ce phénomène de viviparité assez rare chez
les Dicotylédones se remarque cependant chez quelques *Echeveria* qui n'émettent pas de rejets, mais que l'on peut multiplier
au moyen de petits bourgeons naissant sur la hampe florale,
parmi les fleurs et, comme celles-ci, à l'aisselle de bractées. (De
Schœnefold, *Bull. Soc. bot. Fr.*, t. IX, p. 435.)

Enfin, aux chloranthies devraient se rapporter la transformation des ovules en groupes de feuilles; mais, comme nous en
avons parlé à l'article *Carpelles gemmipares* (1), nous croyons
inutile d'y revenir ici.

SECTION II. — DE LA VIRESCENCE.

Ce phénomène, que beaucoup de botanistes confondent avec la
chloranthie, n'est en effet, dans l'acception ordinaire du mot,
qu'une chloranthie partielle; car, tandis que dans le premier de
ces phénomènes toutes les pièces de la fleur subissent la métamorphose en organes foliacés, dans la virescence, la métamorphose ne se fait sentir que sur un seul verticille ou même
dans un seul organe. La virescence (*virescentia*, Engelmann)
n'est donc à proprement parler qu'une fleur facile à reconnaître
encore, mais offrant des parties vertes au lieu de parties colorées, ou des organes foliacés à la place de bractées ou de sépales.
Les pétales et les étamines plus ou moins déformés peuvent
encore se distinguer, mais affectés d'une couleur verte qu'ils
n'ont point dans leur état normal. Elle est par conséquent le
commencement plus ou moins avancé d'un état qui se complète
de plus en plus, d'abord dans les chloranthies *légères* et ensuite
dans les chloranthies *profondes*.

Comme type de la virescence, nous citerons le suivant. Dans

____

(1) T. I, p. 487. Voyez aussi p. 445 à 449.

l'hiver remarquable par ses jours beaux et secs de 1857-1858, tous les pieds de *Campanula pyramidalis* que nous possédions dans un petit jardin bien abrité, se sont couverts de boutons floraux tardifs, dans lesquels tous les sépales étaient transformés en véritables feuilles, et la corolle que les froids ont empêchée de s'épanouir offrait une virescence partout la même. A l'intérieur, on trouvait cinq étamines, un style et trois stigmates comme dans la fleur normale, mais complétement verts comme le reste de la fleur. On peut regarder cet état comme un arrêt de développement appliqué seulement à la matière colorante, et ayant ses représentants normaux dans les fleurs vertes de quelques végétaux.

Il va sans dire que plus l'organe approche de l'état de la feuille ordinaire, plus il est apte à se transformer en feuille. Voilà pourquoi les stipules, les bractées et les sépales subissent plus facilement ce genre de transformation. Parmi les plantes qui ont offert ce phénomène, nous citerons particulièrement les Plantains (Hopk, Seringe et Moq.-Tand.).

Cette particularité a été aussi retrouvée dans les bractées de l'*Amorpha fruticosa* (Schlechtendal) et de l'*Ajuga reptans*, ainsi que dans l'involucre du *Parthenium inodorum* (A. de Jussieu) et du *Centaurea Jacea* (Hussenot). M. Mussat a aussi remarqué un fait analogue sur le *Taraxacum palustre?* dans lequel plusieurs rangées des écailles de l'involucre s'étaient anormalement développées en feuilles. Nous-mêmes avons aussi observé un semblable phénomène dans le *Taraxacum dens leonis*.

Personne n'ignore que les sépales des Anémones, des Renoncules, des Roses, se transforment très-facilement en feuilles analogues à celles de la tige, et le nombre des autres plantes qui ont offert un pareil changement est tellement considérable qu'il nous a paru inutile de les rappeler toutes ici.

Nous nous contenterons de dire que beaucoup d'autres exemples ont été décrits ou figurés par plusieurs célèbres botanistes, tels que Weinmann, De Candolle, Schimper, Schlechtendal, Jæger, Engelmann, Moquin-Tand., etc., et parmi les plantes, celles qui se montrent le plus fréquemment affectées de ce phénomène sont : les *Salix alba; Diplotaxis tenuifolia; Brassica Napus;*

*Peltaria alliacea; Hesperis matronalis; Thlaspi arvensis; Cheir-
anthus Cheiri; Caltha palustris; Primula elatior, grandiflora*
et *acaulis; Convolvulus sepium; Papaver orientale, Geum ri-
vale; Trifolium repens; Gentiana campestris; Athamanta cer-
varia,* etc.

La virescence des pétales, moins fréquente, a été observée
dans la Fraxinelle (Marchant, Dupetit-Thouars, etc.); le *Campanula Rapunculus* (Pollini); le *Phyteuma spicata* (Gilibert); un
Rubus (Spenner); quelques *Verbascum* (Delile); le *Trifolium
repens* (Jæger); le *Spirea oblongifolia* (A. de Jussieu); la Ju-
lienne cassolette, la Renoncule des mares et l'*Anemone nemorosa* (De Cand.); l'*Echinophora maritima;* le *Diplotaxis muralis;* l'*Amygdalus communis* (Moq.-Tand.); l'*Anagellis phœnicea*
(Kirschleger), etc.; nous-mêmes l'avons rencontrée dans le *Lavatera trimestris* et l'*Hibiscus syriacus.* Isid. de Lapeyrouse l'avait
déjà observée dans les fleurs du *Malva sylvestris.*

De toutes les métamorphoses, celle des étamines en feuilles est
assurément la moins fréquente; cependant, l'Anémone Sylvie a
offert ce changement à De Candolle; l'Anémone couronnée, à Seringe; le *Torilis anthriscus,* le *Daucus Carota,* l'*Heracleum
sphondylium,* à M. Engelmann; le *Delphinium crassicaule,* à
M. Rœper.

La transformation des carpelles en feuilles est assez fréquente,
et même c'est une des métamorphoses les plus anciennement observées. Tabernæmontanus a reproduit, dans son *Iconographie,*
des carpelles de Cerisier à l'état foliacé; Duhamel a figuré dans
sa *Physique des arbres* des fruits de Prunier de Mirabelle transformés en feuilles. Cette métamorphose a été observée dans une
foule d'autres plantes; par exemple, dans le *Latyrus latifolius*
(D. Cand.), dans un *Heracleum* (Schauer), le *Diplotaxis tenuifolia* (Seringe et Heyland), les Jacinthes, les Tulipes, les Œillets, le *Scrofularia aquatica,* etc.

Ce que l'on nomme *yeux* ou *cœurs verts* de certaines variétés
de Dahlias, de Renoncules et d'Anémones ne sont autre chose
que des transformations de ce genre (Moq.-Tand.).

De Candolle (1) dit que des fleurs semi-doubles, fécondées avec

____

(1) *Phys. vég.*, Paris, 1832, p. 733.

le pollen d'autres fleurs semi-doubles, ont donné des pieds à fleurs doubles, couronnées dans le milieu par une houppe de feuilles vertes qui venait, selon Moquin-Tandon, de l'expansion et de la transformation des organes pistillaires.

Tout le monde connaît le Merisier à fleurs doubles (*Cerasus avium flore pleno*) : au centre d'un grand nombre de ses fleurs, Aug. Saint-Hilaire a remarqué, à la place des carpelles, des feuilles, petites et pliées sur elles-mêmes, mais ayant leurs bords complétement libres; leur nervure moyenne offre un long prolongement qui rappelle le style terminé par un stigmate; enfin leur contour laisse voir de petites saillies ou dents glanduleuses qui sont sans doute des ovules incomplétement avortés (Moq.-Tand.).

Le *Reseda phyteuma* a offert à M. Schauer des carpelles entièrement transformés en feuilles et portant des ovules à l'état rudimentaire, et MM. Dunal et Moquin-Tandon ont rencontré une fleur de Tulipe dont l'ovaire était changé en feuilles qui portaient sur leur marge des ovules ordinaires.

Ce que nous venons de regarder dans ces trois exemples comme le résultat d'une anomalie devient la règle habituelle chez les *Sterculiacées* dont les ovaires s'ouvrent avant la maturité des ovules et simulent des feuilles ovipares.

Enfin la virescence ou la transformation en feuille peut se faire sentir sur les ovules alors que les enveloppes florales ne subissent presque aucun changement. Ainsi M. Ad. Brongniart a fait connaître une monstruosité de ce genre chez le *Primula sinensis* : les ovules étaient changés en petites feuilles à trois ou cinq lobes, offrant de nombreux rapports de forme avec celles de la tige, bien qu'un peu épaisses, celluleuses et charnues.

Moquin-Tandon dit qu'il a vu une monstruosité de *Cortusa Mathioli* que lui a communiquée M. Pancher, consistant en ce que les diverses pièces du périanthe sont plus ou moins changées en feuilles, ainsi que les étamines. Les fruits qui forment la circonférence de l'ombelle sont dilatés et présentent un placenta central offrant à son sommet un grand nombre de divisions filiformes, divergentes, rayonnées, portant chacune, au lieu d'ovule, une petite feuille arrondie. Vers le centre de l'ombelle les fruits ont perdu leur enveloppe; les feuilles anomales ont grandi et se sout plus rapprochées de la forme des feuilles de la tige.

Le *Brassica Napus* nous a offert une monstruosité présentant à elle seule un ensemble de métamorphoses qu'il convient de rapporter en entier ici (1). Quelques individus, tout en présentant des tiges florifères ou pédoncules ordinaires, nous ont offert plusieurs particularités qui nous ont paru avoir de l'intérêt. En effet, la plupart de ces pédoncules portaient un assez grand nombre de fleurs à siliques normales; mais au-dessus de celles-ci, il y avait d'autres fleurs à siliques toutes déformées : elles étaient aplaties, élargies en forme de silicules et contournées de diverses manières. Les fleurs qui les ont offertes étaient munies, comme à l'ordinaire, de tous leurs verticilles floraux, seulement la coloration, restée sensiblement la même que dans la feuille, ne les empêchait pas d'offrir çà et là quelques parcelles de couleur jaune. D'autres pédoncules se sont trouvés entièrement composés de ces fleurs monstrueuses dont les particularités les plus importantes étaient contenues dans le fruit. C'est ainsi qu'aucune de ces siliques ne nous a présenté d'ovules ou de graines, tandis qu'à leur place nous avons toujours trouvé des feuilles repliées sur elles-mêmes et qui n'avaient aucune ressemblance avec les cotylédons de la graine, puisque ces feuilles incluses étaient réduites à l'unité, ou que tout au moins l'une d'elles paraissait être à l'état rudimentaire et qu'elles n'étaient point cordiformes comme le cotylédon, mais bien oblongues, assez allongées et représentant assez bien la feuille du navet dans sa plus grande jeunesse.

A une époque plus avancée, d'autres fruits analogues par leur forme nous ont présenté cette autre particularité remarquable : la partie supérieure s'atrophiait, tandis que l'inférieure continuait à se développer et finissait par s'ouvrir pour donner, *au lieu de graines, passage à des assemblages de fleurs en tout semblables aux fleurs normales.*

Enfin, quelques pédoncules nous ont offert cette autre transformation : presque toutes les fleurs, présentant dans la silique la modification que nous venons d'indiquer, *portaient, au lieu des six étamines tétradynames,* six fleurs complètes et jaunes,

---

(1) *Notes sur diverses transformations offertes par les verticilles floraux du Navet ordinaire* (Brassica Napus). *Comptes rendus de l'Inst.,* t. XXXIII (1851), p. 387.

ayant, elles, des étamines parfaitement tétradynames et une silique normale.

Nous avons aussi rencontré quelquefois la fleur du *Lilium candidum* complétement transformée en une sorte d'épi de six à dix centimètres de hauteur, uniquement formé par un axe autour duquel étaient hélicoïdalement placés des sépales d'un vert très-pâle, très-rapprochés les uns des autres, et allant en diminuant de grandeur de la base au sommet, où se trouvaient des sépales qui n'étaient autres que des filets staminaux élargis.

Les piquants mêmes paraissent susceptibles d'une pareille déviation, ou plutôt d'un retour vers l'organe foliacé dont ils tiennent la place. C'est ainsi que M. Hussenot a vu l'épine axillaire du *Berberis vulgaris* se transformer en feuille, et ce cas est assez fréquent pour avoir pu conduire Soyer-Willemet à regarder l'individu qui présente cette anomalie comme espèce distincte, qu'il a décrite dans sa *Phytographie encyclopédique*, sous le nom de *Berberis cretica*.

Nous avons trouvé une fois seulement les épines stipulaires du *Robinia pseudo-Acacia* transformées en deux grandes stipules lancéolées oblongues, se répétant trois fois sur le même axe, qui avait commencé et qui se terminait par une végétation normale. Les feuilles composées à la base desquelles s'étaient développées les stipules présentaient deux ou trois paires de folioles de moins que les autres feuilles du même axe; sans doute il y avait là un véritable balancement organique.

En général, on a remarqué que lorsqu'un organe ou un verticille floral se métamorphose en feuilles, les organes ou verticilles de la même fleur subissent la même transformation, et ces changements peuvent même, selon leur intensité, présenter trois degrés : 1° celui dans lequel les organes, avec une apparence herbacée, conservent leur forme et leur position normales ; 2° celui dans lequel ils ont pris la figure de vraies feuilles avec leurs nervures, leurs lobes ou leurs dents, mais conservant encore leur position habituelle ; 3° enfin, celui dans lequel plus ou moins métamorphosés, ils ont perdu leur position normale par suite d'hypertrophies, d'atrophies, d'avortements complets et même de soudures, dont le phénomène est compliqué. (Ad. Brongniart.)

SECTION III. — DE LA CYLICOSANTHIE [1] OU DE LA TRANSFORMATION
DES ORGANES EN SÉPALES.

La transformation des verticilles pétaloïdes en sépales n'étant,
pour ainsi dire, qu'une modification de la virescence, puisque
généralement tous les calices sont verts, nous nous y arrêterons
peu. Nous dirons pourtant que M. A. Braun a vu les pétales du
Pyrus Malus se transformer en sépales; De Candolle a trouvé
le même phénomène dans le *Dictamnus albus*, le *Vinca minor*
et le *Teucrium Chamœdrys*; Engelmann l'a reconnu aussi dans
les *Campanula persicœfolia* et *rapunculoïdes*, et dans le *Daucus
Carota*; et Moquin-Tandon l'a observé dans le *Cerastium vulgatum*, le *Veronica Anagallis* et le *Verbascum Chaixii*. Enfin,
plusieurs auteurs ont trouvé la même transformation dans certaines Renoncules, et l'on cite le *Ranunculus abortivus* comme
le présentant fréquemment. Nous avons nous-mêmes observé des
fleurs de *Mespilus germanica* dont les pétales étaient verts et
plus ou moins semblables aux divisions calicinales.

On sait que l'aigrette des Composées est regardée par les
physiologistes comme un calice atrophié, et cette manière de voir
est confirmée par des faits assez nombreux de retour au type
calicinal parmi lesquels nous citerons les suivants : M. Dufresne
a reconnu que sur un pied de *Podospermum laciniatum* l'aigrette avait été complétement remplacée par un vrai calice foliacé à cinq lobes (2). M. Kirschleger a vu un phénomène analogue se prononcer dans les capitules d'un *Tragopogon pratense*.
Enfin, nous avons rencontré nous-mêmes l'aigrette stipitée
(calice extérieur) du *Scabiosa atropurpurea* ayant pris l'aspect
foliacé qui convient aux calices. Cette observation a été faite sur
un individu dont tous les capitules étaient prolifères, et dont la

---

(1) Pour mettre les métamorphoses qui suivent en rapport de désinences
avec le mot *chloranthie*, généralement accepté, nous avons dû prendre les
mots grecs nouveaux Κύλιξ, calice; Κάλυξ, corolle, d'où les noms de *cylicosanthie*, *calycosanthie*, quoique se rapprochant beaucoup l'un de l'autre, et
étant capables d'induire en erreur ceux qui n'observeraient pas exactement
leur origine.

(2) D. C., *Org. vég.*, t. I, p. 492, et pl. XXXII, *fig.* 5 et 6.

prolification s'était même un peu prononcée sur quelques capitules de seconde génération.

La transformation des étamines en sépales foliacés est assez
rare, et ne se rencontre guère que dans une virescence générale.
Mais on la retrouve assez fréquemment dans les plantes dont le
verticille calicinal est pétaloïde, comme dans le *Nigella damascena*, l'*Aquilegia vulgaris* et beaucoup de *Delphinium*.

C'est particulièrement chez les Monocotylédones, dont le calice peut, jusqu'à un certain point, être regardé comme une corolle, quant à sa couleur et à ses diverses fonctions, que la
transformation des étamines en sépales (tépales D. C.) se fait
fréquemment remarquer. On doit à Seringe une observation de
ce genre dans les étamines du *Lilium Martagon*. Les Tulipes
doubles présentent aussi de fréquentes transformations d'étamines en sépales ; mais le plus souvent alors il y a formation en
même temps de plusieurs verticilles supplémentaires qui augmentent le nombre des parties de la fleur. Il ne faut pas confondre cette métamorphose avec la monstruosité du Lis dans laquelle les parties du périgone sont multipliées quoique les étamines existent encore. Tout le monde a pu même observer sur
ces plantes le facile passage des étamines en organes sépaloïdes,
en remarquant que les sépales les plus internes présentaient des
anthères très-distinctes, contenant parfois du pollen, ou étaient
réduits à des lames étroites ayant la plus grande analogie avec
les filets staminaux.

La métamorphose des étamines en sépales s'est encore montrée
dans les Jacinthes, les Tubéreuses, les Narcisses, les Iris, etc.
Cette transformation est même l'état ordinaire d'une variété du
Lis blanc, dite *Lis à fleurs en épis*, bien connue des fleuristes,
et chez laquelle, au lieu de six sépales disposés sur deux rangs,
on en trouve un nombre indéfini sur plusieurs rangs et comme
imbriqués.

Il faut observer que l'on n'est pas bien sûr que les étamines se
transforment en sépales, dans les Monocotylédones surtout, attendu que, d'une part, les sépales sont pétaloïdes, et de l'autre,
que le verticille interne du périanthe est généralement regardé
aujourd'hui comme la vraie corolle de ces végétaux. Il se pourrait
donc que les étamines transformées ne le fussent qu'en pétales

au lieu de l'être en sépales, et malheureusement dans les exemples cités rien ne peut donner la certitude que cette transformation s'est faite plutôt en sépales qu'en pétales.

En général, dans la fleur, la transformation ne semble pas faire un saut aussi brusque. Que l'étamine se change en pétale ou en carpelle, cela se conçoit très-bien à l'aide de la théorie des influences physiologiques ; car il est évident que l'influence pétaloïde est très-voisine de l'influence staminale, et celle-ci très-voisine de l'influence carpellienne (1) ; mais, bien que nous considérions la chose comme très-possible, et certains exemples en donnent la preuve, cependant la nature semble toujours éprouver plus de difficulté à transformer un organe en un autre qui se trouve séparé par une influence intermédiaire. En d'autres termes, il est toujours plus rare de trouver des étamines transformées en sépales, puisque la première transformation, la plus voisine est le pétale ; de même qu'il est plus facile de rencontrer des pétales que des sépales changés en étamines, ou des étamines que des pétales changés en carpelles, puisque les influences sont plus voisines dans le premier cas que dans le second.

Cependant M. le professeur Duchartre nous a fait connaître (2) une curieuse monstruosité de *Delphinium Ajacis* qui semblerait être en désaccord avec ce que nous venons d'avancer, et dans laquelle toutes les fleurs présentaient cette singulière composition, savoir : un cercle de sépales immédiatement suivi d'un cercle de carpelles ; puis un second cercle de sépales suivi d'un autre cercle de carpelles, et enfin, une sorte de bourgeon foliacé central, sans que l'on ait pu constater, ni un vide intermédiaire, ni une interposition de pétales ou d'étamines. Ce changement qui, au premier abord, semble être brusque, ne le paraîtra plus autant dès que l'on observera qu'il y a certainement moins de distance entre un sépale et un carpelle, pour la couleur et les fonctions physiologiques, qu'entre un pétale et un carpelle.

Il est donc probable que si nous rencontrons une monstruosité

(1) *Phytogénie*, p. 661.
(2) *Bull. Soc. bot. France*, t. VII, p. 485.

dans laquelle les étamines sont transformées en sépales, ce ne sera qu'autant que la corolle aura elle-même revêtu la livrée sépaloïde, à moins pourtant qu'il ne soit arrivé un phénomène de répétition tel, que la fleur ayant déjà produit un calice et une corolle, le phytogène androcéen, accidentellement mieux nourri, ne subisse l'influence sépaloïde, et dans ce cas, le phytogène central deviendrait un protophytogène-corolle, suivi d'un protophytogène androcéen, etc.

Enfin, la transformation des carpelles en sépales, quoique se rencontrant rarement, s'est offerte cependant à l'observation de M. Seringe dans le *Lilium pomponium*, et MM. Dunal et Moquin-Tandon ont trouvé le gynécée d'une Tulipe monstrueuse transformée en plusieurs petites feuilles. Nous avons, en 1849, observé un fait à peu près analogue dans l'*Hemerocallis fulva*. La fleur monstrueuse dont il s'agit présentait : 1° un double périanthe (*périgone* D. C.) à six divisions; 2° une absence complète d'étamines; et au centre trois feuilles d'un vert jaunâtre, ovales, offrant chacune un prolongement de la nervure médiane ayant le tiers environ de la longueur de la feuille et terminé par un épaississement qui nous a paru être l'analogue du stigmate : ce prolongement et cet épaississement ne pouvaient nous laisser aucun doute sur la nature de l'organe ainsi transformé.

SECTION IV. — DE LA CALYCOSANTHIE OU TRANSFORMATION
DES ORGANES EN PÉTALES.

La métamorphose des organes en pétales est celle qui s'observe le plus fréquemment, et elle peut être produite d'une manière ascendante par des bractées et des sépales, et d'une manière descendante par des étamines et des carpelles; mais de toutes ces transformations la plus fréquente est, sans contredit, celle qui résulte de la métamorphose des étamines; c'est celle que nous devons examiner ici.

Le phénomène de la transformation en pétales des étamines et des carpelles est si commun, qu'il n'est personne qui n'ait été en mesure d'observer ce genre de métamorphoses, qui se traduit par la production de fleurs connues sous les noms de *fleurs doubles*, *demi* ou *semi-doubles* et *pleines*, et qui se rencontre plus fréquemment chez les Pavots, les Anémones, les Pivoines, les Passeroses, les Giroflées, les Rosiers, les Juliennes, les Grenadiers, etc.

Dans toutes ces fleurs, les carpelles et surtout les étamines se sont changés en pétales plus ou moins développés ; mais il est des familles où les transformations se font rarement ; telles sont les Antirrhinées et les Légumineuses. On en a cependant rencontré quelques exemples dans les *Medicago*, les *Ulex*, les *Spartium*, les *Anthyllis*, les *Coronilla*, les *Clitoria*, les *Antirrhinum*. (Willd.)

Nous avons possédé un pied d'*Antirrhinum majus* dont toutes les fleurs étaient doubles ; elles méritent une description particulière. Le calice était, comme à l'ordinaire, à cinq sépales ; les corolles, très-irrégulières, présentaient des divisions profondes ; mais la corolle la plus externe laissait encore reconnaître sa lèvre supérieure à lobes réfléchis en arrière, et sa lèvre inférieure avec son palais saillant. Quant aux autres corolles emboîtées dans la première sans aucun autre ordre dictinct, c'étaient plutôt des pétales dont la plupart, libres, offraient néanmoins presque tous des traces plus ou moins prononcées du palais que l'on observe à la lèvre inférieure de la lèvre normale. Tout au centre, à la place des carpelles, on voyait, soit des organes foliacés d'un vert jaunâtre, soit des lames pétaloïdes parfaitement planes. Il y avait évidemment ici transformation des étamines et des carpelles en pétales, mais il y avait aussi multiplication des pétales par chorise ou dédoublement.

Il y a même des familles qui n'ont jamais présenté ces métamorphoses. De ce nombre sont les Ombellifères, les Géraniacées, les Polygalées, les Orchidées et toutes les plantes apétales. (Willd.) Toutefois, Seringe possédait un exemplaire d'*Orchis morio* qui s'était en partie doublé. (Moq.-Tand.)

Au contraire, chez certaines fleurs comme, par exemple, celles du *Kerria japonica*, cette tendance des étamines à se métamorphoser en pétales est si grande qu'il est extrêmement difficile de trouver une fleur portant quelques étamines bien conformées, au moins chez les individus cultivés dans les jardins.

On a observé qu'en général, chez les fleurs polypétales, les étamines se transforment plus facilement en pétales que chez les fleurs gamopétales ; cependant, ces dernières ont offert un assez grand nombre d'exemples de ces métamorphoses dans les *Datura*, les *Primula*, les *Campanula*, les *Gardenia*, les *Nerium*, les *Rhododendrum*, les *Lonicera*, les *Vinca*, etc. Mais l'exemple le plus curieux en ce genre de métamorphoses est sans contredit celui du *Calystegia pubescens*, qui se présente d'habitude tellement double que nous avons pu compter, dans certaines fleurs, jusqu'à cent dix-neuf pétales bien conformés, indépendamment des deux feuilles bractéales et des petites écailles pétaloïdes très-nombreuses qui se trouvent entre les pétales. On peut dire que, avec l'exemple du *Kerria japonica*, l'on a deux cas remarquables de *sphérochorises pétaloïdes*. (T. 1, p. 350-351.)

Gœthe est le premier qui ait bien décrit ce genre de transformation et qui ait fait voir que l'on pouvait souvent rencontrer tous les états intermédiaires entre l'organe normal et l'organe monstrueux, ainsi que l'on peut s'en assurer sur les fleurs des Balisiers.

Dans le *Nymphea alba*, on peut aisément suivre toutes les dégradations de forme, depuis celle du calice même, quoique vert, jusqu'aux étamines les mieux caractérisées qui se trouvent au centre.

Il n'est pas rare de voir dans quelques Renonculacées, et en particulier dans les *Aquilegia*, les étamines se transformer peu à peu en pétales ; mais très-souvent ces pétales présentent cette singularité qu'au lieu d'être plans, ils sont disposés en cornets qui s'emboîtent les uns dans les autres. De Candolle a observé que, dans certaines monstruosités d'Ancolie, l'anthère est à moitié changée en cornets ; il a dû en conclure que ces pétales en cornets n'étaient autres que des anthères dilatées et transformées en pétales. Cependant, Engelmann soutient qu'ils sont produits par les filets des étamines. Il est certain, toutefois, que la culture donne lieu à trois variétés d'Ancolies doubles : l'*Aquilegia vulgaris stellata* n'offrant que des pétales plans, et les *Aquilegia vulgaris corniculata* et *inversa*, qui ne présentent, au contraire, que des pétales tous en cornets, dressés, dans le premier cas, et renversés par la torsion du filet, dans le second. Néanmoins, il n'est pas exact de dire que les premières soient dues au développement du filet et à l'avortement absolu de l'anthère, tandis que les secondes résulteraient de l'accroissement cuculliforme de l'anthère et de l'atrophie du filet. (Moq.-Tand.)

Nous n'avons jamais eu l'occasion d'examiner la variété d'*Aquilegia inversa*, et, partant, de nous assurer de la torsion du filet. Cependant nous ne trouverions pas surprenant que le phénomène fût dû à une campylotropie exagérée, laquelle serait *dorsale* pour l'un et *ventrale* pour l'autre.

De Candolle pense que la transformation en pétales des étamines se fait chez les Renonculacées de trois façons différentes : 1° par la dilatation du filet et l'avortement de l'anthère, comme chez les Clématidées ; 2° par la dilatation de l'anthère, le filet restant intact, comme cela se passe chez les Renonculées ; 3° par la dilatation du filet et de l'anthère, ainsi que cela a lieu dans les Helléborées (1).

Dans notre *Phytogénie*, p. 105, nous avons donné le mode de formation de l'étamine, au moyen duquel tous ces phénomènes nous semblent faciles à expliquer.

On doit à Dunal une observation très-intéressante, qui vient confirmer ce principe de tératologie végétale qui veut que les *déviations du type spécifique, dans un végétal, représente l'état habituel d'un autre végétal.* Ce savant (2) a observé, sur un Arbousier, des fleurs qui offraient à la place des dix étamines une sorte de corolle double, divisée en dix lobes disposés sur deux rangs alternes. Cinq de ces lobes, les plus intérieurs, portaient antérieurement des anthères sans cornes au centre de leur sommet élargi ; tandis que les cinq autres lobes étaient complétement dépourvus d'anthères. Or, le genre *Argophyllum* de Forster présente une fleur normale dont la structure se rapproche remarquablement de la fleur anomale de l'Arbousier. La seule distinction à faire consiste en ce que le tube des étamines (nectaire) de l'*Argophyllum* ne diffère de celui de l'Arbousier en question que par les lanières qui terminent les écailles opposées aux pétales, et par plus de simplicité dans les filets staminaux. (Dunal.)

Les botanistes ont admis en principe que la transformation du

---

(1) *Organographie végétale*, t. I, p. 513.
(2) *Consid. org. flor.*, p. 26, pl. II, *fig.* 10, 14, 15.

filet staminal en pétale (*Béquillon*) est d'autant plus facile que le
nombre des étamines est lui-même plus grand. Voilà pourquoi
les *Renonculacées*, les Rosacées, les Malvacées, les Magnoliacées, etc., doublent si facilement. Cependant, quelques fleurs
très-simples, telles que les *Arbutus*, les *Campanula* et les *Lonicera*, qui ne possèdent qu'un seul verticille d'étamines, doublent
avec la plus grande facilité. Les cinq étamines des *Azalea* et les
six de certaines Crucifères se transforment aussi très-facilement
en pétales.

Les botanistes ont encore adm's en principe que le filet staminal est d'autant plus facile à transformer en pétales qu'il est
lui-même plus élargi dans son état ordinaire. Par exemple, dans
les Renonculacées, les filets qui sont plutôt lamelliformes arrivent bien plus facilement à être pétaloïdées que les filets vrai-
ment filiformes des Rosacées. Il y a néanmoins des exceptions à
cette règle; car, à moins de considérer les filets dilatés des *Tilleuls*, des *Hermannia*, des *Mahernia*, des *Scilla*, des *Ornithogalum*, etc., comme des pétales, il faut reconnaitre que cette loi
souffre de nombreuses exceptions. Les filaments élargis des *Ornithogalum umbellatum* ne se sont jamais ou tout au moins
se sont très-rarement transformés en pétales, tandis que les filaments des Tulipes, des Tubéreuses, etc., sont très-fréquemment
devenus pétaloïdes.

Enfin, les botanistes reconnaissent que lorsque les étamines
forment plusieurs verticilles, ce sont d'ordinaire les verticilles les
plus extérieurs qui ont le plus de tendance à cette transformation, et cette tendance est manifestée le plus souvent par un
élargissement des filets plus prononcé sur les rangées les
plus externes. Ce qu'il est facile de comprendre si l'on observe
que l'influence physiologique qui agit sur les rangées externes
d'étamines est très-voisine de l'influence physiologique qui fait
les pétales.

Nous n'avons encore vu nulle part l'indication d'une Synan-
thérée dans laquelle les cinq étamines des fleurons ou des demi-
fleurons se soient transformées en pétales. Cependant nous avons
observé cette transformation dans une fleur d'*Helianthus multiflorus* et dans une variété de *Dahlia* chez laquelle, dans toutes les
fleurs, chaque demi-fleuron était complétement doublé, ce qui

donnait à la fleur une physionomie toute particulière. C'était une fleur double dans toute l'acception du mot. Jusqu'à présent, sans doute parce que ce phénomène de transformation des étamines en pétales n'avait pas été observé dans les Synanthérées, on avait donné le nom de *fleurs doubles* aux fleurs chez lesquelles le nombre des pétales est double, triple ou quadruple du normal, ainsi qu'aux Calathides radiées d'ordinaire dans lesquelles les fleurons du centre se sont transformés en demi-fleurons semblables à ceux de la circonférence, et cette dénomination etait réellement suffisante. Au contraire, on désigne sous le nom de *fleurs pleines* les fleurs simples chez lesquelles les étamines et les pistils, tous transformés en pétales, donnent une innombrable quantité de pièces pétaloïdes. Aujourd'hui qu'il existe des Synanthérées à demi-fleurons doublés par la transformation des étamines, si l'on tenait à être exact, ne vaudrait-il pas mieux appeler *fleurs doubles* les fleurs simples chez lesquelles toutes les étamines seulement se seraient métamorphosées en pétales ; *fleurs doubles complètes* les fleurs simples dont toutes les étamines et les pistils se seraient transformés en pétales, et réserver le nom de *fleurs pleines,* qui exprime un tout autre ordre d'idées, aux fleurs *composées radiées*, chez lesquelles tous les fleurons se seraient développés en grands demi-fleurons, comme cela arrive communément aux Reines-Marguerites, aux *Dahlias*, à quelques *Helianthus*, etc.? Dans le cas du *Dahlia* dont nous avons parlé plus haut, où les étamines s'étaient transformées en pétales, nous aurions affaire à une fleur exactement *double-pleine* ou *pleine-double.*

Parmi les métamorphoses descendantes il faut signaler celle des carpelles en pétales, bien qu'elle soit infiniment moins fréquente que celle des étamines. De Candolle les a nommés *pétales pistillaires*, et les horticulteurs, *peluche*, *pluche* et *panne*. Lorsque ce phénomène se présente, la métamorphose se fait presque toujours dans les parties les plus capables de se colorer, c'est-à-dire dans le style et le stigmate. On doit à de Candolle la connaissance d'Anémones Sylvies chez lesquelles les carpelles seulement s'étaient transformés en pétales, bien que les autres parties florales eussent conservé leur état normal. Les Hollandais savent conserver par la culture cette curieuse monstruosité. Gœthe regarde le *Ranunculus asiaticus* comme sujet à ce genre de métamorphose.

Des modifications plus ou moins analogues se sont offertes dans plusieurs autres plantes. Ainsi les styles de l'Anémone se développent quelquefois par la culture en lames pétaloïdes, et ce qui est ici l'exception devient la règle chez les *Iris*, quoique présentant encore un vrai stigmate à l'extrémité du style pétaloïde. Les stigmates du *Scabiosa arvensis* se sont quelquefois changés en petits pétales de couleur bleue (Engelmann). Une monstruosité semblable avait été indiquée dans le *Lonicera periclymenum*, par Koning. Enfin cette anomalie a encore été trouvée dans le *Papaver somniferum* (Gœthe), le *Nigella arvensis*, l'*Hibiscus Rosa sinensis* et le *Dianthus caryophyllus* (Jæger), dans le *Saponaria officinalis*, l'*Alcea rosea*, le *Campanula rapunculus* et l'*Amygdalus persica* (Moq.-Tand.). Nous avons fréquemment rencontré la transformation des carpelles en pétales dans les *Mathiola incana* et *annua*, et dans l'*Hesperis matronalis* à fleurs doubles.

La transformation des étamines et des carpelles en pétales peut être générale ou partielle ; quelquefois ce phénomène ne se prononce que sur une seule fleur ou sur un seul rameau. De Candolle cite un Marronnier d'Inde dont un seul axe ne portait que des fleurs doubles, tandis que les autres n'offraient que des fleurs simples (1).

Cette transformation est généralement attribuée à une trop grande abondance de sucs nutritifs qui se porteraient sur les organes précités. Voilà pourquoi dans les cultures particulières elle apparaît si souvent. Toutefois ces métamorphoses se sont aussi rencontrées dans les campagnes : ainsi Mirbel a trouvé près de Bagnères-de-Bigorre, sur le plateau de Leyris, des Renoncules, des Anémones et des Roses doubles comme celles qui sont cultivées dans nos jardins. A la vérité le sol était très-fertile et recouvert de luxuriants pâturages (2).

Il faut observer que les fleurs complétement doubles, c'est-à-dire celles dont les étamines et les pistils sont tous métamorphosés en pétales, ne sont jamais fécondes ; qu'il n'y a que celles qui

(1) *Plantes rar. jard. Genève*, 1829, p. 31.
(2) *Élém. phys. vég.*, t. 1, p. 360.

sont *demi-doubles* ou celles qui ont encore leur pistil normal qui soient capables d'être fécondées : dans le premier cas, les étamines de la même fleur ou celles d'autres fleurs peuvent concourir à la fécondation des pistils ; dans le second, il n'y a que les étamines des fleurs étrangères qui peuvent opérer leur fécondation. Voilà pourquoi on recommande de planter des espèces à fleurs simples parmi les espèces à fleurs doubles dont on veut avoir des semences fécondes.

De Candolle est tenté de lier la *duplicature* des fleurs à des phénomènes d'hybridité. Il rapporte que Gallesio a obtenu des pieds à fleurs doubles, semi-doubles et simples, au moyen de graines provenant de fleurs de Renoncules simples fécondées par des variétés de couleurs différentes. Les fleurs semi-doubles ont donné des pieds à fleurs doubles, couronnées dans le milieu par une houppe de petites feuilles vertes. D'après ces observations, il semblerait que le croisement aurait pour effet de déterminer les étamines et les pistils à prendre un degré de développement plus avancé ou se rapprochant plus de l'état foliaire que dans l'état ordinaire.

Enfin, il paraît que la duplicature peut aussi être attribuée à d'autres causes encore bien obscures. Par exemple, Salisbury prétend qu'en plaçant des fleurs simples dans un très-bon terrain et en leur faisant des ligatures vers le collet, on peut obtenir des fleurs doubles. D'un autre côté, Lechner paraîtrait avoir obtenu des graines produisant des fleurs doubles en opérant sur des Giroflées la castration des fleurs avant leur développement (1).

SECTION V. — ANDROSANTHIE OU TRANSFORMATION DES ORGANES
EN ÉTAMINES.

La transformation des carpelles en pétales est un phénomène beaucoup plus rare que leur transformation en étamines, et cela doit être ; car en général, quand il y a métamorphose, soit ascendante, soit descendante, *l'organe a plus de tendance à se transformer en l'organe qui vient immédiatement après, soit en mon-*

(1) *Phys. vég.*, p. 734.

tant, soit en descendant, et ce n'est que par une exagération du phénomène physiologique qu'il peut arriver à sauter, pour ainsi dire, plusieurs ordres d'organes pour revêtir la forme de ceux qui n'occupent que le deuxième ou le troisième ordre. Ainsi, par exemple, la transformation des étamines en sépales doit être plus rare que leur transformation en pétales ; voilà pour l'ordre descendant. La même chose aurait lieu, en sens contraire, pour l'ordre ascendant. Dans tous les cas, l'état des verticilles dont la fleur ou même l'inflorescence se compose, n'est en général modifié que de proche en proche ; ainsi les bractées ne deviennent pétaloïdes que lorsque les calices le sont aussi ; les étamines ne deviennent foliacées que quand les pétales sont déjà passés à cet état, etc. (De Candolle).

La transformation des carpelles en étamines est néanmoins un phénomène assez rare pour que quelques auteurs aient cru devoir la révoquer en doute. Cependant elle se présente assez fréquemment pour que le peu de faits qui nous sont acquis puissent venir fortifier l'idée générale que nous cherchons à faire valoir. D'ailleurs, de ce que les étamines se transforment en carpelles, ainsi que nous l'établirons plus loin, il est de bonne philosophie d'admettre que la réciproque a réellement lieu.

Au reste, on doit à Rœper la connaissance de ce phénomène dans l'*Euphorbia palustris* (1) et dans le *Gentiana campestris* (2), chez lesquels un des carpelles paraissait manquer ; mais on le retrouvait sous la forme d'une anthère. Cet auteur a trouvé encore une fleur de Balsamine offrant une étamine surnuméraire qui occupait exactement la place d'un carpelle.

Une métamorphose analogue a été décrite par Agardh (3). Cet auteur a vu une Jacinthe sur laquelle une fleur demi-double avait ses placentas transformés en étamines : il dit aussi qu'une moitié du fruit renfermait des graines et l'autre moitié des anthères.

Le Saule pleureur a offert à Schimper les changements les plus variés de pistils en étamines (4). On cite encore les *Salix cinerea, caprea* et *silesiaca*, comme présentant cette métamorphose (5).

(1) *Enum. Euphorb.*, p. 53.
(2) *Linnæa*, t. I, p. 457.
(3) *Organog.*, 378.
(4) *Flora*, 1829, p. 422.
(5) *Uebers. arb. Gesells. cult.*, 1825.

Enfin Schimper a observé aussi des loges d'anthères à la paroi interne des carpelles du *Primula acaulis* (1).

Les *Campanula persicæfolia* et *rapunculoïdes* (Engelmann), *carpathica* et *pyramidalis* (nob.), ont parfois leur pistil surmonté de véritables anthères. Dans les cas que nous avons observés, le style était singulièrement raccourci et chaque division stigmatique, raccourcie aussi, s'était transformée en une anthère pleine de pollen. Engelmann a décrit aussi un carpelle transformé en anthère dans le *Cheiranthus cheiri*. Selon J. Gay, le *Colchicum autumnale* a présenté un fait analogue; un des styles était très-allongé et régulièrement conformé, tandis que les deux autres paraissaient raccourcis et changés en filaments portant une anthère. Enfin, Moq.-Tandon a reconnu une pareille transformation dans un épi de Maïs; plusieurs pistils étaient en partie ou en totalité convertis en organes anthériques (2).

M. Mohl nous a fait connaître la métamorphose suivante, qu'il a observée sur le *Chamærops humilis* (3). Les trois carpelles, bien que parfaitement conformés et contenant chacun un ovule parfaitement organisé, se distinguaient cependant des autres ovaires à structure normale en ce que, des deux côtés de la suture ventrale, il régnait un bourrelet jaune longitudinal que par la section de l'ovaire il reconnut être une loge anthérique pleine de pollen et divisée en deux petites loges par la cloison ordinaire.

Toutefois, ce fait ne nous paraît pas constituer une véritable métamorphose, mais bien un défaut d'exastosie entre les étamines et les carpelles, ce qui est confirmé par l'organisation parfaite de chaque carpelle.

Dans ces transformations il y a à distinguer le cas où l'ovaire est formé par un seul carpelle, et celui où il est formé par plusieurs. Dans le premier cas la transformation est plus prononcée (Mohl); dans le second, pendant la transformation, les carpelles montrent une grande tendance à se séparer (Rœper, Schimper). Enfin, dans cette métamorphose, il semble que les loges de l'anthère et la naissance du pollen n'aient aucun rapport avec la

(1) *Bot. Zeit*, 1829, p. 421.
(2) *Élém. de térat.*, p. 219.
(3) *Métamorph. des anth.* (*Ann. Sc. nat.*, 1837, p. 58.)

production des ovules ; la matière fécondante se développe dans l'intérieur même de la feuille ovarienne et dans le voisinage de ses bords (Mohl).

Observation. — On peut regarder comme se rapportant à des métamorphoses descendantes celles que nous avons observées dans l'inflorescence du *Sambucus nigra* (1). En effet, dans cette espèce, le verticille floral se présente quelquefois avec trois rayons au lieu de quatre. Alors, ou bien l'on observe à la place de celui qui manque un tubercule indiquant l'atrophie du quatrième, ou bien encore la place reste vacante, mais on trouve en-dessous un axe solitaire qui est évidemment celui qui aurait dû se porter plus haut pour compléter le verticille floral. D'autres fois, deux axes floraux ou rayons se séparent du verticille, et l'un d'eux, au lieu de se développer en axe floral, se transforme en feuille ; de sorte que s'il arrivait que l'axe floral opposé se développât aussi en feuille, on pourrait croire à l'avortement de ces deux axes floraux, alors qu'ils se seraient arrêtés en chemin et transformés en feuilles. Il en est de même pour les inflorescences du *Cornus alba*. L'explication de ce phénomène nous paraît très-simple : en restant au-dessous du point où ils auraient dû se trouver pour constituer le verticille, ces deux axes floraux ont obéi chacun à une force vitale différente : l'un à la plus énergique, qui forme la feuille (*influence foliifiante*) ; l'autre à la plus faible, qui forme les fleurs ou l'inflorescence (*influence florifiante*).

Quoi qu'il en soit, c'est un phénomène semblable à celui que nous avons désigné sous le nom de chloranthie ; seulement ici la chloranthie est bien plus profonde, puisque c'est tout un axe inflorescent qui s'est développé en une vraie feuille composée.

Nous avons sous les yeux plusieurs exemplaires d'une anomalie que nous pouvons rapprocher de celle que nous venons de signaler. Ce sont des feuilles de *Brassica botrytis* à l'aisselle desquelles nous trouvons une feuille longuement pétiolée. Le pétiole est relativement très-mince, parfaitement cylindrique et terminé par un limbe plus ou moins creusé en entonnoir résultant de l'union des bords de la base du limbe. Comment considérer cette feuille ? Deux explications naturelles se présentent · ou bien c'est

(1) *Bull. Soc. bot. France*, t. I, p. 241 (1854).

uniquement un bourgeon inflorescent qui s'est transformé en feuille, comme dans les *Sambucus* et *Cornus*, et en effet, on peut remarquer que ce bourgeon-feuille est voisin ou opposé à un axe inflorescent ; ou bien phytogéniquement, ce qui explique le phénomène de la métamorphose, il faut dire que le protophytogène axillaire qui devait produire le bourgeon-fleur s'est arrêté dans sa composition et que, subissant l'influence foliifiante, tous ses phytogènes périphériques se sont unis pour vivre en commun à la manière d'une feuille de Monocotylédone, tandis que les phytogènes inférieurs en multipliant son tissu cellulaire ont formé un long mérithalle cylindrique qui forme le pétiole apparent de la feuille. Le phytogène central a avorté ; mais s'il eût pu se développer il eût donné lieu à une seconde feuille, puis à une troisième, et le bourgeon n'eût plus été qu'un bourgeon infrondescent ordinaire. C'est très-probablement ainsi que doit s'expliquer le phénomène.

ARTICLE II. — *Métamorphoses ascendantes.*

Nous avons déjà dit que l'on désignait sous le nom de métamorphoses ascendantes la tranformation des organes en organes d'un ordre plus élevé dans la végétation ; on a observé que cette métamorphose était plus rare que la métamorphose descendante.

SECTION I. — CYLICOSANTHIE OU TRANSFORMATION DES ORGANES EN SÉPALES.

Ce genre de métamorphose n'a pas, pour ainsi dire, été observé : cela tient sans doute à ce qu'il y a entre les feuilles caulinaires ou les bractées et les sépales, une grande ligne de démarcation physiologique qui s'oppose à ce passage fréquent. Néanmoins, on peut rapporter à ce phénomène le passage d'une ou plusieurs feuilles très-voisines du périanthe des Tulipes à la couleur et souvent à la forme même des pétales, ainsi que nous l'avons plusieurs fois observé.

SECTION II. — CALYCOSANTHIE OU TRANSFORMATION DES ORGANES
EN PÉTALES.

La transformation des bractées en pétales s'observe surtout
dans les plantes chez lesquelles, selon Gœthe, la nature foliacée
des bractées ressemble le plus à celle des corolles, comme cela est
facile à saisir dans certaines espèces de *Salvia*, de *Monardia* et de
Melampyrum. Les bractées de l'*Hortensia* ressemblent tellement
à des pétales que leur ensemble est regardé comme une véritable
fleur (Moquin-Tandon). Chez le *Cornus florida*, l'involucre est si
grand, si coloré, et joue si bien le rôle de pétales, qu'il a valu à
ce joli sous-arbrisseau son nom spécifique (De Candolle). Il en
est de même des sépales pétaloïdes des *Delphinium*, des *Aconitum*, des *Aquilegia*, des *Anemone* et des *Clematis*. Ici les corolles sont plus ou moins atrophiées, comme dans les deux premiers genres, ou même complétement avortées dans les *Anemone*
et les *Clematis*. Cette coloration du calice est la cause qu'un certain nombre d'auteurs l'ont pris pour une corolle et ont désigné
sous le nom de nectaires ce qu'il convient de regarder comme les
vrais pétales. Mais dans les cas dont il s'agit, ce n'est pas à proprement dire une transformation réelle en pétales, puisque c'est
l'état habituel de ces parties calicinales de présenter l'aspect pétaloïde dont nous parlons. Il en est de même du calice coloré du
Primula calycanthema. La plupart des *Primula* sont pourvus
d'un calice dont chaque sépale est plus ou moins pétaloïde sur
ses bords libres.

Une vraie métamorphose de calice en pétale, mais seulement
partielle, a été observée par M. Schlechtendal dans une fleur du
Syringa persica dont une seule dent du calice avait revêtu les
caractères du pétale. Cet état contre nature devient l'état général
de certaines espèces, telles que le *Mussœnda* et le *Pinkneya* dont
un des lobes du calice se change en un limbe pétaloïde, alors
que les autres restent avec l'apparence et la dimension des sépales ordinaires. Nous avons aussi rencontré quelquefois de vrais
calices pétaloïdes dans le *Philadelphus coronarius* et dans plusieurs *Brassica*, particulièrement le *Brassica gongyloides*, dont
toute une inflorescence avait des sépales pétaloïdes.

SECTION III. — ANDROSANTHIE OU TRANSFORMATION DES ORGANES
EN ÉTAMINES.

On doit à De Candolle la connaissance de fleurs de Haricot vulgaire chez lesquelles les ailes et quelquefois la carène s'étaient converties en étamines (1). Le même auteur a décrit et figuré une variété du *Capsella Bursa pastoris* que lui a communiquée M. Jacquin, et dans laquelle, au lieu de six étamines, il y en avait dix, les quatre supplémentaires occupant la place des quatre pétales qui avaient été ainsi transformés. Ce qu'il y a de curieux dans cette monstruosité, c'est que cette variété s'est conservée par les graines (2). M. Chamisso a observé une pareille métamorphose dans la corolle du *Digitalis purpurea*, et Ad. de Jussieu dans le périanthe de l'*Asphodelus ramosus*.

Nous avons plusieurs fois rencontré des sépales de *Tulipa Gesneriana*, d'*Hemerocallis flava* et de Balisiers (3) plus ou moins transformés en étamines ; quelquefois par moitié, d'autres fois presque entièrement, n'ayant du sépale que la base qui était élargie et pétaloïde tandis que le sommet portait les deux anthères presque normales. Cet état contre nature est en quelque sorte l'état normal dans certains végétaux. Ainsi chez le *Bocagea viridis* (t. i, pl. V, *fig*. 12, c.), les pétales internes sont anthérifères ; on peut les nommer aussi *étamines pétaloïdes*. Mais chez le *Viscum album* et dans le *Castqea falcata* il faut de toute nécessité que le pétale soit transformé en étamines, ou mieux, soit pollinifère, car il n'y a réellement pas d'étamines. Chez le *Viscum* (*fig*. 12, e), il n'existe qu'une corolle dont la substance s'est, à de petits intervalles, changée en pollen de manière à faire paraître alvéolée la surface intérieure des pétales ; et dans le *Castrea falcata* (*fig*. 12, d), c'est le pétale qui tient aussi lieu d'éta-

(1) *Mém. légumin.*, p. 44.
(2) *Organ. végét.*, t. I, p. 497, et pl. XLII, *fig*. 3:
(3) On sait que chez les Balisiers, en dedans du calice interne (corolle de quelques auteurs), on trouve des appendices pétaloïdes plus grands que les sépales, et qui ne sont que des étamines transformées (Lestiboudois). Or, dans l'exemple cité, ce ne sont pas seulement ces appendices qui étaient anthérifères, mais aussi quelques-unes des pièces du calice interne.

mine. Une très-petite portion de la substance du pétale s'est changée en pollen qui se trouve niché dans un pore situé à l'extrémité pointue de chaque pétale (Aug. Saint-Hilaire).

SECTION IV. — GYNÉCOSANTHIE OU TRANSFORMATION DES ORGANES EN PISTILS.

La transformation des organes protecteurs en pistils est extrêmement rare. Cependant on doit à Steinheil une observation dans laquelle les éléments du périanthe chez le *Tulipa Gesneriana* se seraient convertis en carpelles. Chacune des divisions avait revêtu une couleur verte, s'était courbée de manière à représenter une sorte de pistil et portait sur ses bords des ovules imparfaits. D'un autre côté, J. Gay a signalé un *Crocus nudiflorus* dont le périgone avait ses lobes fendus, laciniés, frangés; leurs extrémités découpées offraient les caractères d'un vrai stigmate. Le même auteur a rencontré un fait analogue dans le *Crocus odorus*, mais qui était dans un état de transformation moins avancé. Ces exemples peu nombreux, quoique incomplets, ne laissent cependant aucun doute sur la possibilité d'une transformation complète des sépales en carpelles dans des circonstances spéciales.

Les étamines sont bien plus capables de se transformer en carpelles que les organes protecteurs : aussi les exemples, quoique rares, sont-ils plus fréquents. Dans ce cas, non-seulement la transformation se produit sur la feuille modifiée, mais elle se porte encore sur le pollen qui devient ainsi de véritables ovules. Les botanistes, à cause de cela, considèrent les étamines et les pistils comme ayant la plus grande analogie. (De Candolle, Rob. Brown, Rœper.)

Les *Sempervivum tectorum* et *montanum* ont fourni à Du Petit-Thouars la première observation de ce genre (1). Il paraît que ces plantes sont fréquemment affectées de cet accident, surtout celles qui croissent dans le nord de la France et en Angleterre.

MM. Poiteau et Turpin ont reconnu que toutes les étamines des fleurs du *Malus apetala* se transformaient en pistils (2), et De

____

(1) *Nouv. bull. philom.*, 1807, p. 30.
(2) *Arbres fruit.*, t. XXXVII.

Candolle a reconnu le même phénomène aux rangs intérieurs de l'androcée de certaines fleurs du *Magnolia fuscata* cultivé en serre (1), autres exemples de l'influence physiologique dont nous avons parlé autre part (2), et depuis cette époque, De Candolle a vu fréquemment des chatons mâles de plusieurs espèces de Saule où quelques-unes des étamines étaient métamorphosées en carpelles, et le plus souvent les deux étamines d'une même fleur, changées en carpelles, formaient un fruit semblable au fruit ordinaire de l'arbre (3).

Le *Rumex crispus* a offert à MM. Dunal et Campdera des fleurs portant sept ovaires : tous les carpelles surnuméraires occupaient la place des étamines absentes (4). Gay, qui a eu l'occasion d'étudier cette transformation, a pu se convaincre de sa réalité.

Dans le *Thalictrum minus*, le connectif de l'anthère, en s'allongeant, prend quelquefois les caractères et l'aspect du stigmate (Spach).

Les fleurs mâles du Maïs se changent quelquefois en femelles et réciproquement, dans d'autres circonstances, les fleurs femelles affectent le caractère et les propriétés des fleurs mâles (Turpin).

Nous avons plusieurs fois fait une pareille observation et voilà en général ce que nous avons constaté dans les exemples de transformation des fleurs mâles en fleurs femelles. Les axes secondaires portent les fleurs femelles à leur base et l'axe primaire central offre souvent aussi, à sa base, à partir des derniers axes secondaires, un commencement d'épi femelle terminé par un axe central mâle. Dans celui que nous avons sous les yeux, quatre des axes secondaires sont munis de fruits à leur base : l'axe central, supérieur à toute la panicule, assez renflé, présente une succession graduelle de fruits mûrs, de fruits non arrivés à maturité et de fruits ou plutôt d'ovaires amblosiés ou avortés de plus en plus, à mesure qu'on les observe plus haut sur l'axe. Les dernières fleurs ont le caractère des fleurs femelles par la base, et des fleurs mâles par le sommet. Elles sont en effet fortement renflées près de l'axe et se terminent par deux enveloppes sembla-

(1) *Organ. vég.*, t. I, p. 545.
(2) Ch. Fd, *Phylogénie*, p. 558.
(3) D. C., *Organ. vég.*, t. I, p. 546.
(4) *Monog. des Rumex*, p. 50.

bles à celles qui constituent les deux glumes des fleurs mâles. En s'élevant encore sur l'axe, on trouve mélangées par séries longitudinales des fleurs mâles et des fleurs femelles avortées jusqu'au haut de cet axe, dont le sommet ultime est formé par quelques fleurs mâles. L'inflorescence générale devait être une inflorescence mâle, car elle terminait l'axe principal de l'individu.

Turpin a encore trouvé des fleurs du *Papaver bracteatum* offrant un assez grand nombre d'étamines, parmi lesquelles les plus rapprochées de l'axe étaient transformées en vrais pistils semblables au pistil central, ayant aussi chacun son stigmate pelté. Dans cette métamorphose les filets grossissent et forment les ovaires, tandis que les anthères se crispent pour former les stigmates (1).

Une transformation tout à fait semblable a été observée par Du Petit-Thouars dans les fleurs du *Papaver orientale*, par M. de France sur celles du *Papaver somniferum* (2), et par Rob. Brown sur celles du *Papaver nudicaule*.

Enfin, dans un excellent travail, M. Morière, professeur à la Faculté des sciences de Caen, a décrit avec beaucoup de soin les transformations des étamines en pistils qu'il a observées dans les *Papaver somniferum, bracteatum* et surtout le *Papaver orientale*, et il s'est, de plus, assuré que les graines des capsules normales et secondaires étaient fertiles et ont donné plusieurs fleurs monstrueuses ressemblant tout à fait à celles de la plante-mère (3).

Plusieurs autres auteurs ont fait des observations plus ou moins analogues d'étamines transformées en carpelles. Telles sont celles de Claude Richard sur l'*Erica tetralix*; de Gay sur le *Bocconia cordata*; de Mirbel sur le Pêcher; de Lindley sur un *Amaryllis*; de Schimper sur le *Stachys germanica*; d'Ad. Brongniart sur le *Polemonium cœruleum*; de Seringe sur le *Cucurbita Pepo*; de Guillemin sur l'*Euphorbia Esula*; de Rœper sur le *Campanula rapunculoïdes*; d'Ad. de Jussieu sur l'*Asphodelus ramosus* et un Myrthe; de Rob. Brown sur le *Cheiranthus cheiri*,

(1) *Ann. Soc. hort.* Paris, t. XIII, août 1833.
(2) **D. C.**, *Organ. vég.*, t. I, p. 546, et pl. XXXIX, *fig.* 3.
(3) *Transformation des étamines en carpelles dans plusieurs espèces de Pavots*, p. 7. Caen, 1862.

le *Cochlearia armoracia*, le *Tropæolum majus* et le *Salix oleifolia*.

Chez les Spirées, le nombre des carpelles est extrêmement variable : on en rencontre 5, 6, 7, 8, 9 et 10 quelquefois. Il est fort probable que le nombre normal est 5 ou 6, et lorsque le nombre augmente, cela peut tenir à la transformation de quelques étamines, celles de la rangée la plus voisine, en carpelles. Cette manière de voir est singulièrement fortifiée par l'observation suivante :

Sur un *Spiræa Ulmaria* cultivé dans notre jardin nous avons trouvé des fleurs qui présentaient des étamines dont une des loges, plus grosse et plus renflée que l'autre, renfermait des globules plus volumineux que le pollen contenu dans la loge voisine. Examinés à la loupe, il était aisé de reconnaître que ces globules étaient de véritables graines, seulement moins bien développées que dans les carpelles normaux.

D'un autre côté, Seringe a trouvé des fleurs de Courge dont les anthères portaient accidentellement des ovules. Enfin, c'est sans doute à un ordre de phénomènes semblable qu'il faut rapporter les faits rares et inexpliqués (De Candolle) qu'ont présentés le *Brassica cheiranthos* et le *Trianthema monogyna*. Ces deux espèces ont offert à la base de leur style une cavité dans laquelle il s'était développé une vraie graine. La première observation est due à Villars (1), et la seconde a été décrite par De Candolle (2). Ce fait curieux peut être facilement expliqué, soit parthénogéniquement, soit par l'évolution d'un grain de pollen qui aurait trouvé là les matériaux nécessaires à son développement ultérieur.

SECTION V. — ANTHOSANTHIE OU TRANSFORMATION DES ORGANES EN FLEURS.

Sous cette dénomination nous voulons désigner la transformation des organes floraux (pétales, étamines ou carpelles) en fleurs qui viennent composer la fleur simple en une sorte de fleur double, bien différente des fleurs doublées par la transformation

(1) *Flore du Dauphiné*, IV, pl. XXXVI.
(2) *Plantes grasses*, pl. CIX, *fig.* 10.

des organes en d'autres organes, par suite de métamorphose descendante.

Cette sorte de métamorphose, plus commune qu'on ne le pense, est en quelque sorte le sommet d'une série de phénomènes commençant par la *chloranthie* que, en raison des dénominations que nous avons données aux phénomènes du même ordre, il serait peut-être mieux de désigner sous le nom de *phyllanthie*, puisque dans ces métamorphoses les organes floraux se transforment en petites feuilles, et de même que la phyllanthie appartient aux métamorphoses descendantes, de même l'*anthosanthie* doit appartenir aux métamorphoses ascendantes, puisqu'elle est l'expression d'un phénomène contraire à la phyllanthie.

Quoi qu'il en soit, les quelques exemples que nous connaissons de ce phénomène suffisent pour établir cette division dans l'étude des métamorphoses. Malheureusement nous n'avons pas encore assez de détails sur ces transformations pour qu'il nous soit possible de les classer d'une manière bien méthodique ; nous nous bornerons, en conséquence, à consigner ici ceux qui sont parvenus à notre connaissance.

1° En regardant comme un calice le périanthe des Monocotylédones, nous avons un phénomène d'anthosanthie se bornant à la formation du calice à chaque fleur, dans l'exemple du *Narcissus pseudo-Narcissus* dont nous avons parlé t. I, page 525, et *Phytogénie*, page 261. En effet, pour admettre la formation des cornets que nous avons figurés t. I, pl. V, *fig.* 9, a, b, c, il faut de toute nécessité que chaque phytogène circulaire d'un protophytogène se soit composé pour constituer, avec les phytogènes circulaires de chacun des nouveaux protophytogènes formés, le cornet, dont plusieurs ressemblent parfaitement à un fleuron de fleur composée privé de son androcée et de son gynécée ; c'est par conséquent une petite fleur réduite à la formation de son calice ou périanthe (*loc. cit.*, p. 526). Donc, nous avons dans l'exemple cité de ce *Narcissus* une tendance à la formation d'une fleur composée analogue à celle que l'on connaît dans les capitules des Synanthérées.

2° Un des plus anciens exemples de ce genre est celui d'un *Primula* que De Candolle a indiqué dans son Mémoire sur les fleurs doubles (1). Dans certaines monstruosités de *Primula,* chacune des étamines, au lieu de se changer, en doublant, en un seul pétale, s'était transformée en une houppe de pétales réunis par la base. Or, chaque houppe peut être regardée comme l'expression d'un phytogène circulaire du protophytogène androcéen qui, sous l'influence pétaloïde, s'est composé en un protophytogène ne donnant que des pétales, d'où il suit que chaque étamine s'était transformée en une fleur qui s'était arrêtée dans son évolution à la formation de pétales (2).

3° Si, au lieu de subir l'influence pétaloïde, les phytogènes circulaires du protophytogène androcéen, après s'être composés en autant de protophytogènes, subissaient l'influence staminale, au lieu de touffes de pétales on aurait des groupes d'étamines représentant autant de fleurs arrêtées dans leur évolution à la formation d'étamines. C'est vraisemblablement un phénomène de ce genre qui a lieu d'une manière normale dans la production des faisceaux d'étamines alternes avec les pétales chez les *Melaleuca* (3) et chez plusieurs *Hypericum* (4).

Un fait à peu près analogue se présente dans les *Lagerstrœmia* (5); c'est ainsi que l'on compte cinq grandes étamines alternes avec les pétales, et quatre ou cinq petites étamines qui, situées devant chaque pétale, semblent représenter par leur réunion une étamine unique. Ce fait, combiné avec l'avortement des grandes étamines, semble rendre raison de la structure de plusieurs Byttnériacées (6).

Nous ne saurions douter un instant qu'il puisse se rencontrer quelquefois, mais d'une manière insolite, un phénomène analogue appliqué aux carpelles ; malheureusement, il nous serait présentement impossible d'en signaler un seul cas.

Cette manière de voir concernant ces métamorphoses va acquérir un degré de véracité de plus par la série de phénomènes que nous allons faire connaître, et où l'on remarquera une

(1) *Mém. Soc. d'Arcueil*, vol. III, p. 397.
(2) Ch. Fd, *Phytogénie*, p. 517.
(3) Moq.-Tand., *Ess. dédoublem.*, pl. I, *fig.* 11, 12.
(4) *Ibid.*, *fig.* 10.
(5) *Ibid.*, *fig.* 34.
(6) *Ibid.*, pl. II, *fig.* 11-15. — D. C., *Organog. vég.*, t. I, p. 511.

marche croissante dans la composition de plus en plus complète de ces fleurs composées.

4° En effet, quelquefois la fleur, représentée dans les exemples qui précèdent par un petit périanthe ou une houppe de pétales, ou une touffe d'étamines, peut être plus composée et être formée, par exemple, d'une corolle et d'un androcée. C'est précisément le cas de certaines variétés doubles de Roses Trémières (*Althæa rosea*), particulièrement la variété violette qui se rapporte sans doute à celle que les fleuristes nomment Passe-Rose Arlequin. Dans le premier volume de cet ouvrage, page 417, et dans notre *Phytogénie*, pages 261-262, nous avons décrit l'analyse que nous avions faite de plusieurs fleurs doubles de cette variété de fleurs, et nous avons reconnu que chacun des phytogènes circulaires de plusieurs protophytogènes centraux successifs s'était composé de façon à former une fleur. En effet, dans ces fleurs, indépendamment de la corolle, qui était généralement double, triple ou même quadruple, nous avons pu compter jusqu'à vingt et une fleurs secondaires verticillées placées au centre des corolles générales et constituant un petit bouquet de fleurs, dont chacune était formée par une petite corolle simple ou double au milieu de laquelle s'élevait un petit androcée formé de plusieurs étamines.

5° Il y a déjà quelques années (1851), nous avons fait connaître un phénomène d'anthosanthie des plus significatifs trouvé dans une monstruosité générale et variée du *Brassica Napus*. Au milieu de fleurs monstrueuses, nous avons trouvé quelques pédoncules portant des fleurs ainsi modifiées : au lieu de six étamines tétradynames, chacune de ces fleurs portaient six autres petites fleurs complètes, jaunes et munies chacune d'un calice à quatre divisions, de quatre pétales cruciformes, de six étamines tétradynames et d'une silique normale. C'était une véritable *fleur composée* portant à son centre une silique unique et modifiée dans sa forme (1).

6° Un peu plus tard (1854), nous constatons une anomalie analogue dans le *Nolana prostrata*. Elle consistait en une fleur

---

(1) *Note sur diverses transformations offertes par les verticilles floraux du Navet ordinaire* (Brassica Napus). — *Compt. rend. Acad. des sciences,* octobre 1851.

triple, c'est-à-dire que du centre d'un calice à cinq divisions s'élevaient trois fleurs égales disposées en triangle, et toutes trois parfaitement semblables sous tous les rapports aux autres fleurs (1).

7° Depuis cette époque, nous avons retrouvé deux autres exemples d'anthosanthie : l'un, dans le *Lythrum Salicaria*, chez lequel nous avons constaté la présence d'un calice à six sépales et d'une corolle à six pétales, mais chacune des six étamines était remplacée par une fleur complète avec son androcée et son gynécée, tandis qu'au centre des six fleurs représentant les six étamines métamorphosées il n'y avait nulle trace de pistil. L'autre exemple d'anthosantie a été trouvé sur un *Nicotiana rustica*. Au centre d'un calice commun, au lieu de corolle ou d'étamines, nous avons vu se produire cinq fleurs complètes, un peu plus petites que les fleurs ordinaires, mais ayant par conséquent chacune son calice, sa corolle d'un vert jaunâtre, ses cinq étamines et son ovaire à deux loges (2). La nature axile de l'étamine (3), ainsi que les exemples du *Brassica Napus* et du *Lythrum Salicaria*, nous ont fait supposer que c'étaient plutôt les étamines qui s'étaient ainsi métamorphosées, et dans ce cas, ce développement anormal des étamines nous a semblé capable d'en faire avorter la corolle et le gynécée. Toutefois, il se pourrait que ce fussent les phytogènes circulaires du protophytogène corollien qui, s'étant composés chacun en un protophytogène, eussent donné directement lieu à autant de fleurs. Malheureusement, nous n'avons pas suffisamment constaté la position de ces fleurs par rapport aux divisions du calice, ce qui eût pu nous éclairer sur la nature de l'organe ainsi transformé. Si les fleurs étaient alternes avec les divisions calicinales, il est vraisemblable qu'elles étaient produites par les éléments pétaloïdes, tandis que, placées en face, il était probable que l'anthosanthie était due à la métamorphose des étamines.

Dans certains végétaux, les choses semblent se passer exactement comme s'il se produisait un phénomène d'anthosanthie. Ainsi dans certains *Cornus* (*mascula, florida, suecica*), on trouve

(1) T. I, p. 316. — Ch. Fd, *Monog. du Tabac*, p. 127.
(2) *Ibid.*
(3) Ch. Fd, *Phytogénie*, p. 305.

une sorte de calice (*collerette*) du milieu duquel s'élève une ombelle simple formée de petites fleurs composées d'un petit calice à quatre dents, d'une corolle à quatre divisions profondes, de quatre étamines et d'un ovaire infère.

D'un autre côté, nous avons établi qu'en admettant la formation successive de protophytogènes on arrivait à concevoir au centre d'un calice général (*involucre* des Composées ou *collerette* des Ombellifères) la formation d'une quantité très-variable de fleurs, qui constituent les inflorescences des Synanthérées et des Ombellifères, et qui peuvent tout aussi bien se ranger dans les phénomènes d'anthosanthie que parmi les *excès d'exastosie*, ou parmi les *répétitions d'organismes*, ou parmi les *multiplications*, soit les cyclochorises, soit les sphérochorises (1), tant il est vrai qu'un même phénomène physiologique peut être interprété de plusieurs manières selon le point de vue où l'on se trouve placé.

Observations. Ces divers phénomènes d'anthosanthie donnent lieu à la production de fleurs qui ont quelques rapports avec les fleurs doubles, mais qui cependant en diffèrent beaucoup.

On doit à De Candolle un remarquable mémoire sur les *fleurs doubles* (2), où il montre que sous ce nom on a confondu des faits très-hétérogènes, et dans lequel il divise les fleurs doubles en trois classes qu'il distingue de la manière suivante :

1° Les fleurs *pétalodées*. Ce sont celles qui doublent par le développement simple en pétales de tous ou de quelques-uns des organes floraux. Tels sont les bractées, chez les *Hortensia* ; le calice, dans le *Primula calycanthema* ; les étamines, chez la plupart des *Rosa* ; les carpelles chez les variétés d'*Anemone nemorosa*.

2° Les fleurs *multipliées*, qui sont celles où le nombre des pétales est augmenté par l'accroissement du nombre des verticilles floraux ou par l'accroissement des parties de ces rangées et leur transformation en pétales. En un mot, tandis que dans la classe précédente il n'y a que transformation des organes, ici il y a à la fois multiplication et transformation des organes, comme on en a des exemples dans les *Dianthus*.

(1) T. I, p. 145, 312, 324, 352. — Voyez aussi *Phytogénie*, p. 258 et suivantes.

(2) *Mém. Soc. d'Arcueil*, vol. III, p. 385.

3° Les fleurs *permutées*. L'auteur nomme ainsi celles où l'avortement de l'un des organes génitaux détermine un changement notable dans la forme ou la dimension de l'un des téguments floraux. Ainsi l'avortement de l'un ou l'autre sexe ou de tous les deux paraît déterminer un changement de forme ou de grandeur dans les corolles des Composées. De même, dans les fleurs du *Viburnum Opulus*, dont les organes sexuels font défaut, on voit au contraire les corolles se développer beaucoup plus que celles des fleurs fertiles. Faisons observer que le nombre des parties de la corolle n'étant pas augmenté, les fleurs permutées ne peuvent pas être classées parmi les fleurs doubles.

Les idées que nous venons d'émettre concernant les fleurs composées d'autres petites fleurs ne pouvaient venir à l'esprit de De Candolle, puisqu'il ne voyait dans les houppes de pétales ou d'étamines qu'une multiplication d'organes qui ne pouvait le conduire à l'idée de fleur réduite, n'ayant pas eu l'occasion de constater la formation de fleurs dans la fleur; sans cela, l'illustre botaniste, dans son Mémoire, n'eût pas manqué de leur donner un nom significatif. Celui de *fleur composée* paraît au premier abord convenir à cette sorte de multiplication, mais il a l'inconvénient, en premier lieu, d'être employé pour dénommer une vaste famille dont les caractères sont tels que l'on ne saurait en rapprocher les anomalies qui ont lieu par anthosanthie, dans les espèces précitées; ensuite, le mot *composé* n'emporte pas avec lui l'idée de l'exacte composition de la fleur double. Au contraire, lorsque nous disons avec De Candolle, *fleurs pétalodées*, nous comprenons aussitôt que la multiplication a lieu par suite de la formation d'une certaine quantité de pétales.

Dans cet ordre d'idées on arrive à comprendre qu'il y a des fleurs qui ne se doublent pas seulement par la multiplication des pétales, et qu'il en est qui se doublent par la multiplication de leur calice ; et les exemples de répétition normale des sépales dans les *Cactées*, les *Calycanthus*, les *Nandina*, etc., et anormale des sépales du *Lilium candidum* et quelques autres dont nous avons parlé autre part (t. I, p. 519), sont une preuve que les fleurs peuvent doubler par la multiplication de leurs sépales.

D'un autre côté, lorsqu'on observe, soit accidentellement, soit normalement, une multiplication d'étamines comme on en voit chez toutes les fleurs *polyandres*, on n'est pas, à coup sûr, habitué à voir dans ce fait l'expression d'une fleur double ; cependant elle ne s'en est pas moins doublée, seulement au lieu des pétales, ce sont les étamines qui se sont multipliées (t. I, p. 184 et 537).

Enfin, la multiplication des carpelles, dans cet ordre d'idées, doit aussi être regardée comme une sorte de doublement de la fleur, et l'on sait en effet que, soit d'une manière insolite, soit d'une manière habituelle dans les fleurs dites *polygynes*, les fleurs peuvent augmenter le nombre de leur carpelles normaux, par chorise (t. I, p. 187), ou arriver à en posséder un très-grand nombre, par suite d'une répétition de leur verticille gynécéen (t. I, p. 539).

On se trouve donc ainsi conduit à établir cinq ordres de fleurs doubles que, pour conserver la désinence significative de De Candolle : *pétalodées*, nous désignerons sous les dénominations suivantes :

1° *Fleurs cylicodées* (1) ou *sépalodées*, celles dont le calice est formé de plus de six sépales, mais particulièrement celles qui ont au moins deux verticilles ou un grand nombre de ces organes plurisériés (Cactées, *Nandina*, *Calycanthus*, etc.).

2° *Fleurs calycodées* ou *pétalodées*, D. C., celles dont la corolle se multiplie plus ou moins, quelle que soit la cause de cette multiplication. Les exemples des Roses, des Renoncules, du *Kerria japonica*, des Giroflées, etc., doubles, sont parfaitement connus de tout le monde, et comme la multiplication des pétales, à cause de leur volume et de leur couleur, frappe plus activement la vue, c'est à cette sorte de multiplication que les botanistes avec le vulgaire donnent le nom de *fleurs doubles*.

3° *Fleurs androdées*. Nous donnons ce nom à toutes les fleurs polyandres et icosàndres, et même à celles dont le verticille des étamines est doublé, car dans la fleur *type* il ne doit y avoir qu'un seul verticille de ces organes (p. 315).

4° *Fleurs gynécodées*. Ce sont celles où le nombre des carpelles se trouve excéder le nombre six, mais surtout celles chez lesquelles on trouve le nombre normal doublé ou celles qui présen-

(1) Voyez la note de la page 371.

tent des carpelles en grand nombre disposés autour d'un axe commun (Renonculacées, *Magnolia*, *Liriodendron*, *Myosurus*, etc.).

5° *Fleurs anthodées.* Ce nom est appliqué à toutes les fleurs doubles dans lesquelles on reconnaît nettement le groupement d'organes représentant une fleur plus ou moins complète, mais qui peut être réduite soit à une houppe de pétales (*Primula*, p. 392), soit à un faisceau circulaire d'étamines (*Hypericum*, *Melaleuca*), soit à des pétales groupés au milieu desquels on trouve une ou plusieurs étamines (*Althæa rosea*, p. 394). Un certain nombre de fleurs, mais particulièrement les Synanthérées et peut-être les Ombellifères, se trouvent ainsi naturellement classées parmi les fleurs anthodées.

Enfin les fleurs anthodées peuvent revêtir les caractères des quatre classes précédentes, lorsque chaque fleur secondaire vient à doubler, selon que cette duplicature se porte sur le calice, la corolle, l'androcée ou le gynécée. Dans ce cas, on a des fleurs anthodées *sépaloïdées*, *pétaloïdées*, *androïdées*, ou *gynécoïdées*, expressions employées à titre de diminutif et qui, énoncées purement et simplement, peuvent très-bien être comprises. Ainsi la fleur du *Primula*, p. 392, devient une fleur anthodée pétaloïdée ou simplement une fleur *pétaloïdée*; celles des *Melaleuca* seraient des fleurs anthodées androïdées ou plus simplement des fleurs *androïdées*; celles de l'*Althæa rosea* à petites corolles doubles ou triples, des fleurs anthodées pétaloïdées et androïdées à cause des étamines qui se trouvent au centre, et pour simplifier, des fleurs *pétalo-androïdées*; et ainsi de suite. Les exemples de fleurs anthodées simples, mais *complètes*, se trouvent dans les *Brassica*, *Nolana*, *Lythrum* et *Nicotiana*, cités p. 394 et 395, et surtout dans la plupart des Synanthérées, parmi lesquelles il y en a d'incomplètes. On sait, en effet, que Linnée s'est basé sur cette circonstance pour établir trois ordres de sa *Syngénésie*. Ainsi, dans sa *Polygamie superflue*, les fleurs de la circonférence sont privées d'étamines ; dans la *Polygamie frustranée*, celles de la circonférence sont neutres ou femelles, mais alors inutiles par l'imperfection de leur stigmate ; dans la *Polygamie nécessaire*, les fleurs du centre, quoique hermaphrodites, sont stériles par un vice de conformation de leur stigmate ; au contraire celles de la circonférence sont sim-

plement femelles et sont fécondées par les étamines des fleurs
centrales.

Au chapitre de la *Théorie des formes végétales* (art. *inflorescences*), nous indiquerons comment on peut concevoir le mode
de formation des fleurs doubles anthodées.

En nous rappelant ce que nous avons dit p. 397-398, nous arrivons à classer ainsi la plupart des fleurs doubles :

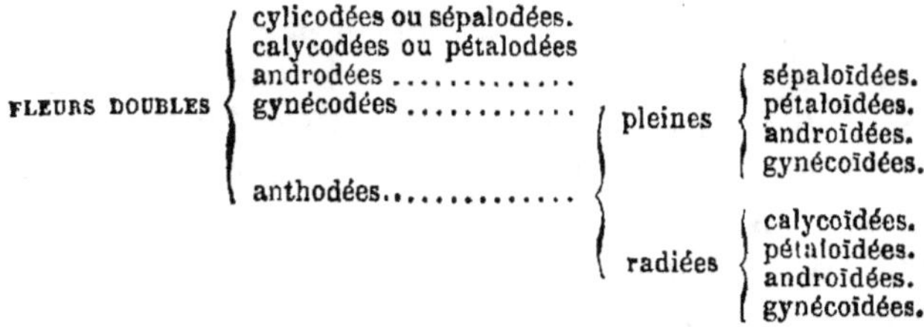

Nous avons appliqué aux fleurs radiées les mêmes diminutifs
qu'aux fleurs pleines, quoique peut-être on n'aura que rarement
l'occasion de constater un doublement de ces fleurs, par cette
raison que la tendance à la duplication nous paraît se porter de
préférence sur les fleurs du centre pour en faire avant tout des
fleurs pleines.

Telle est la classification la plus méthodique et surtout la plus
philosophique que nous ayons cru devoir présenter dans l'ordon-
nance des fleurs doubles, qui en effet, comme l'a si justement
fait remarquer De Candolle, reconnaissent pour cause des phénomènes physiologiques très-divers. Ajoutons que chacune de
ces cinq classes peut arriver à se produire par des causes diverses,
telles que les excès d'exastosie, les chorises ou les répétitions
d'organismes.

Au moment où nous mettons la dernière main à la correction
des épreuves de cette section, nous recevons de Belgique une
note très-intéressante de M. le professeur A. Bellynck, sur un
Orchis ustulata à fleurs doubles qui nous paraît se rapporter aux
phénomènes d'anthosanthie et qui trouverait naturellement sa
place dans notre cinquième classe, c'est-à-dire parmi les fleurs
anthodées.

L'*Orchis ustulata* à fleurs doubles examinées par M. Bellynck,
a été trouvé par M. A. Devos, le 10 juin, en France, entre Chooz

et Han, dans une prairie d'alluvion de la Meuse, en compagnie des *Orchis ustulata* et *militaris*.

« Le périanthe de cette fleur double, dit M. Bellynck, est composé, à sa partie supérieure, de deux labelles dressés, munis chacun d'un court éperon ; parfois ces deux labelles sont soudés ensemble par un de leurs côtés, et alors il n'y a qu'un seul éperon placé entre les deux labelles. A l'intérieur de ces deux labelles, on en trouve plusieurs autres tantôt alternes, tantôt superposés, ayant toujours leur partie libre dirigée en haut. Le centre et toute la partie inférieure de la fleur sont occupés par de petits groupes d'organes pétaloïdes, parfois sessiles, parfois portés sur un très-court support, au nombre de six à dix, et dont les plus petits et les moins développés occupent le centre. Chacun de ces groupes porte à sa base une bractéole purpurine, et se compose d'un petit labelle dressé et de plusieurs divisions pétaloïdes plus ou moins déformées. Les fleurs qui présentent le plus de ces petits groupes sont celles qui ont le moins de labelles solitaires.

« Il est évident, ajoute l'auteur de la note, que les petits groupes de chaque fleur double sont autant de fleurs imparfaitement développées, privées de leurs étamines et de leur ovaire infère. Cette dernière circonstance explique pourquoi le labelle est dressé, c'est-à-dire dans sa position naturelle, car le labelle n'est inférieur dans nos Orchidées que par suite d'une torsion de l'ovaire infère, laquelle renverse la fleur. L'analogie et les diverses particularités que nous venons d'exposer nous portent à croire que tous ces labelles solitaires, qui occupent la partie supérieure de la fleur double, sont autant de fleurs distinctes réduites à leur labelle. »

L'*Orchis ustulata* double, décrit par M. Bellynck, vient naturellement se ranger parmi les fleurs doubles anthodées pétaloïdées, et en la désignant simplement sous le nom de *fleur pétaloïdée* on pourrait comprendre que cette expression emporte avec elle l'idée de fleur anthodée, de même que le vocable *anthodée* implique nécessairement l'idée du phénomène physiologique que nous avons désigné sous le nom d'*Anthosanthie*. Simplifier tout en restant clair et en exprimant nettement les idées, c'est là tout le secret du perfectionnement de la science.

Nous n'avons pas eu la prétention de signaler toutes les métamorphoses qui ont été signalées par beaucoup de savants botanistes, et nous avons dû nous borner à ceux que nous avons fait connaître; car ils nous paraissent largement suffire à faire comprendre que, puisque tous les organes végétaux peuvent, dans des circonstances variées, se transformer les uns dans les autres, il est absolument indispensable de n'admettre qu'un seul et unique élément botanique, le *phytogène,* dont nous avons autre part (1) décrit les formes, la structure et les propriétés, au moyen desquelles il nous paraît aisé de se rendre compte des transformations que nous venons d'étudier.

RÉFLEXIONS SUR LA MÉTAMORPHOSIE DES VÉGÉTAUX.

Il y a déjà fort longtemps que les zoologistes ont saisi les rapports de conformation qui existent entre les organes mâles et les organes femelles chez les animaux, et ont dès lors soupçonné que ces organes pourraient bien avoir une origine identique; dans ce cas, leurs différences ne seraient dues qu'à des degrés divers de développement. Les embryogénistes de nos jours ont confirmé ces résultats et il est admis, comme fait qui n'est plus douteux, que jusqu'à une certaine époque de l'évolution du fœtus il est tout à fait impossible de reconnaître à quel sexe il appartiendra, que dans tous les deux on trouve les mêmes organes disposés de la même façon, et ce n'est que plus tard que les organes destinés à former des mâles prennent des caractères différents de ceux qui doivent constituer des femelles.

Ces observations ont nécessairement dû conduire les botanistes à admettre une pareille idée chez les végétaux, mais il fallait que cette idée fût appuyée par des observations analogues à celles qui ont été faites chez les animaux. Or c'est ce qui est arrivé, ainsi que nous venons de le voir, et dans notre *Phytogénie,* page 516, nous en fournissons de nombreuses preuves.

Les faits que nous avons rapportés dans l'article précédent doivent avoir prédisposé notre esprit à admettre une grande analogie originelle entre toutes les parties qui composent les diverses parties d'une fleur. Il ne nous serait donc pas difficile de conclure, par eux, à une extrême analogie entre les organes mâles et les organes femelles des végétaux.

(1) *Phytogénie,* p. 57.

« Lorsque l'on compare, dit Turpin (1), les parties constituantes de l'anthère avec celles du fruit (pistil), on est tellement
frappé de leur ressemblance organique, qu'on est presque tenté
de croire que ces corps, auxquels on attribue généralement la
faculté de féconder les embryons, ne sont eux-mêmes que des
fruits latéraux (graines) et rudimentaires ; que les utricules polliniques sont des ovules stériles et que le fluide dont ils sont remplis est le même que le fluide endospermique dans lequel naît
l'embryon des graines.

« Un connectif et des *trophopollens* intérieurs, dans l'anthère,
rappellent l'axe et le trophosperme ou placenta du péricarpe
(carpelle); des valves et des loges en nombre variable ; une déhiscence, le plus souvent longitudinale, ou s'opérant par des trous
situés au sommet des anthères des *Solanum*, des *Ericées*, à la
base dans les Pyroles, par le moyen d'opercules latéraux dans les
Lauriers (*Laurus*), les *Cassyta*, les *Berberis*, le *Pistia stratiotes*,
etc., ou enfin transversalement et en boîte à savonnette, dans le
Brosimum alicastrum, offrent un parallèle exact entre la valvai-
son et tous les modes de déhiscence que nous connaissons dans
les péricarpes.

« Si ensuite on établit un autre parallèle entre les utricules
polliniques et les ovules destinés à protéger le développement des
embryons, on voit que les uns et les autres présentent les mêmes
formes; que leur surface est tantôt lisse et tantôt hérissée; qu'ils
communiquent avec la plante-mère, les ovules par le trophosperme, et les utricules polliniques par le trophopollen ; qu'ils sont
sessiles ou éloignés des placentas au moyen d'un cordon ombili-
cal, quelquefois très-long et très-délié dans ceux du pollen ; qu'ils
contiennent un fluide qui pourrait bien être de la même nature ,
et qu'enfin l'un et l'autre de ces organes ne s'ouvrent jamais que
par irruption.

« Jusqu'ici le parallèle est juste: deux utricules très-analogues,
pleins d'un fluide, composent également l'ovule et l'utricule pol-
linique; mais peut-être qu'en raison de la différence des situa-
tions, terminale du pistil et latérale de l'étamine, il va continuer
de se développer des embryons dans une grande partie des ova

(1) *Iconog. vég.*, 1820, p. 131.

les, tandis que tous les utricules polliniques resteront à l'état de ces nombreux ovules dans lesquels on n'aperçoit jamais d'embryons. »

Bien que le parallèle entre l'ovule et le pollen soit saisissant de vérité, il faut cependant observer que Turpin regarde le pistil comme un axe et l'étamine comme un organe appendiculaire, ce qui établit une différence qui n'existe réellement pas. En effet, le pistil est toujours formé de plusieurs feuilles carpellaires ou d'une seule par avortement des autres. Dans leur ensemble il est juste de les considérer comme un axe; mais pris chacun en particulier, ce ne sont réellement que des feuilles transformées et par conséquent ce ne sont, comme les étamines, que des organes appendiculaires; d'où il suit que le parallèle peut même se continuer jusque-là. D'ailleurs nous voyons autre part (*Phytogénie*, p. 305) qu'il est fort possible que l'étamine soit un organe axile. Enfin, s'il restait quelques doutes sur l'analogie complète entre les organes mâles et les organes femelles des végétaux, les faits qui vont suivre seraient tout à fait de nature à les dissiper.

Il y a en effet des exemples assez nombreux où les étamines (organes mâles), par des causes qui nous sont peu connues, se sont non-seulement transformées en carpelles (organes femelles), mais encore ont présenté des ovules à la place de pollen. Ici la transformation était complète. Dans ce cas, le plus souvent, les filets staminaux restent à l'état naturel, tandis que les anthères sont changées en carpelles. Ordinairement, lorsque les étamines sont nombreuses, il n'y a que les rangs les plus voisins des carpelles normaux qui se métamorphosent en organes femelles, et cela en vertu d'une influence physiologique qui, étant l'influence carpellienne, doit quelquefois s'étendre jusque sur les organes les plus voisins. Quelquefois la modification, moins profonde, ne porte que sur les parties contenues dans l'anthère, à ce point que des étamines ont présenté des loges anthériques normales dans lesquelles on trouvait la moitié des grains de pollen changés en ovules, ou bien, comme nous l'avons vu dans la Reine des prés, les étamines offraient, dans l'une des loges, du pollen, et dans l'autre des ovules.

Dans les végétaux monoïques et surtout dioïques, chez lesquels

il existe une *prédisposition organique*, sorte d'habitude qui force
certains axes à produire des fleurs mâles et certains autres à porter
des fleurs femelles, on trouve quelquefois des transformations analogues à celles qui sont précitées, et cela malgré la distance qui
sépare les sexes, comme cela a lieu pour les Chanvres, les Épinards, les Mercuriales, etc., qui sont portés sur des pieds différents.
Mais il est évident que ces plantes, qui dans le jeune âge se ressemblent tellement qu'il serait impossible de dire quel pied
deviendra mâle, quel autre deviendra femelle ; il est évident que
ces plantes ont une analogie de structure et de fonction extrêmement semblable, puisque si l'on s'adresse à une espèce douée de
propriétés actives ou contenant quelques principes chimiques
particuliers, ces propriétés et ces principes se retrouvent chez le
végétal mâle comme chez le végétal femelle. C'est ce que l'on
peut observer en particulier chez les deux individus de sexe différent du Chanvre ou de la Mercuriale. Mais si la forme, la structure et l'*idiosyncrasie* des deux individus est la même, les fonctions seront nécessairement les mêmes, et parmi les principales
fonctions, celle de la formation des organes ayant lieu de la même
manière, on comprend que ne différant que pour la formation des
sexes, cette formation puisse s'intervertir dans l'un et dans l'autre
cas, de manière à donner le sexe mâle là où on s'attendait à trouver un sexe femelle, et réciproquement un sexe femelle là où l'on
croyait rencontrer un sexe mâle. Quoique, comme nous le verrons par la suite (1), nous puissions expliquer autrement la formation des graines sans le secours de la fécondation sur des individus essentiellement femelles, cependant il est probable que
dans beaucoup de cas la formation de graines fertiles observées
sur des Chanvres, des Épinards, des Mercuriales ou autres par
différents auteurs (Spallanzani, Lecoq, etc.) tenait à la présence
d'organes femelles ayant subi la transformation en organes mâles.
C'est au moins ce qui résulte des observations faites d'abord par
A. de Marti (2), qui assure que dans le Chanvre, l'Épinard et
même la Pastèque il n'est pas rare de trouver des fleurs mâles
mêlées aux fleurs femelles, et même des fleurs hermaphrodites.

(1) *Phytogénie*, article *Parthénogénie*, p. 445.
(2) *Experimentos y observaciones sobre los sexos y fecondacion de la
plantas*. Barcelona, 1791.

C'est aussi ce qui a été observé par M. Baillon sur le Ricin, et par nous-même sur la Mercuriale des bois (*Mercurialis perennis*). Quant au *Mercurialis annua*, il n'est pas rare de trouver des pieds femelles portant des fleurs mâles, et même des pieds mâles portant des fleurs femelles. Il existe une variété de cette espèce, le *M. annua monoica* (1), qui n'est sans doute que l'espèce désignée sous le nom de *Mercurialis ambigua* dont tous les pieds portent à la fois des fleurs mâles et des fleurs femelles. Il ne faudrait donc pas s'étonner si des pieds femelles cultivés séparément ont pu donner des graines fertiles, puisque la plante peut être polygame, c'est-à-dire présenter à la fois des fleurs mâles, des fleurs femelles et des fleurs hermaphrodites.

S'il est prouvé par les lois de la morphologie que tous les verticilles d'une fleur peuvent être regardés comme étant formés par des assemblages de feuilles plus ou moins complétement et diversement modifiées, il faut avouer que l'on ne sait absolument rien sur la cause qui fait que telle fleur portera seulement des organes mâles, telle autre des organes femelles, une troisième enfin des organes mâles et femelles à la fois.

Il semble, au premier abord, qu'il y ait une analogie complète dans la séparation des sexes chez les animaux et les végétaux; mais le raisonnement le plus serré prouve qu'il y a réellement dans ce phénomène chez ces deux ordres d'êtres organisés une différence assez notable. En effet, chez les animaux la sexualité mâle ou femelle est exactement la même à une époque donnée de l'existence du fœtus, et ce n'est que par une modification du même organe que le sexe se dessine nettement. Par exemple, chez les Abeilles on a acquis la certitude que le mode de gestation ou la quantité et l'espèce de nourriture exerçaient une grande influence sur le développement des sexes, puisque les œufs qui sont déposés dans les cellules ordinaires, plus petites, ne donnent que des Abeilles neutres chez lesquelles les organes de la génération ne se sont pas développés; et puisqu'au contraire les œufs qui ont été placés dans des cellules plus grandes donnent des larves qui produiront à volonté des mâles ou des femelles. Mais tandis que les œufs qui doivent produire les mâles sont déposés

(1) Thuillier, *Flor. paris.*, an VII, p. 526.

dans des cellules de moyenne grandeur, ceux qui doivent donner naissance à des femelles sont non-seulement placés dans des cellules plus grandes encore, mais aussi les larves qui en éclosent reçoivent des soins plus grands et une nourriture plus succulente et plus abondante que les autres larves. Il est probable qu'il se passe quelque chose d'analogue dans la formation des individus neutres, mâles et femelles des *Guêpes* et des *Masares*, et de ceux qui composent la petite famille des *Myrmèges* ou *Formiaires*, telles que les *Fourmis*, les *Mutilles* et les *Doryles*. Enfin, on peut observer qu'en général dans l'espèce humaine, ainsi que chez les animaux qui ne produisent d'ordinaire qu'un seul individu à la fois, les mères sont bien plus affamées, pendant leur grossesse, lorsqu'elles doivent donner un mâle que lorsqu'elles portent une femelle (1); il y a bien quelques exceptions à cet égard, mais la règle n'en est pas moins constante. Il semble donc que si, lorsque le moment est venu où les organes de la génération qui sont tout à fait identiques dans l'un et dans l'autre sexe doivent subir le changement qui doit en faire des organes mâles ou femelles, si, disons-nous, ce moment coïncide avec un état de santé meilleur et par conséquent un plus grand appétit, il est presque certain que le fœtus se transformera en mâle; tandis qu'au contraire, si à cette époque la mère souffre et par conséquent se nourrit moins, les organes du fœtus se développeront sans subir de modification et l'enfant sera femelle. On pourrait donc dire que chez les mammifères et la plupart des animaux *dioïques* le fœtus commence toujours par être femelle, et que, selon les circonstances, il reste tel ou se transforme en mâle par suite d'une évolution ultérieure.

Nous voyons à l'article germe et embryon (2) qu'il est possible de tirer parti de ces observations pour expliquer, jusqu'à un certain point, les ressemblances.

Comme on le voit, ce que l'on sait touchant la genèse des sexes est encore bien obscur, bien incertain, et ce défaut de connaissance est peut-être encore plus grand chez les végétaux; et cela tient probablement en partie, comme nous l'avons dit, à ce

(1) *Phytogénie*, p. 410 et suivantes.
(2) *Ibid*.

que le phénomène de la transformation en l'un ou l'autre sexe n'est pas absolument identique avec le même phénomène chez les animaux.

Chez ceux-ci, en effet, il n'y a pas avortement des organes dans la formation des sexes séparés, si ce n'est pour constituer les animaux *neutres* dont nous avons parlé ; tandis que chez les végétaux c'est constamment par l'avortement de l'un des sexes que l'autre s'affirme.

On doit à M. Giroud de Buzareingue quelques essais sur le Chanvre dans le but de découvrir la loi de ces transformations. Il a observé que des semences de *Cannabis sativa*, petites ou grosses, récoltées dans un terrain stérile ou fertile, ont généralement produit une égale quantité des deux sexes. Dans une expérience, il a néanmoins obtenu plus de femelles d'une graine récoltée dans un terrain très-fertile que d'une graine provenant d'un terrain stérile. Enfin, il a aussi observé que les graines récoltées à la base des épis du chanvre donnent plus d'individus mâles que celles qui sont recueillies à la partie supérieure des mêmes épis, dans la proportion de 444 à 1250 ou, en réduisant, de 1 à 2,81.

D'un autre côté, M. Authenrieth a remarqué que les semences du Chanvre qui sont les plus allongées, les plus grosses et les plus pesantes donnent lieu à des individus mâles, et qu'au contraire, celles qui sont les plus arrondies et un peu moins pesantes produisent des individus femelles. Les premières ont une radicule plus longue et germent plus rapidement que les dernières. Malheureusement, avec ces seules observations, il est impossible de prévoir même une cause à ces transformations.

Cependant, dans notre *Phytogénie*, page 307, nous avons avancé que l'étamine était *un petit axe de nature appendiculaire* et nous croyons avoir donné des preuves irréfragables que cette manière de voir était juste, et cette idée était de nature à mettre sur la voie de la théorie de ces transformations.

A cette époque, nous ne connaissions pas encore les observations, très-instructives à ce point de vue, de M. Morière, professeur d'histoire naturelle à Caen, observations qui ne nous laissent aucun doute sur la nature axile de l'étamine, dans laquelle le filet serait un mérithalle, et les loges de l'anthère les organes appendiculaires qui terminent tout mérithalle (1). En effet, il suffit de jeter un coup d'œil sur les planches qui accompagnent le mémoire de M. Morière (2) pour reconnaître que c'est dans le filet (mérithalle) que se forment les parois de la capsule surnuméraire. Mais ce qu'il y a de remarquable dans ces observations, c'est que précisément ce sont les loges anthériques qui, en se déformant, produisent le stigmate pelté, rayonnant, des capsules surnuméraires. Nous avons vu, page 390, que Turpin avait reconnu une semblable transformation. Or, à la page 347 de notre *Phytogénie*, nous avons démontré l'analogie du stigmate avec les organes appendiculaires, tandis que nous avons établi, page 345, que le style était un vrai mérithalle *stylaire* le plus souvent terminé par l'organe appendiculaire *stigmatique*.

En présence de tous les exemples de métamorphoses que nous venons de rapporter, il est tellement difficile de nier les influences physiologiques dont nous avons parlé autre part (3) qu'il pourrait sembler puéril à quelques esprits légers que nous nous appesentissions sur ce sujet, si nous n'avions à en tirer quelques conséquences utiles pour la science phytomorphique.

En effet, il faut remarquer que les végétaux ne se présentent pas tous avec une égale quantité de ces influences physiologiques diverses, et que, tandis qu'il en est chez lesquelles l'*influence foliifiante* est relativement très-prononcée, par rapport à l'*influence florifiante*, chez d'autres, au contraire, c'est l'influence florifiante qui l'emporte sur la foliifiante, et il en est absolument de même des influences *sépaloïdes*, *pétaloïdes*, *staminales* et *carpelliennes*, par rapport aux axes floraux. Examinons quelques-uns des cas le plus particulièrement connus, car c'est plutôt maintenant que nous avons fait une étude des métamorphoses que nous pouvons plus sûrement entreprendre un pareil examen.

Influence foliifiante. — Il y a des végétaux chez lesquels la floraison est extrêmement difficile ; car, sans parler de certaines espèces qui, comme le *Liriodendron tulipifera*, ne fleurissent que très-tard, ou très-rarement, comme l'*Agave americana*, il

(1) *Phytogénie*, p. 306.
(2) *Transformation des étamines en carpelles dans plusieurs espèces de Pavots*. Caen, 1862.
(3) *Phytogénie*, p. 558.

en est qui, comme certains *Allium* (p. 444), au lieu de donner un sertule de fleurs donnent plutôt un sertule de bulbilles qui, n'étant que des bourgeons infrondescents, ont évidemment pour se former subi l'influence foliifiante. Les végétaux qualifiés de *vivipares* sont également dans ce cas, et lorsque par hasard nous trouvons, anormalement, des phénomènes de chloranthie, il nous est impossible de ne pas reconnaître une tendance de cette influence foliifiante qui se prononce quelquefois à un point que, dans quelques individus affectés de cette influence, toutes les fleurs se trouvent *chloranthées.*

INFLUENCE FLORIFIANTE. — Aú contraire, chez d'autres végétaux on remarque une quantité de fleurs tellement grande, une tendance à la floraison si prononcée, que l'on ne peut admettre une différence aussi grande avec les végétaux qui précèdent qu'en supposant une propriété spéciale de l'espèce à former des fleurs plutôt que des bourgeons infrondescents. Or cette propriété ou influence est telle quelquefois que la plante ne produit que peu de feuilles et beaucoup de fleurs, comme on le voit chez les *Orobanches,* ou même ne fournit aucune espèce de bourgeons infrondescents, et ne donne au contraire que des bourgeons inflorescents. C'est en particulier ce qui arrive dans les *Cuscuta* dont les fleurs sont si nombreuses, alors que les feuilles sont réduites à l'état d'écailles, et surtout dans les *Rafflesia* et l'*Hydnora africana,* auxquels on ne reconnaît même ni tige, ni organe foliacé, puisque la plante entière consiste en une énorme fleur. On peut dire, dans ce cas, que tout dans la plante est soumis à l'influence florifiante.

Une fois l'influence florifiante décidée dans un protophytogène, il y a des influences secondaires qui s'imposent quelquefois avec une constance remarquable : ce sont les influences sépaloïdes, pétaloïdes, staminales et carpelliennes.

INFLUENCE SÉPALOÏDE. — Il y a en effet des fleurs qui, tout en conservant leur corolle, leur androcée et leur gynécée, commencent par n'avoir d'une manière anormale que deux rangées de sépales, ainsi que nous en avons cité des exemples, t. I, page 177, et cette anomalie se retrouve être l'état habituel des espèces à calice doublé d'un calicule comme on en a des exemples chez les Malvacées et certaines Rosacées-Driadées. Cette influence augmente dans les *Nandina* où les sépales sont nombreux, imbriqués et disposés sur six rangs; les Cactées où les sépales nombreux et anexastosiés forment un calice monophylle; les *Calycanthus* et les *Chimonanthus* où les sépales colorés et plurisériés représentent le calice et la corolle. Mais dans ces exemples, les influences pétaloïdes, ou staminales, ou carpelliennes, existent encore et la fleur n'est pas entièrement soumise à l'influence sépaloïde. Cependant cette influence se trouve quelquefois tellement prononcée qu'elle est unique dans le bourgeon floral et qu'il en résulte alors une sorte d'axe ou d'épi ne portant autre chose que des sépales. C'est ce qui est arrivé à la monstruosité de *Lilium candidum* que nous avons décrite t. I, page 176. Ici les influences pétaloïde, staminale et carpellienne avaient été complétement euvahies par l'influence sépaloïde.

INFLUENCE PÉTALOÏDE. — Cette influence est bien plus fréquente que la précédente. En effet, commençant aux corolles qui se doublent comme dans certains *Campanula* (*medium*); augmentant dans les corolles qui se triplent, se quadruplent et se quintuplent comme dans le *Campanula persicæfolia* (t. I, p. 181); elle va grandissant encore dans les *Rosa*, *Papaver*, etc., ou dans les Nymphéacées, dont les pétales sont nombreux et plurisériés, et chez lesquelles on voit l'influence pétaloïde envahir peu à peu les rangées d'étamines. Enfin elle est pour ainsi dire absolue dans certaines fleurs, comme dans quelques *Ranunculus*, *Anemone* (1), et surtout les *Kerria japonica* et *Calystegia pubescens*, chez lesquels souvent on ne retrouve plus trace ni d'étamines, ni de carpelles.

INFLUENCE STAMINALE. — Cette influence peut être plus remarquable encore en ce qu'il y a des fleurs qui ne la montrent sous aucune espèce d'apparence dans les fleurs femelles des végétaux unisexués. Cependant on commence à constater sa présence dans certaines de ces fleurs femelles qui offrent des étamines avortées; elle se prononce enfin dans celles qui offrent des étamines

(1) On sait que le genre *Anemone* est généralement regardé comme étant sans corolle dans les individus simples; mais chez les individus dits *doubles*, qu'il serait mieux de dire *multiples*, on doit se demander si les étamines se changent en sépales ou s'ils ne formeraient pas alors une corolle multiple. Nous penchons vers cette dernière manière de voir, qui est aussi celle de plusieurs auteurs.

bien conformées, comme on en a des exemples dans les fleurs femelles d'Euphorbiacées (p. 406).

Ce sont surtout les fleurs hermaphrodites qui semblent offrir les plus grandes variétés de cette influence, car on peut dire que c'est sur elle que repose en grande partie la classification de Linné. Ainsi dans sa *Monandrie* on voit l'influence staminale apparaître et donner lieu à la formation d'une seule étamine (*Cinna*, *Hippuris*, *Salicornia*, etc.), mais déjà elle s'accuse davantage dans les mêmes espèces où, au lieu d'une, elle produit deux étamines. Elles sont, dans ce cas, le passage naturel à la *Diandrie* dans laquelle viennent se ranger tous les végétaux à deux étamines (*Syringa*, *Olea*, *Jasminum*, etc.).

Dans la *Triandrie*, l'influence s'accuse plus encore, non-seulement à cause de la présence d'une troisième étamine constituant un verticille complet, mais aussi par une plus grande proportion de végétaux où on la retrouve. En effet, un grand nombre d'espèces appartenant aux Monocotylédones et même aux Dicotylédones (*Valeriana*, *Triplaris*, *Cneorum*, *Mollugo*, etc.) sont caractérisées par trois étamines au moins. Cette influence augmente dans les espèces à quatre étamines; mais tandis qu'elle est moindre dans la *Didynamie* où deux des quatres étamines sont plus petites et même plus ou moins amblosiées, au contraire elle est plus nettement accentuée dans les espèces appartenant franchement à la *Tétrandrie* à cause de leurs quatre étamines fertiles (Rubiacées indigènes, Dipsacées, *Plantago*, *Littorella*, *Epimedium*, etc.).

Mais déjà, parmi les espèces de la *Didynamie*, on en trouve quelques-unes qui, avec quatre étamines didynames, offrent une cinquième étamine plus ou moins amblosiée, et qui préparent ainsi le passage de ces espèces au verticille *normal* par cinq que présentent celles que Linné a rangées dans sa cinquième classe : la *Pentandrie*, où évidemment l'influence staminale se trouve plus franchement marquée (Convolvulacées, Borraginées, Solanées, etc.). Enfin dans l'*Hexandrie*, le nombre six du verticille androcéen se trouvant avec une certaine constance, comme dans les *Richardia*, *Canarina*, *Prinos*, Lythrariées, Berbéridées, Styracinées, etc., l'influence staminale est plus manifeste encore.

Elle augmente encore successivement dans les classes suivantes.

D'abord nous avons l'*Heptandrie* qui est constituée par les genres présentant assez fréquemment le nombre sept dans l'androphylle; mais ce nombre, qui n'a rien de constant, n'est l'apanage que d'un très-petit nombre de genres, car nous ne saurions citer que les genres *Trientalis, Disandra, Æsculus, Limeum, Saururus* et *Septas,* ainsi nommé du nombre normal des parties qui constituent chacun de ses verticilles. On dirait que la nature ait toutes les peines possibles à maintenir ce nombre, puisque non-seulement nous ne trouvons que ces six genres pour constituer la classe, et encore ce nombre est-il souvent moindre (*Disandra, Saururus*) ou quelquefois plus grand (*Saururus, Æsculus, Disandra*); de sorte qu'il ne reste plus que les genres *Trientalis, Limeum* et *Septas* pour représenter d'une manière constante le nombre sept, et encore sommes-nous persuadé qu'il est variable même dans les espèces qui les composent, d'ailleurs en petit nombre. Ajoutons pourtant que le genre *Guettarda ,* quoique appartenant à la *Monœcie,* a aussi sept étamines.

Quoi qu'il en soit, l'influence staminale augmente de plus en plus dans les fleurs des espèces *octandres, ennéandres, décandres,* et surtout dans celles qui composent l'*Icosandrie.* Nous ferons toutefois à l'égard de l'*Ennéandrie* exactement les mêmes remarques que pour l'Heptandrie, aussi bien sous le rapport du petit nombre des genres qui le composent (*Tinus, Laurus, Cassyta, Rheum, Butomus*) que sous le rapport de l'inconstance du nombre des étamines. Mais le genre *Tinus,* établi par Linné, Burmann et Fabricius, se rapportant aux genres *Ardisia,* genre de la Pentandrie; *Clethra,* qui serait plutôt de la Décandrie; et *Decumaria,* qui appartient à la *Dodécandrie,* on peut se demander comment il figure parmi les fleurs ennéandres puisque ce ne pouvait être qu'accidentellement que les espèces offraient neuf étamines.

Quant au genre *Laurus,* le nombre normal, qui paraît être de neuf, est cependant quelquefois réduit à six et d'autres fois porté au nombre de douze, et le genre *Cassytha,* qui n'a que neuf étamines fertiles, en a cependant réellement douze disposées en deux verticilles et devrait appartenir à la Dodécandrie. Il ne reste donc réellement que les genres *Rheum* et *Butomus* pour représenter d'une manière constante l'Ennéandrie de Linné; mais alors le nombre neuf trouve sa raison d'être bien mieux que le nombre sept, car on peut dire que dans ces deux genres les trois étamines du premier verticille se sont dédoublées, tandis qu'elles sont restées simples dans le verticille intérieur.

C'est au moins ce qu'il est permis de penser d'après les six étamines opposées *par paires* au sépale extérieur, tandis qu'il n'y en a que trois opposées aux sépales (pétales) intérieurs, et ce que d'ailleurs l'organogénie semble confirmer de la manière la plus évidente. A ces genres, caractérisés par neuf étamines, il faut ajouter les genres *Dryandra*, *Mercurialis*, *Hydrocharis*, qui, bien qu'appartenant, le premier à la *Monadelphie* et les deux autres à la *Diœcie*, n'en sont pas moins caractérisés par neuf étamines.

L'influence staminale augmente encore dans les végétaux à fleurs *dodécandres*; elle devient plus puissante dans les fleurs *icosandres*; elle est plus énergique encore dans les fleurs *polyandres* et semble y atteindre son maximum d'intensité à cause du grand nombre d'étamines, quelquefois incalculable (*Papaver*), que l'on y rencontre; mais comme on y trouve encore des sépales, des pétales et des carpelles, on reconnaît qu'elle y est moins absolue que dans certaines fleurs monoïques, comme le sont celles des *Begonia* et *Ricinus*, qui n'ont qu'un seul périanthe au milieu duquel se développe un grand nombre d'étamines disposées en une sphérochorise (1) qui exclut la présence de tout verticille carpellien.

INFLUENCE CARPELLIENNE. — Il en est de cette influence comme de celle qui fait les étamines; on peut y trouver tous les degrés, toutes les transitions les mieux ménagées. Ainsi il y a des fleurs où cette influence fait complétement défaut; ce sont les fleurs mâles des végétaux unisexués. Quelquefois cette influence commence à s'annoncer par l'apparition, dans les fleurs mâles, d'un rudiment d'ovaire ou d'un ovaire plus ou moins développé, et parfois, anormalement, d'un ovaire parfaitement constitué.

Elle s'accuse avec plus de constance dans toutes les espèces que Linné a rangées dans la première division de la plupart de ses classes : la *Monogynie*, où l'on trouve certainement au moins un carpelle au centre de chaque fleur. On la voit successivement

(1) T. I, p. 351.

augmenter, par la production d'un second carpelle, dans la *Digynie*; de trois carpelles, dans la *Trigynie*; de quatre carpelles, dans la *Tétragynie* (*Ilex, Potamogeton, Ruppia*, etc.); de cinq, dans la *Pentagynie* (*Statice, Linum, Aldrovanda*, etc.); de six, dans l'*Hexagynie* (*Butomus, Stratiotes*, etc.); de sept, dans l'*Heptagynie* (*Septas*). L'*Octogynie* et l'*Ennéagynie* manquent dans la classification, mais ces divisions existent certainement, ne fût-ce que d'une manière insolite.

L'influence carpellienne augmente encore dans les espèces de la *Décagynie* (*Neurada, Phytolacca*); elle est plus prononcée dans la *Dodécagynie* (*Sempervivum*), et beaucoup plus prononcée encore dans les espèces comprises dans la *Polygynie*, que l'on retrouve dans plusieurs classes (Pentandrie, Hexandrie, Icosandrie, Polyandrie). Elle est en particulier remarquablement développée dans les Renonculacées, car dans un fruit de *Ranunculus sceleratus* nous avons trouvé vingt-quatre verticilles carpelliens et dans le *Myosurus minimus* nous avons pu compter jusqu'à soixante-six verticilles de carpelles. On pouvait donc dire que l'influence dominante de la fleur était l'influence carpellienne, tandis que les influences dominantes étaient la staminale, dans les *Begonia* et *Ricinus*; la pétaloïde, dans les *Kerria japonica, Calystegia pubescens*, etc.; la sépaloïde, dans le *Lilium candidum* monstrueux cité page 411; la florifiante, dans les *Hypnora* et *Rafflesia;* la foliifiante, dans les végétaux *vivipares*.

CHAPITRE XI

DES PHYTOBLASTES

La nature a employé deux procédés pour multiplier les espèces végétales : celui des graines, résultats des produits de la fécondation, et celui des bourgeons, résultats de l'évolution des phytogènes centraux ou interphytogéniques. Si ces deux sortes d'organismes conduisent au même but, celui de la multiplication des espèces, il nous paraît évident qu'un même principe a dû être le point initial des nouveaux individus créés, quelle que soit la forme que peut prendre provisoirement le bourgeon ou la graine.

Nous avons créé le mot phytogène pour exprimer l'élément végétal qui, dans des circonstances déterminées, pouvait donner lieu à un axe qui n'est autre qu'une individualité végétale pouvant se séparer de l'individu général et constituer un nouvel individu entier. Mais il n'arrive pas toujours que les phytogènes, dans les conditions ordinaires, donnent lieu à un axe; et, partant de cette manière de voir, le nom de phytogène est bien plus général qu'il ne convient pour désigner les organismes qui produisent toujours sûrement cette individualité que l'on nomme axe ou branche, qui, bouturée ou marcottée, pourra se suffire à elle-même et former le végétal entier, ce que ne saurait faire, par exemple, un des phytogènes périphériques d'un protophytogène. Il importait donc de désigner par un nom les organismes qui sont essentiellement destinés à produire ces axes; c'est pourquoi nous désignons sous le nom de *phytoblaste*, qui signifie germe ou origine de la plante, l'organisme qui ne saurait se

transformer immédiatement en feuille, sépale, pétale, étamine, etc., comme nous avons vu le faire les phytogènes périphériques d'un protophytogène. D'ailleurs, le phytogène n'est
qu'un organe élémentaire qui a besoin de se composer pour devenir un organisme, tandis que le phytoblaste, pris dans l'acception que nous lui donnons, est déjà un organisme complet bien
différent du phytogène et différent même du protophytogène. Le
premier est une petite masse de tissu cellulaire, sphérique et
homogène dans toutes ses parties; le second n'est déjà plus sphérique, et nous y admettons de plus des *exastosies commençantes* et des groupements phytogéniques, qui font que l'homo-
généité du tissu ne s'y retrouve pas comme dans les premiers ; et
dans le phytoblaste on rencontre des organes tout formés que
l'on ne distingue pas encore dans le protophytogène. En effet,
dans la graine, non-seulement nous constatons l'existence de
plusieurs enveloppes, mais encore nous trouvons des cotylédons, une gemmule et une radicule; et dans le bourgeon nous
constatons la présence de feuilles déjà bien formées, mais très-
souvent modifiées à l'état d'écailles. Il y avait donc lieu d'établir
ces distinctions avant d'entreprendre l'étude des organismes destinés à multiplier d'une manière normale les espèces végétales.
Ce chapitre, renfermant l'étude de corps organisés capables de reproduire le végétal et, par conséquent, ayant une commune origine, c'est-à-dire un phytogène ou petite masse de tissu cellulaire homogène, mais dans des états plus ou moins avancés dans
leur organisation, selon les espèces ou selon l'organisme qu'il
doit produire, comprendra naturellement deux articles, savoir :
l'étude des *graines* et l'étude des *bourgeons*.

ARTICLE PREMIER. — *Du phytoblaste-graine ou graine proprement dite.*

Quand un ovule a été fécondé, c'est-à-dire lorsqu'il a reçu dans
son intérieur le *germe* que nous avons dit provenir de l'organe
mâle (1); quand ce germe, en se développant dans l'intérieur
de l'ovule où il a trouvé la nourriture primitive et appropriée à

(1) *Phytogénie*, p. 390.

sa délicatesse organique, a atteint un certain degré d'évolution qu'il conserve jusqu'à ce que de nouvelles conditions d'évolution se présentent, il constitue l'*embryon végétal*. Celui-ci, enfermé dans les enveloppes propres de l'ovule, donne lieu à un phyto-blaste bien différent du phytoblaste-bourgeon. On le connaît communément sous le nom de *graine*. La graine n'est donc autre chose qu'un embryon plus ou moins développé et enfermé dans une ou plusieurs enveloppes. En effet, si nous admettons que l'ovule qui a reçu le germe est aussi complet que possible, l'embryon sera recouvert non-seulement par le nucelle et le sac embryonnaire, mais aussi par les deux enveloppes qui viennent peu à peu recouvrir le nucelle (*primine* et *secondine* de Mirbel), et très-souvent par l'albumen nucellien, et parfois même par l'albumen ammiotique (1), comme cela a lieu pour les Nymphéa-cées, Pipéracées, Cabombées. C'est qu'alors l'embryon se trouve être dans un état de développement relatif moins grand que lors-qu'il n'est plus recouvert que par l'albumen nucellien, et à plus forte raison lorsqu'il n'est plus recouvert que par les enveloppes seules de l'ovule. Enfin, il y a des graines qui sont encore revê-tues des enveloppes qui constituent le péricarpe, mais celui-ci est devenu tellement mince et si adhérent à la graine qu'il est difficile de l'en distinguer à l'époque de la maturité, parce qu'ils se sont confondus ensemble à ce point que les anciens botanistes les avaient regardées comme des *graines nues*. Ce n'est qu'en étudiant avec soin la structure de l'ovaire que l'on est arrivé à reconnaître la composition exacte de ces sortes de graines, qui ne sont autres que des fruits monospermes, comme on les trouve dans les Atriplicées, Cypéracées, Graminées, Labiées, Ombelli-fères, etc.

Quelquefois on retrouve dans les graines mûres les quatre en-veloppes que nous avons signalées, avec des développements va-riables; mais le plus souvent il y en a qui se confondent en une seule enveloppe ou qui, arrêtées dans leur croissance, sont refou-lées au dehors par l'embryon de plus en plus développé, s'amin-cissant graduellement au point de s'effacer ou de disparaître com-plétement. Il en résulte que la graine mûre ne se trouve le plus

(1) Ch. Fd, *Phytogénie,* p. 443.

souvent formée que de deux enveloppes : le *testa* ou enveloppe extérieure, épaisse, quelquefois dure et solide, représentant la *primine*, et le *tegmen* ou membrane intérieure (*secondine*), beaucoup plus mince et plus fragile, et que l'on peut aisément constater, par exemple, dans la graine de Ricin (*Ricinus communis*), etc. Ces deux enveloppes constituent ensemble ce que quelques botanistes, avec Richard, nomment *épisperme* ou tégument propre de la graine. Le plus souvent ces deux membranes se *soudent* si intimement que l'épisperme ne paraît plus être formé que d'une seule enveloppe.

Au dedans de l'épisperme se trouve l'*amande*, qui n'est autre que la partie d'une graine mûre et parfaite qui en emplit la cavité. Elle est caractérisée par la présence d'un petit corps capable de reproduire le végétal et que l'on connaît sous le nom d'*embryon*. Lorsque l'embryon a pris un grand développement, qu'il a absorbé pour sa propre nourriture toute la substance qui, dans d'autres graines, s'organise en un tissu cellulaire qui a reçu de Gœrtner le nom d'*albumen*, de Jussieu celui de *périsperme*, et de Richard celui d'*endosperme*; quand il emplit entièrement toute la cavité de l'épisperme, l'amande est entièrement constituée par l'embryon seul, ainsi que cela a lieu dans les *Phaseolus*, les *Cucurbita*, etc.

Mais très-souvent l'embryon arrête son évolution avant que la substance qui doit former l'albumen ait été entièrement absorbée; de sorte que celle-ci s'organise en un tissu cellulaire dont la nature est très-variable; ce qui a valu à l'albumen les qualifications de *sec* ou *farineux* (Graminées, Blé, Riz, Orge, etc.), de *coriace* ou *cartilagineux* (Ombellifères), de *charnu* ou *oléagineux* (Ricin, etc.), de *corné*, c'est-à-dire dur, élastique et tenace comme de la corne (Café, Rubiacées, Palmiers, etc.). Quand la graine est pourvue d'albumen, c'est dans l'intérieur de cet albumen que, le plus souvent, on trouve l'embryon que Richard a désigné sous le nom d'*endospermique*, pour le distinguer de l'embryon *épispermique*, qui est celui qui emplit toute la cavité de l'épisperme. Cependant l'embryon, au lieu de se développer au centre de l'albumen, grandit quelquefois en s'enroulant autour de lui, comme on peut le voir dans les Amarantacées, les *Salsola*, le *Mirabilis Jalapa*, etc., forme qui lui a valu le nom *d'extraire*, qui lui a été donné contrairement à celui *d'intraire* par lequel Richard a désigné ceux qui occupent le centre de l'albumen.

L'embryon est essentiellement le corps organisé qui, dans la graine parfaitement développée et placée dans des conditions favorables, deviendra par l'acte de la germination un nouvel individu en tout semblable à celui qui lui a donné naissance. Dans son plus grand état de développement, l'embryon est généralement composé de quatre parties bien distinctes, savoir : 1° la *radicule* ou *corps radiculaire ;* 2° le ou les *cotylédons* ou *corps cotylédonaire ;* 3° la *tigelle* ou *partie axile ;* 4° la *gemmule* ou *corps axophylle*, destiné par son développement à donner successivement des mérithalles et des feuilles qui, se surajoutant les unes aux autres, produiront l'axe principal ou primaire du végétal. Comme nous avons donné l'évolution phytogénique de l'embryon dans notre *Phytogénie*, p. 439 et suivantes, nous n'avons point à nous en occuper ici.

En résumé, le phytoblaste-graine est un organisme très-complexe dans lequel on reconnaît, en procédant de l'extérieur à l'intérieur : 1° le *testa* ou *primine ;* 2° le *tegmen* ou *secondine* (les deux réunies forment l'épisperme) ; 3° l'*amande*, souvent constituée par un albumen au sein duquel se trouve l'embryon ; 4° l'*embryon*, corps essentiellement destiné à produire le végétal.

Mais l'embryon est loin de présenter le même degré de développement dans les graines de toutes les espèces. En effet, chez les Dicotylédones, si nous voyons l'embryon occuper toute la cavité épispermique dans certaines espèces comme les *Phaseolus*, les *Cucurbita*, etc., nous remarquons une décroissance de développement d'abord dans les espèces qui contiennent un albumen nucellien comme les Euphorbiacées, les Myristicées, etc., puis dans celles qui, indépendamment de l'albumen nucellien, comportent un albumen amniotique comme les Cabombées, les Nymphéacées et les Pipéracées. Enfin, dans quelques végétaux véritablement dicotylédonés sous tous les autres rapports, l'embryon n'est même plus appréciable, car, très-petit ou simplement globuleux dans les Balanophorées, les Monotropées, les Orobanchées, les Pyrolacées, il disparaît complétement dans la masse homogène de matière grumeleuse qui compose la graine tout entière des Rafflésiacées, qui, à la vérité, touchent aux Acotylédones par la présence de faibles traces de vaisseaux hélicoïdaux.

Chez les Monocotylédones, nous pouvons constater également des décroissances variables dans le développement de l'embryon. Ainsi, dans les Alismacées, les Hydrocharidées, les Naïadées, etc., l'embryon s'est développé de manière à emplir toute la cavité épispermique ; mais dans un grand nombre d'autres familles telles que les Asparaginées, les Cypéracées, les Graminées, les Liliacées, les Palmiers, etc., l'embryon plus ou moins arrêté dans son développement est placé dans un albumen quelquefois relativement très-volumineux. Enfin, s'il était juste de regarder la masse de la graine des Orchidées comme un albumen au lieu de la regarder comme le cotylédon, on ne trouverait plus, pour constituer l'embryon des espèces qui composent cette famille, qu'une petite masse celluleuse sphérique, phytogène qui ne présenterait même encore aucune apparence d'exastosie et par conséquent, à part les enveloppes, se rapprochant beaucoup, quant à son développement, de la spore des Acotylédones.

On peut d'ailleurs constater, en comparant le développement de l'embryon des Monocotylédones à celui des Dicotylédones, que d'une manière générale, chez ces dernières, le développement est relativement plus avancé que chez les premières.

Quant à l'embryon des Acotylédones, il est dans l'état de développement le plus simple possible. On peut le regarder comme un phytogène proprement dit, plus connu sous le nom de *spore*, qui, selon Ad. de Jussieu, est comparable à un embryon nu, lequel n'est autre qu'un petit amas de tissu cellulaire à peine ébauché et renfermé dans une membrane unique ou double (1). Par conséquent, il est dans un état d'évolution moins avancé encore que les embryons les moins développés appartenant aux Mono et Dicotylédones.

Parmi les formes qui se rapportent aux embryons, il en est quelques-unes que nous devons faire connaître, car nous n'avons pu en parler en traitant de l'organogénie de l'ovule et de l'embryon. (*Phytogénie*, p. 369, 439.)

____

(1) *Élém. bot.*, § 497.

La *radicule* constitue une des extrémités de l'embryon ; elle est formée par le phytogène *inférieur terminal*, r, d'un protophytogène ovoïde tel que nous l'avons représenté *fig.* 5, D, pl. I (*Phytogénie*). Quand ce phytogène s'allonge seul, libre et indépendant, en un axe qui peut, plus tard, plus ou moins se subdiviser en branches radiculaires, on dit alors que la radicule est *extérieure* et à *nu*, et Richard donne aux végétaux qui présentent cette particularité le nom d'*exorhizes*.

Mais dans quelques végétaux le phytogène inférieur terminal semble se composer en un protophytogène absolument comme ceux qui produisent les tiges, et de cette composition résultent des phytogènes périphériques qui, vivant en commun à la manière des organes appendiculaires des Monocotylédones, donnent lieu à une enveloppe particulière qui a reçu le nom de *coléorhize* et qui recouvre entièrement la radicule, si bien qu'à l'époque de la germination, celle-ci, en grandissant, est obligée de rompre la coléorhize pour continuer son élongation. Dans ce cas, la radicule est regardée comme intérieure ou *coléorhizée*, et Richard a donné le nom d'*endorhizes* aux végétaux qui offrent cette particularité.

Enfin, dans quelques cas, la radicule est unie et fait corps avec l'albumen. On a alors les plantes *synorhizes* de Richard.

Or, comme les premières, les exorhizes, sont particulières aux Dicotylédones ; que les endorhizes se rencontrent spécialement chez les Monocotylédones, et que les synorhizes se retrouvent seulement dans les Conifères et les Cycadées, etc., Richard pensait que l'on pourrait substituer ces trois grandes divisions à celles des Monocotylédones et Dicotylédones, sujettes à d'assez nombreuses exceptions.

Le *corps cotylédonaire*, par sa simplicité ou sa division, constitue un caractère de premier ordre qui a servi de base à la classification méthodique des végétaux, établie par A.-L. de Jussieu. C'est qu'en effet, il y a pour les grands embranchements, comme pour les familles ou pour les genres, une propriété, une manière d'être, une sorte d'habitude contractée qui fait que tous les individus qui appartiennent au même genre, à la même famille, au même embranchement, sont affectés de la même propriété, et celle-ci est d'autant plus générale qu'elle est plus importante et qu'elle se retrouve dans un plus grand nombre d'individus.

Or il arrive que, pour un grand nombre de végétaux, les phytogènes périphériques du protophytogène-embryon ne subissant qu'une seule exastosie circulaire et encore limitée à une fente latérale, tous ces phytogènes périphériques vivent en commun pour ne former qu'un seul premier organe appendiculaire, qui n'est autre qu'un cotylédon, par lequel se trouve caractérisé tout un groupe de végétaux auxquels on a, pour cette raison, donné le nom de *Monocotylédones*.

On a même cru longtemps que les phytogènes périphériques ne présentaient pas de trace d'exastosie et qu'ils vivaient tous en commun, de façon à faire du seul cotylédon une sorte de cavité close de toutes parts, dans laquelle était enfermée la gemmule. Mais Rob. Brown a démontré qu'à la base du cotylédon était placée une petite fente longitudinale, en face de la gemmule, qu'on aperçoit à travers. Depuis lors, Ad. de Jussieu a constaté que cette fente existait dans les embryons de toutes les autres Monocotylédones.

Mais plus souvent, les phytogènes périphériques du protophytogène-embryon subissent l'action de deux exastosies circulaires opposées et plus profondes, de sorte qu'il se forme deux premiers organes appendiculaires ou cotylédons, constituant le caractère essentiel par lequel on distingue le grand groupe de végétaux auquel on a donné le nom de *Dicotylédones*.

Il arrive très-souvent que, anormalement, au lieu de deux cotylédons, l'embryon en possède trois, ce qui tient à ce que les phytogènes périphériques du protophytogène-embryon ont subi l'influence de trois exastosies circulaires; d'où résultent des cotylédons verticillés. Mais ce qui est anormal ici devient normal dans quelques espèces comme le *Cupressus pendula*, par exemple, dans l'embryon duquel on trouve d'ordinaire trois cotylédons.

Il y a des végétaux qui en portent un plus grand nombre. Ainsi, le *Pinus inops* et le *Ceratophyllum demersum* en possèdent quatre; le *Pinus laricio*, cinq; le *Taxodium distichum*, six; le *Pinus strobus*, huit; enfin, le *Pinus Pinea* en a quelquefois dix et même douze.

Plusieurs manières de voir peuvent être données pour expliquer la formation de ces cotylédons multiples.

1° On peut dire qu'il y a eu autant d'exastosies dans les phytogènes périphériques du protophytogène-embryon qu'il y a de cotylédons ; mais notre manière de considérer la composition du protophytogène ne se prête à une pareille opinion, pour le cas où il y a dix ou douze cotylédons, qu'en admettant, après la formation primitive de cinq ou six cotylédons, que ceux-ci viennent à subir chacun l'influence d'une chorise diplasique profonde qui en doublerait le nombre.

2° On peut admettre que, aussitôt après trois exastosies circulaires, chaque cotylédon subit l'influence d'une chorise tétraplasique profonde, d'où résulterait le nombre douze des cotylédons. L'avortement de deux de ces éléments cotylédonaires donnerait le nombre dix. Avec deux cotylédons et une chorise tétraplasique on aurait le nombre huit que l'on observe dans le *Pinus strobus*. On voit qu'il est facile, avec la théorie des chorises, d'expliquer tous les nombres pairs, et, en y adjoignant la théorie des avortements, on comprend la formation des nombres impairs, sans qu'il soit nécessaire d'admettre une nouvelle classe de végétaux sous le nom de *Polycotylédones* comme l'ont proposé quelques auteurs.

3° Une troisième manière de procéder qui nous semble devoir intervenir dans la formation de ces cotylédons multiples est celle que l'on voit employer par la nature pour faire la multiplication des feuilles composées latéralement. Admettons, en effet, deux mamelons cotylédonaires, qui peu de temps après se composeront d'après le *principe de la trisection* ou de la *triplasie*, page 3 ; nous aurons aussitôt la formation de deux cotylédons profondément trifides, d'où les six cotylédons apparents du *Taxodium distichum*. Supposons la formation de deux divisions nouvelles placées de chaque côté de chacun des cotylédons trifides, et nous aurons deux cotylédons quinquéfides représentant les dix cotylédons apparents du *Pinus Pinea*.

Cette manière de voir semble, jusqu'à un certain point, appuyée par le fait de cotylédons qui, simples d'ordinaire comme ceux de Persil, de Vigne, de Souci, de Tomate, etc., présentent des cas de *trifidation* assez prononcée. Quelques-uns, comme ceux des *Tilia*, sont profondément quintilobés et paraissent appartenir à notre quatrième système de composition des feuilles (p. 67), c'est-à-dire à une génération latérale des éléments foliacés.

Enfin, l'opinion qui peut faire admettre les chorises dans l'acte de la division des cotylédons se trouve fortifiée par ceux que possèdent certaines Crucifères (*Brassica*, *Raphanus*, etc.), dans lesquels il est difficile d'attribuer à autre chose qu'à une chorise diplasique l'échancrure ou la forme en cœur ou bilobée que ces cotylédons présentent, forme qui se traduit, par une exagération de la division, en un verticille de quatre cotylédons dans le *Schizopetalum Walkeri*.

Le cotylédon chez les Monocotylédones, et les cotylédons opposés ou verticillés chez les Dicotylédones, sont les organes appendiculaires d'un axe réduit au premier mérithalle de la plante, constituant la *tigelle* qui se confond aisément avec la radicule, laquelle semble n'en être que la base. Si pendant le germination ce mérithalle ne prend presque aucun développement, les cotylédons restent sous terre après la germination et les cotylédons sont dits *hypogés*, comme cela arrive à l'*Æsculus Hippocastanum*, aux *Pisum*, aux *Faba*, etc. Mais fréquemment ce mérithalle, pendant la germination, s'allonge, souvent considérablement (*Phaseolus*), et les cotylédons sont portés hors de terre ; de là la qualification d'*épigés* qu'ils ont reçus. On en voit de nombreux exemples dans la plupart des végétaux, comme les Crucifères, les Synanthérées, etc. Quand les cotylédons épigés sont foliacés, on leur donne le nom de *feuilles séminales*.

Il est à remarquer que chez les Dicotylédones les cotylédons sont généralement épigés, tandis que chez les Monocotylédones le cotylédon est presque toujours hypogé.

Dans l'intérieur du cotylédon ou entre les cotylédons, on trouve un petit corps simple ou composé que l'on a désigné sous le nom de *gemmule*, parce qu'en effet c'est un petit bourgeon, le premier de la plante ; il est constitué par le deuxième protophytogène de l'individu, le premier ayant servi à former la radicule, le premier mérithalle et les cotylédons. Quelquefois la gemmule est très-développée et dépend nécessairement de l'état général de développement de l'embryon. Ainsi dans les Balanophorées, Monotropées, Orchidées, Orobanchées, Pyrolacées, Rafflésiacées et l'*Aphyteia Hydnora*, où l'embryon ne se montre qu'à l'état de phytogène, c'est-à-dire sous la forme d'une sphère composée d'un petit nombre de cellules, il est clair que la gemmule se trouve confondue avec les cotylédons, la tigelle et la radicule. Mais dans les Monocotylédones, l'embryon mieux développé laisse distinguer la gemmule, le cotylédon enveloppant, et, à l'extrémité inférieure, un tissu dans lequel les radicules se formeront. Enfin, d'une manière générale, c'est dans les Dicotylédones que l'embryon présente un développement plus avancé, et alors on y reconnaît aisément la gemmule placée entre deux cotylédons très-visibles, la tigelle et la radicule qui en est l'extrémité inférieure.

ARTICLE II. — Des phytoblastes-bourgeons.

Du Petit-Thouars a très-philosophiquement comparé le bourgeon à un *embryon fixe* dont l'évolution peut, comme celle de l'embryon contenu dans la graine (*embryon libre*), donner lieu à un nouvel individu pourvu d'une tige, d'une racine et d'organes appendiculaires absolument semblables, en tout, au végétal qui lui a donné naissance.

Tous les bourgeons, dans le principe, sont constitués par un petit amas, un petit noyau de cellules en rapport avec l'extrémité des rayons médullaires et qui, d'abord caché sous l'écorce, par son évolution, pousse celle-ci devant lui, se fraye un passage et finit enfin par se montrer à l'extérieur. Or ce petit noyau de cellules homogène, sphérique dans l'origine, n'est autre qu'un *phytogène interphytogénique* devant, plus tard, se composer en un *protophytogène* qui, par les progrès de son évolution, donnera lieu à un axe et à des organes appendiculaires. C'est lorsqu'il est déjà plusieurs fois composé et qu'il offre à la simple vue des feuilles plus ou moins réduites à l'état d'écailles ou même à l'état de feuilles naissantes, qu'on lui a donné le nom spécial de *bourgeon proprement dit*. Il convient, en conséquence, d'étudier son développement afin de bien faire comprendre l'analogie qui existe entre les diverses phases du développement des phytoblastes-bourgeons et des phytoblastes-graines.

Le phytogène interphytogénique, avons-nous dit, se présente
sous la forme d'une petite masse de tissu cellulaire, sphérique,
absolument comme l'embryon de la graine après que la cellule
germinifère s'est renflée et que son liquide granuleux s'est con-
verti en une masse de tissu cellulaire constituant l'embryon à son
premier état de développement (1).

Quelque temps après, le phytogène interphytogénique, en continuant à s'accroître, s'allonge un peu, prend une forme ovoïde
ou conique, et rien encore ne démontre aucune scission entre
les cellules qui constituent le phytogène ; mais de ce que, un
peu plus tard, les organes appendiculaires apparaissent, on doit
admettre qu'il y a nécessairement un moment où les cellules
se sont groupées pour produire les organes actuellement apparents, et c'est à ce moment que le phytogène a dû passer à l'état
de protophytogène ; c'est aussi à ce moment que coïncident ce
que nous avons nommé les *exastosies commençantes*, car évidemment c'est alors que commencent à se grouper, pour s'individualiser, les cellules qui auparavant faisaient intimement
partie de la masse phytogénique. Or, ce que nous venons de dire
doit s'appliquer de tous points à la masse phytogénique de l'embryon à son premier degré de développement.

En effet, peu de temps après, dans le phytoblaste-bourgeon et
à mesure que celui-ci grossit, on voit se prononcer une ou deux
exastosies circulaires qui fendent sur le côté le protophytogène en
même temps que l'exastosie centripète a détaché de l'ensemble
tous les phytogènes périphériques qui, vivant en commun, tous
unis ou divisés en deux groupes, forment un seul ou deux organes
appendiculaires, le plus souvent sous forme d'écailles. Le phytogène central, qui d'abord apparaissait sous forme de mamelon
simple, se compose à son tour en protophytogène, qui se comporte
de la même façon et ainsi de suite plusieurs fois avant même que
le phytoblaste-bourgeon ait eu une évolution apparente bien prononcée. C'est dans cet état qu'on lui donne le nom de *bourgeon*.

Pareillement, dans le phytoblaste-graine et à mesure que celui-
ci grossit, les phytogènes périphériques du protophytogène-
embryon, dans un état de semi-fluidité, sont rejetés sur le côté

____

(1) Ch. Fd, *Phytogénie*, p. 440.

par la croissance du phytogène central qui, bientôt, cesse de s'accroître, tandis que les phytogènes périphériques, en vivant en commun, soit unis ensemble, soit divisés en deux groupes, forment un seul ou deux organes appendiculaires qui, protégés non-seulement par les enveloppes de l'ovule, mais aussi par celles qui constituent l'ovaire ou le carpelle, ne prennent plus la forme et la consistance des écailles, mais se développent amplement, prennent une consistance charnue ou tout au moins foliacée et dans cet état constituent le ou les cotylédons de l'embryon. Dans les Monocotylédones, tous les phytogènes périphériques du protophytogène-embryon vivent en commun pour former un seul cotylédon enveloppant, exactement comme tous les phytogènes périphériques du protophytogène-bourgeon le font pour former une seule feuille engaînante. De même, dans les Dicotylédones, les phytogènes périphériques du protophytogène-embryon, après avoir formé deux groupes, les phytogènes de chacun de ces groupes vivent en commun pour former deux cotylédons, absolument comme le font les phytogènes périphériques du protophytogène-bourgeon pour former les deux premières feuilles opposées qui remplacent, ici, les cotylédons.

Mais pendant que les phytogènes périphériques s'accroissent pour former les cotylédons, le phytogène inférieur, r, du protophytogène-embryon (1) s'allonge pour former la radicule, exactement comme il le fait quand les phytogènes périphériques du protophytogène-bourgeon grandissent pour constituer les premiers organes appendiculaires du phytoblaste-bourgeon.

Le phytogène central du protophytogène, qui a produit le ou les deux cotylédons, se compose à son tour en un protophytogène, et ses phytogènes périphériques, vivant en commun tous ensemble ou divisés en deux groupes, donnent lieu à une ou à deux feuilles *primordiales*, enveloppant un phytogène central destiné à continuer la succession d'évolutions que nous venons de faire connaître, soit dans le phytoblaste-graine, soit dans le phytoblaste-bourgeon.

Enfin, si le phytoblaste-graine est protégé par des enveloppes plus ou moins épaisses comme celles qui constituent les parois

(1) *Phytogénie*, pl. I, *fig*. 5, D.

de l'ovaire, le phytoblaste-bourgeon est également protégé, pendant son état pour ainsi dire embryonnaire, par une écorce plus ou moins épaisse et quelquefois par la base dilatée du pétiole. (Platanées, *Cladrastis*.)

Ainsi le parallèle le plus exact se poursuit dans le développement du phytoblaste-graine et du phytoblaste-bourgeon, pris tous les deux exactement à leur naissance. La seule différence que nous puissions raisonnablement constater, c'est que le *germe*, *molécule génératrice*, ou *phylogène initial*, comme on voudra, est fourni par un organe autre que celui qui le reçoit, le nourrit et le protége quand il s'agit d'un phytoblaste-graine ; tandis que, pour le phytoblaste-bourgeon, ce phytogène initial naît, se nourrit et se développe sans le secours d'aucun autre organe et au point même où il a pris naissance.

En un mot, le germe-bourgeon est à l'égard du germe-graine ce que le zoospore des *Vaucheria*, qui se développe sans le secours d'un autre organe, est au zoospore des espèces plus élevées dans la classification, zoospore qui ne saurait se développer s'il n'était reçu dans une sorte d'ovaire destiné à le protéger et lui fournir les premiers éléments de nutrition.

Les phytoblastes-bourgeons ont quelquefois une analogie de plus avec les phytoblastes-graines. En effet, quelques-uns, au lieu de se développer et grandir sur l'axe qui les a produits, se développent jusqu'à un certain point, mais, arrivés à cet état, ils se détachent d'eux-mêmes de la tige et, aptes à se suffire à eux-mêmes, ils donnent lieu à des racines et à un axe qui se développe en formant un nouvel individu. Ce sont des phytoblastes-bourgeons aussi *libres* que le sont les embryons libres ou graines ; ils tiennent par conséquent le milieu entre la graine et le bourgeon proprement dit, que du Petit-Thouars nommait si justement *embryon fixe*. Il y a donc lieu d'établir deux sections dans l'étude des bourgeons, savoir, les phytoblastes-bourgeons *libres* et les phytoblastes-bourgeons *fixes* ou *adhérents*.

SECTION I. — DES PHYTOBLASTES-BOURGEONS LIBRES.

Maintenant que nous avons établi les points d'analogie qui existent entre les graines et les bourgeons, il nous sera facile de faire voir en quoi ils diffèrent les uns des autres ; mais hâtons-nous de dire que ces différences ne sont que très-secondaires et ne doivent en rien avoir de l'influence sur la manière de considérer les uns et les autres.

On est dans l'habitude de distinguer trois sortes de bourgeons libres, savoir : le *tubercule*, les *bulbes* et les *bulbilles*, bien qu'il n'y ait entre eux aucune différence physiologique bien tranchée, si ce n'est une végétation plus avancée dans l'un que dans l'autre.

§ I. — DES TUBERCULES.

Le nom de *tubercule* a été appliqué à certains corps souterrains capables de donner naissance à de nouveaux individus végétaux. Ils ont une forme arrondie, ovoïde, ou plus ou moins allongée, mais toujours épais et solides ; ils sont ordinairement remplis de fécule destinée à servir de première nourriture au végétal qu'ils produiront. Ils prennent naissance soit le long des ramifications de la racine, comme dans le *Spirea Filipendula* ou le *Cyperus rotundus ;* soit à leur extrémité, comme dans le *Cyperus esculentus* ; soit à la base de la tige et au milieu de fibrilles cylindriques comme dans certaines *Orchis* ; soit enfin le long ou à l'extrémité des rameaux inférieurs de la tige, quand ceux-ci deviennent souterrains, comme on le voit dans le *Solanum tuberosum.*

Ils sont *simples*, lorsque, comme dans les *Orchis*, ils ne produisent qu'une seule tige ; ou *composés*, lorsque, constitués par plusieurs bourgeons, ils donnent lieu à autant de tiges qu'il y a de bourgeons, ainsi que cela a lieu dans la Pomme de terre, le Topinambour, l'*Oxalis crenata*, etc.

Longtemps les tubercules ont été considérés, mais à tort, comme des racines que pour cette raison l'on désignait sous le nom commun de *Racines tubéreuses.* Mais depuis les observations de Dunal, Du Petit-Thouars et Turpin, on connaît mieux la nature des tubercules, qui ne peuvent plus être regardés aujourd'hui comme des racines. Les tubercules se développant en général sur les ramifications souterraines de la tige, ainsi qu'on peut le voir, par exemple, dans la Pomme de terre et le Topinambour, on a dit que c'était le corps des branches souterraines de la tige qui s'épaissit, se renfle et dont les cellules se remplissent de grains de fécule. Cependant, quoiqu'il soit vrai que le tubercule dont le type est la Pomme de terre est une vraie tige renflée, il nous semble que ce n'est pas la tige déjà formée qui forme le tubercule, mais bien le bourgeon lui-même qui, dès qu'il prend naissance, s'hypertrophie en grandissant et constitue plus tard la pomme de terre, le topinambour, et les tubercules de même nature. C'est un bourgeon hypertrophié et très-développé, dans lequel on reconnaît un certain nombre de mérithalles courts, faciles à constater par les *yeux* ou bourgeons rudimentaires qu'ils portent et qui, plus tard, produisent des tiges. Très-souvent ce sont les extrémités ou bourgeons terminaux de petits rameaux déjà formés qui se renflent et s'emplissent de fécule, car si l'on suit la formation d'un tubercule sur le *Solanum tuberosum*, on constate qu'à l'extrémité d'un rameau souvent très-court on voit poindre un petit corps blanchâtre bien distinct des rameaux et qui n'est autre que la pomme de terre; ce corps une fois formé grossit peu à peu, en conservant souvent la forme qu'il avait à sa naissance, et l'on ne voit point cette sorte d'hypertrophie s'étendre de ce corps sur le rameau. Par conséquent nous ne pensons pas que ce soit le rameau formé qui se transforme en tubercule, mais bien les protophytogènes extrêmes qui s'hypertrophient à mesure qu'ils se développent. Dans une variété de Pommes de terre dite *quarantaine*, les tubercules naissent immédiatement des yeux et ne sont évidemment pas le résultat d'une tige formée qui s'hypertrophie, mais d'un bourgeon qui s'hypertrophie en même temps qu'il se développe.

Il résulte de ces observations que le tubercule est une vraie tige et ne doit pas être confondu avec les *racines tubéreuses* qui, plus ou moins renflées et charnues, sont généralement plus grosses que les tiges qu'elles supportent et sont réellement des racines; telles sont celles des *Convolvulus Batatas, Cyclamen, Daucus Carota, Brassica Napus*, etc.

Un caractère qui peut servir à distinguer le tubercule de la racine tubéreuse, consiste en ce fait que cette dernière se montre dès l'époque de la germination, puisque c'est le corps même de la racine qui devient tubéreux, tandis que le tubercule ne se montre que beaucoup plus tard et sur des ramifications qui ne se forment que quelque temps après la germination. En un mot, le tubercule est un bourgeon plus ou moins composé et la racine tubéreuse une racine renflée par une sorte d'hypertrophie, et cela est si vrai, que ces mêmes racines qui restent sèches et ligneuses n'en produisent pas moins des tiges portant des fleurs et des graines aussi bien développées que celles qui sont produites par des tiges formées sur des racines plus amplement développées et souvent très-volumineuses. C'est au moins ce qui arrive aux Carottes, aux Navets, aux Radis, etc.

Quant aux tubercules des Orchidées, ils se rapprochent de ceux que nous venons de décrire en ce que ce sont aussi des rameaux courts et renflés qui naissent de la partie souterraine de la tige, mais qui ne portent jamais qu'un seul bourgeon. Ils ne sont pas d'ailleurs différents dans leur nature et leur mode de formation de ceux qui proviennent des végétaux dicotylédonés.

Cependant, on doit à M. Germain de Saint-Pierre une étude du mode de formation de ces tubercules qu'il nomme *orphrydo-bulbes*, de laquelle il résulterait quelque différence sensible. En effet, ce corps ne serait autre qu'un bourgeon axillaire d'une des feuilles inférieures du tubercule destiné à donner des fleurs. « Ce bourgeon, dit-il, en grossissant, dilate la base de la feuille à l'aisselle de laquelle il a pris naissance ; un peu plus tard, la gaîne de cette feuille, distendue trop fortement, est déchirée et traversée par le bourgeon ou jeune tubercule dont la base se prolonge dès cette époque et descend au-dessous du niveau de son insertion. Si l'on fait une coupe verticale de ce jeune tubercule, on voit qu'il se compose dans ses deux tiers supérieurs d'une sorte de pédicelle creux qui n'est autre chose qu'une dilatation en forme de sac ou d'éperon de la base des premières feuilles. Cette dilatation ou éperon de la base des feuilles est le résultat de la pression oblique qu'a exercée sur ces feuilles externes, encore très-jeunes, le corps du bourgeon, qui est doué d'une tendance particulière à se prolonger au-dessous de son insertion. Un cordon nourricier ou raphé (représentant l'axe du bourgeon dans l'intervalle qui sépare les feuilles dilatées en éperon de l'insertion des feuilles terminales) est adhérent à la paroi interne de l'éperon. Le tiers supérieur du jeune tubercule se compose de la partie terminale du bourgeon consistant en plusieurs feuilles emboîtées et émettant inférieurement une masse radiculaire soudée à la cavité de l'éperon, qu'elle continue à distendre à mesure qu'elle acquiert plus de volume. — Cette masse radiculaire est d'abord indivise et plus ou moins globuleuse; elle conserve souvent cette forme pendant toute sa durée; c'est ce qui arrive chez l'*Orchis galeata* et le *Loroglossum hircinum*. Chez le *Platanthera bifolia*, elle se prolonge en une, rarement en deux fibres radicales; chez d'autres enfin, elle se divise en lobes peu profonds, comme chez l'*O. sambucina*; ou bien elle se prolonge en quatre ou six racines parallèles, comme chez l'*O. maculata*, soit que l'éperon distendu outre mesure cesse insensiblement de recouvrir ces longues racines, soit qu'il les recouvre jusqu'à leur extrémité d'une mince membrane (1). » On doit à MM. Irmisch, Schact et Fabre des observations plus ou moins analogues à celles que M. Germain de Saint-Pierre a développées dans le mémoire cité.

Il y avait déjà quelques années que, dans les *Annales des sciences naturelles* (1848), M. Planchon avait, de son côté, constaté une certaine analogie entre ce qu'il nomme bulbe dans certains *Drosera* d'Australie et ceux des Orchidées. Il a vu, dit-il, un bourgeon, partant de l'aisselle d'une feuille, s'allonger couvert de feuilles, se renfler au bout en un organe moitié tige et moitié racine, et développer un bourgeon à sa partie supérieure.

Les tubercules des Orchidées sont souvent globuleux ou ovoïdes et parfaitement entiers comme on le voit, dans les *Orchis morio, mascula, militaris, ustulata, coriophora, laxiflora*, etc.; mais très-souvent aussi, par une véritable épipédochorise (t. I, p. 307), ces tubercules sont divisés jusque vers le milieu de leur longueur en lobes où digitations plus ou moins nombreuses, ainsi que cela a lieu dans les *Orchis maculata, latifolia, conopsea*, etc. Quelquefois, comme dans le *Satyrium albidum*, les digitations sont profondes et atteignent presque la base de chaque tubercule; dans ce cas, on les dit *digités*.

M. Germain de Saint-Pierre a étudié la marche des Orchidées dans leurs développements annuels successifs (2). On avait pensé que le nouveau tubercule naissait toujours du même côté de la

(1) *Rech. sur nat. du faux bulbe des Ophrydées*, etc. (*Bull. Soc. bot. France*, t. II, p. 657.)
(2) *Loc. cit.*, p. 658.

tige, de sorte que la plante avancerait dans la même direction de l'épaisseur d'un tubercule chaque année. Plus tard on a dit que le bulbe se développe alternativement une année à droite et l'année suivante à gauche, de sorte que la plante resterait à peu près dans la même place, ce qui paraît bien constaté pour le Colchique. Selon ce botaniste, les bulbes ou tubercules reproducteurs des Orchidées naissent à l'aisselle des feuilles inférieures de la tige florifère: très-souvent il se développe deux tubercules à peu près opposés à la base d'une même tige; l'année suivante, chacun de ces tubercules émet une tige florifère qui produit à son tour deux nouveaux tubercules, dont la direction forme un angle avec la direction des précédents, de telle sorte que la plante est représentée d'année en année par des individus dont le nombre va toujours en doublant et qui s'éloignent ou s'entrecroisent dans toutes les directions (*Orchis galeata, Loroglossum hircinum*, etc.). Quelquefois aussi, chez les mêmes espèces, il ne se développe qu'un seul tubercule, qui prend naissance soit d'un côté, soit de l'autre. Chez d'autres, il existe trois ou un plus grand nombre de tubercules qui, appartenant à des feuilles successives de la même spirale, se dirigent dans des sens différents ; c'est ce que l'on observe chez l'*Herminium monorchis* et chez le *Serapias lingua* (Germain de Saint-Pierre). D'après ce qui précède, l'*H. monorchis* serait spécifiquement assez mal nommé.

Cependant, il n'y a très-souvent que deux tubercules à la base de ces végétaux; l'un, plus petit, ridé et en partie flétri : c'est lui qui a donné naissance à la tige qui s'est produite ; l'autre au contraire est plus gros, ferme, et contient dans son intérieur le bourgeon qui l'année suivante reproduira la tige.

§ II. — DES BULBES.

On a donné le nom de *bulbe* à un bourgeon (1) souterrain souvent très-avancé dans sa croissance et particulier à certaines plantes vivaces appartenant aux Monocotylédones, et l'on nomme *plantes bulbeuses* celles qui se propagent au moyen de bulbes.

---

(1) Plusieurs auteurs le désignent sous le nom de tige ou de souche souterraine, ce qui est une faute; car il est aisé de s'assurer que le bulbe est toujours formé de sa tige, et tout au moins de ses organes appendiculaires.

Pendant longtemps le bulbe a été regardé comme une racine ; de là le nom de *racine bulbeuse* ; mais en étudiant sa structure on a pu reconnaître une certaine analogie entre cette prétendue racine et les bourgeons qui naissent à l'aisselle des feuilles de végétaux dicotylédonés, et de ce moment il n'est plus resté de doute sur la nature du bulbe.

D'ailleurs l'analyse organographique des parties qui le composent fait voir que c'est déjà une plante tout entière, possédant sa tige, sa racine, ses feuilles et quelquefois même, lorsque le bulbe est assez avancé, les rudiments de son inflorescence future.

En effet, le bulbe que l'on nomme aussi *Ognon* est toujours composé, dès qu'il commence son évolution, de quatre parties très-distinctes, savoir : 1° d'un *plateau* charnu, solide, horizontal et sur lequel viennent s'exsérer les feuilles ; 2° d'une touffe de *racines fibreuses* qui prennent naissance de la partie inférieure du plateau ; 3° d'*écailles* diversement configurées, partant de la face supérieure du plateau, et qui ne sont autres que les bases plus ou moins engaînantes des feuilles avortées ou dont le limbe a disparu ; 4° au centre de ces écailles se trouve le *bourgeon*, c'est-à-dire le corps contenant les rudiments de la tige, des feuilles et des fleurs. Le plateau est la véritable tige de la plante, et cela est rendu évident par plusieurs observations que l'on a faites sur différents végétaux chez lesquels on voit ce plateau augmenter de hauteur. Ainsi dans le Bananier (*Musa sapientum*) ce que l'on regarde comme une tige n'est que l'assemblage de gaines des feuilles qui se rapprochent et durcissent au point de produire une *fausse tige* quelquefois très-élevée. Mais si l'on fend cette tige par son milieu on s'assure aisément de sa constitution, et l'on reconnaît que la vraie tige ne consiste que dans une sorte de plateau convexe tronqué supérieurement et auquel sont attachées les bases pétiolaires des feuilles ; du dessous de ce plateau s'échappent une certaine quantité de racines latérales, tandis qu'au centre des gaines pétiolaires se trouve un bourgeon (*popote des créoles*) renfermant, sous chacune des grandes écailles colorées qui le composent, de petits rameaux florifères (Turpin). D'où il suit que nous retrouvons dans le Bananier exactement toutes les parties qui constituent le bulbe.

Dans quelques rares circonstances, comme dans l'*Allium*

senescens et le *Lilium canadense*, cette tige s'allonge de manière à produire une sorte de souche souterraine simple ou rameuse, analogue à celle des *Iris* (Ach. Richard). Dans les *Yucca*, ce plateau s'allonge en une tige qui atteint de 2 à 3 mètres; elle s'élève à 4 et 5 mètres dans le *Pandanus odoratissimus*, et dans les Palmiers elle peut atteindre la hauteur de nos plus grands arbres.

Le vulgaire serait à coup sûr très-étonné et regarderait comme un fou celui qui chercherait à lui assurer que tous ces végétaux sont le résultat du développement d'un ognon tout à fait analogue à celui de la Jacinthe (*Hyacinthus orientalis*).

Quant aux écailles, tantôt elles sont d'une seule pièce et s'emboîtent les unes dans les autres, c'est-à-dire que, par défaut d'exastosie circulaire, elles embrassent toute la circonférence du bulbe, comme on le peut voir aisément dans l'Ognon ordinaire (*Allium cepa*), ou la Jacinthe (*Hyacinthus orientalis*), etc.; les exastosies centripètes seules se sont plusieurs fois répétées, de sorte que l'on trouve une série de ces écailles qui s'emboîtent ainsi les unes dans les autres et constituent le *bulbe à tunique*.

Quelquefois, l'exastosie circulaire s'ajoutant à l'exastosie centripète, il en résulte des écailles plus petites, libres par leurs côtés et ne se recouvrant plus qu'à la manière des tuiles d'un toit ou, plus exactement, à la manière des feuilles bractéales de l'Artichaut (*Cynara Scolymus*). Dans ce cas, les écailles sont dites *imbriquées* et l'ognon nommé *bulbe écailleux*.

On remarque que les écailles sont d'autant plus épaisses, charnues et succulentes qu'elles sont situées plus à l'intérieur du bulbe, tandis qu'elles sont au contraire d'autant plus minces, sèches et comme papyracées, qu'elles sont plus extérieures.

Si, au lieu d'admettre une exastosie centripète qui forme les écailles tuniquées et une exastosie circulaire qui en fait des écailles imbriquées, on conçoit que ces exastosies ne se prononcent pas, bien que les bases engaînantes des feuilles continuent à se produire, on aura alors une forme de bourgeon à laquelle on a donné le nom de *bulbe solide*, comme on en voit dans les ognons des *Crocus*, des *Gladiolus*, etc. (1). C'est donc bien à tort que quelques auteurs classiques ont dit que la masse du bulbe

(1) Ch. Fd, *Phytogénie*, p. 4.

n'était autre que le plateau ou la tige extrêmement développée. Pour s'assurer qu'il n'en est point ainsi, il suffit de fendre par le milieu un bulbe solide, de *Gladiolus* par exemple, et d'en examiner la structure. On voit aussitôt alors, sans qu'il soit même besoin de loupe, que le tissu se divise en trois parties, très-distinctes par une différence dans les nuances. L'une, la plus intérieure, a une forme triangulaire et se compose évidemment d'un plateau ou disque aplati, qui forme la base du triangle. Au-dessus du plateau se trouve un tissu cellulaire plus lâche, non homogène, dont l'ensemble forme la plus grande partie de ce triangle, au sommet duquel on voit comme des sections longitudinales de jeunes feuilles déjà organisées. C'est en effet dans ce tissu cellulaire que se formeront les feuilles, les mérithalles très-courts qui élèveront le plateau, les bourgeons et la hampe florale ; en un mot, c'est le vrai bourgeon.

L'autre partie, plus volumineuse, plus extérieure, plus dure, se compose de cellules plus denses, plus homogènes, qui enveloppent de toutes parts le bourgeon dont nous venons de parler. C'est cette partie qui, dans notre opinion, est constituée par la base charnue des feuilles qu'un défaut des exastosies centripète et circulaire unirait en une masse que l'on a pu prendre pour un plateau exagérément développé.

A l'aisselle des feuilles ou des écailles on peut observer la formation de bourgeons secondaires beaucoup plus petits, qui prennent naissance sur le plateau et qui ont reçu le nom spécial de *caïeux*. Leur nombre plus ou moins grand semble être en rapport avec celui des feuilles. Dans quelques espèces, ces bourgeons se développent sur le bulbe même et pendant plusieurs années ; mais le plus souvent, les bourgeons grossissent, deviennent bulbes à leur tour, et comme ils ne tiennent que fort peu au bulbe principal, ils s'en séparent à une certaine époque et constitueront chacun, plus tard, un individu nouveau.

Dans les bulbes solides, c'est encore sur le plateau que le caïeu se forme, mais à mesure que l'ognon grossit par l'addition de la base des feuilles, ce caïeu s'élève peu à peu si bien que, plus tard, il apparaît à la surface du bulbe ; c'est que, pendant qu'il s'élève ainsi, il s'est formé une sorte de petite tigelle qui s'est allongée et qui lui a permis de faire son apparition souvent fort loin du plateau où il est né. Pour s'en convaincre, il suffit de fendre un bulbe solide de *Gladiolus* de façon à faire passer la section par le centre d'un bourgeon apparent, et l'on voit aussitôt que celui-ci se continue jusqu'au plateau par une partie amincie bien distincte, laquelle est constituée soit par une ou plusieurs bases de feuilles déjà bien faciles à distinguer du reste de la masse, soit plutôt par une sorte d'axe qui s'allonge à mesure que le bulbe grossit.

En effet, on acquiert la certitude qu'il en est bien ainsi en observant le développement de ces bourgeons. On reconnaît alors ces deux choses, savoir : 1° que ce développement est centrifuge, c'est-à-dire que les bourgeons les plus élevés sur l'axe sont ceux qui se développent les premiers, et comme les *Gladiolus* sont à feuilles alternes distiques, ce sont les deux bourgeons supérieurs qui d'ordinaire se développent de façon à former deux bulbes qui l'année suivante donneront des hampes florales et deux autres bourgeons supérieurs transformés en bulbes ; 2° que les bourgeons inférieurs avortent souvent, mais souvent aussi ils se développent faiblement et constituent des phytoblastes qui tiennent tout autant des bulbilles que des caïeux et, véritablement, il nous serait difficile d'établir une exacte distinction.

Quoi qu'il en soit, ces caïeux ou bulbilles apparaissent libres au-dessous de l'ancien bulbe, mais tous attachés à son plateau par une sorte d'axe plus ou moins épais, qui n'en porte quelquefois qu'un seul, mais qui le plus souvent en porte une très-grande quantité ; car nous avons pu, sur certains pieds, en compter une vingtaine à différents degrés de développement : les uns portés sur une sorte de pédicelle plus ou moins allongé, les autres assez souvent sessiles sur l'axe commun.

En examinant au microscope cet axe commun qui a une consistance charnue, on trouve dans sa section transversale un tissu cellulaire lâche, dont les cellules sont rangées en séries interrompues, et présentant çà et là, au centre, quelque apparence de faisceaux vasculaires mal formés. Le contour est constitué par un tissu cellulaire plus serré. Une section longitudinale laisse apercevoir des cellules allongées disposées bout à bout, et quelques faisceaux vasculaires parmi lesquels nous avons reconnu quelques *hélicules*.

Les plus gros bulbilles offraient une sorte d'écorce ou enveloppe sèche, coriace, brune, surtout dans ses deux tiers supérieurs, et n'adhérant à la masse centrale que par sa base. Cette enveloppe n'est autre que la partie vaginale d'une feuille amblosiée, dans laquelle on constate la présence de faisceaux fibrovasculaires sous forme de nervures assez nettement dessinées, mais qui s'unissent en de fréquentes anastomoses. Au-dessous de cette enveloppe se trouve un corps solide, charnu, blanc, que l'on prendrait pour une véritable amande. Celle-ci se trouve enveloppée d'une membrane blanche, très-mince, transparente, formée de cellules allongées.

Quand on fend longitudinalement et par le centre ce corps amygdaliforme, en commençant la section par le sommet, on remarque que, arrivé à la base, l'instrument en détache un petit corps discoïde ou *scutule*, formé de cellules allongées qui vont en rayonnant. Sa face interne est à peu près plane, et sa face extérieure convexe ; il en résulte que son centre offre une certaine épaisseur qui va rapidement en décroissant du centre à sa circonférence et représente admirablement un bouclier en miniature. Quoique ce scutule n'adhère que très-peu au corps du bulbille, il pourrait bien remplir ici le même rôle que la chalaze dans la graine.

Quoi qu'il en soit, à la base du corps amygdaliforme on peut observer un tout petit corps ovoïde ou plutôt sous-arrondi, qui n'est autre que le plateau ou tige en miniature du bulbille surmonté de son bourgeon central : par sa base il adhère au scutule, et son sommet est surmonté par une sorte d'axe central qui se détache du reste du bulbille par deux lignes ascendantes qui semblent indiquer la partie vaginale d'une jeune feuille, laquelle se termine au sommet par un petit bouquet d'une matière membraneuse, sèche, qui nous paraît être comme un rudiment de limbe d'une jeune feuille.

Le reste du bulbille est relativement très-gros, charnu, ferme, d'un blanc lactescent ; il est certainement constitué par la gaîne d'une feuille avortée qui s'est considérablement renflée en une substance parenchymateuse remplie de fécule que l'iode colore en violet noirâtre, laissant à peu près incolore le petit axe central dont nous avons parlé.

Sur plusieurs bulbilles de la grosseur environ d'un pois, nous avons pu constater la présence d'un très-petit. bulbille latéral, enclavé dans la substance parenchymateuse, délimité périphériquement par une gaine assez apparente dans la coupe longitudinale et sur laquelle l'iode est à peu près sans action, pendant qu'il colore en violet le petit corps amygdaliforme du petit bulbille surnuméraire.

Enfin, pour compléter ce qui a trait à l'examen de la formation des bulbilles, nous ajouterons que ces corps se rencontrent particulièrement à la base du plateau des bulbes qui n'ont pas fleuri dans l'année, mais qui ont donné 7 ou 8 feuilles.

Quiconque prendra la peine d'analyser, comme nous venons de le faire, un bulbille de *Gladiolus*, sera frappé de l'extrême analogie qu'il y a entre lui et une graine. En effet, l'écorce ou enveloppe sèche représente à s'y méprendre le *testa* de Gœrtner; la membrane mince et blanche qui est au-dessous est l'analogue ou l'équivalent du *tegmen*; la partie vaginale épaissie et amylacée représente l'*amande*; le scutule, la *chalaze*; le plateau très-petit qui contient à la fois les rudiments de la radicule à sa base, de la gemmule à son sommet et de la tigelle à sa partie moyenne, représente très-exactement les parties de même nom que l'on trouve dans la graine.

Si maintenant le lecteur veut bien se reporter à la page 63 de notre *Phytogénie*, il verra la manière dont nous expliquons la formation de tous ces phytoblastes, car ils sont un exemple parfait de plus de la manière dont les phytogènes interphytogéniques peuvent arriver à former un grand nombre de bourgeons à l'aisselle des feuilles. Ils sont en effet produits sur le plateau de la même façon que les bourgeons de certains *Bambusa, Arundinaria*, etc., le sont sur l'axe qui leur a donné naissance.

Quelquefois, comme dans le *Colchicum autumnale*, il ne se développe qu'un seul bourgeon sur l'un des côtés du bulbe principal; ce bourgeon se développe et produit à son tour, en son temps, un nouveau bourgeon latéral, mais situé le plus souvent sur le côté opposé, d'après une des conséquences de la loi d'alternance, de telle sorte que chaque année il se produit un pied, et quand le second se forme à droite le troisième se forme à gauche, le quatrième à droite et ainsi de suite; d'où il suit que la plante, en se propageant, ne fait que changer de place en oscillant dans un espace de terrain extrêmement circonscrit. C'est au moins ce qui a lieu pour le Colchique.

Comme le plus ordinairement les feuilles sont alternes distiques, il s'ensuit que les bourgeons sont alternativement placés de l'un et de l'autre côté du plateau, et quelquefois d'une manière très-remarquable, surtout dans l'*Allium Porrum*. En effet, quand on a le soin de lui enlever son inflorescence de bonne heure pour le conserver plus longtemps frais, on voit quelquefois se développer à sa base une douzaine de gros caïeux tous disposés dans un même plan et se repoussant les uns les autres de façon à se ranger suivant une sorte de cercle vertical interrompu par les racines et par la hampe.

Il en résulte que lorsque ces caïeux demeurent en terre, si celle-ci est bien meuble et qu'ils viennent à pousser, on les voit sortir de terre suivant une ligne droite plus ou moins longue, selon le nombre des caïeux qui s'étaient formés. Ces caïeux donnent, en bien moins de temps, des Poireaux plus beaux que par les semences.

Les *Allium sativum* et *Scorodoprasum*, quoique ayant des feuilles alternes distiques, n'en donnent pas moins des caïeux disposés en cercle horizontal, ce qui nous paraît tenir à une multiplication différente. Si en effet on examine certaines têtes d'*Allium Scorodoprasum*, on remarquera que les caïeux sont généralement disposés circulairement autour du plateau ; que très-souvent ils sont au nombre de six et présentent un développement sensiblement égal ; qu'ils ne paraissent point être séparés les uns des autres par les vestiges de la base des feuilles, et sont, au contraire, tous ensemble assez également enveloppés par les parties vaginales desséchées des feuilles. Si maintenant on observe que la hampe qui s'élève du centre de ces six bourgeons ou caïeux est le résultat de l'évolution du phytogène central qui d'ordinaire donne lieu à un très-long mérithalle portant à son sommet une sphérochorise inflorescente dont nous avons donné le mode de formation phytogénique (1), et si l'on se figure la composition d'un protophytogène, on sera tenté de penser avec nous que les six caïeux sont

(1) T. I, p. 553. — *Phytogénie*, p. 12.

dus aux six phytogènes circulaires développés ou transformés en bourgeons au lieu de s'unir entre eux pour former un organe appendiculaire, exactement comme les protophytogènes floraux de cette même plante, par une tendance particulière à certains *Allium*, se transforment en bulbilles qui ne sont également que des caïeux ou des bourgeons infrondescents. Or nous avons dit, t. I, p. 313, que les multiplications par la transformation des phytogènes circulaires en protophytogènes, puis en axe, constituaient une cyclochorise, et comme nous avons dans la formation des caïeux de cet Ail une multiplication suivant un cercle, on peut la rapprocher des cyclochorises dont nous avons donné des exemples variables dans leurs formes. En admettant que le phytogène central se compose à son tour pour former des phytogènes circulaires qui évolueront en bourgeon et s'ajouteront aux premiers, ou en supposant des chorises dans plusieurs phytogènes circulaires avant leur composition en protophytogènes et par suite en bourgeon, on aura le mode de multiplication des caïeux dans l'*Allium sativum*. Nous pensons qu'en général c'est plutôt le premier mode qui est suivi, par la raison que dans la tête d'Ail les caïeux vont en diminuant de grosseur de la circonférence au centre. Or, ce mode de multiplication serait celui d'une sphérochorise. Cependant, nous croyons plutôt à une suite de cyclochorises, 1° parce qu'il arrive parfois que dans cette espèce on ne trouve que six bourgeons circulaires constituant alors une cychlorise; 2° parce que les caïeux intérieurs sont séparés des extérieurs par des bases engaînantes de feuilles, ce qui semblerait prouver que ce n'est pas une multiplication exactement semblable à celle qui fait les sphérochorises, par exemple de l'inflorescence des *Allium*.

§ III. — DES BULBILLES.

Le nom de *bulbilles* a été donné à des phytoblastes-bourgeons libres, solides, écailleux ou foliacés, plus ou moins développés, naissant sur des parties très-différentes de la plante, mais le plus souvent aux points où se produisent soit les bourgeons infrondescents, soit les bourgeons inflorescents, et qui, détachés de la plante-mère, peuvent avoir leur végétation spéciale et reproduire des individus semblables à ceux auxquels ils doivent leur origine.

Cette dénomination ne devrait rigoureusement se rapporter qu'aux phytoblastes-bourgeons libres qui doivent se transformer en bulbes, comme ceux des *Lilium*, et nullement à ceux qui doivent produire des tubercules, comme ceux des *Ficaria, Begonia*, etc. Cependant nous la conserverons ici et même nous lui donnerons une extension en rapport avec la définition que nous venons d'en faire. En conséquence, nous y comprendrons les bourgeons foliacés qui prennent naissance sur certaines feuilles et qui peuvent immédiatement reproduire un nouvel individu. Dans tous les cas, d'ailleurs, ces corps ont une commune origine : le *phytogène*, et ne diffèrent les uns des autres que par le temps qu'ils mettent à entrer en évolution.

Les végétaux qui offrent de semblables bourgeons ont reçu la qualification de *vivipares*.

1° En effet, souvent, à l'aisselle des feuilles, le phytogène interphytogénique, au lieu de produire un bourgeon adhérent et continuant sa végétation sur la plante même, se transforme en un bourgeon souvent très-peu développé au point de vue de sa composition phytogénique, et qu'un excès d'exastosie transversale fait se détacher de l'axe qui l'a produit. Mais, parfaitement développé sous le rapport des matériaux de nutrition qui le constituent et à peu près comme le sont certains cotylédons, ce bourgeon peut, quoique libre, continuer à se développer aussitôt qu'il se trouve dans les conditions nécessaires à son entière évolution. C'est ainsi que se forment les bulbilles que l'on trouve à l'aisselle des feuilles du *Lilium bulbiferum*, du *Dioscorea Batatas*, du *Ficaria ranunculoides*, du *Begonia Evansiana*, etc., et ceux qu'il est aisé de faire naître sur les tiges du *Lilium candidum* que l'on a coupées à leur base et châtrées de leurs fleurs, en les tenant dans des endroits un peu humides et peu éclairés.

2° Les Bulbilles se développent aussi, à peu près, à l'aisselle des folioles de certaines feuilles composées, par exemple, des *Cardamine macrophylla*, ainsi que nous l'avons fait connaître (t. I, p. 457), et Cassini depuis longtemps avait observé que les feuilles du *Cardamine pratensis* portaient souvent un petit bulbille situé à la base de la face supérieure de chaque foliole, phénomène que M. Durieu de Maisonneuve a vu se reproduire aussi sur le *C. latifolia*.

3° Très-souvent, les phytogènes fleurs, au lieu de suivre leur développement ordinaire, s'hypertrophient et se transforment en véritables bulbilles pouvant directement donner lieu à un nouvel individu. Ce phénomène n'est pas rare à rencontrer dans les *Allium*, mais plus particulièrement dans les *Allium sativum, Scorodoprasum, arenarium, carinatum, roseum, vineale, Porrum,* etc. On le voit aussi se produire quelquefois sur les hampes du *Furcrœa gigantea* (*Agave fœtida*, Haw.), mais ce phénomène est plus normal encore dans l'*Agave vivipara* L. dont la panicule allongée est à la fois chargée de petites fleurs verdâtres et de bulbilles. M. Durieu de Maisonneuve a observé que ces bulbilles se formaient après la floraison, alors que les fleurs semblaient devoir se dessécher et mourir, au moins dans l'*Agave fœtida*, et il est possible qu'il en soit de même pour l'*A. vivipara*. Quoi qu'il en soit, il est évident que les protophytogènes exanthophylle et énanthophylle avaient évolué comme à l'ordinaire, puisque la fleur semble s'être épanouie comme à l'ordinaire ; en était-il de même du protophytogène androphylle ? Dans ce cas, il faudrait reconnaître que c'est le phytogène central de ce dernier protophytogène qui, au lieu d'évoluer en un ovaire, s'est transformé en bourgeon qui, a pris la forme et les caractères du bulbille. Nous avons pu en effet étudier ce mode de transformation sur l'*Allium cepa,* et nous avons en même temps constaté que tous les protophytogènes successifs de la fleur pouvaient se transformer en bulbille: les uns directement, quelques-uns après avoir fourni trois sépales et d'autres six ; quelques autres après avoir donné outre les enveloppes florales quelques étamines, par conséquent alors c'était le protophytogène gynécéen qui au lieu de produire l'ovaire s'était transformé en bulbille (1).

Un grand nombre d'autres espèces présentent ce genre de métamorphoses soit à l'état anormal, soit à l'état normal, comme dans l'*Ornithogalum viviparum*, etc.

Quoique les Dicotylédones soient rarement vivipares, cependant on a des observations qui prouvent qu'elles le deviennent quelquefois aussi.

Le *Polygonum Bistorta* a offert à Tournefort une inflorescence

(1) Ch. Fd, *Phytogénie,* p. 387.

dont la plus grande partie des fleurs s'étaient transformées en bulbilles (1), et ce qui est une anomalie pour cette espèce devient l'état normal du *Polygonum viviparum*, dont les fleurs sont habituellement transformées en bulbilles.

Nous avons également observé un *Poa compressa* dont les épillets étaient presque tous transformés en bulbilles ayant déjà des feuilles bien développées, anomalie qui trouve son état normal chez les *Poa alpina, bulbosa* et *nemoralis*, qui ont chacun une variété dite *vivipara* à cause du phénomène analogue qu'elles présentent.

On remarque encore ce phénomène dans certains *Echeveria* dont les inflorescences portent, mêlés à leurs fleurs, de petits bourgeons qui peuvent servir à multiplier la plante (De Schœnefeld).

4° De même que nous avons vu les phytogènes centraux successifs de chacun des protophytogènes de la fleur se transformer en bulbilles, de même l'ovule, qui est, lui aussi, un phytogène capable de se composer successivement en protophytogènes pour constituer les diverses enveloppes de l'ovule, peut, dans certaines circonstances, se composer et se transformer en bulbilles tout aussi bien aptes à reproduire la même espèce que la graine, puisque nous avons vu, page 427, par le parallèle que nous avons établi, que ces deux sortes de phytoblastes ont des évolutions similaires.

On trouve en effet un assez grand nombre de végétaux qui au lieu de graines portent des bulbilles; telles sont : les *Crinum asiaticum, Taitense, erubescens*, et plusieurs Amaryllidées, parmi lesquelles il faut citer les *Pancratium, Amaryllis, Hymenocallis*, etc. Cependant quelques objections ont été faites sur ces prétendus bulbilles, et comme nous les avons développées dans notre premier volume, page 447, nous n'y reviendrons pas.

5° Mais de toutes les formations de bulbilles, la plus curieuse et surtout la plus intéressante au point de vue de la phytogénie, c'est sans contredit celle qui s'effectue sur les feuilles, et, bien que ce phénomène fût connu depuis longtemps déjà, cependant il se présentait si rarement qu'on le considérait plutôt comme une

---

(1) *Inst. Rei herb.*, p. 511, tabl. 291, *fig.* G H I, K I M.

curiosité que comme un fait pouvant avoir quelque portée phylogénique. Le *Bryophyllum calycinum* était la feuille le plus généralement citée pour offrir un exemple de ce phénomène, et le
Rochea falcata était à peine signalé pour se comporter de la
même façon, quoique depuis longtemps les Jardiniers connussent
le moyen de multiplier ce végétal au moyen des bulbilles qu'ils
savent faire naître sur ses feuilles. Cependant, depuis longtemps
Linné a dit avoir observé des petites bulbes à la base de la tige du
Polygonum Bistorta et qu'il attribue à une métamorphose des
feuilles. Les feuilles du *Fritillaria imperialis* ont fourni à Hedwig
une multitude de petits corps arrondis qui ont pu reproduire la
plante. Il en a été de même de l'*Ornithogalum thyrsoides* (Poiteau et Turpin), le *Malaxis paludosa* (Henslow), le *Cardamine
pratensis* (Cassini), l'*Alchemilla minima* (Weinmann), le *Drosera
intermedia* (Naudin), le *Drosera longifolia* et le *Nymphœa cœrulea*
(Kirschleger), l'*Eucomis regia* (Hedwig et Rafn), le *Ranunculus
bulbosus* (Dutrochet), le *Nasturtium officinale* (Casimir Picard),
les *Lycopersium cerasiforme* et *pyriforme* (Duchartre), l'*Echa-
veria racemosa* (Clos), etc.

Nous avons aussi observé de ces bulbilles sur certaines feuilles
du *Ficaria ranunculoides* que nous avons indiqués autre part (1).

Notre illustre compatriote Gaudichaud a remarqué qu'au centre des feuilles du *Nymphœa cœrulea, rufescens, micranta,* etc.,
recueillies en Sénégambie par MM. le Prieur et Perrotet, et sur
les pétioles du *Villarsia,* il se développait de véritables bourgeons
capables de reproduire l'individu (2).

Nous avons vu aussi au sommet du pétiole de certains *Begonia,*
mais surtout sur le *Begonia diversifolia* ou une variété très-voisine, se développer un paquet de bulbilles unis et serrés les uns
contre les autres et qui, mis en terre, a donné plusieurs petites
tiges que l'on a pu détacher et faire vivre à part.

Les bulbilles paraissent se former au moins aussi fréquemment
sur les feuilles ou frondes des Acotylédones. Ainsi on en rencontre dans le *Woodwardia radicans,* le *Cystopteris bulbifera,*
les *Darea vivipara* et *prolifera,* Wild.; les *Asplenium bulbife-*

---

(1) *Flore médicale* de Turpin, 3ᵉ édition, tabl. CLXV *bis* (texte).
(2) *Rech. organog.,* etc., p. 8, note 1.

rum et *ramosum*; le *Cyathea bulbifera*, le *Ceraptoteris Gaudichaudii*, Ad. Brongniart; le *Pteris cornuta* (Gaudichaud, *loc. cit.*) etc. Enfin, dans le *Marchantia polymorpha*, le *Mnium annotinum*, le *Jungermannia nemorosa* et beaucoup d'autres Jongermannes, indépendamment des spores, on rencontre des petits corps qui ont toutes les propriétés des bulbilles.

Ces organismes se présentent dans des états de développement plus ou moins avancés. Ainsi ceux des *Crinum* que Rob. Brown avec Ach. Richard regardent comme des graines, malgré leur développement extraordinaire, paraissent avoir une organisation des plus simples. En effet, le premier de ces deux savants dit positivement que dans l'évolution tardive de l'embryon, lequel, dans quelques cas, ne devient visible que lorsque la graine est placée dans des conditions favorables de germination, on observe cette curieuse conséquence : que son extrémité radiculaire peut prendre des directions fort différentes, selon les circonstances dans lesquelles se fait la germination (1). Or, malgré l'opinion d'Ach. Richard, comme il se peut fort que ces prétendues graines ne soient que des bulbilles et que d'ailleurs, en admettant avec lui que ce sont des graines hypertrophiées, ces graines n'en établissent pas moins, évidemment, un passage entre les bulbilles et les graines. Comme bulbilles nous leur trouvons une constitution très-simple et, dans tous les cas, bien voisine de celle que nous avons donnée à notre protophytogène, puisque, selon la remarque de Rob. Brown, l'embryon *ne devient souvent visible* que lorsque la graine est placée dans des conditions favorables de germination, que son extrémité radiculaire n'a pas de direction déterminée et que cette direction est subordonnée aux circonstances dans lesquelles se fait cette germination. Ainsi, par ce fait, on découvre une grande analogie avec les spores des Acotylédones qui, elles aussi, ne présentent pas d'embryon visible et dont la direction des extrémités radiculaires paraît subordonnée à sa position sur le lieu où on les fait germer.

Dans les bulbilles du *Ficaria ranunculoides*, on n'aperçoit aucune apparence de bourgeon en voie d'évolution ; c'est uniquement une petite masse de tissu cellulaire recouverte d'un épi-

(1) Rob. Brown, *On some remarkable deviations from the usual structure of seeds and Fruits.* Linn., *Trans.*, vol. XII, p. 149.

derme blanchâtre et au centre de laquelle on ne voit autre chose qu'un faisceau vasculaire dans lequel le professeur Clos n'a pu découvrir de trachées à hélicules déroulables. Cette constitution les rapproche des tubercules que l'on retrouve en terre et qui constituent les racines de la plante. C'est pourquoi M. Clos les a distingués en *tubercule-racine* et *tubercule-bourgeon* (1). De son côté, M. Germain de Saint-Pierre, ayant trouvé une certaine analogie entre les bulbilles du *Ficaria*, les tubercules d'*Orchis* et le bulbe pédicellé des *Tulipa*, les regarde comme des *orphrydo-bulbes*, c'est-à-dire des organismes qui tiennent à la fois de la racine et du bulbe. « Je trouve, dit-il, une analogie remarquable entre la racine globuleuse unique du bulbille et les productions radiciformes globuleuses des orphrydo-bulbes entiers, et entre la racine multiple de la griffe radicale du *Ficaria* et la masse radiciforme divisée en plusieurs fibres radicales des ophrydo-bulbes palmés (2). »

Dans d'autres végétaux les bulbilles se présentent réellement comme une petite masse de tissu cellulaire assez homogène, comme on peut s'en assurer dans les bulbilles du *Dioscora Batatas*, mais ici on est sûr de la direction de la racine et de la tige, par la position que le bulbille occupe sur la tige, car c'est toujours par le hile que les radicules sortent, et par son sommet opposé, où l'on remarque avec peine quelques faibles écailles, que se fait l'évolution de l'axe.

Les bulbilles de certaines espèces se présentent dans un état un peu plus avancé en ce que l'on y distingue nettement des écailles qui sont l'indication d'un commencement d'évolution de la tige, et son extrémité opposée est toujours le lieu où se développera la racine. C'est ce qu'il est facile de constater sur les bulbilles du *Begonia Evansiana*, qui acquièrent quelquefois un assez gros volume et ont déjà la forme du tubercule qui a produit la plante-mère.

Selon le professeur Chatin les bulbilles de l'*Hydrocharis* présentent un bourgeon à base féculente, dans lequel on voit de petites feuilles au sein d'une masse parenchymateuse (3).

<hr>

(1) *Organogr. de la Ficaire.* (*Ann. Sc. nat. bot.*, 3ᵉ série, t. XVII, p. 129.)
(2) *Bull. Soc. bot. France*, t. III, p. 11.
(3) *Bull. Soc. bot. France*, t. II, p. 663.

D'autres fois les bulbilles offrent des parties qui sont plus nettement dessinés et qui ont déjà les caractères du bulbe qu'il devra
former ; c'est en particulier ce qui arrive aux caïeux qui ne sont
que des bulbilles souterrains, ou aux bulbilles du *Lilium bulbiferum* dans lesquels on distingue plusieurs écailles bien formées.
Dans le *Lilium candidum*, les bulbilles que l'on fait naître à
volonté, non-seulement montrent plusieurs écailles bien distinctes, mais aussi un certain nombre de racines fibreuses.

Enfin d'autres fois, comme dans la feuille du *Bryophyllum calycinum* ou celle du *Cardamine macrophylla*, les bulbilles se
développent assez pour présenter de véritables feuilles disposées
en petites rosettes au-dessous desquelles on remarque une petite
houpe de racines (1).

La nature des bulbilles est nécessairement variable selon le
végétal qu'ils doivent produire, et surtout suivant le temps qui
doit se passer entre leur formation et le moment où ils entreront
en évolution. On peut les distinguer en bulbilles *foliacés, écailleux* et *solides*.

Les bulbilles foliacés tels que ceux des *Bryophyllum* et *Cardamine* ont pour origine un phytogène qui évolue immédiatement
en un protophygène capable de former aussitôt des feuilles et des
racines, aussi la jeune plante a-t-elle besoin d'être placée dans
de bonnes conditions de développement dès qu'elle se détache
de la plante-mère.

Les bulbilles écailleux offrant déjà des racines, comme ceux du
Lilium candidum, ont pour origine un phytogène qui évolue
immédiatement en un protophytogène qui, ne végétant pas dans
des conditions suffisantes, ne peut produire que des feuilles
réduites à l'état d'écailles, et dès qu'ils abandonnent la plante-
mère ils ont besoin d'être convenablement plantés pour continuer leur évolution. Il en est ainsi des bulbilles écailleux qui ne
présentent pas encore de racines. On remarque cependant que
les écailles de ces bulbilles étant plus épaisses que les feuilles des
bulbilles précédents, ils peuvent plus longtemps rester séparés
de la plante-mère et hors de terre, sans être exposés à se flétrir
comme les bulbilles foliacés. Nous en avons conservé sur les tiges

(1) T. I, pl. XII, *fig.* 89, a et b.

séchées du *Lilium candidum* 3 à 4 mois, au bout desquels, placés dans la terre, ils se sont parfaitement développés. Les bulbilles des *Allium* peuvent rester 7 à 8 mois, quelquefois un an, sans perdre leur propriété d'entrer en évolution.

Quant aux bulbilles solides comme ceux des *Begonia* et *Dioscorea*, on peut dire que leur phytogène a grossi jusqu'à un certain point sans aucune exastosie très-apparente, si ce n'est à l'extrème sommet du bulbille où l'on rencontre quelques écailles qui indiquent qu'il y a eu cependant un commencement des exastosies centripète et circulaire. Par leur nature charnue mais solide, ces bulbilles peuvent se conserver assez longtemps et d'une année à l'autre, tout en conservant la faculté d'entrer en évolution.

On ne peut nier, d'après ce que nous venons de dire, que ces phytoblastes-bourgeons libres n'aient certaines analogies avec les corps reproducteurs des Acotylédones, chez lesquels on ne saurait rencontrer la moindre trace d'embryon; mais si l'on peut avec raison, comme l'ont fait plusieurs auteurs, comparer ces corps reproducteurs aux bulbilles, on peut avec non moins de raison les considérer comme des graines chez lesquelles l'embryon ne s'est pas encore affirmé, ainsi que nous en avons indiqué quelques exemples parmi les Mono et les Dicotylédones. Mais comme dans ces organes on ne peut nier l'existence d'un germe, puisque, placé dans des conditions favorables, il reproduit le végétal tout comme les bulbilles et les graines, il est juste de lui attribuer la même origine, que l'organe se nomme *gongyle*, *spore* ou *sporule*, *propagine*, qu'il vienne d'une Lycopodiacée, d'une Mousse, d'une Fougère, d'un Lichen ou de toute autre famille de végétaux.

Toutefois, si l'on compare ce que nous avons considéré comme un bulbille dans le *Woodwardia radicans*, le *Cystopteris bulbifera* et les autres, avec les corps reproducteurs dont nous venons de parler, on sera tenté de regarder ces corps comme des graines, tant ils présentent de différence dans leur structure ainsi que dans la manière dont se fait l'évolution des uns et des autres. Dans les premiers, les directions des racines et des frondes sont parfaitement indiquées, tandis que dans les sporules cette direction semble être subordonnée à leur position sur le lieu où elles doivent se développer. Il serait à coup sûr curieux de s'assurer que les sporules des Acotylédones donnent toujours des racines aux points qui touchent le sol, ou bien qu'il existe une sorte de direction prédisposée comme cela a lieu dans les graines et la majeure partie des bulbilles.

SECTION II. — DES PHYTOBLASTES-BOURGEONS ADHÉRENTS
OU BOURGEONS PROPREMENT DITS.

Les bourgeons adhérents (*Embryons fixes* de Du Petit-Thouars) sont des organismes plus ou moins composés et l'origine d'une nouvelle tige ou d'une fleur. Ils sont tous originellement formés par une petite masse de tissu cellulaire, sphérique, comprise entre les éléments foliaires ou phytogènes périphériques et les éléments d'un mérithalle nouveau avec ses feuilles ou phytogène central d'un protophytogène, laquelle masse de tissu cellulaire est désignée sous le nom de *phytogène interphytogénique* (1). Ce phytogène commence par s'allonger, puis il se compose en un protophytogène dont les phytogènes périphériques donneront lieu de suite à des feuilles bien conformées et développées comme celles de la tige, ou ils produiront des feuilles réduites à l'état d'écailles qui se répéteront un plus ou moins grand nombre de fois. De là deux sortes de bourgeons : les *bourgeons nus* et les *bourgeons écailleux*.

A. Les *bourgeons nus* sont donc ceux qui apparaissent avec tous les caractères de la tige ordinaire, c'est-à-dire donnant aussitôt lieu à de vraies feuilles et à une tige, et, végétant dès leur apparition, ils n'ont pas besoin d'être protégés par des organes modifiés. Aussi ces bourgeons appartiennent-ils à la plupart des tiges de *plantes herbacées*, c'est-à-dire celles qui sont tendres, vertes, et qui périssent chaque année, qu'elles soient annuelles, bisannuelles ou vivaces comme le *Borrago officinalis*, le *Mercurialis annua*, les *Bryonia*, etc.

Les bourgeons nus se rencontrent encore chez les végétaux *sous-frutescents*, ceux dont la tige est *sous-ligneuse* ou *demi-ligneuse*. Dans ce cas, la tige ligneuse, à sa base seulement, per-

(1) Ch. Fd, *Phytogénie*, pl. I, *fig.* 4.

siste hors de terre pendant plusieurs années, tandis que les rameaux et les extrémités des branches périssent et se renouvellent
tous les ans à la manière des tiges herbacées. Tels sont : les
*Lavandula spica, Ruta graveolens, Rosmarinus officinalis, Sal-
via officinalis, Thymus vulgaris*, etc. Ces végétaux portent plus
généralement le nom de *sous-arbrisseaux*.

Enfin, certains végétaux ligneux, ceux que l'on désigne sous le
nom de *frutescents* ou vulgairement sous celui d'*arbustes*, quand
ils sont de petite taille, qu'ils se ramifient dès la base et que les
tiges sont persistantes, ne portent aussi que des bourgeons nus, ce
qui les distingue d'autres végétaux également ligneux, mais qui
sont munis de bourgeons écailleux. Parmi les végétaux frutescents à bourgeons nus nous citerons les *Erica*, les *Daphne*, les
Phylica, etc.

B. Les *bourgeons écailleux* sont ainsi nommés à cause des
écailles qui les constituent extérieurement et qui enveloppent les
rudiments de la tige nouvelle. Ces écailles, qui ne sont que des
organes appendiculaires arrêtés dans leur développement, sont
regardés comme étant d'origine différente ; c'est pourquoi on a
distingué les bourgeons écailleux par les qualificatifs : *foliacés*,
quand les écailles ne sont que des feuilles avortées, souvent capables de se développer en vraies feuilles (*Daphne Mezereum*);
pétiolacés, quand elles sont constituées par la base persistante
des pétioles (*Juglans regia*); *stipulacés*, lorsque ce sont les stipules qui, réunies, enveloppent la jeune tige (*Carpinus, Betula,
Liriodendrum tulipifera*, plusieurs *Ficus*, etc.); *fulcracés*, quand
elles sont constituées par des pétioles garnis de stipules (*Prunus*, etc.).

Les bourgeons écailleux sont particuliers aux *arbrisseaux*,
c'est-à-dire aux végétaux ligneux dont la tige est persistante et
qui sont ramifiés dès la base comme dans les *Corylus*, les *Deutzia*,
les *Philadelphus*, les *Syringa*, etc.

Ils sont surtout propres à tous les végétaux qui portent le nom
d'*arbres* proprement dits, lesquels sont, si l'on peut dire, dans
un état de *lignosité* plus grand que les autres végétaux, puisque,
destinés à vivre plus longtemps, leur tige en s'accroissant durcit
de plus en plus, au point d'offrir chez quelques-uns la dureté de
certains métaux, comme on peut le voir dans le *Guajacum offici-*

nale, le *Swetenia mahagoni,* etc. Ces végétaux sont spécialement caractérisés par un tronc d'abord simple et nu dans une grande partie de sa partie inférieure, mais se ramifiant plus ou moins abondamment dans sa partie supérieure, et dont l'*Æsculus Hippocastanum,* les *Pinus,* les *Quercus* et les *Ulmus* nous offrent de beaux exemples.

Les bourgeons écailleux sont visibles à l'extérieur ; ils commencent leur apparition à l'aisselle des feuilles pendant l'été, et souvent restent ainsi stationnaires pendant plusieurs mois ; on leur donne le nom d'*yeux* et ils sont souvent alors dans un état protophytogénique, c'est-à-dire que l'on distingue à peine quelques-unes des parties qui les constituent. En automne, ils s'accroissent un peu, déjà les exastosies circulaire et centripète se prononcent, et l'on commence à nettement distinguer et les écailles et les petites feuilles dont ils sont formés. Dans cet état ils constituent des boutons qui demeurent en repos pendant tout l'hiver. Mais aussitôt que revient le printemps, ils s'allongent, grossissent, se dilatent ; leurs écailles tendent à s'écarter et à laisser sortir les organes qui y sont contenus ; c'est dans ce cas qu'ils sont appelés *bourgeons* proprement dits. Linné les a désignés sous le nom d'*Hibernacle* (*Hibernaculum*).

Ils sont sphériques, ovoïdes ou coniques, composés d'écailles superposées les unes aux autres suivant la loi d'alternance, c'est-à-dire imbriqués ; quelquefois recouverts d'un enduit résineux, comme on le voit dans le *Populus nigra* ou l'*Æsculus Hippocastanum ;* ou garnis de poils, ou d'un tissu tomenteux, ou d'une sorte de bourre, destinés à garantir les organes qu'ils recouvrent des froids souvent violents de nos climats, c'est ce qui a lieu dans la Vigne, le *Salix cinerea,* etc. On a remarqué, en effet, que les bourgeons des arbres de la zone torride n'offrent jamais d'enveloppes de cette nature.

En fendant longitudinalement un bourgeon, il est facile d'en connaître la structure intérieure. En effet, on voit alors qu'il se compose d'une ligne centrale qui n'est autre qu'un petit axe sur lequel sont exsérées toutes les parties constituantes du bourgeon. Ce sont d'abord, en allant de l'extérieur à l'intérieur, une succession d'écailles plus ou moins grandes et dont le nombre varie selon les espèces végétales ; ensuite, des feuilles de moins en moins développées, mais dans lesquelles, surtout les plus extérieures, on commence à connaître soit la forme de la feuille, soit un commencement de composition (1). Enfin tout à fait au centre, à l'extrémité du petit axe et entre les deux dernières petites feuilles, se trouve un petit tubercule, phytogène central du protophytogène qui a donné lieu aux dernières feuilles, encore à l'état mamelonnaire, lequel phytogène central continuera à se composer en un protophytogène destiné à fournir deux autres petites feuilles, au milieu desquelles sera un autre phytogène central, et ainsi de suite. Cette description peut aisément être observée sur le *Syringa vulgaris* ou sur l'*Acer pseudo-Platanus* et en général sur les végétaux à feuilles opposées. On peut remarquer en même temps que toutes ces petites feuilles sont extrêmement rapprochées les unes des autres, de façon à ce qu'elles se trouvent toutes alternativement superposées et en contact, sur l'axe très-court qui les porte. Cependant, si petite que soit la partie de cet axe qui sépare chaque paire de feuilles, elle représente un mérithalle qui très-souvent s'allonge et arrive à espacer les feuilles d'une manière variable, mais qui, parfois aussi, reste dans un état d'amblosie qui fait que toutes les feuilles grandissent tout en continuant à se tenir très-rapprochées les unes des autres. C'est ce qui constitue ce que les botanistes ont désigné sous les noms de *rosette* ou *tige contractée*.

Quelques bourgeons, au lieu de se montrer à l'extérieur, restent à l'état de boutons engagés, soit dans la base du pétiole qui l'enveloppe de toutes parts, ainsi qu'on peut le voir dans le *Virgilia lutea* et les *Platanus*, soit dans la substance même du bois, et ne se montrent qu'au printemps, au moment où ils entrent en évolution : c'est ce qui arrive à certaines Légumineuses, particulièrement au *Robinia pseudo-Acacia*.

Les Bourgeons sont *simples* quand ils ne donnent naissance qu'à un seul axe, comme on le voit dans l'Erable, le Lilas, le Sureau, etc.; mais ils peuvent quelquefois être *composés*, et dans ce cas ils donnent naissance à plusieurs tiges comme on en a des exemples dans les Pins.

Enfin les botanistes ont encore distingué les bourgeons en

_____
(1) Ch. Fd, *Phytogénie*, pl. IV, *fig*. 22, A, B, C.

foliifères, florifères et *mixtes*, selon qu'ils ne renferment que des axes infrondescents, comme le sont la plupart des bourgeons du Lilas, celui qui termine la tige du Bois-gentil (*Daphne Meze-reum*), etc.; ou qu'ils donnent lieu à des axes inflorescents plus ou moins accompagnés de feuilles, tels que ceux de Pommiers, Poiriers, etc.; ou enfin qu'ils renferment à la fois des axes infron-descents et des axes inflorescents, ce qui arrive aux bourgeons floraux des *Syringa vulgaris, persica*, etc. Faisons observer en passant, 1° que les bourgeons florifères sont souvent composés, puisque fréquemment ils renferment plusieurs fleurs qui ne sont que des axes définis; il en est ainsi, à plus forte raison, des bour-geons mixtes qui renferment à la fois des axes infrondescents et inflorescents; 2° que bien souvent les bourgeons florifères peu-vent devenir mixtes, par la raison qu'une ou plusieurs fleurs peuvent se métamorphoser en axes infrondescents, et c'est ce qui arrive fréquemment dans les Poiriers et les Pommiers.

Quoi qu'il en soit, il est assez facile de distinguer les bourgeons florifères des bourgeons infrondescents, au moins par l'examen de ceux de nos arbres fruitiers. En général un bourgeon volumi-neux, ovoïde ou arrondi indique un bourgeon inflorescent; tandis que ceux qui sont, au contraire, effilés, allongés et pointus indi-quent des bourgeons infrondescents.

Enfin on peut, si l'on veut, distinguer encore les bourgeons *souterrains* des bourgeons *aériens*. Mais cette division n'est réellement pas importante en ce que leur structure et leur mode de formation est identique et, malgré le milieu si différent, leur forme est pour ainsi dire exactement la même.

Cependant Linné a donné le nom de *Turion* (*Turio*) au bour-geon souterrain des plantes vivaces. Il naît soit du collet de leur racine, soit d'un rhizome ou tige souterraine, et par son déve-loppement il produit les tiges nouvelles de chaque année, par exemple, dans l'Hellébore et l'Asperge dont la partie mangeable est considérée comme turion.

Tous les arbres à racines traçantes et ligneuses, comme le *Robinia pseudo-Acacia*, le *Rhus Typhina*, l'*Ailanthus glandu-losus*, etc., donnent aussi des bourgeons souterrains qu'il faudrait nommer turions, quoique ne provenant ni d'un rhizome, ni du collet d'une racine, ni d'une plante vivace. Il faudrait aussi donner ce nom aux petites granulations souterraines que l'on trouve à la base de la tige du *Saxifraga granulata*, car ce sont de petits bourgeons écailleux naissant sur les ramifications horizontales d'un rhizome. Enfin, par extension, d'après le sens de la définition, les caïeux qui naissent aussi sous terre et qui sont tout aussi bien des bourgeons, les bulbilles souterrains qui se développent à la base des bulbes du *Gladiolus*, seraient également des turions. C'est pourquoi nous pensons que ce nom pourrait sans inconvénients être supprimé du langage botanique.

D'ailleurs ce mot n'a pas la même signification pour tous les auteurs. Ainsi Link a défini le *turion*, toute pousse qui s'allonge beaucoup avant de produire des feuilles. Selon d'autres ce mot ne doit s'appliquer qu'aux jeunes pousses charnues et annuelles des herbes vivaces au moment où elles sortent de terre, comme l'Asperge. Ray et Tournefort avaient nommé *Asparagi* ce même turion, parce que l'exemple le mieux connu était celui des Asperges culinaires.

Quoi qu'il en soit, les bourgeons naissent généralement à l'aisselle des feuilles. Tantôt il ne s'en développe qu'un seul, tantôt, au contraire, on en voit un assez grand nombre se former, sans que pour cela tous se développent également, et il y en a même qui ne prennent aucun accroissement et qui se comportent comme s'ils n'existaient pas. Cependant ils existent véritablement, car il est facile de les faire évoluer en coupant les axes qui attiraient sans doute à eux tous les sucs nutritifs.

C'est que souvent ils sont dans des états très-divers de développement. Les uns ne sont qu'à l'état de *boutons*, d'autres seulement à l'état d'*yeux;* moins développés encore, il en est qui n'en sont qu'à leur état *protophytogénique*, c'est-à-dire ce groupement de cellules qui précède de très-près les exastosies. Enfin, il en est qui, moins avancés encore, sont réduits à l'état de *phytogène*, ou de groupement de cellules sous forme sphérique, se séparant, s'individualisant de tout le reste de tissu cellulaire pour avoir sa vie à part. Au delà, le bourgeon est dans le néant.

Tant qu'il n'a pas eu un commencement d'existence, on ne peut pas dire que le bourgeon avorte. Mais dès qu'il a eu sa formation phytogénique, il peut alors avorter et faire croire qu'il n'a pas existé, et en effet, comme souvent il n'est pas encore visible, on pourrait être conduit à nier son avortement. Mais comme aussi, entre ce néant et l'existence visible et palpable de toutes les choses créées, il y a le *point initial de l'existence* qu'il ne nous sera jamais donné de découvrir, il est impossible que l'esprit d'investigation s'en tienne aux choses visibles, et il est forcé d'aller au delà, dans le domaine de l'inconnu, et, pourvu qu'il y pénètre entouré de toutes les précautions de logique indispensables, il peut y faire des découvertes tout aussi importantes que s'il lui était donné de les voir avec les meilleurs instruments.

Il ne faut donc pas être étonné si, il y a déjà longtemps, Linné a observé et décrit l'absence de bourgeons dans sa *Philosophie botanique*, où il dit : « *Carent gemmis arbores variæ,* » et où il cite comme exemple : les *Philadelphus, Frangula T., Alaternus T., Paliurus T., Jatropha, Hibiscus, Bahobab, Justicia, Cassia, Mimosa, Gleditsia, Erythrina, Anagyris, Medicago, Nerium, Viburnum, Rhus, Tamarix, Hedera, Erica, Malpighia, Lavatera, Solanum, Asclepias, Ruta, Geranium, Petiveria, Pereskia Pl., Cupressus, Thuja, Sabina* (1).

C'est que, bien certainement, Linné a voulu parler des bourgeons plus ou moins visibles extérieurement et qui, en effet, dans les végétaux précités, restent parfois dans un tel état de développement qu'ils semblent ne pas exister ; ils ne sont pas surtout encore à l'état de bourgeon tel que l'entendait Linné ; puisqu'il a écrit en tête du paragraphe cité : « HYBERNACULUM est « pars Plantæ includens Herbam embryonem ab externis injuriis; « estque *Bulbus* vel *Gemma.* »

A la vérité, il y a des végétaux chez lesquels les avortements sont si constants qu'ils ont été considérés comme privés de bourgeons. Ainsi, parmi les Acotylédones, on regarde les Mousses comme en étant généralement dépourvues. Cependant, plusieurs d'entre elles portent à l'aiselle de leurs feuilles des espèces de bourgeons ou jeunes pousses qu'Hedwig nommait *Innovatio.* Il en est à peu près de même des Lycopodes qui ont souvent des feuilles privées de bourgeons; mais néanmoins, de ce que la

---

(1) *Philos. bot.,* edit. secunda, 85.

tige porte des rameaux alternes, il faut bien admettre l'existence de bourgeons, réduits à l'état de protophytogènes si l'on veut, mais qui, à un moment donné, se montrent, et, par leur croissance, forment les tiges latérales. Les Fougères paraissent réellement dépourvues de bourgeons axillaires, mais elles offrent des bourgeons adventifs (Brongniart).

Les Monocotylédones sont généralement regardées comme ne présentant pas de bourgeons axillaires ; cependant un grand nombre d'espèces en offrent de très-apparents, particulièrement certaines *Graminées.* Du Petit-Thouars a admis que dans les *Dracœna* on n'aperçoit à l'aisselle de leurs feuilles aucune trace de bourgeon, et qu'il en était ainsi dans la plupart des Liliacées. On peut pareillement citer les Palmiers, chez lesquels il serait impossible de démontrer l'existence des bourgeons axillaires.

Parmi les Dicotylédones, on peut nommer les Conifères, chez lesquelles les bourgeons axillaires manquent souvent (Linné, Du Petit-Thouars, Ad. de Jussieu); les *Cycas,* que M. Brongniart regarde comme ne portant qu'un seul bourgeon terminal, et, selon M. Miquel, les Cycadées seraient rarement pourvues de bourgeons latéraux. Cependant, Gaudichaud dit que partout où il y a une cellule vivante il peut se développer un bourgeon ; mais nous pensons que c'est aller un peu trop loin et que, pour qu'un bourgeon puisse se développer, il faut le concours d'un certain nombre de cellules capables de former par leur ensemble la petite masse de tissu cellulaire que nous avons appelée *phytogène.* Voilà pourquoi certaines feuilles, trop minces dans le parenchyme de leur limbe, qui pourtant est cellulaire, ne donnent lieu à aucun phytogène, tandis que les feuilles charnues comme les *Bryophyllum, Rochea,* etc., peuvent en donner qui reproduiront l'individu.

Suivant ce savant, il y a normalement un bourgeon axillaire dans les Monocotylédones, un pour chaque feuille, et deux ou plusieurs dans les Dicotylédones. « Ces bourgeons axillaires, dit-il, avortent souvent dans les embryons des deux grands ordres de végétaux, les Monocotylédones et les Dicotylédones, mais rarement à l'aisselle de leurs feuilles (1). » Il y a cependant à

____

(1) *Rechech. sur organograph. physiol. et organog.,* etc., p. 7-8.

observer deux choses importantes, savoir, que très-souvent il se développe un grand nombre de bourgeons à l'aisselle de chaque feuille (t. I, p. 266 et suivantes), et que, de même qu'il peut, selon le végétal, se produire un grand nombre de bourgeons à l'aisselle d'une feuille, comme dans les *Bambusa* et les *Arundinaria* (Monocotylédones), ou comme dans les *Aristolochia sipho, Juglans regia, Vitis, Lonicera tatarica*, etc. (Dicotylédones), de même aussi il y a plus d'avortement ou plutôt d'amblosie de bourgeons qu'on ne le croit communément, et M. le professeur Clos, dans un savant travail, a justement appelé l'attention des botanistes sur ce sujet (1). Toutefois, nous croyons qu'il est allé un peu loin en écrivant ces lignes : « J'accorde « qu'il peut se développer des bourgeons sur toutes les parties du « végétal, et plus facilement à l'aisselle des feuilles que partout « ailleurs, car là se trouvent réunies toutes les conditions favo- « rables à leur production. Mais la théorie des bourgeons latents « n'a pas plus de fondement que celle de la préexistence des « germes, que les idées caressées avec tant de prédilection par « Turpin, sur l'excitation des grains de globulins. Je le répète, « il est des plantes où l'aisselle des feuilles n'offre pas la « moindre trace de bourgeons, et il y a entre le bourgeon latent et « le bourgeon vrai toute la distance de l'être au non-être. »

Quand Du Petit-Thouars a créé le mot de *bourgeons latents*, de même que lorsque Lahire, avant lui, avait conçu l'idée d'*une infinité de petits œufs de la nature de l'arbre*, il est impossible d'admettre qu'ils n'avaient pas compris par là le bourgeon à sa naissance, au moment où il commence à s'individualiser, mais aussi au moment où l'œil armé d'un meilleur microscope ne saurait pas encore le distinguer : c'est là le point initial de la création du bourgeon dont nous parlions ; c'est le phytogène, et quoiqu'on ne puisse pas le distinguer, on ne peut pas dire qu'il n'existe pas, et ce serait trop de prétention que de croire que nous sommes sûrs de voir les organismes aussitôt qu'ils ont commencé leur existence. Donc on peut soutenir avec raison et logique que le bourgeon latent *est, existe* et que, par conséquent, il ne peut y avoir, entre lui et le bourgeon apparent, la distance

(1) *Discuss. d'un principe d'organogr. vég. concernant les bourg.* — *Bull. Soc. bot. France*, t. III, p. 4.

de l'être au non-être. Il arrive souvent aux hommes les mieux doués de ne pas appuyer leurs idées de toutes les déductions logiques indispensables pour les rendre indiscutables ; mais il n'est pas admissible que des hommes comme Lahire et Du Petit-Thouars aient si nettement exprimé une idée par ces mots si significatifs : *œuf* et *bourgeon*, sans supposer qu'ils entendaient par là le bourgeon strictement *ab ovo*, mais dans un état d'individualité bien accusée. Or, dans cet état, il est impossible de l'apercevoir, et il est souvent bien avancé dans son évolution avant même qu'il ne nous soit donné de l'apercevoir à l'extérieur.

Quoi qu'il en soit, M. Clos nous a fait connaître un grand nombre d'espèces chez lesquelles les bourgeons axillaires ne sont pas visibles, à l'extérieur au moins ; ce sont : parmi les plantes annuelles, les *Portulaca Gilliesii* et *grandiflora, Euphorbia Lathyris, Peplus, Helioscopia ;* parmi les espèces vivaces ou frutescentes, il cite les *Sempervivum* herbacés (*S. tectorum, montanum, globiferum*) ou frutescents (*S. arboreum, Smithii, Haworthii, glutinosum); Crassula arborescens* et *perfossa ; Sedum altissimum, reflexum, dasyphyllum ; Cotyledon orbiculata ; Peperomia blanda ; Kleinia articulata, repens, Haworthii ; Leucadendron tortum ; Iberis semperflorens ; Euphorbia Sylvatica, Wulfenii, Pithyusa ; Echeveria rosea, coccinea, secunda,* etc. La plupart des feuilles des *Erica scoparia* et *arborea,* des *Tamarix,* du *Sueda fruticosa,* du *Melaleuca pulchella,* des *Diosma obtusa* et *ericoides* en sont également dépourvues (Clos).

Quoi qu'il en soit, les bourgeons, par leur évolution, donnent lieu à des branches ou rameaux qui, dans leur jeunesse, portent des noms particuliers. Nous avons déjà cité les *turions* et les *innovations* (p. 455 et 457) ; nous mentionnerons encore les suivantes.

Quand le bourgeon naît du collet ou de la souche du végétal, qu'il en résulte une branche s'élevant dès qu'elle sort de terre, si elle est susceptible d'être séparée de la plante mère avec une partie de la racine et de former un nouvel individu, on lui donne les noms de *Drageon* ou *Surgeon* (Olivier, Figuier, etc.).

Quand le bourgeon naît du collet et qu'il donne lieu à une branche ou tige secondaire, rampante et poussant çà et là, d'un côté des racines et de l'autre des feuilles, on lui donne le nom de *Jet* ou *Stolon* (Piloselle).

Lorsque le jet manque de feuilles et de racines dans une longueur déterminée, et qu'à des places fixes il émet des racines surmontées d'une rosette de feuilles, il reçoit le nom de *Coulant* bien connu dans le Fraisier, et n'est autre que le *Viticula* de Tournefort, qui l'avait emprunté à Pline, lequel l'avait appliqué aux jeunes pousses ou *tendrons* de la Vigne. Link lui a donné le nom de *Sarmentum*, également tiré des branches allongées de la Vigne.

Tels sont les noms qui ont été donnés à certaines tiges dérivant de bourgeons venus dans des conditions spéciales. Quant aux autres bourgeons axillaires, on sait qu'ils se développent en tiges secondaires, tertiaires, etc., auxquelles on donne plus communément les noms de *branches, rameaux, ramilles* et *ramuscules*, ces deux dernières expressions n'étant employées que pour désigner les dernières divisions des branches. Quoi qu'il en soit, c'est la disposition de toutes ces tiges, leur direction, leur longueur relative ou leur absence complète, qui donnent au végétal une physionomie toute particulière, de laquelle nous allons nous occuper dans le chapitre suivant.

Pour terminer ce qui se rapporte aux bourgeons, il ne nous resterait plus qu'à parler des causes probables qui les font avorter et des lois qui président à leur évolution ; mais ayant déjà longuement traité ces questions à l'article *Amblosie* (p. 251 à 280), nons y renvoyons nos lecteurs.

CHAPITRE XII

THÉORIE DES FORMES VÉGÉTALES

Après avoir décrit les principales formes que peuvent prendre les organes et avoir fait, autant que possible, connaître les causes de ces formes; après avoir expliqué comment les exastosies, les multiplications, les amblosies, les métathésies, pouvaient puissamment modifier ces formes; après avoir longuement fait comprendre pourquoi tous les organes, qui ont une origine commune, pouvaient aisément se transformer les uns dans les autres, il convient maintenant d'étudier les formes générales qui résultent du groupement de tous ces organes.

Rien n'est plus varié, en effet, que la forme que peuvent prendre les végétaux considérés dans leur ensemble; mais en les étudiant avec quelque soin, on arrive aisément à ramener à des formes types toutes celles qui paraissent le plus compliquées.

Nous avons dit plusieurs fois (1) qu'un végétal devait être regardé comme l'assemblage d'une multitude d'individualités greffées les unes sur les autres et vivant en commun. C'est l'exemple le plus frappant que l'on puisse offrir d'une vie générale composée d'une multitude de vies particulières (t. I, p. 27 et 28).

Quoique certaines formes générales se retrouvent et dans les infrondescences et dans les inflorescences, cependant, afin de mettre plus d'ordre dans cette étude, nous avons dû examiner séparément ces deux ordres d'organismes.

____

(1) *Phytogénie*, p. 1.

ARTICLE PREMIER. — *Des infrondescences générales.*

Dans cette étude, nous allons procéder du simple au composé, ce sera un moyen de faire mieux comprendre la composition des principales formes végétales. Elles sont au nombre de quatre, que l'on peut appeler *formes géométriques* et qui sont constituées d'après quatre plans primitifs, savoir : la forme *sphérique*, la forme *linéaire*, la forme *plane* et la forme *solide*, dont les significations sont tirées des mots *sphère, ligne, plan* et *solide* empruntés à la géométrie; car nous verrons, en effet, que ces formes principales ont de très-grands rapports avec les figures géométriques que nous venons de désigner.

SECTION I. — FORMES SPHÉRIQUES.

Puisque le phytogène, d'après ce que nous avons dit (*Phytogénie,* p. 65), est originellement sphérique et qu'il est l'élément organique de chacune des parties d'un végétal, il s'ensuit que le végétal le plus simple doit être réduit à un phytogène, lequel peut se scinder en deux ou quatre parties pour se reproduire et former autant de phytogènes qu'il y a d'individus formés (1). C'est ce qui arrive à la plupart des végétaux inférieurs comme le sont certaines espèces d'Algues *Zoosporées* (Decaisne), tels que les *Protococcus.* Beaucoup de botanistes ne voient dans ces végétaux qu'une cellule ou vésicule végétale; mais si l'on observe que dans l'intérieur de chacune de ces cellules on trouve de nombreux globules, on pourra regarder ces globules comme un tissu cellulaire naissant, et dès lors considérer le végétal entier comme un phytogène.

Dans certains végétaux, à coup sûr composés d'un grand nombre de phytogènes, tous vivant en commun, nous les voyons se grouper en un végétal entier plus élevé dans l'échelle des êtres végétants, et conservant toujours la forme sphérique qui semble être la forme la plus simple de toutes celles que nous avons à examiner. Le genre *Lycoperdon* peut être regardé comme un type de cette forme, dont voici, d'après Bulliard, la description de l'une des espèces du genre, le *Lycoperdon giganteum,* Pers.

(1) *Phytogénie,* p. 23.

« J'ai mesuré, dit Bulliard, de ces *Lycoperdon* qui avaient de 18, 20 à 23 pouces de diamètre, et des personnes dignes de foi m'ont assuré en avoir vu dont le diamètre avait plus de trois pieds. Une masse si considérable ne tient à la terre que par une racine très-grêle, à peine plus grosse que le doigt et qui quelquefois n'excède pas le diamètre d'une plume à écrire; aussi arrive-t-il fréquemment qu'avant d'être parvenue au dernier terme de son développement, un coup de vent brise sa racine et la fait rouler comme une boule. »

La forme du *Lycoperdon* est donc plus ou moins sphérique, mais cette forme s'allonge quelquefois et devient turbinée comme dans le *Lycoperdon cœlatum*, Bull. ; ou en forme de poire, comme dans le *L. pyriforme* et plusieurs autres. Dans le *L. excipuliforme*, le péridium, d'abord arrondi, est rétréci en dessous en une sorte de collet, lequel se transforme en un pédicule cylindrique qui augmente peu à peu de volume à sa base, de façon à être double en volume de celui du péridium. C'est en quelque sorte un passage aux *Tulostoma* qui sont pédicellés et que, pour cette raison, Linné nommait *Lycoperdon pedonculatum*.

On peut en dire autant du genre *Geastrum*, Pers., dont le péridium est sessile dans les *G. hygrometricum, mammosum, rufescens, duplicatum*, et pédicellé dans les G. *pectinatum* et *minimum*.

Les *Scleroderma, Strongylium, Bovista, Rhizopogon, Pyrinium, Tuber*, etc., sont autant de genres où il est aisé de rencontrer des espèces ayant la forme sphérique au moins de leur péridium.

Si nous cherchons à nous rendre compte de la structure de la plupart de ces végétaux de forme sphérique, principalement des Lycoperdacées, nous trouvons que leur caractère essentiel est d'être formé par un *péridium* ou *conceptacle* constitué par des filaments nombreux, entrecroisés. Ces filaments très-fins, presque byssoïdes, forment par leur entrecroisement une ou deux couches distinctes, quelquefois même séparées à la maturité et désignées par les noms de péridium *interne* et *externe*. Arrivé à son complet développement, ce péridium se détruit irrégulièrement ou s'ouvre à son sommet d'une manière régulière ; il renferme une masse de poussière ou séminules très-fines, mêlées à des filaments plus ou moins nombreux et analogues à ceux qui composént le péridium. Or, pour que ces filaments si nombreux aient pu se former, il faut de toute nécessité qu'ils se soient formés et multipliés à peu près de la même manière que les petits axes composant les multiplications organiques que nous avons désignées sous le nom de *sphérochorises (Phytogénie,* p. 9-16).

Parmi les Phanérogames, nous trouvons la forme sphérique dans les axes de diverses Cactées, telles que les *Melocactus, Mamillaria, Echinocactus, Echinopsis, Anhalonium, Astrophytum.* Dans ces végétaux, en effet, la tige est le plus souvent très-courte, épaisse, napiforme (*Anhalonium*) ou arrondie en boule, sans feuilles, couverte de mamelons, (*Mamillaria*) ou de côtes verticales, très-saillantes (*Melocactus, Echinocactus, Echinopsis*), ou de très-grosses côtes à larges faces convexes et à larges ondulations (*Astrophytum myriostigma,* Lemair). Ces tiges, qui sont bien évidemment des assemblages d'axes unis entre eux par un défaut général d'exastosies, doivent en conséquence être regardées comme des sphérochorises, comme nous l'avons fait (*loc. cit.,* p. 15).

Il existe une plante dont la forme curieuse peut jusqu'à un certain point se rapprocher des sphérochorises, mais de celles qui, produisant une foule d'axes, portent le nom de *polycladies* (1). Nous voulons parler du *Testudinaria elephantipes* dont la souche, presque sphérique, atteint des dimensions considérables (quelquefois 1 mètre de diamètre et de hauteur). Cette souche est la partie la plus remarquable de la plante en ce que, seule, elle vit longtemps, tandis que les tiges ou rameaux qu'elle émet chaque année sont grêles, volubiles et caduques.

SECTION II. — FORMES LINÉAIRES.

Chez les végétaux les plus simples, des cellules s'unissent bout à bout pour constituer des filaments formant le végétal entier et qui sont à l'utricule simple de l'article précédent, ce qu'est la ligne par rapport au point géométrique (2). C'est à cette forme

(1) T. I, p. 325. — *Phytogénie,* p. 15.
(2) Pour comprendre nettement notre manière de voir, il convient de partir des définitions géométriques suivantes, qui ne sont pas tout à fait celles

qu'appartiennent les Algues que M. Decaisne a réunies dans sa division des *Synsporées*, parmi lesquelles nous citerons, comme exemples, les *Conferva* à filaments simples tels que les *Conferva fucicola*, *flaccida*, *ferruginea*, *capillaris*, *rivularis*, *verrucosa*, etc.; les *Leptomitus ceratophylli* et *brevis*; les *Diatoma*, etc.; ou certains Champignons à filaments simples, appartenant aux Arthrosporées, Trichosporées et Cystosporées de la classification de M. Léveillé.

Dans quelques Champignons de structure plus compliquée, il est facile de reconnaître la forme linéaire comme celle qu'affectent le *Sclerotium clavus*, les *Clavaria* (*cylindrica*, *fistulosa*, etc.), les *Acrospermum*, etc., forme linéaire qu'il n'est pas impossible de retrouver dans les *Phallus*, les *Morchella*, les *Helvella*, etc., qui conduisent, par leur chapeau plus ou moins développé, aux Champignons de l'ordre des Agaricées ou des Bolétacées, etc.

Un certain nombre d'espèces appartenant aux Mousses se présentent, à part leurs feuilles, dans un grand état de simplicité, ainsi qu'on peut le voir dans plusieurs *Tortula* (*cuspidata*, *acuminata*, *muralis*, etc.); dans les *Polytrichum aloides*, *nanum*, *pumilum*, etc.; le *Pohlia elongata*, le *Funaria hygrometrica*; les *Webera pyriformis* et *nutans*, etc.

Dans un ordre plus élevé, nous voyons les Fougères des tropiques devenir arborescentes et s'élever à une très-grande hauteur sans se ramifier, et n'ayant de centre vital qu'au sommet de son stipe en général simple, ou rarement dichotome par chorise diplasique. Il est par conséquent aisé d'y reconnaître la forme linéaire.

---

de la géométrie professée dans les lycées, mais qui n'en sont pas moins exactes :

1° Le *point* est la plus petite partie de l'étendue que l'esprit puisse concevoir.

2° La *ligne* est formée par la superposition de plusieurs points. Elle est droite quand elle est le plus court chemin d'un point à un autre. Elle ne se dirige que suivant une seule des dimensions de l'étendue : longueur, sans largeur.

3° Le *plan* est formé par la superposition exacte, *suivant une droite*, de plusieurs lignes droites. Il en résulte que deux points pris à volonté sur le plan et joints par une ligne droite, cette ligne est tout entière dans le plan. Il se dirige dans deux des dimensions de l'étendue : longueur et largeur.

4° Le *solide* ou *corps* est formé par la superposition de plusieurs plans. Il occupe les trois dimensions de l'étendue : longueur, largeur et hauteur.

En nous élevant davantage dans la série végétale, abstraction faite des organes appendiculaires, il est impossible que l'on ne reconnaisse pas la forme linéaire dans la plupart des tiges de Monocotylédones qui, à part quelques exceptions, s'élèvent quelquefois à une très-grande hauteur sans produire de ramifications, si ce n'est dans leur inflorescence. Ainsi, d'une manière générale, à l'exception des Graminées, des *Yucca*, des *Dracæna* et quelques autres, on peut dire que les Monocotylédones sont toutes construites sur la forme linéaire ; car il suffit de jeter un coup d'œil sur les *Cyperus*, dont le *Cyperus Papyrus* peut atteindre jusqu'à trois ou quatre mètres de hauteur, sur les *Arundo phragmites* et *Donax*, pour se convaincre de la forme générale qu'ils affectent. La plupart des Palmiers sont construits d'après cette forme ; aussi les voyons-nous ne présenter qu'un stipe quelquefois très-élevé (quelques-uns atteignent à plus de cent pieds de hauteur), et presque toujours terminé par un seul bourgeon.

Enfin, quoique les Dicotylédones ne paraissent point pour la plupart être construits sur cette forme, cependant on peut citer les Papayers et les Cicadées qui, bien que très-voisins des Conifères, se rapprochent des Palmiers dont elles ont le port. Est-il besoin de dire qu'en faisant abstraction des axes latéraux, il est facile de reconnaître que la presque totalité des végétaux représentent des formes linéaires ? C'est pourquoi il est impossible que l'on n'arrive pas à trouver que presque tous sont symétriques par rapport à une ligne (1). Cependant, comme ce sont précisément ces axes latéraux desquels dépendent la forme du végétal, nous devons en tenir compte, et par conséquent ce n'est pas à cet article que se rapporte la plus grande partie des végétaux Dicotylédones.

Dans les végétaux inférieurs, comme les Conferves et les Champignons inférieurs dont nous avons parlé, on voit nettement les cellules s'allonger, puis, arrivés à un certain point, il se produit un ou plus rarement plusieurs étranglements, ressemblant à un plissement transversal de leur paroi, d'où résulte une saillie intérieure qui s'avance de plus en plus et finit par former une cloison complète, et alors on a deux ou plusieurs cellules qui, à

(1) T. I, p. 57.

leur tour, se multiplient par le même procédé. Ainsi se forment les filaments les plus simples constituant les végétaux inférieurs de forme linéaire.

Nous devons faire observer que des trois formes de l'exastosie que l'on retrouve dans l'évolution des axes, nous ne pouvons constater ici que la transversale, puisque les exastosies centripète et circulaire ne peuvent se produire sans donner lieu à des organes appendiculaires.

Toutefois, il peut arriver que plusieurs filaments, formés par le procédé organogénique que nous venons de décrire, vivent unis ensemble en un corps cylindrique plus ou moins allongé, comme dans les *Clavaria cylindrica* et *fistulosa*, sans cesser de donner lieu à une forme linéaire générale.

Dans les Mono et les Dicotylédones dont il vient d'être question, le mécanisme de l'élongation se fait différemment; car c'est par le développement des phytogènes centraux de chaque protophytogène successivement formé que se produit un mérithalle, terminé par ses organes appendiculaires, lequel se surajoute à ceux déjà formés et donne lieu à une élongation que l'esprit conçoit devoir être infini, mais qui en réalité se termine plus tôt ou plus tard selon que le végétal est mieux organisé pour porter la séve plus haut, aux derniers phytogènes centraux. On voit donc qu'il a fallu une plus grande complication dans le procédé organogénique, puisque ici, non-seulement nous avons la formation d'un axe, mais encore d'organes appendiculaires dont les éléments sont formés par les phytogènes circulaires et supérieurs de chaque protophytogène (1), tandis que le mérithalle est formé par les trois phytogènes périphériques inférieurs du même protophytogène. Ceux-ci, en restant unis sous forme d'un tissu cellulaire qui se multiplie plus ou moins abondamment, élèvent plus ou moins les organes appendiculaires formés ainsi que le phytogène central destiné, après sa composition en un nouveau protophytogène, à produire un nouveau mérithalle, de nouveaux organes appendiculaires et un nouveau phytogène central capable à son tour, s'il est suffisamment nourri, de donner lieu à de semblables produits.

(1) *Phylogénie*, p. 110.

SECTION III. — FORMES PLANES.

De même que nous avons vu les cellules, ou les phytogènes, ou les protophytogènes, en se développant, s'ajouter bout à bout ou se superposer les uns aux autres pour donner lieu aux formes linéaires, de même nous pouvons concevoir des filaments, ou des axes phytogéniques ou protophytogéniques, s'unissant entre eux suivant un plan pour donner lieu à des végétaux qui n'ont plus la forme sphérique ou linéaire, mais la forme plane, qui est celle que nous devons étudier dans cet article.

Les végétaux les plus simples affectant la forme plane ou de lames plus ou moins développées sont les *Nostochs,* qui croissent, au printemps et en automne, sur la terre humide et dans les lieux marécageux, sous forme de membranes gélatineuses, tremblottantes, renfermant des sporules assemblées en chapelet.

Les *Thelephora* ou *Auricularia* Bull., qui appartiennent à la section des Champignons, se présentent aussi sous forme de membranes dans les *T. alutacea, castaneæ, aurantia, cinerea,* etc., *Coniophora membranacea,* etc.

Parmi les *Lichens,* on voit les *Collema* revêtir la forme plane, gélatineuse et flasque à l'état frais, ce qui sous ce rapport les fait ressembler beaucoup aux Nostochs ; mais leur organisation intérieure est très-différente en ce que l'on n'y trouve point de filaments moniliformes, mais bien une substance fibro-gélatineuse qui les rapproche des Chaodinées de Bory de Saint-Vincent. Néanmoins la présence de vraies scutelles doit nécessairement faire ranger les *Collema* parmi les Lichens.

Il n'est pas sans intérêt de rappeler ici la manière de voir de Bory de Saint-Vincent sur les genres que nous venons d'examiner : « Dans ces trois genres (*Nostoch, Auricularia* et *Collema*) appartenant à trois familles, ou plutôt à trois classes très-distinctes, une mucosité transparente, tremblante et sans goût est contenue entre deux pellicules membraneuses ou lames plus ou moins consistantes. Cette mucosité est entièrement semblable à celle dont se composent les espèces de notre genre *Chaos* ; mais si on la place sur le porte-objet du microscope, on la trouve remplie de linéoles translucides formés de globules emboulés, qui sont les rudiments internes d'une organisation tendant vers la disposition filamenteuse, par laquelle se préparent les rameaux qui plus tard se montrent extérieurement pour compléter les formes végétales. Il est alors impossible de distinguer les uns des autres une Auriculaire, un Collème et un Nostoch; mais ce dernier s'arrêtera au premier degré organique, il demeurera essentiellement tomipare et agame, parce que la nature n'y ajouta point de gemmule, ou quoi que ce soit qui pût nécessiter un autre mode de reproduction; mais dans les Auriculaires, les filaments moniliformes internes se tisseront d'une manière fort serrée par leurs extrémités; ils épaissiront la membrane externe qui doit résulter de leur entrecroisement, au point de la rendre coriace et capable decontenir, comme le ferait une outre, le mucus interne où se développe tout l'appareil filamenteux; les extrémités des ramules corticales s'épanouissant à la surface supérieure du Champignon, exposées à l'air atmosphérique, et n'y étant plus lubréfiées dans un milieu humide, formeront une couche tomenteuse, souvent diversement colorée par l'action de la lumière, qui dès lors agit directement sur le duvet devenu bientôt comme laineux; si l'on soumet ce duvet au microscope, on y reconnaîtra toujours des articulations analogues à celles des filaments de l'intérieur, seulement elles seront plus serrées et même d'une autre forme, en raison de la différence des milieux. Le même feutrement s'opère de dedans en dehors pour former les lames des frondes dans les Collèmes, mais les extrémités des filaments, au lieu de s'épanouir en duvet à la surface de ces frondes, doivent s'y nouer pour ainsi dire sur divers points, comme on noue l'extrémité des bottes de chanvre, et de leur confusion au point de rapprochement résultent ces apothécions qui élèvent de véritables Nostochs au rang des Lichens. Tel est le mécanisme des passages que nous croyons avoir parfaitement saisis (1). »

Un grand nombre de Lichens présentent aussi des expansions planes nommées *thallus*; mais ces expansions foliacées sont très-variables de forme par les ondulations, les plis délicats et les sinuosités que l'on y observe, ainsi que par les espèces de rosaces qui caractérisent certaines espèces.

(1) *Dict. class. d'hist. nat.*, t. XI, p. 597, col. 2.

Les Acotylédones nous offrent un grand nombre d'autres espèces à expansions planes qui rentrent dans la forme générale
que nous étudions ici. Il nous suffira de citer quelques-unes des
plus généralement connues ; telles sont : les *Ulva* ; les *Laminaria*
dont une espèce, le *L. saccharina*, peut acquérir jusqu'à trois
mètres de longueur ; les *Fucus* ; quelques *Halymenia* (*palmata*,
ciliata, etc.), etc., etc. Il est remarquable que toutes les divisions
ou ramifications, dans beaucoup d'espèces, sont toujours formées
dans un même plan, ce que l'on peut très-bien constater, par
exemple, dans les *Halymenia palmata*, *ciliata*, ou dans les *Fucus ceranoides*, *vesiculosus*, *polymorphus*, etc.; ce qui justifie
l'expression générale de forme plane que nous avons choisie.

Les Mousses elles-mêmes se présentent quelquefois avec des
ramifications qui se développent dans un même plan. Telles sont
en particulier les espèces suivantes : *Leskea complanata*, *lucens* ;
Neckera pennata, *crispa*, *heteromala* ; *Hypnum tamariscinum*,
splendens, *abietinum*, *purum*, *muticum*, *cuspidatum*, etc.

Si nous examinons, sous ce point de vue, les Monocotylédones,
nous remarquons que, dans un grand nombre d'espèces, pour ne
pas dire de genres, chez lesquelles la disposition des feuilles est
phytogéniquement alterne distique (1), la forme plane doit se
produire. En effet, si l'on suppose que juste à l'aisselle et au
milieu de la feuille, entre la nervure médiane et l'axe qui la
porte, il se développe un seul bourgeon, comme cette feuille joue
le rôle de première feuille du nouvel axe dont toutes les feuilles
seront aussi *phytogéniquement* alternes distiques, il s'ensuit
nécessairement que les axes tertiaires qui pourraient naître seraient dans les mêmes conditions de position relative, et qu'en
fin de compte tous ces axes se développeraient dans un même
plan. Par conséquent, tous ces rameaux ainsi placés dans un
même plan donneront à la forme générale du végétal la forme
aplatie dont il est question dans cet article. C'est en effet ce qu'il
est aisé d'apercevoir dans les végétaux qui, comme chez les *Iris*,
les *Gladiolus*, les *Tigridia*, arrivent à donner soit à leur base
(*Tigridia*), soit accidentellement dans leur inflorescence, des axes
secondaires (*Gladiolus*), formant avec l'axe primaire un plan

(1) P. 138. — *Phytogénie*, p. 121.

unique. Nous avons sous les yeux plusieurs *Gladiolus* chez lesquels la fleur inférieure de l'inflorescence s'est transformée en un axe dont les feuilles bractéales et les fleurs sont, en effet, toutes comprises dans le même plan que l'épi principal.

C'est surtout dans les *Smilax* que cette disposition aplatie du végétal peut aisément se laisser reconnaître, malgré la propriété grimpante de leurs axes ; car ici les feuilles sont évidemment alternes distiques, et la feuille de l'axe primaire à l'aisselle de laquelle se développe le bourgeon devient la première feuille d'un axe secondaire également à feuilles alternes distiques. Or, à cette feuille succède d'abord une feuille très-réduite, alterne distique, à cette première feuille, et les autres feuilles de l'axe secondaire se comportent et se disposent sur lui comme elles le font sur l'axe primaire. S'il vient à se produire un axe tertiaire, la feuille à l'aisselle de laquelle il se forme sera la base d'une nouvelle disposition alterne distique, et ainsi de suite pour des axes d'ordres successivement plus élevés. Donc, d'après cela, il est impossible que le végétal entier, développé normalement, ne prenne pas une forme aplatie qu'il n'est pas, au premier abord, facile de reconnaître.

Nous avons admis un seul axe se développant à l'aisselle des feuilles pour obtenir la configuration aplatie du végétal, car si, comme chez les Graminées, particulièrement dans les *Arundinaria* et les *Bambusa*, il s'y développe plusieurs bourgeons collatéraux, il est évident que tous ces axes ne pourront se trouver dans un même plan ; mais alors, quelquefois, comme dans l'*Arundinaria falcata* et le *Bambusa Thouarsii*, il se développe une telle quantité de ces bourgeons que l'axe primaire est alternativement, de chaque côté, chargé de bouquets d'axes qui donnent à la plante une physionomie particulière. A part quelques épipédochorises (fascies) anormales, nous ne connaissons parmi les Monocotylédones aucun axe qui soit aplati à l'égal de quelques végétaux Dicotylédonés, si ce n'est le genre *Ruscus*, dont les axes sont aplatis sous forme de feuilles ; mais l'aspect général de ces végétaux est celui des autres formes que nous aurons à décrire, et, par conséquent, ne doit pas nous occuper ici.

Parmi les Dicotylédones, nous trouvons des végétaux dont les axes sont aplatis, comme chez certaines Cactées dont plusieurs ont plutôt l'apparence de feuilles, mais l'ensemble de toutes ces feuilles est loin de se disposer dans un seul et même plan, et par conséquent elles ne sont pas du domaine des formes que nous avons à décrire ici. Nous devons faire observer que même ces axes qui ont l'apparence aplatie des feuilles ne sont réellement que des axes cylindriques, mais chez lesquels un défaut d'exastosie centripète a laissé les feuilles opposées unies face à face et emprisonnant dans leur union la véritable tige qui, elle, est réellement cylindrique (p. 113).

Il est quelques espèces qui semblent bien mieux s'y rapporter et qui peuvent s'en éloigner encore par certaines particularités. Si en effet on examine certains végétaux comme les *Zygophyllum fabago, Tribulus terrestris, Porliera hygrometrica,* etc., on reconnaît que les feuilles de ces plantes sont toutes opposées deux à deux et restent dans un même plan, d'où il suit que les rameaux secondaires qui se forment à l'aisselle de ces feuilles sont eux-mêmes tous dans le même plan, et comme les feuilles de ces nouveaux axes sont eux-mêmes dans le même plan, nous avons dit, *à tort*, que les axes secondaires, tertiaires, etc., se développaient *tous* dans un même plan (1). C'est qu'en effet tous, au premier abord, paraissent s'être développés dans ces conditions. Ce n'est que par un examen plus attentif que nous avons pu reconnaître que la cause de notre erreur tenait à la torsion du premier mérithalle de chaque nouvel axe, et c'est une erreur que nous devions rectifier.

Il y a une loi phytomorphique assez générale qui veut que, chez les espèces à feuilles opposées, celles-ci le soient d'après la loi d'alternance, et que par conséquent chaque paire de feuilles opposées soit en croix avec la paire qui la précède ou qui la suit. Il en résulte que, pour satisfaire à la loi, les deux premières feuilles du nouvel axe doivent être en croix avec les deux feuilles opposées à l'une desquelles s'est développé l'axe. Or, c'est ce qui arrive pour les espèces précitées; mais, une fois les feuilles remises sur le même plan par suite de la torsion du premier mérithalle, il est difficile d'admettre que c'est par une semblable cause que toutes les feuilles d'un même axe doivent se ranger dans un même plan.

(1) *Phytogénie*, p. 512.

Si nous considérons les *Euphorbia Chamæsyce* et *pseudo-Chamæsyce,* nous reconnaissons que ces petits végétaux à feuilles opposées s'étalent sur terre en donnant de petits rameaux qui tous semblent appartenir à un même plan, et même, en les examinant avec soin, quand la plante est fraîche, on est tenté de croire que l'ensemble de la plante est de forme aplatie ; mais ce n'est aussi qu'une erreur, une observation plus attentive la fait reconnaître. D'abord, en examinant l'*Euphorbia hypericifolia* dont les rameaux, au premier coup d'œil, paraissent disposés dans un même plan, après un examen plus approfondi on reconnaît que chaque mérithalle nouveau se tord un peu de façon à donner à l'ensemble la forme aplatie. D'un autre côté, si l'on examine les *E. Chamæsyce* et *pseudo-Chamæsyce* desséchés, surtout à l'aidé d'une bonne loupe, on voit aussitôt qu'eux aussi ne doivent cette forme générale aplatie qu'à la torsion des mérithalles.

Mais si nous reconnaissons que ce n'est que par la torsion des mérithalles que le phénomène a lieu, ce n'en est pas moins une raison pour constater que la physionomie de la plante est changée et qu'elle prend réellement une forme aplatie, quelle qu'en soit la cause, et que par conséquent cette forme appartient à celle que nous traitons ici.

Cependant, il est quelques Dicotylédones, comme les *Hedera,* dont l'évolution générale est toute dans un même plan. C'est que dans ces végétaux, la disposition des feuilles est alterne distique, et qu'en raison de cette disposition, la feuille à l'aisselle de laquelle naît le bourgeon secondaire, devient la base d'une nouvelle série de feuilles alternes distiques, lesquelles seront à leur tour la base d'une autre série de feuilles alternes distiques, placée sur l'axe tertiaire, et ainsi de suite ; d'où il résulte une succession de rameaux qui, tous, doivent se développer dans un même plan, et c'est en effet ce qui a lieu.

Quelquefois ce développement des axes secondaires, tertiaires dans un même plan n'est que partiel ; car tandis que dans les *Tilia,* les *Ulmus,* les *Corylus,* les *Paliurus,* etc., l'axe primaire porte, très-souvent, des feuilles à disposition quinconciale, on observe que les axes secondaires, tertiaires, etc., ont leurs feuilles alternes distiques et conséquemment des rameaux qui se développent dans un même plan. Il suit de ce fait cette forme singulière que tout autour de l'axe primaire on voit s'étendre des axes secondaires portant des axes tertiaires, etc., développés dans un même plan et donnant au végétal la physionomie d'un énorme parasol, à plusieurs étages horizontaux, portés par un seul tronc.

Dans les Conifères, on observe particulièrement cette disposition avec une modification assez remarquable. Ainsi, tandis que les *Abies excelsa*, *rubra*, *alba*, *cephalonica*, etc., ont un axe principal d'où partent circulairement un grand nombre d'axes secondaires, ceux-ci forment, avec les axes tertiaires, quaternaires, etc., des plans horizontaux d'une forme spéciale, remarquable surtout dans l'*Abies Nordmannia*; au contraire, dans les *Thuya* et particulièrement dans le *Thuya orientalis*, les rameaux secondaires, tertiaires, etc., forment des plans verticaux, parallèles à l'axe principal, qui changent complétement la physionomie générale du végétal.

Cependant, tous ces plans ne sont pas rigoureusement mathématiques et, malgré la disposition alterne distique de leurs feuilles, les axes de beaucoup d'espèces se dirigent dans des sens divers, ce qui change la physionomie du végétal; mais dans un grand nombre d'entre elles, il est aisé de voir que tous ces rameaux auraient dû être dans un même plan qu'une légère déviation a suffi à détruire.

SECTION IV. — FORMES SOLIDES.

Dans l'étude que nous venons de faire, nous avons vu le végétal entier se développer selon une seule des dimensions de l'étendue pour constituer la forme linéaire, dont le centre idéal est une succession de points constituant la ligne mathématique, ou selon deux dimensions de l'étendue pour donner lieu à la forme plane, dont le centre idéal est un ensemble de lignes ou le plan mathématique, tandis que la forme sphérique peut avoir pour centre idéal un point mathématique. On peut donc, poursuivant la métaphore, dire que dans les formes solides le développement se fait suivant les trois dimensions de l'étendue et que le centre idéal est l'association de plans constituant le solide géométrique; seulement, comme le végétal est essentiellement un être symétrique par rapport à une ligne (t. I, p. 57), ces plans ne sont pas super-

posés comme on doit le supposer en géométrie pour les corps
solides, mais circulairement disposés autour de la ligne de symétrie (t. I, p. 85, *fig.* 38, pl. I, III). Donc le développement des
parties du végétal entier se fait dans les trois dimensions de
l'étendue et justifie le nom de forme solide que nous avons adopté,
à défaut d'autre qui pût concorder avec les autres dénominations.

Il semble que cette forme solide de la végétation soit la plus
élevée dans les séries; car 1° elle est plus fréquente chez les
Dicotylédones que chez les Monocotylédones; 2° elle se retrouve
parmi les Monocotylédones, à un très-haut degré dans les *Dracœna*, les *Asparagus* de la famille des Liliacées, qui est une des
familles les plus élevées de l'embranchement; 3° et parmi les
Acotylédones elle s'observe particulièrement chez les Mousses,
petites plantes qui, par leur port, ressemblent à des phanérogames en miniature, et forment les êtres les plus compliqués
parmi les végétaux cellulaires, car ces jolies petites plantes sont
non-seulement pourvues des deux sexes réunis dans un même
involucre, mais encore la division du travail va plus loin, puisque
l'on y rencontre des espèces monoïques et même des espèces dioïques.

Quoi qu'il en soit, cette forme solide des végétaux se rencontre
chez quelques végétaux inférieurs, comme les Champignons, par
exemple chez les *Clavaria,* que l'on pourrait réunir en une section, les *Ramaria,* nom proposé par Bosc comme genre particulier,
mais qui n'a pas été adopté par les botanistes. Parmi les espèces
ramaires de ces Champignons nous citerons particulièrement le
Clavaria flava, dont le tronc épais et plein se divise en un grand
nombre de rameaux cylindriques, taillés comme des branches de
corail et un peu divariqués au sommet, et qui forment dans leur
ensemble une tête arrondie de 9 à 12 centimètres de diamètre; le
Clavaria Botrytis, dont le tronc se divise en rameaux épais, cylindriques, une ou deux fois bifurqués et terminés par d'autres
plus courts, très-nombreux et arrondis au sommet; le *C. fastigiata* à rameaux longs, se bifurquant d'une manière remarquable;
le *C. muscoides,* dont les ramifications ressemblent à celles d'un
arbre; le *C. amethystea* à rameaux, dont les divisions sont si
nombreuses qu'elles rendent leur sommet comme crépus; le

C. cinerea, ayant des ramifications serrées, sinueuses, presque dentelées sur leurs bords et tronquées au sommet; son développement est considérable et quelques individus pèsent jusqu'à cinq livres. Nous citerons encore le *C. trichopus,* très-ramifié et velu à sa base, et la Médusine coralloïde (*Hydnum coralloides,* Pers.), dont la base charnue se divise et se subdivise en un nombre prodigieux de ramifications diversement entrelacées et recourbées vers leur sommet. Ces mêmes rameaux sont longitudinalement garnis de fibrilles pendantes, cylindriques et pointues, dont les plus allongées, terminant les dernières divisions, en forment des espèces de pinceaux du plus élégant effet.

Si nous passons aux Lichens, nous trouvons encore des espèces présentant ces formes dendroïdes qui sont de même nature que celles que nous étudions ici. Ainsi, dans le *Sphærophorus coralloides,* on trouve des tiges presque ligneuses, divisées en branches nombreuses étalées, imitant la forme d'un petit arbre. Plusieurs autres espèces de ce genre présentent aussi des ramifications plus ou moins nombreuses et s'étalant dans tous les sens ; telles sont particulièrement les deux espèces que Fée a désignées sous les noms de *Sphærophoron palmatum* et *dilatatum.* Beaucoup d'autres espèces, telles que le *Roccella tinctoria,* les *Ramalina pollinaria, farinacea,* etc., les *Usnea plicata, barbata,* etc., sont aussi des Lichens qui présentent un ensemble de ramifications se dirigeant dans les trois dimensions. L'*Usnea florida* est remarquable par ses branches étalées, hérissées de fibrilles horizontales, et surtout par ses rameaux terminés par de larges scutelles membraneuses, portant sur leurs bords de longs cils rayonnants.

Mais une des plus remarquables espèces parmi les Lichens, c'est sans contredit le *Stereocaulon paschale,* dont la forme est essentiellement arborescente. En effet, sa tige est solide, droite, presque ligneuse, blanchâtre, de 5 à 6 centimètres de hauteur; elle se divise en nombreux rameaux étalés et recouverts d'un feuillage grisâtre constitué par des folioles granuleuses comme avortées. Au sommet des rameaux sont placés les réceptacles sessiles, d'abord un peu turbinés, puis plans, ayant une sorte de rebord pâle qui disparaît dès que les apothèques sont arrivés à la convexité.

Enfin, citons encore les *Cladonia racemosa* et *rangiferina,* et l'*Alectoria jubata*, dont les tiges sont très-rameuses et dont les deux dernières, très-remarquables par la manière abondante dont elles se répandent, sont en même temps précieuses pour les Rennes qui s'en nourrissent alors même que la neige couvre le sol ; mais lorsqu'elle est en couche trop épaisse pour que ces animaux puissent découvrir facilement la Cladonie, ils se rejettent sur l'Alectorie, qui pend longuement des arbres sur lesquels elle vit.

Mais ce sont surtout les Mousses qui se comportent, par leur développement, presque comme des Phanérogames. En effet, malgré l'absence de véritables vaisseaux, ces petits végétaux offrent non-seulement des ramifications et des racines qui les font ressembler à des Phanérogames en miniature ; non-seulement elles sont pourvues de véritables axes centraux sur lesquels se développent des feuilles distinctes, ordinairement imbriquées, quelquefois alternes distiques, et souvent marquées de nervures ; non-seulement aussi elles sont ou hermaphrodites, ou monoïques, ou même dioïques, mais encore elles portent, à l'aisselle des feuilles, des bourgeons composés de feuilles un peu différentes des autres et auxquelles on a donné le nom de feuilles *périchœtiales*, renfermant des organes de deux sortes, tantôt réunis dans un même involucre (*hermaphrodites*), tantôt séparés, mais sur la même plante (*monoïques*), tantôt enfin portés sur des individus différents (*dioïques*). Quelquefois même, comme dans les Phanérogames, au lieu d'une urne on trouve au sommet des tiges un bulbe ou un gemme foliacé, et aux aisselles des feuilles supérieures, de véritables bulbilles capables de reproduire la plante (1). C'est en particulier ce qui arrive au *Bryum bulbiferum*.

Un certain nombre d'espèces, telles que le *Dicranum taxifolium*, le *Trichostomum lanuginosum*, les *Tortula convoluta*, *inclinata*, le *Mnium cuspidatum*, etc., se ramifient par la base et ressemblent en cela aux arbrisseaux phanérogames ; tandis que d'autres, tels que quelques *Dicranum*, quelques *Tortula*, l'*Orthotricum cupulatum*, etc., présentent des ramifications qui partent du haut de l'axe principal comme elles le font dans la plupart de

(1) Voyez à ce sujet l'important article publié par Montagne dans le *Dictionnaire universel d'histoire naturelle*, t. VIII, p. 396.

nos grands arbres. Le *Climacium dendroides*, qui croît en touffes dans les prés marécageux, est surtout remarquable par sa tige, qui a le port d'un petit arbre qui serait surmonté par un faisceau de branches légèrement recourbées.

Les Monocotylédones présentent aussi des ramifications, mais en général bien moins accusées, si l'on en excepte les inflorescences, ou plutôt cette ramification ne leur donne que rarement la physionomie que nous retrouvons dans les Dicotylédones. En effet, très-souvent les tiges sont simples et terminées par des inflorescences de formes diverses et encore rarement ramifiées ; mais lorsque l'on vient à supprimer cette inflorescence avant la fructification, il n'est pas rare de voir l'axe se ramifier, mais mal, et comme à regret. C'est ce dont on peut s'assurer en enlevant les sertules des *Allium* (*Porrum*), ou les inflorescences des *Tigridia*, etc. Mais alors même que cette ramification se produit d'abord, les feuilles étant le plus souvent alternes distiques, elle n'a lieu que dans un même plan et donne une forme que nous n'étudions pas ici ; ensuite, les feuilles étant engaînantes, lel rameaux secondaires se développent pressés sur l'axe principal d'une façon tellement particulière que, à part les autres caractères, il est aussitôt facile de reconnaître un Monocotylédone. Toutes les Graminées qui se ramifient naturellement présentent la physionomie que nous indiquons ici.

Il est pourtant quelques Monocotylédones dont les formes rentrent dans celles que nous traitons ici. Ce sont les *Yucca* et les Palmiers, qui ne se rapportent aux formes solides que par leur inflorescence ramifiée ; ce sont aussi le *Dracœna draco*, le *Pandanus odoratissimus*, qui forment quelques ramifications à son sommet, et les *Asparagus*, qui se ramifient parfaitement et d'une manière régulière ; ce sont surtout les *Dioscorea* et les *Tamus*, qui se ramifient tout à fait à la manière des Dicotylédones. Malgré ces exemples, les Monocotylédones n'en sont pas moins regardées, d'une manière générale, comme des végétaux chez lesquels la tige ne se ramifie pas ; tandis que chez les Dicotylédones cette ramification est plus constante et généralement plus accusée. C'est donc sur eux que l'étude des formes solides peut être la plus complète.

Pour bien comprendre les formes solides que présentent les

Dicotylédones, il est important de bien tenir compte de la disposition des feuilles sur la tige, car, puisque c'est à l'aisselle des feuilles que naissent les bourgeons qui doivent former les axes d'un ordre plus élevé, il s'ensuit que de cette disposition doit dériver la ramification. Nous avons vu que la disposition alterne distique devait rationnellement produire des ramifications suivant un plan que nous avons étudié dans l'article précédent.

1° Lorsque les feuilles sont *opposées*, à moins qu'elles ne soient *opposées distiques*, le plus souvent elles sont décussées, c'est-à-dire que chaque paire de feuilles est exactement en croix avec celle qui la précède ou qui la suit. Si, comme cela arrive fréquemment, à l'aisselle de chaque feuille il se développe un bourgeon, chaque axe produit occupera sur la tige principale une position telle que tous les axes nouveaux seront placés les uns au-dessus des autres, suivant quatre lignes, ou plutôt selon deux plans qui se couperaient à angles droits, chacun des demi-plans représentant une série rectiligne de rameaux. En admettant ces rameaux développés *tous également selon la loi de décroissance régulière d'évolution* dont nous parlerons plus loin, et en joignant toutes les extrémités de ces branches par des plans triangulaires, on arrive à concevoir une forme géométrique très-simple, qui serait une pyramide à quatre pans. Or, si l'on observe que chez les Dicotylédones le nombre normal est le nombre *deux* appliqué aux cotylédons et aux feuilles; que très-vraisemblablement le *type* des feuilles de cet embranchement est l'opposition comme il l'est des cotylédons, on comprendra que si des phénomènes de diastasie ne venaient détruire ou modifier cette opposition, nous devrions avoir pour forme solide *normale* le solide régulier que l'on nomme une *pyramide régulière à quatre pans*.

2° Mais très-souvent, soit accidentellement, soit normalement, les cotylédons et les feuilles, au lieu d'être opposés, sont verticillés par trois, et comme les éléments d'un verticille sont alternes avec les éléments du verticille qui le précède ou qui le suit, il en résulte que le développement axillaire des rameaux ayant lieu selon la *loi de décroissance régulière d'évolution*, en joignant toutes les extrémités de ces rameaux par des plans triangulaires, on peut se faire l'idée d'une forme géométrique qui ne serait autre qu'une pyramide à six pans, qui peut être regardée comme le *type* de la forme solide du végétal entier.

En opérant de la même façon sur des végétaux à feuilles alternes et à formes phyllotaxiques plus compliquées, comme celles qu'expriment les formes $\frac{3}{8}$ ou $\frac{3}{34}$, on voit que, toutes choses d'ailleurs égales, on aurait des pyramides à pans *pairs*, qui seraient au nombre de 8 pour la première, et au nombre de 34 pour la dernière de ces formes.

3° Si, au lieu des végétaux à feuilles opposées ou verticillées, nous considérons ceux dont les feuilles sont dites *alternes*, abstraction faite de celles que nous venons de citer ou de celles qui sont distiques, on arrive à concevoir la construction de solides à pans *impairs*. C'est ainsi qu'en tenant compte de toutes les circonstances de développement des rameaux qui président aux formes précédentes, on arrive à se figurer la forme d'un solide régulier ayant celle d'une pyramide à 3 pans, se rapprochant d'un tétraèdre géométrique, avec les végétaux à feuilles *alternes tristiques*; celle d'une pyramide à 5 pans, avec la forme *quinconciale*; celle d'une pyramide à 13 pans, avec la forme $\frac{5}{13}$, etc., puisque le nombre des pans de la pyramide est justement déterminé par l'angle de divergence que font entre elles toutes les séries rectilignes des rameaux superposés les uns aux autres; et comme il y en a 5 pour la disposition quinconciale ou $\frac{2}{5}$, et 13 pour la disposition $\frac{5}{13}$, et ainsi de suite pour les autres formes (1), on voit qu'il doit y avoir autant de pans à la pyramide qu'il y a de séries rectilignes indiquées par le dénominateur de chaque forme phyllotaxique.

Il résulte de cette manière d'analyser les formes d'un végétal, qu'il doit arriver que certains arbres devraient offrir une forme pyramidale ayant un grand nombre de pans, comme cela arriverait à celle qui résulterait de la forme $\frac{34}{89}$; et dans ce cas, cette pyramide, quelque régulière qu'elle fût, serait bien voisine de la forme conique, puisque ses pans seraient très-étroits et que chacune des sections transversales de la pyramide représenterait un polygone qui se rapprocherait sensiblement d'un cercle.

Quoi qu'il en soit, il faut reconnaître que dans la très-grande

(1) *Phytogénie*, p. 541.

majorité des cas, ces formes ne se laissent pas aussi faiblement constater que semblerait l'indiquer la théorie, et cela pour plusieurs raisons que nous devons examiner.

a. Si les axes secondaires restaient simples et se produisaient d'une manière très-régulière les uns au-dessus des autres, alors nous constaterions une forme générale qui serait celle d'une ligne, représentée par l'axe principal du végétal, autour de laquelle viendraient se ranger des plans verticaux, formés par tous les axes secondaires superposés en série rectiligne, et entre lesquels il existerait des *sinus* ou *vides* très-visibles et plus ou moins analogues à ceux que l'on peut constater dans le *Thuya orientalis*, page 475 (1). Mais dans le développement des parties végétales, il n'en est pas ainsi, car chacun des axes secondaires, dans les évolutions *types*, doit se comporter absolument comme les axes primaires, si bien qu'en faisant l'analyse de chaque axe secondaire en particulier nous devrions lui trouver la forme pyramidale que nous avons trouvée à l'axe principal, et comme l'analyse des axes tertiaires devrait nous conduire à des résultats semblables, il s'ensuit 1° que les axes superposés ne sauraient se montrer comme des plans ; 2° que ces intervalles ou sinus supposés ne peuvent plus être visibles, puisque ces vides sont comblés par des axes de nouvelle formation ; 3° que par la formation de ces axes d'un ordre plus élevé les plans supposés doivent disparaître pour donner à tout le végétal une forme plus ou moins conique.

b. Nous avons supposé, théoriquement, un développement avec une *décroissance régulière ;* mais il s'en faut de beaucoup que l'évolution se réalise dans de semblables conditions, et le plus souvent des phénomènes d'amblosie, des excès de croissance ou des accidents de diverses natures viennent altérer la forme donnée par l'analyse, comme nous allons le déduire de ce qui suit.

On peut remarquer d'abord que les forces vitales ne se distribuent pas de la même manière chez tous les végétaux, et c'est cette distribution des forces vitales qui contribue le plus à donner aux végétaux les formes générales qu'on leur connaît. Chez les uns, ces forces vitales semblent se concentrer dans les racines et c'est de là que chaque année partiront les tiges qui

(1) T. I, pl. III, *fig.* 38.

doivent donner les fleurs et les graines. On a donné le nom de *vivaces* aux végétaux qui sont dans ces conditions. Chez les autres, au contraire, les forces vitales semblent se réunir au sommet du végétal, tellement que les axes secondaires d'abord formés, ne recevant plus de nourriture, dépérissent, se séchent et tombent de façon à former un axe principal nu dans une grande partie de sa longueur, tandis que les forces vitales réunies au sommet y déterminent la formation de branches vivaces constituant dans leur ensemble la tête de nos grands arbres. Enfin, chez quelques végétaux, les forces vitales semblent à peu près également réparties partout et de cette distribution égale résulte pour le végétal une forme à peu près pyramidale que nous sommes habitués à voir, particulièrement chez certaines espèces de Conifères quand on ne leur a fait subir aucune espèce de mutilation.

Voilà comment rationnellement peut se produire le type de cette forme pyramidale suivant la *loi de décroissance régulière*.

Loi de décroissance régulière. — Nous avons donné, p. 33, le mode de formation d'une feuille de notre système L=1 (p. 64) qui peut servir de base au développement des axes devant produire la forme pyramidale. En effet, qu'est-ce qu'une feuille du système L=1? C'est une feuille dont les éléments sont disposés et développés *suivant un plan* triangulaire (*fig.* 10, 11, 14, pl. II) comme les axes d'une Conifère pyramidale sont disposés et développés suivant une pyramide constituée par plusieurs plans triangulaires.

Supposons une graine de Labiée, par exemple, germant et ayant développé ses cotylédons surmontant le premier mérithalle dû à l'évolution du premier protophytogène. Au centre des cotylédons on voit la gemmule produite par le deuxième protophytogène et composée d'un deuxième mérithalle et de deux feuilles en croix avec les cotylédons. Entre ces deux feuilles *primordiales*, on en voit se former deux autres qui terminent le troisième mérithalle, résultat de l'évolution d'un troisième protophytogène. Mais tandis que ce troisième mérithalle se développe, à l'aisselle de chacune des deux premières feuilles opposées s'organise un phytogène interphytogénique qui prendra son essor au moment où se développera le quatrième mérithalle surmonté de ses deux feuilles; il en résultera un premier mérithalle de l'axe secondaire qui sera suivi d'un second, puis d'un troisième à mesure que, en même temps, il se formera un cinquième, puis un sixième mérithalle à l'axe principal, et ainsi de suite, tout le temps que durera l'évolution du végétal. D'un autre côté, pendant que le troisième mérithalle de l'axe secondaire se développe à l'aisselle de chacune des deux premières feuilles opposées de ce même axe, un phytogène interphytogénique se compose et il en résulte un bourgeon qui évoluera pendant que le quatrième mérithalle se développera, d'où résultera le premier mérithalle d'un axe tertiaire qui sera suivi d'un deuxième, d'un troisième, etc., à mesure qu'un cinquième mérithalle, un sixième, etc., se produiront sur l'axe secondaire. En opérant de la même façon sur les axes d'ordres de plus en plus élevés, on arrive à comprendre comment ces développements des axes secondaires tertiaires décroissant toujours dans la même proportion doivent donner lieu à la forme pyramidale du végétal entier, et il suffit de jeter un coup d'œil sur la figure 30 quater, pl. V, pour comprendre aussitôt la théorie de cette formation. Nul doute que cette forme que nous regardons comme le *type* des formes végétales de la plupart des Dicotylédones et que l'on retrouve dans quelques Conifères, quelques Labiées, etc., ne soit celle que l'on verrait se former très-souvent si les accidents nombreux que nous avons signalés ne venaient la modifier souvent très-profondément. Il est néanmoins quelques espèces où il est très-facile de s'assurer que la théorie que nous venons de faire connaître se réalise parfaitement. Ce sont particulièrement les *Abies Pinsapo, pectinata, orientalis, cephalonica,* etc., et, parmi les végétaux herbacés, mais avec *diastasie,* les *Chenopodium album, auricomum,* etc.

Toutefois il peut arriver fréquemment, selon les espèces, que le phytogène interphytogénique qui doit produire l'axe latéral, au lieu de faire son évolution en même temps que le quatrième mérithalle, ne la fasse que pendant le développement du cinquième ou du sixième, ou d'un mérithalle plus élevé encore ; mais une fois la marche de l'évolution latérale commencée par le ou par les premiers axes, tous les autres doivent, dans les types, se développer en observant la même proportion indiquée par les premiers axes, sauf les cas où les lois d'évolution des bourgeons s'opposeraient à ce développement régulier. (*Voyez* p. 277.)

Enfin, il est de toute évidence que tout ce que nous venons de dire ne se rapporte qu'aux évolutions dites *indéfinies*, car l'esprit conçoit en effet que ces formations successives de mérithalles puissent se reproduire indéfiniment jusqu'au moment où l'extrémité de tous ces axes, par épuisement, ne reçoit plus la quantité de sucs nutritifs nécessaire à la continuation de ce développement, moment qui varie considérablement selon le végétal.

Loi de croissance régulière. — Au contraire de ce que nous venons de voir dans le type de l'évolution indéfinie des axes, il est des végétaux chez lesquels le développement des axes secondaires se fait précisément en sens inverse. Dans ce cas, les mérithalles de l'axe primaire se surajoutent les uns aux autres jusqu'à un certain moment où le phytogène central du dernier protophytogène de l'axe principal, plus ou moins épuisé, avorte ou se transforme en fleur ou en inflorescence, qui termine l'axe. Là croissance de l'axe se trouve donc ainsi limitée ou, comme on dit, *définie*, et en effet, après l'avortement, la fleur ou l'inflorescence, l'esprit ne comprend plus comment cette élongation pourrait se continuer. Mais alors, de chaque côté de l'axe et à l'aisselle des feuilles, le plus souvent, on voit se développer des phytogènes interphytogéniques qui ne tardent pas à former des bourgeons. Ordinairement, c'est à l'aisselle des feuilles les plus élevées que l'on voit apparaître les premiers axes et théoriquement ils devraient suivre dans leur développement une marche exactement contraire à celle que nous avons étudiée, si bien que tous ces axes subterposés et développés suivant la loi de décroissance régulière, mais *en sens inverse*, c'est-à-dire commençant par le sommet au lieu de commencer par la base, tous ces axes subterposés, et dont les extrémités seraient jointes par des plans triangulaires, devraient former des pyramides *renversées*, ayant un nombre de pans en rapport avec la forme phyllotaxique du végétal. Mais si l'on a la certitude que cette évolution se présente pour un assez grand nombre d'espèces, nous ne pourrions affirmer qu'il existe une seule espèce s'étant développée exactement comme l'indique la théorie ; mais on n'en conçoit pas moins l'idée d'une pareille évolution qui donnerait lieu à une deuxième forme *type* de la végétation de laquelle les *Nerium, Ricinus, Baccharis halimifolia, Euphorbia, Phytolacca*, etc., nous paraissent se rapprocher d'une manière assez sensible.

Toutefois, il ne s'ensuit pas que, parce que l'axe principal se trouve limité à un phytogène central avortant, ou se transformant en fleur ou en inflorescence, la croissance en hauteur soit arrêtée; car de ce que les dernières feuilles émettent de nouveaux axes secondaires, ceux-ci sont aptes à s'allonger et à dépasser le sommet de l'axe primaire; mais terminés eux-mêmes par avortement, ou par une fleur ou par une inflorescence, les dernières feuilles émettent de nouveaux axes tertiaires, qui se comporteront comme les axes primaires et secondaires, et ainsi de suite, jusqu'à un ordre très-élevé et qui ne peut avoir de terme que par suite de l'épuisement des axes arrivés à une certaine hauteur déterminée par la nature du végétal, celle du terrain ou celle du climat. Ainsi tandis que les *Ricinus* ne sont que des plantes annuelles pour nos climats septentrionaux, ce sont au contraire, pour les pays chauds d'assez grands arbres, de quinze à vingt pieds de hauteur, et dans lesquels la ramification s'est pour ainsi dire indéfiniment produite, mais par un procédé tout à fait différent de celui qui est employé par le premier type.

Parmi les végétaux herbacés nous voyons la plupart des Synanthérées, les *Phytolacca*, les *Euphorbia*, n'avoir pas un autre mode de croissance; mais cette croissance est très-souvent limitée à la production d'axes tertiaires, quaternaires ou plus, mais non indéfinie, certainement en raison de la nature herbacée du végétal.

Une des espèces où il est le plus facile d'étudier ce mode d'évolution, c'est sans contredit le *Cladanthus proliferus*. En effet, il est aisé de reconnaître un premier axe terminé par une calathide, 1 (t. I, pl. XI, *fig.* 74). Voilà une évolution définie; mais de de l'aisselle des feuilles qui avoisinent l'involucre, s'élèvent des axes secondaires terminés par de nouvelles calathides, 2, sous lesquelles naîtront des axes tertiaires terminés par d'autres calathides, 3, et ainsi de suite, de façon à avoir successivement des axes et des calathides de quatrième, cinquième ordre, etc.

Ainsi nous aurions établi deux formes *types principales*, savoir: 1° la forme pyramidale *directe* avec ses diverses modifications dans le nombre des pans qui la constituent, laquelle est due à une évolution *indéfinie* ou *centripète*; 2° la forme pyramidale *inverse* ayant aussi ses différentes modifications dans le nombre des pans qui la composent, ayant pour cause une évolution *définie* ou *centrifuge.*

Si maintenant nous passons à l'étude de l'évolution des axes composant les inflorescences composées, nous remarquons une semblable marche dans l'évolution. En effet, il y a des axes inflorescents chez lesquel on remarque une évolution indéfinie ou centripète qui se répète dans chaque axe secondaire ou tertiaire, etc., telle est par exemple l'inflorescence de l'*Yucca gloriosa,* de l'*Æsculus Hippocastanum,* etc.; tandis que chez d'autres comme le *Ruta graveolens,* l'*Erythræa centaurium,* les *Ehinops,* plusieurs *Sedum latifolium, fabarium, populifolium,* etc., l'évolution des fleurs est définie ou *centrifuge.* Il résulte de ces deux évolutions différentes une forme plus ou moins pyramidale *directe,* appartenant en propre à l'évolution centripète, pendant que dans l'évolution centrifuge la forme est généralement celle d'un bouquet de fleurs aplati au sommet, mais dont tous les axes viennent converger inférieurement à un axe principal, de sorte que l'on a véritablement la forme d'une pyramide *inverse* ou renversée. Nous reviendrons plus amplement sur ce sujet en parlant des inflorescences.

Or, si parfois l'évolution générale du végétal coïncide avec une évolution de même nom des inflorescences, il arrive quelquefois aussi qu'une évolution générale de tout le végétal est contraire à l'évolution des inflorescences, de sorte que nous aurions, en associant les évolutions du végétal avec celles des inflorescences, quatre systèmes de végétation bien distincts, savoir :

1° Une évolution *indéfinie* combinée à une inflorescence *indéfinie,* comme cela a lieu dans le *Galega officinalis,* le *Phaseolus coccineus,* etc. (*fig.* théorique 72, pl. XI, t. I);

2° Une évolution *définie* unie à une inflorescence *indéfinie ;* c'est ce que l'on peut constater dans le *Linaria vulgaris* ou le *Veronica spicata,* où l'on voit les axes secondaires se produire successivement du sommet à la base, tandis que l'inflorescence a une évolution qui va de la base au sommet (*fig.* théorique 73);

3° Une évolution *définie* avec une inflorescence *définie;* c'est ce mode qui nous paraît appartenir aux Ombéllifères (*fig.* théorique 75);

4° Enfin une évolution *indéfinie* et une inflorescence *définie,* comme on le voit par l'exemple du *Cladanthus proliferus*, etc., ou chez les *Cerastium grandiflorum, Erythræa Centaurium*, etc., où l'on retrouve les mêmes modes d'évolution (*fig.* théorique 74, pl. XI, t. I).

Mais pour comprendre la raison qui nous a fait admettre ces deux derniers systèmes, il importe que nos lecteurs en réfèrent aux considérations que nous avons établies à la page 405 du premier volume de cette ouvrage.

Voyons maintenant quelles sont les principales modifications desquelles peuvent ressortir les formes végétales solides que l'on est accoutumé à voir. Celles-ci peuvent naître : 1° d'une amblosie générale appliquée aux axes secondaires, tertiaires, etc.; 2° d'une répartition inégale des forces vitales ; 3° d'une direction variable dans les axes d'un ordre moins élevé que l'axe primaire; 4° d'une sorte d'arrêt d'accroissement dans les axes latéraux par suite d'une influence florifiante plus ou moins prononcée.

A. *Amblosie générale appliquée aux axes latéraux.*

Si, lorsque les axes secondaires se forment, ils se conduisaient exactement comme l'axe primaire, voici la conséquence naturelle qui en ressortirait. Admettons théoriquement que tous les mérithalles qui se forment sur un même végétal soient de même longueur et que, comme cela arrive chez quelques Conifères, les axes secondaires soient dirigés à angles droits par rapport à l'axe principal; admettons de plus que ces axes secondaires ne commencent leur évolution à l'aisselle des feuilles opposées que lorsque le quatrième mérithalle de l'axe primaire se forme ; enfin admettons encore que la longueur de chaque mérithalle soit de dix centimètres de longueur, on voit alors que lorsque l'axe primaire a une hauteur de quarante centimètres, chaque axe secondaire n'a que dix centimètres, ce qui fait pour les deux axes opposés une étendue en largeur de vingt centimètres. Quand le cinquième mérithalle est formé, l'axe primaire a cinquante centimètres de hauteur, mais comme à chaque axe secondaire il s'est produit en même temps un second mérithalle, la largeur est égale à quarante centimètres. Au sixième mérithalle primaire, nous avons trois mérithalles à chaque axe opposé, et alors la hauteur, qui est de soixante centimètres, égale la largeur qui est aussi de soixante centimètres ; d'où l'on voit qu'à partir de ce moment, quand la hauteur gagne dix centimètres, la largeur gagne vingt centimètres, si bien qu'en très-peu de temps le végétal a atteint une largeur qui se rapproche de plus en plus d'une quantité double qu'elle n'atteindra jamais, car dans ces conditions la hauteur est à la largeur dans la proportion établie dans cette formule très-simple :

$$n \times 10 + 30 = \text{hauteur,}$$
$$n' \times 10 = \text{largeur;}$$

n, représente le nombre de mérithalles formés dans un temps donné en hauteur, et n' le nombre *double* de mérithalles formés dans le même temps en largeur ; de sorte qu'en donnant au terme n la valeur de 9, on aurait pour la hauteur 90 centimètres + 30 centimètres = 120 centimètres ; tandis que la largeur ne serait que de 180 centimètres au lieu de 240. En faisant $n = 90$ nous aurions une hauteur de 900 centimètres + 30 = 930 centimètres, pendant que nous n'aurions que 1800 centimètres pour la largeur, c'est-à-dire 9 mètres 30 centimètres de largeur, etc. ; d'où la proportion :

$$L \cdot H : n' \times 10 \cdot n \times 10 + 30,$$

L représentant la largeur du végétal et H la hauteur.

En admettant, comme nous l'avons dit, page 484, que le premier mérithalle secondaire ne se produise que lorsque le cinquième, le sixième mérithalle, etc., de l'axe primaire se formera, on voit que si les mérithalles avaient tous 10 centimètres de longueur, on aurait pour formule générale de la forme du végétal :

$$L \cdot H : n' \times 10 \cdot n \times 10 + n'' \times 10,$$

n, étant le nombre de mérithalles longitudinaux développés dans un temps donné ; n', le nombre de mérithalles latéraux développés des deux côtés de l'axe dans les mêmes temps que les précédents ; n'', le nombre de mérithalles longitudinaux formés antérieurement au premier mérithalle latéral.

Enfin, comme pour fixer les idées de longueur et de largeur nous avons admis le nombre 10 centimètres, et comme cette quantité peut varier pour chaque végétal, on peut donner pour formule plus générale encore la suivante :

$$L \cdot H : n' \times 1 \cdot n \times 1 + n'' \times 1,$$

1, représentant ici la longueur supposée égale de chaque mérithalle. Il en résulte donc les deux lois suivantes :

PREMIÈRE LOI. — *Jamais un végétal à évolution centripète ou indéfinie ne peut arriver à avoir en largeur le double de l'étendue en hauteur.*

DEUXIÈME LOI. — Dans les conditions de végétation les meilleures, *chaque axe secondaire est égal à l'axe primaire qui le surmonte, moins le nombre de mérithalles formés antérieurement à l'apparition du premier mérithalle secondaire.*

Toutefois, ces calculs sont fondés sur une hypothèse qui ne peut que rarement se réaliser, mais que l'esprit conçoit néanmoins comme étant l'expression d'une vérité botanique. En effet, tous les mérithalles n'atteignent pas rigoureusement la même longueur et la différence est quelquefois assez grande pour qu'il y ait entre eux de très-notables écarts. Pour faire comprendre la valeur de ces observations nous n'avons qu'à rapporter ici quelques-uns des exemples que nous avons signalés autre part (1).

Ainsi dans le *Citrus Aurantium* l'écart a été de 0 à 4 millimètres arrivant à 10 ou 12 millimètres ; dans l'*Ulmus campestris* il varie de 0 à 1, 15 et 20 millimètres ; dans le *Cydonia vulgaris* on le voit osciller entre 0, 5, 25 et 35 millimètres; dans le *Chrysanthemum*, entre 0, 5, 40 et 60 millimètres ; dans le *Ficus carica*, entre 3, 4, 80 et 100 millimètres ; dans le *Bignonia radicans*, entre 41, 116 et 119 millimètres ; le *Vitis vinifera*, entre 1, 4, 125 et 150 millimètres, etc., le zéro représentant l'opposition de deux feuilles dans les espèces à feuilles essentiellement alternes, et les deux derniers nombres étant ceux qui ont été observés au-dessus et au-dessous du mérithalle le plus court. Or, si de ces nombres on peut déduire une moyenne de la lon-

(1) Ch. Fd, *Obs. sur dédoubl.* (*Compt. rend. Acad. sciences*, mars 1855. — *Bull. Soc. bot. France*, t. II, p. 235. — Voyez aussi l'article *Plésiasmie*, p. 304.)

gueur normale des mérithalles, cependant comme toutes les longueurs intermédiaires peuvent s'observer, il suit évidemment de
là que certains mérithalles sont amblosiés et même parfois avortés (ce qui donne le 0), et par conséquent cette amblosie peut et
doit nécessairement avoir une certaine influence sur la forme
générale du végétal.

Ces amblosies des mérithalles sont encore bien plus remarquables sur certains végétaux qui paraissent dépourvus de tiges
et que pour cette raison les anciens botanistes désignaient sous le
nom d'*Acaules*. Mais on peut dire qu'il n'y a pas d'une manière
absolue de plantes acaules parmi les Phanérogames, car celles
qui mériteraient le mieux ce nom, ce sont, parmi les Monocotylédones, les plantes dites *à oqnon* ou *bulbeuses* dont la tige réelle
ne consiste qu'en un disque réduit à une faible épaisseur et que
pour cette raison on a distingué sous le nom de *plateau*. Or c'est
sur ce plateau que sont exsérées toutes les feuilles souvent réduites
à l'état d'*écailles* (*Lilium*) ou de *tuniques* (*Allium cepa*), les
hampes florales, les bourgeons ou *cayeux*, absolument comme
sur les tiges ordinaires. Mais ces feuilles très-nombreuses, comme
dans le *Lilium candidum*, accusent évidemment une série de
mérithalles superposés, mérithalles très-courts et qui sont normalement dans un état relatif d'amblosie. Celle-ci est moins prononcée dans les *Musa* dont la tige apparente n'est formée que par
la base dilatée des pétioles s'engaînant les uns dans les autres,
mais dont la vraie tige se compose d'un gros plateau plus ou
moins conique duquel partent les feuilles et les hampes florales.
Dans les *Yucca* ces mérithalles sont moins amblosiés encore; de
sorte que ce plateau s'allonge de façon à donner une tige de 2 à
3 mètres dans l'*Yucca alœfolia*; il atteint une hauteur de 4 à
5 mètres dans le *Pandanus odoratissimus*, et enfin dans quelques
Palmiers il s'allonge au point d'atteindre à la hauteur de nos plus
grands arbres.

Il résulte de l'exiguïté des mérithalles que toutes les feuilles
se touchent et se développent pressées les unes contre les autres,
en formant d'ordinaire une *rosette* très-comprimée, ou quelquefois, comme dans les *Pandanus utilis, elegans, candelabrata*, etc.,
des séries hélicoïdales du plus curieux effet.

Parmi les Dicotylédones on rencontre certaines espèces, comme quelques *Sempervivum*, qui ont des mérithalles si courts que leurs feuilles sont assemblées en une rosette très-contractée. Il en est ainsi d'un très-grand nombre d'autres végétaux, comme les *Mandragora vernalis, officinarum*, qui ne donnent que des pédoncules uniflores ; le *Carduus acaulis*, qui ne produit d'ordinaire qu'une seule Calathide ; les *Taraxacum dens leonis*, dont les hampes ne portent aussi qu'un seul capitule, etc.

Dans quelques cas, comme dans les *Fragaria*, le *Saxifraga sarmentosa*, etc., indépendamment des pédoncules, de l'aisselle des feuilles radicales, disposées en rosette, s'élancent des tiges (*Stolons*) grèles, rampantes, terminées par des bouquets de feuilles formant de petites rosettes qui, prenant bientôt racine, donnent lieu à de nouveaux individus. C'est même un moyen fréquemment employé pour multiplier la plante.

Enfin il y a quelques végétaux, les Rafflésiacées, qui offrent cette singularité remarquable que toute la plante consiste uniquement en une fleur qui atteint quelquefois à des dimensions colossales et qui dans le *Rafflesia Arnoldi*, ressemblant, jusqu'à un certain point, à un énorme Chou pommé avant son épanouissement, ne mesure pas moins de deux pieds de diamètre. Ces plantes, parasites, sont constituées par une série de bractées très-rapprochées, larges et colorées, au milieu desquelles est une fleur formée par un calice globuleux ou campanulé à 5 lobes imbriqués dans le bouton. De la gorge du calice naissent 5 corps charnus distincts ou unis en anneau (androphore), portant circulairement une rangée d'étamines renfermées chacune dans une fossette de l'androphore. L'ovaire est infère, à une seule loge, contenant plusieurs placentas surmontés d'autant de styles, lesquels sont coniques, soudés dans l'intérieur du tube formé par l'androphore, mais libres dans la partie qui dépasse le tube. Cette famille de plantes, dans laquelle on a rangé les genres *Brugmansia, Frostia* et *Rafflesia*, a été successivement étudiée par MM. Rob, Brown, Bauer, Blume, Schott, et Endlicher, qui en ont fait connaître l'organisation. Il résulte de leurs travaux que, par les enveloppes florales bien distinctes et par les organes sexuels, elle appartient à la grande division des Phanérogames ; mais n'ayant que de faibles traces de vaisseaux hélicoïdaux, et des graines dans la masse celluleuse et homogène desquelles on ne trouve aucun embryon organisé, les Rafflésiacées ont quelque analogie avec les Cryptogames. Il ne faut donc pas être trop étonné si quelques auteurs anglais ont pu penser que le *Rafflesia Arnoldi* n'était point une plante phanérogame, mais une sorte de Champignon, et alors les corps que Rob, Brown regarde comme des anthères ne seraient que des conceptacles remplis de séminules. Il serait aujourd'hui difficile de soutenir une pareille opinion, et la seule observation à faire à cet égard c'est que certains végétaux, par quelques caractères, se rapprochent de certains autres que les caractères plus généraux en éloignent considérablement.

Il en est à peu près de même de la singulière plante découverte au Cap par Thunberg, croissant en parasite sur la racine de l'*Euphorbia mauritiana* et à laquelle il a donné le nom d'*Hydnora africana*. Elle aussi a été prise tout d'abord, par l'illustre voyageur que nous venons de citer, pour un Champignon; mais la constitution de la fleur qui à elle seule forme la plante tout entière a suffi pour faire voir que cette plante devait être placée parmi les Phanérogames. En effet, s'il y a absence de tige, on la trouve pourtant formée : d'un calice, grand, infundibuliforme, charnu et succulent, divisé au sommet en trois découpures ciliées à leur bord et présentant chacune sur la surface interne, concave, un rudiment de pétale ; de 3 étamines réduites à leurs anthères qui sont réunies à leur base en un seul corps à 3 lobes connivents et insérées au milieu du tube calicinal ; d'un ovaire infère surmonté d'un style épais et court, terminé par un stigmate trigone. Telle est extérieurement l'apparence de cette plante, aussi connue sous le nom d'*Aphyteia Hydnora*, et que Gærtner dit devoir être placée dans la Syngénésie plutôt que dans la Monadelphie. Mais, ayant vainement cherché l'embryon dans les graines soumises à son examen, il a remarqué que par la structure des anthères cette plante a quelques rapports avec les Cucurbitacées. On l'a aussi comparée au *Cytinus*, plante parasite de la famille des Aristolochiées. Enfin, si l'on s'en rapporte au nombre des parties de la fleur qui est 3 à chaque verticille, on sera tenté de la rapprocher des Monocotylédones, dont le nombre type est 3, tant que l'on n'y aura pas découvert 2 cotylédons ou une autre organisation qui indique sa place parmi les Dicotylédones.

Eh bien, même les Rafflésiacées et l'*Hydnora* dont nous avons longuement donné la description pour faire voir que ces végétaux sont bien plus absolument acaules que les précédents, ces végétaux ne sont cependant pas entièrement dépourvus de tiges; car entre la racine et la fleur, si court qu'il soit, il y a au moins un mérithalle qui représente la tige, exactement comme entre la radicule et les cotylédones il y a un mérithalle formant le premier élément de la tige, puisque nous ne saurions admettre le moindre organe appendiculaire qui n'ait été précédé de son mérithalle. Or, si ces végétaux sont mono ou dicotylédonés, il faut de toute nécessité qu'il y ait un premier mérithalle entre la racine et le où les cotylédons, et un autre mérithalle entre les cotylédons et les sépales. Donc ces végétaux ne sont pas absolument sans tige.

B. Répartition inégale des forces vitales.

La répartition inégale des forces vitales a une grande influence sur la forme que peuvent prendre les végétaux, et déjà nous en avons donné des exemples nombreux. Mais c'est particulièrement dans les végétaux à formes pyramidales qu'il convient d'examiner les modifications que peut entraîner dans l'ensemble cette répartition inégale des forces vitales.

Nous avons établi, page 483, la loi de décroissance régulière des axes secondaires, tertiaires, etc., dans le cas de répartition égale; mais il est aisé de voir que, entièrement abandonnés à leur végétation naturelle, tous les végétaux ne prennent pas la forme pyramidale. En effet, les uns s'élèvent en un *tronc* qui finit par être à peu près simple, mais couronné par une tête amplement ramifiée constituant ce que nous sommes convenus de désigner sous le nom d'*arbre* et dont le Platane, l'Orme, le Chêne, etc., nous fournissent des exemples. D'autres au contraire, plus ou moins ramifiés dès leur base, continuent à vivre ainsi ramifiés sans offrir de tête et sans pourtant que l'on y distingue la forme pyramidale type dont nous avons parlé. C'est le propre des *arbrisseaux* comme on le voit dans le Lilas, le Troène, le Noisetier, etc., où des *arbustes* qui sont de plus petite taille et qui se distinguent des précédents par l'absence des bourgeons écailleux que possèdent les arbrisseaux; tels sont les *Phylica*, les *Daphné*, les

Erica, etc. Or, pour que les végétaux prennent ainsi d'eux-mêmes des formes si différentes, il faut bien que cela tienne à une distribution inégale des forces vitales.

En effet, si nous examinons la marche de la croissance d'un arbre, nous reconnaissons que tout d'abord l'évolution se fait comme à l'ordinaire. Un axe principal et des axes latéraux en sont la conséquence; mais bientôt les forces vitales se portent vers le sommet de l'axe principal, tandis qu'elles disparaissent peu à peu des premiers axes latéraux et ceux-ci meurent, se dessèchent et tombent aux premiers accidents, laissant ainsi l'axe principal à peu près complétement dépourvu de ses premières branches. Enfin les forces vitales se concentrent tout à fait au sommet, et c'est alors que les branches d'ordre de plus en plus élevé se forment et composent au végétal une tête souvent très-remarquable par son ampleur. C'est que, arrivé au terme de sa hauteur, l'axe principal n'attire plus à lui avec autant de force les sucs nutritifs qui, dans ce cas, peuvent se répandre circulairement avec une égale abondance, et entretenir la vie dans toutes les branches et jusque dans les plus faibles rameaux.

Quelquefois même, l'axe principal cesse assez brusquement d'attirer à lui les sucs nutritifs qui, en se distribuant *circulairement*, se portent sur les branches latérales, les font croître d'une manière relativement exagérée, ce qui donne à la tête de l'arbre la forme d'un parasol remarquable, surtout dans le *Fraxinus horizontalis* et le *Mespilus linearis*. D'autres fois les forces vitales se distribuent à peu près *sphériquement*, de telle sorte que toute la tête de l'arbre affecte la forme d'une boule volumineuse que tout le monde connaît dans le *Robinia umbraculifera*, qui, à cause de cette particularité, a reçu le nom d'*Acacia-boule*.

Enfin, quelquefois les forces vitales sont tellement réparties, que les axes inférieurs continuent de vivre, mais avec moins d'activité que les axes moyens, si bien que l'ensemble de l'arbre présente une forme *ovoïde* très-facile à constater dans le *Cupressus sempervirens*.

Entre ces quatre formes très-distinctes qui sont la *pyramidale*, l'*ombelliforme*, la *sphérique* et l'*ovoïde*, il est une foule de formes variables dont il est facile de comprendre le mode de formation.

C. *Direction variable dans les axes latéraux.*

Quant à la direction variable des branches, il est évident qu'elle doit contribuer pour une bonne part aux formes végétales. Mais quelle est la cause de cette direction ? Elle ne peut être due au poids qu'elles prennent par leur élongation, puisqu'il y a des branches très-longues qui sont dressées, pendant qu'il y en a qui sont courtes et qui sont horizontales ou même inclinées vers le sol. Plusieurs causes nous semblent présider à cette direction. C'est d'abord la position des phytogènes périphériques dans le protophytogène constituant le bourgeon à sa naissance, relativement à la branche-mère ; et ensuite un mouvement de campylotropie analogue à ceux que nous avons déjà étudiés.

1° Puisque nous savons maintenant que tout protophytogène est constitué par 12 phytogènes périphériques entourant un phytogène central, dont les 3 inférieurs doivent produire le mérithalle et les 9 autres les organes appendiculaires, tandis que le phytogène central, en se composant en un second protophytogène, reproduira un second mérithalle et un deuxième ordre d'organes appendiculaires ayant à son centre un troisième phytogène central qui deviendra protophytogène, et ainsi de suite ; puisque, disons-nous, on connaît cette disposition, on peut jusqu'à un certain point admettre que selon la position relative du premier protophytogène de tout axe secondaire, on aura des directions variables. Si en effet le protophytogène, après la composition, présente ses 6 phytogènes circulaires selon un plan *parallèle* à l'axe principal, il est de toute évidence que l'évolution naturelle de ce protophytogène donnera lieu à un mérithalle qui émergera à angle droit de l'axe qui le porte ; et comme la formation successive d'un second mérithalle, puis d'un troisième, etc., se fait suivant une ligne droite, la branche totale sera nécessairement perpendiculaire à l'axe qui l'a produite. Or, si cet axe est vertical, la branche sera horizontale.

2° Admettons au contraire que le premier protophytogène d'un axe secondaire, en se formant, dispose ses phytogènes de façon à faire que le plan de ses 6 phytogènes circulaires soit autant que possible *perpendiculaire* à l'axe qui l'a produit ; dans ce cas, le premier mérithalle formé aura une direction formant avec l'axe qui le porte un angle très-aigu; et comme la formation successive d'un second mérithalle, puis d'un troisième, etc., a lieu selon une ligne droite, il s'ensuivra un axe très-rapproché de la branche-mère et si celle-ci est verticale la tige secondaire sera dressée. C'est ce que l'on voit très-bien dans le *Quercus fastigiata*, le *Cupressus sempervirens*, le *Populus fastigiata*, le *Robinia pyramidalis*, etc.

Entre ces deux extrêmes de branches dressées et de branches horizontales on peut concevoir toutes les directions intermédiaires dont le point de départ aura été l'inclinaison plus ou moins grande du premier protophytogène d'un bourgeon axillaire.

3° Cependant, dans quelques cas, lorsque la base des feuilles est longuement engaînante et surtout persistante, il peut arriver que le jeune bourgeon, contenu et se développant dans la gaîne, prenne une direction forcée qui pourrait n'être pas tout à fait attribuée à la disposition des premiers protophytogènes interphythogéniques. Ainsi dans les Graminées et en particulier dans les *Bambusa*, *Arundo*, *Zea*, etc., les bourgeons latéraux infrondescents ou inflorescents sont évidemment maintenus serrés près de l'axe par les parties engaînantes des feuilles, qui sont quelquefois très-résistantes, comme on le voit dans les *Arundo* et *Zea*.

4° Lorsque les branches sont longues et faibles, rien de plus naturel que de rapporter à leur poids la *pendulaison* qu'ils affectent, et c'est autant à cette cause probable qu'à celle dont nous allons parler que le *Salix babylonica* doit la direction de ses rameaux. Mais dans les *Sophora pendula*, *Sorbus pendula*, *Salix capræa pendula?* *Fagus pendula*, *Fraxinus pendula*, etc., surtout dans ce dernier dont les rameaux sont rigides, il nous semble difficile de n'être pas obligé de rapporter cette pendulaison à un phénomène de campylotropie dans lequel, au moins dès le début de la formation des branches latérales, le côté interne des branches augmente relativement un peu plus que le côté externe; d'où la courbure obligée que doivent prendre les axes secondaires.

Dans le seul genre *Cupressus* on peut constater à peu près

toutes les directions des ramifications, depuis les rameaux pendants du *Cupressus pendula* jusqu'aux rameaux redressés du *C. sempervirens*, en passant par le *C. glauca* qui, par ses rameaux étalés et un peu pendants, conduit au *C. horizontalis*, variété du *C. sempervirens ;* puis, par le *C. thuyoïdes* dont la ramification se rapproche de celle des *Thuya*, on arrive enfin au *C. sempervirens* dont les branches dressées lui ont mérité la qualification de *pyramidal*.

D. *Arrêt d'accroissement dans les axes latéraux.*

On peut remarquer que les végétaux commencent généralement par avoir une grande tendance à produire des infrondescences, mais aussi que plus tard cette tendance s'atténue et que les branches finissent toutes par offrir une propension marquée à produire des inflorescences. Cette propriété des végétaux mérite d'être particulièrement étudiée.

On a dû se demander à quelle époque de l'évolution d'un végétal donné devait se prononcer l'influence florifiante, ou en d'autres termes, au bout de combien de mérithalles devait se produire la fleur? Examinons d'abord les cas les plus simples.

Selon M. Bauman, le *Rosa Bengalensis* aurait tant de tendance à fleurir que, venu de graines, il offrirait un bourgeon-fleur après sa germination et le développement de ses feuilles primordiales : par conséquent, la fleur résulterait de l'évolution du troisième protophytogène de la jeune plante, le premier ayant donné lieu aux deux cotylédons et le second à 2 feuilles primordiales.

L'*Hydnora africana* qui ne porte pas de feuilles donne une fleur qui semble être produite par le deuxième protophytogène, le premier ayant sans doute été employé à faire le ou les cotylédons.

Les *Ophioglossum vulgatum, lusitanicum* et *reticulatum* ne produisent qu'une seule feuille stérile et une seconde disposée en un épi fructifère.

L'*Ophrys ovata*, Lin., donne aussi une inflorescence après la formation de deux feuilles opposées.

Le *Sanguinaria canadensis* ne donne aussi qu'une seule ou quelquefois deux feuilles, puis la floraison se produit.

On voit déjà par ce dernier exemple que, dès que le nombre des organismes de la nutrition (t. I, p. 353) se double, il peut y avoir avortement de l'un des deux et dès lors on a la preuve que la floraison n'arrive pas toujours après un nombre déterminé de productions protophytogéniques. Mais ce sont surtout les espèces où le nombre des organismes de la nutrition se multiplie beaucoup qui peuvent nous offrir les plus grandes variations de nombre dans les mérithalles développés avant celui qui devra commencer l'inflorescence. Par exemple, le *Scilla nutans* et l'*Orchis maculata* présentent de 8 à 12 organismes de la nutrition après lesquels vient l'inflorescence, ce qui constitue un écart de 4 protophytogènes. Cet écart est bien plus grand encore lorsque la floraison n'arrive qu'après un plus grand nombre d'organismes de la nutrition. Ainsi chez les *Pisum* la floraison peut arriver après la septième ou la huitième feuille, ou ne se montrer qu'à la 15e ou 16e, ainsi que nous l'avons expérimenté et décrit (t. I, p. 507).

Chez le *Zea Mays*, nous avons constaté un écart de 8 et 10 mérithalles, et dans l'*Arundo Donax* la différence est encore plus grande, puisque nous avons constaté l'apparition de la panicule terminale après le 22e mérithalle dans un cas, et seulement après le 43e dans un autre.

Disons de suite que la principale cause de ces différences paraît être due soit au volume du bourgeon, soit à la grosseur de la graine, et que toutes choses égales d'ailleurs les plus beaux bourgeons ou les graines les plus volumineuses donnent lieu à un plus grand nombre d'organismes de la nutrition ainsi que nous croyons l'avoir prouvé pour le Lilas et pour les Pois, t. I, p. 504 et 506.

Une seconde cause tient certainement aussi à l'exposition des végétaux; car on sait que placés dans un endroit bien exposé au midi, ils fleuriront plus tôt et plus abondamment que placés à l'ombre, et nous avons cité l'exemple d'une Vigne, de Lilas et de Rosiers qui n'ont pu fleurir que dans une circonstance où une plus grande quantité de lumière solaire avait été accumulée sur eux (t. I, p. 175).

Une troisième cause peut naître de la richesse du sol en principes nutritifs. En effet, personne n'ignore que mieux la plante est nourrie, plus sa végétation est luxuriante et plus aussi elle s'élève en produisant un plus grand nombre d'organismes de la nutrition.

Enfin on peut trouver encore une quatrième cause de cette différence dans l'état hygrométrique du sol, et tout le monde a pu observer que les mêmes espèces, venues dans un même terrain, sont bien plus élevées pendant les années humides que pendant les années sèches, et les Froments en ont donné de fréquents exemples.

Si donc les végétaux qui ont tant de tendance à croître en hauteur, puisque, parmi ceux que nous venons de citer, presque tous ne donnent d'ordinaire aucune ramification, présentent des écarts aussi considérables dans leur axe unique et ascendant, que doit-il arriver aux axes latéraux qui certainement sont dans des conditions moins favorables à la marche facile de la séve, puisque nous avons vu, page 488, que souvent on pouvait en déduire des causes d'amblosie? Et si en effet il y a quelque retard ou quelque obstacle à la libre marche des sucs nutritifs, il doit nécessairement arriver que l'influence florifiante se fera sentir plus tôt, et que la floraison arrivera plus rapidement sur les axes secondaires que sur les axes primaires, sur les axes tertiaires que sur les axes secondaires, et ainsi de suite; en un mot, que la tendance à la floraison sera d'autant plus grande qu'on l'observera sur des axes d'un ordre plus élevé, sans que le nombre de mérithalles y soit pour quelque chose. Nous nous expliquons.

Admettons un végétal capable de se ramifier dès les feuilles primordiales et supposons qu'il arrive à porter une inflorescence ou une fleur terminale après le 10ᵉ mérithalle, en y comprenant celui qui porte les cotylédons; il semblerait au premier abord que l'axe secondaire dût aussi ne produire d'inflorescence ou de fleur terminale qu'après le 10ᵉ mérithalle, en y comprenant celui qui porte les cotylédons et celui qui porte les deux feuilles primordiales à l'aisselle de l'une desquelles l'axe secondaire se serait développé; de même on pourrait admettre que l'axe tertiaire ne devrait fournir de fleurs qu'après le 10ᵉ mérithalle, en comptant le mérithalle sous-cotylédonaire, le mérithalle qui porte les feuilles primordiales et le mérithalle secondaire au haut duquel l'axe tertiaire a pris naissance, et ainsi de suite. Or, si un pareil végétal existe on peut le considérer comme le type rare de ce mode de développement ; mais en général il s'opère dans ce sens une décroissance dans la production des organismes de la nutrition avant d'arriver à la floraison, décroissance qu'il serait curieux d'étudier avec soin, afin d'en donner la formule exacte, et nous pouvons dire que jusqu'à ce jour nous n'en savons pas le premier mot.

Quoi qu'il en soit, ce que l'on peut dire c'est que cette décroissance est manifeste, qu'elle est très-variable et qu'en l'étudiant avec soin il ne serait point impossible de trouver des formules qui les pussent exprimer, et ces formules seraient précisément celles qui donneraient la forme générale du végétal. Quelques exemples :

1° Le *Phlox paniculata* porte dans l'individu que nous avons observé une inflorescence composée après le 40° mérithalle. Si maintenant nous comptons les mérithalles, tant ceux de l'axe primaire que ceux de l'axe secondaire, qu'il faut avant d'arriver aux semblables panicules des axes secondaires, et en procédant du haut en bas, nous trouvons 39 pour les deux axes secondaires les plus élevés et successivement 38, 36, 34, 32, pour les axes de plus en plus inférieurs. Toutefois, comme dans tous les axes primaires, les axes secondaires ne se développent pas toujours comme celui que nous avons choisi, on peut trouver des nombres intermédiaires sans doute, mais dans tous les cas, sauf quelques exceptions, on peut remarquer, en procédant de haut en bas, une série décroissante dans le nombre de mérithalles à compter pour arriver à une inflorescence analogue.

D'un autre côté, il faut observer qu'un grand nombre de mérithalles avortent, si bien que, dans l'exemple choisi, les premiers axes secondaires dont il est question ici, au lieu de se former sur le 39° mérithalle, s'étaient formés sur le 29° ; les seconds axes secondaires sur le 22° ; les troisièmes secondaires sur le 17° ; les quatrièmes secondaires sur le 16°.

2° Dans un pied de Persil et en suivant la même marche, nous avons compté 19 mérithalles sur l'axe primaire avant d'arriver à l'ombelle, puis 20 (mérithalles de l'axe primaire compris) avant d'arriver à l'ombelle de deux axes secondaires ; mais en allant toujours en descendant, nous avons trouvé la série décroissante suivante : 19, 19 — 18, 18 — 17, 17, 17 — 16, 16 — 15, 15 — 14, 14, 14 — 13, 13 — 12, 12. Nous devons faire observer néanmoins que cette succession ne se trouve pas toujours d'une manière aussi exacte ; mais pour peu que l'on répète cette observation, on acquiert bientôt la certitude que cette décroissance est une vérité botanique.

3° En procédant de la même façon sur un pied de *Scorzonera Hispanica*, nous avons reconnu que la calathide principale arrivait après le 26° mérithalle, et qu'il en était de même de la calathide du premier axe secondaire ; mais à partir du nombre 26, nous avons trouvé la série décroissante suivante : 25, 25 — 24, 24, 24 — 23, 23, 23 — 22, 22, 22 — 21, 21 — 20, 20 — 19 — 18.

Il résulte de ce que nous venons d'observer sur ces trois espèces que le nombre des mérithalles, pour arriver à la fleur, va sans cesse diminuant sur les axes secondaires à mesure que l'on se rapproche de la base de l'axe principal.

Si à chaque axe successivement descendant on comptait régulièrement un mérithalle de moins, nous aurions évidemment des fleurs axillaires, et c'est ce qui arrive par exemple dans les *Gladiolus*, chez lesquels les fleurs, disposées en longs épis, se forment successivement à l'aisselle d'une feuille bractéale, sans aucun autre mérithalle que le pédicelle floral.

Mais de ce que dans le *Phlox* les premiers axes secondaires, comptant en tout 38 mérithalles avant la petite panicule terminale, se produisent au sommet du 29° mérithalle de l'axe primaire, il s'ensuit que les axes secondaires comptent 9 mérithalles sans fleurs ; et comme les autres axes secondaires se trouvent dans les mêmes conditions, on voit qu'ici l'influence florifiante n'est pas immédiatement le résultat de la formation axile secondaire, et que la forme du végétal doit nécessairement en être la conséquence.

D'un autre côté, si l'on observe que les chiffres qui expriment les décroissances dans le Persil et la Scorzonère se répètent deux et trois fois, on doit naturellement conclure que les fleurs ne naissent pas toujours immédiatement de la formation axile secondaire, puisque ces nombres, deux ou trois fois répétés, mais pris à des hauteurs différentes, expriment des mérithalles primaires *en plus* ou *en moins*, et des mérithalles secondaires *en moins* ou *en plus*. Ainsi, en précisant davantage, soit par exemple les nombres 17 — 17 — 17 du Persil que nous avons trouvés, de ce que les trois axes secondaires donnent une ombelle terminale après les 17ᵉˢ mérithalles primaires et secondaires, mais l'un de ces axes secondaires (le premier ascendant) naissant après le 10ᵉ mérithalle primaire, l'autre (le second ascendant) après le 11ᵉ mérithalle primaire, et le troisième (le plus élevé) après le 12ᵉ mérithalle primaire, il en résulte que ces trois axes secondaires doivent avoir successivement et en descendant 5, 6, 7 mérithalles secondaires, ce qui prouve bien qu'il est impossible, d'une part, que l'ombelle ou l'inflorescence soit axillaire, et en fin de compte, que les axes secondaires augmentent le nombre de leurs organismes de la végétation à mesure qu'ils descendent au bas de l'axe primaire. Or c'est ce qui est rendu très-évident par l'exemple du *Scorzonera*, où l'axe secondaire le plus élevé donne immédiatement une calathide, ce qui la fait arriver, comme la terminale, après le 26ᵉ mérithalle, tandis que, malgré la décroissance du nombre des mérithalles, l'axe secondaire inférieur qui donne sa calathide terminale après le 18ᵉ mérithalle, prend naissance au sommet du 6ᵉ mérithalle, ce qui donne 12 mérithalles pour l'axe secondaire.

Donc, tandis qu'il y a des végétaux qui donnent des axes secondaires immédiatement floraux (*Lilium*, *Gladiolus*, *Hyacinthus*, *Digitalis*, etc.), il y en a qui forment des axes secondaires dont le nombre de mérithalles précédant les fleurs augmentent à mesure que l'on descend sur l'axe primaire, d'où il suit que le végétal doit offrir une forme pyramidale d'une part, et comme le nombre total des mérithalles (primaires et secondaires) précédant l'inflorescence va diminuant, on peut dire que la floraison ou l'influence florifiante est une cause qui doit déterminer des modifications dans les quatre principales formes types ou systèmes que nous avons établies page 487.

Si nous constatons l'influence des axes secondaires sur la floraison, à plus forte raison peut-on aisément constater l'influence des axes tertiaires, quaternaires, sur ce phénomène physiologique, qui est d'autant plus marqué, certainement, que nous avons affaire à des axes d'un ordre plus élevé. Malheureusement aucune étude n'a été faite sous ce rapport, et rien ne serait intéressant comme la connaissance des lois de décroissance du nombre total des mérithalles conduisant à la floraison, relativement aux axes d'ordres différents.

Ce n'est pas tout, car un phénomène inverse va précisément conduire à des résultats analogues.

Si en effet nous considérons les végétaux dits à évolution définie, comme les *Cladanthus proliferus*, les *Cerastium*, l'*Erythræa Centaurium*, etc., on peut reconnaître que la première fleur terminale peut arriver après un nombre variable de mérithalles primaires. Admettons que cette première fleur arrive après le 10e mérithalle, en y comprenant le pédicelle floral; comme de l'aisselle des deux dernières feuilles partent deux bourgeons qui produiront un mérithalle portant deux feuilles au centre desquelles évoluera une fleur pédicellée, on aura une seconde fleur arrivant après le 11e mérithalle. De même encore, de ce que deux bourgeons surgiront de l'aisselle de ces deux nouvelles feuilles, il s'ensuivra un nouveau mérithalle et une nouvelle fleur avec son pédicelle qui, par conséquent, se produira après le 12e mérithalle, et ainsi de suite; de telle sorte que la 10e fleur arriverait après le 20e mérithalle de la plante. A partir du 10e mérithalle, on voit donc que chaque fleur non-seulement exige la formation d'un mérithalle de plus, mais encore que chaque mérithalle nouveau s'élève d'un degré dans l'ordre des axes, puisque le 10e mérithalle, qui a produit la première fleur, appartenait à l'axe primaire, tandis que les 2e, 3e, 4e fleurs, etc., appartiennent successivement à des axes secondaires, tertiaires, quaternaires, etc. D'où il suit :

1° Que le phénomène est complétement l'inverse de ce qu'il est dans les exemples que nous avons cités tout à l'heure ;

2° Que, conséquemment, de ce que nous avions la formation d'une pyramide *directe* dans la ramification des premières, nous avons au contraire la formation d'une pyramide *inverse* dans la ramification de ces derniers exemples ;

3° Qu'enfin si l'inflorescence et l'évolution des axes particuliers sont définis, précisément à cause de la répétition des axes axillaires qui se succèdent en augmentant le volume et la hauteur du végétal, nous avons néanmoins une évolution générale qui peut être regardée comme indéfinie; car, en effet, l'esprit ne conçoit d'autre cause à la cessation de cette répétition des axes que la

cause même qui fait que dans les axes à évolution indéfinie la végétation finit néanmoins par s'arrêter. Ainsi se justifie l'évolution
indéfinie des phytonies unie à une évolution définie des axes,
comme nous l'avons établi, t. I, page 406 (4°).

Voilà donc deux ordres de végétaux dont l'évolution générale
est complétement différente, et il serait à coup sûr difficile, dans
l'état actuel de la science, de dire quelle est exactement la cause
qui détermine ces évolutions si contraires.

Quoi qu'il en soit, on peut maintenant se demander s'il n'existerait point des espèces qui tinssent plus ou moins exactement le
milieu entre ces deux ordres de végétation ; si, par exemple, il n'y
en aurait point qui fussent *directement* pyramidales par le sommet et *inversement* pyramidales par le bas. C'est ce qu'il s'agit
de rechercher maintenant.

Examinons d'abord ce qui résulterait de l'opposition base à
base de la pyramide inverse et de la pyramide directe. Si les deux
pyramides avaient la première un mode de croissance correspondant exactement au mode de décroissance de la seconde, c'est-à-
dire un même nombre de plans de part et d'autre, par exemple
comme le seraient deux pyramides contraires, formées toutes
deux par des végétaux à feuilles opposées décussées, l'esprit conçoit qu'alors les axes se superposeraient les uns aux autres assez
exactement pour former des plans triangulaires en égal nombre
dans les deux pyramides opposées, d'où résulterait une sorte
d'*ovoïde* plus ou moins régulier et plus ou moins anguleux. Nous
ne savons pas s'il existe une forme végétale approchant de loin ou
de près de cette forme théorique, mais à coup sûr cette formation
végétale n'a rien qui répugne à notre esprit. En voici les raisons :

1° Si nous nous rappelons le mode de génération de certains
ovules sur leurs placentaires, nous reconnaissons qu'il en est qui
commencent leur apparition au milieu du placentaire, et que
d'autres se montrent successivement et en marchant les uns vers
le sommet, les autres vers la base, mode de génération que nous
avons nommée *médiifuge* (p. 277), et dont on trouve des exemples dans les *Aquilegia, Capparis, Chelidonium, Eschscholtzia,
Glaucium,* etc.;

2° D'un autre côté, nous avons vu que dans les feuilles latéricomposées ou de génération latérale plus grande que la longitu-

dinale (p. 67), l'organogénie démontre que le premier élément foliaire qui se forme (nervure ou foliole) est précisément celle du milieu, et que ce n'est que successivement que de chaque côté se forment de nouveaux éléments foliaires qui vont en s'éloignant de plus en plus de l'élément qui s'est formé le premier (*Petasites, Nardosmia, Althæa rosea*, etc., pl. VI, *fig*. 41, ou *Helleborus, fig*. 40, *Pavia, Æsculus Hippocastanum*, pl. IX, *fig*. 64, *Ricinus, fig*. 66, *Cissus quinquefolius*, etc.);

3° Enfin, dans les feuilles simples ou composées de notre système L > l, ou de génération longitudinale plus grande que la latérale (p. 73), nous sommes arrivé à constater que les nervures ou les folioles ont généralement un plus grand développement au milieu du rachis, et que ce développement devient de moins en moins grand à mesure que l'on se rapproche des deux extrémités de l'axe foliaire, d'où résulte une forme sensiblement elliptique, que la feuille soit simple (*Persica, Nerium, Salix*, etc., pl. IX, *fig*. 69, 4), ou composée (*Rosa, Robinia pseudo-Acacia, Gleditschia*, etc., *ibid*., 2), ou bicomposée (*Poinciana pulcherrima, Acacia dealbata*, etc., pl. X, *fig*. 72), ou quadricomposée (*Achillea millefolium*, pl. X, *fig*. 71).

Or, quand on voit dans les organes appendiculaires une forme elliptique ou une décroissance médiifuge, quand on voit dans les générations des folioles ou des ovules une décroissance ou une génération médiifuge, on est en droit de supposer *a priori* que la forme solide des végétaux a son analogue. Mais pour la bien comprendre il importe de faire saisir l'espèce de liaison qu'il y a sous ce rapport entre les formes planes des feuilles et les formes solides des végétaux entiers.

a. Nous avons établi, page 64, qu'il y avait des feuilles chez lesquelles on pouvait constater une sorte d'égalité entre la génération longitudinale et la génération latérale, ce que nous avons exprimé par le symbole L = l, et nous avons dit qu'il y avait des feuilles simples (*Sagittaria sagittifolia, Rumex abyssinicus*, pl. VIII, *fig*. 57 (4), 59) et des feuilles plusieurs fois composées de ce système : *unicomposées* (*Fragaria, fig*. 57, 3); *bicomposées* (*Imperatoria ostruthium*, pl. II, *fig*. 12); *tricomposées* (*Actea spicata, Epimedium alpinum*, pl. II, *fig*. 14), et ainsi des autres jusqu'à la septième composition (p. 18).

D'un autre côté, nous avons cherché à démontrer autre part (1)
que les organes appendiculaires pouvaient, jusqu'à un certain
point, être regardés comme une succession d'axes phytogéniques
(nervures) presque toujours développés dans un même plan. Or,
dans une feuille de la forme L = 1 nous avons la figure qu'aurait
la section longitudinale d'une pyramide ou d'un cône, c'est-à-dire
un triangle isocèle, car si l'on fait tourner ce triangle sur un axe
qui le partage en deux parties égales, on décrira une forme pyramidale analogue à la forme solide de certains végétaux entiers.

b. Nous ne pourrions signaler présentement aucune feuille de
Monocotylédone ou de Dicotylédone qui soit exactement dans
le cas de représenter l'analogue de la section des pyramides
inverses des formes solides que nous avons signalés. Cependant
on pourrait, jusqu'à un certain point, regarder les feuilles bifo-
liées des *Zygophyllum*, celles de l'*Hymenœa courbaril*, pl. XI,
fig. 85, ou celles de quelques *Passiflora* (*perfoliata*), pl. IX,
fig. 68, ou celles de Tulipier, pl. II, *fig.* 13 *ter*, comme s'en rapprochant un peu. Mais c'est surtout parmi les Acotylédones que
nous trouvons des frondes ou thalles qui se comportent suivant
un plan à peu près de la même manière que les pyramides
inverses dans les formes solides. En effet, un grand nombre de
ces frondes, comme celles des *Fucus vesiculosus, spiralis, cera-
noïdes*, pl. II, *fig.* 13 *bis*, etc., se ramifient par chorise diplasique,
et, laissant ses lames dans un même plan, il en résulte une sorte
de triangle isocèle renversé, dont une révolution sur son angle
inférieur doit décrire une forme conique qui est bien à peu près
celle de la pyramide inverse.

c. Si maintenant on suppose une feuille appartenant à notre
cinquième système dont le symbole est L > 1, comme on en a des
exemples parmi les feuilles simples, dans les *Nerium, Amygdalus*, etc., pl. IX, *fig.* 69 (4), et parmi les feuilles composées, dans
les *Robinia pseudo-Acacia*, etc., *ibid.*, *fig.* 69 (2), dont la forme
est sensiblement elliptique, on peut reconnaître qu'en la coupant
transversalement vers le point où se trouve sa plus grande largeur, la partie supérieure réalise l'élément de la pyramide directe,
tandis que la partie inférieure réalise l'élément de la pyramide

____

(1) *Phytogénie*, p. 484.

inverse. Donc, en faisant accomplir à toute la feuille une révolution entière sur son grand axe, c'est-à-dire suivant sa nervure médiane, on décrira une forme ovoïde, qui est celle qui doit exister dans quelques végétaux entiers, comme celle que l'on observe dans les inflorescences ou cônes des *Pinus*, de certaines Graminées et de quelques végétaux entiers, comme le *Cupressus sempervircns*, forme que l'on a confondue avec la pyramidale, mais qui s'en éloigne beaucoup.

Cependant le mode de formation de cette forme dans le *Cupressus sempervirens* n'est pas franchement celui qui résulterait d'un axe dont la hauteur bientôt terminée ne croîtrait plus qu'en largeur, en donnant lieu à des axes secondaires dont l'évolution commencerait par le milieu de l'axe primaire et se continuerait successivement en se dirigeant vers les deux points extrêmes de l'axe principal; en un mot, par une évolution médiifuge, absolument comme nous en avons donné des exemples dans la formation des feuilles de composition latérale ou dans la formation médiifuge de certains ovules sur les placentaires. Nous ne connaissons présentement aucun végétal réalisant ces conditions de développement; cependant, si nous considérons la composition de certains végétaux, nous y trouverons quelque chose qui se rapproche beaucoup de ces conditions.

Ainsi, par exemple, nous avons sous les yeux plusieurs tiges entières d'*Aconitum Napellus*, et nous leur trouvons la constitution suivante : au sommet de l'axe, une sorte d'épi floral composé de fleurs dont les pédicelles, très-courts à la partie supérieure, vont en augmentant successivement de longueur à mesure qu'on les observe plus bas sur l'axe; puis arrive un moment où l'on trouve le pédicelle transformé en un axe secondaire portant deux mérithalles, puis trois, puis quatre, en même temps que le nombre des fleurs augmente. On arrive ainsi, toujours en continuant la progression descendante sur l'axe primaire, à constater de véritables axes secondaires terminés par de petites inflorescences spiciformes dans lesquelles nous comptons jusqu'à dix, douze, et parfois une quinzaine de mérithalles surmontés d'une petite inflorescence. C'est en ce point que se trouve le *maximum* de longueur des axes secondaires, et la forme de l'ensemble de cette première partie de l'axe est évidemment celle d'une pyramide

directe. Mais en continuant cette marche descendante, nous reconnaissons que les axes, au lieu de continuer cette augmentation dans le nombre des mérithalles, recommence à diminuer, si
bien que dans une série bien choisie de tiges de la même plante,
on voit les axes secondaires perdre successivement, et l'un après
l'autre, tous les mérithalles qui les composaient, et non-seulement
être réduits à un seul mérithalle, mais encore on peut constater
au-dessous une longue série descendante de bourgeons amblosiés,
qui peuvent, dans certaines circonstances favorables, évoluer en
de nouveaux axes secondaires, si l'on a le soin de supprimer le
haut de la tige avant que les fleurs aient eu toutes plus ou moins
le temps de s'épanouir. Or dans cette seconde partie descendante,
mais dont les axes vont sans cesse décroissant dans leur composition mérithallienne, il est impossible que l'on ne constate pas la
forme d'une pyramide inverse qui, surmontée de la pyramidale
directe de la première partie, constituent ensemble la forme *ovoïde*
dont nous avons voulu démontrer l'existence dans les végétaux.
Il serait infiniment curieux de faire des études dans ce sens, afin
de confirmer l'existence d'exemples multipliés de cette forme
que nous ne pouvons maintenant démontrer d'une manière plus
générale.

ARTICLE II. — *Des inflorescences générales.*

Tout ce que nous venons de dire sur les formes générales des
végétaux, se rapporte particulièrement à la partie infrondescente,
car on peut concevoir le végétal sans fleurs avec les formes précédemment indiquées. Il importe d'étudier maintenant celles qui
sont plus exclusivement propres aux inflorescences dans lesquelles
nous allons voir se reproduire une grande partie des formes que
nous venons de signaler dans les infrondescences.

On a désigné sous le nom d'inflorescence l'arrangement des
fleurs sur le rameau qui les produit, et conséquemment les dispositions qu'elles affectent les unes par rapport aux autres. Linné,
qui paraît avoir créé le mot inflorescence, l'a défini ainsi : «*Inflo-
rescentia est modus quo flores pedunculo plantæ annectuntur* (1),

(1) *Philos. bot.*, edit. secunda, p. 112.

et c'est Turpin qui le premier a commencé à la bien étudier dans son beau mémoire *sur les inflorescences des Graminées et des Cypéracées*. Mais on doit à MM. Linck, Rœper, De Candolle, Bravais frères, Ach. Guillard, etc., des observations nouvelles et importantes que Rob. Brown a enrichies de considérations ingénieuses consignées dans plusieurs de ses ouvrages, particulièrement ceux qui concernent la famille des Composées. Quelques botanistes distingués ont tenté d'introduire un peu d'ordre dans cette question difficile ; mais les modifications de formes sont si variées (1) et passent de l'une à l'autre par des nuances si peu sensibles qu'il est pour ainsi dire impossible de faire une classification des inflorescences exempte de défauts. Malgré cela, nous allons aussi tenter d'exposer une classification basée sur les formes générales et déduite des longues études que nous avons faites à ce sujet, et en tenant compte autant que possible des travaux qui ont été faits par les auteurs qui nous ont précédés dans ce travail.

Pour se faire une juste idée du mode de formation des inflorescences, il importe d'avoir présents à l'esprit plusieurs des faits que nous avons déjà exposés bien des fois et que nous rappelons en peu de mots :

1° Toute fleur est terminale par rapport au petit axe qui la porte.

2° Tout axe secondaire, tertiaire, etc., naît à l'aisselle d'une feuille qui peut être plus ou moins modifiée, ou plus ou moins amblosiée, ou même complétement avortée.

3° En conséquence, physiologiquement, toutes les fleurs peuvent être considérées comme solitaires à l'aisselle d'une feuille plus ou moins modifiée (Turpin).

Cependant cette dernière proposition souffre de nombreuses exceptions que l'on peut attribuer à deux causes principales : la première, à l'avortement complet des feuilles bractéales; la seconde à la formation collatérale de plusieurs fleurs axillaires. Nous avons en effet démontré (2) que dans les espaces interphytogéniques il pouvait se former des phytogènes indépendants les uns des autres, disposés en série longitudinale ou transversales, sans

(1) Voir à ce sujet le long Mémoire de M. Ach. Guillard. *Bull. Soc. bot. France,* t. IV, p. 29, 116, 374, 452, 932.

(2) *Phytogénie,* p. 63.

que l'on soit obligé d'admettre que les fleurs multiples qui naissent à l'aisselle des feuilles soient toujours le résultat de plusieurs fleurs appartenant à un seul axe qui ne se serait pas développé.

4° Que les fleurs, comme bourgeons, sont soumises aux mêmes lois d'évolution que les bourgeons infrondescents, d'où il résulte que dans l'évolution de leur ensemble nous devons nous attendre à reconnaître des évolutions *centripètes* et des évolutions *centrifuges*, et c'est ce qu'a parfaitement démontré M. Rœper, dans un mémoire où ce savant a très-philosophiquement classé les inflorescences (1).

On peut reconnaître en effet, dans la manière dont les végétaux produisent leurs fleurs, deux procédés types qui doivent être la base de la classification des inflorescences.

Dans l'un, l'axe primaire est tout à coup arrêté dans son évolution par la formation d'une fleur au delà de laquelle l'axe ne saurait aller, et par conséquent l'évolution est nécessairement arrêtée ou, comme on le dit, *définie*. Au contraire, chez d'autres végétaux, ce n'est jamais l'axe primaire qui se termine par une fleur, mais bien les axes secondaires ou tertiaires, ou ceux d'un ordre plus élevé; de sorte que l'on ne voit plus aucune raison pour que l'axe primaire ne se continue pas indéfiniment de manière à donner toujours des axes secondaires, tertiaires, etc., portant les fleurs. L'évolution des inflorescences n'est donc pas arrêtée et peut, physiologiquement, se continuer d'une manière *indéfinie*. Nous avons en conséquence à établir deux sections principales basées sur ces phénomènes, savoir : les *inflorescences indéfinies* et les *inflorescences définies*.

Mais dans ces conditions mêmes les inflorescences présentent un grand nombre de modifications qui tiennent surtout à la manière dont les fleurs se groupent. Ainsi, tandis que très-fréquemment les fleurs naissent solitaires ou en petit nombre à l'aisselle des feuilles qui continuent à se produire sans subir de modifications, au contraire très-souvent les fleurs n'apparaissent qu'au sommet de l'axe principal et alors les mérithalles moins bien nourris se raccourcissent, leurs organes appendiculaires s'atrophient,

(1) Observations sur la nature des fleurs et des inflorescences. (*Mélanges de botanique*, par Seringe. Genève, 1826.)

changent de forme, et les fleurs se développant relativement davantage forment des inflorescences très-apparentes souvent, remarquables par leur volume et surtout par leur longueur, mais dont
la configuration et quelques autres caractères ont nécessité l'emploi de plusieurs noms pour désigner les formes qu'elles présentent.

Malheureusement ces dénominations ont été créées à une époque
où les études philosophiques, organogéniques et phytogéniques
étaient pour ainsi dire nulles, ce qui a conduit leurs auteurs à
confondre sous les mêmes noms des inflorescences évidemment
dues à des phénomènes physiologiques divers, et au contraire à
donner un nom différent à des inflorescences produites par un
seul et même phénomène physiologique. Malheureusement aussi,
on est trop persuadé en botanique qu'il faut conserver les noms
qui ont été établis par nos devanciers et l'on a généralement trop
peur de créer des noms nouveaux, sous le prétexte que la botanique est déjà trop encombrée de mots dont la connaissance est le
sujet d'une étude très-longue. Mais vouloir s'arrêter à de si misé-
rables considérations ce serait consentir à ne vouloir tourner
sans cesse que dans un cadre restreint, parcourir des sentiers
rebattus et, semblable à l'écureuil dans la cage tournante, rester
en place tout en croyant faire beaucoup de chemin.

Cependant déjà Turpin, Linck, Rœper, les frères Bravais, De
Candolle, Aug. Saint-Hilaire ont un peu secoué les langes de la
routine, mais pas assez néanmoins pour dépouiller la vieille habitude et arriver les uns et les autres à tomber d'accord sur le
sens à donner à certaines dénominations; souvent même, dans la
crainte de subtituer à un mot équivoque mais préconisé un
autre mot plus clair et plus significatif, ils en ont conservé quelques-uns qu'il aurait fallu laisser de côté.

Par exemple, que signifie le mot *cyme* que les uns écrivent par
un *i* et les autres par un *y*? A-t-on voulu qu'il signifiât *sommet*?
Dans ce cas il serait bien mieux appliqué à toute autre inflorescence qu'à celle qu'il désigne, puisque l'inflorescence en cyme
paraît avoir son sommet comme tronqué. Linné a-t-il eu quelque
raison à créer ce mot du grec? Nous ne le croyons pas, car ce
mot viendrait alors de Κυμα, flot, vague, ou de Κυημα, fœtus,
fruit de conception : donc, là encore, rien de significatif qui rap-

pelle la forme ou la manière d'être de l'inflorescence. Sans doute il est bon d'éviter l'emploi de noms significatifs pour exprimer des phénomènes dont on n'est pas sûr ; mais ici, il s'agit d'une forme tangible et que par conséquent on peut exprimer par des mots ; pourquoi donc précisément lui en donner un qui rigoureusement exprime toute autre chose ? On a beau dire avec quelques auteurs qu'il ne faut pas attacher d'importance à certains termes, certaines expressions ; que ce qui importe avant tout c'est d'en bien retenir le sens : si ce sens est trop détourné de son acception naturelle, s'il faut faire des efforts pour retenir ce sens, certaines mémoires peu actives, les élèves surtout, auront toutes les peines du monde à se faire une idée exacte de la chose qu'a voulu désigner le nom. Mieux vaudrait, dans ce cas, employer les noms le plus arbitrairement formés et absolument sans aucune signification.

Un axe primaire émettant successivement des axes secondaires tous immédiatement terminés par une fleur, que ces axes soient assez courts pour en faire des fleurs sessiles (*Triticum*), ou plus ou moins allongés de façon à ce que les fleurs soient pendantes (*Ribes rubrum*), c'est là un phénomène physiologique analogue et qui doit mériter aux deux modifications un seul et même nom.

Également quand le même axe primaire ne se trouve modifié que par la feuille bractéale, que celle-ci soit mince ou épaisse, grande ou petite, dure, coriace ou molle, pourvu que les axes secondaires ne portent qu'une fleur, que cette fleur soit complète ou incomplète et par conséquent mâle ou femelle, nous avons encore ici un phénomène physiologique analogue et par conséquent, au point de vue philosophique, pouvant se ranger dans une même série. En attendant qu'une bonne classification des inflorescences soit faite, nous oserons présenter la suivante, que nous sommes loin de regarder comme exempte de reproche.

Commençons par bien préciser les termes qui vont nous servir.

Il est visible à ne pouvoir en douter que certaines inflorescences se forment absolument comme si les fleurs supérieures sortaient du centre de la tige, et bien évidemment elles prennent une *évolution endotérique* (ἐνδότερος, interne), qui correspond à une évolution *indéfinie* ou *centripète* et qui n'a d'autre terme naturel que celui de la végétation. Toutefois ces deux expressions *indéfinie* et *endotérique* n'ont pas exactement le même sens, car si le mot endotérique semble indiquer une évolution qui peut être indéfinie, l'évolution indéfinie peut exister sans que le végétal soit endotérique, ainsi que nous le verrons par la suite.

Il est tout aussi facile de voir qu'il y a certaines inflorescences qui, au contraire des précédentes, semblent se former des parties extérieures de la tige, puisque cette tige se terminant toujours par une fleur, les axes secondaires, tertiaires et ceux d'un ordre plus élevé, naissent évidemment de la partie externe de la tige mère. Donc ici le phénomène est bien différent du précédent et nous avons réellement une *évolution exotérique* (ἐξωτερικὸς, externe) correspondant en quelques points à une évolution *définie* ou *centrifuge*, et qui se termine toujours à la fleur.

Il y a donc deux types fondamentaux ou deux systèmes d'après lesquels les fleurs naissent sur l'axe; mais quelquefois ces deux systèmes se réunissent pour faire une inflorescence *composée* ou *mixte*, suivant l'expression de M. Rœper. Or dans quelques végétaux l'axe central se conduit à la façon des évolutions endotériques, tandis que les rameaux latéraux suivent la marche des évolutions exotériques. Au contraire, d'autres végétaux présentent un axe central à évolution exotérique, pendant que les rameaux latéraux procèdent d'après les lois de l'évolution , nous ne dirons pas endotérique, mais *indéfinie*; de sorte que pour désigner ces inflorescences il nous a semblé que l'on pouvait unir les mots *définie* et *indéfinie* aux vocables *endotérique* et *exotérique* qui expriment physiologiquement mieux la manière dont se font les évolutions. Il suffirait de les désigner par les mots les plus significatifs que l'on ferait suivre de la qualification définie ou indéfinie. Ainsi, dans le premier cas, l'axe central étant endotérique et les axes latéraux à évolution définie, la dénomination devient *endotérique définie*; de même que l'expression *exotérique indéfinie* peut parfaitement désigner l'inflorescence générale dans laquelle l'axe central est exotérique et les axes latéraux à évolution indéfinie.

Nous avons donc ainsi, pour les inflorescences générales, quatre divisions principales ou quatre systèmes qui nous paraissent assez ettement tranchés et que nous allons étudier dans l'ordre suivant :

1° Système endotérique indéfini;
2° Système endotérique défini;
3° Système exotérique défini;
4° Système exotérique indéfini.

Commençons par étudier chacun de ces systèmes en particulier, puis nous chercherons à analyser les inflorescences qui paraissent s'en éloigner et nous verrons si par quelques vues particulières nous ne pourrons pas les ramener à l'une de ces quatre divisions.

SECTION I. — SYSTÈME ENDOTÉRIQUE INDÉFINI, INFLORESCENCES INDÉFINIES OU CENTRIPÈTES (RŒPER).

Dans ce système où se rencontrent des inflorescences variables, nous commençons par constater que l'axe primaire, en s'allongeant, donne lieu à des fleurs plus ou moins solitaires et séparées les unes des autres par des feuilles complétement semblables aux autres feuilles de la plante, ou à des fleurs plus ou moins groupées les unes auprès des autres et séparées seulement par des bractées ou des feuilles réduites à l'état de petites écailles qui même manquent très-souvent. Mais un caractère qui se retrouve dans toutes ces inflorescences à fleurs solitaires ou groupées, consiste dans le mode d'évolution ou d'épanouissement des fleurs et l'on peut remarquer que ce sont toujours celles qui sont situées le plus bas sur l'axe qui fleurissent les premières, et comme on peut supposer que les plus basses appartiennent à un cercle plus éloigné du centre de l'axe mathématique de la tige et les plus élevées à un cercle plus voisin de cet axe, on peut dire que l'évolution des fleurs procède, dans sa marche, de la circonférence au centre, phénomène qui se trouve résumé dans les vocables *endotérique* ou *centripète*. Ainsi, dire qu'une inflorescence est endotérique ou centripète, c'est avancer que la floraison marche de bas en haut et conséquemment qu'elle est *indéfinie*, bien que diverses causes s'opposent à ce que cette production indéfinie de fleurs soit absolue.

Mais indépendamment de la marche endotérique ou centripète

appartenant à chaque inflorescence particulière, il y a une évolution générale qui, ici, est encore indéfinie, et dont jusqu'à ce jour on n'a pas suffisamment tenu compte.

Ainsi, lorsque nous étudions la marche générale de la végétation dans le *Galega officinalis*, nous pouvons constater que l'axe principal appartient au système endotérique, puisque les axes secondaires seuls portent les inflorescences et que tant que la végétation dure, on voit successivement se produire des phytonies ou axes secondaires portant des feuilles et des inflorescences (1). Mais si nous examinons chacune de ces phytonies, nous reconnaissons qu'elle marche exactement comme l'axe principal, c'est-à-dire que son évolution est également endotérique (2). Par conséquent, tout le système végétal est essentiellement endotérique et constitue le premier *système type* que nous avons indiqué, t. I, p. 407, par deux flèches ayant leurs pointes dirigées dans le même sens et en haut, ce qui est une manière simple et commode d'exprimer ce phénomène général de la végétation. En faisant la même observation sur le *Melilotus officinalis*, on reconnaîtrait que l'axe primaire est endotérique et que les axes secondaires sont indéfinis en ce sens que les fleurs sont en épis qui fleurissent de bas en haut.

Sous le rapport de la constitution des inflorescences qui la composent, cette section présente de nombreuses variétés qu'il convient de bien faire connaître ; c'est pourquoi nous subdiviserons ces inflorescences en *axillaires*, *stachymorphes*, *botrymorphes* et *pyramidales* ou *conomorphes*.

§ I. — *Inflorescences axillaires.*

Dans ce mode d'inflorescence les fleurs naissent toujours à l'aisselle de feuilles qui ne sont pas sensiblement modifiées. Mais dans quelques végétaux les fleurs naissent solitaires, constituant une inflorescence *monanthée*; dans quelques autres végétaux, on voit deux fleurs se produire à l'aisselle des feuilles, d'où une inflo-

______

(1) T. I, p. 355.
(2) *Ibid.*, p. 404, pl. XI, *fig.* 72. Dans cette figure, la valeur des chiffres représente l'ordre de l'évolution des axes secondaires.

rescence *diplosanthée* ; quelquefois il en naît plusieurs. Lorsqu'elles sont en petit nombre, l'inflorescence est *oliganthée*, et quand elles sont en grand nombre, elle est *polyanthée*.

A. *Inflorescence monanthée.*

En examinant les fleurs qui se produisent sur la tige soit du *Linaria Cymbalaria*, soit des *Vinca major* ou *minor*, nous reconnaissons que leurs tiges ou branches principales émettent des feuilles qui ne se modifient pas et à l'aisselle desquelles les fleurs naissent solitaires. Mais on observe en même temps qu'à mesure que la tige ou axe grandit, à mesure aussi, dans quelques espèces (*Linaria Cymbalaria*), chaque feuille porte à son aisselle une nouvelle fleur qui se développe et s'épanouit après celle qui l'a précédée sur la tige, de telle sorte que la croissance de l'axe étant indéfinie, la production des fleurs et leur évolution semblent aussi être indéfinies. Observons qu'ici l'axe principal ne se termine jamais par une fleur, mais qu'il porte un grand nombre d'axes secondaires tous terminés par une fleur.

Admettons que l'axe primaire de la plante, au lieu de se développer de manière à produire de longs mérithalles, n'en produise que de très-courts, de telle sorte que toutes ses feuilles se rapprochent les unes des autres en une rosette; dans ce cas, nous aurons la même inflorescence axillaire monanthée, dont la Mandragore (*Atropa Mandragora*) nous fournit un exemple. C'est donc à tort qu'on leur a donné le nom de *fleurs* ou *d'inflorescences radicales*, puisque les fleurs naissent d'un axe et non de la racine.

B. *Inflorescence diplosanthée.*

Certaines variétés de *Fuchsia* se comportent, quant à l'évolution de leurs tiges, exactement comme dans les exemples précédents ; mais ici, à l'aisselle de chaque feuille, le plus ordinairement on voit naître deux fleurs qui se développent absolument comme les fleurs dont nous venons de parler. Un pareil état de choses se présente dans la Rose Trémière (*Althœa rosea*). En effet, l'axe primaire se continue indéfiniment, mais à l'aisselle de chaque feuille on voit se produire normalement deux fleurs qui souvent se réduisent à une, par avortement ou fusion; tandis que c'est anormalement et par chorise diplasique que l'on trouve deux fleurs à l'aisselle des feuilles du *Tropæolum majus* (t. I, p. 291). Ce phénomène d'inflorescence diplosanthée se rencontre fréquemment dans beaucoup d'autres espèces.

C. *Inflorescence oliganthée.*

Dans un certain nombre d'espèces végétales, on voit les fleurs naître au nombre de 3 ou 4 à l'aisselle des feuilles, et comme chacune de ces fleurs est réellement axillaire et ne résulte pas de la ramification d'un axe primaire, il y a là un phénomène physiologique différent de celui que présentent certaines inflorescences axillaires portées toutes sur un axe commun. Ainsi dans le *Myoporum ellipticum*, nous voyons 2 ou 3 fleurs naître de l'aisselle des feuilles et avoir chacune un axe secondaire indépendant des autres et naissant directement de l'axe primaire qui porte la feuille à l'aisselle de laquelle il a pris naissance. Dans l'*Halesia tetraptera*, le nombre des fleurs axillaires términant des axes secondaires et indépendants les uns des autres est de 3 ou 4. Dans le *Lonicera Caprifolium*, on trouve 3 fleurs libres à l'aisselle de chacune des feuilles opposées, ce qui en fait une inflorescence oliganthée.

D. *Inflorescence polyanthée.*

Quand le nombre des fleurs axillaires naissant toutes ensemble à l'aisselle d'une feuille et terminant un axe secondaire, est plus grand que dans les exemples précédents, on a des inflorescences axillaires polyanthées dont un exemple nous est donné par le *Malva sylvestris* (1), le *Nyterisition argenteum*, l'*Acacia vera* (2), etc., chez lesquels il est aisé de reconnaître que le petit groupe de fleurs axillaires est constitué par des axes secondaires indépendants terminés chacun par une fleur.

Observation. — On peut remarquer que si par la pensée on

(1) Turpin, *Flor. médic.*, 3ᵉ édition, pl. CCXXVIII.
(2) *Ibid.*, pl. II.

vient à supposer dans les inflorescences axillaires, l'absence des feuilles et l'amblosie des mérithalles, on aura un ensemble d'axes secondaires émanant de l'axe principal, tous terminés par une fleur et réalisant les conditions que nous allons retrouver dans les inflorescences stachymorphes ou en épi. On pourrait donc regarder ces inflorescences axillaires comme des inflorescences stachymorphes compliquées de feuilles normales.

Le caractère principal qui domine ce genre d'inflorescence est surtout dans *la constance de la feuille florale à conserver sa forme et ses dimensions ordinaires*, caractère qui ne se retrouve plus au même degré dans les inflorescences que nous allons étudier.

§ II. — *Inflorescences stachymorphes.*

Dans cette série d'inflorescences les feuilles sont toujours plus ou moins profondément modifiées, quelquefois même complétement avortées, de sorte que les mérithalles très-raccourcis rapprochent les fleurs qui, alors, se distinguent nettement des autres parties de l'axe. Le caractère distinctif de cette inflorescence réside dans *un axe principal ne donnant naissance qu'à des axes secondaires terminés par des fleurs*, c'est-à-dire que chaque fleur appartient en propre à un axe secondaire. Mais selon que les fleurs sont sessiles, ou plus ou moins longuement pédicellées, qu'elles sont formées à l'aisselle de bractées plus ou moins développées, ou plus ou moins dures, on a été forcé de leur donner des noms différents pour les distinguer les unes des autres. Cette sorte d'inflorescence est d'ailleurs susceptible de plusieurs divisions selon que la tige présente un seul ou plusieurs axes inflorescents partant d'un même point. De là les noms d'inflorescences *monostachysée, oligostachysée, polystachysée.*

Il est souvent bien difficile de délimiter exactement les inflorescences, et parfois il arrive que telle inflorescence appartient par quelques côtés à un ordre, tandis qu'elle doit appartenir à un autre sous certains points de vue. Ces inflorescences sont comme le trait d'union qui unit des inflorescences voisines. Par exemple, il y a si peu de différence entre certaines inflorescences stachymorphes et les inflorescences axillaires que l'on peut trouver des espèces où l'inflorescence peut réunir à la fois les caractères donnés à l'inflorescence axillaire et les caractères de l'inflorescence stachymorphe. C'est en particulier ce qui arrive au *Digitalis purpurea* et quelques autres. On trouve, en effet, à la base des longs épis de ces végétaux, des fleurs solitaires naissant à l'aisselle de feuilles grandes et assez écartées, tandis que les supérieures sont à l'aisselle de bractées petites et rapprochées (D. C.); mais si cette particularité les rapproche des inflorescences axillaires, les fleurs supérieures réellement groupées en épi et leurs feuilles profondément modifiées donnent à l'inflorescence une physionomie que n'aura jamais l'inflorescence de la Cymbalaire par exemple. Voilà pourquoi ces inflorescences doivent sans conteste rentrer dans les inflorescences stachymorphes.

A. *Inflorescence monostachysée.*

Comme l'indique son nom, dans cette inflorescence on ne voit qu'un seul axe inflorescent partant d'un même point de la tige. Cet axe, en donnant lieu à des fleurs terminant des axes secondaires, est capable de prendre des formes assez variées, d'où sont résultées les dénominations suivantes :

1° Épi. — Ce nom est donné à une inflorescence allongée, à mérithalles très-courts et dont les fleurs sont portées par des axes secondaires si réduits que les fleurs sont dites *sessiles;* mais, quelque courts qu'ils soient, ils n'en existent pas moins au point de vue phytogénique, et par conséquent l'épi appartient à la série des inflorescences que nous examinons ici. De l'amblosie des mérithalles, et de l'avortement presque complet des axes secondaires, il résulte que les fleurs sont très-rapprochées et constituent un *épi dense,* ainsi qu'on en a des exemples dans le *Triticum sativum,* le *Plantago major*, etc.

Dans quelques espèces les mérithalles ou les axes secondaires sont plus allongés et dans ce cas, les fleurs, moins rapprochées et souvent pendantes, donnent lieu à un *épi lâche* qui se distingue très-facilement de l'épi précédent, ainsi qu'on peut le voir dans les épis du Groseillier (*Ribes rubrum*) ou dans ceux de la Digitale (*Digitalis purpurea*). Cette différence est telle que quelques botanistes lui ont donné le nom de *grappe*, nom qui s'applique aussi à des inflorescences plus composées et dont le phénomène physiologique en vertu duquel elles sont formées est différent.

On peut trouver des épis *distiques*, ou à 2 rangs de fleurs ou de fructifications (*Ophioglossum vulgatum*); *tristiques*, ou *polystiques*, qualifications par lesquelles ces inflorescences peuvent encore se distinguer.

Dans certaines Graminées ou Cypéracées on voit l'inflorescence se compliquer de plusieurs épis partant tous du même point de la tige et qui donnent lieu à une inflorescence particulière et rayonnante ou digitée. C'est ce que l'on observe dans quelques *Carex* à épis composés, ou dans quelques *Eleusine*. D'où il suit que les inflorescences stachymorphes peuvent être subdivisées en *monostachysée* (*Triticum*, *Digitalis purpurea*, etc.), *oligostachysée* (*Veronica spicata*, *Salicornia*, etc.), et *polystachysée*, ainsi que nous l'avons dit un peu plus haut.

La forme géométrique de l'épi peut être très-variable, selon la longueur de l'axe principal et l'éloignement plus ou moins grand des fleurs. En général l'épi prend une forme *cylindrique* ou *ovoïde très-allongée* lorsque les fleurs sont régulièrement attachées autour de l'axe; il est aplati quand l'épi ne porte que deux séries opposées de fleurs comme dans le *Gladiolus* (*épis distiques*); il peut avoir une forme *quadrangulaire* s'il y a quatre rangées de fleurs, ou une forme *polyangulaire* si les rangées de fleurs sont en plus grand nombre.

CHATON. — Le chaton est un épi régulièrement cylindrique, plus ou moins allongé, articulé à sa base, constitué par des fleurs incomplètes et unisexuées, et séparées les unes des autres par des bractées toutes sensiblement égales entre elles. Telles sont les inflorescences que portent les espèces de l'ancienne famille des Amentacées. Le caractère du chaton est d'être articulé et caduc, et de ne porter que des fleurs mâles ou femelles. Toutefois on peut remarquer que parfois, comme dans les *Corylus*, les fleurs mâles seules sont disposées en chaton, tandis que les femelles sont groupées en tête dans un bourgeon écailleux; d'autres fois les fleurs mâles forment un chaton très-allongé, tandis que les fleurs femelles sont disposées en un chaton sphérique (*Broussonetia papyrifera*) ou ovoïde, comme dans l'*Artocarpus incisa*. Dans les *Betula*, les fleurs mâles et les fleurs femelles forment les unes et les autres des chatons cylindriques, mais les chatons femelles sont plus petits que les mâles. D'autres fois, les axes principaux très-raccourcis disposent les fleurs mâles ou femelles en chatons globuleux à fleurs serrées très-remarquables dans les Platanées.

Comme les épis, les chatons peuvent être *monostachysés*, quand il n'y en a qu'un seul ; *oligostachysés*, quand un petit nombre se trouvent réunis ensemble, et *polystachysés*, quand il y en a un plus grand nombre, comme dans les *Pinus*.

Strobile ou Cone. — Lorsque les feuilles bractéales du chaton sont grandes et imbriquées les unes sur les autres de manière à cacher les fleurs femelles, que ces feuilles écailleuses s'épaississent ou durcissent plus ou moins, et qu'à l'époque de la maturité des fruits ces écailles s'écartent naturellement, on a l'inflorescence que les botanistes connaissent sous le nom de *cône* ou *strobile*. Le mot de cône ne nous paraît pas heureux, en ce que nous ne connaissons réellement aucune de ces inflorescences qui soit rigoureusement conique ; car la pomme de Pin, qui se rapproche le plus de la forme conique, est plutôt *ovoïde*, et dans beaucoup de cas la forme est à peu près *cylindrique oblongue* (*Abies*), ou *sous-sphérique*, dans les *Cupressus*. Nous préférons le mot *strobile* qui ne donne aucune idée préconçue de forme, à moins qu'à l'exemple de quelques auteurs, on ne préfère ranger ces inflorescences parmi les chatons.

Observation. — Quelques botanistes ne consentent pas à regarder comme des inflorescences les strobiles, probablement par un reste d'habitude de les regarder comme un fruit, ainsi que Linné l'a fait ; et en effet, ils peuvent tout aussi bien être regardés comme un fruit agrégé. Mais alors comment doit-on regarder les inflorescences mâles ? De deux choses l'une : ou les chatons des fleurs mâles sont des inflorescences et, pour être conséquent, les groupes de fleurs femelles sont aussi des inflorescences ; ou celles-ci sont des fruits agrégés et les chatons des fleurs mâles des fruits aussi, mais avortés. Devant ce dilemme nous pensons que peu de botanistes partageront cette dernière opinion. Le strobile sera toujours, pour nous, une inflorescence qui deviendra plus tard un fruit agrégé, absolument comme la fleur donne lieu à un fruit simple.

SPADICE. — Cette inflorescence est encore une modification de l'épi. Les fleurs sont unisexuées, mais elles naissent d'un axe principal, le plus souvent charnu ; ces fleurs sont tellement sessiles qu'elles sont comme enfoncées dans l'axe. Ce qui caractérise essentiellement cette sorte d'inflorescence stachymorphe, c'est une large bractée engaînante enveloppant complétement l'épi et à laquelle on a donné le nom de *spathe*. Elle est particulière aux Monocotylédones. Le spadice peut être *simple* ou *composé;* il est simple dans les *Arum;* mais tantôt il est complétement couvert de fleurs comme dans les *Calla*, tantôt il n'en possède qu'à sa partie inférieure, comme on le voit dans les *Calladium*. Le spadice est composé et rameux dans les palmiers, et cette circonstance lui a fait donner le nom particulier de *régime*.

§ III. — *Inflorescences botrymorphes.*

Les inflorescences botrymorphes se distinguent des stachymorphes en ce que les fleurs, au lieu de terminer des axes secondaires, terminent des axes tertiaires ou quaternaires, à la condition que les groupes de fleurs attachées à un axe primaire seront toutes sensiblement distantes de cet axe. Le type de cette inflorescence est pris sur l'inflorescence du *Staphylea pinnata*, qui se compose d'un axe principal portant 3, 4 ou 5 paires d'axes secondaires portant eux-mêmes chacun une paire d'axes tertiaires terminés par une fleur. L'ensemble de ces fleurs constitue une *vraie grappe* dont la formation est due à un phénomène physiologique différent de celui qui, dans l'inflorescence stachymorphe, ne donne lieu qu'à des axes secondaires.

On sera tenté de partager cette manière de voir en observant les deux faits suivants :

1° Quand on ne fait différencier l'épi de la grappe que par la longueur du pédicelle ou axe secondaire, il peut arriver que sur le même épi on peut observer des longueurs de pédicelles très-différentes. « Le pédicelle, dit De Candolle, existe toujours et sa longueur seule est variable. Aussi n'est-il pas rare de trouver des inflorescences qui sont *grappes dans le bas* et *épis dans le haut*, ou bien qui sont épis dans leur jeunesse et deviennent grappes dans un âge avancé (*Organ. vég.*, t. I, p. 403). Est-il logique de laisser subsister un pareil état de choses quand il est possible de le changer?

2° D'un autre côté, les auteurs ne sont pas d'accord sur la définition à donner du mot *grappe*. Les uns donnent aussi bien ce nom à l'inflorescence de la Vigne qu'à celle du Groseillier (1). D'autres ont fait entrer dans l'inflorescence en grappe, comme variété, le *thyrse* et la *panicule* (2). « Si le pédoncule commun se ramifie plusieurs fois et d'une manière irrégulière, dit Ach. Richard, cette disposition prend le nom de *grappe*, comme dans le Marronnier, etc. (3). » La plupart des auteurs regardent comme des grappes les épis chez lesquels les axes secondaires qui portent les fleurs sont allongés; mais alors qui pourra dire exactement où finit l'épi et où commence la grappe? A la vérité plusieurs botanistes modernes donnent aussi le nom de *grappe composée* à certaines inflorescences dans lesquelles les axes secondaires, au lieu de se terminer par une fleur, se ramifient en axes tertiaires ou même quaternaires avant de donner des fleurs. Toutes ces manières de concevoir la grappe nous ont paru mériter une définition plus précise, qui est celle que nous avons donnée en prenant l'inflorescence du *Staphylea pinnata* pour type.

Mais il suit de là qu'un grand nombre d'inflorescences, particulièrement celles de beaucoup de Graminées qui portent des épillets, appartiennent aux inflorescences botrymorphes, puisque leurs fleurs, quoique sessiles, bien souvent appartiennent à des axes tertiaires; d'où il résulte que de même qu'il y a des épis denses et des épis lâches, de même aussi il y a des *grappes denses*, comme dans les *Lolium*, etc., et des *grappes lâches* comme dans le *Staphylea pinnata*, etc. Ces grappes peuvent être aussi *distiques* ou *polystiques*, selon le nombre de rangées de fleurs que portent les inflorescences.

Enfin, de même que pour les inflorescences stachymorphes, les inflorescences botrymorphes peuvent être *monobotrysées, oligobotrysées* ou *polybotrysées*. Elles sont monobotrysées, quand il n'y a qu'une seule grappe pour constituer l'inflorescence (*Staphylea pinnata*); oligobotrysées, quand il y en a deux, trois ou un petit

---

(1) *Dict. rais. bot.*, par Gerardin et Desvaux, p. 216 (1822).
(2) *Dict. class. d'hist. nat.*, t. VII, p. 477, col. 1.
(3) *Nouv. élém. bot.*, 6ᵉ édition, p. 312.

nombre ; polybotrysée quand on en compte **un certain nombre.**
Ainsi, quand nous considérons ce que l'on appelle une panicule
de l'*Yucca gloriosa*, on reconnait que d'un axe primaire partent
des axes secondaires portant des axes tertiaires terminés par
des fleurs et constituant par conséquent autant de grappes. Il
est donc logique de regarder cette inflorescence comme botrymorphe, et de ce que nous trouvons un assez grand nombre
d'axes secondaires ayant des axes tertiaires terminés par une fleur,
nous avons réellement une série de grappes constituant l'inflorescence polybotrysée. Pareillement, ce que l'on nomme panicule
dans l'*Oryza sativa* (1) et autres Graminées, n'est autre chose
qu'une inflorescence polybotrysée, car elle se décompose exactement de la même façon que celle du *Yucca*, et nous verrons plus
loin que, physiologiquement, la vraie *panicule*, au moins telle
qu'on l'entend quand on dit que sa forme générale la plus habituelle est la pyramidale (2), a un autre mode de composition ; c'est
la manière dont nous comprenons la panicule, et nous allons voir
que son mode de formation l'éloigne des inflorescences polybotrysées.

§ IV. — *Inflorescences pyramidales ou conomorphes.*

Dans cette série d'inflorescences nous comprenons celles que
quelques auteurs ont appelées *grappes composées*, mais qui s'en
distinguent par une évolution des axes partiels se produisant
d'une manière générale comme le fait l'axe principal ; de telle
sorte qu'en prenant un de ces axes partiels, il est encore possible
d'y retrouver une inflorescence pyramidale. C'est la *loi des décroissances régulières* que nous avons fait connaître, page 483,
appliquée aux inflorescences.

Elle diffère de l'inflorescence botrymorphe en ce que, au lieu d'offrir des séries de fleurs terminant *régulièrement* et *toujours* (dans
l'inflorescence type) des axes tertiaires, dans l'inflorescence pyramidale on reconnaît, à la base, des fleurs naissant sur des axes
d'un certain ordre ; mais à mesure que les fleurs s'élèvent de plus

(1) Tournefort, *Instit. rei herbar.*, tabl. ccxcvi. — Turpin, *Flor. médic.*,
tabl. 299.
(2) Ad. de Jussieu, *Cours de botan.*, p. 208.

en plus sur l'inflorescence, celles-ci terminent des axes d'ordres de moins en moins élevés, de telle sorte que les fleurs supérieures peuvent arriver à ne terminer que des axes secondaires. Il y a par conséquent décroissance dans l'ordre des axes, absolument comme dans les végétaux de forme générale pyramidale, absolument aussi comme il y a décroissance régulière dans la composition des feuilles de notre système $L = l$, qui nous ont offert une forme triangulaire, laquelle représente la section longitudinale d'une pyramide. Or, nous l'avons dit, en faisant décrire une révolution entière à une feuille, ses extrémités décrivent une figure qui n'est autre que la forme pyramidale ou, si on l'aime mieux, que la forme conique, et l'on sait que cette dernière n'est, mathématiquement, que la pyramidale avec un nombre de plans portés à l'infini.

Décrivons donc l'inflorescence type de cette forme. Supposons un axe primaire portant six paires d'axes secondaires et se terminant par une seule fleur, par épuisement de l'extrémité de l'axe principal. Au-dessous de cette fleur nous trouverons deux axes secondaires terminés chacun par une fleur. C'est dans ce cas un élément d'inflorescence stachymorphe. Au-dessous de ces deux fleurs nous pouvons remarquer deux autres axes secondaires en croix avec les deux précédents, mais, au lieu d'être terminés par une fleur, on les voit terminés par deux ou trois fleurs, ce qui prouve que ces fleurs sont portées par un axe tertiaire. Nous nous trouvons alors dans les conditions des inflorescences botrymorphes. En descendant toujours sur l'axe principal, nous constatons de nouveau une nouvelle paire d'axes secondaires, mais chacun de ces axes offre non plus seulement des axes tertiaires, mais des axes quaternaires que terminent autant de fleurs qu'il y a de ces axes quaternaires. Les axes secondaires qui sont au-dessous portent non-seulement des axes tertiaires et quaternaires, mais aussi des axes quinaires tous terminés par des fleurs. De sorte que si nous supposions tous ces axes et toutes ces fleurs disposés suivant un même plan, nous aurions rigoureusement autant de fleurs produites que nous avons figuré de folioles dans la figure théorique 10, pl. II; la seule différence que nous observerions consiste dans le fait de la décussation des axes. On peut voir sur la figure précitée que les folioles, que l'on peut considérer si l'on veut comme des fleurs, augmentent considérablement de nombre, et que, tandis que le premier axe secondaire du sommet ne donne qu'une fleur, l'axe secondaire de la base en produit 81, ce qui fait pour l'inflorescence totale un nombre de 243 fleurs.

Supposons que le même nombre d'axes secondaires se soient arrêtés à la production d'axes tertiaires portant chacun une fleur, tout en supposant autant d'axes tertiaires qu'il y en a dans l'inflorescence précitée, alors nous ne trouverions plus que 50 fleurs dans toute l'inflorescence, c'est-à-dire seulement 1/5 environ. C'est donc là une des grandes distinctions à établir entre les grappes et les panicules ou inflorescences pyramidales.

D'après le mode de formation que nous venons de faire connaître, on voit que si réellement le premier mérithalle secondaire se formait en même temps que le premier mérithalle primaire, les choses se continuant ainsi tout le temps de la genèse de toutes les fleurs, chacune des inflorescences secondaires ou latérales serait égale à l'inflorescence totale, abstraction faite des inflorescences secondaires opposées, prises comme point de comparaison, exactement comme dans la feuille composée, pl. II, *fig.* 11, on a une foliole composée terminale égale à la foliole composée latérale qui est immédiatement au-dessous ; de telle sorte que l'on peut appliquer à une inflorescence pyramidale la troisième loi de la division des feuilles que nous avons établie, page 17, en la modifiant très-légèrement ainsi :

Dans la division des inflorescences pyramidales, chaque système composé ou inflorescence partielle prise sur l'axe primaire ou sur l'une de ses subdivisions, est représentée par l'ensemble de tous les systèmes ou inflorescences partielles prises plus haut sur l'axe primaire ou sur l'une de ses divisions.

Malheureusement, de même que pour les feuilles, plus les éléments qui composent les inflorescences sont nombreux, plus ils sont sujets à des accidents variables d'amblosie ou d'avortement, de défauts d'exastosie ou de fusion ; de sorte que le développement théorique de l'inflorescence pyramidale telle que nous venons de l'exprimer est très-difficile, sinon impossible, à réaliser dans la nature. Mais de ce que l'on ne rencontrerait pas un type parfait de ce mode d'inflorescence, il ne faudrait pas en conclure que la théorie n'est pas exacte; car il suffit de faire sur une série d'inflorescences pyramidales ce que nous avons fait sur des séries de feuilles, pour reconnaître que là où dans certaines inflorescences quelques éléments manquent, dans d'autres on les retrouve tels que l'indique la théorie.

Une autre raison, plus puissante encore, qui s'oppose à ce que la loi sur les inflorescences soit facile à réaliser comme sur la feuille théorique précitée, c'est que, comme dans les axes dont nous avons parlé, page 488, il y a des retards d'apparition dans les axes d'ordres plus élevés que l'ordre primaire; d'où il résulte que si, par exemple, un axe secondaire ne prend naissance que lorsque le troisième mérithalle primaire se développe, l'inflorescence partielle n'est égale qu'à l'inflorescence terminale qui surmonte les deux inflorescences qui viennent immédiatement après, et ainsi de même pour les inflorescences latérales qui apparaîtraient après la formation du troisième, quatrième, etc., mérithalle primaire. En un mot, dans ces conditions nouvelles, une des inflorescences partielles est égale à l'inflorescence terminale, abstraction faite d'autant de doubles inflorescences latérales intermédiaires qu'il y a de mérithalles formés avant l'apparition de l'inflorescence partielle mise en comparaison.

Si en effet nous choisissons plusieurs inflorescences bien développées de *Ligustrum japonicum*, nous pouvons constater d'une manière générale que, tandis que l'axe primaire porte une série d'axes secondaires s'élevant à 8, 9 et 10, l'axe secondaire inférieur a produit 5, 6 ou 7 axes tertiaires. Donc, d'après ce qui précède, l'inflorescence partielle inférieure porte trois mérithalles de moins que l'inflorescence totale, et par conséquent on peut en conclure que le troisième mérithalle de l'axe primaire était formé quand le premier axe secondaire s'est produit; par conséquent encore, la première inflorescence secondaire qui en résulte doit être égale, toutes choses égales d'ailleurs, à l'inflorescence totale et terminale qui surmonte le troisième mérithalle pris au-dessus de l'inflorescence partielle mise en comparaison.

Pareillement, si nous considérons l'inflorescence du Henné (*Lawsonia inermis*), nous y trouvons un axe primaire émettant quatre à cinq paires d'axes secondaires; ceux-ci donnent lieu à des axes tertiaires; ces derniers à des axes quaternaires, etc. En considérant la marche de la floraison sur chacun de ses axes, on voit qu'elle va de la base au sommet, ce qui indique une évolution endotérique indéfinie ; mais il est aisé de voir que les axes secondaires du bas sont mieux et plus complétement développés que ceux du sommet de chacun de ces axes ; par conséquent c'est une inflorescence pyramidale qui appartient au premier système que nous avons établi (1).

Il serait facile de constater un état de choses analogue dans une série d'inflorescences de la Vigne, du Lilas, etc., avec cette différence que parfois l'évolution du premier axe secondaire se produisant après plusieurs méritballes primaires, il faut, pour établir la comparaison, tenir compte de cette différence.

Plusieurs auteurs, avec M. Rœper, ont placé une modification de cette inflorescence connue sous le nom de *Thyrse*, parmi les inflorescences *mixtes*, supposant que les axes latéraux avaient une évolution définie ou exotérique, tandis que l'axe primaire aurait une évolution endotérique ou indéfinie. Mais il est aisé de voir que tous les axes secondaires ont une évolution analogue à l'axe primaire ; que tous ces axes en se formant suivent la *loi de décroissance régulière*, au lieu de suivre la *loi de croissance régulière* qui préside à l'évolution exotérique. On reconnaît d'ailleurs aisément que tous ces axes, au lieu de former une pyramide *inverse*, tendent à former une pyramide *directe*, qui est le propre de toute évolution endotérique.

THYRSE. — L'inflorescence en *thyrse* est donc une pyramide dans laquelle les axes secondaires de la base sont arrêtés dans leur évolution, pendant que ceux du milieu se sont relativement plus allongés, ce qui donne à l'ensemble une forme en quelque sorte ovoïde. Cependant il n'est pas rare de trouver de ces inflorescences qui arrivent à être franchement pyramidales, de sorte que si l'on veut conserver la dénomination de *thyrse*, il faut alors ne la regarder que comme une simple modification de la pyramidale.

Remarquons en même temps que, d'après le mode de formation des inflorescences pyramidales, il est impossible de ne pas les regarder comme des inflorescences composées, puisque chaque axe secondaire pris isolément est, lui aussi, une inflorescence pyra-

(1) Turpin, *Flor. médic.*, 3e édition, pl. XII.

midale, elle-même composée, car chaque inflorescence tertiaire est un diminutif de l'inflorescence générale.

PANICULE. — Une autre inflorescence que nous devons considérer comme une modification plus profonde encore, est celle que l'on a coutume de désigner sous le nom de *panicule*. Ici les axes secondaires sont très-allongés, tandis que les axes tertiaires, quaternaires ou d'un ordre plus élevé ne se forment pas suivant la loi de décroissance, si bien que la panicule de la plupart des auteurs, et non telle que l'entend Ad. de Jussieu, qui la rapproche de la forme pyramidale, pourrait être rangée à quelque point de vue parmi les inflorescences polybotrysées ; mais dès que l'on considère la composition de la panicule du *Gynerium argenteum* et que l'on vient à la comparer à celle de l'*Oryza sativa*, on ne peut s'empêcher d'y reconnaître, au point de vue de la composition, une très-grande différence ; car tandis que l'ordre des axes s'élève au troisième rang dans cette dernière espèce, on trouve dans la première une forme ovoïde de chaque inflorescence partielle où l'on constate vers le milieu de chacune d'elles un ordre d'axe plus élevé. Si le nom de panicule devait être réservé pour les deux cas, il faudrait appeler l'une *panicule botrymorphe* et l'autre *panicule pyramidale*. Ajoutons que d'après la brièveté ou la longueur des derniers mérithalles ou axes qui portent les fleurs, ces inflorescences peuvent être *denses* ou *lâches*, comme dans celles qui précèdent.

SECTION II. — SYSTÈME ENDOTÉRIQUE DÉFINI, INFLORESCENCES MIXTES
(*partim*. RŒPER).

Nous avons vu, page 514, que certaines inflorescences s'annonçaient avec le caractère endotérique dans leur axe principal, tandis qu'au contraire les axes secondaires offraient une évolution exotérique, ce qui constitue une variété d'inflorescences que M. Rœper range parmi ses inflorescences *mixtes*. C'est en effet ce qui a lieu pour certaines inflorescences générales.

En analysant la manière d'être d'une Labiée, on reconnaît que les axes primaires, secondaires, etc., constituant autant de phytonies (1), se prolongent indéfiniment par leur extrémité, tout en

(1) T. I, p. 355.

formant successivement des paires de feuilles normales qui ne cessent de se produire qu'au moment où la végétation arrive à son terme. Mais à l'aisselle des feuilles naissent des inflorescences dont l'évolution procède en sens contraire des autres axes de la plante, et l'on y reconnaît aisément une évolution terminée ou définie, ce qui leur a fait donner le nom de *cime dicho* ou *trichotome*, et nous verrons que ce nom de *cime* ou *cyme* a été donné aux inflorescences définies par M. Rœper. Il y a donc dans l'inflorescence générale de l'axe deux systèmes d'évolution réunis pour constituer celui que nous avons nommé *endotérique défini*.

Dans quelques cas, le phénomène exotérique se présente avec une certaine modification. Ainsi, si nous considérons la marche des phénomènes de l'évolution de tout le système végétal, dans le *Veronica spicata*, le *Linaria vulgaris*, etc., on pourra observer que l'axe principal, terminé par une inflorescence en épi, évolue dans le système endotérique; mais nous pouvons remarquer en même temps que l'évolution des axes secondaires, tout en conservant chacun leur caractère endotérique, se développent cependant en marchant du sommet vers la base (1), au lieu de marcher de la base vers le sommet, comme dans le premier système. Or, comme cette marche descendante est nécessairement limitée au premier méritballe formé, nous avons, dans cet ordre d'idées, une véritable évolution définie et par conséquent exotérique qui, combinée à l'évolution endotérique de l'axe principal ou de chaque axe secondaire, constitue notre deuxième système d'inflorescence générale.

Enfin, comme dans ce système les axes secondaires supérieurs sont ceux qui se développent les premiers, il arrive le plus souvent qu'ils sont plus allongés que ceux du bas, qui sont au contraire très-courts; d'où résulte une configuration *ovoïde allongée* qui est aux formes solides ce que la forme *elliptique* de la feuille (pl. IX, *fig.* 69) est aux formes planes.

On peut trouver dans ce système des inflorescences particulières se rapportant plus ou moins aux subdivisions que nous avons établies dans le système endotérique.

(1) T. I, pl. XI, *fig.* 73. Dans cette figure, la valeur des chiffres indique l'ordre de l'évolution des axes secondaires.

1° Ainsi on voit souvent des fleurs naissant à l'aisselle des feuilles en nombre plus ou moins grand. Si l'on admet que toutes ces fleurs ne sont que la terminaison des axes secondaires, mais se comportant entre elles à la manière des cimes, on aura des inflorescences axillaires *polyanthées*, *oliganthées* et même *monanthées*, car elles peuvent être réduites à l'unité (1).

Quand les inflorescences sont polyanthées et que les fleurs sont portées sur de courts pédicelles, alors elles forment des fascicules axillaires, et quand les feuilles sont opposées, la réunion des deux fascicules en fait une sorte d'anneau entourant l'axe à la manière des verticilles, d'où le nom de *faux verticilles* qu'on donne quelquefois à ces groupes de fleurs.

2° Quelquefois aussi il arrive que ces cimes ne naissent qu'au sommet des axes, à l'aisselle de feuilles très-réduites à l'état de bractées, et alors, les mérithalles étant très-raccourcis, l'ensemble de toutes ces inflorescences partielles étant très-rapproché, il en résulte une sorte d'*épi* ou de *grappe*, selon que les fleurs appartiennent à des axes secondaires ou à des axes tertiaires.

Dans les Lythrariées on observe les mêmes modes d'évolution que chez les Labiées. C'est ainsi que dans les *Lythrum hyssopifoliæ* on trouve des fleurs simples axillaires, tandis que dans le *L. Salicaria*, les cimes courtes se groupent ensemble de façon à imiter une inflorescence stachymorphe.

Dans les *Eugenia* on peut rencontrer des modifications conduisant à la formation d'inflorescences botrymorphes. En effet, on y trouve des espèces qui ont des pédicelles uniflores, mais en considérant ce pédicelle on y voit deux bractéoles opposées que l'on doit regarder comme deux feuilles à l'aisselle de chacune desquelles aurait dû se développer une fleur ; d'où il suit que le pédicelle étant un axe secondaire, chacune de ces fleurs doit être regardée comme appartenant à un axe tertiaire. Maintenant admettons que ces inflorescences axillaires triflores se développent au sommet d'un axe, et qu'en même temps les feuilles soient réduites à l'état de bractéoles, nous aurons alors un groupe de fleurs appartenant toutes à des axes tertiaires, caractères que nous avons assignés aux inflorescences botrymorphes ou en

____

(1) D. C., *Organ. vég.*, t. I, p. 418.

grappes. Seulement il ne faut pas perdre de vue qu'ici la fleur terminale de l'axe triflore est celle qui est la première formée, et par conséquent qui fleurira la première, puisqu'elle appartient au système exotérique; tandis que dans l'inflorescence botrymorphe du système endotérique, c'est la fleur terminale qui doit fleurir la dernière.

Mais, dira-t-on, puisque la fleur termine l'axe secondaire dans cette inflorescence, cette fleur terminale ne peut pas appartenir à une grappe, puisque, d'après la définition, dans la grappe les fleurs doivent appartenir à des axes tertiaires. A cela nous répondrons que lorsque le pédicelle ou axe secondaire se termine par une fleur, il n'y a jamais qu'un seul mérithalle. Mais supposons qu'au sommet de ce mérithalle, par voie de chorise triplasique, il se forme trois fleurs ayant chacune son pédicelle indépendant, chaque pédicelle en particulier pourra être regardé comme un axe tertiaire, puisqu'il a pris naissance sur un axe secondaire. Or il en est de même de la fleur terminale d'un axe secondaire triflore; l'axe secondaire est le premier mérithalle, et les axes tertiaires sont représentés par les mérithalles qui en naissent. Dans cette manière de considérer les choses, on voit que la fleur terminale se produisant au sommet d'un second mérithalle, celui-ci peut être considéré, par rapport au premier, comme un axe secondaire; en effet, changeons le mot, et au lieu du mot axe secondaire employons le mot mérithalle, nous verrons qu'il faudra reconnaître que le mérithalle qui porte la fleur terminale de l'axe triflore est de même ordre que le mérithalle qui porte les deux autres fleurs, puisque toutes ces fleurs sont portées par le deuxième mérithalle du pédicelle triflore; donc toutes ces fleurs appartiennent à un mérithalle ou axe tertiaire.

Il suit de ce que nous venons de voir que dans les inflorescences de ce système, nous pouvons reconnaître, comme dans les endotériques, trois formes principales d'inflorescences : les axillaires, les stachymorphes et les botrymorphes.

SECTION III. — SYSTÈME EXOTÉRIQUE DÉFINI, INFLORESCENCE DÉFINIE
OU CENTRIFUGE (RŒPER).

Dans les inflorescences de cette section l'évolution des axes est complétement le contraire de l'évolution des axes du premier système que nous venons d'étudier. En effet, ici, non-seulement nous allons constater une évolution définie dans les axes primaires, mais aussi dans les axes secondaires, tertiaires, etc. Pour cela il nous faut rappeler les raisons qui nous ont fait ne pas partager l'opinion de la plupart des botanistes concernant certaines inflorescences, telles que les ombelles et les calathides.

1° Nous avons déjà exposé, t. I, p. 403, une partie de ces raisons. Elles résultent de la conséquence de cette règle, savoir : que, en général, *la différence des époques physiologiques de formation des organismes peut en quelque sorte se mesurer par la longueur des mérithalles qui séparent les verticilles ou les cycles.* Or, dans les ombelles ou les calathides dont le réceptacle est sphérique ou conique, souvent plan ou même quelquefois creux, on peut dire que tous les éléments floraux sont d'une époque physiologique sensiblement la même, et que par conséquent ils doivent avoir été formés à peu près ensemble et non successivement à la manière des éléments floraux d'un épi de Digitale, par exemple. Ce qui a pu conduire les observateurs à regarder ces inflorescences comme indéfinies, c'est la floraison qui souvent marche de la circonférence vers le centre; mais ce ne serait là qu'une évolution *centripète* qui n'implique pas absolument l'idée d'évolution *indéfinie*, deux choses que l'on peut fort bien concevoir l'une sans l'autre, puisque nous allons retrouver dans la section suivante une évolution *centrifuge* qui s'allie précisément avec une évolution *indéfinie* pour constituer notre quatrième système. Ainsi centripète et indéfinie ne sont pas exactement les équivalents l'un de l'autre, et ne sauraient en aucune façon exprimer un seul et même phénomène.

D'ailleurs rien n'est plus incertain que la marche de la floraison, attendu que dans les mêmes séries ou les mêmes ordres d'inflorescences, non-seulement on en trouve dont la floraison procède suivant la marche centripète, pendant que d'autres procèdent selon une marche centrifuge ; non-seulement sur la même inflorescence on trouve des fleurs qui s'épanouissent avant celles que, dans l'ordre, on devait voir s'épanouir auparavant; mais encore, si la marche centripète devait se prononcer nettement, ce serait à coup sûr dans les calathides dont les fleurs sont rassemblées en tête sur un phoranthe cylindrique, qui semble bien mieux représenter la forme d'une inflorescence indéfinie. Or c'est ce qui n'a pas lieu, par exemple dans les *Echinops* dont l'épanouissement des fleurs se fait presque *simultanément*, ce qui prouve qu'elles sont sensiblement d'une même époque physiologique de formation, et même très-souvent ce sont les fleurs du sommet qui fleurissent les premières ; donc, ici la floraison a une marche centrifuge, et d'après ce renseignement l'inflorescence devrait être regardée comme exotérique.

A la vérité, Rob. Brown a donné une explication fort ingénieuse de cette exception, en supposant que chez les *Echinops* les capitules sont uniflores et les fleurs, réunies en une tête serrée que l'on prend pour un capitule simple, un ensemble de capitules évoluant selon les règles de l'évolution exotérique. En effet, si l'on observe l'évolution des axes secondaires dans les Composées, on voit qu'elle marche du sommet vers la base, et dans l'hypothèse de l'illustre botaniste les choses se trouveraient rétablies dans leur ordre. Mais il faut néanmoins reconnaître qu'une hypothèse fondée sur cette seule marche de la floraison ne saurait être regardée comme une vérité, et il faudrait autre chose pour prouver que chaque fleur est bien en réalité un capitule réduit à l'unité florale.

En observant la floraison dans les ombelles de l'Angélique, on peut constater pareillement que l'épanouissement se fait pour ainsi dire simultanément.

2° D'un autre côté, dans une ombelle ou une calathide dont le réceptacle est plan, sphérique ou conique, ou creux, il est très-certainement impossible de saisir la moindre distance entre les rayons ou les fleurs, et, conséquemment, la distance qui sépare les époques de formation de ces organes est à peu près nulle; d'où il suit que si ces fleurs ont été formées simultanément, il ne saurait y avoir d'évolution centripète. Comment, en effet, concevoir une génération indéfinie de fleurs placées sur un plan circulaire,

en admettant une marche centripète, c'est-à-dire une évolution
commençant par la circonférence et marchant vers le centre. Évidemment, il y a un moment où les dernières fleurs formées se
touchent, et il est impossible de comprendre comment les formations pourraient se continuer. C'est exactement le contraire qui
serait facile à concevoir. Au reste, dans les inflorescences indéfinies
comme sur la Digitale, la Véronique à épi, etc., on peut jusqu'à
un certain point faire continuer les inflorescences ainsi que nous
l'avons dit, t. I, p. 397, tandis qu'il est physiologiquement impossible d'obtenir le même résultat sur les ombelles ou les calathides.

3° De plus, il existe une sorte d'incompatibilité entre la forme
des ombelles, des calathides ou capitules, et l'évolution indéfinie,
puisque, d'après la manière philosophique de concevoir la formation de ces inflorescences et qui semble être acceptée par la
plupart des botanistes, l'axe principal en *avortant* rapprocherait
les fleurs en tête constituant la calathide ou les ombelles. Or
comment concilier cet avortement avec une évolution indéfinie
qui veut dire développement; *avortement* et *développement* sont
donc deux phénomènes qui se contredisent tellement qu'il nous
est impossible de regarder les capitules et les ombelles autrement
que comme des inflorescences à évolution simultanée et par conséquent définie.

4° Enfin, quand on examine la manière d'être de toute la végétation, on remarque dans tous les axes une tendance marquée à
l'évolution définie, car l'axe primaire se termine par une calathide
qui peut être considérée comme une fleur double anthodée
(p. 399); d'un autre côté, tous les axes secondaires à évolution
également définie n'ont pas la propriété d'émettre indéfiniment
des axes latéraux qui marchent de bas en haut; au contraire, ces
axes secondaires se développent évidemment de haut en bas; et
enfin si nous considérons chaque axe floral ultime, nous le voyons
lui-même avoir une évolution définie rendue évidente par le raccourcissement de cet axe qui fait que toutes les fleurs sont à
ovaire infère, et nous savons que l'inférité de l'ovaire indique un
arrêt de développement dans le centre de l'axe (1). Donc ici ce

(1) *Phytogénie*, p. 320.

développement ne saurait être endotérique, donc il est défini.

Ceci posé, il suffit de considérer ce qui se passe dans l'évolution des axes secondaires de la plupart des Ombellifères pour reconnaître une autre modification de l'évolution générale. En effet, si nous examinons sous ce point de vue le *Fœniculum vulgare*, nous reconnaissons un axe principal terminé par une ombelle constituant une inflorescence définie, comme nous venons de le voir; puis des axes secondaires ou des phytonies dont le mode de développement pris dans leur ensemble est évidemment centrifuge, car on peut voir que leur évolution marche du sommet à la base (1); mais quoique ces évolutions soient *presque* simultanées, on remarquera que les inflorescences du sommet, comparées aux phytonies de la base, sont toujours un peu plus avancées dans leur évolution. En conséquence, cette marche est descendante et absolument définie, puisque nous ne saurions concevoir la formation d'axes secondaires au delà du sommet du premier mérithalle inférieur de la plante.

En faisant les mêmes observations sur les axes tertiaires ou quaternaires, on remarque que le même phénomène se reproduit.

Il est ainsi établi que les inflorescences partielles sont définies et que l'évolution des axes secondaires, tertiaires, etc., est aussi définie, ce qui constitue une forme générale de l'inflorescence différente de celles que nous avons reconnues dans les deux systèmes précédents. De plus, on peut observer que l'ensemble de tous les axes donne lieu à une forme qui est sensiblement *cylindrique*.

Le cas le plus simple de ces systèmes est celui de la plante réduite à ne donner qu'une seule fleur terminant l'axe unique qui constitue la plante. C'est certainement ce qui arrive au *Rafflesia* et à l'*Hydnora africana* dont nous avons donné la description page 492. C'est aussi de cette façon qu'il faut regarder la fleur solitaire des *Carlina acaulis* et *caulescens*, qui ne donnent qu'une seule calathide que l'on peut regarder comme une fleur double anthodée (p. 399). Ce sont les fleurs monanthées de ce système.

---

(1) T. I, pl. XI, *fig*. 75. Cette simultanéité est exprimée par des chiffres de même valeur.

Il peut aussi se faire que les axes se terminent par des inflorescences oliganthées, comme on le voit dans le *Carlina corym-
bosa* dont la tige porte à son sommet trois à cinq fleurs jaunes
presque sessiles, serrées et imitant ce qu'on est convenu d'appeler
un *corymbe* ou un *faisceau dense ombelliforme*.

Enfin on peut aussi rencontrer des inflorescences polyanthées,
et c'est ce que l'on peut observer dans le *Dianthus barbatus*.

SECTION IV. — SYSTÈME EXOTÉRIQUE INDÉFINI, INFLORESCENCES MIXTES
(*partim* RŒPER).

Dans ce système, comme l'indique son nom, nous allons reconnaître une évolution définie dans chacun des axes successifs,
en même temps que ces axes vont se multiplier presque indéfiniment, ne trouvant d'autre terme à cette évolution que celui de
l'épuisement naturel du végétal.

Le plus souvent ces sortes d'inflorescences se font remarquer
par une disposition di, tri ou polychotomique ; c'est-à-dire que
les axes, au lieu de se continuer comme dans les systèmes endotériques, se terminent par une fleur ou une inflorescence. Ces organismes ne naissent donc pas à l'aisselle d'un organe appendiculaire (feuille ou bractée); mais leur pédoncule porte deux, trois
ou un plus grand nombre d'organes foliacés opposés ou verticillés,
de l'aisselle de chacun desquels naît un rameau qui lui-même se
trouve terminé par une inflorescence ou une fleur. Le pédoncule
de celle-ci est aussi muni d'organes foliacés opposés ou verticillés,
portant à leur aisselle des rameaux terminés également par une
fleur ou une inflorescence, et ainsi de suite. Il résulte de ce mode
d'évolution une série de bi, tri, polyfurcations au centre de chacune desquelles existe une fleur ou une inflorescence, et c'est
l'ensemble de tout ce système végétal qui constitue l'inflorescence
à laquelle M. Rœper a restreint l'acception du mot *cyme*. Toutefois De Candolle a cru devoir distinguer de ce mode d'évolution
celui de la plupart des Composées dont la marche est cependant
identique à celle que nous venons de décrire et qui ne diffère uniquement qu'en ceci, savoir : que dans le premier cas, l'axe se
termine par une fleur, et dans l'autre, par une inflorescence en
capitule ; d'où il suit qu'en regardant la calathide comme une

fleur double anthodée, cette différence n'existe plus. De Candolle propose le nom de *corymbe* au cas spécial qui nous occupe, reconnaissant au mot corymbe employé par la plupart des botanistes un sens vague et uniquement fondé sur l'apparence. Examinons l'acception exacte de ces deux dénominations.

Nous avons déjà dit, page 512, que le mot *cyme* ou *cime* ne voulait rien dire dans le sens où il est employé, et que même le plus souvent il semblait signifier ou un fait qui n'existe pas, ou le contraire de ce qu'il voulait exprimer. D'un autre côté, nous pouvons affirmer qu'un certain nombre de botanistes distingués donnent le nom de cime à des inflorescences très-différentes, et même certains auteurs classiques reconnaissent qu'il peut y avoir quelque confusion résultant de l'emploi de ce mot; c'est pourquoi nous pensons, avec Ad. de Jussieu, qu'il vaudrait mieux l'abandonner, quoiqu'il soit très-souvent usité dans une foule d'ouvrages fort estimables.

D'un autre côté vaut-il mieux lui donner le nom de *corymbe*, ainsi que l'a proposé De Candolle ? Dans ce cas, cherchons la signification exacte de ce mot, qui dérive évidemment de Κόρυμβος, cime, sommet. Il exprime aussi un toupet de cheveux ou des cheveux bouclés, une tige d'Asperge, une grappe de Lierre, un rameau, une branche. Homère l'a employé pour signifier extrémité : Κόρυμβα νηῶν, extrémités des vaisseaux. Virgile a employé le mot *Corymbus* dans le sens de bouquet ou couronne de Lierre, et c'est vraisemblablement dans ce premier sens qu'il a été généralement employé, car il se rapporte particulièrement à ces assemblages de fleurs affectant la forme d'un bouquet.

Mais le mot corymbe étant employé comme l'analogue du mot *cyme* par quelques auteurs, et certaines inflorescences en bouquet ne laissant rien deviner de la particularité qui caractérise une cyme proprement dite, peut-être serait-il mieux de n'appliquer le mot *corymbe* qu'aux inflorescences particulières dans lesquelles les pédicelles inférieurs s'allongent beaucoup plus que les supérieurs, de manière à porter les fleurs toutes à une même hauteur, de telle sorte que l'ensemble représente un parasol à rayons inégaux ou un cône renversé, la base étant par conséquent dirigée en haut.

Mais alors quel nom substituer au mot cyme? En observant la

marche de l'inflorescence, il nous semble qu'on peut la considérer comme une sorte de dilatation ou de diffusion, plus ou moins analogue à un épanouissement, puisque, commençant par être simple, elle va sans cesse se dilatant et se multipliant au point d'offrir au sommet un volume souvent considérable relativement au point de départ. En employant un mot qui exprimerait ce mode d'évolution, il nous a semblé qu'il remplacerait avantageusement le mot cyme, d'autant mieux qu'il ne pourrait être appliqué qu'à ce mode d'évolution. C'est pourquoi nous oserons proposer le mot *diachysie* ou *diachyse*, tiré du grec διαχυσις, qui signifie dilatation, épanouissement.

DIACHYSIE. — Cette dénomination serait donc applicable à l'inflorescence générale dans laquelle on remarquerait une évolution exotérique ; cette évolution se continuerait indéfiniment par suite de la formation d'axes d'ordres de plus en plus élevés, chaque axe se terminant par une fleur ou une inflorescence. Ainsi l'évolution de l'*Erythræa Centaurium*, des *Cerastium grandiflorum, tetrandrum*, etc., forme des diachysies à fleurs solitaires ; tandis que beaucoup de Synanthérées, et particulièrement le *Cladanthus proliferus*, produisent des diachysies à fleurs composées que l'on peut regarder à volonté soit comme des inflorescences, soit comme des fleurs doubles anthodées (p. 399). On voit en effet, ici, un premier axe se terminant par une calathide ; mais de l'aisselle des feuilles qui avoisinent l'involucre s'élèvent des phytonies ou axes secondaires terminés aussi par une calathide sous laquelle prennent naissance des phytonies ou axes tertiaires, qui se comportent de la même manière jusqu'à épuisement général du végétal, ainsi que nous l'avons déjà indiqué par une figure théorique (1). Très-souvent le phénomène que nous venons de voir se produire sur le végétal tout entier, se limite à l'extrémité de certains axes, et alors les feuilles profondément modifiées et les mérithalles très-raccourcis donnent lieu à une inflorescence ombelliforme dans laquelle on reconnaît une succession exotérique d'axes d'ordres de plus en plus élevés. En effet, de chaque axe primaire terminé par une fleur partent des axes secondaires, terminés aussi par une fleur et donnant naissance à des axes tertiaires, ceux-ci à des axes qua-

(1) T. I, pl. XI, *fig*. 74. Les chiffres représentent l'ordre des axes ou des phytonies.

ternaires et ainsi de suite, tous terminés par une fleur, de sorte que par une suite d'évolutions di, tri, ou polychotomiques on a une inflorescence qui n'est autre qu'une diachysie. Or, si l'on veut bien observer qu'ici l'inflorescence commence toujours par un axe qui, en se multipliant et s'élevant, va toujours grossissant ou augmentant de volume, on verra que l'on a un phénomène en quelque sorte contraire à celui qui produit la pyramide dérivant du premier système, laquelle en effet commence par des axes très-ramifiés vers la base et se termine au sommet par un seul axe endotérique. De sorte que l'on peut dire que les inflorescences *diachysimorphes* sont à cette section ce que l'inflorescence pyramidale est à la première section.

CORYMBE. — Dans l'évolution qui produit le *corymbe*, il se passe un tout autre phénomène, et ce n'est plus par voie de di, tri ou polychotomie que se produisent les axes. Il y a bien ici encore évolution définie en ce sens que chaque axe se termine par une fleur ou un capitule étant lui-même une inflorescence définie, et que les axes qui se développent successivement marchent de haut en bas, ce qui constitue une évolution exotérique ; mais chaque axe secondaire émettant des axes tertiaires, ceux-ci des axes quaternaires, rien ne fait supposer que cette succession d'axes doive se terminer à un quatrième, à un cinquième, etc. : par conséquent, sous ce point de vue, on peut admettre que nous avons une évolution indéfinie comme pour les diachysies.

Mais ce qui nous paraît nettement faire distinguer les diachysies des corymbes, c'est d'abord, leurs organes appendiculaires opposés ou verticillés qui déterminent des di, tri ou polychotomies, et ensuite leurs fleurs qui se trouvent échelonnées à toutes les hauteurs ; tandis que dans les corymbes toutes les fleurs, qu'elles proviennent d'axes primaires, secondaires, tertiaires ou autres, le plus souvent alternes, arrivent, par l'allongement suffisant de tous ces axes, à se ranger pour ainsi dire sur un même niveau représentant assez bien dans leur ensemble les bouquets que font les bouquetières émérites. La famille des Composées en offre de nombreux exemples, particulièrement dans l'*Achilla millefolium* (1), le *Tanacetum vulgare* (2), etc.

(1) Turpin, *Flor. méd.*, 3ᵉ édition, pl. CCXXXVII.
(2) *Ibid.*, pl. CCCXXVIII.

Quelques inflorescences tiennent à la fois de la diachyse et du corymbe, et en sont une disposition intermédiaire. Ainsi, comme on peut le voir dans le *Ruta graveolens* (1), les fleurs terminales procédent par dichotomie absolument comme dans les diachyses, mais des axes secondaires, tertiaires, etc., alternes et assez nombreux, arrivent tous à peu près au même niveau constituant une inflorescence corymbiforme. On pourrait désigner cette particularité sous le nom de *corymbe diachysé* ou *diachyse Corymbiforme.*

Épi diachysique (*cyme scorpioïde*). — Si, au lieu d'admettre au-dessous de la fleur terminale d'un axe deux feuilles ou bractées opposées, nous supposons un seul de ces organes appendiculaires et qu'à l'aisselle de cet organe il se développe un axe terminé par une fleur ; si cet axe émet un autre axe tourné du même côté qui sera continué lui-même par un axe formé du même côté, et ainsi de suite, ces axes étant tous terminés par une fleur, nous aurons alors une inflorescence *exotérique*, puisque chaque axe est terminé par une fleur ; et *indéfinie*, puisque de chaque nouvel axe s'élève un axe d'ordre plus élevé, d'où résultent : 1° une sorte d'épi dont la floraison marche de la base au sommet, 2° et dont la forme est une spirale, soit que l'on admette que la spirale est le résultat d'un phénomène campylotropique (p. 167), soit que l'on suppose que cette succession d'axes produits toujours d'un même côté donne lieu à une suite d'angles dont l'ensemble constitue la forme observée. On peut prendre une idée de cette forme sur la figure représentée en b, pl. VI, *fig.* 41, où les chiffres 1, 2, 3, 4, 5, 6, représentent l'ordre des axes, et leur ensemble, un élément de spirale.

L'épi diachysique se rencontre dans les inflorescences de la famille des Borraginées, particulièrement dans le *Myosotis*, l'*Anchusa officinalis* (2), le *Symphytum officinale* (3), ou l'*Heliotropium peruvianum* (t. I, pl. XII, 86 *bis*), etc.

Le nombre de ces épis peut être assez variable et arriver à être assez grand chez les *Heliotropium*. Or on peut remarquer que dans ces conditions toutes les fleurs sont internes par rapport à

(1) Turpin, *Flor. méd.*, 3ᵉ édition, tabl. ccciv.
(2) *Ibid.*, pl. LXXIX.
(3) *Ibid.*, pl. CXXX.

l'axe principal et que par conséquent elles se regardent. Admettons qu'il existe entre tous ces axes, qui peuvent être au nombre de six ou même plus, un défaut d'exastosie, toutes les fleurs seront alors enfermées dans une sorte de coupe ou cavité. Cette coupe pourra plus ou moins s'ouvrir comme dans les *Dorstenia Contrayerva* (1), au point même d'offrir une sorte de plan circulaire comme on peut le voir dans le *Dorstenia brasiliensis* (2) ; mais d'autres fois cette coupe peut se fermer en partie ainsi que cela a lieu dans le *Mithridatea quadrifida* (3), ou même se fermer complétement comme on le voit dans le *Ficus Carica* (t. I, pl. XII, *fig*. 86).

Il est remarquable que dans cette sorte d'inflorescence dont le type doit être pris dans les *Ficus*, c'est l'axe principal ou plutôt le centre de l'axe principal qui a cessé de s'accroître alors que ses parties périphériques ont continué leur croissance; il s'est passé ici un phénomène tout à fait analogue à celui que nous avons décrit pour expliquer le mode de formation des ovaires inféres (4); par conséquent, nous pouvons regarder l'inflorescence des *Ficus* comme étant exotérique, puisque c'est le centre de l'axe principal qui s'arrête dans son évolution et, au contraire, les parties externes qui s'accroissent. Mais si l'évolution est exotérique, c'est-à-dire, dans ce cas, parfaitement définie, il n'en est pas de même des parties latérales. En effet, et c'est là une conséquence curieuse que nous avons à déduire de l'influence en question, c'est que, puisque l'inflorescence est terminée ou définie, la floraison des fleurs doit être centrifuge. Donc la floraison commencera vers le centre et se terminera vers les bords du plâteau, dans le *Dorstenia brasiliensis*, comme elle commence à la base de l'épi diachysique et marche vers son extrémité; mais nous avons vu : 1° que l'épi diachysique avait une sorte d'évolution exotérique indéfinie ; 2° que chaque élément du plateau du *Dorstenia* pouvait être regardé comme l'analogue d'un épi diachysique; par conséquent, la marche centrifuge de la floraison doit être regardée comme une évolution exotérique indéfinie, ce que vont

---

(1) Turpin, *Iconog. vég.*, tabl. xvi, pl. **VI.**
(2) Aug. Saint-Hilaire, *Morpholog. vég.*, pl. **XXV**, *fig.* 210.
(3) *Ibid.*, *fig.* 211.
(4) *Phytogénie*, p. 275.

tendre à confirmer les observations suivantes faites sur la Figue.

1° Effectivement, quand on observe une Figue encore jeune on peut compter un certain nombre de côtes, de 12 à 24 selon les espèces. Or, que seraient ces côtes, sinon l'expression d'autant de petits axes qui, par défaut d'exastosie, sont restés intimement unis entre eux? Cette manière de voir est fortement appuyée par les exemples du *Dorstenia ceratosanthes*, chez lequel l'inflorescence se compose de deux cornes dont la nature axile est accusée par des expansions foliacées, linéaires, qu'elles portent; du *Dorstenia cuspidata*, qui offre trois cornes caulinaires dressées et convergentes, et du *Dorstenia Contrayerva*, dont les cornes plus courtes sont au nombre de 4, 5 ou 6. Admettons un plus grand nombre de ces cornes ou axes, et nous aurons les éléments de l'inflorescence des *Ficus*, dont la nature axile nous est ainsi dévoilée. C'est Lamark qui le premier a eu l'idée philosophique de ce rapprochement entre l'inflorescence du *Dorstenia* et la Figue, rapprochement que tous les botanistes ont fait depuis lui.

2° Si maintenant nous ouvrons une série de jeunes Figues, il nous sera facile d'observer que les fleurs commencent leur évolution vers le fond de la cyclochorise ou cavité formée par tous les axes unis circulairement par défaut d'exastosie (1), et qu'elle continue à marcher vers le sommet; mais on découvre également . que cette évolution est en quelque sorte indéfinie, comme dans l'épi diachysique, par l'existence au sommet de la cyclochorise de fleurs de plus en plus petites et qui ne semblent avoir de terme que celui de la végétation naturelle de cet axe composé. Toutefois il faut remarquer que si l'évolution générale des fleurs marche de la base au sommet, cependant à côté des fleurs les plus âgées on en trouve de plus jeunes et qui sont du même âge que celles qui se développent au sommet de la cyclochorise, comme si chaque fleur principale était l'extrémité d'une inflorescence diachysique ou en cyme.

3° Enfin l'inflorescence des *Ficus* est certainement formée par des axes unis, car il est aisé d'y constater la présence de lenticelles, organes que nous n'avons jusqu'à présent retrouvé que sur les organes de nature axile.

(1) T. I, p. 323.

Donc, en résumé, l'inflorescence des *Ficus, Ambora,* etc., appartient au système *exotérique*, puisque l'accroissement est arrêté au centre de la cyclochorise, et *indéfini,* puisque la marche de l'évolution se fait du centre à la périphérie ou de la base au sommet, périphérie ou sommet qui n'ont pour terme de leur évolution que l'épuisement naturel de l'axe composé. Donc cette inflorescence appartient à notre quatrième système.

RÉFLEXIONS SUR LES ÉVOLUTIONS ENDOTÉRIQUES ET EXOTÉRIQUES.

Si maintenant nous rapprochons ces phénomènes de ceux qui se passent dans certaines autres inflorescences, nous sommes forcés de convenir qu'ils sont analogues et que par conséquent ils méritent le même nom. Ainsi lorsque, dans la famille des Composées, nous voyons un axe principal se dilater au sommet, au lieu de s'allonger, s'étendre en une sorte de disque, plan sur lequel se développent presque simultanément un grand nombre de fleurs, comme dans l'*Helianthus annuus,* nous nous retrouvons dans les conditions du *Dorstenia brasiliensis ;* et quand ce réceptacle se creuse en coupe plus ou moins profonde au fond de laquelle se développent un certain nombre de fleurs, comme on le voit dans quelques *Centaurea,* nous y reconnaissons une disposition semblable à celle que nous avons constatée dans les *Dorstenia Contrayerva* ou *cuspidata.* Or si nous regardons l'inflorescence en tête de l'*Helianthus* ou du *Centaurea* comme un phénomène d'anthosanthie (page 391), il est rationnel de regarder également comme un phénomène d'anthosanthie celui qui produit l'inflorescence des *Dorstenia, Mithridatea* et *Ficus,* et si, comme nous l'avons fait *(loc. cit.),* nous regardons le capitule des premières comme une fleur double *anthodée,* pour être logique, nous devons considérer de la même manière les inflorescences des secondes.

Mais ce qu'il faut surtout remarquer, c'est combien cette question d'évolution endotérique ou exotérique est importante au point de vue des formes qu'elle peut faire naître ; et pour bien faire saisir la nature des différences de formes qui peuvent en résulter, nous allons emprunter à un mécanisme très-simple la manière dont on peut concevoir le phénomène.

Supposons un disque en caoutchouc à la surface supérieure duquel seront placés dans un certain ordre, mais ordinairement un ordre quinconcial (t. I, pl. VI, *fig.* 25 et p. 199), un grand nombre de petits globules se touchant tous. Ce disque représentera alors la dilatation de l'axe central d'une tige ou réceptacle, et les globules remplaceront les fleurs portées sur le réceptacle. Dans ces conditions, nous réalisons sensiblement l'inflorescence de l'*Helianthus* ou du *Dorstenia brasiliensis*, et il nous serait, *a priori*, difficile de dire si l'évolution est endotérique ou exotérique; mais nous pouvons constater que dans un cas elle est centrifuge, et que dans l'autre, si elle n'est pas absolument centripète, elle paraît être à peu près simultanée (p. 531).

Les choses étant ainsi disposées, admettons qu'à l'aide d'une tige nous venions à soulever le centre de ce disque, pendant que le pourtour reste en place, aussitôt l'évolution *endotérique* est simulée; les fleurs sont extérieures et alors, dans l'ordre, il arrive que les fleurs du pourtour sont inférieures et celles qui se sont formées les premières; au contraire, celles du centre sont supérieures et celles qui se sont formées les dernières. Dans ce cas, les fleurs serrées les unes contre les autres constituent ce que nous avons désigné sous le nom d'*inflorescence stachymorphe*. Si l'axe est suffisamment allongé, on a un *épi*, un *chaton*, un *strobile* ou un *spadice* allongés et cylindriques; s'il est peu allongé, on aura une inflorescence de même nom, mais qui, au lieu d'être allongée et cylindrique, sera courte, ovoïde, en tête et globuleuse. On pourra en quelque sorte induire, de la longueur de l'axe au-dessus du plan floral représenté par le disque supposé, la valeur endotérique de l'évolution que l'on devra regarder comme à peu près nulle du moment où toutes les fleurs seront sur un même plan.

Admettons maintenant qu'un phénomène inverse se produise sur ce disque et qu'au lieu de voir s'élever le centre ce soit le pourtour qui se soulève, pendant que le centre reste en place; aussitôt l'évolution *exotérique* se manifeste; les fleurs sont intérieures et alors, d'ordinaire, les fleurs du centre deviennent inférieures et sont celles qui se forment les premières, tandis que celles du pourtour sont supérieures et celles qui se sont formées les dernières. On a ainsi, par ce simple changement d'évolution appliqué au centre ou au pourtour du disque, deux modifications qui transforment et différencient essentiellement l'inflorescence, à ce point que le mot *épi* appliqué aux inflorescences du premier ordre (endotérique), semblerait une énormité si on cherchait à l'appliquer aux inflorescences exotériques, quoique cependant les fleurs, dans la Figue, par exemple, soient serrées les unes contre les autres et portées par des axes secondaires absolument comme dans les inflorescences stachymorphes.

Examinons maintenant sous ce point de vue général (endotéritique et exotérique) les inflorescences des Composées et nous allons voir que, rigoureusement, il se passe des phénomènes identiques ou tout au moins analogues.

Nous avons vu que dans les *Helianthus* et quelques autres Composées, le réceptacle est plan ; mais dans quelques genres, comme dans les *Zinnia*, le centre du réceptacle s'est considérablement soulevé, de manière à porter les fleurons sur un axe conique ou cylindrique donnant à l'ensemble un aspect stachymorphe, et alors on voit souvent, après l'épanouissement des demi-fleurons, l'évolution se faire comme dans les épis, c'est-à-dire de la base au sommet ; mais dans quelques *Centaurea*, le *Carlina vulgaris* (1), etc., ce sont au contraire les bords du réceptacle qui se soulèvent de manière à former une concavité dans laquelle sont placées les fleurs très-serrées les unes contre les autres, et si l'on peut constater que la floraison est centripète, il est au moins certain que l'évolution du réceptacle est exotérique, puisque ce sont les parties externes de l'axe général constituant le réceptacle qui continuent à grandir, tandis qu'il y a arrêt de développement au centre de ce même axe. Il est possible, probable même, qu'il existe des espèces de cette famille des Composées où le réceptacle, au moins anormalement, se creuse davantage en coupe, de façon à faire plus ou moins ressembler la calathide à une inflorescence de *Ficus* ou tout au moins d'*Ambora*. Quoi qu'il en soit, dans le premier cas, les fleurs sont disposées en épi, tandis que dans le second ils sont placés dans une cyclochorise.

Pareillement, en poursuivant ce parallèle, nous pouvons ren-

(1) Aug. Saint-Hilaire, *Morpholog. vég.*, pl. XV, *fig.* 209.

contrer dans ce que nous regardons comme une fleur simple des phénomènes très-analogues, et ce qu'il y a de fort remarquable c'est que nous passons de l'extrême endotérique à l'extrême exotérique par des degrés infinis, qui semblent indiquer qu'il n'y a pas de limites possibles à établir entre ces deux sortes d'évolutions pourtant si différentes quant aux formes produites ; et chose plus particulièrement à observer c'est que ces degrés se retrouvent dans des groupes de végétaux que tous les auteurs sont d'avis de ranger dans une seule et même famille ; ce qui prouve que les caractères tirés des évolutions endotériques et exotériques ne sont pas d'une grande importance au point de vue des classifications. Citons quelques exemples.

La fleur, nous le savons, termine toujours un petit axe ; mais celui-ci peut lui-même subir l'influence de l'évolution endotérique ou exotérique, absolument comme les inflorescences. Ainsi, lorsque nous examinons la fleur du *Myosurus minimus,* nous observons à son centre un axe fort allongé au bas duquel se trouvent le calice, la corolle et l'androcée ; tout le reste de l'axe forme un long *épi* constitué par des carpelles nombreux et serrés, dont l'évolution va de la base au sommet et, par cela même, marque la tendance à l'évolution indéfinie, ou certainement à une évolution endotérique. Cette évolution est moins prononcée dans les *Adonis* et *Ranunculus,* où elle réduit le réceptacle à un cône plus ou moins développé qui diminue de plus en plus de hauteur ; il arrive à être hémisphérique, dans le *Callianthemum rutæfolium* ; discoïde, dans les *Thalictrum,* et un peu concave, dans le *Pæonia officinalis,* où l'évolution commence évidemment à prendre la forme exotérique. Y a-t-il quelques Renonculacées où cette forme soit plus prononcée ? Nous ne saurions présentement l'assurer, mais on peut penser qu'il pourrait se trouver de vraies Renonculacées pouvant arriver à présenter un ovaire infère.

Ce que ne présente pas cette famille, une autre famille tout aussi naturelle, les Rosacées, offre tous les degrés possibles entre les évolutions endotérique et exotérique, entre l'ovaire supère et l'ovaire infère. En effet, si nous considérons un *Spirea,* nous trouvons un réceptacle plan sur lequel sont fixés les carpelles. L'évolution du réceptacle n'est évidemment, ici, ni endotérique, ni exotérique ; mais dès que dans le *Potentilla* le réceptacle devient convexe ou conique còmme dans les *Rubus*, ou plus ou moins développé comme dans les *Fragaria*, nous avons une évolution bien évidemment endotérique et tout nous fait supposer qu'il pourrait se trouver une vraie Rosacée ayant pour gynéconophylle un véritable épi analogue à celui des *Adonis*. Par contre, dans les *Persica*, *Cerasus*, etc., on voit le réceptacle avec le calice s'élever en s'évasant autour du carpelle; dans les *Alchemilla* ce réceptacle calicinal s'élève encore et rétrécit son ouverture au-dessus des carpelles ; dans les *Rosa* le réceptacle calicinal forme une urcéole sur les parois internes duquel se trouvent éparpillés les carpelles, et enfin dans les *Malus*, *Pyrus*, *Cydonia*, le réceptacle calicinal enferme complétement les 5 ou 6 carpelles de façon que l'ovaire est tout ce qu'il y a de plus infère. Or c'est là le caractère de l'évolution exotérique, et l'on voit ainsi que la même famille peut renfermer des espèces à ovaires essentiellement supères (*Fragaria*) et des espèces essentiellement infères comme les *Pyrus*, etc.

Il résulte de tout ce que nous venons de dire : 1° que l'*endotérisme* et l'*exotérisme* sont des phénomènes végétaux qui n'ont pas été suffisamment étudiés au point de vue des infrondescences, des inflorescences et de la genèse des ovaires, et qu'entre ces deux sortes de phénomènes extrêmes il y a une incalculable variété de degrés ; 2° que l'endotérisme, que l'on pourrait confondre avec l'évolution indéfinie, s'en distingue cependant en ce que l'évolution indéfinie n'est pas absolue, puisque chaque fleur est terminale d'un axe qui se trouve arrêté dans sa croissance par la fleur; tandis que l'endotérisme peut encore se continuer nonseulement dans l'axe de la fleur même, mais encore jusque sur l'axe placentarien, quand les ovules naissent successivement de la base au sommet du placentaire. Voici quelques exemples de cette distinction.

1° Dans le genre *Gynandropsis*, les fleurs sont disposées en grappes terminales : le mot grappe étant pris dans l'acception ordinaire des auteurs, l'inflorescence est indéfinie dans les idées de M. Rœper; mais chaque fleur étant terminale de l'axe qui la porte en fait une inflorescence définie latéralement; tandis qu'avec l'idée d'endotérisme nous avons un axe primaire endotérique et un axe secondaire endotérique aussi, car, dans le *Gynandropsis palmipes* par exemple, le calice naît au-dessous des pétales;

du centre de ceux-ci s'élève un long mérithalle (androphore) qui porte les étamines ; du milieu de ces étamines part un autre mérithalle assez allongé (gynophore), terminé par un ovaire, et si l'on examine la marche de la formation des ovules sur les placentaires, on reconnaît qu'ils ont également une évolution endotérique par leur apparition successive de la base au sommet. Et évidemment le dernier ovule formé accuse l'épuisement de l'axe, d'où la preuve que l'axe primaire et les axes secondaires sont tous à évolution *endotérique*, tandis que l'axe primaire est à évolution *indéfinie* et les axes secondaires à évolution *définie*. On voit la différence de ces deux sortes d'acceptions.

2° Les Caryophyllées ont des inflorescences définies à fleurs solitaires ou réunies en cime, ce qui veut dire que l'axe principal se termine par une fleur ; mais de ce que cette fleur évolue de façon à offrir un calice inférieur, dans le *Lychnis viscaria*, surmonté d'un mérithalle (anthophore) portant des pétales, des étamines et au centre un ovaire *supère*, nous constatons l'existence d'une évolution endotérique qui n'appartient plus à l'inflorescence qui, elle, est exotérique et définie ; mais ici s'arrête l'évolution endotérique, car les ovules, sur les placentaires, commencent leur apparition par le sommet et vont successivement en descendant, ce qui constitue une évolution définie ou terminée, puisque, quelque bon vouloir que l'on y apporte, on ne saurait admettre une évolution descendante indéfinie.

3° En considérant l'épi d'une Orchidée, nous sommes habitués à le regarder comme appartenant aux inflorescences indéfinies ; mais chaque fleur terminant un axe secondaire, cet axe est non-seulement par ce fait même défini, mais encore l'axe est plus profondément terminé que dans le cas du *Gynandropsis*, puisque, au lieu d'être supère, l'ovaire est infère, ce qui ne peut s'expliquer que par une évolution exotérique des parties de l'axe floral. La même chose se produit dans les *Gladiolus*, mais ici l'on remarque sur les placentaires une évolution *médiifuge* des ovules, évolution qui semble tenir à la fois et de l'endotérisme et de l'exotérisme, et que nous ne rencontrons pas dans l'évolution des axes ordinaires.

4° Au contraire des Orchidées et des Gladiolus, chez les Amaryllidées les inflorescences sont définies ; mais de plus chaque fleur est à évolution exotérique, car l'ovaire est infère. L'évolution des ovules est également *médiifuge*.

Mais il est une autre manière de considérer les évolutions indéfinies ou définies par rapport à l'endotérisme ou à l'exotérisme et que nous devons faire connaître ici.

De même que la fleur solitaire terminant un axe y fait naître une évolution définie, de même une inflorescence finissant un axe peut être regardée comme y faisant naître une évolution *définie relative*. En effet, lorsque l'on voit une fleur terminer l'axe principal de l'*Erythræa centaurium* et une inflorescence terminer un axe de *Nerium oleander*, on ne peut s'empêcher de reconnaître une similitude d'action dans le phénomène, puisque fleur et inflorescence terminent la tige qui, pour grandir, empruntera à l'exotérisme un moyen de continuer son évolution.

Quand, au contraire, nous comparons l'épi du *Digitalis purpurea*, dont l'inflorescence en épi est indéfinie, à l'évolution du *Linaria Cymbalaria*, nous sommes forcés de reconnaître que le premier a une évolution terminée relativement à l'autre, et à plus forte raison si l'on vient à la comparer à ces inflorescences du milieu desquelles s'élève un bouquet de feuilles capable de reproduire une deuxième, une troisième inflorescence, etc., comme on sait que cela a lieu dans le *Bromelia Ananas* et quelques autres dont nous avons cité des exemples, t. I, p. 423. On voit donc ainsi que l'inflorescence est *relativement* une évolution définie, et que les mots *défini* et *indéfini* n'ont pas le degré d'exactitude qu'il est bon de rechercher dans la science. En regardant les inflorescences, même en épi, comme étant relativement définies, nous pouvons alors faire rentrer certaines inflorescences insolites dans l'un des quatre systèmes que nous avons établis plus haut.

Ainsi M. Rœper a placé parmi les inflorescences *anomales* les inflorescences oppositifoliées; mais d'abord il y a une distinction à établir dans ces inflorescences, car les unes appartiennent aux évolutions endotériques, tandis que d'autres sont du domaine des évolutions exotériques. Cependant, en faisant abstraction de la forme particulière de l'inflorescence, si l'on regarde cette inflorescence, quelle qu'elle soit, comme une évolution définie, on arrive à concevoir que l'inflorescence plus générale doive être placée parmi les inflorescences exotériques indéfinies. En voici la raison.

Quoique nous ne soyons pas entièrement convaincu qu'il n'y ait pas absolument de fleurs ou d'inflorescences oppositifoliées (1), néanmoins nous admettrons qu'il est des cas où cette oppositifoliation se fait réellement par voie d'*usurpation*, c'est-à-dire que la fleur (*Nemophyla phaseloïdes*) ou l'inflorescence (*Piper*) est terminale; mais un bourgeon prend naissance à l'aisselle de la feuille supérieure, se développe rapidement et usurpe la place que devait occuper l'inflorescence ou la fleur, qui se trouve ainsi rejetée de côté. Il en résulte que la tige, en apparence simple, se trouve en réalité composée d'une succession d'axes d'ordres de plus en plus élevés et naissant tous les uns des autres. Or c'est précisément un phénomène analogue à celui qui a présidé à la formation de l'épi diachysique, page 542, qui ne diffère de l'inflorescence oppositifoliée qu'en ce qu'il donne des axes terminés par des fleurs au lieu d'inflorescences, et qu'en ce que les feuilles opposées aux fleurs ont avorté.

Ce genre d'inflorescence, dans certains cas, est endotérique comme dans les inflorescences proprement dites des *Piper*, qui ont de vrais chatons oppositifoliés (2), les *Phytolacca* qui ont des fleurs en épi opposé aux feuilles, etc., tandis qu'elles sont exotériques par ses axes qui naissent les uns des autres. Au contraire, dans le *Solanum Dulcamara*, l'inflorescence proprement dite, étant une cyme, est par cela même définie ou exotérique; mais les axes naissant les uns des autres comme dans le cas précédent, il s'ensuit que l'évolution générale est exotérique indéfinie. D'où l'on doit conclure qu'il faudrait reconnaître dans les inflorescences oppositifoliées : 1° Une évolution générale *endotérique exotérique*, comme on le voit dans les *Piper;* 2° une évolution générale *exotérique exotérique*, dont la Douce-amère serait un exemple; car nous partageons l'avis des botanistes qui regardent l'oppositifoliation de cette espèce plutôt comme un phénomène d'usurpation que comme un défaut d'exastosie entre l'inflorescence et l'axe principal.

(1) *Phytogénie*, p. 523.
(2) Turpin, *Flor. méd.*, 3ᵉ édition, tabl. CCLXXVI.

Il y aurait encore à parler des inflorescences qui ont reçu de quelques auteurs des noms particuliers, telles que celles dites *latérales* ou *extra-axillaires* et *pétiolaires;* mais comme ces inflorescences peuvent être expliquées par des défauts d'exastosie soit entre le pédoncule et la tige comme dans les Solanées, soit entre le pédoncule et le pétiole comme dans le *Chailletia*, le *Tapura* (1), les *Thesium*, etc., nous ne nous en occuperons pas davantage.

Quant aux prétendues inflorescences *épiphylles*, il est parfaitement reconnu aujourd'hui que les organes que l'on regardait autrefois comme des feuilles ne sont autres que des axes. Ainsi dans les *Phyllanthus*, les fleurs qui paraissent naître à l'aisselle des folioles, naissent réellement à l'aisselle de feuilles alternes, sur une tige que l'on considérait comme la nervure principale d'une feuille composée, et par conséquent cette inflorescence nous paraît devoir rentrer dans le groupe des inflorescences axillaires du premier système. Dans les *Xylophylla* les organes que l'on regardait aussi comme des feuilles ne sont bien également que des rameaux fasciés, offrant sur leurs bords des fleurs représentant dans leur ensemble une sorte d'épi *distachysé*. Enfin chez les *Ruscus*, c'est pareillement sur des rameaux fasciés et foliiformes que sont portées les fleurs. En effet, dans ce genre, les véritables feuilles sont réduites à des écailles caduques et un peu embrassantes (2). C'est à leur aisselle que naissent les rameaux fasciés destinés à porter les fleurs, tandis que les rameaux caulinaires sont cylindriques et forment les tiges principales. Ce qu'il y a de remarquable c'est que la fleur se montre tantôt sur la face supérieure du rameau foliiforme (*Ruscus hypoglossum*), tantôt sur la face inférieure (*R. hypophyllum*), et quelquefois sur les deux faces d'un même rameau, comme dans le *Ruscus hypoglossum* que nous avons sous les yeux.

Telles sont les principales formes de l'inflorescence que nous avons à faire connaître ; nous n'avons pas la prétention d'avoir passé en revue toutes leurs variétés, car elles sont si nombreuses qu'il est impossible de les présenter toutes dans un article de la nature de celui-ci. Peut-être un jour reviendrons-nous d'une manière plus complète sur ce sujet.

(1) D. C., *Ann. museum*, 17, p. 158, pl. I, *fig.* 1 et 2.
(2) D. C , *Organ. végét.*, pl. XLIX, *fig.* 1.

Observations. — La manière dont nous venons de nous servir pour faire comprendre la formation des ovaires infères par voie d'exotéritisme nous permet de relever une erreur typographique qui s'est glissée dans notre premier volume, page 486, lignes 23-25, où il est dit : « D'autant mieux que nous avons avancé déjà que les ovaires supères, d'après leur mode de formation phylogénique, devaient être regardés comme étant aussi de nature axile. » Or, c'est « *quelques ovaires supères* » que nous voulions dire, et ce sont précisément ceux que nous avons désignés à la page 345, où nous citons les *Papaver*, les *Citrus* et les *Nymphea*, qui, bien que supères par rapport aux calices, corolles et étamines, sont infères par rapport au *torus*. Dans tous les cas, l'évolution endotérique sert à caractériser nettement l'ovaire supère, et l'évolution *complétement* exotérique, à caractériser l'ovaire infère qui est toujours de nature axile, alors même que l'inférité ne commencerait qu'après l'un des verticilles floraux (calice, corolle ou étamines), comme dans les genres que nous venons de citer.

Mais pour se rendre un compte plus exact de l'influence de l'endotérisme ou de l'exotérisme dans la formation des ovaires supères, d'après ces nouvelles considérations, nous reprendrons l'exemple de notre disque de caoutchouc sur la face supérieure duquel nous supposerons tous les verticilles concentriquement placés de la manière suivante : tout au centre, le gynéconophylle; plus en dehors, l'androphylle ; plus extérieurement, l'énanthophylle, et tout à fait à l'extérieur, l'exanthophylle. 1° Dans les cas où le centre s'élève suffisamment, tandis que les bords restent au même point, nous avons un endotérisme qui porte les carpelles au sommet, les étamines sous les carpelles, les pétales sous les étamines et les sépales sous les pétales (1); c'est dans ce cas que l'on devrait dire l'*exsertion* des parties florales et non l'*insertion*, puisque toutes ces parties sont situées en dehors et que, du reste, elles semblent sortir de l'axe plutôt qu'y entrer. Évidemment, dans ce cas, l'ovaire ne peut être que *supère* (2), et comme rien de ce qui constitue le mérithalle inférieur de cet ovaire ne vient le

(1) *Phytogénie*, p. 274 et 275.
(2) *Ibid.*, p. 317.

recouvrir par voie d'exotérisme, on ne peut pas dire que l'ovaire soit de nature axile.

2° Supposons que le contraire ait lieu et que, tandis que le centre du disque reste en place, les bords se relèvent suffisamment en manière de coupe plus ou moins profonde; alors l'ordre de succession des parties est renversé, car dans ce cas les carpelles sont à la base, les étamines au-dessus, les pétales au-dessus des étamines et les sépales au sommet de l'ensemble. Dans ces conditions, les parties externes des mérithalles floraux enveloppent tous les verticilles de la fleur, et c'est seulement alors que l'on pourrait employer logiquement le mot *insertion*, puisque toutes ces parties semblent contenues dans l'intérieur de l'axe, bien que pourtant ils en sortent, *intérieurement*, et n'y entrent pas. Dans tous les cas l'ovaire est *infère* et, enveloppé des parties qui appartiennent aux mérithalles, on peut dire qu'il est de nature axile (1).

Mais entre ces deux états extrêmes n'y en a-t-il pas d'intermédiaires? C'est ce que l'observation va nous dévoiler. Constatons d'abord, que dans le premier exemple nous avons un endotérisme qui fait que toutes les parties sont situées sous l'ovaire et que, par conséquent, les étamines sont *hypogynes*. Ensuite, que dans le second exemple, nous avons un exotérisme qui fait que toutes les autres parties florales sont placées au-dessus de l'ovaire et semblent insérées sur l'ovaire même, d'où le nom d'*épigynes* donné aux étamines qui se trouvent dans ces conditions.

3° Admettons maintenant que les bords du disque se relèvent de telle façon que les sépales, les pétales et les étamines soient soulevés, tandis que l'ovaire restera *libre* au fond de la coupe ainsi formée; dans ce cas les étamines paraîtront naître du fond du calice, ainsi que les pétales, et les étamines seront dites *périgynes*.

4° Mais il peut arriver que le phénomène exotérique soit encore moins prononcé, que les bords du disque ne s'élèvent que fort peu, tandis que la partie qui porte la corolle se soulève légèrement, emportant sur sa face interne les étamines qui paraissent

(1) *Phytogénie*, p. 320,

insérées sur elle ; en d'autres termes, que l'exotérisme ne commence à se prononcer qu'à la corolle, tandis que le calice se développe comme à l'ordinaire, l'ovaire étant libre au fond de la coupe ; dans ce cas nous avons la série végétale que De Candolle appelle *corolliflore*, et qui correspond aux *monopétales hypogynes* de la méthode d'A. L. de Jussieu.

5° Enfin, admettons que tous les verticilles floraux évoluent suivant le mode endotérique et que l'exotérisme ne se prononce qu'à partir du métandrophylle ou disque ; mais alors celui-ci se relève et forme autour de l'ovaire une sorte de coupe ou de bourse qui, se soudant quelquefois avec lui, forme un ovaire supère. L'exotérisme a ainsi porté autour de l'ovaire les éléments du mérithalle qui précède le métandrophylle, de la même manière qu'autour des carpelles des *Malus*, *Pyrus*, etc., il a porté les éléments des mérithalles qui précèdent le calice, la corolle et l'androcée. Or, s'il suffit de la présence des éléments d'un mérithalle (partie véritablement axile du végétal) autour d'un ovaire et plus ou moins intimement uni à cet ovaire pour décider de sa nature axile, dans les *Papaver*, *Citrus*, *Nymphœa*, où nous trouvons les éléments du mérithalle qui précède le disque, développé en un corps intimement uni à l'ovaire, nous devons tout aussi bien conclure à sa nature axile.

Reprenons le phénomène exotérique appliqué à une fleur simple pour l'examiner en sens inverse, afin de mieux le faire comprendre encore, si c'est possible.

1° Dans la plupart des cas, chacun des verticilles floraux termine des mérithalles qui, si courts qu'ils soient, n'en existent pas moins (1). Au-dessous du calice est le mérithalle que l'on nomme pédoncule ou pédicelle, selon qu'il appartient à l'axe primaire ou à des axes d'ordres plus élevés. Or, il peut arriver que le sommet de ce mérithalle calycinal arrête son évolution à son centre tandis que ses parties extérieures continuent à s'accroître, et alors, selon le degré de croissance de ces parties, l'ovaire pourra rester libre au fond de la coupe ainsi formée (*périgynie*) ou sera enfermé dans la coupe, et les parties florales paraissant formées au-dessus de l'ovaire, celui-ci sera in-

(1) *Phylogénie*, p. 269.

fère (*épigynie*), parce qu'en même temps la coupe ira se rétrécissant et enveloppant complétement les carpelles. Il est évident qu'alors les pétales, les étamines ont dû se développer en même temps que le calice et contribuer, peut-être, par leur base, à l'enveloppement de l'ovaire, si tant est qu'il n'y ait pas seulement que les éléments du mérithalle calycinal qui recouvrent cet ovaire.

2° Mais si, au lieu de commencer au mérithalle calycinal, l'exotérisme ne commence qu'au mérithalle qui porte la corolle, le calice appartenant au système endotérique, il peut arriver que la corolle et les étamines seules soient soulevées autour de l'ovaire, et dans ce cas le mérithalle corollien enveloppant l'ovaire en ferait encore un ovaire infère; mais ce cas que la théorie indique existe-t-il? Notre mémoire ne saurait présentement nous en fournir un seul exemple. Cependant, de même que l'exotérisme en se prononçant sur le mérithalle calycinal a forcé la corolle et les étamines à rester unis avec le calice et les a soulevés autour de l'ovaire, de même aussi quand ce phénomène d'exotérisme se prononce sur le mérithalle corollien, on voit les étamines rester unies à la corolle et se trouver portées plus ou moins haut autour de l'ovaire. Toutefois, si nous connaissons les ovaires infères par rapport au calice, nous le répétons, nous ne pouvons citer présentement aucun cas d'ovaires infères par rapport à la corolle.

3° La théorie indique, pour continuer cette série, que le calice et la corolle peuvent avoir leur évolution endotérique, et que l'exotérisme ne commence que par le mérithallé qui porte les étamines. Si cela avait lieu, alors ce mérithalle pourrait se développer en une sorte de disque qui soulèverait les étamines, formant ainsi une sorte de périgynie staminale, ou bien pourrait les porter au-dessus de l'ovaire, qui en serait enveloppé et qui constituerait un ovaire infère par rapport aux étamines, mais supère par rapport à la corolle et au calice. Peut-être certaines fleurs gynandres à ovaire supère (*Salacia ?*) sont-elles la manifestation de ce phénomène.

4° Dans quelques fleurs, indépendamment du calice, de la corolle, de l'androcée, entre celui-ci et le gynécée il se forme un autre verticille d'organes (lépales) constituant le disque ou métandrophylle qui, lui aussi, doit terminer un mérithalle. Or, si l'on admet que tous les verticilles qui lui sont inférieurs ont eu une évolution endotérique et qu'alors l'exotérisme se fait sentir uniquement sur le mérithalle qui précède le métandrophylle, dans ce cas, il se formera autour de l'ovaire un urcéole au fond duquel cet ovaire sera libre comme dans le *Pœonia Moutan var. papaveracea* (t. I, p. 345), ou adhérent à l'ovaire comme dans le *Citrus, Nymphœa, Papaver*. En poursuivant le parallèle dans la désinence de l'ovaire, on peut dire qu'il est supère par rapport aux calice, corolle et androcée, et qu'il est infère par rapport au métandrophylle.

5° Enfin, toujours suivant la série théorique, il peut se faire que tous les autres verticilles de la fleur évoluent dans le système endotérique, mais que l'exotérisme ne commence à se montrer que dans le mérithalle qui porte les carpelles. Dans ce cas, le sommet de chaque carpelle deviendrait peu à peu central, tandis que sa base s'éloignerait du centre, donnerait une position d'abord horizontale au carpelle, puis cette base se relèverait complétement, de façon que celle de chaque carpelle serait portée au sommet, en même temps que les placentaires, de centraux qu'ils étaient, pourraient devenir pariétaux, ou *vice versa*. N'ayant fait aucune recherche organogénique dans le sens de cette idée, nous ne pourrions citer aujourd'hui aucun exemple d'un fait pareil pour les ovaires supères, mais la série de ces phénomènes exotériques que nous venons de passer en revue conduit à admettre que ce phénomène doit se retrouver dans les ovaires supères, et peut-être se trouve-t-il déjà indiqué par l'évolution descendante de certains placentaires, comme cela a lieu dans le *Cerastium biebersteinianum*, le *Talinum patens*, les Paronichiées, etc. Quoi qu'il en soit, un phénomène de ce genre s'opère dans les ovaires infères des *Mesembryanthemum edule* et *violaceum*, et des *Punica*, et, comme nous l'avons complétement décrit autre part (1), nous y renvoyons nos lecteurs.

En résumé, il résulte de tout ce que nous venons de dire, que l'exotérisme, c'est-à-dire l'accroissement ou l'évolution par les parties extérieures des axes, se retrouve partout, puisque nous pouvons la constater :

(1) *Phytogénie*, p. 357.

1° Dans l'évolution des axes infrondescents (*Nerium oleander*, etc.) ;

2° Dans l'évolution des axes inflorescents primaires, secondaires, etc.

3° Dans l'évolution des axes particuliers de la fleur et pouvant, dans ce cas, offrir les cinq modifications que nous venons
d'y constater, c'est-à-dire un exotérisme pouvant successivement
ne commencer à se montrer que sur les mérithalles qui précèdent le calice, ou la corolle, ou l'androcée, ou le disque, ou le
gynécée.

CHAPITRE XIII

DU SOLEIL

Le Soleil, ce corps qui a tant d'influence sur la vie, n'a guère, jusqu'à ce jour, été étudié qu'au point de vue astronomique, et nullement au point de vue de l'action mécanique qu'il exerce sur les corps vivants. C'est que cette action est si subtile, elle s'exerce par l'intermédiaire de corps si peu tangibles ou si déliés qu'il faut nécessairement entrer dans des détails de mécanique *moléculaire rationnelle* pour pouvoir déduire du mouvement du soleil une action quelconque à une distance aussi considérable que celle qui nous sépare de lui. Cette étude, que l'on n'a pas pu faire jusqu'à ce jour, nous allons l'essayer en l'empruntant à un *Traité de Mécanique moléculaire* que nous espérons faire paraître bientôt. Or, comme de la constitution de cet astre et de son mouvement résultent les mouvements mécaniques qui agissent sur la végétation, nous diviserons ce chapitre en deux articles : le premier qui rappellera les principales idées admises en astronomie sur la constitution du soleil, et le second qui ne s'occupera que de l'action mécanique que ce corps exerce à distance sur les êtres vivants, mais particulièrement sur les végétaux.

ARTICLE PREMIER. — DE LA CONSTITUTION DU SOLEIL.

Le soleil est un corps très-volumineux, sphérique, et qui produit la lumière qui nous éclaire le jour. Il est situé à l'un des foyers de toutes les orbites que décrivent les planètes autour de lui, de telle sorte qu'il exerce sur chacune d'elles une influence plus ou moins grande de chaleur et de lumière qui doit y porter la vie.

C'est à Herschell que sont dues les principales connaissances que nous avons de la constitution du soleil, et c'est par conséquent à lui que nous emprunterons une partie de ce qui concerne cet article.

Pour cet astronome, le soleil est opaque comme les planètes, et il peut être tout aussi bien habité qu'elles. Aux termes employés par les astronomes, pour désigner certaines particularités apparentes à sa surface, Herschell en a substitué d'autres qui sont plus en rapport avec l'idée qu'il s'est faite de leurs natures; tels sont les mots : *ouvertures, bas-fonds, chaînes, nodules, corrugations, dentelures* et *pores*, qui méritent quelques explications.

Ainsi, les *ouvertures* sont les endroits où les nuages lumineux se sont écartés, ce qui permet d'apercevoir le *noyau* du soleil, qui est *opaque*. Il y a une grande ouverture environnée d'un bas-fond bien au delà du centre du disque, et il y a de grandes et de petites ouvertures qui tendent en général à se réunir entre elles. On en voit paraître de nouvelles auprès des anciennes.

Herschell a observé, le 17 janvier 1801, deux de ces ouvertures qui, ayant commencé leur apparition la veille, étaient devenues considérables. On eût dit qu'un fluide élastique, mais non lumineux, avait passé à travers des pores ou des ouvertures commençantes, et s'était étendu sur les nuages lumineux, en les écartant de son chemin et en élargissant son passage.

Les *bas-fonds* sont des dépressions de la matière lumineuse au-dessous de la surface moyenne du soleil. Il semble que les nuages lumineux des régions supérieures se soient écartés. Dans l'opinion d'Herschell, ces bas-fonds proviennent des ouvertures ou sortent d'autres bas-fonds déjà formés et qui augmentent continuellement. Ces changements paraissent indiquer que ces basfonds sont occasionnés par quelque chose qui sort des ouvertures et qui, par son impulsion, balaye les nuages du côté où la résistance est plus faible, ou bien peut-être les dissout par un mode particulier d'action. Si c'est un fluide élastique, dit-il, sa légèreté doit être telle qu'elle les fasse s'élever par-dessus les nuages solaires, pour se répandre par-dessus la matière lumineuse supérieure.

Les *chaînes* sont des élévations quelquefois très-grandes au-dessus de la surface des nuages solaires lumineux. Herschell dit en avoir observé une qui avait vingt-cinq mille lieues de longueur. Les *nodules* sont peut-être des chaînes vues en raccourci; dans tous les cas, ce sont de petites places lumineuses extrèmement élevées. Il est probable, dit Herschell, que les ouvertures permettent à un fluide élastique transparent de sortir, et que ce mouvement soulève la matière lumineuse de manière à occasionner des chaînes et des nodules. Enfin il se fraye un passage et les écarte.

Les *corrugations* sont composées d'élévations et de dépressions. Dans une suite d'observations faites en commun avec le docteur Vilson, le 17 décembre 1801, ils constatèrent des changements ayant lieu de 5 en 5 minutes.

Les *dentelures* sont les parties obscures de corrugations, et les *pores* les parties basses des dentelures.

Si la matière lumineuse du soleil était un liquide répandu à sa surface, il est évident, dit Herschell, qu'aucun des phénomènes ci-dessus indiqués ne pourrait avoir lieu; car, suivant les lois de l'équilibre des fluides, le liquide nivellerait tout. Au contraire, plusieurs ouvertures ont continué d'exister pendant une révolution entière du soleil. Il ne reste donc qu'à admettre que ce sont des nuages ignés, lumineux ou phosphoriques, qui occupent les régions supérieurs de l'atmosphère solaire et produisent la lumière de cet astre.

Le soleil a une *atmosphère planétaire* transparente, qui s'étend à une grande hauteur. Elle doit être d'une grande densité, puisque, suivant Newton, la force de la gravitation est 27 fois plus considérable à la surface du soleil qu'à la surface de la terre. Les couches inférieures de l'air qui forme cette atmosphère doivent nécessairement être très-comprimées.

En résumant les idées que les astronomes actuels se forment du soleil sous le rapport de sa forme, de son volume, de son mouvement et de sa constitution, on peut dire :

1° Que le soleil est à peu près sphérique;

2° Qu'il est doué d'un mouvement de rotation très-apparent, ce qui est rendu évident par le changement de ses taches dans un certain ordre ;

3° Qu'il semble être entouré d'une atmosphère gazeuse qui nous parait comme enflammée, et dans laquelle se trouve la cause de la lumière qui nous arrive de cet astre ;

4° Que cette atmosphère présente des solutions de continuité à travers lesquelles on peut apercevoir le centre ou *noyau* du soleil ;

5° Que ce centre ou noyau parait être opaque, sombre, et ne participer en rien aux propriétés éclairantes de l'atmosphère ;

6° Que l'on y reconnait encore ce que l'on nomme les *taches proprement dites*, autour desquelles il existe presque toujours une zone plus ou moins étendue, d'une teinte sombre et que l'on nomme la *pénombre ;*

7° Que l'on découvre à sa surface des taches plus lumineuses que le reste du soleil et auxquelles on a donné le nom de *facules ;*

8° Qu'enfin on y observe aussi d'innombrables rides lumineuses dont sa surface est sans cesse sillonnée de l'orient à l'occident, et d'un pôle de rotation à l'autre : on leur a donné le nom de *lucules.*

Les astronomes sont arrivés à reconnaître que le soleil avait, relativement à la terre, un volume considérable, et qu'en représentant par l'unité celui de notre planète, le volume du soleil devait être représenté par 1,326,480 ; c'est-à-dire qu'il faudrait 1,326,480 fois le volume de la terre pour avoir celui du soleil. Son diamètre peut être représenté à peu près par 110 quand celui de la terre l'est par 1. Or, le diamètre de la terre étant de 2,292 lieues *marines,* formées chacune de 2,864 toises, on voit que le diamètre du soleil est de $2,292 \times 110 = 252,120$ lieues marines, lesquelles, n'étant que de 20 au degré, sont d'un cinquième plus grandes que les lieues ordinaires.

Si l'on multiplie ces diamètres par π, qui exprime le rapport approché de la circonférence au diamètre, lequel est égal à 3,14159, on a d'une part :

$$2,292 \times 3,14159 = 7,200 \text{ lieues} = \text{circonférence de la terre prise à}$$
l'équateur ;

de l'autre on a :

$$\left.\begin{array}{c} 7{,}200 \times 110 \\[4pt] \text{ou} \\[4pt] 252{,}120 \times 3{,}14159 \end{array}\right\} = 792{,}000 \text{ lieues} = \text{circonférence du soleil prise à son équateur.}$$

Ces résultats sont indispensables à connaître pour que l'on en puisse déduire les phénomènes de mécanique moléculaire de la lumière.

On a calculé que l'attraction était beaucoup plus grande à la surface du soleil qu'à la surface de la terre, et que, tandis qu'un corps pesant tombe sur la terre avec une vitesse de 16 pieds par seconde, le même corps serait attiré vers le soleil avec une vitesse de 439 pieds dans le même temps ; ce qui se déduit des observations de Newton, qui a calculé que la force de la gravitation était 27 fois plus considérable à la surface du soleil qu'à la surface de la terre. En effet :

$$\frac{439}{16} = 27{,}4,$$

d'où il résulte que les couches inférieures de l'air qui forme l'atmosphère du soleil doivent être très-comprimées.

Le soleil, quoique placé au centre de notre système planétaire et à chacun des foyers des courbes elliptiques que les planètes décrivent dans leur révolution autour de lui, n'en est pas moins lui-même doué d'un mouvement *réel* de rotation qui lui fait faire une révolution entière sur son axe en 25 jours et demi, et ce mouvement est facile à constater par l'observation suivie de ses taches. Il en résulte que dans l'espace de 25 jours et demi le soleil présente sa surface tout entière aux habitants de la terre.

La grandeur apparente moyenne du soleil, ou si l'on aime mieux, l'angle que son diamètre présente au spectateur situé sur la surface de la terre, est de 5,936 secondes, et son axe est incliné au plan de l'écliptique de 87 degrés 30 minutes.

Enfin il a deux mouvements *apparents* : l'un qui s'effectue d'occident en orient dans l'espace de 365 jours 6 heures 9 minutes 10 secondes et demie, dans une courbe que l'on nomme *écliptique*, et qui a pour cause le mouvement réel de la terre dans son orbite ; l'autre qui a lieu d'orient en occident dans l'in-

tervalle de 24 heures, et qui est dû au mouvement de rotation de
la terre sur elle-même. C'est l'ensemble de ces deux mouvements
apparents combinés qui donne lieu à plusieurs phénomènes bien
connus et dont les principaux sont la différence des saisons, l'inégalité des jours et l'alternance du jour et de la nuit, et *vice versa*.
C'est le mouvement réel de la terre dans son orbite qui produit
les saisons, et par conséquent les obliquités différentes mensuelles
du soleil, desquelles nous avons tiré une influence marquée sur
certaines floraisons annuelles, comme celles que Linné a rangées
dans son *Calendrier* de Flore; et c'est le mouvement de rotation
de la terre sur elle-même qui produit l'alternance du jour et de la
nuit, et conséquemment les obliquités diurnes différentes du soleil. Ce sont elles qui nous ont paru avoir une influence manifeste
sur les floraisons diurnes de certaines fleurs, comme celles sur
lesquelles Linné a basé son *Horloge* de Flore. Nous nous sommes
suffisamment étendu sur ces influences à l'article intitulé : *Pro-
lepsie végétale* (t. I, p. 559).

Tels sont les principaux faits concernant les connaissances que
nous avons sur la constitution physique du soleil ; il importait de
les rappeler à nos lecteurs pour leur épargner la peine de faire
certaines recherches qui eussent été nécessaires pour fixer dans
leur esprit quelques-uns de ces faits, qui seront nécessaires à l'intelligence des phénomènes que nous allons étudier, avant d'entrer
dans l'examen des actions mécaniques de la lumière sur la végétation. Or, comme les études de mécanique moléculaire que nous
avons faites depuis longues années et que dans nos loisirs nous
avons continué de poursuivre, nous ont conduit à une manière
de voir un peu différente des astronomes et des physiciens, concernant diverses particularités du soleil, nous avons cru devoir
faire connaître ici cette manière de voir, d'autant plus qu'elle est
tout à fait indispensable à connaître, s'il est admis un jour que la
lumière est l'agent le plus actif de la végétation qui fait le sujet
de notre ouvrage.

Les idées que nous allons émettre expliqueront plus simplement, sinon mieux, que les hypothèses admises jusqu'à ce jour,
tous les phénomènes de la lumière du soleil, et tout d'abord nous
devons nous demander si le soleil est réellement entouré d'une
atmosphère gazeuse enflammée ainsi qu'on est généralement dis-

posé à l'admettre. Nous croyons que cette flamme n'existe véritablement qu'en *apparence*, de même qu'en *apparence* nous voyons
tourner autour de nous tous les astres qui composent l'univers
entier, tandis que réellement ce sont les astres qui sont dans un
repos relatif pendant que notre globe accomplit le mouvement
réel, qui nous faisait croire à celui des astres. On a cru pendant
des siècles à cette apparence du mouvement des astres, qui est
regardée comme une des erreurs les mieux établies. Combien
faudra-t-il de temps pour reconnaître que la flamme du soleil
n'est qu'apparente et qu'il n'y a réellement nulle combustion
d'aucune substance inflammable pour constituer l'atmosphère
enflammée du soleil?

Quoi qu'il en soit, ce que l'on ne peut nier, c'est 1° que le soleil se montre sous la forme sphérique et qu'il est doué d'un
mouvement de rotation incontestable ; 2° que le soleil étant une
masse infiniment plus considérable que la terre, son attraction
doit être plus considérable, et qu'en admettant dans les espaces
une atmosphère unique, au moins pour notre système planétaire,
la quantité de matière ou gaz atmosphérique (azote et oxygène)
et sa condensation doivent être porportionnelles à sa masse. Donc
on peut affirmer, sans craindre un démenti, que la matière atmosphérique qui entoure la masse du soleil est beaucoup plus considérable et surtout bien plus dense que l'atmosphère qui entoure
la terre.

Ces deux observations suffisent à notre esprit pour expliquer
tous les phénomènes que présentent le soleil sur notre vue et sur
la végétation, car le violent mouvement de rotation qui se manifeste à la surface du soleil nous paraît seul suffire à l'explication
de tout le mécanisme auquel sont dus les phénomènes. En effet,
chaque point de la surface du soleil pris dans le plus grand cercle
de sa partie équatoriale, marche avec une vitesse prodigieuse.
Cette vitesse est environ quatre fois et un tiers plus grande que
celle de la terre dans son mouvement de rotation. Or nous avons
vu que cette planète avait 7,200 lieues marines de circonférence
à son équateur, et nous savons que la révolution de la terre autour de son axe s'accomplit dans l'espace de 24 heures, d'où il
résulte que chaque point pris sur cette circonférence de la terre
marche avec une vitesse de 300 lieues environ par heure ou, si

l'on veut, de 5 lieues par minute. Mais la vitesse du soleil, considéré dans des points analogues, est de 4 fois et un tiers plus grande; en conséquence, chaque point pris sur l'équateur du soleil parcourt plus de 31 mille lieues marines dans l'espace de 24 heures, ce qui équivaut à environ 1,293 lieues par heure ou à peu près 22 lieues par minute. Le projectile lancé avec la plus puissante charge de poudre serait très-loin d'avoir une semblable vitesse, et l'on peut se faire une idée assez exacte de cette vitesse en disant, avec Arago, qu'un boulet de 24 n'a même à sa sortie du canon qu'une vitesse de 390 mètres (1,200 pieds) par seconde (1); c'est environ le quart de la vitesse de rotation du soleil.

Ce sont ces documents qui vont nous servir de base à l'étude du mécanisme que le soleil nous semble exercer sur la végétation.

ARTICLE II. — DU SOLEIL COMME CAUSE MÉCANIQUE DE LA VÉGÉTATION.

Les idées que nous avons déjà émises à diverses reprises sur les influences particulières que le soleil exerce sur la végétation, savoir : 1° sur la floraison, par la direction soit mensuelle, soit diurne de ses rayons (t. I, p. 566); 2° sur la germination (*Phytogénie*, p. 638); 3° sur la direction ou la torsion des axes, p. 177, doivent avoir suffisamment fait pressentir que la lumière solaire était, pour nous, un des principaux agents de la végétation, non-seulement au point de vue des phénomènes chimiques ou physiques qu'elle peut déterminer dans les végétaux, mais aussi au point de vue du mécanisme qui fait que certaines parties tendent à se diriger vers la lumière ou quelquefois à la fuir. Aux endroits que nous avons cités, nous nous sommes assez longuement étendu sur les expériences qui ont eu pour but d'établir l'action incontestable de cet agent sur la végétation; il est donc inutile d'insister davantage sur ce point, et il ne nous reste plus qu'à traiter ici la question au point de vue mécanique. Mais pour cela, afin d'être bien compris de nos lecteurs, il est indispensable que nous entrions dans quelques détails préalables relatifs aux principes

(1) *Annuaire du Bureau des longitudes*, 1832, p. 268.

élémentaires de mécanique moléculaire. En conséquence, nous diviserons cet article en deux sections qui comprendront : 1º l'étude préliminaire de la constitution des corps, 2º le mécanisme des molécules matérielles sous l'influence du soleil.

SECTION I. — ÉTUDES PRÉLIMINAIRES SUR LA CONSTITUTION DES CORPS.

Nous ne donnerons de ces études que ce qui est indispensable à l'intelligence des faits qui seront établis dans la section suivante.

Tout le monde sait que les corps se présentent à nous sous quatre états, savoir : l'état *gazeux;* l'état *vésiculaire;* l'état *liquide* et l'état *solide.*

De ces quatre états ou formes, la forme gazeuse est la seule que l'œil ne puisse pas saisir; mais à l'aide de diverses expériences de physique on arrive à constater l'existence des corps gazeux. Quelques corps gazeux cependant, par leur couleur propre, sont parfaitement visibles, comme le chlore, l'acide hypoazotique, etc.

Tous ces corps, que l'on peut concevoir simples ou composés, sont formés de parties très-fines, infiniment petites, et qui ont une certaine tendance à s'unir et à se grouper les unes avec les autres, au moyen d'une propriété générale inhérente à la matière, propriété qui est connue sous le nom de *cohésion,* et qui n'agit que sur des *particules* de même nature. C'est en vertu d'une cohésion plus ou moins grande que les différents corps prennent l'une des quatre formes que nous venons de signaler, la forme solide indiquant la cohésion la plus forte, et la forme gazeuse indiquant la plus faible.

La cohésion exerce son action sphériquement, et comme toutes les forces, cette action va en décroissant comme le carré de la distance augmente. D'où il suit que les dernières molécules des corps sont très-difficiles à réduire à l'état d'atomes, et que c'est à cet état que généralement l'esprit a l'habitude d'arrêter la division de la matière.

Indépendamment de cette force qui unit les molécules similaires entre elles, il y en a une autre, l'*affinité,* qui tend à combiner les corps de nature différente les uns avec les autres pour former les corps composés; mais cette propriété *chimique* n'étant pas utile à l'étude des mouvements moléculaires que nous voulons étudier, nous n'en dirons rien. Faisons observer que ces propriétés ou forces dont on ne connaît nullement la nature, n'ont reçu les noms de *cohésion* ou d'*affinité* que pour les distinguer l'une de l'autre et avoir à sa disposition un mot qui exprime la propriété qu'ont les corps de s'unir soit *physiquement*, pour avoir des densités et des duretés très-différentes, soit *chimiquement*, pour prendre des propriétés et des couleurs très-variables, selon les éléments qui entrent en combinaison.

Tous les corps simples ou composés, quel que soit l'état qu'ils affectent, peuvent être regardés comme constitués par une multitude de parties de plus en plus petites et que nous désignerons successivement sous les noms de *globules, molécules, atomes* et *particules.*

On peut donner le nom d'*atome* à ce que l'on nomme en mécanique un point matériel. C'est pour les chimistes et les physiciens la dernière partie à laquelle la division de la matière puisse arriver. Toutefois, nous dirons que notre esprit conçoit la division à l'infini de la matière. Pour s'en convaincre, il suffit de concevoir une série de sphères de plus en plus petites et arrivant à ce point matériel que nous avons nommé *atome*. Supposons toutes ces sphères tournant sur un axe *idéal*, ce que l'esprit comprend et admet parfaitement. Or, dans tout corps qui tourne sur son axe on est obligé de reconnaître deux parties opposées marchant en sens contraire; car si l'axe de rotation est horizontal, l'une monte quand l'autre descend, et comme on conçoit le point matériel tournant aussi bien que les autres sphères, on est forcé d'admettre que ce point peut être divisible en deux parties : donc la matière est divisible à l'infini.

Tout porte à penser que l'atome a une forme sphérique; car, de ce que la matière est divisible à l'infini et que les actions de la cohésion sont sphériques, il n'y a aucune raison pour que le corps arrivé à cet état de ténuité extrême prenne une forme autre que la sphérique. En effet, la sphère a toutes ses parties périphériques à égale distance d'un point central où s'exerce la cohésion, et si, par impossible, la forme était ou elliptique ou carrée, aussitôt l'action de la cohésion agirait sur les particules les plus éloignées pour les rapprocher et satisfaire à sa *sphéricité d'action.*

Tout porte également à penser, et pour les mêmes raisons, que les molécules ont aussi une forme sphérique. Quant aux globules, ainsi que le nom l'indique, ils ont évidemment la forme sphérique, et il suffit, pour en être convaincu, d'observer que les gouttes d'un liquide quelconque, qu'elles proviennent d'un gaz condensé ou d'un solide fondu, tendent d'une manière évidente à la forme sphérique.

Il en est à plus forte raison de même de la particule, chez laquelle la cohésion doit être bien plus active que dans l'atome lui-même, puisque nous admettons que l'atome est formé de particules, et que pour satisfaire à la sphéricité d'action de la cohésion, les particules sont obligées de prendre la forme sphérique (1).

Les astronomes et les physiciens ont admis qu'entre chacune des particules matérielles il existe un corps infiniment subtil, auquel ils ont donné le nom d'*éther*, et auquel ils ont attribué la propriété d'entrer en vibration sous certaines influences et de produire sur la rétine, le seul organe apte à la recevoir, la sensation particulière que nous connaissons sous le nom de *lumière*. Cet éther ne serait pas seulement répandu dans tous les corps simples ou composés, mais il se trouverait remplir tous les espaces célestes, et c'est à sa présence et à ses ondulations que nous devrions la possibilité de percevoir la lumière d'astres qui sont placés très-loin de notre œil et à des distances incommensurables.

Quelle est la nature de cet éther? Est-ce une substance matérielle ou immatérielle? Est-elle sous forme de molécules ou particules, ou bien est-elle une substance constituant un tout continu et seulement facile à pénétrer par toutes les particules matérielles? Il faut avouer qu'il n'est possible de répondre à ces questions que par des hypothèses qui peut-être ne se justifieront jamais, et c'est pour cela que nous les laissons de côté, pour ne nous occuper que des questions qui sont capables d'être résolues par l'ex-

---

(1) Nous changeons un peu le sens donné aux mots *atome* et *particules*, précisément à cause de la division à l'infini que nous croyons devoir admettre. Or, le mot *atome* exprime un élément matériel *fini*; mais comme la division est infinie, il faut bien que cet atome soit constitué de plusieurs parties, et nous ne trouvons réellement que le mot *particule*, diminutif de partie, qui nous semble convenir à l'expression du fait.

périence ou le raisonnement. Cependant nous penchons vers l'idée
que l'éther est une substance matérielle pour les raisons qui suivent : 1° On a démontré que les comètes, pendant leur marche à
travers le vide céleste, n'accomplissent leur courbe elliptique que
dans un temps plus grand que celui qu'indiquent les calculs, ce
qui a été attribué à une certaine résistance de l'éther. Or, philosophiquement, nous ne comprendrions pas que cet éther pût offrir
de la résistance à un corps matériel s'il n'était lui-même un corps
matériel. Donc à ce point de vue l'éther doit être une substance
matérielle. 2° Nous avons indiqué des expériences qui prouvent
que la lumière, que l'on dit être un mouvement ondulatoire de
l'éther, a une action marquée sur la direction des tiges, qui sont
évidemment des corps matériels ; donc sous ce point de vue encore l'éther ne saurait agir sur elles s'il n'était lui-même un corps
matériel. A la vérité, on peut dire que si la tige obéit à l'action
de la lumière pour se diriger vers elle, c'est plutôt aux molécules
matérielles de l'atmosphère qu'est due cette direction ; mais alors
même que nous accepterions cette nouvelle explication, nous ne
ferions que reculer la question ; car si la lumière nous vient du
soleil, si entre notre planète et cet astre il n'y a que le *vide plein*
d'éther, il faut bien admettre que ce sont les mouvements ondulatoires de cet éther qui, se communiquant de proche en proche,
arrivent à communiquer le mouvement aux molécules matérielles
de l'atmosphère, qui le communiquent à leur tour aux végétaux,
et comme les molécules de l'atmosphère sont matérielles, il faut
admettre que l'éther est quelque chose de matériel, puisque notre
esprit ne peut concevoir qu'une substance immatérielle puisse
communiquer le mouvement à un corps matériel.

D'un autre côté, la cohésion est une propriété si inhérente à la
matière et en même temps si générale, que l'on peut dire que
l'éther est soumis à sa puissance ; et si cela est, en vertu de la
sphéricité d'action de la cohésion, on est naturellement conduit à
penser que l'éther est lui aussi sous la forme de molécules ou
particules sphériques ; car, remarquons-le bien, c'est précisément la forme sphérique qui offre le moins de résistance aux
corps que l'on cherche à faire mouvoir dans un milieu formé
de molécules, et quoique matériel, il faut bien reconnaître que
l'éther doit avoir, comme les autres corps composant les atmo-

sphères, des particules ayant une forme sphérique. Supposons
un instant, en effet, que les molécules de l'air ou de l'eau soient
cubiques ou prismatiques, notre esprit comprend aussitôt et sans
qu'il soit nécessaire de le démontrer, que l'air ou l'eau offriront
une résistance beaucoup plus grande que celle que nous leur connaissons. De plus, si nous admettions que ces molécules sont cubiques ou prismatiques, nous ne comprendrions plus aussi bien
les phénomènes de porosité et la propriété dissolvante des liquides
et des gaz, car les molécules, unies entre elles par leur face, n'offriraient certes pas le même *espace intermoléculaire* qu'elles
offrent dans l'hypothèse de la sphéricité. Or, on sait que les
sphères ne peuvent se toucher entre elles que par un point, et
que dans un système de 12 molécules sphériques de même grandeur en entourant une 13°, il y a entre elles des espaces inter-
moléculaires suffisamment grands pour loger des molécules ou
particules plus petites qui, une fois logées dans ces espaces, y sont
pour ainsi dire à *l'état latent*, comme l'est le sel dans l'eau, ou
l'eau à l'état gazeux dans l'air atmosphérique, puisque dans l'un
et l'autre cas la transparence n'est pour ainsi dire pas changée.

A cet égard il y a des observations importantes à faire sur le
mode d'arrangement des molécules entre elles. En effet, deux
modes se présentent, savoir : le mode par *alternance* (pl. VIII,
fig. 55 *bis*, A) et le mode par *superposition*, D. Dans le premier,
les molécules sont alternativement posées suivant des lignes, mais
de telle façon que 3 molécules se touchent en *triangle* ou, en
d'autres termes, que chacune des molécules d'une ligne vient se
placer exactement entre deux molécules d'une rangée précédente
ou d'une rangée suivante, et cela dans toutes les directions, de
sorte que toutes les rangées sont alternativement placées les unes
par rapport aux autres. C'est la position des molécules qui occupent le moins de place dans un espace donné, et c'est aussi celle
qu'elles tendent à prendre quand elles tombent au repos. Dans le
second mode, D, les molécules peuvent être considérées aussi
comme disposées par ligne ; mais les lignes dont les molécules se
touchent toutes, au lieu d'être alternantes avec celles qui les surmontent, sont exactement superposées, molécules à molécules, ou
si l'on aime mieux, les lignes alternantes, B, sont composées de
molécules qui ne se touchent pas, tandis que dans le cas précédent

elles se touchent toutes. Il en résulte qu'au lieu de se toucher en triangle elles se touchent en *carré* formé de 4 molécules. En d'autres termes, dans le mode par alternance les espaces inter-moléculaires, considérés dans un seul plan de molécules, sont triangulaires, et les séries rectilignes sont obliques les unes par rapport aux autres et forment, en se coupant, des losanges ; tan-dis que dans le mode par superposition les espaces intermolécu-laires sont carrés, et les séries rectilignes sont perpendiculaires entre elles et forment, en se coupant, des carrés. D'où il résulte, dans le premier cas, A, une position d'équilibre stable qui n'existe pas dans le second, et des espaces beaucoup moins grands que dans le cas de superposition, circonstances qui expliquent cer-tains phénomènes que nous ne pouvons faire connaître ici. Ce n'est que dans un traité de mécanique moléculaire que l'on peut entrer dans l'exposition des phénomènes qui peuvent être la cause de ces deux ordres de position des molécules matérielles.

En resumé, nous sommes amenés à admettre la sphéricité dans toutes les molécules ou particules des corps, aussi bien dans celles qui doivent composer l'éther que dans celles qui composent les corps plus facilement palpables que l'éther.

Il résulte de ce raisonnement que si l'éther est un corps maté-riel, il pourrait bien n'être autre chose que la substance maté-rielle qui compose les atmosphères du soleil et de la terre, mais alors réduite à des particules aussi ténues que l'esprit puisse les concevoir.

Quoi qu'il en soit, nous admettrons, avec tous les physiciens, que l'éther se trouve répandu dans tous les espaces célestes, qu'il pénètre tous les corps, que c'est par lui que nous nous trouvons dans une certaine relation avec les globes qui roulent dans l'es-pace, que conséquemment il est pour ainsi dire le trait d'union entre notre atmosphère et l'atmosphère du soleil ; que c'est par son intermédiaire qu'il nous est donné de connaître quelques-uns des phénomènes qui s'accomplissent à la surface de l'astre auquel nous devons la lumière ; qu'enfin il est lui-même une substance matérielle, et, comme la plupart des corps matériels, il est consti-tué par des molécules ou particules sphériques.

SECTION II. — MÉCANISME DES MOLÉCULES MATÉRIELLES
SOUS L'INFLUENCE DU SOLEIL.

Tous les grands phénomènes de la nature : chaleur, électricité, magnétisme, lumière, ont pour unique cause de leur existence les mouvements incessants et variés des molécules, des atomes ou des particules matérielles, lesquels mouvements sont déterminés par des causes premières qui sont la gravitation, et par suite le mouvement de rotation des corps célestes, ou des phénomènes chimiques, et par suite le mouvement rotatoire des molécules, atomes ou particules matérielles.

La lumière est une des conséquences de ces mouvements appliqués aux particules matérielles, et comme tout mouvement implique l'idée d'une force agissante, il s'ensuit que l'on peut regarder la lumière comme une force.

On a depuis longtemps cherché à expliquer l'origine de la lumière, et deux hypothèses célèbres ont été émises, savoir : celle de l'*émission* et celle des *vibrations* ou *ondulations*.

Dans le premier système on admet que des molécules lumineuses reçoivent des corps lumineux une telle impulsion qu'ils sont lancés de toutes parts comme de petits projectiles qui seraient animés d'un mouvement de *translation* marchant avec une vitesse prodigieuse, puisque chaque molécule serait forcée de parcourir une distance de près de 5 millions de lieues par minute. En effet, tous les calculs ont établi que la lumière du soleil nous arrive en 8′ 13″, et que la distance de la terre au soleil est de 38 à 40 millions de lieues. Cette hypothèse, soutenue par Newton, conduit à admettre que chaque molécule aurait une existence matérielle indépendante du mouvement qui les anime, que leur masse, infiniment petite, échapperait à l'action de la gravitation, et que par conséquent elle constituerait une matière différente de la matière pesante. Or, un corps qui échapperait à la gravitation serait sans pesanteur, et étant sans pesanteur, il serait vraisemblablement immatériel; et comment concevoir qu'une force appliquée à un corps immatériel, et même en admettant sa matérialité, comment comprendre que ce corps serait capable de franchir l'espace avec cette incroyable vitesse, alors même que nous re-

-onnaissons que les comètes éprouvent une certaine résistance de
-a part des milieux qu'elles ont à traverser? Évidemment nous ne
-aurions soutenir une semblable hypothèse, et nous croyons qu'il
-st aujourd'hui peu de physiciens qui soient disposés à la dé-
-endre.

Reste donc le système des ondulations ou des vibrations. Dans
-ette hypothèse, on suppose, avec plus de raison, que la lumière
-st le résultat d'un mouvement vibratoire qui se communique de
-roche en proche avec une très-grande vitesse dans une substance
-que l'on croit impondérable et que l'on nomme *éther*. Dans ce
-as, on assimile la lumière au son, avec cette différence que le
-son serait un mouvement vibratoire produit dans l'air, ou, plus
-généralement, dans la matière pondérable, tandis que la lumière
-serait un mouvement produit dans un fluide éthéré ou substance
-impondérable. Cette hypothèse, à cause du parallèle qui peut être
-établi entre la lumière et le son, est celle qui a été soutenue par
-Grimaldi, Descartes, Huyghens, Young, Malus, Fresnel, etc., et
-qui est le plus généralement adoptée.

Mais s'il est facilement supposable que l'air, quoique parfaitement libre, puisse prendre, sous l'action d'une corde tendue et
fixée à ses deux extrémités, un mouvement vibratoire semblable à
celui de la corde, ou un mouvement ondulatoire sous l'influence
d'un ébranlement plus ou moins analogue à celui que prend la
surface de l'eau sous l'action d'un corps qui vient la frapper, on
peut se demander par quel mouvement primitif l'éther peut être
mis en vibration ou en mouvement ondulatoire. Quand nous
voyons une corde aller et venir, nous saisissons la cause du mouvement vibratoire que peut prendre le milieu où cette corde accomplit ses oscillations. Quand nous tirons un coup de canon,
nous comprenons qu'une masse sphérique d'air a été violemment
déplacée et qu'elle peut revenir à sa position première par une
série d'oscillations qui produisent les ondulations sonores. Quand
nous jetons une pierre dans l'eau, nous déplaçons circulairement une certaine masse de liquide en formant des ondulations
qui s'éloignent de plus en plus du centre d'action. Mais quand
nous allumons une bougie, quand nous faisons passer un courant
d'électricité dans un corps métallique, nous ne saisissons pas
aussi bien la cause efficiente des ondulations qui forment la

lumière, et il en est de même de celle qui produit les ondulations de la lumière solaire. Les considérations dans lesquelles nous allons entrer vont peut-être fournir la donnée qui nous manque sur cette cause efficiente des vibrations ou ondulations de l'éther pour produire la lumière.

Nous avons vu que le soleil tourne sur son axe de façon à accomplir sa révolution en 25 jours et demi, d'où il suit que chaque point de son grand cercle parcourt 1,293 lieues environ par heure, ce qui doit constituer une des plus grandes vitesses de rotation que l'esprit puisse admettre. On sait généralement que dans tous les corps qui tournent il y a une force intérieure qui tend à chasser du centre de ces corps toutes les molécules qui le composent, absolument comme la pierre qui s'échappe de la fronde, et cette force *centrifuge* est d'autant plus grande que le corps est animé d'une plus grande vitesse de rotation. Donc, dans son mouvement de rotation, le soleil doit posséder une force centrifuge des plus considérables, et si l'attraction ne venait contre-balancer les effets de cette force, les molécules constituantes du soleil s'échapperaient peu à peu, si bien qu'en peu de temps on verrait progressivement diminuer, puis disparaître le soleil. Mais nous savons que la force contraire à la force centrifuge, l'*attraction*, est considérable à la surface du soleil, et que, tandis que l'attraction attire les corps avec une vitesse de 16 pieds ou environ 5 mètres 1/5, l'attraction solaire les attire avec une vitesse de 439 pieds, c'est-à-dire de 142 mètres 6/10 environ; d'où il suit, heureusement, que l'attraction l'emporte sur la force centrifuge. Il semblerait donc que les corps placés à la surface du soleil devraient être lancés dans l'atmosphère par la force centrifuge, puis ensuite attirés par la force attractive de la masse solaire, ce qui produirait un mouvement vibratoire, et c'est en effet ce qui aurait lieu si ces deux forces étaient alternatives; mais comme elles sont simultanées, ce ne sont donc pas elles qui peuvent produire les effets mécaniques que nous avons à étudier.

Pour bien comprendre ce qui va suivre, il faut supposer que tous les corps matériels, métaux, pierres, sels, liquides, gaz, éther, soient jetés pêle-mêle dans un espace limité de l'étendue; puis qu'à un moment donné une force attractive se fasse sentir sur tous ces éléments matériels. Aussitôt tous les corps se préci-

piteront vers le centre attractif avec une vitesse proportionnelle
à leur densité, de telle sorte que les corps solides les plus denses,
comme les métaux, les roches, les sels, etc., se grouperont les premiers ; puis viendront les moins denses ; puis les liquides, qui
couvriront les matières solides, et enfin les matières gazeuzes qui
envelopperont de toutes parts les solides et les liquides, et constitueront à tous ces matériaux groupés sphériquement une atmosphère. Mais cette atmosphère est composée de gaz différents, et
par conséquent souvent de densité variable, qui obéiront chacun
en particulier à la même attraction, de telle sorte que si l'atmosphère est composée d'acide carbonique, de vapeur d'eau et
d'azote, ce sera l'acide carbonique qui sera le plus attiré, puis la
vapeur d'eau, et enfin l'oxygène et l'azote ; et c'est en effet l'ordre
de superposition que tendent à prendre dans notre atmosphère
terrestre les gaz précités qui la composent. Enfin, s'il existe une
substance plus fluide, plus subtile et plus diffusible que l'oxygène
et l'azote, propriétés que paraît posséder l'éther des physiciens,
cette substance sera moins fortement attirée, et comme l'attraction décroît en raison directe du carré de la distance, il arrive une
limite où cette attraction est infiniment réduite, et permet par
conséquent à l'éther de se répandre dans tous les espaces célestes.
Mais de ce que cet éther paraît échapper à l'action de la pesanteur, puisqu'on est obligé d'admettre son existence bien en dehors
des limites de la sphère d'attraction des corps planétaires, il ne
s'ensuit pas que cette substance n'est pas un corps matériel, et
cette matérialité se déduit précisément de la résistance qu'elle
oppose à la marche des comètes. Voici à ce sujet ce que l'illustre
Arago écrivait, il y a déjà plus d'une trentaine d'années, sur cette
résistance de l'éther :

« Jusqu'ici les mouvements propres des planètes s'étaient mi-
nutieusement accordés avec des tables astronomiques qui sont
toutes fondées sur la supposition que ces mouvements s'opèrent
dans des espaces complétement vides. La marche de la comète à
courte période vient de montrer qu'un nouvel élément devra
désormais être pris en considération ; je veux parler de la résistance qu'une substance gazeuse très-rare, qui remplit les espaces
célestes et que l'on est convenu d'appeler l'*éther*, oppose aux déplacements de tous les corps qui la traversent.

II.   37

« Cette résistance ne produit pas d'effet appréciable sur les planètes, parce qu'elles ont une assez forte densité ; mais les comètes, n'étant pour la plupart que de simples amas de légères vapeurs, peuvent être, au contraire, notablement retardées dans leur marche. Pour sentir la justesse de la distinction que je viens de faire, quant au phénomène de résistance, entre les corps denses et rares, on n'a qu'à comparer les distances si inégales que franchissent dans l'air trois balles de plomb, de liége ou d'édredon, alors même que, projetées d'un canon de fusil par des poids égaux de poudre, elles avaient reçu les mêmes vitesses initiales.

« En calculant les positions que la comète à courte période devait aller successivement occuper en 1822, en 1825 et en 1829, M. Encke avait tenu un compte scrupuleux des dérangements qu'elle devait éprouver par l'action des planètes. Néanmoins, dans chacune de ses apparitions le calcul et l'observation présentèrent des différences, toujours dans le même sens, et évidemment supérieures aux erreurs possibles des mesures.

« La cause de ces discordances ne paraissait pouvoir être que la résistance de l'éther. En effet, les deux seuls éléments de l'orbite qui, d'une révolution à la suivante, n'éprouvent pas de changement, sont l'inclinaison et la position du nœud. Cette invariabilité découle inévitablement de notre hypothèse, car la résistance d'un gaz, quelque diminution qu'elle fasse subir à la vitesse d'un corps, ne peut le détourner ni à droite ni à gauche : elle le laisse toujours se mouvoir dans le plan primitif.

« L'effet de la résistance de l'éther sur la durée totale de la révolution de la comète à courte période autour du soleil, s'élève actuellement, d'après les recherches de M. Encke, à environ deux jours. »

Ainsi la résistance de l'éther est prouvée, et en même temps sa nature matérielle et conséquemment la forme sphéroïdale de ses atomes ou de ses particules. Nous verrons tout à l'heure que ce point était important à fixer.

De ce que l'attraction est plus puissante que la force centrifuge sur les corps denses comme les corps solides ou liquides, il s'ensuit que ces corps sont emportés dans le mouvement de rotation du soleil sans changer de position relativement au centre de l'astre ; mais en est-il de même de son atmosphère et surtout des parties éthérées qui dominent les dernières régions atmosphériques? L'étude des vents dits *alizés* nous paraît propre à répondre à cette question.

Quoique d'une manière générale on puisse dire que très-vraisemblablement les vents ont pour cause la dilatation qu'éprouve l'air par l'action de la chaleur, cependant il est une autre cause qui n'a pas moins d'influence, et c'est celle qu'il nous importe de connaître. Il est évident que la chaleur du soleil, plus grande à l'équateur que vers les pôles, doit raréfier les colonnes d'air et les élever au-dessus de leur niveau normal. Mais, bientôt refroidies et rejetées sur le côté par le courant ascendant de l'air échauffé, elles doivent retomber par leur propre poids, en se dirigeant vers les pôles où d'ailleurs se forme un air plus raréfié par suite de la soustraction de celui qui se dirige vers l'équateur. D'où il résulte qu'il se forme deux courants d'air opposés : l'un dans la partie inférieure et qui va des pôles vers l'équateur ; l'autre dans la partie supérieure de l'atmosphère et qui marche de l'équateur vers les pôles. Ce vent, que l'on pourrait nommer *vent physique*, par opposition au *vent mécanique*, dont nous allons parler, a été confondu avec les *vents alizés*, ou plutôt ce que l'on désigne sous ce nom laisse découvrir deux sortes de vents bien distincts et par leur direction et par la cause qui les a produits.

En effet, on peut certainement admettre que ces deux courants contraires pourraient se maintenir tout en conservant leurs rapports respectifs avec les divers points compris entre les différents degrés de longitude, de telle sorte que, abstraction faite des autres causes de *vents variables*, ce seraient sensiblement les mêmes courants qui se formeraient toujours dans les mêmes lieux. Cependant, il n'en est pas ainsi, et ce que l'on nomme vents alizés se compliquent d'un autre courant dû au mouvement de rotation de la terre. En effet, à mesure que la terre tourne, ces deux courants se déplacent de plus en plus, car la vitesse réelle de l'air, due à la rotation de la terre, est d'autant plus petite qu'elle est observée plus près des pôles ; d'où il suit qu'en s'avançant vers l'équateur, l'air doit tourner avec plus de lenteur que les parties correspondantes de la terre. La surface de la terre, ainsi que les corps qui la dominent, doivent donc le frapper avec l'excès de leur vitesse et en éprouver, par sa réaction, une résistance opppposée à leur mouvement de rotation, et en conséquence, pour l'observateur qui se croit en repos, l'air doit paraître souffler dans un sens directement contraire à celui de la rotation de la terre, c'est-à-dire d'orient en occident. Or, c'est ce vent, que l'on pourrait nommer *mécanique,* qu'il nous importait de bien faire connaître, et tout corps céleste doué d'un mouvement de rotation doit agir de la même façon sur la masse gazeuse qui l'enveloppe, et c'est par conséquent ainsi que doit le faire la masse du soleil sur son atmosphère. Dans notre *Traité de mécanique moléculaire,* que nous espérons publier prochainement, nous ferons connaître les conséquences mécaniques qui doivent résulter de la combinaison des mouvements de l'air, dûs aux vents physiques unis au mouvement du vent mécanique, que nous venons de distinguer dans cet ensemble de mouvement général que les astronomes ont nommé *vents alizés.*

Ainsi, dans son mouvement de rotation, le soleil frappe son atmosphère de façon que, tandis qu'il a une direction dans un sens, l'air semble en avoir une en sens contraire. Mais le choc violent qu'éprouve l'atmosphère sous cette énorme vitesse de rotation, que nous savons être d'environ 1,300 lieues par heure à l'équateur solaire, ébranle violemment et sphériquement les couches atmosphériques et les couches éthérées, d'où il suit un mouvement qui se communique de proche en proche, d'abord à travers l'atmosphère et ensuite à travers les espaces éthérés jusqu'à une distance considérable. Pour bien concevoir ce mouvement communiqué de proche en proche jusqu'à des distances si grandes, il importe d'entrer dans certaines considérations de physique et de mécanique.

1° Nous avons parlé de la cohésion et nous avons dit qu'elle était plus grande dans les corps solides que dans les liquides, et dans ceux-ci que dans les gaz. Mais ce dont il faut tenir compte, c'est la variabilité de ces intensités. Ainsi, parmi les corps solides, il en est dont la cohésion est très-faible, quand chez d'autres elle est très-puissante, et il suffit de comparer la cohésion d'un cristal de sel marin (chlorure de sodium) à celle d'un cristal de diamant ou carbone pur, pour saisir deux degrés très-éloignés d'une longue échelle de cohésions, entre lesquels viennent se ranger les corps solides de cohésions très-diverses.

Il en est de même des liquides, et entre la cohésion de l'huile de ricin et celle de l'éther sulfurique, il y a pareillement un intervalle qui peut être rempli par des liquides de cohésions extrèmement variables. Enfin, la même chose peut être dite des vapeurs et des gaz, de sorte que l'on peut affirmer qu'entre le diamant que nous connaissons comme le corps où la cohésion est la plus forte, et l'éther des espaces célestes dont nous soupçonnons l'existence et où la cohésion paraît être la plus faible, il y a des degrés infinis de cohésions intermédiaires.

Si les atomes ou particules de l'éther n'ont entre eux qu'une cohésion si faible que l'on pourrait la considérer comme réduite à zéro ; si, d'un autre côté, la pesanteur est pour ainsi dire nulle dans ces mêmes particules, on doit comprendre qu'un mouvement aussi violent que celui qui est imprimé au milieu dans lequel le soleil se meut, doit aller de proche en proche se faire sentir à des distances incommensurables.

2° Cela posé et admis, cherchons à analyser les diverses formes de mouvements que peuvent prendre les molécules de l'atmosphère et par suite les molécules éthérées (1).

a. Pour cela, concevons d'abord un corps sphérique homogène et recevant une impulsion à l'aide d'une force passant exactement par son centre. Le corps ainsi frappé prendrait un mouvement rectiligne et marcherait ainsi éternellement en ligne droite s'il n'éprouvait, de la part du milieu où il se meut, aucune résistance, et si surtout il n'était nullement sollicité par la pesanteur. Il serait, en conséquence, doué d'un *mouvement simple* que l'on pourrait désigner sous le nom de mouvement *progressif* ou de *translation*.

b. On peut également concevoir un corps sphérique homogène recevant un mouvement à l'aide d'une force tangentielle, c'est-à-dire passant exactement par un seul point de sa circonférence.

(1) Dans l'impossibilité de savoir au juste à quel degré de division se trouvent les petites masses sphériques que nous allons faire mouvoir, et d'un autre côté, considérant la matière comme étant divisible à l'infini (p. 569), nous nous servirons de l'expression molécule, qui laisse moins préjuger la composition du corps sphérique que le mot atome ou peut-être même que le mot particule.

Ainsi frappé, le corps ne changerait pas de place, mais il prendrait un mouvement de rotation, et s'il n'éprouvait de la part du milieu où il se meut aucune résistance, en même temps qu'il ne serait soumis en aucune façon à l'action de la pesanteur, il tournerait ainsi éternellement tout en demeurant constamment à la même place. Par conséquent encore, il serait doué d'un *mouvement simple de rotation*.

Mais il est difficile que ces deux mouvements soient exactement produits par la direction d'une force, et il suffit, ou que cette force passe un peu excentriquement, ou qu'au lieu de passer tangentiellement, elle passe un peu plus près du centre que nous ne venons de le dire, pour qu'aussitôt les conditions de translation et de rotation soient changées. En effet, dans le premier cas, un léger mouvement de rotation s'ajoute au mouvement de translation, et la résultante de ces deux mouvements est nécessairement une courbe ; dans le second, un léger mouvement de translation s'ajoute au mouvement de rotation, et la résultante de ces deux mouvements est encore nécessairement une courbe. Mais tandis que, lorsque la force passe dans un point voisin du centre, la courbe est à rayon très-grand ; au contraire, quand la force agit sur un point voisin de la tangente, la courbe est à rayon très-petit. D'où il suit que *tout corps sphérique, homogène, qui reçoit un choc qui n'est ni* tangentiel *ni parfaitement* central, *doit prendre un mouvement composé de translation et de rotation, et la résultante de ces deux mouvements est une courbe*. Donc il existe des *mouvements composés* appliqués même aux molécules les plus simples.

c. Supposons maintenant un corps sphérique et homogène animé d'un mouvement de rotation, et admettons qu'il soit en contact tangentiel avec un autre corps de même nature, de même forme et de même volume ; immédiatement ce nouveau corps recevra l'action d'une force qui, n'étant que tangentielle, le forcera aussi à tourner, mais ce qu'il y aura de particulier, c'est que tandis que le corps propulseur se mouvra dans un sens, en vertu d'un principe de mécanique moléculaire, celui des *mouvements contraires* que nous ne pouvons démontrer ici, le corps touché par le propulseur se mouvra dans un sens exactement opposé.

Ces principes admis, quelle que soit l'hypothèse dont on se serve pour concevoir la manière dont se produit la lumière, que l'on admette que ce soit par ondulation ou vibration, ou que ce soit par émission, ou enfin que ce soit par *propulsion*, c'est-à-dire par le moyen mécanique provenant du simple mouvement de rotation de la masse solaire, il est impossible de ne pas admettre qu'il y a un mouvement quelconque rayonnant de tous les points du soleil vers tous les points de l'espace, à des distances presque infinies, et agissant soit directement sur ce que l'on nomme éther, soit sur des molécules matérielles qui communiqueraient ce mouvement à l'éther emplissant les espaces célestes. Or, ce mouvement ne peut se produire à une certaine distance que par communication de proche en proche, à des couches sphériques, de telle sorte que l'on peut dire que, à part les modifications du mouvement que nous allons faire connaître, le mouvement général ou l'espèce d'ébranlement qui propage le phénomène de la lumière est toujours *à peu près* sphérique. Nous disons *à peu près* sphérique, car il est évident que l'ébranlement produit sur les couches qui sont à l'équateur du soleil est bien plus violent que l'ébranlement produit sur les couches qui sont aux pôles, et que par conséquent, si, par hypothèse, on venait à admettre un commencement au mouvement de rotation du soleil, les parties de l'espace qui regardent l'équateur solaire seraient plus tôt et plus vivement ébranlées et conséquemment éclairées que celles qui regardent les pôles, et comme le mouvement lumineux s'étendrait proportionnellement aussi aux espaces compris entre celles que nous venons de nommer, il s'ensuit que nous aurions un ébranlement qui ne serait plus sphérique, mais simplement orbiculaire, c'est-à-dire suivant une sphère aplatie vers les pôles. Cependant, le mouvement une fois établi, les phénomènes d'ébranlement doivent se passer absolument comme si cet ébranlement se faisait sphériquement ; car alors des spectateurs placés à des distances égales de l'équateur et des pôles solaires recevraient à la fois l'impression déterminée par l'ébranlement lumineux, toutefois avec des intensités différentes. Or, c'est ce mode d'ébranlement ou de propulsion déterminé par la masse solaire qu'il importe de bien connaître si l'on veut avoir la clef des phénomènes de la végétation.

1° Soit donc *fig*. 11, D (pl. XV), le point P, d'où partira le mouvement par suite de la rotation du soleil. La première couche c c aura bien évidemment reçu une impulsion avant la couche c′c′, et celle-ci avant la couche c″c″ ; il en serait de même de cette dernière par rapport à une quatrième, cinquième, etc., et ainsi de suite, presque à l'infini, et l'on peut alors regarder le mouvement général comme dirigé suivant les flèches.

2° Mais indépendamment de ce mouvement de propulsion, la mécanique moléculaire fait découvrir dans les molécules gazeuses ou fluides qui se trouvent composer l'atmosphère ou l'éther, un mouvement de rotation dont il importe de tenir compte dans les phénomènes de la végétation. En effet, l'esprit comprend *a priori* que des molécules sphériques très-mobiles, comme celles de l'air ou de l'éther, puissent, pour la moindre cause, prendre des mouvements de rotation et, soit par propulsion, puis par attraction, soit par toute autre action mécanique, du moment que les effets agissent constamment et toujours dans le même sens, il est probable que le sens de rotation se régularisera et restera toujours le même, tant que des causes perturbatrices ne viendront pas déranger l'état de choses établi. Mais l'analyse mécanique peut démontrer que ce que nous venons de supposer a réellement lieu.

Supposons en effet une masse sphérique, S, *fig*. 11, B, douée d'un mouvement de rotation sur son axe et dans le sens de la flèche ; aussitôt les molécules a b, c d, qui sont sphériques, recevront : 1° en vertu de la force centrifuge du corps S, le mouvement de propulsion dont nous avons parlé, et 2° un mouvement de rotation, parce qu'elles auront été touchées tangentiellement par la force rotatoire du corps S. Mais les molécules a b prendront-elles le même sens de rotation que les molécules c d ? Évidemment non, car de même que le corps S′, *fig*. 11, C, en tournant dans le sens de la flèche imprime un mouvement en sens contraire à la molécule a′b′, de même cette molécule, en tournant dans le sens indiqué par la flèche, doit imprimer à la molécule c′d′ un mouvement dans un sens contraire, d'où il suit que la molécule c′d′ doit prendre un mouvement de rotation dans le même sens que celui du corps S′ ; d'où cette conséquence que *des molécules qui se touchent doivent toutes prendre des mou-*

vements de rotation tels que toutes les impaires *tournent dans le même sens,* tandis que les molécules *paires* tournent aussi toutes dans le même sens, *mais dans le sens opposé aux impaires.* Il suit encore de là que puisque les molécules tournantes qui se touchent ne peuvent avoir de mouvement de rotation qu'à la condition d'avoir alternativement des sens de rotation contraires, toutes les molécules de la série a b, ou de la série c d, *fig.* 11, B, ne sauraient avoir entre elles aucun point de contact. En effet, supposons que toutes ces molécules se touchent par un point, alors elles doivent tendre à prendre un mouvement de rotation ; mais comme deux molécules contiguës ne peuvent tourner dans le même sens (*fig.* 55 *bis,* D, pl. VIII), il y a nécessairement une résistance au mouvement de rotation. Cependant, cette résistance est bientôt vaincue par la puissance rotatoire du corps S, *fig.* 55 *bis,* B (pl. VIII), de manière que ce corps continuant à tourner, les molécules s'arrangent de telle façon qu'elles se disposent toutes dans les meilleures conditions pour rendre facile ce mouvement. Or, nous avons dit, page 572, que les molécules pouvaient affecter deux positions, l'une que nous avons dite être *par alternance,* A, *fig.* 55 *bis,* et l'autre *par superposition,* D; la première étant dans un état d'équilibre stable et par conséquent propre au repos, la seconde étant dans un état d'équilibre instable et ayant besoin du mouvement qui l'a produit pour se maintenir dans cet état. Mais ce qu'il y a de remarquable, c'est que le genre d'équilibre est changé sous l'influence du mouvement de rotation, car la disposition alternante est alors en état d'équilibre instable, tandis que la disposition par superposition est au contraire en état d'équilibre stable. Or, c'est précisément cette dernière disposition que doivent mécaniquement prendre les molécules éthérées sous l'influence de la rotation de la masse solaire S. Pour se convaincre qu'il en est bien ainsi, il suffira au lecteur de placer lui-même, sur le papier, neuf cercles ou sphères, de façon à être superposés trois par trois, B, *fig.* 55 *bis,* et il lui sera facile de voir, en les affectant alternativement des signes $+$ et $-$ qui indiquent les mouvements contraires, que ces cercles, sphères ou molécules peuvent aisément tourner sans se contrarier, et qu'au contraire tous ces mouvements sont en quelque sorte solidaires, si bien que si l'une des molécules, celle du centre, par exemple, est arrêtée pour une cause quelconque, dès que cette cause vient à cesser, elle est aussitôt sollicitée dans son mouvement de rotation naturel par toutes les molécules tournantes qui la touchent. Au contraire, essayons de faire la même chose avec la disposition alternante A, et nous reconnaîtrons aussitôt qu'il y a deux molécules qui seraient sollicitées par les molécules voisines à deux mouvements semblables qui les obligeraient à rester au repos. On peut voir, en effet, que dans le groupe des molécules A, toutes celles de la périphérie sont en mouvements contraires, et dès lors pourraient tourner sans se nuire réciproquement ; mais de ce que chacune des deux molécules centrales, celles qui ne sont affectées d'aucun signe, sont également sollicitées par des mouvements de rotation en sens contraire, il est évident que ces molécules, tendant à tourner dans le même sens, doivent rester en repos, ou plutôt, ce qui est plus vrai, doivent nécessairement se séparer.

Si l'on consulte l'ensemble du groupe, on voit que les deux molécules centrales sont entourées de huit molécules tournantes ; mais quatre tournent dans un sens et quatre tournent dans l'autre ; par conséquent, comme les forces qui les font tourner sont toutes égales, il devrait en résulter une immobilité dans les deux molécules centrales : mais c'est ce qui n'est pas, car 1° si l'on considère la molécule centrale de droite du groupe A, on voit qu'elle est touchée périphériquement par trois molécules ayant le signe +, deux molécules ayant le signe — et l'autre molécule ayant 0 pour le signe de son mouvement rotatoire, d'où il résulte que le mouvement + l'emporte sur le mouvement — ; pareillement, en faisant le même genre d'observations sur la molécule centrale de gauche, on constate qu'elle est touchée périphériquement par trois molécules ayant le signe +, deux molécules ayant le signe — et une molécule ayant 0 de rotation ; donc cette molécule doit tendre à se mouvoir dans le même sens que son homologue, puisque le mouvement + l'emporte sur le mouvement —, et c'est ce qui est exprimé par la *fig.* C, où les deux molécules — sont influencées également par les deux molécules +. Mais deux molécules se touchant par un point ne sauraient tourner dans un même sens ; il faut donc de toute nécessité qu'elles se déplacent jusqu'à ce qu'elles aient trouvé la condition d'équilibre qui convient à ce mouvement de rotation. Or, cette position d'équilibre du mouvement rotatoire est exprimée en D, où l'on voit, par la direction des flèches, que tous ces mouvements se commandent et concourent tous à un mouvement de rotation, mais en sens contraire, et cette position est précisément celle qui se trouve reproduite dans le groupe de molécules influencé par le mouvement rotatoire du corps S, en B.

Si l'on a bien compris la théorie très-simple de ces mouvements, on doit saisir aisément ce qui arriverait si la masse S, d'abord en repos, et toutes les molécules atmosphériques ou éthérées étant également en repos et par conséquent en disposition alternante, si, disons-nous, le corps S venait à se mouvoir dans la direction des flèches, évidemment les molécules offriraient d'abord une certaine résistance au mouvement de rotation de la masse S, mais la puissance de rotation arrivant à vaincre la résistance, et ce mouvement de rotation se continuant, les molécules seraient obligées de subir ce mouvement et, pour y obéir plus aisément, seraient forcées de prendre le mode de disposition le plus propre à ce mouvement, et c'est alors que l'alternance A passerait à l a superposition D ou B qui est la même, malgré son obliquité relativement à la masse S. Or, on peut remarquer qu'alors les couches de molécules en état de rotation sont alternativement affectées des signes $+$ et $-$, et qu'une fois ce mouvement déterminé dans le voisinage du corps S, il se continue de proche en proche jusqu'à une distance d'autant plus grande que, toutes choses égales d'ailleurs, le mouvement rotatoire de la masse S sera plus intense et surtout plus longtemps continué; mais aussi que chaque couche de molécules doit conserver, par rapport à celles qui sont en contact avec elle, son mouvement contraire, et cela quelle que soit la distance à laquelle ces mouvements peuvent arriver; sans cela les molécules tomberaient au repos.

Ce que nous venons d'indiquer comme devant se passer dans les groupes de molécules A et B, *fig.* 55 *bis*, sous l'influence du mouvement rotatoire de S, est précisément ce qui doit arriver à la masse solaire et aux molécules atmosphériques ou éthérées qui environnent le soleil de toutes parts. Par conséquent, sous l'influence de la rotation solaire, ces molécules devront être animées à la fois d'un mouvement de *translation* ou de *propulsion* et d'un mouvement de rotation, mais cette rotation sera de molécule à molécule contiguë, alternativement, tantôt dans un sens, tantôt dans l'autre.

Il résulte de ces faits que si l'axe de rotation du soleil se trouvait être exactement perpendiculaire avec le plan de l'écliptique, toutes les molécules éthérées nous arriveraient, tournant toutes, de telle sorte que leur axe de rotation serait aussi perpendiculaire au plan de l'écliptique, en ne supposant, bien entendu, aucune espèce de perturbation dans le mouvement supposé ; mais il n'en est pas ainsi, car l'axe de rotation du soleil se trouve incliné au plan de l'écliptique de 87° 30′, et conséquemment un nouvel élément s'introduit dans les mouvements que nous venons d'analyser. En effet, nous avons maintenant, en vertu de l'inclinaison de l'axe de rotation au plan de l'écliptique, une direction oblique des mouvements de translation et de rotation, desquels résulte une combinaison de mouvements dont la résultante est précisément une courbe hélicoïdale. Quelques détails sont nécessaires à la parfaite intelligence de la génération de cette courbe.

Nous avons établi, page 582, que si l'on dirige sur un corps sphérique, homogène, une force quelconque, qui ne sera ni exactement tangentielle, ni exactement centrale, le corps ainsi frappé prendra à la fois un mouvement de translation et un mouvement de rotation dont la résultante sera une courbe dont les points parcourus seront tous dans un même plan ; mais il faut établir plusieurs modifications dans le mouvement qui en résulte et que l'on peut mieux démontrer en mécanique moléculaire :

1° Plus la direction de la force est voisine du centre, plus le rayon de la courbe est grand, puisque si la force passait par le centre le rayon serait infini, c'est-à-dire que le corps marcherait toujours en ligne droite.

2° Plus la direction de la force est voisine de la tangente, plus le rayon de la courbe est petit, puisque si la force passait par la tangente même le rayon serait nul, c'est-à-dire que le corps tournerait toujours sur le même point (p. 582).

3° Si les mouvements de rotation et de translation s'accomplissaient dans le vide parfait, le corps marcherait éternellement dans le même cercle, grand ou petit, selon la direction de la force, et toujours *dans le même plan*, tant que des causes étrangères ne viendraient pas altérer la direction du corps.

4° Si l'un des mouvements diminuait, le corps accomplirait, toujours dans le même plan, son mouvement curviligne, mais dont le rayon irait sans cesse augmentant ou sans cesse diminuant.

a. Si c'était le mouvement de rotation qui diminuât peu à peu, la courbe augmenterait incessamment son rayon, jusqu'à ce qu'enfin, le mouvement de rotation ayant complétement cessé, le mouvement de translation continuant son action, le corps prît alors un mouvement de translation pur et simple et se mût en ligne droite.

b. Si, au contraire, c'était le mouvement de translation qui diminuât peu à peu, la courbe diminuerait incessamment son rayon, jusqu'au moment où le mouvement de rotation persistant seul, le corps accomplirait son mouvement de rotation toujours au même point et sans changer de place, et ce point serait le centre exact de toutes les courbes que le corps aurait parcourues.

Dans le premier cas, le corps décrirait une *spirale* dont le rayon irait sans cesse croissant ; dans le second, le corps décrirait aussi une *spirale* dont le rayon irait sans cesse diminuant.

Supposons que, pendant que le corps accomplit son mouvement *spiroïdal*, une force tende à changer constamment sa direction du plan qu'il aurait parcouru dans son mouvement curviligne, aussitôt le corps décrira une courbe hélicoïdale, ou la figure qui serait donnée par un ressort de montre que l'on aurait fait sortir du même plan qu'occupent tous ses tours en poussant perpendiculairement à ce plan le centre de la spirale.

Pour réaliser les conditions propres à la formation de ces spirales, il faudrait que la force qui imprime le mouvement de translation et de rotation au corps ne fût pas décomposable en une seconde force *oblique*, et c'est précisément ce qui arrive dans la plus grande partie des cas et en particulier quand un corps sphérique est en mouvement de rotation. En effet, supposons un corps sphérique et parfaitement poli, mis en mouvement de rotation autour d'un axe bien fixé. Si l'on analyse mécaniquement l'action de tous les points qui composent sa surface sur les molécules environnantes, on reconnaîtra qu'il n'y a que la série de molécules placées exactement sur son équateur qui puissent recevoir le mouvement de translation et de rotation capable de donner lieu à une spirale, c'est-à-dire à des courbes qui puissent se former toutes dans un même plan. Toutes les autres séries, étant frappées *obliquement* par les parties *relativement déclives* qui vont de l'équateur aux pôles du corps en mouvement rotatoire, prendront un mouvement de rotation et de translation oblique qui suffira à l'obligation, pour les molécules, de décrire une courbe hélicoïdale.

C'est que, dans le cas où les molécules sont frappées exactement par l'équateur du corps tournant, la direction de la force fait prendre aux molécules un mouvement de translation et de rotation dans lequel l'axe de rotation est *perpendiculaire* au plan de la courbe, qui ne peut être qu'un cercle ou qu'une spirale, et l'on peut remarquer, d'une part, que les équateurs des molécules tournantes sont dans le même plan que l'équateur du corps propulseur, et d'un autre côté, que les axes de rotation de toutes ces molécules sont parallèles à l'axe de rotation du corps qui communique le mouvement aux molécules. Mais, dès que l'on s'éloigne de l'équateur du corps propulseur, les parties déclives qui vont de l'équateur aux pôles ne frappent plus les molécules de la même façon ; elles sont bien encore frappées de manière à avoir un mouvement de translation et de rotation, mais le mouvement de translation est oblique et agit dans ce cas à la manière de la force qui ferait sortir du même plan tous les tours de la spirale ou du ressort de montre, et alors les molécules décrivent des mouvements hélicoïdaux. Dans ce cas, il est visible que l'équateur des molécules n'est plus dans le même plan que l'équateur du corps propulseur ; il ne lui est même plus parallèle, et l'axe de rotation de ces molécules, au lieu d'être parallèle avec celui du corps propulseur, lui est incliné d'une certaine quantité. Donc, le mouvement communiqué aux molécules latérales, par rapport à l'équateur du corps communiquant le mouvement, est oblique, et c'est ce mouvement oblique qui peut se décomposer en deux forces, savoir : une analogue à celle qui détermine le mouvement de translation et de rotation propre à produire les courbes spiroïdales ou dans un même plan, et une autre force perpendiculaire à ce plan, et qui force à chaque instant les éléments de la courbe spiroïdale à se déplacer et à devenir une courbe hélicoïdale.

Si maintenant, après avoir compris la génération du mouvement hélicoïdal des molécules, on veut bien se rappeler que l'axe de rotation du soleil est incliné au plan de l'écliptique de 87° 30', on comprendra que le mouvement moléculaire qui nous est envoyé par la rotation du soleil doit être *hélicoïdal*, ou que, tout au moins, si à une distance aussi considérable que nous le sommes du soleil on ne voulait pas admettre ce mouvement hélicoïdal, on admettrait au moins un mouvement de rotation oblique des molécules, lequel mouvement *oblique* agirait sur la végétation d'une tout autre manière que le mouvement *direct*. C'est qu'en effet, il ne faudrait pas croire que nous voulussions soutenir que c'est la même molécule qui décrit le mouvement hélicoïdal en question, et à cet égard il est bon de bien fixer les idées.

Supposons donc un mouvement de fronde formée, si l'on veut, d'un fil idéal terminé par un point lourd comme une balle de plomb, par exemple, et admettons que cette fronde mette un temps quelconque pour accomplir son cercle entier. Personne ne niera que, pendant ce mouvement de rotation, les molécules de l'air, frappées par la balle de plomb, vont de chaque côté d'elle communiquer un mouvement de proche en proche qui s'étendra plus ou moins loin, selon la violence du choc qui les frappera et la persistance du mouvement propulseur.

Mais admettons que la vitesse de ce mouvement soit de 10 mètres pendant le temps que la balle met à parcourir son cercle entier, et divisons ce temps en dix instants égaux. Il est évident alors que, pendant que le corps parcourt le premier dixième du cercle, les molécules frappées marchent de façon à ce que, au bout du premier instant, les premières molécules frappées ont parcouru environ un mètre, tandis que les dernières molécules qui viennent d'être frappées commencent leur marche dans la même direction ; au bout du deuxième instant, les premières molécules du premier instant ont parcouru une distance de deux mètres, tandis que les premières molécules du deuxième instant n'ont parcouru qu'un mètre environ. En analysant ainsi tous les mouvements propagés pendant les instants qui suivent et qui marchent dans de semblables conditions, et en appelant a, b, c, d, e, f, g, h, i, k, chacun des instants correspondant aux molécules frappées, on trouve qu'au bout du troisième instant a $= 3^m$, b $= 2$, c $= 1$; si bien qu'en procédant ainsi jusqu'à la fin du dixième instant, on peut voir que a $= 10$, b $= 9$, c $= 8$, d $= 7$, e $= 6$, f $= 5$, g $= 4$, h $= 3$, i $= 2$, k $= 1$, de sorte qu'en faisant passer une ligne par tous les points qui limitent le mouvement propagé au bout de chacun des instants, quand la balle vient d'accomplir son cercle entier, et comme tous ces points sont disposés suivant une surface cylindrique qui aurait pour base le cercle décrit par la balle de plomb, on a exactement une hélicule complète qui n'est autre qu'un élément de l'hélice qui se produit pendant le mouvement de fronde. Nous le répétons, ce ne sont pas les mêmes molécules qui ont ainsi cheminé pour former la courbe hélicoïdale, mais chaque molécule frappée, en tournant, a commandé le mouvement à une molécule voisine, celle-ci à une autre et ainsi de suite, de proche en proche, jusqu'au moment où la résistance des molécules à se mouvoir vient arrêter le mouvement commandé à la dernière molécule constituant la courbe hélicoïdale.

Cette analyse que nous venons de faire des mouvements de la fronde sur les molécules si mobiles de l'air, peut se faire des mouvements communiqués par chaque point de la surface du soleil à l'atmosphère ou à l'éther qui nous sépare de cet astre ; car si, par impossible, à chaque point de cette surface étaient attachés autant de fils très-déliés qui viendraient jusqu'à nous, et tous parallèles dans l'état de repos supposé du soleil, n'est-il pas évident que, dès que le soleil se mettrait en mouvement de rotation, ce mouvement se communiquerait de proche en proche jusqu'à nous, et que nous assisterions alors à la torsion de tous ces fils dont chacun représenterait une hélice. Quiconque a vu faire de la ficelle, sait très-bien que la molette qui, par supposition, représente le mouvement de rotation du soleil, ne tord les fils qui servent à la faire que par un mouvement hélicoïdal qui, partant de la molette, se communique de proche en proche jusqu'à l'extrémité des fils, et l'esprit comprend que ce mouvement se communiquerait à l'extrémité des fils, quelque longueur qu'ils aient, pourvu que le mouvement rotatoire de la molette fût continué assez longtemps. Or, ce qui se passe sur une matière palpable et relativement résistante, se passe également sur des

molécules infiniment plus mobiles, comme celles de l'air et surtout de l'éther.

Donc il y a, dans les mouvements qui sont communiqués par
le soleil aux fluides subtils qui nous séparent de lui, formation
de mouvements hélicoïdaux qui nous paraissent suffisamment
démontrés, et chacun de ces mouvements ou chaque hélice prise
isolément et dont le sens du mouvement sera celui que nous
avons supposé se produire sous l'action de la rotation solaire,
doit prendre un nom spécial pour être distinguée d'une autre
sorte d'hélice qui nécessairement se forme en quelque sorte
secondairement. Nous les avons désignées sous les noms d'*hélice
primordiale* et d'*hélice secondaire* (p. 179). Tâchons maintenant
d'analyser la direction de ces hélices, et surtout cherchons à
démontrer que ces hélices sont bien distinctes l'une de l'autre.

Nous avons dit que les molécules de la première couche prenaient, sous l'influence de la rotation solaire, un mouvement de
rotation contraire à celui du soleil (pl. VIII, *fig.* 55 *bis*, B, et
pl. XV, *fig.* 11, C) ; tandis que celles de la seconde couche
devaient prendre un mouvement contraire à celui de la première
couche et par conséquent semblable à celui du soleil ; d'où les
deux sortes d'hélices, car il est évident que l'hélice formée par
un mouvement rotatoire dans un sens, ne saurait être identique
à l'hélice formée par un mouvement rotatoire dans un sens contraire.

1° Pour bien comprendre ce phénomène, assemblons trois fils
de façon à les rendre parallèles ; puis, imprimons un mouvement
de torsion à ces fils et aussitôt nous les verrons se tordre ; mais
tandis que le sens de rotation de la molette sera, en se supposant
au centre du mouvement, par exemple de gauche à droite, le
sens de la direction du mouvement hélicoïdal, dans les mêmes
conditions, sera précisément contraire, car on verra alors que le
mouvement partant de la molette marche véritablement de droite
à gauche ; c'est ce mouvement hélicoïdal que nous nommons
primordial, car c'est le premier formé.

2° Mais comment, dans ces conditions, constater l'existence du
mouvement contraire qui devrait se produire et que pourtant nous
ne voyons pas ? De la manière la plus simple. En effet, il suffit
de tordre suffisamment la ficelle qui résulte de la torsion des

premiers fils et de chercher à rapprocher les deux bouts pour voir aussitôt se former des hélices contraires, car dès que les deux moitiés de ficelle sont assemblées, elles se tordent précisément en sens contraire des premiers fils : c'est là le sens de l'*hélice secondaire*. En continuant suffisamment les torsions de cette hélice secondaire et assemblant les deux moitiés de la ficelle, on verrait que les hélices formées seraient dans le sens de la primordiale, et en continuant de la même façon et successivement les hélices formées, on reconnaîtrait qu'elles sont alternativement *primordiales* et *secondaires*, et ce que nous venons de rendre palpable sur les fils est en réalité ce qui se passe dans les molécules libres de l'atmosphère ou de l'éther.

Si nous nous sommes bien fait comprendre, on doit reconnaître que, sous l'influence du violent mouvement de rotation du soleil, les molécules libres de l'atmosphère et de l'éther doivent prendre trois mouvements bien distincts, savoir :

1° Un mouvement de *translation* ou de *propulsion* qui tend à les repousser de proche en proche du soleil ;

2° Un mouvement particulier de rotation qui les fait toutes tourner couches par couches en sens contraire les unes des autres ;

3° Et un mouvement oblique, par suite de l'obliquité du mouvement de translation, par rapport au sens de rotation des molécules et à la terre à cause de l'inclinaison de l'axe solaire au plan de l'écliptique. Or, nous trouvons dans ce mouvement de translation oblique et de rotation des molécules les conditions indispensables à la formation de courbes hélicoïdales, non que chaque molécule décrive elle-même une de ces courbes, mais par suite de communication de mouvement de proche en proche, comme dans l'expérience de la fronde ou des fils tordus par la molette.

Si, de plus, on observe que la position de la terre n'est pas toujours la même par rapport à l'équateur solaire, pour les raisons que nous avons longuement expliquées (t. I, p. 566 et suivantes), et que de ce changement de position il résulte des directions diverses des rayons solaires, on aura à ajouter comme variations de mouvements les quatre obliquités suivantes, savoir :

1° Une *obliquité mensuelle* qui fait que les rayons nous arrivent de plus en plus obliques pendant six mois, puis de moins en moins obliques pendant les six autres mois, phénomènes qui coïncident avec l'époque annuelle de la germination (1) et de la floraison de certains végétaux (*Calendrier de Flore*).

2° Une *obliquité diurne* qui se produit chaque jour et où les rayons solaires sont de moins en moins obliques jusqu'au moment où le soleil passe sur la méridienne du lieu, puis de plus en plus obliques à partir du moment où il descend vers l'horizon.

Ces obliquités coïncident très-souvent avec les heures auxquelles fleurissent certains végétaux (*Horloge de Flore*).

3° Une *obliquité de nutation* qui ferait varier les obliquités mensuelle et diurne, variations qui se produiraient pendant dix-neuf ans, après quoi les obliquités mensuelles et diurnes reviendraient à leur point de départ (t. I, p. 568).

4° Enfin une *obliquité insensible* qui paraît déterminer une variabilité *insensible* dans les trois autres ordres d'obliquités précédentes, et qui serait due à la précession des équinoxes. Nous la nommons insensible, par la raison que la période ayant une durée de 25.748 ans, elle n'a qu'une très-faible influence sur la direction apparente des rayons solaires comparée d'année en année (t. I, p. 568).

Nous ne connaissons nullement l'influence des obliquités de nutation et insensible sur la végétation, mais peut-être un jour saura-t-on démêler leur action de celle des autres obliquités mensuelle et diurne.

Quoi qu'il en soit, maintenant que nous avons fait connaître toutes les actions mécaniques qui pouvaient se déduire du mouvement de rotation du soleil, nous devons chercher à expliquer comment nous comprenons que ces mouvements peuvent avoir une certaine action sur la végétation. Mais auparavant, nous devons nous demander si les mouvements de propulsion et de rotation des molécules éthérées ne suffiraient pas à expliquer les phénomènes que font naître sur la rétine les impressions que nous sommes convenus de désigner sous le nom de *lumière*, et, en effet, ces mouvements rotatoires en sens contraire des molécules éthérées pourraient bien n'être autre chose que les mouvements ondulatoires dont parlent les physiciens comme étant la cause de la production de la lumière. C'est, au reste, ce que nous

(1) *Phytogénie*, p. 640.

examinerons avec plus de détails dans notre *Traité de mécanique moléculaire*, et nous devons nous borner ici à examiner de quelle manière on peut concevoir l'action du soleil comme cause mécanique de la végétation.

Soit donc, *fig.* 11, D, pl. XV, un corps P, en mouvement de rotation, d'où partira le mouvement général de propulsion. La première couche c c aura bien évidemment reçu une impulsion avant la couche c′ c′, et celle-ci avant la couche c″ c″. Il en sera certainement de même de cette dernière par rapport à une quatrième couche, et ainsi de suite jusqu'au moment où la force de propulsion viendrait à s'éteindre par suite des résistances que cette force pourrait éprouver de la part des molécules qui constituent les couches. Mais si l'on admet que le mouvement de P est incessant, et c'est ce qui arrive au mouvement du soleil, on peut concevoir que ces résistances doivent tendre à être constamment vaincues ; d'où il résulte que, sous l'influence de ce mouvement incessant, le mouvement de proche en proche peut aller ainsi presque à l'infini. Or, dans cette communication de mouvement de proche en proche, abstraction faite du mouvement rotatoire des molécules, on peut, d'une manière générale, regarder la direction du mouvement comme étant rectiligne dans le sens des flèches.

Ceci posé, admettons qu'un corps matériel infiniment petit se trouve à une distance quelconque du point d'ébranlement P ; il est évident qu'un certain mouvement lui sera communiqué. S'il est simple et libre, il poura être repoussé par le mouvement de propulsion, mais dans la plupart des cas il sera attiré vers le point P, par les raisons suivantes. Si le corps infiniment petit était placé dans la sphère d'action du point d'ébranlement, près de la surface de la terre, par exemple, comme les molécules atmosphériques ou éthérées sont libres et mobiles dans tous les sens, *fig.* 11, A (pl. XV), aussitôt que dans leurs mouvements de propulsion elles rencontreront le petit corps m, il en résultera un choc infiniment petit ; dès lors les molécules r r, atmosphériques ou éthérées, qui viennent de frapper le corps m, *fig.* 11, E (pl. XV), prennent un mouvement de rotation dans le sens des flèches, dont l'effet sera de faire monter le corps m qu'elles touchent alors et de le conduire en m′, où d'autres molécules atmosphériques ou éthérées, agissant de la même façon, le prennent de nouveau pour l'élever encore, et ainsi de suite. C'est qu'il arrive certainement que le mouvement ascensionnel vers A′, déterminé par la rotation des molécules suivant les flèches, est plus grand que le mouvement vers B′, déterminé par le choc infiniment petit du mouvement de propulsion, par la raison surtout que le corps m est soutenu au point B′ par d'autres molécules qui lui font résistance, ou mieux encore parce que vers B′ la couche est relativement condensée, tandis que vers A′ elle est relativement dilatée. De sorte qu'en admettant, ce qui est possible, que le mouvement de rotation des molécules r r qui tend à faire monter le corps m = le choc qui tend à le faire descendre, il y aurait toujours la différence de densité, infiniment faible sans doute, entre la couche condensée B′ qui est au-dessous du corps et la couche raréfiée A′ qui est au-dessus, d'où résulterait évidemment un bénéfice net en faveur de l'ascension. Or, comme ce mouvement est incessant, il doit produire une ascension facile à constater au bout de quelque temps.

C'est de cette façon que peuvent s'expliquer aisément les phénomènes que présentent certains corps solides qui, pouvant se volatiliser, sont manifestement attirés par la lumière, ainsi que nous l'avons dit, t. I, p. 20, et entre ces corps matériels volatils et les molécules constituant les jeunes pousses végétales, il n'y a pas, à ce point de vue, assez de différence pour que la théorie qui est applicable à l'une ne soit pas applicable à l'autre, et la tendance des tiges à se diriger vers la lumière, suivant les expériences de Tessier, Knight, Dutrochet, etc., ne peut absolument recevoir qu'une seule explication ou reconnaître qu'une seule cause mécanique, et il n'y en a réellement pas d'autre que celle que nous venons de faire connaître.

D'ailleurs, on peut jusqu'à un certain point réaliser une partie des phénomènes mécaniques que nous venons d'analyser. En effet, plaçons dans un grand vase en verre, plein d'eau, une certaine quantité d'une poussière quelconque, qui, bien que très-légère, puisse par le repos gagner le fond du vase. Si, lorsque tout est parfaitement tranquille, on s'arrange de façon à faire tourner obliquement sur son axe une boule, sans cependant agiter l'eau autrement que par le mouvement de rotation de la boule, on verra que peu à peu un mouvement de propulsion sera communiqué de proche en proche jusqu'aux couches les plus inférieures, et dès lors des particules de poussière tendront à s'élever en tourbillonnant et formant dès le début comme des petites tiges tordues, mais qui, n'étant pas organisées, ne tardent pas à se diviser à l'infini pour venir troubler le liquide jusqu'au sommet où se trouve la boule, cause de.tous ces mouvements.

Mais nous avons dit que les molécules atmosphériques ou éthérées étaient frappées tangentiellement par le mouvement rotatoire du soleil ; par conséquent il est admissible que le mouvement de rotation de ces molécules est plus grand que le mouvement de translation ou de propulsion, et comme après le choc on peut admettre que le mouvement de propulsion est anéanti en même temps qu'une partie du mouvement de rotation, on voit qu'en somme le mouvement de rotation étant plus grand que le mouvement de translation, il y a un bénéfice net en faveur de la rotation. Or, ce mouvement de rotation étant oblique par rapport à la verticale terrestre, il en résulte une action spéciale sur les axes végétaux. Si ces axes s'allongent lentement, les mérithalles, restant relativement d'un assez gros diamètre, peuvent résister à cette action des molécules tournant obliquement ; mais lorsque ces axes s'allongent vite, les mérithalles sont grêles et doivent plus aisément obéir à l'influence de ces rotations obliques. Dans le premier cas les tiges sont droites ou ne présentent qu'accidentellement des torsions tératologiques ; dans le second les tiges sont tordues, et leur torsion détermine leur enroulement autour des corps, ainsi que nous l'avons amplement exposé, p. 174. Mais, ainsi que nous l'avons déjà dit, comme il y a des molécules qui tournent dans un sens pour former l'*hélice primordiale*, et d'autres qui tournent en sens contraire pour donner lieu à l'*hélice secondaire*, il y a des tiges volubiles qui se laissent influencer par le premier sens de rotation, tandis que d'autres n'obéissent qu'à l'influence du second sens de rotation, d'où les tiges volubiles *dextrorses* et les tiges volubiles *sinistrorses*, qu'il ne faut pas confondre avec les tiges tordues par un phénomène de campylotropie indépendant des actions moléculaires dont nous venons de parler (p. 167), quoique cependant cette action moléculaire, en déterminant la torsion de l'axe grêle doive y produire une inégalité de développement entre le système central et le système cortical, inégalité qui constitue aussi un phénomène de campylotropie (p. 170). Mais l'esprit saisit aisément la différence qu'il y a entre ces deux campylotropies, dont l'une peut être tout à fait indépendante, et l'autre, au contraire, dépendante de ces mouvements rotatoires des molécules lumineuses.

Enfin, peut-être reconnaîtra-t-on un jour que la disposition alternante des parties qui viennent se ranger sur les axes, tantôt en hélice dextrorse, tantôt en hélice sinistrorse, et que nous avons signalée dans notre *Phytogénie*, à l'article intitulé : *Loi d'alternance*, p. 539, ne peut réellement avoir pour cause que l'influence des mouvements moléculaires dont nous venons de parler. Mais il faut bien le dire, jusqu'au jour où des idées de ce genre seront reconnues pour être l'expression de la vérité, il n'y aura guère que leur auteur qui puisse y avoir une grande confiance, car ce ne peut être qu'à l'aide de recherches et d'études profondes de mécanique moléculaire que l'on peut arriver à comprendre l'influence de tous ces mouvements moléculaires sur la végétation. Cependant il est impossible que l'on n'accorde point une action quelconque sur la végétation, à ces mouvements incessants d'ébranlement ou de trépidation et de rotation moléculaire, quand on ne peut nier son action si intense sur la rétine, qui se trouve plongée au fond d'un organe spécial propre à en recueillir les effets.

CHAPITRE XIV

La tâche laborieuse que nous nous étions imposée se trouve maintenant achevée. Nous n'avons pas la prétention de croire l'avoir accomplie avec la perfection qu'elle comportait ; mais si l'on veut bien observer que pour l'entreprendre il fallait réunir des conditions extrêmement nombreuses et variées, faire des recherches multipliées, appeler à son aide des connaissances souvent en dehors des études ordinaires de la botanique, on comprendra qu'il nous était difficile de conduire à meilleure fin une œuvre qui eût dû être entreprise par un homme à la fois et plus profondément instruit et plus puissamment intelligent. Mais la conviction que nous avions que l'œuvre était à créer, et la bonne foi que nous avons mise à la faire, nous sont un sûr garant que les hommes sérieux de la science nous sauront gré de notre bonne volonté, à défaut du mérite qu'ils pourront ne pas toujours lui reconnaître.

Quoi qu'il en soit, nous devons maintenant rassembler en un seul faisceau tous les points principaux qui dominent notre travail, lequel se compose : 1° de tous les faits qui peuvent donner une idée des causes qui ont présidé aux principales formes végétales, soit dans leurs organes isolés, soit dans leur ensemble, et c'est le but que nous nous sommes proposé dans les deux volumes de *Phytomorphie ;* 2° de toutes les théories qui peuvent être invoquées pour donner l'explication mécanique du groupement phytogénique dans la création des divers organes végétaux, ce qui a nécessité un ouvrage à part sous le nom de *Phytogénie* ou *Théorie mécanique de la végétation*. Le premier travail contient, en effet, les phénomènes les plus saisissants, les faits les plus précis qui peuvent servir de preuves aux théories présentées dans le second.

La *Phytomorphie* contient quatorze chapitres, comprenant celui des conclusions.

1° Dans le premier, nous démontrons que la vie, envisagée sous son point de vue le plus philosophique, est plus universellement répandue que l'on n'est habitué à le croire, et que, chez les végétaux en particulier, cette vie se divise et se subdivise pour ainsi dire à l'infini, pour former des multitudes de vies particulières constituant une vie générale et concourant à cette vie d'ensemble que l'on observe dans la plupart des végétaux.

2° Mais si l'on constate des vies particulières dans cette vie générale, la conséquence de cette constatation c'est que l'individu végétal est en général constitué par des individualités nombreuses, individualités si bien affirmées que chacune d'elles prise isolément et placée dans des conditions convenables, peut arriver à former à son tour un individu entier, complet, en tout semblable à celui qui a produit cette individualité. Or celle-ci, à sa naissance, n'est autre que cette petite masse de tissu cellulaire sphérique, homogène, à laquelle nous avons donné le nom de *phytogène*, lequel, étant l'élément botanique, peut, par des modifications nombreuses et surtout par sa position sur le végétal, en vivant isolément ou unis plusieurs ensemble, donner lieu à tous les organes, qu'ils soient axiles ou appendiculaires.

3° Tous ces organes, axiles ou appendiculaires, ne naissent pas au hasard sur le végétal, et le plus souvent ils se développent suivant les lois d'une *Symétrie spéciale*, particulière aux végétaux et très-différente de celle qui préside à la disposition des organes animaux ou des parties similaires des minéraux. C'est la symétrie par rapport à *une ligne*, tandis que la symétrie animale s'ordonne par rapport à *un plan*, et la symétrie minérale par rapport à *un point*. Mais cette symétrie végétale est souvent dissimulée par des phénomènes que nous avons étudiés, et ce n'est souvent que par des observations nombreuses, par des points de vue philosophiques que l'on arrive à la reconnaître.

4° Cependant ce phylogène, qui ne forme qu'une masse unique, sans aucune apparence de scission, c'est-à-dire d'organisation autre que l'organisation cellulaire, ne tarde pas, par les progrès de la végétation, à présenter des centres vitaux ou phytogènes plus ou moins indépendants les uns des autres, et qui, en vertu des *phénomènes exastosiques*, se séparent, s'individualisent en donnant lieu soit à des bourgeons, soit à des organes plans qui ne sont autres que des feuilles souvent plus ou moins profondément composées ou modifiées.

Or, ces exastosies se prononcent avec des caractères tellement variés de forme qu'il est impossible d'en indiquer le nombre incalculable, et l'on peut dire que c'est à elles que l'on doit les formes si différentes que l'on observe non-seulement dans les nombreux individus du règne végétal, mais même dans chacun des organes qui constituent ces mêmes individus.

Néanmoins ces exastosies se montrent quelquefois telles qu'elles se prononcent d'une manière assez analogue dans certains groupes de plantes, d'où par exemple les trois principales divisions que l'on a créées dans la classification de ces êtres, et qui sont les Acotylédones, les Monocotylédones et les Dicotylédones. Elles offrent encore certaines analogies dans les subdivisions de ces trois embranchements, car ce sont ces exastosies qui président à la création des espèces classées parmi les *Sympétales* ou *Monopétales* et les *Dialypétales* ou *Polypétales*, etc.

Par conséquent, on doit comprendre combien sont variées les formes que peuvent donner les exastosies ; aussi avons-nous donné dans notre ouvrage une large part à cette propriété des végétaux. Nous devions d'autant plus nous appuyer sur ces phénomènes que la plupart des botanistes ne veulent pas se décider à abandonner l'expression *soudure*, très-impropre, et qui ne signifie autre chose que défaut d'exastosie, tant les vieilles habitudes sont difficiles à déraciner !

5° Ces exastosies sont bien plus remarquables encore par la manière souvent nette et tranchée avec laquelle elles se prononcent sur la composition des feuilles, et nous avons établi le principe général d'après lequel se fait la division ou composition de ces organes, principe que nous avons désigné sous le nom de *Principe de la trisection* ou de la *triplasie*, parce qu'en effet, la tendance de ces organes à se diviser procède le plus souvent par trois, et si parfois on observe le contraire, cela tient plutôt à des défauts d'exastosie, ou à des fusions, ou à des avortements qui viennent dissimuler le nombre que chaque feuille ou chaque élément de feuille tend à produire.

Dans ce long chapitre des feuilles, non-seulement nous avons cherché à faire comprendre comment tous les phytogènes périphériques d'un protophytogène s'unissent entre eux pour constituer les organes plans ou appendiculaires, mais encore nous avons essayé de faire l'organogénie des éléments qui les composent, et essayé une classification méthodique des nombreuses variétés de formes qu'elles affectent. Y avons-nous réussi ? C'est ce que l'avenir pourra nous apprendre.

6° Parmi les formes que peuvent prendre les différents organes végétaux, il en est une qui, résultant de la croissance inégale de toutes les parties constituantes d'un même organe, avait reçu le nom de *Campylotropie;* mais cette forme n'avait été, jusqu'à nous, appliquée qu'à certaines modifications de l'ovule, et encore n'en avait-on pas saisi toute la généralisation. Des études toutes spéciales nous ont permis de reconnaître que cette campylotropie était non-seulement applicable à un plus grand nombre d'ovules que ceux qui sont journellement désignés sous le nom de *campylotropes*, mais encore que tous les organes, les axiles comme les appendiculaires, pouvaient eux-mêmes être affectés de campylotropie, et que cette affection était d'une généralité si grande que pas un organe ne lui échappait, soit d'une manière insolite, soit d'une manière normale.

7° Mais pour que la campylotropie pût se produire, il était évident qu'une partie de l'organe devait prendre relativement moins d'accroissement que l'autre, et par conséquent être dans un état non d'avortement ni même d'atrophie, puisque cette partie continuait à s'accroître, bien que relativement fort peu, mais dans un état d'*Amblosie*, expression que nous employons pour exprimer cette nouvelle façon de se produire. Or, cette amblosie conduit si naturellement à l'idée d'avortement quand elle est poussée à l'extrême, et l'avortement est, dans ses conséquences, si voisin d'un autre phénomène, la *Fusion des organes*, dans laquelle il y a absence d'une ou de plusieurs parties, que nous avons cru devoir les réunir dans un même chapitre sous le nom d'*Aphanise*, qui signifie exactement disparition.

8° La fusion des organes en un seul est le phénomène exagéré d'un autre fait tératologique que nous avons désigné sous le nom de *Plésiasmie* (rapprochement), et comme le phénomène contraire, la *Diastasie*, c'est-à-dire l'éloignement des organes, de même que la plésiasmie, appartiennent à un ordre de faits analogues au point de vue du déplacement des organes sur la tige, ils constituent une classe de phénomènes que nous avons réunis sous le nom de *Métathésie*.

9° Lorsque les phénomènes de campylotropie ou d'aphanise sont l'état normal d'un individu ou d'une classe d'individus, et que, par une cause qui ne nous est pas connue, les individus reviennent à la forme type dont ils s'étaient éloignés, on a une série de phénomènes que nous rangeons dans un seul chapitre sous le nom d'*Hypostrophésie*, destiné à désigner ce retour au type régulier.

10° L'unité d'origine de tous les organes végétaux a dû nous conduire à parler longuement des *Métamorphoses*, et nous croyons avoir démontré qu'il n'est pas un organe qui ne puisse se transformer en un autre, soit par voie ascendante, soit par voie descendante; et l'on acquiert ainsi la certitude que tous les organes dérivent d'un seul et unique élément botanique : le *phytogène*.

a. Si en effet nous constatons d'une manière certaine la transformation des bourgeons fleurs en bourgeons infrondescents, il est évident que le bourgeon, à son origine, quand il est à l'état de phytogène ou même de protophytogène, est une seule et même chose, que des conditions de position, de nourriture ou autres moins connues, ont modifié au point d'en faire une fleur ou un scion.

b. Si des pétales se transforment en étamines, des étamines en pétales ou en carpelles, des carpelles en pétales, etc., il est clair que dès le début de leur évolution, les mamelons organiques ou phytogènes avaient une constitution, sinon identique, du moins analogue, que les circonstances de position ou de nourriture, et surtout d'influence physiologique, ont déterminée à prendre la forme de tel organe de préférence à tout autre.

c. Quand un mamelon latéral ou phytogène circulaire d'un protophytogène vient à s'exastosier, c'est-à-dire à vivre seul au lieu de rester uni aux autres phytogènes circulaires destinés à former un organe appendiculaire, comme cela a lieu dans les Cucurbitacées, alors, à la place d'un organe appendiculaire, il forme un axe qui se traduit par un organe allongé, cylindrique, sous forme de vrille, et même souvent, quand il est suffisamment nourri, par une vraie tige qui, par le bouturage ou le marcottage, peut donner lieu à un nouvel individu. Il est donc hors de doute que cet élément de feuille était, à l'origine, le même que l'élément de l'axe, puisque, selon la circonstance, il peut être feuille ou tige.

d. Lorsque l'on voit des fleurs simples d'ordinaire devenir des fleurs anthodées, il faut bien admettre que les mamelons ou phytogènes qui devaient produire seulement des organes appendiculaires, arrivent à se transformer en organes axiles, puisque chaque fleur résulte de l'évolution d'un bourgeon, et que tout bourgeon représente un axe muni de ses organes appendiculaires. Donc à l'origine le phytogène appendiculaire était absolument constitué comme le phytogène axile.

e. Si une feuille peut, dans des conditions particulières, se transformer en axe ou donner lieu à une multitude de corps (phytogènes) capables de reproduire l'individu, on ne peut nier que cette feuille est elle-même constituée par des phytogènes capables de rester dissimulés dans la feuille même ou d'évoluer en individualités séparables, et pouvant alors produire autant d'individus semblables à ceux qui ont donné la feuille.

f. En un mot, tout mamelon organique végétal étant composé de tissu cellulaire homogène, qu'il soit pris au sommet d'une branche, à l'aisselle d'une feuille, dans la fleur, à la place d'un organe appendiculaire, dans un bourgeon infrondescent, à la place d'une feuille, sur une racine, dans un carpelle, à la place d'un ovule, est un phytogène, par la raison que ce mamelon organique, dans certaines conditions, pourra évoluer en un axe, qui n'est autre qu'un individu végétal, puisque, marcotté ou bouturé, le végétal sera reproduit. Il y a donc entre tous ces mamelons ou phytogènes une unité d'origine, une analogie de composition incontestable, sans laquelle toutes ces transformations ne sauraient se produire.

11° Chaque organe simple végétal ayant été passé en revue pour en étudier la forme et la cause qui la produit, nous avons dû faire l'étude des organes composés ou appareils végétaux, dont le plus simple est le bourgeon. Or, le bourgeon se présente plus ou moins composé et sous trois aspects fort différents, comme le sont la graine, le bourgeon libre ou bulbille et le bourgeon fixe ou adhérent.

Mais quoique la graine se présente à nous sous des formes et une structure assez compliquées, elle n'en est pas moins un bourgeon duquel procédera un végétal tout entier, aussi bien que du bourgeon libre, caïeu ou bulbille, aussi bien que du bourgeon fixe détaché quelque temps après son développement à l'état de bouture ou de marcotte. Donc, en remontant à l'origine de tous ces bourgeons, nous arrivons à un *germe* identique pour les trois sortes de bourgeons, puisque trois individus identiques naîtront de ces trois sortes d'organisme. En conséquence, il nous a semblé plus philosophique d'étudier dans un seul et même chapitre, sous le nom de *Phytoblastes*, ces trois ordres de bourgeons, en établissant, bien entendu, les caractères qui les distinguent les uns des autres, mais que rationnellement nous ne pouvions étudier séparément.

12° Le développement des bourgeons conduisant à la production d'un individu entier, nous avons dû n'étudier qu'après les formes des végétaux entiers, et c'est ce que nous avons fait au chapitre intitulé : *Théorie des formes végétales.*

13° Enfin, ayant constaté avec soin les rapports directs qu'il y avait entre la végétation et la lumière, entre la direction des tiges et l'intensité lumineuse, entre la floraison et les différentes obliquités des rayons solaires, entre la germination et la position du soleil au-dessus de l'horizon, nous avons été conduit à étudier d'une manière toute spéciale les actions moléculaires qui pouvaient résulter du mouvement rotatoire de cet astre, pour en déduire une influence directe sur la végétation. Dans ce but, usant d'études spéciales qui nous sont propres sur la mécanique moléculaire, nous avons consacré un long chapitre sur les mouvements que devaient prendre les molécules éthérées ou atmosphériques

pour agir si activement sur l'évolution des végétaux, et il nous a
semblé que l'on pouvait ainsi expliquer bien des phénomènes qui,
sans ces mouvements, ne sauraient se produire.

Tous les faits, expériences ou observations contenus dans notre
Essai de phytomorphie devaient, à notre avis, être rassemblés
pour former le faisceau de preuves indispensables à la création
de la théorie phytogénique, et que, en conséquence, nous avons
exposée avec détails dans notre volume intitulé : *Phytogénie* ou
Mécanisme de la végétation.

Les matières qui composent cet autre ouvrage ne sont donc en
quelque sorte que les déductions logiques des faits, observations
ou expériences consignées dans la *Phytomorphie*. Toutefois nous
y avons passé en revue tous les organes végétaux, de manière à en
faire en même temps un traité complet d'anatomie, de physiologie
et d'organogénie végétales, que nous avons mis autant que possible au niveau de la science.

Nous ne nous dissimulons pas la difficulté que l'on éprouvera
à comprendre entièrement et dans tous ses détails le mécanisme,
cependant bien simple, de la végétation, en raison de l'étendue
que nous avons cru devoir donner à notre œuvre, afin de multiplier les exemples et de prouver ainsi que les idées que nous avons
exposées reposent surtout sur des faits nombreux, et que l'on ne
saurait regarder comme des exceptions.

Quelques savants nous ont reproché de n'avoir pas fait connaître peu à peu nos idées, disant avec raison qu'il sera toujours
difficile de décider les hommes à entreprendre la tâche laborieuse
de lire et d'étudier un ouvrage d'aussi longue haleine. Mais
nous sommes convaincu que chaque chapitre, qui peut être regardé comme un mémoire spécial sur la matière qu'il traite, n'aurait pas été suffisamment compris, ce qui nous aurait suscité des
observations souvent justes sans doute, mais qui nous auraient
obligé à des réponses que nous ne pouvions faire qu'en anticipant
sur d'autres mémoires ou d'autres chapitres à produire. Au contraire, en publiant d'un seul coup tous les points de la doctrine
que nous avons exposée, au moyen des nombreux renvois que
nous avons été obligé de faire, chacun pourra se faire une idée
complète de notre théorie, et si plus tard on y trouve quelques
défauts ou quelques lacunes, il pourra s'ensuivre des observations

plus justes, mieux fondées, auxquelles nous croyons pouvoir répondre quand surtout nous aurons, pour y réfléchir, le silence du cabinet. D'ailleurs, comme nous ne prétendons nullement avoir dit le dernier mot de notre doctrine, il ne nous semble pas impossible, il est certain même que quelques botanistes qui entreprendraient des études dans le sens de nos idées, arriveraient soit à compléter, soit à rectifier ou modifier quelques-unes des parties qui constituent notre théorie, et nous serions très-disposé alors à reconnaître que nous nous étions trompé et que nous avions laissé de nombreuses lacunes à combler.

EXPLICATION RAISONNÉE DES FIGURES

DU TOME II

PLANCHE I.

Fig. 1, 2, 3, 4. Feuilles de Ronce présentant à différents degrés le procédé à l'aide duquel, suivant le principe de la trisection, les feuilles se composent.

D'abord simplement composée par 3 (*fig.* 1), nous voyons, dans la *fig.* 2, les deux folioles latérales commencer leur triple composition par la formation d'un lobe a, dans la foliole gauche, lobe qui se détache en foliole b, dans celle de droite, et qui se complète dans la foliole droite de la *fig.* 3, par une foliole détachée c' et un lobe b. Quant à la foliole terminale, nous la voyons nettement trifoliolée par un procédé analogue, *fig.* 4, mais plus facile à constater sur les feuilles suivantes.

Fig. 5, 6, 7. Feuilles du *Clematis Vitalba* dont on aperçoit tous les passages depuis la feuille la plus simple a, se lobant d'un côté en b, se lobant des deux côtés en c, et arrivant par exastosie complète des lobes à former la feuille trifoliolée d (*fig.* 5). Mais il est aisé de voir que des commencements de divisions se présentent sur les folioles conduisant à la composition par 3 de la foliole a a' (*fig.* 6), composition complétée dans la fig. 7. On reconnaît de plus, que chacune des folioles présente dans ses lobes une tendance à la composition par 3 (p. 9-11).

PLANCHE II.

Fig. 8, 9. Dans certaines feuilles, comme dans l'*Heracleum Sphon-dilium* (*fig.* 8), les exastosies sont moins prononcées et ne s'accusent plus que par des sinus plus ou moins prononcés ; mais on peut remarquer néanmoins que les folioles 1, 2, 3, sont de moins en

moins éloignées les unes des autres ; que les folioles 1 sont plus distantes des folioles 2 que celles-ci des folioles 3, et ces dernières moins
distantes encore de la foliole 4 qui est la terminale. Ces distances
accusent des exastosies d'autant plus prononcées qu'elles sont plus
grandes, et en même temps une séparation d'autant plus ancienne. C'est qu'en effet, les folioles 1 étaient complétement isolées
quand les folioles 2, 3, 4 formaient encore, à l'origine, un tout non
entièrement exastosié. De sorte que le principe de la trisection,
moins nettement accusé, se traduit encore par une première séparation, de l'ensemble, des deux folioles 1 ; puis, plus tard, le principe de la trisection se continue par la séparation des folioles 2, de
l'ensemble des éléments de la foliole terminale formée alors des
folioles 2, 3, 4. Pareille chose se passe dans la foliole qui surmonte
les folioles 2 ; les folioles 3 se séparent, laissant la foliole terminale 4
dans laquelle des lobes de moins en moins grands 4' 4'' 4''' indiquent
aussi l'influence du principe de la trisection, arrivant toujours à
laisser une foliole terminale ou un lobe 4^{IV} destiné à continuer
cette division selon les progrès de l'évolution et de la composition de
la feuille. On observe en même temps que le même principe de la
trisection tend à diviser les folioles d'après le même mode de composition, puisque dans la foliole 1 de droite on voit une foliolule 1''
se séparer de l'ensemble alors que son opposée ainsi que les autres
folioles ne se sont encore séparées qu'à l'état de lobes.

Mais ce qui ne se fait qu'avec difficulté sur l'*Heracleum* se prononce
déjà mieux sur les feuilles de l'Angélique et du Persil (*fig.* 9), dans
lesquels le principe de la trisection se montre dans la tendance de
chacun des lobes à se diviser par 3 (p. 11-15).

Fig. 10. Nous avons donné dans cette figure la théorie rationnelle
de ce principe où l'on voit chacune des folioles de la feuille entière
se composer également, de sorte qu'une des folioles latérales, quelque composée qu'elle soit, est exactement représentée par l'ensemble des folioles composant la foliole composée terminale.

Fig. 11. Expression théorique d'une feuille s'élevant à la quinticomposition.

Fig. 12, 13, 14. Feuilles normales représentant le principe de la
trisection dans toute son intégrité. En 12, la feuille de l'*Imperatoria Ostruthium* ; en 13, celle du *Crithmum maritimum* qui est incomplète, mais qui se complète dans celle de l'*Epimedium alpinum*,
fig. 14. Les *fig.* 13 *bis* et 13 *ter* représentent : la première, une fronde
de *Fucus* qui s'est ramifiée dans un seul plan, par voie de chorise
diplasique ; la seconde, une feuille de Tulipier tronquée au sommet,
par suite d'arrêt brusque dans la génération longitudinale des éléments de la feuille (p. 507).

Observation. Si l'on prend la feuille représentée *fig.* 14, on peut reconnaître que chaque groupe de 3 folioles représente la feuille des *Fragaria* ou des *Trifolium;* que chaque groupe de 9 folioles est l'équivalent de la feuille de l'*Imperatoria Ostruthium* ou de l'*Ægopodium podagraria;* et que l'ensemble de la feuille est celle de la plupart des *Epimedium,* de l'*Aquilegia vulgaris,* de l'*Ampelopsis bipinnata,* de plusieurs *Thalictrum,* etc.

On voit donc qu'en appelant feuille simple, la feuille sans division, on peut appeler feuille *composée* la feuille à 3 folioles (*Fragaria*); *bicomposée,* la feuille de 9 folioles (*Ægopodium*); *tricomposée,* la feuille de 27 folioles (*Epimedium*); *quadricomposée,* la feuille de 81 folioles (*Thalictrum alpinum, Laserpitium Siler, Peucedanum involucratum* (*fig.* 15 et 16, pl. III); *quinticomposée,* la feuille de 243 folioles, etc., etc. Mais il faut observer qu'à mesure que la composition des feuilles s'élève, à mesure aussi quelques-uns de leurs éléments font défaut, soit par suite d'avortement, soit par suite de défauts d'exastosie ou par suite de fusion (p. 15-20).

PLANCHE III.

Fig. 15, 16, 17. Exemples de feuilles quadricomposées (*Laserpitium Siler,* 15), quinticomposée (*Peucedanum involucratum,* 16), sexticomposée (*Ferula tingitana,* 17) : ici la quinticomposition est nettement accusée par le pétiolule 5, mais on reconnaît aussi la sexticomposition par la foliole 6, et le commencement de la septemcomposition par le lobule 7.

Fig. 18, 19, 20, 21. Exemples variés de feuilles se composant par 3, pris dans le *Morus alba,* A, et le *Tithonia tagetiflora,* B, où l'on voit la feuille simple (*fig.* 18) se lober plus ou moins, d'abord d'un côté (*fig.* 19), puis des deux côtés (*fig.* 20), et enfin se quintilober (*fig.* 21), où l'on voit en A le lobe terminal tendre à la trisection par la séparation du lobe 1 s' (p. 20-22).

PLANCHE IV.

Fig. 22, 23, 24, 25. Autres exemples de feuilles de *Ficus,* se composant plus ou moins complétement. On voit la jeune feuille 1 (*fig.* 22) à peu près simple, en 2 on reconnaît un commencement de lobation, qui s'accuse davantage en 3 et qui est nettement formée en 4. Chacun des lobes latéraux se bilobe en 1 (*fig.* 23), et se trilobe dans la feuille 2. Le lobe terminal se divise à son tour dans les figures 24 et 25.

Cependant, ce ne sont pas toujours les lobes latéraux qui les premiers subissent la trilobation, car dans l'*Hedera helix* (*fig.* 26), on voit nettement que le lobe terminal s'est trilobé pendant que les deux lobes latéraux sont restés entiers.

Fig. 27. Feuille du *Cussonia spicata* où l'on voit en 1 une foliole simple, en 2 et 2' des folioles triplasiées. En 3, chacune des folioles terminales s'est à son tour triplasiée. La composition de chacune des folioles se fait, comme on le voit, *longitudinalement*, tandis que la composition générale de la feuille en folioles se fait *latéralement*.

Fig. 28. Feuilles de *Smilax mauritanica* où l'on reconnaît que la figure cordiforme, 1, n'est qu'un commencement de l'influence triplasique qui s'accuse plus nettement dans la feuille du *Dioscorea Batatas*, 2 (p. 22-27).

PLANCHE V.

Fig. 29. Exemple de feuille entière, *Scolopendrium officinale*, dans laquelle, quoique simple, il est aisé, par la nervation, de reconnaître que les nervures se sont successivement formées de bas en haut comme dans la composition longitudinale, en même temps que d'autres nervures se sont formées de chaque côté comme dans la composition latérale (p. 28).

Fig. 30, 30 *bis*, 30 *ter*. Feuilles de l'*Onoclea sensibilis* dans laquelle on peut apercevoir une tendance à la composition longitudinale peu marquée sur la jeune feuille 50, plus marquée en 30 *bis* et très-marquée en 30 *ter*. La *fig.* 30 *bis* présente une légère tendance à la composition latérale par le lobe b' qui s'est formé sur l'un des 2 lobes b. Ce sont ces lobes b qui sont devenus, plus tard, les folioles b de la *fig.* 30 *ter* (p. 28, 29).

Fig. 30 *quater*. Figure théorique destinée à faire comprendre la loi de décroissance régulière (p. 484).

Fig. 31. Organogénie de la feuille du *Cobea scandens*, destinée à montrer l'ordre longitudinal suivant lequel se fait l'apparition des mamelons foliolaires. A est toujours le mamelon terminal qui se triplasie pour produire la composition longitudinale, de sorte que l'on a successivement les mamelons latéraux a, b, c, d, qui expriment l'ordre des formations (p. 30).

Fig. 32. Organogénie de la feuille du *Jasminum officinale*. Les mêmes lettres expriment l'ordre d'évolution des mêmes parties (p. 31).

Fig. 33, 33 *bis.* Organogénie de la feuille du Persil (*Apium Petro-selinum*), où l'on voit la composition longitudinale se faire comme dans les exemples précédents. Mais, à leur tour, chacune des folioles se compose longitudinalement de la même façon que la feuille entière, tout en laissant reconnaître l'influence du principe de la trisection. Si, en effet, on considère la portion de feuille repré-sentée dans la *fig.* 33 *bis*, on voit que là foliolule b, a une tendance à se composer comme l'extrémité de la foliole b' b″ b‴ a, par la forma-tion d'un lobe c produit d'abord, puis par la formation du lobe c', et le lobe b produira à son tour d'autres lobes, si bien qu'il arrivera un moment où la composition de la foliolule b pourra avoir la com-position exacte de la portion de foliole représentée par b' b″ b‴ a. Toutefois il y aura toujours, dans cette foliolule arrivée à son entier développement, un retard d'un élément de foliolule, parce qu'ici le mamelon terminal a (*fig.* 33, 4, 5, 6), commence toujours sa tri-section avant le mamelon latéral (p. 33).

PLANCHE VI.

Fig. 34, 35, 36. Feuilles diverses chez lesquelles il est aisé de voir comment la composition longitudinale se produit. Dans la *fig.* 34, on voit, en a, une feuille de *Rubus idæus* qui de simple qu'elle peut être arrive à être lobée seulement d'un côté; en b, elle est trilobée; un peu plus tard les deux lobes se détachent du lobe terminal pour former la feuille trifoliolée c. Dans la *fig.* 35, cette feuille trifoliolée offre, en 1, l'exemple de la trilobation de la foliole terminale, tri-lobation qui arrive à la trisection complète dans la feuille 2, consti-tuant une feuille quintifoliolée. En faisant la même observation sur les feuilles du *Rubus biflorus* (*fig.* 36), ordinairement à 5 folioles, on voit encore la foliole terminale tendre à se triséquer par la forma-tion de deux lobes latéraux (p. 37).

Fig. 37, 38. Feuilles de *Gleditschia* où l'on peut reconnaître un même mode de composition longitudinale poussé plus avant, mais ce qu'il y a de remarquable ici, c'est que les exastosies qui déta-chent les folioles les unes des autres sont souvent très-prononcées d'un côté (*fig.* 37 et 38, c), tandis qu'elles le sont beaucoup moins de l'autre côté.

Fig. 39. Feuille longicomposée du *Jasminum officinale* démon-trant encore le mode de composition longitudinale, d'après le prin-cipe de la trisection appliqué à la foliole terminale.

Fig. 40. Feuille latéricomposée de l'*Helleborus fœtidus*. Ici la com-position se fait par un procédé en quelque sorte inverse de celui d'après lequel se forme la feuille longicomposée. En effet, la foliole 1 est évidemment la continuation du pétiole ou rachis; mais les folioles 2, 3, 4, 5, 6, sont-elles des folioles appartenant à des nervures d'ordres successivement plus élevés?

Fig. 41. L'observation des nervures sur la feuille du *Petasites hybrida* (*fig*. 41, a) va lever tous les doutes. En effet, on voit très-bien les nervures latérales dériver les unes des autres : la nervure principale 1, b, continuant le pétiole; la nervure secondaire 2 émergeant de la principale; la tertiaire 3, de la secondaire; la quaternaire 4, de la tertiaire, etc., de façon à ce que l'ensemble de ces nervures, toutes dans le même plan, simule un élément de courbe en spirale.

Fig. 42. Feuille latéricomposée de l'*Hibiscus trionum* dans laquelle il est aisé de voir que les nervures émergent les unes des autres comme dans la feuille simple du *Petasites* (p. 40-43).

PLANCHE VII.

Fig. 43. Feuille simple légèrement lobée, de génération latérale, du *Pelargonium inquinans*, dont les nervures semblent émerger du pétiole (p. 43).

Fig. 44. Organogénie de la feuille du *Lupinus mutabilis*. On voit en 1, 2, 3, 4, 5, 6, la feuille se composer de plus en plus et en même temps que l'élément, a, ne subit qu'une fois le principe de la trisection comme en 2 (la feuille étant en état de vernation conduupliquée), de sorte que la foliole b est la première latérale qui se produise; la foliole c se forme ensuite, puis successivement les folioles d, e, etc., et au lieu d'avoir l'ordre b, c, d, e *ascendant*, comme nous l'avons trouvé dans les feuilles de composition longitudinale, nous avons les mêmes lettres exprimant les mêmes formations dans l'ordre *descendant*. Mais comme cette formation est plus latérale que descendante, nous avons cru devoir préférer l'expression de *génération latérale* à celle de génération descendante.

Fig. 45. Organogénie de la feuille peltée du *Tropæolum majus*, dans laquelle il est aisé de voir que les éléments procèdent dans leur apparition par voie de génération latérale (p. 48, 49).

Fig. 46, 47. Feuille de Platane et son squelette, destinés à faire comprendre l'ordre de succession des nervures *parallèles* et *angulaires* constituant les deux générations longitudinale et latérale de cette feuille (p. 53).

Fig. 48. Feuille du *Saxifraga sarmentosa*, propre à faire comprendre l'ordre de formation des lobes d'une feuille plurilobée (p. 55).

Fig. 49. Feuille théorique destinée à compléter la démonstration précédente.

Fig. 50, 51. Feuilles dans lesquelles on démontre que certaines nervures, folioles, ou certains lobes qui devraient se montrer selon le principe de la tr section, ne sauraient se produire d'une manière évidente à cause de l'absorption ou de la fusion de ces parties dans le parenchyme constitutif de la feuille simple ou plus ou moins lobée; d'où il suit que le principe de la trisection est complétement dissimulé (p. 57).

Fig. 51 *bis*. Les trois figures représentées sous ce même chiffre ne sont que des figures théoriques et sont employées pour faire bien comprendre la théorie de la fusion des organes (p. 229 231).

PLANCHE VIII.

Nous avons établi (p. 62) la classification des feuilles en sept systèmes que nous ne répéterons point ici.

Fig. 52. Feuille du *Lathyrus Aphaca* réduite à sa simple formation longitudinale dans la vrille V, car les organes *st* ne sont que des stipules.

Fig. 53. Feuille du *Sarcophyllum carnosum*, dans laquelle on ne reconnaît qu'une formation longitudinale, d'où le symbole $= L$ (p. 62).

Fig. 54. Feuille de *Smilax aspera*. Ses deux vrilles latérales représentent une génération latérale. En supposant l'absence de la feuille on aurait une génération latérale simple qui se trouve représentée exactement par le cotylédon bilatéral de l'*Ipomœa Quamoclit* (*fig*. 55). Donc ici la génération longitudinale fait défaut, d'où le symbole $= l$ (p. 63).

Fig. 55 *bis*. Figure explicative de la disposition que doivent prendre les molécules éthérées ou atmosphériques pour posséder les mouvements faciles de rotation en sens contraire de chacune des molécules (p. 585).

Fig. 56. En associant les deux générations longitudinale et latérale et en les réduisant à la production de leurs nervures, on aurait les deux générations équivalentes, d'où le symbole $= L = l$. Mais les deux nervures latérales peuvent naître du sommet du pétiole, comme en 1; ou un peu au-dessus du sommet du pétiole et parfaitement opposées, comme en 2; ou alternes par déplacement, comme en 3.

Fig. 57. Ces nervures peuvent se revêtir de nervures d'un ordre plus élevé dont les intervalles comblés par une membrane parenchymateuse donnent alors lieu à la formation de vraies feuilles simples et cordiformes, comme en 1 ; ou en fer de lance, comme en 4 ; ou trilobées, comme en 2 ; ou enfin arrivant à la feuille·tri-foliolée, comme en 3 (p. 64-66).

Fig. 58, 59. Squelette et feuille du *Rumex abyssinicus* se rappro-chant beaucoup du système L = 1, car si, d'un côté, nous avons une génération longitudinale plus grande par les parallèles secon-daires c, d, c' d', etc. (*fig.* 58), nous avons, de l'autre, une généra-tion latérale plus grande par les angulaires e e', etc. (p. 66).

Fig. 60. Feuille destinée à démontrer que la génération latérale est plus grande que la longitudinale ; on voit en effet les nervures latérales atteindre jusqu'au sixième ordre, tandis que nous n'avons que quatre parallèles secondaires, d'où le symbole L < 1. Il suit de cette disposition que les feuilles sont généralement plus larges que longues.

Fig. 61. Feuille d'*Helleborus* 1, où l'on reconnaît aisément la gé-nération latérale plus grande que la longitudinale. Nous avons re-présenté en b la nervation d'une feuille de génération L < 1, afin de montrer qu'il se pouvait faire qu'au lieu de s'élever sur la ner-vure primaire comme en 2 et 3 (*fig.* 56), ces nervures s'éloignassent les unes des autres, de façon à paraître se séparer du pétiole en des points différents. C'est un acheminement vers la disposition des nervures dans les feuilles peltées (p. 67).

PLANCHE IX.

Fig. 62. Exemples de feuilles lobées de génération L < 1, dans lesquelles les éléments foliaires sont encore tous compris dans le plan du pétiole.

Fig. 63. Exemple de feuille dans lequel les éléments foliolaires ne pouvant être tous compris dans le plan du pétiole ceux-ci sont obligés de se ranger dans un plan plus ou moins oblique au pétiole. On a alors une feuille peltée simple comme celle de Capucine b, dont la nervation, a, démontre que si le limbe était dans un même plan que le pétiole les éléments b seraient compris dans le pétiole ou absorbés par lui.

Fig. 64. Feuille composée peltée de l'*Æsculus Hippocastanum*, ap-partenant au système L < 1.

Fig. 65. Feuille de *Geranium* 1. On reconnaît ici que le limbe peut être compris dans le même plan que le pétiole, par la raison qu'il n'y a que trois nervures qui partent réellement de son som-met, les autres nervures émergeant successivement les unes des autres. Mais dans le *Cissampelos Pareira*, 2, les sept nervures partant du pétiole sont obligées de se placer obliquement sur le sommet du pétiole et de former ainsi une feuille légèrement peltée. Il en est de même de la feuille du *Menispermum canadense* (*fig.* 65 *bis*).

Fig. 66. Feuille peltée, profondément lobée, du *Ricinus*.

Fig. 67. Feuille peltée concave de l'*Hydrocotyle vulgaris*.

Fig. 68. Feuille du *Passiflora perfoliata*, propre à justifier l'idée que nous avons émise, savoir : que, dans ce système, les feuilles sont généralement plus larges que longues. On pourrait la regarder comme en étant le type (p. 67-73).

Fig. 69. 1, feuille réduite à son squelette. On voit que les éléments de la feuille ou les nervures sont toutes parallèles secondaires, et ont par conséquent une génération longitudinale plus grande que la latérale, donc son symbole $= L > l$.

2, feuille composée comme on en trouve un grand nombre chez les Légumineuses. Les feuilles pinnatifides, pinnatipartites ou pinnatiséquées 3, appartiennent à ce système, bien que le principe exastosique y soit mal accusé ou peu prononcé. La feuille simple de ce système est celle que l'on connaît dans le Pêcher, l'Amandier, le Saule, etc. Il résulte de la disposition des éléments foliaires une feuille qui doit nécessairement être plus longue que large et elliptique ou oblongue comme en 4 (p. 73).

PLANCHE X.

Fig. 70. Feuille du *Lathyrus platiphyllus*, qui, abstraction faite des deux folioles inférieures, réalise le type de la feuille longicomposée réduite à ses nervures, chaque vrille représentant la nervure médiane d'une foliole.

Fig. 71. Feuille de l'*Achillea millefolium* 1, dans laquelle on constate la forme elliptique du système $L > l$; mais cette feuille tend à s'élever à la quadricomposition par ses divisions quaternaires d, 2, seulement, comme dans certaines feuilles de ce système, les exastosies sont mal accusées.

Fig. 72. Feuille bicomposée de Légumineuse. On voit que, malgré la composition, la forme elliptique est encore conservée.

OBSERVATION. On peut aisément remarquer que le mode de composition de ce système est loin de ressembler à celui qui a pour symbole $L = l$. En effet, dans l'*Acacia dealbata*, les feuilles composées de 20 à 25 paires de folioles, composées elles-mêmes de 40 à 50 paires de foliolules, portent le nombre de leurs éléments foliaires au chiffre de 5 mille au moins, et pourtant la feuille ne s'est élevée qu'à la bicomposition, tandis que ce nombre, calculé d'après la loi de composition des feuilles du système $L = l$, élèverait la feuille à la septième ou la huitième composition (septemcomposition ou octocomposition, p. 73 76).

Fig. 73. Expression graphique d'un système de feuille dans lequel on constate qu'il y a une génération longitudinale L, plus grande, placée en dessus d'une génération latérale l, plus grande. D'où le symbole $\dfrac{L > l}{L < l}$ (p. 79).

Ce système, au premier abord, semble se rapporter au système $L > l$; mais celui-ci ne présente jamais, au même degré de développement, la génération latérale que l'on observe dans l'autre. En effet, de ce que dans la génération longitudinale il se forme des folioles, il est évident qu'il s'est formé une génération latérale; mais en général cette dernière génération se borne à la production d'une nervure latérale à la base de la feuille simple ou d'une foliole à la base de la feuille composée.

Il a de bien plus grands rapports avec le système $L = l$; mais là encore, de ce que $L = l$, il s'ensuit que la feuille n'est jamais allongée comme dans ce système. Et en effet, quoique dans les deux systèmes on retrouve la même forme triangulaire dans les feuilles simples, cependant le triangle du système $L = l$ (*fig.* 57, 4. pl. VIII) est bien moins allongé que le triangle formé par l'autre système (*fig.* 77, 79). D'ailleurs, la génération latérale de $L = l$ se borne toujours à une seule nervure de chaque côté de la base de la nervure principale, tandis qu'ici on en constate au moins deux. Néanmoins nous reconnaissons que, dans toutes les classifications, il y a des limites incertaines, et que souvent ce que l'on croit appartenir à une classe peut aussi se rapporter à une autre, et ce n'est que dans les exemples extrêmes que l'on est à peu près sûr de ne pas se tromper.

Fig. 74. Une des premières feuilles de l'*Ipomea Quamoclit*, dans laquelle on voit, de chaque côté de la base de la feuille, deux lanières foliolaires l, partant d'un même point et accusant une génération latérale surmontée d'une génération longitudinale plus grande L.

Fig. 75. Feuille plurilobée de Figuier, où l'on peut aisément reconnaître le rapport qui existe entre les deux générations longitudinale et latérale. Au reste, son squelette (*fig.* 76) se rapporte exactement à la figure théorique 73, que nous avons donnée de ce système.

Fig. 77. Feuille du *Calystegia pubescens*. On voit en L la génération longitudinale, et en l, la latérale.

Fig. 78. Forme triangulaire que devrait prendre la feuille, si les forces végétatives longitudinales et latérales étaient accompagnées d'une production intermédiaire proportionnelle et suffisante de tissu cellulaire. Dans tous les cas, la tendance de ce système est de former un triangle isocèle plus long que large.

Fig. 79. Feuille du *Convolvulus arvensis*, où l'on constate un défaut de développement du tissu cellulaire entre la génération latérale l et la longitudinale L (p. 79-81).

PLANCHE XI.

Fig. 80. a, figure théorique du type de la feuille composée du sixième système réduit à sa plus simple expression. Chaque nervure principale représentant une foliole, et chaque nervure secondaire, une foliolule, comme on le voit en b.

Fig. 81. Feuille du *Jatropha multifida*, se rapprochant de ce système en ce sens que l'on constate au sommet du pétiole une génération latérale, et que chacune des divisions de la feuille présente un commencement de composition longitudinale (p. 81 et 82).

Fig. 82. Feuille cordiforme du *Quamoclit luteola*.

Fig. 83. Feuille cordiforme obtuse du Nénuphar blanc.

Fig. 84. Celle du *Cercis siliquastrum*.

Fig. 85. Celle du *Bauhinia purpurea*.

Fig. 86. Feuille oblique, campylotrope, du *Begonia Evansiana*.

Ces cinq sortes de feuilles sont employées pour montrer comment s'établit le passage d'un système à un autre (p. 82-84).

Fig. 87. Squelette de feuille d'un autre système, dans lequel la génération latérale plus grande, l, se trouve placée au-dessus d'une génération longitudinale plus grande, ce que nous avons exprimé par la forme $\dfrac{l > L}{L > l}$.

Fig. 88. Feuille composée de ce système où la génération latérale est suffisamment indiquée en a, b, c, d, e.

Fig. 89. Feuille du *Sonchus oleraceus lævis*. On voit que la foliole terminale en fait une feuille appartenant à ce système (p. 84-86).

PLANCHE XII.

Fig 90. Feuille du *Spirea Kamstschatica*. La foliole terminale, à sept lobes profonds, conduit à l'idée de feuille composée du précédent système.

Fig. **91, 92, 93.** Feuilles de formes diverses prises sur le *Sonchus oleraceus lœvis*, pour montrer comment elle peut se modifier par voie de balancement organique en feuilles dans lesquelles la génération longitudinale fait complétement disparaître la latérale.

Le propre des feuilles de ce système est de former, sur le rachis, des décurrences très-manifestes dans les exemples fournis (*fig.* 88, 89, 91, 92, 93), de sorte que, par la considération seule de ces décurrences, on arrive à classer certaines feuilles dont les générations longitudinales et latérales ne sont pas nettement accusées. C'est ainsi que, par des considérations tirées de cette particularité, nous avons été conduit à regarder certaines feuilles dites *laciniées, lyrées, roncinées, ailées* ou *ailées par interruption* comme devant se rapporter au septième système (p. 86-91).

Fig. **94.** Feuille roncinée du *Taraxacum dens leonis.*

Fig. **95.** Feuille ailée du *Potentilla Anserina.*

Fig. **96.** Feuille ailée par interruption de l'*Agrimonia odorata.*

Fig. **97 et 98.** Feuilles des *Cardamine pratensis* et *macrophylla.* Ici les exastosies plus nettes et plus régulières en ont fait des feuilles longicomposées, mais dans lesquelles la génération latérale est franchement accusée dans la foliole terminale (p. 88-92).

PLANCHE XIII.

Fig. **99.** A, expression théorique de la manière dont certaines feuilles opposées, en restant unies avec l'axe qu'elles emprisonnent, donnent lieu à un axe ailé. Ici les nervures médianes coïncident parfaitement avec l'axe. Mais admettons que cette coïncidence n'existe plus et que les paires de feuilles, tout en restant unies par défaut d'exastosie centripète, inclinent alternativement un peu d'un côté et de l'autre de l'axe ; dans ce cas, on a une tige ailée présentant des sinus très-éloignés de l'axe, comme on en connaît aux Cactées phyllomorphes B. Si au contraire, l'inclinaison est plus prononcée, alors les sinus sont plus profonds et peuvent arriver à joindre l'axe, ainsi qu'on le voit dans la tige ailée de l'*Acacia alata,* C.

Il résulte de ce fait que les ailes dont nous venons de tracer le mode de formation ne sont autre chose que des feuilles doubles unies face à face supérieures ; que, mieux détachées de l'axe, elles peuvent former des espèces de feuilles nommées *phyllodes, fig.* 101, A et B, dont le plan du limbe est précisément *parallèle* avec l'axe au lieu de lui être *perpendiculaire,* comme dans la feuille ordinaire.

Fig. 100. Figures théoriques destinées à faire comprendre le mé
canisme de la formation du phyllode. On voit en A tous les phylo-
gènes circulaires unis entre eux, excepté en ex, où se prononce
une exastosie; par les progrès de la végétation et après l'exastosie,
ces phytogènes s'étalent en un plan B, formant un limbe qui devient aisément perpendiculaire à l'axe comme dans la *fig.* C. Mais
si ce limbe, au lieu de s'étaler, reste plié et uni dans une grande
partie de sa longueur, comme en D, on a alors une feuille dont le
limbe, au lieu d'être perpendiculaire, est parallèle à l'axe, ainsi
qu'on en a des exemples dans les *Iris*, *Gladiolus*, etc. Or, nous
avons souvent dit que la feuille engaînante des Monocotylédones
était l'*équivalente* des deux feuilles opposées des Dicotylédones; que
deux exastosies circulaires dans celles-ci, au lieu d'une seule produite dans les premières, avaient suffi pour faire toute cette différence. En conséquence, un phyllode représente la double feuille
des Dicotylédones ou la feuille entière des Monocotylédones (p. 115-
117).

Les *fig.* 100 a et b, sont destinées à faire comprendre comment
tous les phytogènes périphériques peuvent, en vivant en commun, arriver à ne donner lieu qu'à une gaîne et à un pétiole
triangulaire (p. 139-144).

Fig. 101. Exemples de phyllodes : A, ceux de l'*Acacia armata*;
B, ceux de l'*Acacia longifolia*.

Fig. 102. A, feuille de *Wachendorfia*, dans laquelle on reconnaît
l'union face à face supérieure des deux moitiés de la feuille mo-
nocotylédonée. B, deux feuilles rapprochées du *Hakea saligna*, pour
montrer que ces deux feuilles rappellent la forme des phyllodes de
la *fig.* 101, B. C, phyllode d'*Acacia heterophylla*, surmonté de deux
feuilles longicomposées et chargées de plusieurs folioles.

Observation. On peut aisément reconnaître par ces folioles que
les phyllodes sont bien certainement le résultat de deux feuilles
opposées unies face à face supérieure par les raisons suivantes :

1° Les deux séries de pinnules surmontant le phyllode sont évidemment deux feuilles distinctes, car si l'on examine avec soin
toutes ces folioles d'un même côté, on voit que les faces d'une série
ne ressemblent pas à celles de l'autre, et que tandis, par exemple,
que les folioles de gauche présentent toutes leur face inférieure,
celles de droite présentent toutes leur face supérieure. Dans certaines
espèces, il est bien plus facile de reconnaître cette différence par
des poils qui couvrent le rachis à sa face inférieure, tandis que la
face supérieure n'en a que peu ou point. Or, dans ces espèces on
voit, toujours d'un même côté, une feuille présentant des poils à
son rachis quand l'autre n'en présente pas, et réciproquement, ce

qui prouve que les feuilles appartiennent à deux feuilles qui seraient opposées et qui se seraient unies face à face supérieures,
mais dont les nervures médianes ne coïncident pas dans toutes
leurs longueurs; sans cela, au lieu de deux feuilles, il n'y en aurait plus qu'une terminant le phyllode.

2° D'ailleurs, une espèce d'*Acacia*, le *salicina* ou le *pulchella?*
nous montre une tendance de ses deux feuilles à se réunir en une
seule, puisque tout le long de l'axe principal on trouve deux feuilles
géminées qui, dans quelques circonstances, se sont montrées plus
ou moins unies par leur rachis.

Fig. 103. Passage de la feuille simple, perpendiculaire à l'axe,
au phyllode parallèle à cet axe. — Nous n'avons représenté que
des sections transversales qui, par rapport à l'axe, remplacé par
des points, rendent très-bien compte de ce passage. — En A, la
feuille est en travers de l'axe, comme on le voit dans les *Lilium,* les
Yucca; en B, elle est, à sa base, fortement creusée en fer à cheval,
ainsi que cela a lieu dans le *Funkia ovata.* Dans les *Hemerocallis
flava* et *fulva,* la feuille est pliée dans le sens de sa longueur, mais
sans adhérence entre les deux moitiés C. Au contraire, dans les
Dianella cærulea, Phormium tenax, la feuille pliée dans sa longueur
montre une adhérence de ses deux moitiés qui va très-près des
bords, comme on le voit en D. Dans les *Iris, Gladiolus,* etc., cette
adhérence se produit dans la plus grande partie de la feuille,
comme on le voit en E, et enfin dans les phyllodes les adhérences
ont lieu dans toute l'étendue de la feuille ou des feuilles opposées
(p. 120).

Les ponctuations que portent les figures B, C, D, E, peuvent encore servir de preuve à la théorie que nous donnons de la formation des phyllodes. En effet, ces ponctuations représentent des
faisceaux fibro-vasculaires qui s'étendent dans toute la largeur de la
feuille, en une seule ligne, ainsi que cela se voit aisément dans les
fig. B et C; mais dans la *fig.* D, nous voyons deux rangées de ponctuations comme parallèles et indiquant d'une manière évidente la
présence de deux demi-feuilles appliquées face à face supérieures,
et enfin en E, il n'y a plus qu'une série de ponctuations, parce que
ces deux demi-feuilles sont parfaitement fondues en une seule.

Fig. 104. Exemples de ligules très-développées dans le *Pontederia
cordata,* A, et dans le *Poa trivialis,* B (p. 134).

Fig. 105. Exemples de gaînes. Cette partie organique est complétement adhérente avec le pétiole dans les *Tradescantia,* A; elle
est au contraire complétement séparée par exastosie centripète dans
les *Platanus,* B, et dans les Polygonées, C; mais alors, comme il n'y
a pas d'exastosie circulaire, la gaîne forme un long collier complet

autour de l'axe, collier que, dans le langage botanique, on nomme *ochrea*.

Fig. 106. Mais si, en même temps que l'exastosie centripète s'est prononcée pour former la gaîne du collier (ochrea) des espèces précédentes, il se produit une seule exastosie circulaire, on aura alors des stipules qui ont reçu des noms particuliers. Si la stipule a son exastosie circulaire du côté de l'axe opposé au pétiole, elle paraîtra située entre le pétiole et l'axe, et elle sera dite *axillaire*, comme dans le *Melianthus major*, A, ou dans le *Potamogeton natans* C. Si au contraire la stipule présente une exastosie circulaire du côté du pétiole, elle paraîtra placée à l'opposé de la feuille, et on la nommera *stipule oppositifoliée*, comme dans les Ricins et le *Ficus elastica*, B (p. 137, 138).

Fig. 107. Feuilles de *Nepenthes distillatoria*, A; de *Dionæa muscipula*, B, et de *Sarracenia*, C (p. 149).

Fig. 108. Exemples de gaînes passant par des gradations variées à l'état de stipules, ou même de glandes.

a. Gaîne du *Melanoselinum decipiens*.

b. Celle de l'*Angelica Razulsii*.

c. Cette gaîne, par deux exastosies circulaires opposées, devient les deux stipules latérales du *Lathyrus pratensis*.

d. Avec une seule exastosie, elle devient les stipules adhérentes au pétiole des *Rosa*.

e. Plus réduites, elles forment les stipules du *Rubus collinus*.

f. Plus réduites encore, elles donnent lieu aux filaments stipulaires du *Rubus idæus*.

g. Enfin, plus réduites encore, elles ne forment plus que deux simples glandes dans le *Noblevillea Gestasiana* (p. 134-136).

h. Section transversale de la feuille du *Butomus umbellatus*.

i. Section transversale de la feuille de l'*Eriophorum gracile*.

k. Section transversale de la feuille du *Tritoma glauca*.

On voit, par ces trois exemples, comment une feuille triangulaire, comme celle du *Butomus*, peut, par exastosie, arriver insensiblement à la feuille plane du lis, en passant par la feuille pliée longitudinalement de l'*Hemerocallis fulva*, fig. 103, C. (p. 144, 145).

PLANCHE XIV.

Fig. 1. A. Cotylédon campylotrope de l'*Angelica Archangelica*.

B. Embryon campylotropique du *Mirabilis Jalapa*.

C. Celui de l'*Erysimum Cheiranthoides*.

D. Cotylédon campylotrope du *Phaseolus multiflorus*.

E. Embryon campylotropique de *Bunias.*

F. Ovule du *Chelidonium majus*, coupé longitudinalement pour montrer les rapports des différentes parties qui le composent : f, le funicule; h, le hile; r, le raphé; ch, la chalaze; p, la primine; s, la secondine; n, le nucelle. Ici la campylotropie ne s'étant exercée que sur le podosperme ou funicule, dans le voisinage de la chalaze, et l'ovule étant complétement renversé, on le connaît sous le nom d'ovule anatrope.

Fig. 2. Le même ovule pris à des états de développement différents pour montrer comment la campylotropie arrive à le renverser complétement.

Fig. 3. a, b, c, systèmes de plaques, zinc et cuivre, soudées face à face, afin de faire comprendre comment, de droit qu'il est, le système a, par la chaleur, arrive à se courber d'abord comme en b, puis comme en c. La chaleur en augmentant relativement, plus la plaque externe du système est obligée de se courber et d'accomplir le mouvement qui détermine les *fig.* b, c; or, c'est un mécanisme analogue qui cause la campylotropie, le développement des parties d'un organe étant parfois relativement plus grand dans une partie que dans l'autre.

d. Embryon du *Punica granatum* coupé transversalement pour montrer l'enroulement des cotylédons.

e. Feuille campylotropique du *Campanula pyramidalis.*

f. Folioles campylotropiques artificielles du *Sambucus nigra.*

Fig. 4. A, B, C, feuilles dont on a enlevé une partie pour montrer comment se fait la campylotropie artificielle par suite de l'ablation d'une des parties de la feuille. A, feuille dont on a enlevé la moitié pour montrer la direction des lobes dans l'évolution ordinaire. B, la même feuille dont on a enlevé la moitié quand elle était très-jeune, et qui s'est courbée pendant le développement de cette moitié, du côté où la demi-feuille enlevée ne pouvait contre-balancer la dilatation résultant de l'évolution des parties de la demi-feuille végétante.

C, a. Une autre feuille, dont on a enlevé la partie moyenne jusqu'au deux nervures secondaires laissées intactes, avec les directions qu'elles ont dans la feuille venue normalement. b, la même feuille ayant subi l'ablation des mêmes parties quand elle était très-jeune, et qui, subissant le phénomène campylotropique pendant son accroissement, ont rapproché en se recourbant les deux nervures secondaires du côté libre, les dilatations latérales ne se trouvant pas contre-balancées par le développement de la partie moyenne absente de la feuille (p. 184-187).

D. Pétales campylotropiques de la fleur mâle du *Carica Papaya.*

Fig. 5. A, ovule orthotrope, pour montrer que la direction de l'embryon est rectiligne.

A', ovule anatrope, qui montre que la campylotropie exercée sur son funicule seulement en a fait un embryon rectiligne renversé, par conséquent en sens contraire du précédent.

B, C, D, E. Exemples de la direction des ovules dans la loge. B, ovule *dressé;* C, ovule *renversé;* D, ovule *ascendant;* E, ovule *pendant* ou *descendant;* F, ovule véritablement campylotrope du *Cucubalus baccifer.*

Fig. 6. A, embryon rectiligne du *Lysimachia vulgaris;* il se courbe un peu dans l'*Ardisià nana* B, 1 ; il est plus courbé dans l'*Ardisia coriacea* B, 2; il est tout aussi courbé dans l'embryon du *Nicotiana* C, 1 ; il est presque complétement recourbé en cercle dans l'ovule du *Mirabilis Jalapa* qui cependant n'est qu'un ovule anatrope.

Ces exemples prouvent que des ovules campylotropes peuvent avoir des embryons droits, et que les anatropes peuvent comporter des embryons campylotropes. Il y a mieux, c'est que les ovules orthotropes peuvent avoir aussi des embryons campylotropes, puisque dans les Polygonées, en particulier dans le *Polygonum orientale* D, 1, l'embryon est courbé en demi-cercle, et que dans le *Zannichellia palustris* D, 2, il est plusieurs fois recourbé sur lui-même. Enfin l'albumen seul peut se montrer campylotrope, comme on le voit dans les Ombellifères célospermées D, 3, sans que l'embryon et les enveloppes de l'ovule participent à cette campylotropie (p. 160-162).

Si le point campylotropique, c'est-à-dire celui qui est en arrêt relatif de développement, est situé à la partie inférieure d'un ovule naissant en ca, E, il est évident que le micropyle sera dirigé vers le bas de la loge (*Tamarix tetrandra*); tandis que si le point campylotropique est supérieur en ca, F, le micropyle se dirigera de toute nécessité vers le haut (*Myricaria germanica*).

Fig. 7. A. Exemple de campylotropie agissant sur la loge aussi bien que sur l'ovule dans le même sens, comme cela a lieu dans les Borraginées. B, exemple de campylotropie agissant sur la loge dans un sens et sur l'ovule dans un sens contraire, ce qu'indiquent la direction des flèches, comme on peut le constater dans les Labiées. En effet, dans ces deux sortes d'ovaires gynobasiques, le micropyle est dirigé vers le haut pour les Borraginées et vers le bas pour les Labiées, et les ovules sont anatropes dans les 2 familles (p. 164).

C. Exemple d'un ovule dont le raphé est *externe,* car le micropyle m i est tourné du côté de l'axe a; tandis que le raphé est *interne* dans les *fig.* 6 E, F, puisque le micropyle est séparé de l'axe a, par le funicule (p. 165).

D. Ovule du *Scleranthus annuus* qui prouve qu'un ovule campylotrope naissant de la base d'une loge, peut néanmoins présenter un micropyle dirigé vers le sommet de la loge, par suite de l'élongation et de la campylotropie de son funicule (p. 166).

E, F. Exemples de campylotropie exagérée de l'embryon formant une *spirale* dans le *Solanum tuberosum* E, et une *hélice* dans les *Cuscuta* F et les Chénopodées *spirolobées*.

PLANCHE XV.

Fig. 8. Exemples de fleur à pétales latéralement campylotropiques du *Daucus Carota* a. En opposant deux fleurs de chaque côté de l'axe, A', on voit que les 2 fleurs sont exactement symétriques par rapport à l'axe, car les lignes A B et C D conduisent évidemment à des parties qui sont parfaitement similaires et de même nom (p. 189, 190). b, pétale campylotropique de l'*Ammi glaucifolium*; c, d, e, pétales des *Daucus maritimus* et *maximus* dans lesquels le développement inégal des parties n'a pas entraîné la production d'une campylotropie.

Fig. 9. a, pétales légèrement campylotropiques du *Nerium odórum*; b, pétale un peu campylotropique du *Polygala cordifolia*. La campylotropie est bien moins manifeste dans le pétale de l'*Hibiscus trionum*, c, quoique développé inégalement, et celui du *Nerium oleander*, d, reste sensiblement symétrique par rapport à la ligne médiane (p. 188, 189).

Fig. 10. Ovaires campylotropes : a, du *Nigella damascena* (anomal); b, du *Cyclanthera explodens*; c, du *Martynia angulosa* (normaux); d, du Poirier (anomal), p. 169.

Fig. 11. Figures théoriques destinées à faire comprendre les mouvements des molécules atmosphériques ou éthérées et l'influence de ce mouvement sur la végétation (p. 178, 179 et 596).

Fig. 12. Campylotropies diverses : a, campylotropie latérale de l'*Aspidium falcatum*, p. 185; b, campylotropie multiple des cotylédons des *Brassica*, p. 191 ; c, campylotropie multiple d'un turion d'Asperge ; d, campylotropie latérale de l'embryon du *Cheiranthus Cheiri*; e, campylotropie double, ventrale et dorsale de l'*Isatis tinctoria*; f, campylotropie dorsale des folioles de *Phaseolus*; g, campylotropie dorsale du sépale supérieur de l'*Aconitum Napellus*; h, campylotropie multiple d'un pétale de l'*Aconitum Napellus*; i, campylotropie dorsale, exagérée, formant éperon, d'un *Delphinium*; j, campylotropie dorsale, exagérée, formant deux éperons, du *Tropæolum majus* (anomale).

Fig. 13. Campylotropies diverses d'organes divers : a et b, campylotropie latérale de la graine d'*Anacardium occidentale*; c, campylotropie dorsale d'un pétale de *Ceanothus*; d, campylotropie double, ventrale et dorsale, d'un pétale d'*Anidenia*; e, campylotropie dorsale de la lèvre supérieure du *Phlomis fruticosa*; f, fleur campylotropique de l'*Aristolochia sipho*; g, campylotropie dorsale du pétale calcéiforme du *Cypripedium flavescens*; g', campylotropie ventrale et dorsale exagérée, formant éperon, de la corolle du *Linaria vulgaris*; h, campylotropie ventrale et dorsale moins exagérée, formant gibbosité de l'*Antirrhinum majus*; i, fleur de l'*Alopecurus geniculatus*, montrant une sorte de campylotropie ventrale qu'il ne faut peut-être attribuer qu'au poids des anthères portées par des filets très-grêles. On peut remarquer que chaque loge de l'anthère est dans un état manifeste de campylotropie.

Fig. 14. a, b, c, d, e, f, g. Organogénie du sépale supérieur de l'*Aconitum lycoctonum*, pour démontrer comment la campylotropie dorsale arrive peu à peu à former le casque allongé représenté en f et g; a', b', c', d', e', f', g', organogénie des pétales de la même fleur, destinée à montrer comment la campylotropie dorsale conduit à la forme éperonnée que montrent toutes les figures, et comment une sorte de campylotropie survient qui relève peu à peu les éperons de manière à faire que, de descendant qu'il était en b', il arrive à être ascendant en g'. Chacun des états indiqués par les lettres primées représentant le pétale, correspond à chacun de ceux exprimés par les lettres simples figurant le sépale (p. 196, 197).

FIN DU DEUXIÈME ET DERNIER VOLUME.

TABLE ALPHABÉTIQUE

DES NOMS DE FAMILLES ET DE GENRES CITÉS DANS CET OUVRAGE

A

Abelmoschus, II, 5, 165, 276.
Abies, I, 425, 436, 518, II, 362, 475, 484.
Abrus, II, 175.
Abutilon, I, 246, II, 216.
Acacia, I, 107, 125, 197, 310, 473, II, 75, 76, 95, 96, 99, 114, 116, 117, 118, 119, 120, 121, 122, 124, 185, 192, 203, 282, 506, 518, 617, 620, 621, 622.
Acalypha, I, 186.
Acanthacées, I, 186, II, 175, 273, 289.
Acanthus, II, 261, 283.
Acer, I, 146, 147, 329, 499, 500, 501, 544, II, 5, 187, 328, 332, 454.
Aceras, I, 398, 399, 400, II, 212, 213, 214.
Achillea, II, 75, 77, 79, 185, 506, 541, 617.
Achras, I, 264, 265, II, 241.
Aconitum, I, 68, 133, 168, 299, 300, 372, 375, II, 193, 195, 196, 197, 265, 311, 343, 386, 508, 626, 627.
Acorus, II, 212.
Acrospermum, II, 466.
Acrostichum, II, 28.
Actea, II, 16, 18, 66, 506.
Actinomeris, II, 310.
Adansonia, I, 20, 341, II, 457.
Adelia, I, 186.
Adenophora, II, 284.
Adianthum, I, 241, II, 41, 82, 85, 183.
Adonis, II, 194, 548, 549.
Ægopodium, II, 16, 18, 611.
Ægylops, II, 362.
Æsculus, I, 99, 329, 394, 430, 560, 582, 592, 598, 620, 622, II, 44, 58, 61, 68, 142, 242, 266, 290, 291, 380, 413, 425, 453, 487, 506, 524, 616.

Æschynomene, I, 197.
Affonsea, II, 331.
Agaricées, II, 466.
Agaricus, I, 492, 493, 494, 495, 497.
Agave (v. Furcræa), I, 131, 250, 436, 447, II, 409, 444.
Agrimonia, I, 441, 466, II, 89, 90, 289, 620.
Agrostemma, I, 264.
Ailanthus, II, 455.
Ajuga, I, 305, 560, 608, II, 126, 259, 287, 300, 366.
Akebia, II, 180.
Alaternus, II, 457.
Albuca, I, 60, II, 246, 263, 289.
Alcea (v. Althæa), I, 254.
Alchemilla, I, 136, 151, 453, 463, II, 287, 446, 549.
Aldrovanda, I, xxv, II, 415.
Alectoria, II, 478.
Aletris, I, 135.
Aleurites, I, 186.
Algues, I, 498, II, 463.
Alisma, I, 230, 246, 522, II, 97, 247.
Alismacées, I, 230, II, 421.
Allamanda, I, 213.
Alliaria, II, 199.
Allium, I, 223, 228, 238, 330, 335, 336, 337, 338, 398, 402, 408, 431, 435, 454, 464, 472, 502, 503, 548, 549, 550, 551, 552, 553, 554, 556, 565, 566, 594, 599, II, 115, 132, 141, 146, 147, 149, 212, 217, 239, 247, 410, 436, 441, 442, 444, 450, 479, 491.
Almeidea, I, 344.
Aloe, I, 135, 472, II, 98, 99, 144.
Alopecurus, II, 208, 627.
Alpinia, II, 134.

Alsine (v. Arenaria), I, 197, 575, 601, 605, 607, 608, II, 287, 359.
Alstrœmeria, II, 247, 312.
Althæa, I, 178, 183, 246, 254, 269, 291, 299, 320, 380, 381, 414, 416, 417, 535, II, 43, 68, 73, 188, 190, 216, 284, 328, 375, 380, 394, 399, 506, 517.
Amarantacées, II, 419.
Amarantus, I, 359, 387, 515, 593, II, 257.
Amaryllis, I, xx, 251, 447, II, 390, 445.
Amaryllidées, I, 447.
Ambora (v. Mithridatea), I, 323, 389, II, 545, 547.
Ambrina, II, 257.
Amentacées, II, 320, 521.
Amethystea, I, 252.
Ammi, I, 118, II, 189, 626.
Amomées, II, 115, 137.
Amomum, II, 134, 329.
Amorpha, II, 261, 283, 366.
Ampélidées, I, 261, 269, II, 176.
Ampelopsis, II, 19, 611.
Amygdalées (v. *Rosacées*), I, 538.
Amygdalus (v. Persica), I, xxvii, 106, 153, 160, 169, 239, 311, 316, 332, 324, 546, 560, 563, 599, II, 74, 185, 202, 242, 305, 327, 332, 363, 367, 380, 507, 617.
Anacardium (v. Cassuvium), II, 182, 198, 627.
Anadenia, II, 194, 627.
Anagallis, I, 197, 561, 574, II, 258, 299, 327, 358, 367.
Anagyris, I, 224, II, 457.
Anarrhinum, II, 195.
Anchusa, I, 304, II, 542.
Ancistrum, II, 329.
Andrea, II, 185.
Andromeda, I, 340, II, 162.
Andropogon, II, 134.
Androsace, I, 277, 305.
Anemone, I, xxviii, 161, 180, 252, 296, 411, 412, 414, 441, 560, 618, II, 359, 366, 367, 375, 379, 380, 586, 396, 411.
Angelica, I, 108, 126, 129, 132, 146, 149, 154, 175, 297, 359, 360, 385, 386, 387, 399, 405, 433, 541, 542, II, 11, 12, 13, 35, 134, 136, 182, 201, 228, 535, 610, 623.
Anhalonium, II, 465.
Anigosanthus, II, 254, 329.
Anomatheca, II, 351.
Anonacées, I, 161, 223.
Anthemis, I, 304, 305, 384, 434.
Anthericum, II, 185.
Anthocercis, II, 348, 349.
Anthoxanthum, II, 329.
Anthriscus (v. Chærophyllum), II, 4, 19.

Anthurium, II, 41, 219.
Anthyllis, II, 375.
Antirrhinées (v. *Scrofularinées*), II, 375.
Antirrhinum, I, 68, 162, 164, 293, 305, II, 195, 207, 310, 337, 343, 345, 375, 627.
Aparisthmium, II, 323.
Apargia, I, 305, 306.
Aphyteia (v. Hydnora), II, 426, 493.
Apios, II, 180, 213.
Apium, I, 146, 233, 362, 386, 499, 608, II, 4, 14, 15, 30, 33, 34, 35, 56, 221, 257, 424, 501, 502, 503, 610, 613.
Apocynées, II, 175, 215, 216, 218.
Aquilarinées, I, 260.
Aquilegia, I, xxvii, 123, 168, 229, 252, 253, 490, 491, II, 19, 66, 190, 192, 194, 265, 276, 328, 337, 340, 341, 372, 376, 377, 386, 505, 611.
Arabis, I, 417, 560, II, 258, 261.
Aralia, I, 561, II, 67, 143, 148.
Araliacées, I, 108, II, 312.
Araucaria, I, 329.
Arbutus, I, 340, II, 377, 378.
Ardisia, II, 161, 413, 625.
Areca, II, 27.
Arenaria (v. Alsine), I, 489, 601, II, 263, 264, 265, 300.
Argemone, II, 328.
Argophyllum, II, 377.
Aristolochia, I, 202, 503, II, 100, 180, 194, 459, 627.
Aristolochiées, II, 493.
Armeniaca, I, 44, 45, 77, 160, 161, 169, 239, 477, 560, 591, II, 169, 192, 332.
Arcidées, I, 454, 463, II, 99.
Artemisia, I, 341, II, 288.
Arthrosporées, II, 466.
Artocarpus, II, 521.
Arum, II, 27, 41, 61, 68, 69, 80, 81, 128, 147, 523.
Arundinaria, II, 131, 141, 440, 459, 472.
Arundo, I, 15, II, 128, 129, 132, 134, 135, 467, 497, 499.
Asarum, I, 560, II, 73, 83.
Asclepias, I, 265, II, 175, 185, 203, 211, 457.
Ascyrum, I, 244, 334.
Asparaginées, II, 421.
Asparagus, I, 99, 126, 296, 297, 299, 302, 304, 305, 307, II, 172, 185, 228, 310, 455, 456, 476, 479, 626.
Asperula, I, 78, 560, II, 325, 326.
Asphodelina, II, 144, 247, 263.
Asphodelus, I, 400, II, 146, 247, 387, 390.
Aspidium, II, 184, 185, 187, 626.
Asplenium, I, 38, 459, II, 446, 447.
Aster, I, 128, 560, 561, II, 270, 279.

Astrantia, I, 385, 400, II, 187.
Astragalus, II, 198.
Astrophytum, II, 465.
Athamanta, I, 161, 360, 541, 542, 547, 548, II, 367.
Atragene, II, 241.
Atriplex, I, 176, 177, II, 258.
Atriplicées, II, 159, 161, 418.
Atropa, II, 327, 517.
Aucuba, I, 26, 460, 461.
Aurantiacées, I, 239, 606.
Aurelia, I, 528.
Auricularia, II, 469, 470.
Avena, I, 394, 560, II, 270, 362.
Avicennia, I, 449.
Azalea, II, 378.

B

Baccharis, II, 107, 485.
Balanites, I, 344.
Balanophorées, II, 420, 425.
Balisiers, II, 376, 387.
Ballota, II, 195.
Balsamina (v. Impatiens), II, 328, 342, 346, 382.
Balsaminées, II, 193.
Bambusa, I, 267, II, 131, 141, 440, 459, 472, 497.
Banisteria, II, 175.
Banksia, I, 213.
Barbarea (v. Erysimum), I, 180, 416.
Barkhausia, I, 305.
Bartsia, II, 348, 349.
Basella, II, 162, 175.
Baubinia, I, 308, II, 73, 83, 281, 619.
Begonia, I, 81, 99, 109, 117, 140, 462, 463, II, 84, 155, 185, 414, 415, 443, 446, 448, 450, 619.
Bellis, I, 297, 363, 384, II, 358.
Benthamia, II, 295.
Berbéridées, I, 160, 161, 178, 225, 258, 259, II, 412.
Berberis, I, 60, 82, 160, 178, 179, 227, 258, 259, 393, 502, 560, II, 151, 152, 326, 370, 403.
Beta, I, xxxv, 299, 301, 304, 317, 322, II, 167, 257.
Betula, I, 473, II, 452, 521.
Bidens, I, 152, II, 4.
Bifora, II, 162.
Bignonia, I, 166, 195, 217, 560, II, 147, 263, 268, 305, 309, 490.
Bignoniacées, I, 166, II, 263, 285, 289, 344.
Bistropogon, I, 232.
Blakea, I, 226.
Blitum, II, 257, 288.
Bocagea, I, 135, 261, II, 387.
Bocconia (v. Macleya), II, 390.
Bolétacées, II, 466.

Boletus, I, 492, 493.
Bombax, II, 6.
Bonapartea, I, 436.
Bongardia, II, 326.
Borraginées, I, 166, 390, II, 164, 169, 285, 412, 542, 625.
Borrago, I, 165, 560, II, 254, 327, 451.
Bossiæa, I, 471, II, 106.
Boussingaultia, II, 180.
Bouvardia, II, 341.
Bovista, II, 464.
Brassica, I, xxvii, 115, 119, 137, 146, 167, 169, 215, 228, 237, 238, 266, 298, 317, 318, 320, 322, 334, 369, 416, 418, 422, 455, 461, 463, 477, 483, 484, 487, 488, 491, 566, 582, 594, 690, II, 169, 174, 191, 199, 203, 209, 221, 222, 360, 363, 366, 369, 384, 386, 391, 394, 395, 399, 425, 431, 432, 626.
Breynia, II, 271, 320.
Bromelia, I, 423, 425, II, 290, 551.
Brosimum, II, 403.
Broussonetia, I, xx, 106, 149, 350, II, 5, 20, 521.
Browallia, II, 348, 349.
Brucea, I, 230.
Brugmansia, II, 492.
Brunella, II, 260.
Bryonia, I, 122, 269, II, 291, 328, 337, 339, 451.
Bryophyllum, I, 26, 38, 43, 451, 457, 463, 490, II, 446, 449, 458.
Bryum, II, 478.
Budleia, II, 195, 348, 349.
Bulbocodium, I, 158, II, 253.
Bunias, II, 160, 161, 181, 624.
Bupleurum, I, 118, 305, 306, 361, 385, II, 93, 96, 99, 112, 185, 211, 310.
Bursera, I, 230, II, 241.
Butomus, I, 228, 230, 317, 431, 465, 472, II, 144, 145, 146, 147, 246, 247, 413, 415, 623.
Buttneria, I, 236.
Buttnériacées, II, 216, 393.
Buxus, I, 560, II, 192, 326.
Byrsonima, II, 208.

C

Cabombées, II, 418, 420.
Cactées (v. *Opontiacées*), I, 245, 348, 350, 470, 480, 481, 482, 483, 485, 534, II, 113, 114, 117, 120, 124, 126, 127, 247, 397, 398, 411, 465, 472, 620.
Cactus, I, 71, 245, 308, 348.
Cajanus, I, 588.
Calceolaria, I, 166, 167, 206, II, 195, 263, 288, 336, 337, 346.
Calendula, I, 79, 146, 157, 292, 384

398, 402, 434, 561, 574, II, 4, 170, 182, 270, 293, 424.
Calla, II, 523.
Calladium, II, 523.
Callianthemum, II, 548.
Callicoma, II, 287.
Calliopsis (v. Coreopsis), II, 259, 327.
Calliroe, II, 206.
Callistachys, II, 208.
Callistemon, I, 426, II, 211.
Calonyction, II, 180, 284.
Calostemma, I, 446.
Caltha, I, xxviii, 254, 414, 418, 535, II, 367.
Calycanthus, I, 534, II, 397, 398, 411.
Calyptrion, II, 175.
Calystegia, I, xxviii, 162, 183, 186, 350, 351, 536, 537, II, 81, 175, 180, 215, 376, 411, 415, 618.
Camelina, I, 561.
Camellia, I, 484, 534, 601, II, 189, 300.
Campanula, I, xxvii, 120, 122, 123, 160, 161, 163, 165, 171, 181, 253, 305, 321, 370, 441, 442, 473, 535, II, 100, 102, 169, 172, 183, 206, 208, 284, 286, 287, 311, 327, 357, 366, 367, 371, 376, 378, 380, 383, 390, 411, 624.
Campanulacées, I, 143, II, 210.
Canarina, I, 226, II, 241, 412.
Canna, I, xxvii, II, 128, 130, 132, 329.
Cannabis, I, 73, 560, II, 41, 48, 58, 209, 271, 293, 310, 311, 320, 405, 408.
Cannées, II, 247.
Capparidées, II, 300.
Capparis, I, 305, II, 276, 505.
Caprifoliacées, I, 465, II, 175.
Capsella, I, 165, 237, 238, 263, II, 387.
Cardamine, I, 38, 418, 453, 457, 460, 462, 463, 470, 560, 582, II, 61, 91, 262, 287, 443, 446, 449, 620.
Carduus, II, 492.
Carex, I, 344, 389, 472, II, 320, 357, 521.
Carica, II, 188, 467, 624.
Carlina, I, 305, 306, 537, 538, 547.
Carpinus, I, 326, II, 305, 452.
Caryophyllées, I, 107, 109, 140, 175, 187, 225, 232, 345, 346, 350, 351, II, 159, 161, 189, 270, 299, 300, 310, 311, 359, 550.
Cassia, I, 197, II, 185, 198, 332, 457.
Cassuvium (v. Anacardium), I, 198.
Cassytha, II, 281, 403, 413.
Castanea, I, 338, II, 173, 242, 290, 291, 301.
Castrea, I, 135, 261, II, 387.
Caucalis, I, 118, 132.
Ceanothus, II, 194, 627.
Cedronella, II, 261.

Cedrus, I, 326.
Celosia, I, 280, 282, 283, 304, 305, 307, 308, 399, II, 1, 257.
Centaurea, I, 128, 134, 292, 305, II, 105, 106, 107, 366, 545, 547.
Centranthus, II, 166, 318, 319.
Cephalanthus, II, 325, 327.
Cephalotus, I, 116.
Cerastium, I, 218, 223, 406, II, 262, 276, 287, 371, 488, 504, 540, 558.
Cerasus, I, xxviii, 45, 103, 106, 147, 169, 239, 297, 328, 331, 439, 502, 583, 591, 606, II, 4, 173, 241, 250, 305, 332, 367, 368, 549.
Ceratonia, II, 287.
Ceratophyllum, I, 215, 222, 317, 500, II, 423.
Ceratopteris, II, 447.
Cercis, I, 121, 153, 356, 560, II, 38, 42, 73, 83, 208, 218, 332, 619.
Cereus, I, 245, 471, 472, 473, 482, 562, II, 113, 124, 125, 127.
Cerinthe, II, 327.
Cestrum, II, 327, 333.
Ceterach, II, 28.
Chærophyllum (v. Anthriscus), I, 115, 146, 233, 433, 601, 608, II, 236, 238.
Chætanthera, II, 209.
Chailletia, II, 553.
Chamælaucium, I, 242.
Chamærops, II, 27, 41, 44, 134, 247, 271, 383.
Chamira, II, 191.
Champignons, I, 492, 493, 497, 498, II, 466, 467, 470, 476.
Chaos, II, 469.
Charmichælia, II, 106.
Cheiranthus, I, xxviii, 123, 180, 185, 237, 252, 415, 418, 424, 442, 544, 545, 560, 598, II, 199, 209, 367, 375, 381, 383, 390, 398, 626.
Chelidonium, I, 582, II, 203, 276, 505, 624.
Chelone, I, 166, II, 343, 349.
Chénopodées, I, 177, 260, II, 162, 175, 288, 320, 626.
Chenopodium, I, 171, II, 257, 288, 484.
Chicoracées (v. Composées), I, 561.
Chimonanthus, II, 411.
Chorosema, I, 224.
Chrysanthemum, I, 304, 305, 560, II, 305, 306, 310, 490.
Chrysobalanées (v. Rosacées), I, 538.
Chrysobalanus, II, 198.
Chrysosplenium, II, 287.
Cicca, II, 272, 320.
Cicer, I, 269.
Cichorium, I, 305, 560, II, 168, 169, 210, 221.
Cicuta, I, xxxiii, 400.
Cinara, I, 242, 297, II, 75, 436.

Cinna, II, 329, 412.
Circea, I, 75, 170, 235, II, 241, 327, 329.
Cirsium, II, 104, 105.
Cissampelos, I, 308, II, 70, 617.
Cissus, I, 82, 269, 343, II, 4, 44, 68, 506.
Cistinées, II, 212.
Cistus, II, 160, 297.
Citrullus, II, 405.
Citrus, I, 26, 121, 130, 131, 135, 144, 191, 195, 216, 248, 250, 306, 333, 341, 344, 345, 446, 460, II, 148, 188, 192, 220, 222, 227, 248, 282, 290, 305, 306, 328, 490, 554, 556, 558.
Cladanthus, I, 384, 406, II, 486, 488, 504, 540.
Cladonia, II, 477, 478.
Cladrastis (v. Virgilia), II, 202, 429, 454.
Clarkia, I, 236, 380, II, 208, 215, 217.
Claudea, I, 332, II, 184.
Clavaria, II, 466, 468, 476, 477.
Claytonia, I, 337.
Clematis, I, 119, 149, 160, 171, 400, II, 8, 10, 18, 33, 241, 386, 609.
Cleonia, II, 342.
Clethra, II, 413.
Cliffortia, II, 185, 282.
Climacium, II, 479.
Clinopodium, II, 358.
Clitoria, I, 175, 375.
Cluytia, II, 272, 323.
Cneorum, I, 168, 170, 229, 230, II, 241, 336, 412.
Cobæa, I, 343, 344, II, 6, 30, 31, 34, 37, 38, 61, 612.
Cocculus, II, 175.
Cochlearia, I, 109, II, 391.
Cocos, I, 201.
Coffea, II, 419.
Coix, II, 134, 271.
Colchicacées, I, 400.
Colchicum, I, 158, 181, 339, 356, 560, 561, 599, II, 383, 434, 440, 441.
Collema, II, 469, 470.
Collinsia, II, 195, 263, 349.
Colocasia, II, 147.
Colosanthes, II, 344, 348.
Columnea, II, 337.
Colutea, II, 38, 199, 221, 305, 310.
Commélinées, II, 137.
Comocladia, I, 230, II, 241.
Composées (v. Synanthérées), I, 341, 349, 464, 561, II, 206, 209, 259, 363, 371, 396, 397, 510, 535, 538, 541, 545, 547.
Comptonia, II, 75.
Conceveiba, II, 272, 323.
Conferva, I, 3, 466, 467.
Conifères, I, xxiv, 37, 233, 241, 329, II, 293, 422, 458, 467, 475, 483, 484, 488.
Coniophora, II, 469.
Conium, I, 434.
Conocarpus, I, 449.
Convallaria, I, 339, 560, II, 131, 204, 299.
Convolvulacées, II, 175, 216, 285, 412.
Convolvulus, I, xxi, xxiii, xxxv, 157, 183, 220, 299, 301, 536, 561, 562, II, 61, 81, 173, 175, 179, 180, 207, 215, 327, 367, 431, 619.
Conyza, I, 304.
Coreopsis (v. Calliopsis), II, 112, 259.
Coriandrum, II, 162.
Cornus, I, 175, 251, 359, 383, 396, 560, 577, II, 305, 308, 309, 310, 384, 385, 386, 395.
Coronilla, I, 608, II, 375.
Cortusa, II, 368.
Corydalis, II, 194.
Corylus, I, 270, 338, 560, II, 301, 452, 474, 494, 521.
Corypha, II, 27.
Cotylédon, I, 165, II, 460.
Crambe, II, 87, 191.
Crassula, I, 114, II, 327, 460.
Cratægus, I, 485, 607, II, 236, 241, 242.
Crepis, I, 297, 384.
Crinum, I, 309, 446, 447, 448, 461, II, 185, 445, 447.
Crithmum, I, 361, 385, II, 18, 610.
Crocus, I, 339, 549, 561, 577, 599, II, 388, 436.
Croton, I, xxviii.
Crozophora, II, 272, 321, 326.
Crucifères, I, 73, 180, 227, 317, 343, 415, 483, II, 5, 86, 159, 161, 190, 191, 199, 209, 262, 299, 300, 310, 358, 363, 378, 425.
Cryptomeria, I, 427.
Cucifera, II, 27.
Cucubalus, II, 161, 287, 309, 625.
Cucumis, I, 21, 136, 144, 269, 299, 332, 542, 544, 561, II, 218, 328.
Cucurbita, I, 79, 84, 113, 127, 147, 269, 271, 292, 299, 301, 346, 435, 544, II, 5, 42, 73, 186, 187, 188, 222, 236, 238, 241, 242, 244, 320, 328, 390, 391, 419, 420.
Cucurbitacées, I, 64, 82, 83, 84, 122, 269, 293, 322, 340, II, 175, 176, 177, 181, 188, 190, 222, 244, 322, 493.
Cunninghamia, I, 329.
Cuphea, I, 78, 106, 269, 292, II, 274, 277.
Cupressus, I, 329, 350, 399, 614, 615, II, 423, 457, 495, 497, 498, 508, 522.
Cuscuta, I, 340, 356, 501, II, 160, 162, 175, 281, 327, 410, 626.
Cussonia, II, 26, 82, 612.
Cyathea, I, 459, II, 447.
Cycadées, I, 79, II, 422, 458, 467.

Cycas, II, 458.
Cyclamen, II, 431.
Cyclanthera, II, 169, 626.
Cydonia, I, 124, 298, 328, 441, 502, II, 305, 327, 490, 549.
Cymbidium, I, 296.
Cymbocarpum, II, 162.
Cynanchum, II, 175, 181.
Cynosurus, II, 357.
Cypéracées, I, 550, II, 97, 128, 131, 133 137, 141, 145, 210, 418, 421, 510, 521.
Cyperus, I, 141, 472, 499, II, 129, 430, 467.
Cypripedium, I, 68. 296, II, 194, 330, 627.
Cyrtandracées, II, 263, 289, 343, 344.
Cystopteris, I, 459, 460, II, 446, 450.
Cystosporées, II, 466.
Cytinées, I, 202.
Cytinus, II, 493.
Cytisus, I, 305, 502, 560, 597, 618, 619, II, 45, 198, 208, 209, 227, 261.

D

Dacrydium, I, 329.
Dactylis, I, 403, II, 357.
Dahlia, I, 128, 182, 292, 297, II, 103, 170, 259, 367, 378, 379.
Daïs, I, 364.
Damasonium, I, 317.
Daphne, I, 305, 560, 607, II, 452, 455, 491.
Darea, I, 459, II, 446.
Datura, I, 120, 182, 253, 317, 535, II, 327, 376.
Daucus, I, 79, 129, 133, 146, 161, 233, 297, 298, 317, 322, 360, 371, 385, 401, 402, 433, 560, 593, 608, II, 4, 174, 188, 189, 289, 290, 367, 371, 431, 432, 626.
Decumaria, II, 413.
Delphinium, I, 123, 133, 168, 299, 300, 305, 318, 321, 372, 375, 400, 404, 488, 489, 490, II, 193, 242, 265, 311, 367, 372, 373, 386, 626.
Desmodium, I, 195, II, 46, 148, 282.
Deutzia, II, 452.
Dianella, II, 120, 147, 622.
Dianthus, I, 78, 107, 141, 147, 161, 165, 175, 181, 184, 243, 252, 304, 411, 412, 441, 442, 560, II, 201, 204, 209, 328, 367, 380, 396, 538.
Diatoma, II, 466.
Diclytra, I, 154, 239, II, 194, 336.
Dicranum, II, 185, 478.
Dictamnus, I, xxvii, 120, 121, 134, 165, 195, 394, 418, II, 265, 358, 367, 371.
Didiscus, I, 385, 405, II, 257.

Digitalis, I, 162, 164, 201, 294, 320, 366, 397, 404, 405, 406, 582, II, 100, 104, 206, 263, 276, 342, 343, 348, 349, 387, 503, 520, 521, 534, 536, 551.
Diléniacées, I, 464.
Dimetopia, I, 385.
Dioclea, II, 180.
Dionæa, II, 149, 623.
Dioscorea, I. xxxv, 145, 231, 353, 431, 462, II, 27, 28, 175, 180, 296, 443, 448, 450, 479, 612.
Dioscorées, I, 468, II, 131, 175.
Diosma, I, 427, II, 460.
Diphylleia, I, 258.
Diplazium, I, 198, II, 28.
Diplotaxis, I, 185, 371, 416, 418, II, 191, 250, 261, 357, 358, 366, 367.
Dipsacées, I, 349, 434, II, 412.
Dipsacus, I, 297, 385, 403.
Disandra, II, 413.
Disporum, II, 131.
Dodonæa, I, 305.
Dolichos, I, 588, II, 65, 175, 198.
Dorstenia, II, 543, 544, 545, 546.
Draba, I, 316.
Drococephalum, I, 304, II, 264, 342.
Dracœna, I, 201, II, 458, 467, 476, 479.
Drosera, I, 38, 122, 453, II, 137, 150, 453, 446.
Droséracées, I, 265.
Dryadées (v. Rosacées), I, 538.
Dryandra, II, 414.
Drymaria, II, 276.

E

Ebénacées, I, 160, 161.
Echeveria, II, 365, 445, 446, 460.
Echinocactus, I, 348, 473, 482, II, 465.
Echinophora, II, 367.
Echinops, I, 385, 405, II, 105, 487, 535.
Echinopsis, I, 348, 473, 482, II, 465.
Echium, I, 305, 306, II, 362.
Ehraria, II, 252.
Eleagnus, II, 214.
Eleusine, II, 521.
Elœocharis, II, 128, 129.
Entelea, II, 4.
Ephedra, I, 109.
Epidendrum, II, 98.
Epilobium, I, xx, 357, 380, II, 208, 210, 215, 241.
Epimedium, I, 178, 179, 259, II, 16, 19, 325, 412, 610, 611.
Epipactis, I, 378, 400.
Epiphyllum, I, 470, II, 113.
Epistephium, II, 330.
Equisetum, I, 427, 428, II, 171.
Eranthis, I, 399, 501, 599.

Erica, I, 340, II, 206, 288, 390, 452, 457, 460, 495.
Ericacées, II, 403.
Eriophorum, II, 144, 623.
Erodium, I, 134, 146, 177, 233, 521, II, 6, 216, 218, 219, 262, 289.
Eruca, II, 191.
Erucaria, II, 191.
Erucastrum, II, 357.
Ervum, I, 305, 587, II, 222.
Eryngium, I, 385. 387, 400.
Erysimum, I, 380, 418, 560, II, 86, 623.
Erythræa, I, 404, 406, 560, II, 487, 488, 504, 540, 551.
Erythrina, II, 260, 457.
Erythroxylées, I, 265.
Eschscholtzia, I, 146, 340, II, 239, 276, 505.
Eucalyptus, II, 93, 103, 185, 211.
Eucharidium, I, 236.
Eucomis, I, 38, 426, 453, 464, II, 247, 446.
Eugenia, II, 242, 532.
Euphorbia, I, 106, 196, 215, 304, 305, 306, 442, II, 4, 113. 300, 312, 359, 382, 390, 460, 474, 485, 486, 493.
Euphorbiacées, I, 239, II, 175, 272, 320, 321, 323, 326, 412, 420.
Euphrasia, II, 348, 349.
Euribia, II, 221.
Eustrephus, II, 181.
Exomis, I, 177.

F

Faba (v. Vicia), I, 515, II, 268, 425.
Fabiana, II, 338.
Fabricia, II, 211.
Fagara, I, 195, 230, II, 147.
Fagus, I, 325, 326, 329, 338, II, 290, 291, 497.
Ferula, I, 107, 149, 361, 385, 400, II, 16, 19, 20, 611.
Festuca, I, 403, II, 357.
Ficaria, I, 194, 223, 560, 618, II, 328, 443, 446, 447, 448.
Ficoïdes, I, 472, 561.
Ficus, I, 26, 149, 270, 323, 389, 390, 446, 460, 486, 497, 583, 611, 612, 613, II, 20, 22, 23, 61, 80, 82, 100, 150, 151, 170, 186, 187, 234, 305, 310, 452, 460, 490, 543, 544, 545, 547, 611, 618, 623.
Flacourtianées, I, 465.
Flagellaria, II, 99.
Fluviales (v. *Naïadées*), II, 159.
Fœniculum, I, 298, 333, 405, 406, 475, 541, 542, II, 66, 136, 211, 537.
Fougères, I, 201, 297, 305, 458, II, 168, 169, 175, 192, 280, 450, 458, 466.

Fragaria, I, 77, 112, 118, 142, 148, 150, 160, 161, 177, 192, 223, 246, 305, 309, 322, 330, 351, 467, 540, 560, 597, 610, 621, II, 6, 7, 15, 18, 44, 46, 61, 65, 170, 188, 198, 241, 282, 327, 461, 492, 506, 549, 611.
Fragariacées (v. *Rosacées*), I, 538.
Fraxinus, I, 283, 300, 303, 305, II, 168, 278, 327, 495, 497.
Frangula (v. Rhamnus), II, 457.
Fritillaria, I, 170, 228, 277, 296, 297, 304, 305, 334, 452, 560, II, 298, 310, 446.
Frostia, II, 492.
Fuchsia, I, 78, 113, 120, 121, 122, 129, 134, 160, 171, 296, 357, II, 203, 215, 227, 238, 241, 242, 253, 297, 310, 327, 517.
Fucus, II, 471, 507, 610.
Fugosia, II, 188.
Fumariacées, I, 238.
Funaria, II, 466.
Funkia, I, 120, 132, 284, 622.
Furcræa (v. Agave), I, 436, II, 359, 444.

G

Gagea, II, 253.
Gaillarda, II, 259.
Galanthus, I, 550, 560, 599.
Galaxia, II, 247.
Galega, I, 131, 251, 269, 292, 404, II, 6, 74, 487, 516.
Galeopsis, II, 195, 342.
Galipea, I, 344.
Galium, I, 76, 78, 227, 304, II, 171, 185, 241, 270, 275, 277, 333.
Gaultheria, I, 340, II, 208, 327.
Gardenia, II, 376.
Gaura, II, 241.
Geastrum, II, 464.
Genista, I, 305, 471, II, 106, 107, 109, 110, 111.
Gentiana, I, 160, 187, 191, 418, 540, 541, II, 210, 367, 382.
Géraniacées, I, 140, II, 200, 216, 218, 375.
Geranium, I, xx, 115, 133, 177, 304, 521, II, 42, 43, 44, 70, 82, 200, 219, 258, 328, 457, 616.
Gesnériacées, II, 263, 289.
Geum, I, 177, 192, 411, 413, 441, 540, II, 61, 86, 90, 279, 299, 361, 362, 367.
Gingko (v. Salisburia), I, 241, 304, 322.
Gladiolus, I, 305, 549, II, 116, 117, 120, 185, 235, 253, 284, 351, 436, 437, 438, 440, 456, 471, 472, 502, 503, 521, 550, 621, 622.
Glaucium, II, 276, 328, 505.
Glechoma, I, 232, II, 83.

Gleditschia, I, 82, 106, 112, 142, 305, 475, II. 38, 39, 75, 122, 125, 168, 218, 457, 506, 613.
Globularia, I, 384.
Globulea, II, 126, 300.
Gloxinia, I, 26, 461.
Glycine, I, 224.
Glycyrrhiza, II, 74.
Glyptostrobus, I, 424.
Godetia, II, 208, 215, 217.
Gomphrena, I. 167, I, 257.
Gordonia, II, 193.
Graminées, I, 138, 140, 201, 267, 550, 582, II, 97, 98, 99, 115, 128, 131, 133, 134, 137, 141, 145, 147, 150, 208, 251, 252, 258, 265, 312, 329, 418, 419, 421, 458, 467, 472, 479, 497, 508, 510, 521, 524, 525.
Gratiola, I, xx, 167, 344, 560, II, 263, 264.
Gronovia, I, 122.
Grossularia (v. Ribes), II, 327.
Guajacum, II, 83, 452.
Guettarda, II, 325, 327, 413.
Gymnoderma, I, 173.
Gynandropsis, II, 549, 550.
Gynerium, II, 530.
Gypsophylla, I, 78, 106, 223, 318, II, 275, 277.
Gyromia, I, 298.

H

Hæmatoxylum, II, 332.
Hakea, II, 120, 211, 621.
Halesia, II, 518.
Halymenia, II, 471.
Hamamelis, I, 178.
Hariota, II, 125.
Hedera, I, 147, 403, II, 5, 20, 25, 192, 301, 457, 474, 539, 612.
Hedychium, II, 134, 357.
Hedysarum, I, 197.
Helianthemum, I, 601, II, 286.
Helianthus, I, 72, 73, 75, 127, 147, 182, 217, 277, 283, 284, 297, 299, 302, 348, 351, 561, II, 4, 100, 221, 259, 293, 295, 297, 310, 311, 327, 378, 379, 430, 545, 546, 547.
Helicia, II, 215.
Helicteres, II, 218, 300.
Heliophila, II, 191.
Heliotropium, I, 165, 323, 390, 473, II, 169, 327, 542.
Helixanthera, II, 217.
Helleborus, I, 151, 153, 222, 560, 577, II, 41, 58, 59, 68, 69, 85, 455, 506, 613, 616.
Helminthia, I, 242.
Helosciadum, I, 361, 385, 386.
Helvella, II, 466.

Hemerocallis, I, 170, 223, 226, 228, II, 97, 99, 120, 145, 203, 374, 387, 622, 623.
Hémodoracées, I, 244, 260, II, 329.
Henophyton, I, 486, 487.
Hepatica, I, 296, 560, 596, 617, 618, II, 259.
Heracleum, I, 108, 149, 434, 608, II, 6, 11, 12, 13, 14, 15, 136, 189, 312, 367, 609, 610.
Hermannia, II, 216, 378.
Herminium, II, 434.
Hesperis, I, xxvii, xxviii, 175, 180, 237, 252, 304, 369, 415, 442, 483, II, 199, 299, 358, 367, 375, 380.
Hibiscus, I, xxi, xxii, 161, 417, II, 43, 93, 158, 188, 189, 284, 328, 367, 380, 457, 614, 626.
Hieracium, I, 304, 444, 561, II, 461.
Hippocrepis, I, 197.
Hippophae, II, 211.
Hippocratea, II, 244, 246.
Hippocratéacées, II, 244, 246.
Hippuris, II, 329, 412.
Holbelia, II, 180.
Holosteum, I, 236.
Hordeum, I, 402, 403, 499, 560, 584, 585, II, 134, 419.
Horminum, I, 232.
Hortensia (v. Hydrangea), II, 386, 396.
Hoteia, II, 19.
Houttuynia, II, 137.
Hoya, I, 461.
Humulus, I, 106, 560, II, 175, 177, 180.
Hyacinthus, I, 40, 41, 128, 135, 181, 280, 296, 309, 314, 315, 322, 398, 418, 502, 549, 550, 559, 560, 566, 583, 586, 599, 617, 618, 619, II, 98, 99, 132, 146, 234, 247, 367, 372, 382, 436, 563.
Hydnora (v. Aphyteia), II, 410, 415, 493, 494, 498, 537.
Hydnum, II, 477.
Hydrangea (v. Hortensia), I, 359.
Hydrocharidées, I, 346, II, 421.
Hydrocharis, II, 414, 448.
Hydrocotyle, I, 115, 386, 399, II, 70, 71, 617.
Hydrogeton, I, 332, II, 21.
Hygrobiées, I, 261.
Hygrocrocis, I, 22.
Hymenæa, II, 64, 83, 507.
Hymenocallis, I, 447, II, 445.
Hyoscyamus, I, 197. II, 204, 335, 350.
Hypecoum, I, 236.
Hypéricinées, I, 144, II, 216.
Hypericum, I, 143, 144, 244, 245, 333, 380, 429, II, 216, 328, 393, 399.
Hypochœris, I, 561, 574.

Hypnum, II, 185, 471.
Hyptis, I, 232.
Hyssopus, I, 304, 560.

I

Iberis, II, 199, 460.
Ilex, II, 415.
Impatiens (v. Balsamina), I, 217, 269,
  560, II, 166.
Imperatoria, II, 16, 18, 38, 506, 610,
  611.
Indigofera, II, 196.
Inga, I, 195, 244.
Ipomæa (v. Quamoclit et Pharbitis),
  I, xxi, xxiii, 167, II, 64, 80, 81, 175,
  180, 207, 287, 615, 618.
Iridées, I, 260, II, 116, 119, 124, 147,
  243, 247, 329, 351.
Iris, I, xxi, 560, II, 99, 115, 116, 117,
  119, 120, 200, 203, 207, 212, 214,
  223, 253, 284, 294, 297, 372, 380,
  436, 471, 621, 622.
Isatis, II, 626.
Isolepis, II, 131.
Ixia, II, 185.

J

Jambosa, I, 244, 257, 311, 333.
Jasione, I, 305.
Jasminées, I, 226, II, 329.
Jasminum, I, 107, 108, 155, 160, 161,
  164, 182, 186, 305, 429, 435, II, 30,
  31, 32, 34, 37, 38, 39, 40, 47, 61,
  85, 93, 153, 181, 205, 230, 231, 233,
  283, 327, 329, 412, 612.
Jatropha, II, 82, 457, 619.
Joncées, I, 524.
Juglans, I, 329, II, 452, 459.
Juncus, II, 128, 129, 144, 357.
Jungermannia, I, 202, 460, II, 447.
Jungermannes, I, 560, 561, II, 447.
Juniperus, II, 362.
Justicia, I, 114, 167, 206, 217, 294
  II, 237, 457.

K

Kalanchoe, I, 463.
Kalmia, I, xx.
Kerria, I, 350, 351, 415, 421, 502, 536,
  II, 375, 376, 398, 411, 415.
Kitaibelia, II, 216.
Kleinia, II, 460.
Knautia, I, 384.
Kochia, II, 228.

L

Labiées, I, 143, 162, 163, 182, 186,
  226, 232, 234, 235, 236, 254, 376,
  377, 441, II, 125, 163, 164, 193, 195,
  196, 207, 221, 259, 263, 285, 295,
  310, 329, 340, 342, 353, 351, 483,
  484, 530, 532, 625.
Lablab, I, 588.
Lactuca, I, 130, 248, 250, 299, 300,
  303, 307, 560, 561, II, 1.
Lagenaria, I, 269.
Lagerstrœmia, II, 254, 305, 309, 393.
Lamarkia, II, 137.
Laminaria, II, 471.
Lamium, I, 357, 582, 608, II, 195,
  287, 342.
Lampsana, I, 129, 320, 347, 561.
Larix, I, 215, 424, 482.
Laserpitium, I, 361, 385, II, 19, 611.
Latania, II, 27, 41.
Lathyrus, I, 82, 224, 269, 332, 475,
  II, 62, 63, 64, 65, 74, 99, 106, 136,
  176, 187, 199, 218, 268, 367, 615,
  617, 623.
Laurinées, I, 238, 465.
Laurus, I, 114, 217, 218, 238, 446,
  II, 237, 305, 403, 413.
Lavatera, I, 246, II, 216, 284, 367,
  457.
Lavendula, I, 426, II, 452.
Lawsonia, II, 528.
Lechea, I, 244, 256.
Lecythis, I, 341, II, 241.
Légumineuses, I, 71, 73, 108, 113, 119,
  121, 153, 194, 197, 224, 333, 467,
  II, 12, 25, 32, 37, 38, 41, 76, 92, 101,
  136, 138, 175, 187, 189, 190, 193,
  196, 197, 218, 260, 261, 266, 284,
  287, 300, 310, 331, 332, 343, 350,
  351, 375, 387, 454, 617.
Lemna, I, 454, 463.
Leschenaultia, I, xx.
Leskea, II, 471.
Leontice, I, 259, II, 326.
Leonorus, I, 377.
Lepidium, I, 146, 233, II, 199.
Leptandra, I, 118, 213, II, 127, 293.
Leptomitus, II, 466.
Leptospermum, I, 244.
Leucadendron, II, 460.
Leucojum, I, 556, 557, 599.
Libanotis, I, 361, 362, 385.
Libertia, II, 120.
Lichens, II, 450, 469, 470, 477.
Ligeria, I, 286.
Ligusticum, I, 107, 149, 400, 434,
  II, 19.
Ligustrum, I, 297, 429, II, 274, 295,
  297, 301, 324, 494, 528.

Liliacées, I, xix, 134, 335, 400, 441, 524, 599, II, 247, 421, 458, 476.
Lilium, I, xx, 33, 134, 166, 170, 176, 194, 196, 223, 226, 228, 229, 295, 296, 304, 305, 334, 453, 463, 549, II, 99, 120, 131, 203, 212, 247, 253, 298, 300, 310, 370, 372, 374, 397, 411, 415, 436, 443, 449, 450, 491, 503, 622.
Limeum. II, 413.
Limosella, II, 263, 348.
Linaria, I, 59, 148, 162, 164, 171, 177, 186, 226, 252, 256, 299, 302, 305, 494, 519, II, 195, 207, 310, 334, 335, 336, 337, 338, 339, 340, 341, 342, 343, 345, 346, 348, 487, 517, 520, 531, 551, 6-7.
Linées, II, 216.
Linum, I, 305, II, 216, 328, 415.
Liparis, I, 501.
Lippia, I, 76, 217, 430, II, 278, 298.
Liriodendron, I, 503, II, 192, 300, 399, 409, 452, 507.
Listera, I, 501.
Littæa, II, 98.
Littorella, II, 412.
Loasa, II, 176.
Lobelia, I, 163, II, 259, 260.
Lobéliacé s, I, 112, 340, II, 259.
Lochnera, I, 269, 373.
Loiium, I, 403, II, 524.
Lomandra, I, 251.
Lonicera, I, 114, 120, 163, 305, 336, 618, II, 93, 102, 103, 112, 175, 207, 228, 229, 230, 249, 250, 254, 376, 378, 380, 459, 518.
Lophospermum, II, 263, 310.
Loranthées, I, 261, 465.
Loranthus, II, 185.
Loroglossum, I, 173, II, 433, 434.
Lotus, I, 269.
Luffa, I, 269, II, 244.
Lunaria, I, 73, 491, II, 293.
Lupinus, II, 25, 41, 44, 48, 49, 50, 51, 58, 71, 208, 299, 311, 614.
Lychnis, I, 78, 106, 181, 186, 191, 223, 243, 252, 253, 264, 265, 404, 462, 463, 527, 533, 537, 540, 541, II, 161, 270, 275, 277, 278, 291, 358, 550.
Lycium, I, 171, 216, 223, 293, 297, 299, 331.
Lycoperdacées, II, 464.
Lycoperdon, I, 280, II, 463, 464.
Lycopersicum, I, 82, 83, 128, 129, 146, 160, 223, 233, 293, 296, 446, 456, 543, II, 4, 169, 327, 424, 446.
Lycopodiacées, I, 201, 298, II, 280, 450.
Lycopodium, I, 297, II, 457.
Lycopus, II, 195.
Lysimachia, I, 118, 165, 213, 217, II, 4, 161, 297, 310, 327, 357, 625.

Lythrariées, I, 77, 160, 161, 225, II, 412, 532.
Lythrum, I, 160, 167, 266, 376, 377, 422, 429, 560, II, 185, 295, 301, 395, 399, 532.

M

Macleya (v. Bocconia), I, 178, II, 319.
Magnolia, I, xxix, II, 151, 300, 389, 399.
Magnoliacées, I, 160, 223, 239, II, 378.
Mahernia, II, 216, 378.
Mahonia, I, 173, 216, 222, 227, 251, 258, 259, 472, II, 75, 326.
Maianthemum, I, 299.
Malaxis, I, 38, 452, 463, 501, I, 446.
Malope, II, 216.
Malpighia, II, 457.
Malpighiacées, II, 175, 209.
Malus, I, xxviii, 33, 106, 136, 137, 143, 144, 147, 241, 310, 348, 356, 363, 434, 441, 502, 560, 583, 614, 615, 616, 622, 623, II, 4, 169, 203, 237, 288, 290, 305, 327, 363, 388, 455, 549, 556.
Malva, I, xxvii, 246, II, 43, 216, 221, 367, 518.
Malvacées, I, xxiii, 175, 177, 183, 227, 239, 244, 245, 252, 255, 256, II, 43, 65, 188, 190, 207, 215, 216, 282, 328, 378, 410.
Mamillaria, I, 473, 482, II, 465.
Mandragora, II, 492.
Marama, II, 130.
Marchantia, I, 458, 460, II, 447.
Mariscus, I, 472.
Marsdenia, II, 215.
Marsilea, II, 44.
Marsiléacées, I, 201, 297.
Martynia, I, xx, 166, II, 169, 626.
Masonia, I, 252.
Mathiola, I, 166, 180, 181, 416, 536, 537, II, 199, 209, 380.
Matricaria, I, 561, II, 357.
Maurandia, II, 195, 207, 343.
Mays (v. Zea), I, 402, 403, II, 271.
Medicago, I, 269, 418, 546, II, 6, 7, 18, 38, 44, 46, 169, 198, 199, 218, 287, 332, 343, 375, 457.
Melaleuca, I, 167, 256, 333, II, 327, 393, 399, 460.
Melampyrum, I, 132, II, 159, 386.
Melanoselinum, II, 134, 623.
Melia, I, 305, II, 168.
Melianthus, II, 137, 147, 150, 623.
Melica, II, 134.
Melilotus, I, 418, II, 287, 616.
Melissa, I, 375, 376.
Mellitis, II, 205.
Melocactus, I, 348, 473, II, 465.

Meloposperm**u**m, II, 19, 20.
Menispermées, II, 175.
Menispermum, I, 125, II, 70, 175, 180, 181, 617.
Mentha, I, 377, 560, II, 171, 195, 221, 296, 342, 351.
Menyanthes, II, 61.
Mercurialis, I, 64, 146, 147, 185, 269, 271, 377, 394, II, 257, 271, 272, 276, 321, 322, 326, 332, 333, 405, 406, 414, 451.
Merendera, I, 158.
Mesembryanthemum, I, 472, 561, 562, II, 166, 558.
Mespilus, I, 82, 137, 173, 177, 191, 519, 534, 540. II, 327, 371, 495.
Methonica, II, 90.
Metrosideros, I, 244, 426.
Mezoneuvrum, II, 332.
Mimosa, I, 3, 197, II, 332, 457.
Mimulus, I, xx, 166, 206.
Mirabilis (v. Nyctago), I, 106, 561, II, 162, 207, 419, 623, 625.
Mithridatea (v. Amboi na), I, 323, 389, 497, II, 543, 545.
Mnium, I, 460, II, 447, 478.
Mollugo. II, 262, 412.
Molucella, I, 338, II, 195, 205.
Momordica, I, 561, II, 175, 222.
Monarda, II, 264, 386.
Monnina, II, 2 15.
Monotropées, II, 420, 426.
Monsonia, I, 238, II, 200, 219.
Montanoa, II, 221.
Morchella, II, 466.
Morea, I, xxiii, II, 116, 120, 207, 253, 284.
Merinda, II, 175.
Morus, I, 106, 149, 305, 424, 479, II, 5, 20, 21, 33, 168, 209, 611.
Moussis, I, 298, 340, 492, 560, 561, II, 185, 450, 457, 471, 476, 478.
Musa, II, 435, 491.
Musacées, II, 247.
Muscari, I, 135, 339, II, 268.
Muscænda, II, 386.
Myoporum, II, 518.
Myosotis, I, 305, 323, II, 358, 542.
Myosurus, I, 192, 330, 338, 540, II, 399, 415, 548.
Myricaria, II, 165, 276, 625.
Myristicées, II, 420.
Myrrhis, II, 19, 236.
Myrsinées, I, 260, 264, 464, 489, II, 160.
Myrtacées (Myrtées), I, 485, 606.
Myrtus, I, 244, II, 327, 390.

N

Naïadées, I, 202, II, 421.
Najas, I, 202.

Nandina, I, 178, 227, 258, 534, II, 19, 397, 398, 411.
Narcissées, I, 527, 529, 532, II, 150.
Narcissus, I, 119, 132, 158, 159, 176, 251, 265, 266, 277, 304, 305, 525, 526, 527, 528, 530, 531, 533, 560, 599, 618, 619, II, 372, 392.
Nardosmia, II, 42, 68, 506.
Nardus, II, 251, 252.
Nasturtium, I, 455, 464, II, 199, 221, 446.
Nauclea, I, 94.
Neckera, II, 471.
Nelombium, I, 115, 256, 257, 576, 579, 580, 585, II, 71.
Nemophila, II, 552.
Neottia, I, 501, 502.
Nepenthes, I, 116, 337, II, 149, 623.
Nepeta, II, 221, 264, 342, 344, 345.
Nephrodium, I, 198, II, 28, 183.
Nerium, I, 76, 183, 216, 217, II, 74, 127, 188, 189, 215, 216, 217, 268, 278, 279, 298, 306, 376, 457, 485, 506, 507, 551, 559, 626.
Neurada, II, 415.
Nicotiana, I, xx, 147, 165, 206, 235, 266, 422, II, 4, 93, 101, 102, 162, 205, 327, 333, 335, 350, 357, 395, 399, 625.
Nigella, I, xx, xxv, 123, 188, 191, 540, 541, 545, 560, II, 169, 210, 265, 328, 372, 380, 626.
Nissolia, II, 175.
Noblevillea, II, 116, 623.
Nolana, I, 163, 167, 316, 421, 422, 546, 561, II, 254, 394, 399.
Nostoch, II, 469, 470.
Nuphar, I, 560, 575.
Nyctago (v. Mirabilis), I, xxiii.
Nymphæa, I, xxvii, 135, 344, 345, 346, 454, 480, 483, 487, 560, 561, 574, 575, 601, 605, II, 83, 192, 376, 446, 554, 556, 558, 619.
Nymphéacées, I, 239, 256, 346, 454, 463, II, 411, 418, 420.
Nyterisition, II, 518.

O

Ocimum, II, 221, 263.
Œnanthe, I, 474.
Œnothera, I, 171, 299, 300, 301, 320, 381, 562, II, 241.
Olea, I, 305, 310, II, 211, 278, 324, 412, 460.
Oleinées, II, 329.
Ombellifères, I, 108, 113, 118, 119, 330, 349, 387, 400, 431, 465, 469, 470, II, 5, 11, 17, 32, 35, 38, 50, 92, 134, 136, 147, 162, 188, 189, 250, 293, 303, 312, 313, 318, 332,

375, 396, 399, 418, 419, 487, 537, 625.
Onagrariées, II, 216.
Onobrychis, II, 187, 199.
Onoclea, II, 28, 612.
Onopordum, II, 104.
Opercularia, II, 305, 309.
Ophrys, I, 173, 307, 501, 502, II, 330, 343, 498.
Ophyoglossum, I, 388, 399, 501, II, 28, 498, 521.
Oplismenus, II, 133.
Opopanax, I, 361, 385.
Opontiacées (v. *Cactées*), I, 480, II, 92.
Opuntia, I, 26, 458, 480, 481, 484, 487, 547, II, 1, 160, 166.
Orangers (v. *Aurantiacées*).
Orchidées, I, 67, 173, 378, 524, II, 98, 193, 194, 214, 329, 330, 337, 339, 343, 375, 421, 426, 432, 433, 434, 550.
Orchis, I, 173, 307, 378, 379, 400, 502, 503, II, 185, 195, 330, 337, 339, 375, 400, 401, 430, 433, 434, 448, 499.
Origanum, I, 560, II, 192.
Ornithogalum, I, 26, 38, 169, 223, 226, 227, 297, 452, 455, 464, 502, 561, 566, 573, 574, 575, II, 247, 262, 283, 378, 444, 499.
Ornithopus, I, 197, II, 208.
Orobanche, I, 164, 344, II, 263, 410.
Orobanchées, II, 263, 420, 426.
Orthotricum, II, 478.
Oryza, I, 587, II, 251, 252, 329, 419, 525, 530.
Oscillatoria, I, 3.
Osmunda, I, 458, II, 28.
Oxalidées, II, 216.
Oxalis, II, 71, 96, 216, 241, 430.

P

Pachynema, I, 308.
Pachystachis, I, 167, 206.
Pæonia, I, 168, 256, 258, 261, 297, 299, 344, 345, 415, 560, II, 19, 66, 135, 375, 548, 558.
Paliurus, II, 301, 457, 474.
Palmiers, I, 37, 583, II, 26, 97, 99, 134, 419, 421, 436, 458, 467, 479, 491, 523.
Panax, I, 298.
Pancratium, I, 251, 252, 447, 530, II, 254, 445.
Pandanus, II, 436, 479, 491.
Panicum, II, 131.
Papaver, I, xxviii, xxix, 143, 144, 168, 228, 229, 256, 344, 345, 346, 415, 560, 561, II, 32, 193, 247, 328, 367, 375, 380, 390, 411, 414, 554, 556, 558.

Papavéracées, I, 108, 178; 239, II, 328.
Papilionacées (v. *Légumineuses*), I, 60, 67, 69, 224, 225.
Parietaria, I, xx, 582, II, 331.
Paris, I, 102, 156, 219, 236, 237, 560, II, 99, 131, 298.
Paritium, I, 546.
Parnassia, I, xix, 265, 560.
Paronychiées, II, 558.
Parthenium, II, 366.
Passiflora, I, xx, 82, 191, 245, 256, 269, 342, 343, 346, 476, 540, 541, II, 73, 83, 175, 281, 327, 507, 617.
Passiflorées, II, 175, 176, 181.
Paspalum, II, 134, 141.
Patersonia, II, 247.
Paulownia, I, 430, II, 333.
Pavetta, II, 325, 327.
Pavia, I, 607, II, 44, 58, 61, 68, 506.
Pedicularis, II, 342, 348.
Pelargonium, I, 82, 83, 115, 134, 161, II, 43, 193, 208, 218, 253, 328, 337, 614.
Peliosanthes, I, 530.
Peltaria, II, 367.
Pentstemon, I, 166, II, 93, 102, 103, 263, 343, 349.
Peperomia, II, 460.
Pereskia, I, 481, 548, II, 457.
Periploca, II, 175.
Pernettya, I, 446.
Persea, I, 196.
Persica, I, 44, 147, 153, 160, 169, 175, 239, 269, 297, 316, 334, 434, 560, 562, 591, 597, 615, II, 4, 74, 81, 169, 185, 202, 220, 222, 250, 327, 332, 363, 380, 390, 506, 549, 617.
Personées (v. *Scrofularinées*), I, 67, 441, II, 193, 195, 263, 289, 340.
Petasites, II, 42, 68, 506, 614.
Petiveria, II, 457.
Petroselinum (v. Apium), II, 257.
Petunia, I, 78, 106, 269, 292, 296, II, 274, 277.
Peucedanum, I, 360, 366, 434, II, 19, 611.
Phalaris, I, 393, II, 134.
Phallus, II, 466.
Phaseolus, I, 21, 73, 79, 80, 114, 115, 120, 121, 122, 124, 125, 148, 168, 174, 197, 241, 242, 269, 298, 306, 309, 310, 404, 461, 462, 463, 467, 468, 469, 470, 515, 587, 588, 608, II, 5, 7, 18, 65, 123, 148, 149, 150, 177, 180, 182, 184, 185, 187, 190, 192, 198, 208, 212, 213, 218, 220, 236, 241, 242, 254, 261, 293, 332, 387, 419, 420, 425, 623, 626.
Pharbitis (v. Ipomæa), II, 215, 327.
Philadelphus, I, 244, II, 327, 386, 452, 457.
Phleum, I, 393, II, 358.

Phlomis, II, 195, 197, 260, 627.
Plox, I, 163, 165, 559, II, 215, 295, 301, 310, 327, 501, 502.
Phœnix, I, 41, II, 27, 210.
Phormium, II, 119, 120, 147, 622.
Phylica, II, 452, 494.
Phyllanthus, I, 70, 71, 109, II, 272, 320, 553.
Phyllocactus, II, 113.
Phyllocladus, I, 329.
Physalis, I, 130, 143, 338, 560.
Physcia, I, 460.
Phyteuma, I, xxvii, II, 360, 367.
Phytolacca, I, 82, 172, 227, 305, II, 415, 485, 486, 552.
Phytolaccacées, I, 260.
Pilularia, II, 192.
Pimelea, I, 365.
Pimpinella, II, 93.
Pinkneya, II, 386.
Pinus, I, 215, 240, 241, 304, 329, 427, 437, 499, 518, II, 168, 423, 424, 453, 454, 508, 522.
Piper, II, 552.
Pipéracées, II, 418, 420.
Pistacia, I, 41, II, 322.
Pistia, II, 403.
Pisum, I, 82, 121, 319, 332, 336, 547, 505, 506, 510, 516, 587, 588, 592, II, 176, 187, 190, 198, 199, 208, 220, 254, 261, 425, 499.
Pittosporum, I, 122.
Pixidanthera, I, 197.
Plantaginées, II, 161.
Plantago, I, 197, 388, 389, 397, 403, 424, 608, II, 366, 412, 520.
Platanées, II, 137, 258, 429.
Platanthera, I, 502, II, 433.
Platanus, I, 350, II, 53, 55, 137, 147, 150, 186, 187, 454, 494, 614, 622.
Platycodon, II, 327.
Plectranthus, II, 195, 337.
Plombaginées, I, 260, 264.
Plumbago, I, 161.
Poa, I, 424, 436, II, 134, 357, 445, 622.
Podocarpus, I, 329.
Podophyllum, I, 501, II, 325, 326.
Podospermum, II, 319, 371.
Pogostemon, II, 195.
Pohlia, II, 466.
Poinciana, II, 75, 506.
Polemonium, I, 545, II, 287, 327, 390.
Polianthes, I, 181, II, 247, 372, 378.
Polycarena, II, 195, 349.
Polygala, I, 122, 167, 242, II, 188, 197, 265, 297, 626.
Polygalées, I, 166, II, 196, 197, 375.
Polygonatum, I, 118, 337, II, 239, 298, 310.
Polygonées, I, 160, 441, II, 137, 147, 162, 175, 293, 302, 313, 622, 625.

Polygonum, I, 435, 436, 452, II, 137, 150, 162, 175, 223, 444, 445, 446, 625.
Polypodium, I, 198, 458, 459, II, 28, 75, 185.
Polytrichum, II, 466.
Pontederia, I, 227, II, 130, 134, 135, 147, 622.
Populus, I, xxiv, 283, 299, 301, 560, 564, II, 320, 453, 497.
Porliera, II, 113, 122, 473.
Portulaca, I, 197, 539, 561, II, 328, 460.
Potamogeton, II, 99, 137, 150, 162, 300, 415, 623.
Potentilla, I, 136, 150, 151, 153, 154, 177, 223, II, 25, 26, 41, 44, 46, 48, 58, 61, 82, 85, 89, 169, 327, 357, 548, 620.
Poterium, I, 152, 153, 222, 466, II, 38, 90, 287.
Prenanthes, I, 130, 561, 574.
Primula, I, xxviii, 159, 161, 162, 165, 183, 223, 304, 398, 433, 519, 559, 560, 595, 596, 617, 618, II, 204, 205, 327, 367, 368, 376, 383, 386, 392, 393, 396, 399.
Primulacées, I, 260, 264, 346, 350, 351, 415, 489, II, 161.
Prinos, I, 226, 227, 230, II, 241, 412.
Prismatocarpus (v. Specularia), I, 484, 485, 486, 487, 573, 574.
Pritzelia, I, 385.
Protéacées, I, 260.
Protococcus, I, vii, 4, 18, 37, 46, 47, 204, 280, II, 463.
Prunus, I, xxxii, 82, 123, 127, 147, 158, 161, 169, 299, 305, 316, 560, 583, 597, 598, 606, 607, 620, II, 4, 169, 203, 233, 234, 241, 250, 327, 332, 367, 452.
Psammisia, I, 446.
Psoralea, II, 65.
Ptelea, I, 112, 174, 468, 470, II, 123, 148, 149, 150, 328, 332.
Pteris, II, 28, 447.
Pultenæa, I, 224.
Punica, I, 305, 310, II, 160, 162, 166, 173, 237, 282, 327, 375, 558, 224.
Pyrenium, II, 464.
Pyrola, II, 403.
Pyrolacées, II, 420, 426.
Pyrus, I, 136, 137, 143, 144, 147, 177, 189, 190, 328, 348, 356, 357, 363, 434, 441, 443, 444, 445, 502, 521, 535, 540, 541, 560, 583, 607, 614, 615, 616, 617, 620, 622, II, 4, 99, 169, 184, 192, 290, 327, 363, 371, 455, 549, 556, 626.

Q

Quamoclit (v. Ipomæa), II, 7, 82, 619.
Quercus, I, 33, 606, II, 192, 203, 266, 290, 362, 453, 494, 497.

R

Rafflesia, II, 410, 415, 492, 493, 537.
Rafflésiacées, II, 421, 426, 402, 493, 494.
Rajania, II, 175.
Ramalina, II, 477.
Ramondia, II, 263.
Ranunculus, I, xxviii, 160, 161, 180, 192, 252, 264, 265, 304, 305, 330, 411, 412, 414, 441, 456, 527, 540, 559, 608, II, 96, 193, 194, 198, 287, 328, 358, 359, 366, 367, 371, 380, 381, 398, 411, 415, 446, 548.
Raphanus, I, 79, 146, 215, 237, 322, 369, 483, 499, II, 86, 174, 191, 199, 360, 425, 432.
Raspalia, I, 135.
Renonculacées, I, 67, 108, 129, 178, 256, 330, 351, 400, 464, II, 5, 135, 193, 198, 247, 299, 328, 343, 376, 377, 378, 399, 415, 548.
Reseda, I, 236, 559, II, 305, 311, 357, 368.
Résédacées, I, 242.
Rhamnées, I, 261.
Rhamnus, II, 357.
Rhapis, II, 27.
Rheum, II, 221, 413.
Rhigozum, II, 344, 348.
Rhinanthus, II, 204, 342, 348, 349.
Rhipsalis, I, 71, 470, II, 113, 124, 125.
Rhizophora, I, 449, 500.
Rhizopogon, II, 464.
Rhododendron, II, 376.
Rhodora, I, 163.
Rhus, II, 4, 269, 455, 457.
Ribes, I, xxxii, xxxiii, 45, 146, 147, 393, 503, II, 5, 7, 100, 151, 152, 169, 186, 187, 220, 513, 520, 524.
Richardia, II, 128, 412.
Ricinus, I, 185, 350, 351, 401, II, 43, 48, 50, 70, 71, 138, 151, 242, 272, 323, 326, 406, 414, 415, 419, 485, 486, 506, 617, 623.
Robinia, I, xxviii, 107, 109, 117, 174, 216, 221, 222, 297, 299, 466, 609, II, 38, 44, 61, 74, 75, 99, 153, 173, 221, 282, 305, 370, 454, 455, 495, 497, 506, 507.
Roccella, II, 477.
Rochea, I, 38, 63, 64, 117, 453, 464, II, 185, 327, 446, 458.

Rosa, I, xxviii, 107, 136, 151, 152, 153, 155, 160, 161, 171, 175, 180, 196, 216, 217, 223, 252, 323, 338, 339, 369, 370, 389, 411, 413, 414, 419, 420, 421, 422, 440, 441, 473, 485, 504, 536, 537, 559, 581, 583, 609, 610, 621, II, 32, 38, 61, 75, 136, 138, 153, 169, 184, 188, 204, 287, 299, 305, 307, 308, 358, 360, 366, 375, 380, 396, 398, 411, 498, 499, 506, 549, 623.
Rosacées, I, 108, 136, 177, 191, 223, 330, 347, 421, 441, 446, 467, 485, 538, II, 12, 25, 32, 37, 38, 45, 86, 88, 136, 138, 187, 188, 198, 250, 287, 299, 310, 332, 378, 410, 548, 549.
Rottlera, II, 272, 323.
Rosmarinus, I, 232 II, 452.
Rubia, I, 76, 170, II, 185.
Rubiacées, I, 197, 272, II, 175, 250, 285, 324, 325, 329, 411, 419.
Rubus, I, 112, 113, 148, 151, 154, 171, 177, 186, 192, 244, 311, 330, 350, 351, 421, 473, 521, 540, 606, II, 8, 9, 18, 25, 33, 37, 45, 47, 61, 136, 172, 266, 327, 358, 361, 362, 367, 549, 609, 613, 623.
Rudbeckia, I, 560.
Ruellia, II, 286, 287, 350.
Rumex, I, 116, 418, 490, II, 66, 81, 221, 228, 360, 389, 506, 616.
Rumia, I, 275, 333, 475.
Ruppia, II, 415.
Ruscus, I, 70, 84, 275, 282, 305, 308, 313, 332, 333, 458, 471, 561, II, 247, 472, 553.
Ruta, I, 227, II, 265, 328, 452, 457, 487, 542.
Rutacées, I, 441.

S

Sabal, II, 44, 134.
Sabina, II, 457.
Saccharum, II, 134.
Saccocalix, I, 338.
Sagina, II, 287, 319, 320.
Sagittaria, II, 27, 65, 81, 97, 99, 506.
Salacia, II, 246, 557.
Salicornia, II, 329, 412, 521.
Salisburia (v. Gingko), I, 147, 148.
Salix, I, 34, 41, 124, 125, 298, 304, 306, 529, 606, II, 169, 185, 201, 211, 309, 362, 363, 366, 382, 389, 391, 453, 497, 506, 617.
Salpiglosis, II, 343, 348, 349.
Salsola, II, 162, 209, 419.
Salvia, I, 132, 136, 163, 164, 166, 167, 234, 376, 560, II, 172, 187, 190, 260, 288, 295, 301, 302, 329, 386, 452.

Sambucus, I, 83, 124, 143, 161, 175, 298, 305, 330, 359, 383, 394, 396, 431, 581, 601, II, 101, 153, 169, 172, 184, 192, 268, 274, 310, 327, 384, 385, 454, 624.
Samolus, II, 163.
Samydées, I, 260.
Sanguinaria, I, 501, II, 498.
Sanguisorba, I, 222, 466, II, 38, 89, 90, 287.
Santalacées, I, 260, 464, 489.
Santolina, I, 469, 472, 473.
Sapindus, I, 80, II, 155.
Saponaria, I, 120, 121, 161, 165, 181, II, 328, 380.
Sapotées, I, 260.
Sarcophyllum, II, 63, 615.
Sarracenia, I. 337, II, 149, 623.
Satyrium, I, 173, II, 195, 214, 433.
Saururus, II, 413.
Saxifraga, I, xix, 165, 305, II, 55, 203, 287, 357, 456, 492, 614.
Saxifragées, II, 287.
Scabiosa, I, 58, 135, 218, 297, 357, 364, 383, 384, 402, 434, 560, II, 327, 359, 371, 380.
Scandix, I, 385, 600, II, 182.
Scheuchzeria, I, 230.
Schizanthus, II, 263.
Schizopetalum, II, 425.
Scilla, I, 227, 501, 502, 503, 549, 561, II, 378, 499.
Scirpus, I, 472, II, 128, 129, 172.
Scitaminées, II, 115, 343, 344.
Scleranthus, II. 166, 625.
Scleroderma, II, 464.
Sclerotium, II. 466.
Scolopendrium, I, 458, II, 28, 61, 221, 612.
Scolymus, II, 104, 221.
Scopolia, II, 350.
Scorpiurus, I. 197, II, 208.
Scorzonera, I, 201, 211, II, 502, 503.
Scrofularia, I, 344, 370, 442, II, 263, 342, 343, 349, 357, 360, 367.
Scrofularinées (v. *Personées*), I, 162, 186, 206, 235, 400, II, 329, 343, 348, 350.
Scutellaria, II, 194, 264.
Secale, I, 21, 389, 560.
Sechium, I, 449.
Securidaca, I, 224.
Securigera, I. 224.
Sedum, I, 165, 306, 308, 343, II, 1, 63, 271, 279, 297, 327, 460, 487.
Sempervivum, I, xxviii, 231, 461, 462, 545, II, 365, 388, 415, 460, 492.
Senebiera, II. 191.
Senecio, I. 384, 575, 601, 608, II, 210.
Septas, II. 413, 415.
Serapias, II, 185, 434.
Serissa, I, 78, 106, II, 274, 277.

Sésamées, I, 166, II, 289, 343.
Sesamum, II, 343.
Seseli, I, 118, II, 240.
Setaria, II, 134.
Sherardia, II, 325, 327.
Sibthorpia, II, 195.
Sicyos, I, 226.
Sida, I. 246.
Sideritis, II, 264, 342.
Silene, I, 78, 106, 166, 223, 264, 489, 561, II, 204, 214, 270, 275, 277.
Sinapis, I, 215, II, 191, 358.
Sisymbrium, II, 207, 347.
Sisyrinchium, I, xxiii, II, 116, 120, 247, 284.
Siuin, I, 118, II. 136, 137, 185.
Smilacées, II, 175, 176, 181.
Smilax, I, 332, II, 27, 28, 63, 472, 612, 615.
Solanées, I, 128, 130, 143, 166, 268, 292, 296, II, 285, 338, 348, 350, 412, 553.
Solidago, I, 601.
Solanum, II, xxxiv, xxxv, 72, 124, 125, 128, 129, 130, 165, 172, 223, 293, 296, 297, 298, 305, 306, 348, 561, II, 162, 169, 176, 221, 279, 327, 403, 430, 431, 457, 552, 626.
Sonchus, I, 474, 561, II, 61, 86, 87, 88, 90, 319, 619, 620.
Sophora, II, 96, 187, 497.
Sorbus, I, 502, II, 497.
Sparganium, I, 472, II, 242.
Spartium, I, 224, 305, II, 198, 208, 375.
Specularia (v. Prismatocarpus), I, 561, II, 327.
Spergula, I, 78, 213, II, 275, 277.
Sphæralcea, II, 165.
Sphærophoron, II, 477.
Sphenandra, II, 349.
Spigelia, II, 205.
Spinacia, I, 146, 394, 600, II, 4, 182, 201, 257, 271, 272, 288, 320, 321, 322, 405.
Spiræa, I, 126, 144, 152, 153, 177, 193, 229, 362, 384, 466, 521, 560, II, 66, 85, 86, 89, 218, 271, 305, 367, 391, 404, 430, 548, 619.
Spiranthera, I, 344, II, 208, 217.
Spiranthes, II, 214.
Spiréacées (v. *Rosacées*), I, 538.
Stachys, I, 376, II, 190, 390.
Stapelia, I, 305, II, 125.
Stapyhlea, I, 116, 221, 467, 477, II, 101, 327, 523, 524.
Statice, II, 415.
Stellaria, I, 223, II, 358.
Sterculia, I, 305.
Sterculiacées, II, 368.
Stevia, II, 210.
Stratiotes, II, 415.
Strelitzia, II, 98, 130, 131, 144, 147.

Stereocaulon, II, 477.
Streptocarpus, II, 343, 344.
Strongylium, II, 464.
Struthiopteris, II, 28.
Stylidiées, II, 285.
Stylidium, I, xx.
Styracinées, I, 226, II, 412.
Suæda, I, 305, II, 162, 460.
Subularia, II, 191.
Swartzia, II, 242.
Swetenia, II, 453.
Sylphium, I, 114, 560, II, 297, 310.
Symphoricarpos, I, 79, 113, 124, 125,
    298, II, 166, 237, 238, 242.
Symphytum, I, 108, 160, 171, 491,
    II, 104, 206, 542.
Synanthérées (v. *Composées*), I, 159,
    163, 182, 330, 335, 340, 434, II, 86,
    205, 206, 209, 283, 285, 318, 378,
    379, 392, 396, 399, 425, 486, 540.
Synsporées, I, 40, II, 466.
Syringa, I, 39, 41, 114, 116, 117, 141,
    146, 147, 156, 160, 164, 166, 175,
    182, 297, 356, 357, 358, 373, 382,
    429, 430, 431, 504, 505, 515, 518,
    559, 560, 564, 577, 581, 582, 596,
    606, 607, 618, 619, II, 5, 66, 100,
    182, 184, 205, 237, 268, 274, 278,
    283, 288, 296, 301, 310, 324, 327,
    329, 364, 386, 412, 452, 454, 455,
    494, 499, 529.

T

Tagetes, I, 560, II, 170, 259, 270, 295,
    327.
Tanacetum, I, 560, II, 541.
Tamarix, I, 306, 616, II, 165, 457,
    460, 625.
Tamus, I, 174, 467, 469, 470, II, 123,
    148, 149, 150, 175, 180, 479.
Tapura, II, 553.
Taraxacum, I, 242, 297, 335, II, 88,
    366, 492, 620.
Taxodium, I, 233, 329, II, 423, 424.
Taxus, I, 577.
Telephora, II, 469.
Testudinaria, II, 465.
Tetrapoma, I, 228, 317, 318, 334,
    II, 276.
Teucrium, I, 163, 164, 608, II, 259,
    287, 295, 342, 343, 345, 371.
Thalia, II, 128, 130.
Thalictrum, II, 19, 389, 548, 611.
Theophrasta, I, 461.
Théophrastées, I, 464, 489.
Thesium, I, 129, II, 553.
Thevenotia, II, 209.
Thlaspi, I, xxviii, II, 199, 367.
Thouinia, I, 344.
Thrinax, II, 44.

Thuja, I, 305, 329, II, 457, 475, 482,
    498.
Thunbergia, II, 175, 350.
Thymbra, I, 232.
Thymélées, I, 365, II, 150.
Thymus, I, 608, II, 452.
Ticorea, I, 344.
Tigridia, I, 561, 573, 574, II, 247, 284,
    471, 479.
Tilia, I, 81, 106, 109, 115, 129, 147,
    240, 328, 329, 560, II, 4, 6, 100, 168,
    301, 378, 425, 474.
Tinus, II, 418.
Tithonia, I, 215, II, 22, 42, 611.
Tordylium, I, 118.
Torilis, I, 161, II, 290, 367.
Tortula, II, 466, 478.
Tradescantia, I, 133, 522, 601, II, 133,
    137, 622.
Tragia, II, 175.
Tragopogon, I, 298, 305, 363, 561,
    II, 201, 211, 319, 371.
Trapa, II, 63, 64, 73.
Trémandrées, I, 261.
Tremella, I, 3.
Trianthema, II, 276, 391.
Tribulus, II, 113, 122, 473.
Trichopilia, II, 212, 214.
Trichosanthes, I, 243.
Trichosporées, II, 466.
Trichostomum, I, 298, II, 478.
Trientalis, II, 413.
Trifolium, I, xxviii, 148, 149, 220, 297,
    305, 384, 608, II, 6, 7, 18, 38, 45, 46,
    60, 65, 260, 261, 265, 357, 360, 367,
    611.
Triglochin, I, 230, II, 144.
Trigonella, II, 198, 199, 208, 209.
Trillium, II, 99, 131, 298.
Trinia, II, 257.
Triphasia, II, 249.
Triplaris, II, 241, 412.
Trisetum, II, 134.
Triticum, I, 21, 394, 397, 402, 403,
    499, 560, 585, II, 251, 252, 270, 361,
    419, 500, 513, 520, 521.
Tritoma, II, 145, 147, 623.
Tropéolées, II, 193.
Tropœolum, I, xx, 104, 115, 175, 243,
    291, 418, II, 43, 44, 48, 49, 50, 70,
    71, 169, 186, 193, 220, 242, 280, 281,
    340, 342, 357, 391, 518, 614, 616, 626.
Tuber, II, 464.
Tulipa, I, xx, xxviii, xxix, 119, 133,
    134, 166, 169, 176, 196, 223, 226,
    227, 228, 293, 296, 299, 315, 338,
    398, 550, 560, 598, II, 239, 247, 299,
    367, 368, 372, 374, 378, 385, 387,
    388, 448.
Tussilago, I, 356, II, 287.
Typha, I, 397, II, 212, 247, 322.
Typhacées, II, 247, 258.

U

Ugena, II, 175.
Ulex, II, 375.
Ulmus, I, 81, 305, 329, II, 173, 305, 308, 310, 453, 474, 490, 494.
Ulva, II, 471.
Urtica, II, 159, 175, 331.
Urticées, I, xx, 320.
Usnea, II, 477.
Utricularia, I, 428, 576, II, 241.

V

Vaccaria, I, 106, II, 275, 277.
Vacciniées, I, 208, II, 353.
Vaccinium, I, 166, 597.
Valantia, I, 76.
Valeriana, I, 65, 305, 322, II, 75, 171, 318, 412.
Valérianées, II, 283.
Valerianella, II, 262, 278.
Valisneria, I, xxvi, 483, 576.
Vaucheria, II, 429.
Vellosia, I, 244.
Veratrum, I, 400, 593, II, 312.
Verbascum, I, xxvii, II, 263, 287, 333, 349, 350, 357, 367, 371.
Verbena, I, 58, 226.
Verbénacées, I, 186.
Verbesina, II, 103, 112, 295.
Vernonia, II, 210.
Veronica, I, 75, 120, 164, 296, 299, 300, 344, 359, 366, 373, 375, 376, 377, 378, 379, 393, 397, 400, 404, 418, II, 169, 288, 295, 297, 300, 301, 310, 311, 329, 371, 487, 521, 531, 536.
Viburnum, I, 396, II, 169, 269, 291, 327, 397, 457.
Vicia (v. Faba), I, 269, 608, II, 208, 254.
Vieusseuxia, II, 247.
Villarsia, II, 446.
Vinca, I, 183, 214, 292, 299, 373, 618, II, 309, 327, 371, 376, 517.
Vincetoxicum, II, 181, 200, 209.
Viola, I, 122, 218, 224, 225, 296, 310, 559, 564, 575, 598, 601, 608, 610, 617, 618, II, 192, 259, 284, 287, 337, 340.

Violariées, II, 175, 193.
Virgilia (v. Cladrastis), II, 218, 454.
Viscum, I, 135, 261, II, 278, 387.
Vitex, II, 298.
Vitis, I, xxxv, 79, 82, 99, 104, 109, 115, 116, 120, 125, 131, 139, 140, 146, 147, 172, 173, 174, 175, 190, 219, 220, 250, 269, 270, 283, 284, 285, 286, 287, 289, 331, 373, 382, 431, 444, 504, 540, 541, 560, 564, 581, 587, 597, 614, 615, II, 4, 5, 7, 44, 48, 100, 169, 184, 186, 187, 275, 276, 277, 281, 290, 297, 305, 308, 424, 453, 459, 461, 490, 499, 524, 529.
Vochysiées, I, 261.

W

Wachendorfia, II, 120, 254, 329, 621.
Watsonia, II, 351.
Webera, I, 94, II, 466.
Weissia, II, 185.
Wistaria, II, 180.
Woodwardia, I, 38, 459, II, 446, 450.

X

Xylophylla, I, 70, 71, 84, 307, 333, 471, II, 553.
Xyris, II, 241.

Y

Yucca, I, 201, II, 120, 205, 247, 312, 436, 467, 479, 487, 491, 525, 622.

Z

Zannichellia, II, 162, 625.
Zea (v. Mays), I, 305, II, 134, 251, 252, 258, 320, 322, 389, 497, 499.
Zingiber, II, 343, 344.
Zinnia, I, 292, II, 170, 172, 259, 298, 547.
Zizyphus, I, 194, 269.
Zoosporées, I, 40, 70.
Zygophyllum, I, 64, 83, 113, 274, 277 282, 300, 304, II, 473, 507.

FIN DE LA TABLE ALPHABÉTIQUE.

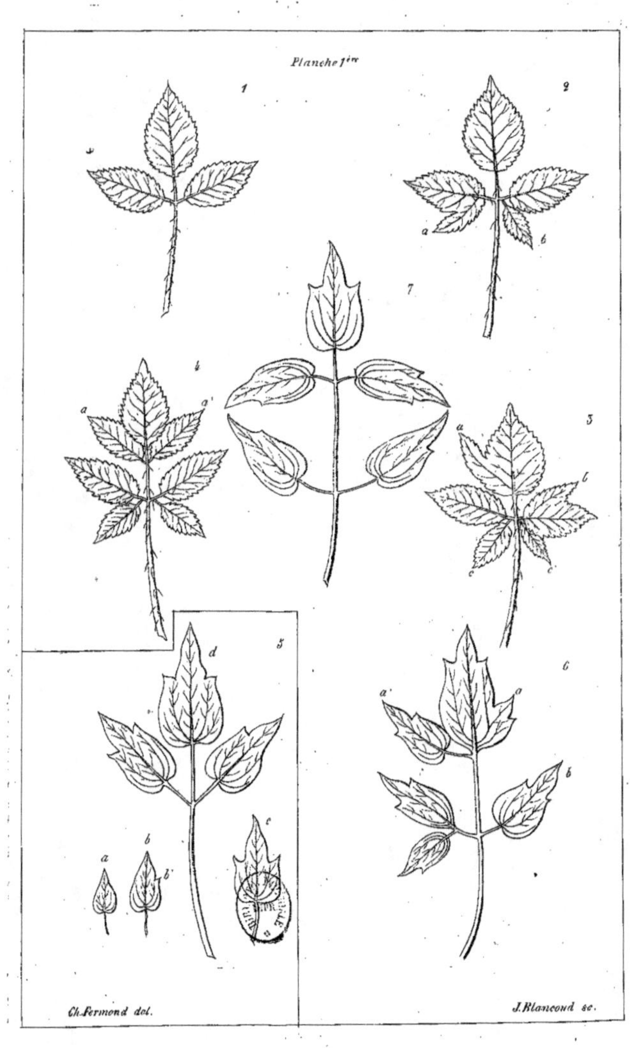

Ch. Fermond del.

J. Blancoud sc.

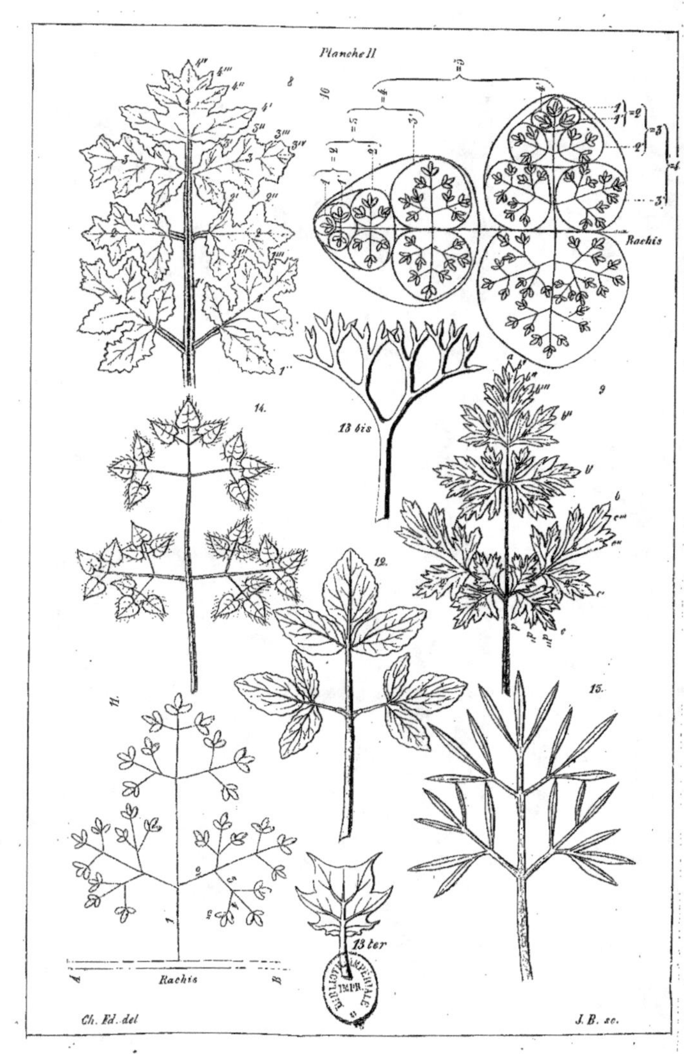

Planche II
Rachis
13 bis
14.
13 ter
11.
12.
15.
9.
Rachis
A   B
Ch. Fd. del
J. B. sc.

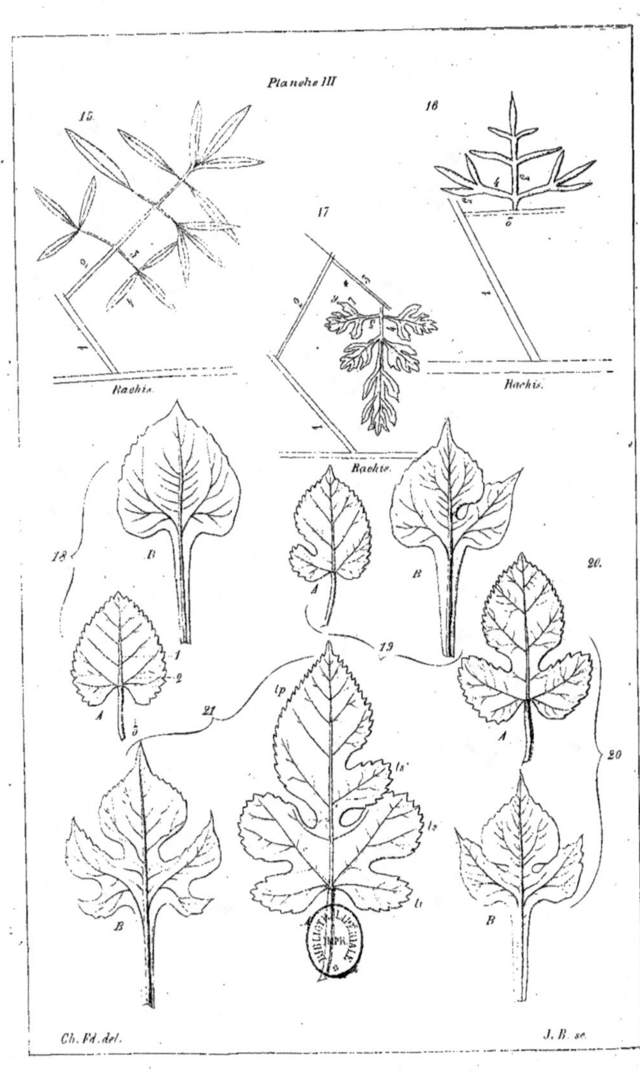

Planche III
15.
16.
17.
Rachis.
Rachis.
Rachis.
18
20.
19
21
20
lp
ls'
ls
lt
Ch. Fd. del.
J. B. sc.

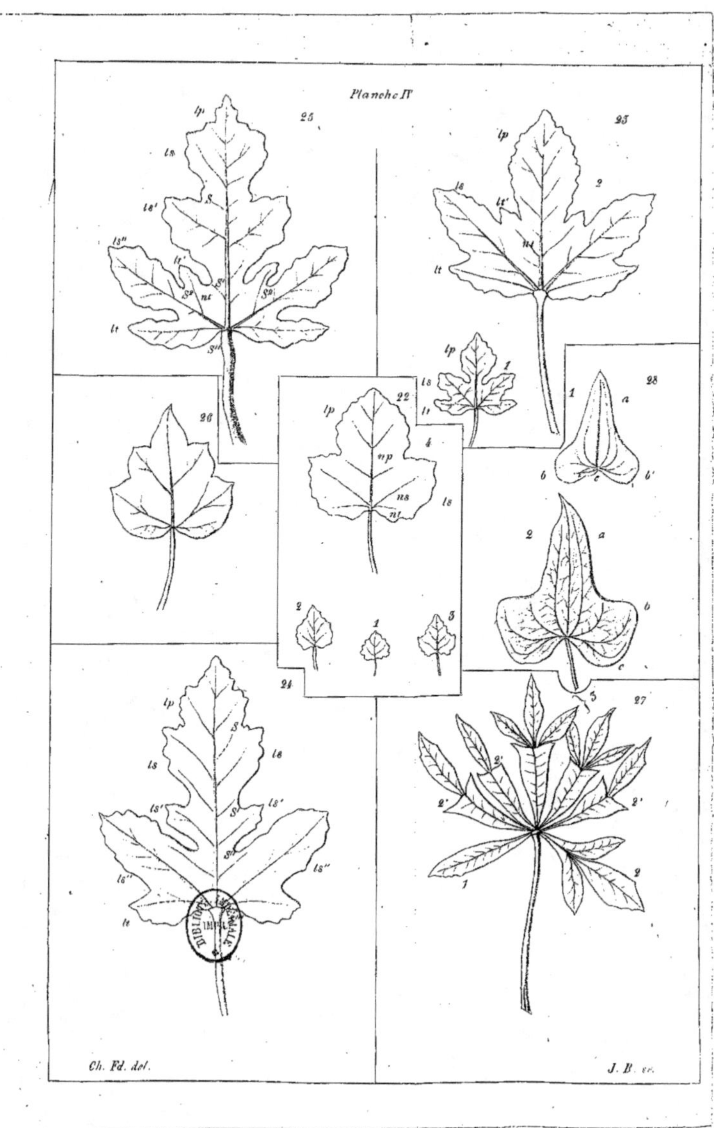

Planche IV
Ch. Fd. del.
J. B. sc.

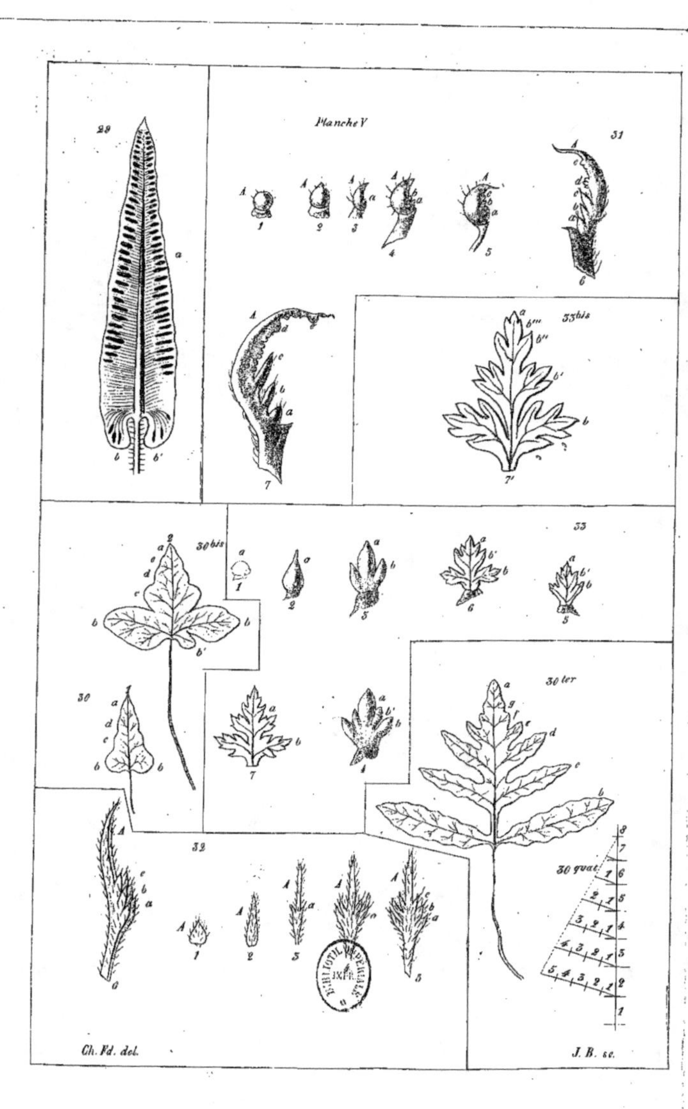

Planche V
29
31
33bis
33
30bis
30
30ter
32
30 quat.
Ch. Fd. del.
J. B. sc.

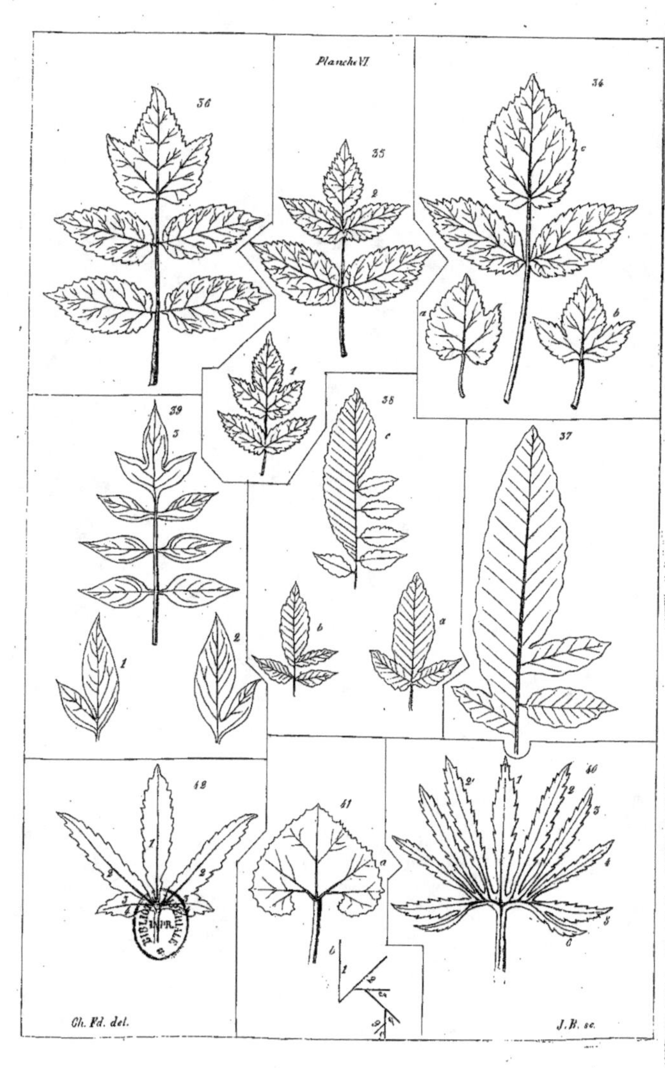

Planche VI
Ch. Fd. del.
J. B. sc.

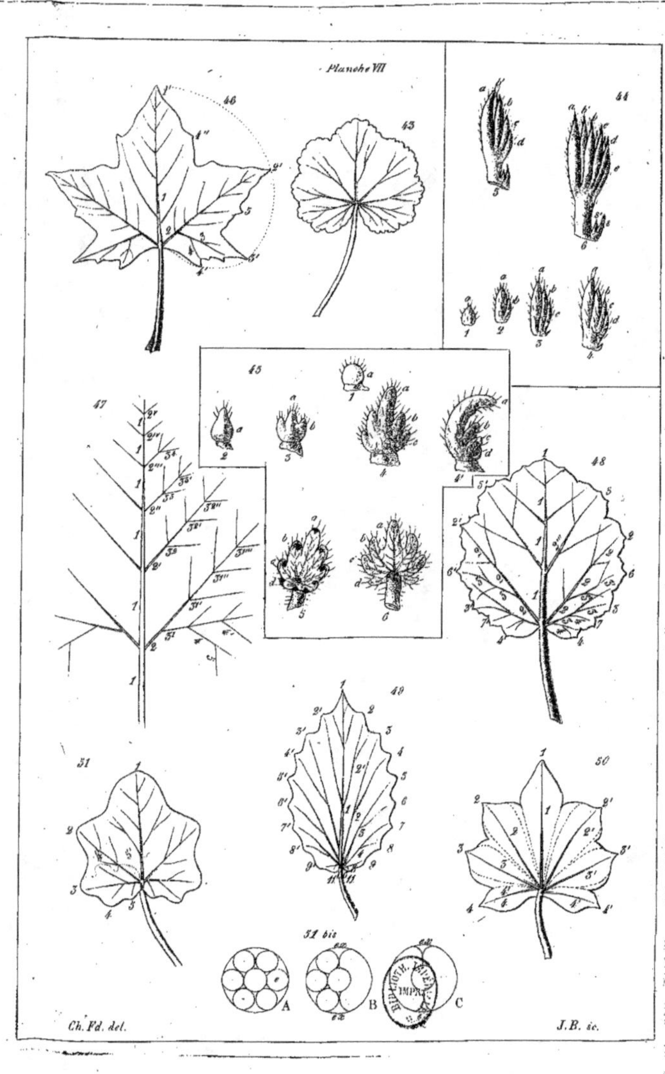

Planche VII
46
43
44
45
47
48
49
51
50
51 bis
A
B
C
Ch. Fd. del.
J.B. sc.

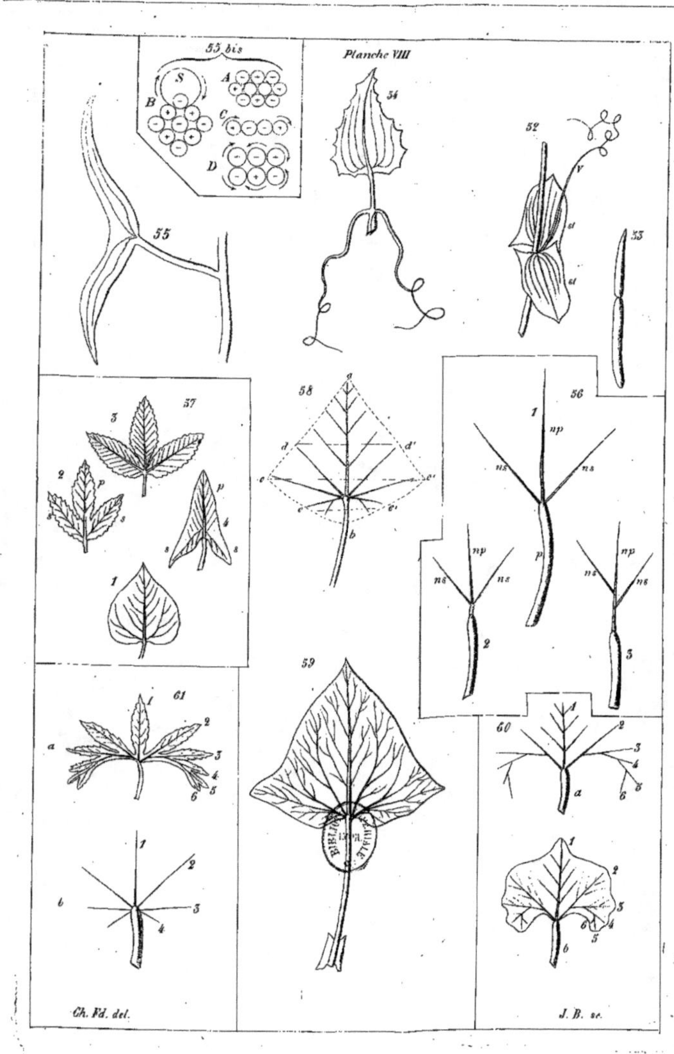

Planche VIII
55 bis
S
A
B
C
D
55
54
52
53
57
58
56
59
61
60
Ch. Fd. del.
J. B. sc.

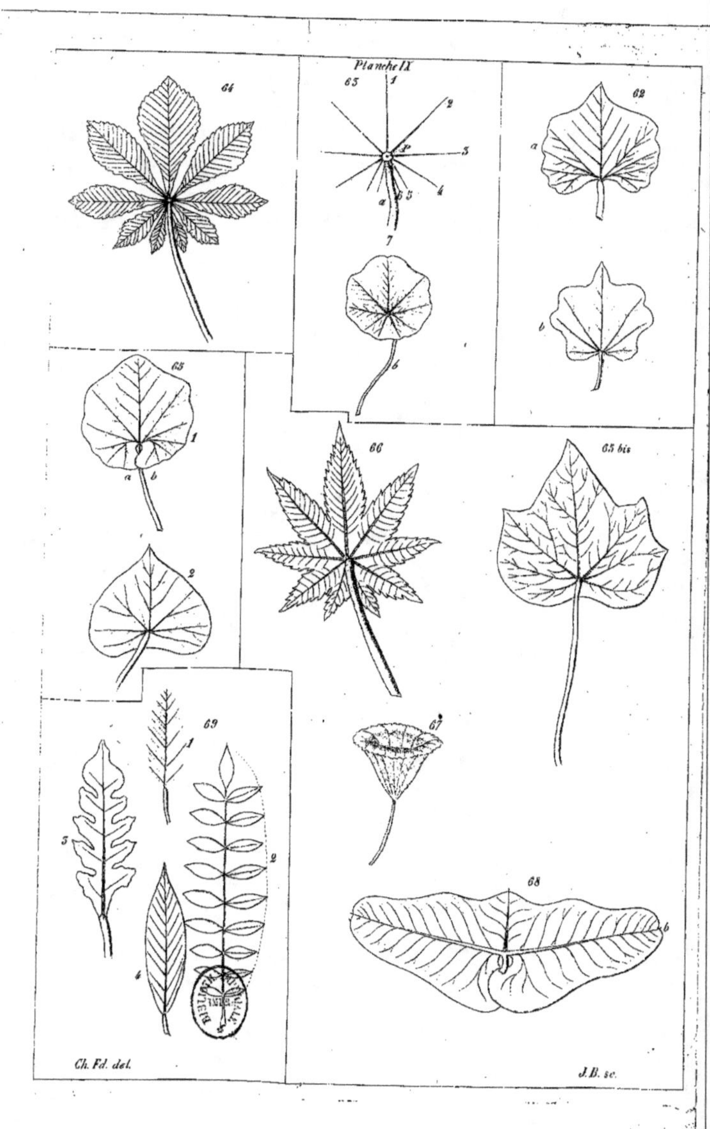

Ch. Fd. del.

J.B. sc.

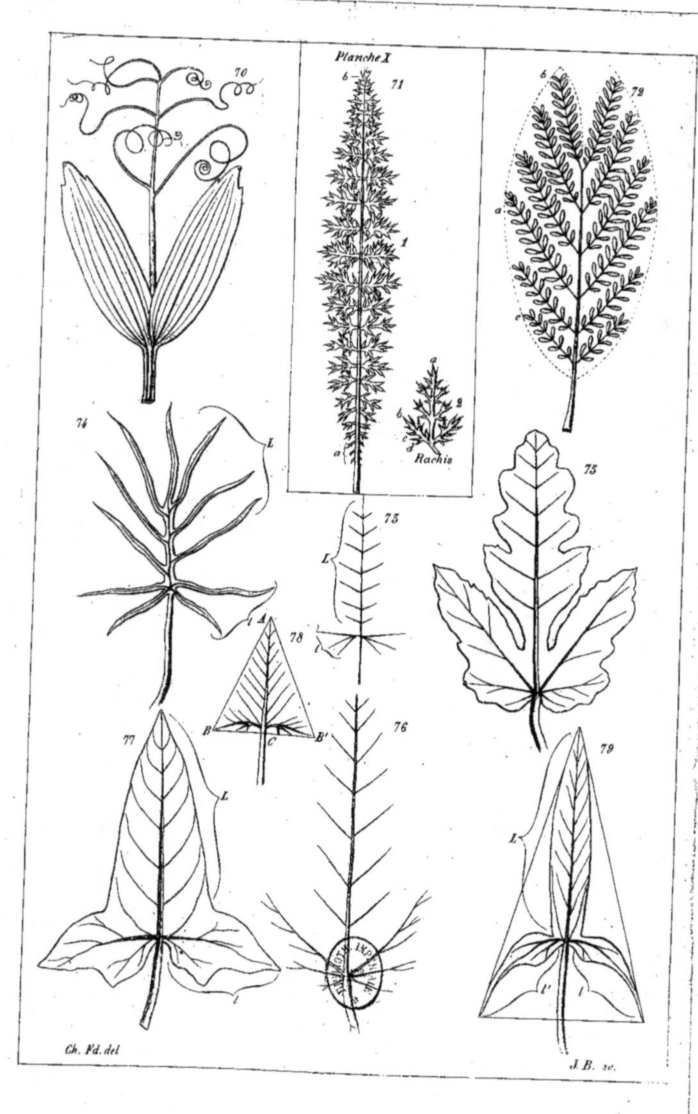

Planche X
70
71
72
73
74
75
76
77
78
79
Rachis
a
b
c
d
L
Ch. Fd. del
J.B. sc.

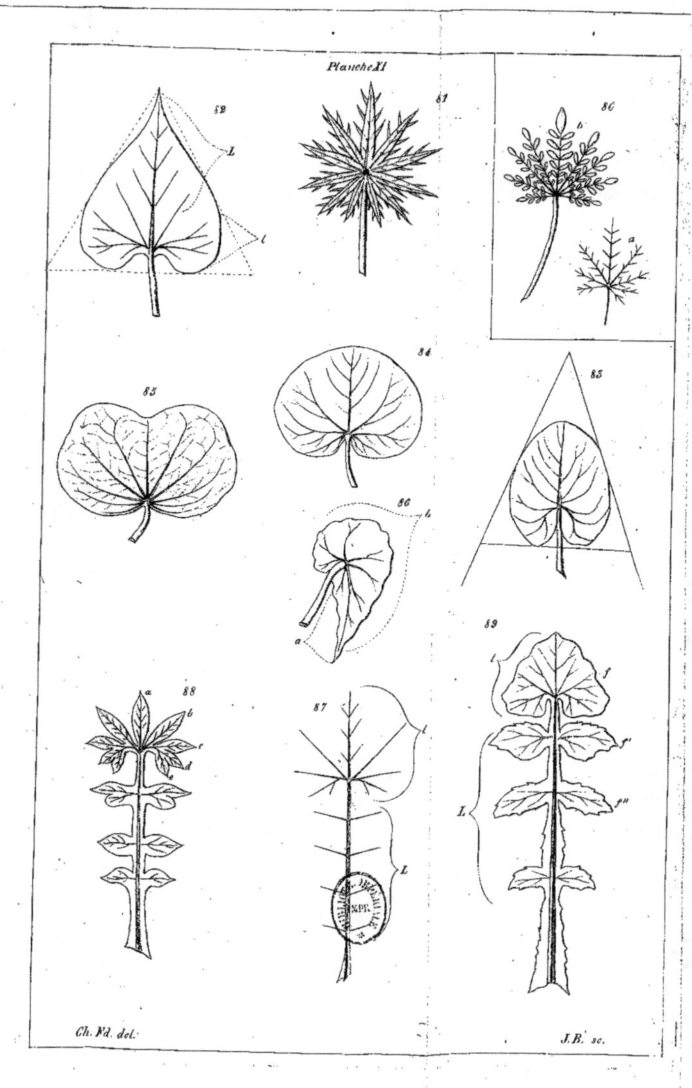

Planche XI
82
81
80
83
84
85
86
87
88
89
Ch. Fd. del.
J.B. sc.

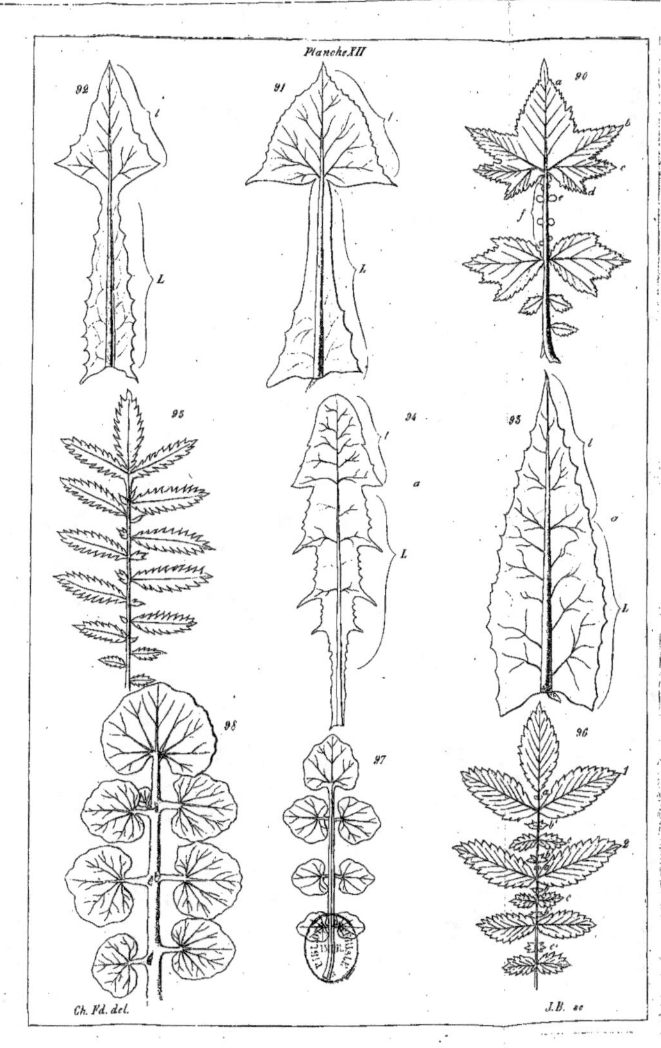

Planche.XII
Ch. Fd. del.
J.B. sc

Planche XIII

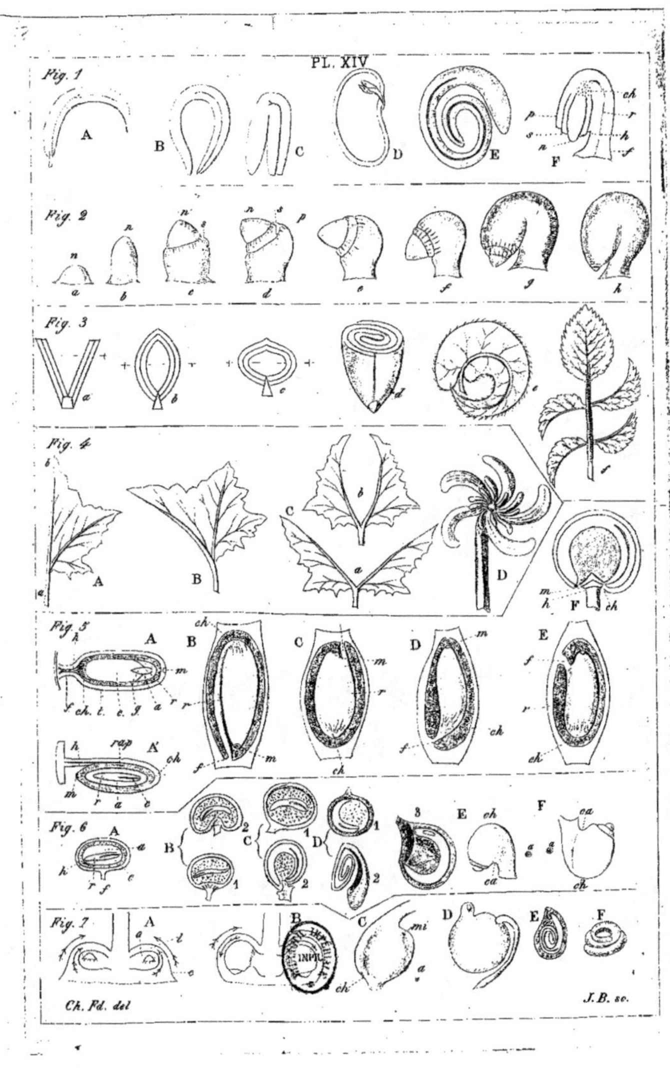

PL. XIV
Fig. 1
A
B
C
D
E
F
ch
p
r
s
n
h
f
Fig. 2
n
n
n
s
n
s
p
a
b
c
d
e
f
g
h
Fig. 3
a
b
c
d
e
f
Fig. 4
A
B
C
a
b
D
F
m
h
ch
Fig. 5
A
B
C
D
E
ch
m
m
r
m
f
f
r
f
ch
ch
ch
h
f ch. t. c. s a r r
A'
h
rap
ch
m r a c
Fig. 6
A
B
C
D
E
F
a
h
r f
c
2
1
1
2
1
2
3
ch
ca
ca
ch
Fig. 7
A
B
C
D
E
F
a
l
mi
a
a
ch
INIVL
Ch. Fd. del
J.B. sc.

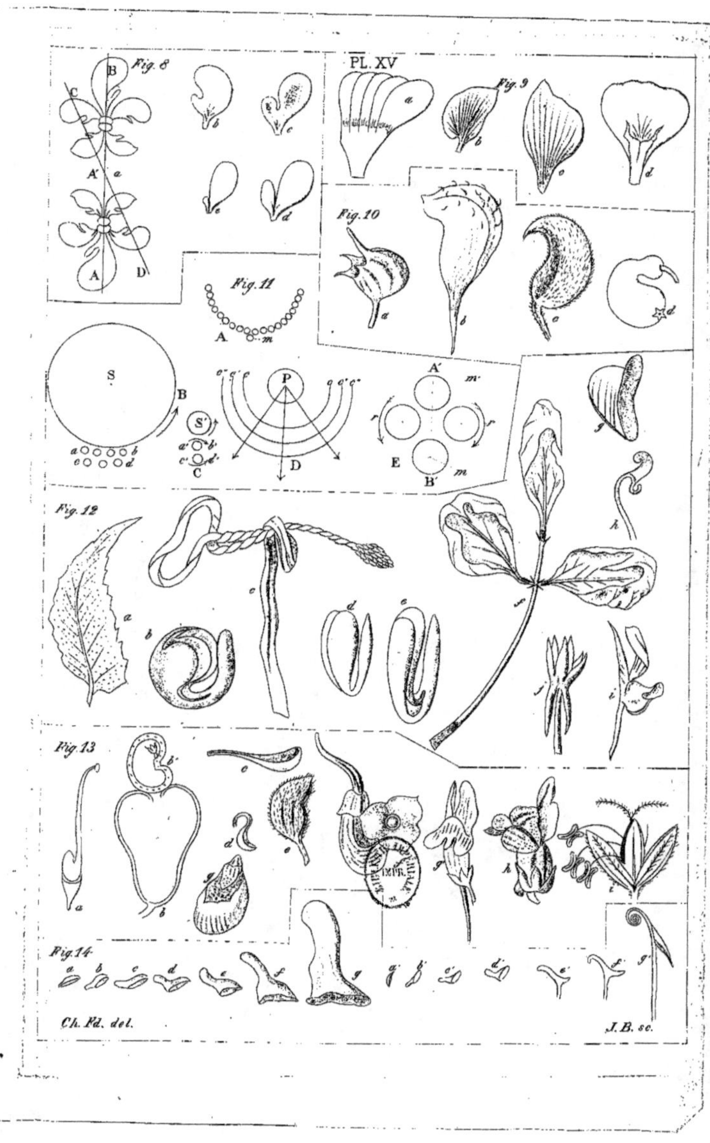

Fig. 8
PL. XV
Fig. 9
Fig. 10
Fig. 11
Fig. 12
Fig. 13
Fig. 14
Ch. Fd. del.
J.B. sc.